Mechanische Technologie für Maschinentechniker

(Spanlose Formung)

Von

Dr.-Ing. Willy Pockrandt

z. Zt. komm. Oberstudiendirektor bei der Staatlichen Maschinenbau- und Hüttenschule Gleiwitz

Mit 263 Textabbildungen

Berlin
Verlag von Julius Springer
1929

ISBN-13: 978-3-642-98319-1 e-ISBN-13: 978-3-642-99131-8
DOI: 10.1007/978-3-642-99131-8

Vorwort.

Der Titel des Buches umreißt seinen Inhalt, der sich aber mit Rücksicht auf Umfang und Preis des Buches auf das Wichtigste aus dem ganzen Gebiete und auf den allgemeinen Maschinenbau beschränken mußte. Der eine oder andere Leser wird also hier oder da eine Lücke empfinden; zahlreiche Hinweise auf Sonderwerke und Zeitschriftenaufsätze ermöglichen es ihm aber, sich über Einzelgebiete oder Einzelfragen weitergehend zu unterrichten.

Grundsätzlich sind nur die Arbeitsverfahren behandelt, die in Maschinenfabriken vorkommen; außerdem mußten aber Stoffkunde und Stoffprüfung, die, streng genommen, nicht zur mechanischen Technologie zu rechnen sind, entsprechend ihrer grundlegenden Bedeutung für Entwurf und Bearbeitung mit behandelt werden. Bei den wichtigsten Werkstoffen, insbesondere Eisen und Stahl, ist auf die Erzeugung so weit eingegangen, wie es zum Verständnis notwendig erschien.

Bei der Bearbeitung des Buches wurden nach Möglichkeit die neuesten Erfahrungen und Errungenschaften berücksichtigt. Bei dem schnellen Fortschreiten der Technik besteht aber immer die Gefahr, daß das eine oder andere bei Erscheinen des Buches bereits überholt ist.

Mit dem Wunsche, daß das auf Anregung des Verlegers herausgegebene Buch eine wohlwollende Aufnahme finden möge, verbinde ich die Bitte um Mitteilung etwa notwendig erscheinender Ergänzungen, Änderungen oder Verbesserungen.

Allen Stellen, die mich durch Überlassung geeigneter Unterlagen bei der Bearbeitung des Buches unterstützt haben, danke ich auch an dieser Stelle bestens dafür. Insbesondere danke ich meinen früheren Duisburger Kollegen, Herrn Prof. Dipl.-Ing. Hellenthal und Herrn Studienrat Dipl.-Ing. Künkele, für die Durchsicht einiger Abschnitte des Buches und letzterem für Überlassung der mikrophotographischen Gefügebilder, ferner dem Deutschen Ausschuß für technisches Schulwesen für die Erlaubnis zur Benutzung einer Reihe von Abbildungen aus seinen Veröffentlichungen.

Gleiwitz, im Januar 1929.

Dr.-Ing. Pockrandt.

Inhaltsverzeichnis.

Stoffkunde[1].

I. Allgemeine Eigenschaften der Werk- und Betriebsstoffe.

Die Eigenschaften, die man von den Werk- und Betriebsstoffen verlangt, sind sehr verschiedenartig, und daher hat die Auswahl im Einzelfalle nach ganz verschiedenen Gesichtspunkten zu erfolgen. Den für den jeweiligen Zweck am besten geeigneten Stoff zu wählen, erfordert reiche Erfahrung und Umsicht, die durch die Stoffprüfung zwar unterstützt aber nicht ersetzt werden kann. Neben den nötigen physikalischen und chemischen Eigenschaften spielt das sonstige Verhalten, z. B. die werkstattmäßige Bearbeitungs- oder Formgebungsmöglichkeit, und nicht zuletzt der Preis eine ausschlaggebende Rolle.

Die wichtigsten Eigenschaften, die man — je nach Verwendungszweck in höherem oder geringerem Maße — von den Werkstoffen verlangt, sind etwa folgende:

Festigkeit, d. h. Widerstandsfähigkeit gegen Formänderung oder Trennen in einzelne Teile. Je nach der Art der Beanspruchung durch äußere Kräfte unterscheidet man dabei Zug- oder Zerreiß-, Druck-, Knick-, Biegungs-, Drehungs-, Scher- und Schlagfestigkeit, von denen die erste im allgemeinen die maßgebende ist.

Elastizität, d. h. die Fähigkeit, den angreifenden Kräften unter entsprechender Zunahme des inneren Widerstandes bis zur Erreichung des Gleichgewichtes nachzugeben und nach Entlastung innerhalb einer gewissen Zeit die ursprüngliche Form wieder anzunehmen. Diese Eigenschaft ist besonders bei stoßartig wirkenden Kräften wichtig, da vollkommen starre, unelastische Stoffe dabei zerstört würden.

Zähigkeit oder Dehnbarkeit, d. h. die Fähigkeit, eine gewisse (im Gegensatz zur elastischen) bleibende Formveränderung zu ertragen, ohne daß der Zusammenhang der Stoffteilchen zerstört wird. Sehr dehnbare und gleichzeitig weiche Stoffe nennt man bildsam (knetbar, plastisch, schmiedbar) im Gegensatz zu spröden Stoffen. Zähigkeit ist wichtig als Sicherheit gegen Zerstörung bei unerwarteter oder unbeabsichtigter Überschreitung der zulässigen Beanspruchung und vielfach noch wichtiger als große Elastizität.

Härte, d. h. Widerstandsfähigkeit gegen Eindringen fremder Körper. Bei Überschreitung derselben tritt, je nach der Art des Stoffes, ein Abbröckeln oder plastisches Ausweichen der Stoffteilchen ein. Die Härte ist von Bedeutung z. B. für die Bearbeitung mit Schneidwerkzeugen, für die Abnutzung (Gleitflächen!) und für die Polierfähigkeit.

Umform- oder Bearbeitbarkeit in kaltem oder warmem Zustande, sei es durch Schmieden, Pressen, Walzen, Ziehen, Gießen, mittels Schneidwerkzeugen oder auf andere Weise.

Wärmebeständigkeit, d. h. Widerstandsfähigkeit gegen starke Temperaturunterschiede.

[1] Näheres vgl. „Hütte", Taschenbuch der Stoffkunde.

Widerstandsfähigkeit gegen chemische Einwirkungen, insbesondere der Luft, des Wassers, von Dämpfen, Säuren und Laugen.

Sonstige Eigenschaften, die in einem Falle erwünscht sind, im anderen den Werkstoff für den besonderen Zweck nicht geeignet erscheinen lassen, sind z. B. hohes oder niedriges spezifisches Gewicht, große oder geringe Ausdehnung bei Erwärmung, die Leit- bzw. Isolierfähigkeit für Wärme oder Elektrizität, das magnetische Verhalten (Magnetisierbarkeit, Festhalten des Magnetismus) usw. Auf diese und sonstige Eigenschaften, insbesondere auch auf die an Betriebsstoffe zu stellenden Anforderungen, wird an den betreffenden Stellen näher einzugehen sein.

Im allgemeinen erfüllen die Metalle die an Werkstoffe des Maschinenbaues und verwandter Gebiete der Technik zu stellenden Anforderungen am besten; daher sind sie hierfür auch die bei weitem wichtigsten Werkstoffe, während alle sonstigen Stoffe, wie Holz, Stein usw., demgegenüber zurücktreten und mehr als Hilfsstoffe zu bezeichnen sind.

II. Metalle und Metallegierungen.

A. Allgemeines über das Gefüge und die sonstigen Eigenschaften der Metalle und Metallegierungen.

Sowohl die reinen Metalle als auch die aus zwei oder mehreren reinen Metallen zusammengesetzten Metallegierungen sind kristallinisch. Das aus der Schmelze erstarrte Metall besteht aus einer großen Anzahl von Kristalliten, d. h. Kristallen von unregelmäßigen Begrenzungsformen. Der Zusammenhang zwischen den einzelnen Kristalliten (Adhäsion) ist bei gewöhnlicher Temperatur größer als der Stoffzusammenhang innerhalb des Kornes (Kohäsion), daher ist die Festigkeit des Stoffes um so größer, je feiner das Korn und umgekehrt. Kaltstreckung eines dehnbaren Metalles erhöht mit der Kornoberfläche die Festigkeit; andererseits sammeln sich bei der Erstarrung die nie fehlenden Verunreinigungen an den Rändern der Kristallite, dadurch entstehen Trennschichten zwischen ihnen, die die Festigkeit des Metalles beeinträchtigen, und zwar um so mehr, je größer die Kristallite und je ebener ihre Begrenzungsflächen sind. Durch Desoxydations- oder Verschlackungsmittel kann eine Oxydation der Legierungsbestandteile verhütet bzw. können die Oxyde aus der Schmelze in die Schlacke überführt werden. Hierdurch wird der Werkstoff vielfach überhaupt erst brauchbar. Die Größe der Kristallite hängt von der chemischen Zusammensetzung, dem Reinheitsgrade und der Abkühlungsgeschwindigkeit ab. Je schneller die Abkühlung erfolgt, desto kleiner sind in der Regel die Kristallite und um so besser die technischen Eigenschaften des Metalles (hiervon macht man z. B. beim Kokillenguß und beim Härten des Stahles Gebrauch).

Bei Erwärmung dehnen sich die Metalle, wie fast alle Stoffe, aus; werden sie daran gehindert, so entstehen innere Spannungen, die bei fortwährendem Wechsel das Gefüge um so schneller zerstören, je geringer die Zähigkeit des Metalles ist. Daher muß man z. B. bei Schienenstößen Spielraum lassen, in lange Rohrleitungen Ausdehnungsstopfbüchsen oder nachgiebige Krümmer einschalten, für Stehbolzen bei Kesseln und Lokomotivfeuerbüchsen Kupfer statt Eisen verwenden. Mit steigender Temperatur nimmt im allgemeinen die Zähigkeit und Bildsamkeit zu (Schmieden!), die Festigkeit ab. (Ausnahme: Sprödigkeit des Eisens bei Blauhitze.)

Die reinen Metalle schmelzen und erstarren bei einer bestimmten, jedem Metall besonders eigenen Temperatur. Bei der Erstarrung wird die Schmelzwärme frei, daher bleibt die Temperatur bis zur Beendigung der Erstarrung die gleiche (Haltepunkte, wie sie z. B. auch bei Wasser festgestellt werden können, und zwar einmal bei 100°, bis aller Dampf zu Wasser kondensiert ist, und bei 0°, bis alles Wasser zu Eis erstarrt ist) und sinkt erst weiter, wenn die Erstarrung beendet ist. Umgekehrt steigt die Temperatur vom Beginn des Schmelzens bis zur Beendigung nicht. Dasselbe tritt auch bei den Legierungen ein, jedoch erfolgt hier das Schmelzen und das Erstarren (abgesehen von der eutektischen Legierung, siehe unten) nicht bei einer bestimmten Temperatur sondern während eines Temperaturintervalles, so daß Beginn und Ende des Schmelzens oder Erstarrens bei verschiedenen Temperaturen liegen. Derartige Haltepunkte sind aber nicht notwendigerweise mit einer Änderung des Aggregatzustandes verbunden, sondern treten z. B. auch noch bei festem Zustand auf. Gerade Metalle erleiden bei weiterer Abkühlung nach dem Erstarren noch weitere Zustandsänderungen oder Umwandlungen, die ebenfalls mit einer Wärmeentwicklung (Kristallisationswärme) verbunden sind. Erfolgt dabei noch eine Neubildung des Kristallgefüges, wie z. B. beim Eisen, so beeinflußt sie das Gefüge und die mechanischen Eigenschaften des Metalles. Man kann diese Umwandlungen außer durch Haltepunkte auch durch Messung verschiedener Eigenschaften vor und nach der Umwandlung, wie Härte, Leitfähigkeit für Elektrizität und Wärme, Magnetismus usw., feststellen, da dieselben sich beim Umwandlungspunkt meist sprunghaft ändern.

Die Legierungen werden fast immer durch Zusammenschmelzen verschiedener Einzelmetalle nach bestimmten Gewichtsmengen hergestellt und nur selten (z. B. Eisenlegierungen) unmittelbar aus Erzen gewonnen. Je nach der Anzahl der einzelnen Metalle oder Komponenten unterscheidet man Zweistoff- oder binäre, Dreistoff- oder ternäre Legierungen usw. Voraussetzung für eine brauchbare Legierung ist die Mischbarkeit oder gegenseitige vollständige Lösungsfähigkeit der geschmolzenen Metalle untereinander, die bei den meisten Metallen vorhanden ist. Metalle, die diese Eigenschaft nicht besitzen, lassen sich nicht legieren, wie z. B. Blei und Aluminium, Blei und Kupfer, Eisen und Blei, Eisen und Zinn. Die Kristallite einer Legierung können aus den reinen Metallen, den Komponenten der Legierung, bestehen oder aber zwei oder mehrere Metalle gleichzeitig enthalten. Die Eigenschaften einer Legierung werden in erster Linie durch die chemische Zusammensetzung, d. h. die Zusammensetzung und die Anordnung der sie bildenden Kristallite, bestimmt. Die letztere hängt von der Bildungsart der Legierung bei der Erstarrung und weiteren Abkühlung ab. Zur Beurteilung einer Legierung muß man also die Kristallite, aus denen sie besteht, und ihren Bildungsvorgang kennen. Über das Wesen und das Verhalten der Metalle und Metallegierungen haben erst die neueren Gefügeuntersuchungen und thermischen Prüfungen und die auf Grund derselben aufgestellten Zustandsschaubilder Aufschluß gegeben (als Beispiel vgl. das Zustandsschaubild der Eisen-Kohlenstoff-Legierungen auf S. 62). Die Eigenschaften der Metalle und Legierungen werden ferner durch die mechanische Bearbeitung (Warm- oder Kaltbearbeitung durch Walzen, Hämmern, Pressen, Ziehen usw.) beeinflußt.

Über die Erstarrungsvorgänge aus zwei Metallen bestehender Legierungen und die dabei auftretenden Begleit- und Folgeerscheinungen sei hier allgemein nur folgendes gesagt:

Das gegenseitige Mischungs- oder Lösungsverhältnis der einzelnen Bestandteile einer Legierung ist im allgemeinen von der Temperatur abhängig, d. h. jedem Mischungsverhältnis entspricht eine bestimmte Temperatur. Wird diese unterschritten, so tritt eine Entmischung oder Seigerung ein, es scheiden sich, je nach dem Mischungsverhältnis, Kristalle des einen oder anderen Bestandteiles aus der Muttermasse aus, und zwar so lange, bis in letzterer das der Temperatur entsprechende Mischungsverhältnis hergestellt ist. Nur bei einem ganz bestimmten, für die einzelnen Legierungen verschiedenen, Mischungsverhältnis erstarrt die ganze Legierung gleichmäßig bei einer bestimmten und zwar der niedrigsten Temperatur, ohne daß ein Ausseigern von Kristallen des einen Legierungsbestandteiles stattfindet; beide Bestandteile kristallisieren vielmehr gleichmäßig und gleichzeitig. Diese den niedrigsten Erstarrungspunkt aufweisende Legierung nennt man die eutektische (gutschmelzende) oder das Eutektikum. Da ausgeseigerte Kristalle meist ein anderes spezifisches Gewicht haben als die übrige Masse, so steigen sie hoch oder setzen sich nach unten, die Zusammensetzung bzw. das Gefüge ist daher nach dem Erstarren an den verschiedenen Stellen eines Querschnittes verschieden (vgl. Abb. 3). Die Seigerung nimmt zu, je langsamer das Abkühlen oder Erstarren vor sich geht, und kann durch künstlich beschleunigtes Abkühlen teilweise unterbunden werden. Die Lösungsfähigkeit der einzelnen Bestandteile einer Legierung ändert sich aber nicht nur im flüssigen Zustand sondern vor allen Dingen beim Übergang vom flüssigen in den festen Zustand, kann sich aber auch noch nach Erstarren der Legierung ändern. Danach ergeben sich ganz verschiedene Erstarrungsvorgänge. Sind die Legierungsbestandteile auch im festen Zustand noch ineinander löslich, wie z. B. Eisen und Nickel, Eisen und Mangan, Kupfer und Nickel, dann erhält man eine kristallisierte, sogenannte feste Lösung. Es scheiden sich Mischkristalle aus, die sich in ihrer Zusammensetzung mit abnehmender Temperatur ändern und erst am Ende der Erstarrung der ganzen Masse alle die gleiche Zusammensetzung aufweisen. Hier würde eine zu schnelle Abkühlung diesen Ausgleich unterbinden. In solchen Fällen ist also, im Gegensatz zum erstgenannten, langsame Abkühlung am Platze. Zwischen diesen beiden Fällen gibt es natürlich Zwischenstufen mannigfacher Art. In den meisten Fällen, d. h. von rein eutektischen Legierungen abgesehen, die nur eine einzige Art von Gefügebestandteilen aufweisen, wird man also neben dem Eutektikum und in diesem eingebettet stets verschiedene Gefügebestandteile nachweisen können, die entweder aus Mischkristallen oder reinen Metallkristallen bestehen, je nachdem, ob die Legierungsbestandteile auch noch im festen Zustande ineinander löslich sind oder nicht. Die Umwandlungen und Ausscheidungen können sich auch noch nach dem Erstarren der ganzen Schmelze fortsetzen, gehen dann aber wesentlich langsamer vor sich und lassen sich durch plötzliches Abkühlen (Abschrecken) zum größten Teil verhindern (vgl. Härten S. 263).

Das Gesagte sei an folgendem Beispiel zweier in flüssigem Zustande ineinander löslichen, in festem Zustande unlöslichen Metalle erläutert.

Die Erstarrungskurve erhält man, wenn man die beim Abkühlen der Legierung in bestimmten Zeitabschnitten gemessenen Temperaturen als Funktion der Zeit aufträgt. In Abb. 1a sind zwei derartige Erstarrungskurven für verschiedene Mischungsverhältnisse zweier Metalle X und Y aufgetragen. Die erste Abkühlungskurve für ein Mischungsverhältnis von 30 % X und 70 % Y weist zwei Haltepunkte bei t_1 und t_2 auf. Bei t_1 beginnt das bei dieser Temperatur nicht mehr lösungsfähige, überschüssige Metall Y in Form von Kristallen sich auszuscheiden. Dieser Vorgang setzt sich fort, bis beim zweiten Haltepunkt t_2 die übriggebliebene eutektische Legierung mit 80 % X und 20 % Y ebenfalls erstarrt. Das Gefüge besteht also aus festem Eutektikum mit eingebetteten Y-Kristallen. Die zweite Abkühlungskurve gilt für die rein eutektische Legierung und weist nur einen Haltepunkt bei t_2 auf.

Das Zustandsschaubild Abb. 1b entsteht, wenn man die Haltepunkte für die verschiedenen Mischungsverhältnisse durch Kurven verbindet. Aus dem Schaubild kann man dann folgendes entnehmen: Das reine Metall X erstarrt bzw. schmilzt bei t_x, das reine Metall Y bei t_y. Der Linienzug ABC zeigt an, bei welchen Temperaturen die Erstarrung bei den verschiedenen Mischungsverhältnissen beider Metalle beginnt oder das Schmelzen beendet ist. Oberhalb *ABC* ist alles flüssig, unterhalb der Wagerechten *DBE* (t_2) dagegen alles erstarrt. Innerhalb der durch die beiden Linienzüge gekennzeichneten Temperaturgebiete finden wir in flüssiger Schmelze ausgeschiedene, erstarrte Kristalle des einen oder anderen Metalles, und zwar innerhalb des Gebietes *ADB* *Y*-Kristalle, innerhalb des Gebietes *CBE* *X*-Kristalle. Unterhalb *DBE* finden wir innerhalb des Ge-

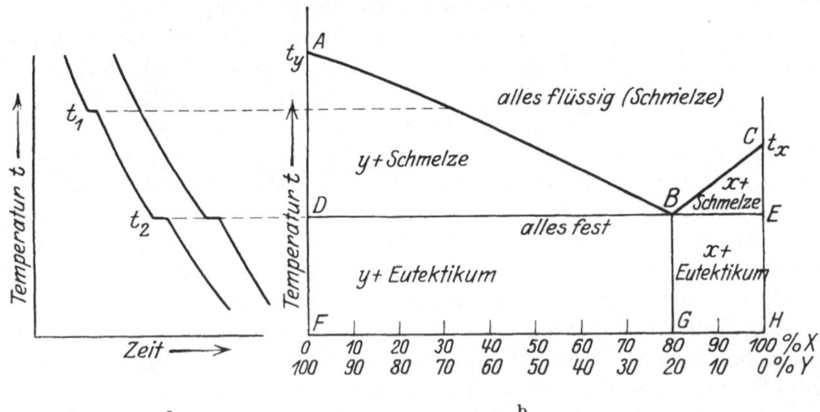

Abb. 1. Abkühlungskurven und Zustandsschaubild für *X*-*Y*-Legierungen.

bietes *DBFG* *Y*-Kristalle (Abb. 2a), innerhalb *BEGH* *X*-Kristalle (Abb. 2c) in fester eutektischer Legierung, während die eutektische Legierung von 80% *X* und 20% *Y* ein gleichmäßiges, feinkörniges (aus *X*- und *Y*-Kristallen bestehendes) Gefüge (Abb. 2b) aufweist.

Die Gefügebilder kann man festhalten und sichtbar machen, wenn man die Metalle oder Legierungen aus der betreffenden Temperatur plötzlich abschreckt, so daß die bei normaler Abkühlung auftretenden Umwandlungen wegen Zeitmangels nicht stattfinden können, dann eine sauber polierte Fläche herstellt und nötigenfalls mit geeigneten Chemikalien ätzt und unter dem Mikroskop betrachtet oder mikrophotographiert (vgl. Metallographie, S. 60).

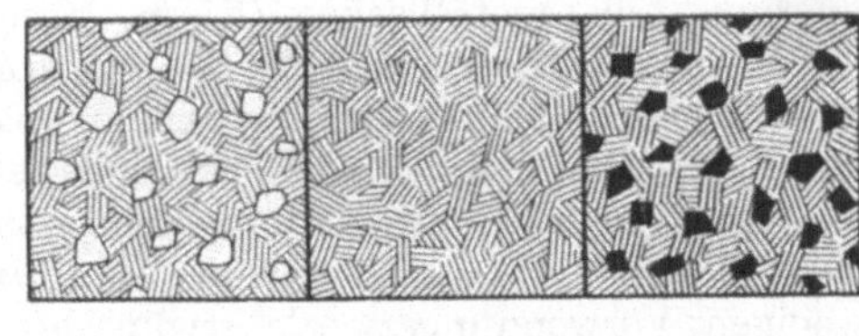

Abb. 2. Schematische Gefügebilder für *X*-*Y*-Legierungen.

Eine wichtige Rolle bei der Herstellung von Legierungen spielt die richtige Wahl der Ausgangsstoffe. Oft empfiehlt es sich z. B., nicht ohne weiteres die reinen Metalle zusammenzuschmelzen, sondern Vorlegierungen herzustellen, die sich leichter zur Auflösung bringen lassen und gleichmäßigeres Gefüge ergeben, während im anderen Falle die bereits erwähnten Seigerungen auftreten oder ungeschmolzene Stücke eines Einzelmetalles sich im Gefüge vorfinden können.

Das spezifische Gewicht einer Legierung ist meist ein anderes als das aus ihrer Zusammensetzung errechnete; vielfach ist es größer, zuweilen auch kleiner. Auch die Farbe läßt sich nicht nach der Zusammensetzung vorausbestimmen, da die einzelnen Bestandteile verschieden starken Einfluß darauf haben. Die Schmelztemperatur einer Legierung ist nach dem Gesagten je nach ihrer Zusammensetzung verschieden. Nur die eutektische Legierung hat eine bestimmte Schmelztemperatur, die meist niedriger ist als die aus der chemischen Zusammensetzung rechnungsmäßig ermittelte. Die Gießbarkeit bzw. Dünnflüssigkeit einer Legierung ist meist besser als die der Einzelmetalle. Durch Desoxydations- oder Verschlackungsmittel kann eine Oxydation der Legierungsbestandteile verhütet bzw. das Oxyd aus der Schmelze in die Schlacke überführt werden. Zerreißfestigkeit und Dehnung entsprechen auch nicht ohne weiteres dem Gehalt an den einzelnen Bestandteilen, sondern können z. B. bis zu einem gewissen Gehalt derselben zunehmen und bei höherem Gehalt wieder fallen. Mit steigender Temperatur nimmt in der Regel die Festigkeit ab, die Dehnung zunächst zu, um von einer bestimmten Temperatur an ebenfalls zu fallen. Mitunter lassen sich durch Erhitzen auf bestimmte Temperaturen und normales Abkühlen oder durch Erhitzen mit nachfolgendem Abschrecken die Festigkeitseigenschaften einer Legierung verbessern (vgl. Warmbehandlung, S. 263). Durch Warm- oder Kaltverformung (Schmieden, Walzen, Pressen, Ziehen usw.) werden Gefüge und Festigkeitseigenschaften geändert (vgl. Abb. 28). Mit sinkender Verformungstemperatur steigt der Verfestigungsgrad. Bei Kaltverformung tritt Kaltverfestigung ein, die sich in der Steigerung der Härte, der Streckgrenze und der Festigkeit bei gleichzeitiger Erniedrigung der Dehnung äußert. Zu weit getriebene Kaltverformung kann zu gefährlichen Spannungen und Rissen führen. Durch nachträgliches Erhitzen (Ausglühen) kann die Wirkung der Kaltverformung aufgehoben werden; es erfolgt dabei eine Rekristallisation, indem die vorher in der Beanspruchungsrichtung gestreckten und u. U. zertrümmerten Kristalle wachsen oder überhaupt ein neues Korngefüge entsteht. Zu grobes Korn kann aber den Werkstoff technisch unbrauchbar machen. Um ein feineres Korn zu erhalten, soll man mit den Glühtemperaturen immer bis in das Gebiet der Umkristallisation gehen (bei Eisen-Kohlenstoff-Legierungen z. B. also über 721°; vgl. Abb. 13 und 23 und das dazu Ausgeführte).

B. Eisen[1].

Das Eisen in technischem Sinne ist kein chemisches Element sondern eine Legierung teils metallischer (Eisen, Mangan, Nickel, Chrom, Wolfram usw.), teils nichtmetallischer Elemente (Kohlenstoff, Silizium, Phosphor, Schwefel usw.). Diese Stoffe sind entweder in den zur Eisenerzeugung dienenden Rohstoffen (Erz, Koks, Zuschläge) enthalten und gehen als teils erwünschte, teils unerwünschte Begleiter in das Enderzeugnis, das Eisen, über oder werden ihm absichtlich zugesetzt (z. B. Nickel, Chrom, Wolfram usw.), um dem Eisen die für seinen jeweiligen Verwendungszweck erwünschten Eigenschaften zu geben, während chemisch reines Eisen diese nicht besitzt und seine Erzeugung außerdem viel zu schwierig und teuer ist. Oft genügen schon geringe Mengen solcher Fremdstoffe, um die Festigkeitseigenschaften, die Schmelztemperatur, das elektrische und magnetische Verhalten des Eisens von Grund auf zu ändern, so daß man in der Lage ist, für jeden Sonderzweck eine geeignete Eisenlegierung herzustellen. Es muß jedoch schon hier darauf hingewiesen werden, daß für die Beschaffenheit und Verwendbarkeit des Eisens wie der Metalle und der Metallegierungen überhaupt die chemische Zusammensetzung allein nicht maßgebend ist, daß vielmehr das Gefüge hierbei eine besonders wichtige Rolle spielt und dieses durch mechanische und Warmbehandlung weitgehende Veränderungen erfahren kann.

Unter allen genannten Beimengungen spielt der Kohlenstoff die wichtigste Rolle, so daß die Unterscheidung der verschiedenen Eisensorten in erster Linie nach dem Kohlenstoffgehalt oder nach den durch ihn bedingten Eigenschaften

[1] Näheres siehe Osann: Lehrbuch der Eisenhüttenkunde; Oberhoffer: Das technische Eisen.

des Eisens erfolgt. Ein Kohlenstoffgehalt bis zu 0,9% steigert die Zerreißfestigkeit des Eisens, bei höherem Gehalt sinkt sie dagegen wieder. Das gleiche gilt für die Härte, die ihren Höchstwert bei einem C-Gehalt von $1 \div 1{,}7\%$ erreicht, während die Dehnung mit steigendem C-Gehalt abnimmt und bei etwa 1% C bereits so gering ist, daß sie praktisch kaum noch eine Rolle spielt. Die Schmelztemperatur fällt zunächst mit zunehmendem C-Gehalt von 1530^0 auf etwa 1130^0 bei 4,2% C, um alsdann wieder anzusteigen.

Der im flüssigen Eisen gelöste Kohlenstoff kann sich beim Erstarren entweder in elementarer Form als Graphit oder in chemisch gebundener Form als Eisenkarbid, Fe_3C, ausscheiden.

Der Graphit in Form glänzender, kristallisierter Blättchen erteilt dem Bruch je nach seiner Menge und Verteilung ein mehr oder weniger dunkles Aussehen. Die Neigung des flüssigen Eisens, Kohlenstoff abzuscheiden, wird durch hohen Kohlenstoffgehalt, durch langsame Abkühlung und durch Zusätze von Aluminium, Nickel und besonders Silizium begünstigt, durch Mangan und Schwefel verringert. Bei gleicher chemischer Zusammensetzung wird die Graphitausscheidung mit der Wandstärke eines Gußstückes zunehmen. Ausscheidung von C als Graphit vermindert die Härte und auch die Zähigkeit des Eisens.

Die Temperkohle, ebenfalls elementarer Kohlenstoff wie Graphit, entsteht im Gegensatz zu diesem nicht aus der flüssigen Schmelze, sondern durch Zersetzung des Eisenkarbids bei längerem Erhitzen kohlenstoffreichen, weißen Eisens auf Hellrotglut, in Gestalt punktförmiger, außerordentlich fein kristallisierter Einlagerungen (vgl. Abb. 25). Die Bildung wird ebenfalls durch die obenerwähnten Zusätze begünstigt bzw. behindert.

Das Eisenkarbid ($Fe_3C = 93{,}33\%\ Fe + 6{,}67\%\ C$) bildet sich bei hochgekohlten Eisenlegierungen unmittelbar bei der Erstarrung als sehr harter, nadelförmig kristallisierter Körper. Seine Entstehung wird durch rasche Abkühlung oder Zusätze wie Mangan begünstigt. In Legierungen mit weniger als 1,7% C dagegen scheidet sich das Eisenkarbid erst nach vollendeter Erstarrung aus. Die Härte des Eisens ist in hohem Maße von dem Gehalt an gebundenem C abhängig. Wird durch rasche Abkühlung die Ausscheidung des erst nach der Erstarrung sich bildenden Eisenkarbids verhindert, so ist der Kohlenstoff in Form der Härtungskohle vorhanden, die eine noch weitergehende Härtesteigerung zur Folge hat.

Die Art, in der der Kohlenstoff auftritt, und die Eigenschaften des Eisens werden beeinflußt durch den Gehalt an sonstigen Beimengungen. Hierauf soll weiter unten bei der Besprechung der einzelnen Eisensorten näher eingegangen werden. Nach der Art und Menge des im Eisen enthaltenden Kohlenstoffs unterscheidet man die im folgenden behandelten Eisensorten.

1. Roheisen.

Roheisen ist ein Eisen mit $2{,}3 \div 5\%$ C (theoretisch mehr als 1,7% C), welches vermöge des hohen C-Gehaltes eine verhältnismäßig niedrige Schmelztemperatur besitzt und bei der Erhitzung fast unmittelbar vom festen in den flüssigen Zustand übergeht, daher gut gießbar aber nicht schmiedbar ist. Eisen mit $5 \div 6{,}67\%$ C (theoretischer Höchstgehalt) wird nur als Zusatzmittel im Eisenhüttenbetrieb verwendet.

Roheisen wird im Hochofen aus Eisenerzen unter Zuhilfenahme von Koks als Brennstoff und Kalkstein als Zuschlag und großer Mengen angewärmten Gebläsewindes erzeugt. Die Eisenerze sind in der Hauptsache Eisen-Sauerstoff-Verbindungen, deren Sauerstoff sich entweder unmittelbar mit dem C des Kokses zu CO oder mit dem bei der Verbrennung des Kokses sich entwickelnden Kohlenoxyd (CO) zu Kohlensäure (CO_2) verbindet. Das durch diese Reduktion aus den Erzen entstandene reine Eisen (Fe) nimmt bei Temperaturen über 900° aus dem Koks und den Beimengungen (Gangarten) der Erze C, Si, Mn, S, P usw. auf, während andere, besonders schädliche Beimengungen durch die Zuschläge in eine leichtflüssige Schlacke überführt werden, die vermöge ihres niedrigen spezifischen Gewichtes sich über dem im unteren Teil des Hochofens angesammelten flüssigen Eisen absondert und von hier leicht entfernt werden kann. Die in großen Mengen entstehenden Gichtgase werden wegen ihres hohen Wärmewertes aufgefangen und zum Winderhitzen oder zum Betrieb von Gasmaschinen verwendet.

Die Herstellung von Roheisen durch Einschmelzen von Eisenschrott im elektrischen Lichtbogenofen unter Zusatz von Kohlenstoff (Holzkohlenpulver) und anderen Bestandteilen kommt nur ausnahmsweise dort in Frage, wo elektrische Energie billig (durch Wasserkraft) zu erzeugen ist und es an Erzen fehlt (z. B. in der Schweiz), spielt im übrigen aber keine nennenswerte Rolle. So erzeugtes Eisen nennt man synthetisches Eisen.

Weißes Roheisen ($\gamma = 7{,}58 \div 7{,}73$) enthält den C als Eisenkarbid chemisch gebunden, Graphit ist kaum vorhanden. Der C-Gehalt ist deshalb selten höher als 3,6%. Die Legierung ist hart und spröde, der Bruch von silberweißer Farbe. Die Schmelztemperatur beträgt 1100÷1300°. Weißes Roheisen wird nur ausnahmsweise für Gußzwecke (Hartguß) verwendet, weil es gasreich ist und beim Erstarren zur Blasenbildung neigt, sondern dient in der Regel zur Darstellung von schmiedbarem Eisen.

Graues Roheisen ($\gamma = 7{,}0 \div 7{,}2$) enthält den C in mehr oder minder großem Maße (50÷90%) als Graphit ausgeschieden und besitzt daher eine dunkel- bis hellgraue Bruchfarbe. Es schmilzt bei 1200÷1250° und wird hauptsächlich für Gießereizwecke, teilweise jedoch auch zur Umwandlung in schmiedbares Eisen verwendet. Je mehr C als Graphit ausgeschieden ist, desto weicher ist das Eisen und um so leichter ist es mit Schneidwerkzeugen zu bearbeiten. Da für die Graphitausscheidung in erster Linie der Si-Gehalt maßgebend ist, so regelt man mit diesem in der Gießerei die Härte des Gußeisens, wobei mit abnehmender Wandstärke der Gußstücke der Si-Gehalt wachsen muß, weil infolge der schnelleren Abkühlung die Graphitausscheidung gehemmt, die Härte sonst also gesteigert wird.

Halbiertes Roheisen ist eine Zwischenstufe zwischen weißem und grauem Roheisen, bei dem nur stellenweise eine Graphitablagerung eingetreten ist.

Die Einteilung in graues und weißes Roheisen genügt für die Zwecke der Praxis nicht. Die üblichen Handelsbezeichnungen unterscheiden das Roheisen nach Herkunft, Verwendungszweck oder Gütegrad. Hämatit-Roheisen ist ein phosphorarmes, daher wertvolles graues Roheisen, Luxemburger Roheisen ist phosphorreicher und billiger. Die Bezeichnungen Gießerei-, Puddel-, Bessemer-, Thomas- und Siemens-Martin-Roheisen weisen auf den späteren Verwendungszweck hin. Sonder-Roheisensorten mit besonders hohem C-, Mn- oder Si-Gehalt sind Spiegeleisen, Ferrosilizium, Ferromangan usw. (vgl. S. 121).

Die Zusammensetzung der wichtigsten Roheisensorten zeigt Zahlentafel 1.

Die außer dem Kohlenstoff im Eisen enthaltenen Fremdstoffe lassen sich in ihrer Wirkung etwa wie folgt kennzeichnen:

Silizium (Si) sucht, wenn in größeren Mengen wie beim grauen Roheisen vorhanden, den C aus seiner Verbindung mit dem Eisen herauszutreiben und befördert die Graphitbildung. Es ist im übrigen in seiner Wirkung dem C verwandt und erniedrigt z. B. den Schmelzpunkt der Legierung.

Mangan (Mn) steigert die Aufnahmefähigkeit für C, wirkt der Ausscheidung des C als Graphit entgegen und fördert seine chemische Bindung, dadurch die

Zahlentafel 1. Zusammensetzung der wichtigsten Roheisensorten[1].

Roheisen-gattung	Herkunft	Bruch-farbe	Gesamt-C %	Graphit %	Silizium %	Mangan %	Phosphor %	Schwefel %
Hämatit	Rheinl.-Westfalen	grau	3,5 ÷ 4,5	3,2 ÷ 4,0	2,3 ÷ 4,0	0,7 ÷ 1,0	0,07 ÷ 0,10	0,01 ÷ 0,03
Gießerei-Roheisen Nr. I	Rheinl.-Westfalen	grau	3,5 ÷ 4,5	3,2 ÷ 4,0	2,5 ÷ 4,0	0,5 ÷ 1,0	0,4 ÷ 0,8	0,02 ÷ 0,05
Gießerei-Roheisen Nr. V	Lothring.-Luxembg.	grau	3,0 ÷ 3,4	2,3 ÷ 2,5	1,3 ÷ 2,0	0,3 ÷ 0,5	1,7 ÷ 1,9	0,05 ÷ 0,10
Holzkohlen Gießerei-Roheisen	Ober-schlesien	grau	3,4 ÷ 3,9	2,4 ÷ 3,1	1,1 ÷ 1,4	0,4 ÷ 0,5	0,3 ÷ 0,7	0,03 ÷ 0,06
Bessemer-Roheisen	Rheinl.-Westfalen	grau	3,0 ÷ 4,0	?	1,5 ÷ 2,5	0,5 ÷ 2,0	0,07 ÷ 0,10	0,01 ÷ 0,05
Martin-Roheisen	Rheinl.-Westfalen	grau-weiß	3,0 ÷ 4,0	—	1,3 ÷ 2,0	1,5 ÷ 2,5	0,2 ÷ 0,3	0,03 ÷ 0,09
Martin-Roheisen	Ober-schlesien	weiß	3,0 ÷ 4,0	—	0,8 ÷ 1,5	3,0 ÷ 4,5	0,2 ÷ 0,3	0,04 ÷ 0,05
Thomas-Roheisen Marke O. M.	Rheinl.-Westfalen	weiß	3,2 ÷ 3,7	—	0,3 ÷ 0,7	unter 1,0	um 2,0	0,10 ÷ 0,15
Thomas-Roheisen-Marke O. M.	Lothring.-Luxembg.	weiß	2,8 ÷ 3,4	—	0,4 ÷ 0,8	0,3 ÷ 0,4	1,7 ÷ 2,0	0,08 ÷ 0,15
Spiegeleisen	Sieger-land	weiß	4,0 ÷ 5,0	—	0,3 ÷ 0,5	6,0 ÷ 22	0,06 ÷ 0,1	0,01 ÷ 0,02
Ferromangan	Rheinl.-Westfalen	weiß	6,0 ÷ 7,5	—	1,3 ÷ 0,2	60 ÷ 80	0,3 ÷ 0,4	0,01 ÷ 0,02
Ferrosilizium	Rheinl.-Westfalen	grau	3,0 ÷ 1,0	?	8 ÷ 10	0,6 ÷ 1,0	0,07	0,01 ÷ 0,02

Härte des Eisens erhöhend. Mit dem *Mn*-Gehalt erhöht sich auch die Schmelztemperatur. *Si* und *Mn* heben sich in ihrer Wirkung gegenseitig auf. Je höher der *Mn*-Gehalt, um so mehr *Si* ist z. B. erforderlich, um Graphitausscheidung zu bewirken, und umgekehrt. Außerdem wird die Graphitbildung durch Aluminium und Nickel begünstigt. Für die Graphitausscheidung ist ferner die Zeitdauer der Abkühlung des Roheisens von Bedeutung, indem bei geringem *Si*-Gehalt und langsamer Abkühlung eine Graphitausscheidung eintritt, bei plötzlicher Abkühlung dagegen nicht. Mit der Dauer des Abkühlens und Erstarrens wachsen die Graphitkristalle und geben dem Eisen ein gröberes Gefüge und eine dunklere Bruchfarbe.

Phosphor (*P*) macht das Eisen dünnflüssig, demnach für dünnwandige Gußstücke geeignet, von denen keine große Festigkeit verlangt wird, zugleich aber auch härter und spröder. Das Eisen wird durch *P* kaltbrüchig, d. h. es bricht bei gewöhnlicher Temperatur leicht bei auftretenden Stößen und Erschütterungen.

Schwefel (*S*) wirkt der Graphitbildung entgegen, macht das Eisen dickflüssig, also für Gießereizwecke ungeeignet, und rotbrüchig, so daß es bei Bearbeitung in der Rotglut (Schmieden) leicht rissig wird. Der *S*-Gehalt muß daher möglichst gering sein. *Mn* hebt die Wirkung des *S* teilweise auf.

---

[1] Nach „Hütte", Taschenbuch für Stoffkunde. 1. Aufl. S. 240.

2. Stahl (schmiedbares Eisen)[1].

Stahl nennt man Eisen mit 0,05÷1,7% C, das bei gewöhnlicher Temperatur weniger spröde ist als Roheisen, aber einen höheren Schmelzpunkt (1400÷1500°) besitzt als dieses und bei Erwärmung nicht sofort aus dem festen in den flüssigen, sondern zunächst in einen teigigen, knetbaren Zustand übergeht, in welchem es große Bildsamkeit besitzt und sich durch Walzen, Pressen, Schmieden leicht umformen läßt. Eine scharfe Grenze zwischen Roheisen und Stahl läßt sich aber nicht ziehen, da der Übergang mit steigendem C-Gehalt oder infolge Anwesenheit anderer Beimengungen allmählich verläuft. Eisen mit 1,7÷2,3% C ist weder gut schmiedbar noch gut gießbar und wird daher praktisch so gut wie nicht verwendet (Ausnahme: westfälisches Zieheisen zur Herstellung von Zieheisen).

Stahl wird nicht unmittelbar aus Erzen sondern aus Roheisen hergestellt. Die Umwandlung des Roheisens in Stahl geschieht durch Frischen. Dasselbe besteht in der Verminderung oder Entfernung der Nebenbestandteile, hauptsächlich C, Si, P und S, durch Oxydation mit Hilfe des Sauerstoffüberschusses, der in den Heizgasen, der durchgeblasenen Luft oder in zugefügten Eisenerzen enthalten ist. Die so entstandenen Oxyde entweichen entweder als Gase oder gehen in die auf dem Eisenbad sich sammelnde Schlacke über. Je nachdem, ob das Enderzeugnis in teigigem oder flüssigem Zustande gewonnen wird, unterscheidet man Schweißstahl und Flußstahl.

Schweißstahl (Puddelstahl) mit 0,05÷0,1% C wird auf dem Herd eines Flammofens aus flüssigem Roheisen unter ständigem Umrühren (Puddeln) hergestellt. Mit zunehmender Oxydation der Nebenbestandteile durch die Kohlensäure und den überschüssigen Sauerstoff der Heizgase übersteigt die Schmelztemperatur die Ofentemperatur und der Stahl wird immer strengflüssiger und erstarrt zu schweißwarmen Körnern, die zu Klumpen zusammenschweißen. Diese vereinigt der Puddler zu sogenannten Luppen, die dann unter dem Dampfhammer durchgeschmiedet und schließlich zu Stäben oder Knüppeln und diese gebündelt zu sogenannten Rohschienen ausgewalzt werden. Dabei wird die in den Luppen enthaltene Schlacke größtenteils herausgepreßt, z. T. aber auch mit ausgestreckt und schließlich so fein verteilt, daß sie den Zusammenhang des Metalles nur noch wenig stört, dem Stahl dagegen in der Walzrichtung ein sehniges Gefüge gibt, infolgedessen seine Festigkeit in der Walzrichtung eine größere ist als quer dazu. Die Schlacke begünstigt die Schweißbarkeit, da sie infolge ihres niedrigen Schmelzpunktes bereits flüssig ist, wenn der Stahl selbst Schweißhitze besitzt, und einen gegen Oxydation schützenden Überzug bildet (vgl. S. 230). Die Schlackenmenge beträgt bei gewöhnlicher Handelsware etwa 2%. Nicht genügend verfeinerter Stahl weist infolge der großen Schlackeneinschlüsse unganze Stellen, Längsrisse, Kantenrisse oder rauhe Oberfläche auf. Kohlenstoffreicher Puddelstahl besitzt feinkörniges Gefüge (Feinkorneisen). Schweißstahl ist wegen der hohen Kosten des Puddelverfahrens und der anschließenden Verfeinerung teuer. Etwas billiger in der Herstellung ist sogenannter Paketierstahl, der durch Zusammenschweißen von Profileisen oder Blechabfällen und Auswalzen des rohgeschmiedeten Blockes hergestellt wird. Die Rohschienen werden zu Stabeisen, Draht oder Blech weiter verarbeitet.

Zementstahl ist ein aus reinstem, kohlenstoffarmen Schweißstahl durch mehrtägiges Glühen in Holzkohle (wobei C in den Stahl überwandert) entstandener Stahl von 0,9÷1,5% C; derselbe wurde bis zur Herstellung von Tiegelstahl als sogenannter Gärb- oder Raffinierstahl, der durch Zusammenschweißen

[1] Näheres siehe Werkstoffhandbuch Stahl und Eisen, herausgegeben vom Verein deutscher Eisenhüttenleute. Normen: siehe DIN-Taschenbuch 4.

einer Anzahl von Rohstäben zu einem Paket und Ausschmieden oder Auswalzen desselben entstanden war, zu Messerklingen, Werkzeugen, Waffen usw. verwendet und dient heute zuweilen noch als Einsatz für das Umschmelzen im Tiegel zum Ausgleich des C-Gehaltes und zum Reinigen von Schlacken.

Schweißstahl ist heute zum größten Teil durch den billiger und gleichmäßiger herzustellenden Flußstahl verdrängt; die weicheren Sorten werden noch für einige Sonderzwecke bzw. solche Teile verwendet, die große Formänderungen auszuhalten haben, z. B. für Kunstschmiede- und Kunstschlosserarbeiten, im Maschinenbau für Ketten, Nieten, warmgepreßte Schraubenmuttern, Lasthaken, Stehbolzen, Kesselbleche usw. Die einzelnen Arten des Schweißstahles unterscheiden sich durch ihr Gefüge (Korn oder Sehne) und den Grad der Verfeinerung (vgl. Tiegelstahl, S. 12).

Flußstahl wird in der Birne nach dem (sauren) Bessemer- oder bei phosphorhaltigem Roheisen, wie in Deutschland hauptsächlich, nach dem (basischen) Thomasverfahren oder auf dem Herd des mit Regenerativfeuerung versehenen Siemens-Martin-Ofens in flüssigem Zustande gewonnen.

Bei den Birnen- oder Windfrischverfahren wird Gebläsewind durch das flüssige Roheisen geblasen, um die Nebenbestandteile zu oxydieren. In dem Maße, wie diese dadurch in die Schlacke oder gasförmig entweichen, oxydiert auch das Eisen und muß durch nachträgliches Zusetzen von Ferromangan und Ferrosilizium wieder desoxydiert werden. Da zu diesem Umwandlungsvorgang eine gewisse Zeit gehört, das Windfrischen aber sehr schnell vor sich geht, so bleiben in dem Stahl gewisse Mengen von Eisenoxyduleinschlüssen zurück. Das basische Futter der Thomasbirne ermöglicht im Gegensatz zum sauren der Bessemerbirne durch Erzeugung einer kalkreichen Schlacke zugleich eine Entphosphorung des Roheisens. Die phosphorsäurereiche gemahlene Thomasschlacke ist ein wertvolles Düngemittel.

Hohe Verschleißfestigkeit und Polierfähigkeit machen den Bessemerstahl für einige Sonderzwecke besonders geeignet; im übrigen ist er in Deutschland durch den Thomasstahl vollständig verdrängt, der vor allen Dingen in weichen Sorten für Bauzwecke, Brücken, Bleche, Eisenbahnoberbau, insbesondere auch für Schienen verwendet wird.

Beim Herdfrischen (Siemens-Martin-Verfahren) erfolgt das Frischen wesentlich langsamer durch den Luftüberschuß und Kohlensäuregehalt der über das auf dem muldenförmigen Herd befindliche Eisenbad hinwegstreichenden Feuergase. Das sogenannte Schrott-Roheisen-Verfahren diente ursprünglich und dient auch heute noch dazu, aus den im Stahlwerk und Walzwerk und bei der Weiterverarbeitung entstandenen Stahlabfällen unter Zusatz von Roheisen als Schutz gegen zu weitgehende Oxydation von neuem Stahl zu erschmelzen. Beim Roheisen-Erz-Verfahren dagegen wird flüssiges Roheisen eingesetzt und diesem zur Beschleunigung des Frischvorganges Eisenerz zugefügt. Je nach dem Futter des Herdes unterscheidet man auch hier ein saures und ein basisches Verfahren, von denen letzteres in Deutschland aus den obengenannten Gründen am meisten in Gebrauch ist. Der langsame Verlauf des Frischvorganges gestattet eine genauere Regelung der Zusammensetzung des Stahles als beim Windfrischen. Durch rechtzeitiges Unterbrechen des Vorganges kann man z. B. einen kohlenstoffreichen, durch genügend lange Dauer andererseits einen ganz weichen Stahl erzielen. Hat dieser dabei etwa Sauerstoff aufgenommen, so wird er durch Ferromangan oder Ferrosilizium wieder desoxydiert. Weiche Stahlsorten für Formeisen, Bleche, Draht und Eisenbahnbau sind die Haupterzeugnisse der Siemens-Martin-Verfahren.

Der nach den bisher besprochenen Verfahren erzeugte Flußstahl ist sogenannte Handelsware, die aber höheren Ansprüchen hinsichtlich Reinheit und

Festigkeitseigenschaften, wie sie vielfach im Maschinenbau gestellt werden, nicht genügt. Durch ein anschließendes Verfeinerungs- oder Veredelungsverfahren kann man hochwertigeren Stahl (Edelstahl) von den gewünschten Eigenschaften erzielen.

Tiegelstahl ist ein derartig verfeinerter Stahl, entstanden durch Umschmelzen des nach einem der bisher erwähnten Verfahren erzeugten Stahles in Tiegeln, die aus feuerfestem Ton mit Koks- oder Graphitzusatz bestehen und mit einem Deckel verschlossen werden. Die Tiegel von je 35÷50 kg Inhalt stehen in Reihen auf dem Herd eines mit Regenerativfeuerung versehenen Ofens, der die erforderlichen hohen Temperaturen erzeugt. Das Verfahren diente ursprünglich dazu, Schweißstahl durch Umschmelzen und Abstehenlassen im Tiegel von seinen Schlackeneinschlüssen zu befreien. Das ist aber nur bis zu einem gewissen Grade möglich, daher soll möglichst schlackenfreies und, da ferner im Tiegel eine Abscheidung von S und P nicht erfolgen kann, auch schwefel- und phosphorarmes Einsatzmaterial verwendet werden. Heute wird meist flüssiger Stahl aus dem Siemens-Martin-Ofen eingesetzt. Durch das sehr ruhig vor sich gehende Umschmelzen und Abstehen scheiden sich Gase und nichtmetallische Einschlüsse infolge ihres geringeren spezifischen Gewichtes größtenteils aus und gehen in die Schlacke über, während schädliche Einflüsse der Luft oder der Heizgase durch Tiegel und Deckel verhindert werden. Tiegelstahl ist daher das vorzüglichste Erzeugnis, das sich erschmelzen läßt. Durch Zusatz von Cr, W, Ni, Mo usw. kann man legierte Stähle herstellen. Wegen der immerhin beträchtlichen Kosten kommt das Tiegelschmelzverfahren hauptsächlich zur Herstellung solcher hochwertigen Stähle in Frage und wird heute nach Möglichkeit durch das Elektroschmelzverfahren ersetzt.

Elektrostahl ist ein dem Tiegelstahl ähnliches Erzeugnis, welches auf dem Herd eines kippbaren, elektrisch geheizten Ofens (siehe S. 128) erzeugt wird. Die mittels des elektrischen Stromes zu erzielenden Temperaturen ($<3500^0$) sind höher als bei jeder anderen Beheizungsart; infolgedessen kann eine hochbasische, auf den Stahl sehr stark reinigend wirkende flüssige Schlacke erzeugt werden, die die schädlichen Bestandteile, hauptsächlich P, S und O, in sich aufnimmt und aus dem Stahl entfernt. Es lassen sich daher gegenüber dem Tiegelschmelzverfahren unreinere Einsatzstoffe verwenden. Da weder Luft noch Verbrennungsgase einwirken können, so ist der erzeugte Stahl frei von Schlacken- und Gaseinschlüssen. Der Elektroofen wird entweder wie der Siemens-Martin-Ofen zum Einschmelzen von Roheisen- und Stahlabfällen benutzt oder er dient zum Verfeinern — und dieses ist das am meisten übliche Arbeitsverfahren — flüssig eingesetzten, im Siemens-Martin-Ofen oder in der Birne vorgefrischten Stahles. Daneben spielt der Elektroofen eine wichtige Rolle für die Herstellung legierter Stähle, weil wegen der weitgehenden Desoxydation des Stahlbades kein Verlust an den teuren Legierungsmetallen durch Abbrand entsteht und daher die Zusammensetzung des Stahles in engen Grenzen genau geregelt werden kann. Der Elektroofen kann auch zur Erzeugung von synthetischem Roheisen (siehe S. 8) dienen, spielt aber hierfür noch keine nennenswerte Rolle.

Die Eigenschaften des Stahles ($\gamma = 7{,}7 \div 7{,}85$), der in der Regel eine bedeutend höhere Festigkeit als Roheisen besitzt, infolge seines geringeren C-Gehaltes dehnbar ist und sich bei $700 \div 1300^0$ gut schmieden und walzen läßt, sind nicht nur von der chemischen Zusammensetzung sondern auch von dem Herstellungsverfahren und der weiteren Behandlung abhängig[1].

Kohlenstoff als Eisenkarbid bestimmt in erster Linie die Festigkeitseigenschaften und die Möglichkeit des Härtens und Vergütens (siehe S. 263). Die Zer-

[1] Siehe Goerens: Über Stahlqualitäten und ihre Beziehungen zu den Herstellverfahren. Z. V. d. I. 1926, S. 1093.

reißfestigkeit steigt unter gleichzeitiger Abnahme der Dehnung mit einem *C*-Gehalt bis etwa 0,9 %, um danach wieder etwas abzunehmen. Ebenso steigt damit die Härte bzw. die Härtbarkeit, während die Schmiedbarkeit und Schweißbarkeit abnimmt. Baustähle enthalten 0,3÷0,8 % *C*, Werkzeugstähle bis zu 1,5 %.

Silizium übt in den kleinen Mengen, in denen es gewöhnlich im Stahl vorkommt, nur eine geringe steigernde Wirkung auf die Festigkeitseigenschaften aus. Eine merkbare Zunahme der Festigkeit tritt erst bei 0,6 % *Si* ein, der Höchstwert wird mit 4 % *Si* erreicht. Die Festigkeitssteigerung geschieht aber auf Kosten der Zähigkeit. *Si* vermindert die Schmiedbarkeit und Schweißbarkeit, dagegen erhöht es die Elastizitätsgrenze. Daher soll ein gut schweißbarer Flußstahl höchstens 0,01 % *Si* enthalten, während z. B. ein Stahl mit 0,3÷0,6 % *C* und 1,0÷2,5% *Si* als Federstahl verwendet wird. *Si* bewirkt, daß der Stahl gut magnetisierbar ist, aber auch seinen Magnetismus nach Aufhören der Magnetisierung schnell wieder verliert. Aus diesem Grunde und wegen der damit verbundenen Verminderung der Wirbelströme und Hysteresisverluste eignet sich ein Stahl mit 2÷4 % *Si* zur Herstellung von Blechen für die Eisenkerne von elektrischen Maschinen und Transformatoren, bei denen ein dauernder Wechsel des Magnetismus stattfindet.

Abb. 3. Phosphor- und Schwefelanreicherung (Seigerung) im Inneren eines Stahlknüppels. (Baumann — Selbstdruck.)

Mangan vermindert, zumal je höher gleichzeitig der *C*-Gehalt, ebenfalls die Schmiedbarkeit und erhöht Härte und Festigkeit unter gleichzeitiger Verminderung der Dehnbarkeit, wenn auch in geringerem Maße als *C*. Die Schweißbarkeit hört bei 1 % *Mn* auf, ein geringerer Gehalt hebt dagegen die ungünstige Wirkung des *Si* auf, so daß Stahl mit 0,15 % *Si* noch schweißbar ist, wenn er zugleich 0,5 % *Mn* enthält. *Mn* erhöht den Verschleißwiderstand, daher wird z. B. Stahl mit 0,4 % *C* und 1 % *Mn* für Ambosse und Warmgesenke, mit 1,3÷1,4 % *Mn* für Radreifen, mit 0,9÷1,3 % *C* und 10÷15% *Mn* (Hartstahl, unmagnetisch) für Teile verwendet, die neben großer Zähigkeit geringen Verschleiß aufweisen müssen (z. B. Preß- und Baggerteile), ferner als Stahlguß (Brechbacken, Kreuzungen und Herzstücke für Schienen). Man erreicht bei diesem Stahl durchschnittliche Festigkeiten bis 100 kg/mm² bei 30 % Dehnung; in besonderen Fällen kann die Festigkeit sogar auf 130 kg/mm² und die Dehnung auf 80 % gesteigert werden.

Schwefel beeinflußt die Festigkeitseigenschaften bei gewöhnlicher Temperatur nur wenig, ist aber besonders deshalb gefürchtet, weil er den Stahl in rotwarmem Zustande brüchig (rotbrüchig) macht und die Schmiedbarkeit dadurch sehr beeinträchtigt, sowie wegen seiner Neigung zum Seigern und die dadurch hervorgerufenen Ungleichmäßigkeiten im Werkstoff (vgl. Abb. 3). Der *S*-Gehalt soll daher möglichst nicht über 0,1 %, bei besseren Stahlsorten höchstens 0,04 %

betragen (Ausnahme: Automateneisen mit $\leqq 0{,}2$ % S zur Erzielung bröckliger Späne).

Phosphor beeinträchtigt die Schmiedbarkeit nicht, dagegen in hohem Maße die Kaltbildsamkeit, d. h. veringert die Schlagfestigkeit, macht den Stahl spröde (kaltbrüchig) und neigt gleichfalls stark zum Seigern (vgl. Abb. 3). Die zulässigen Grenzen sind etwa die gleichen wie bei S (Ausnahme: Preßmuttereisen mit bis zu 0,4 % P).

Weitere Nebenbestandteile, die dem Flußstahl im Siemens-Martin- oder Elektroofen bzw. beim Umschmelzen im Tiegel zur Erzielung besonderer Festigkeit, Härte, Zähigkeit oder Elastizität usw. absichtlich zugesetzt werden, sind insbesondere Nickel, Chrom, Wolfram, Molybdän, Titan, Vanadium usw. Derartig legierte Sonderstähle besitzen vielfach einen ganz geringen C-Gehalt (0,1 % und weniger), verdanken ihre besonderen Eigenschaften also hauptsächlich den erwähnten Legierungsbestandteilen.

Nickel (Ni) erhöht die Festigkeit und Dehnung des Stahles ganz erheblich. Nickelstahl mit etwa 2 % Ni wird für stark beanspruchte Rohre, Bleche, Nieten, mit 2÷5 % Ni für Panzerplatten, Geschütz- und Gewehrläufe, Achsen, Kurbelzapfen, Turbinenschaufeln, Zahnräder, Kraftwagen- und sonstige hochbeanspruchte Maschinenteile verwendet (vgl. auch DIN Vornorm KrG 601). Nickelstahl mit über 20 % Ni ist fast unmagnetisch und sehr widerstandsfähig gegen Rost (mit über 25 % Ni praktisch rostfrei und unmagnetisch) und besitzt sehr geringe elektrische Leitfähigkeit. Nickelstahl mit etwa 26 % Ni wird für Ventile in Verbrennungsmaschinen und für elektrische Widerstände, solcher mit 36 % Ni (Invarstahl) wegen seiner sehr geringen Wärmeausdehnung für Genauigkeitsmeßwerkzeuge und Uhren verwendet.

Chrom (Cr) vermindert die Schmiedbarkeit, und zwar um so mehr, je höher gleichzeitig der C-Gehalt, erhöht aber die Festigkeit und Härte des Stahles, bei Werkzeugstählen die Schneidhaltigkeit. Stähle mit niedrigem Cr-Gehalt werden für Wagenfedern, Meißel, Bohrer, Sägeblätter, Kugellager und (wegen des großen remanenten Magnetismus) für Dauermagnete verwendet. Stähle mit $>$ 13 % Cr sind völlig rostfrei und dienen mit höherem C-Gehalt wegen ihrer großen Härte und Verschleißfestigkeit zur Herstellung von Kaltwalzen, Stempeln und Zieheisen.

Da diese außer C nur ein Zusatzelement enthaltenden Sonderstähle, sogenannte Dreistoffstähle, vielfach den gesteigerten Anforderungen nicht mehr genügten, schritt man zur Verwendung mehrerer Zusatzelemente. Die wichtigsten dieser so entstandenen Vierstoff- bzw. komplexen Stähle sind etwa folgende:

Chrom-Nickel-Stahl, der mit großer Festigkeit und Härte eine erhöhte Zähigkeit verbindet (vgl. DIN Vornorm KrG 601). Besonderer Erwähnung bedürfen hier die nichtrostenden Chrom-Nickel-Stähle, z. B. die Krupp'schen Stähle V 1 M (0,15 % C, 14 % Cr, 2 % Ni) mit $\sigma_B = 80$ kg/mm² bei $\delta = 14$ % und V 2 A (0,25 % C, 20 % Cr, 7 % Ni) mit $\sigma_B = 80$ kg/mm² und $\delta = 40$ % (nicht härtbar)[1].

Chrom-Vanadium-Stahl mit großer Widerstandsfähigkeit gegen wechselnde Beanspruchung.

Nickel-Vanadium-Stahl mit höherer Festigkeit und Elastizität als Nickelstahl.

Chrom-Wolfram-Stähle, sogenannte Schnellstähle ($\gamma = 8{,}2 \div 9{,}5$), die hauptsächlich für Schneidwerkzeuge Verwendung finden (0,5÷1 % C, 2÷6 % Cr, 12÷24 % W) und daneben vielfach noch V, Co und Mo enthalten und sich durch größere Schneidhaltigkeit, d. h. Unempfindlichkeit gegen die Schneidwärme (nicht etwa durch größere Härte, wie vielfach angenommen wird) auszeichnen,

---

[1] Vgl. Stahleisen 1922, S. 961.

so daß sie noch bei Temperaturen von $\geqq 500^0$ arbeiten können, während gewöhnliche Werkzeugstähle (Kohlenstoffstähle) schon bei $200 \div 230^0$ ausglühen, d. h. angelassen werden und ihre künstliche Härte verlieren (vgl. S. 275).

Schweißstahl ist, wie bereits erwähnt, schlackenhaltig und im allgemeinen von geringerer Festigkeit als Flußstahl. Flußstahl hat ein körniges Bruchgefüge und weist keine Schlackeneinschlüsse auf, enthält dagegen meist Gasbläschen, weil er in flüssigem Zustande große Lösungsfähigkeit für Gase besitzt und diese beim Erstarren des Stahles nicht vollständig entweichen können. Flußstahl ist aber wesentlich empfindlicher gegen Oberflächenverletzungen als Schweißstahl, und feine Oberflächenrisse (Haarrisse) neigen dazu, sich durch den ganzen Querschnitt fortzupflanzen. Diese Risse rühren vielfach davon her, daß die Wandungen durch Blasen oder Schwindung entstandener Hohlräume (Lunker) beim Auswalzen oder Schmieden des Blockes nicht vollständig verschweißen, so daß fehlerhafte Stellen zurückbleiben. Solche Risse sind am gefährlichsten bei öfters sich wiederholenden stoßartigen Beanspruchungen. Daher müssen z. B. gestanzte Nietlöcher zur Vermeidung von Haarrissen sorgfältig nachgerieben werden, scharfe Absätze und Ecken und Drehrillen sind zu vermeiden oder zu beseitigen, Gewindeprofile gut abzurunden und beim Verstemmen von Nietköpfen Kerben im Blech sorgfältig zu vermeiden. Vielfach tritt auch eine Seigerung, besonders von P und S, ein, die sich hauptsächlich in die Mitte und den oberen Teil des Blockes, die zuletzt erstarren, hineinzieht, so daß die Zusammensetzung des Stahles nicht in allen Teilen des Blockes vollkommen gleichmäßig ist. Dies gilt hauptsächlich für nichtveredelte Handelsware. In den äußeren Schichten kristallisiert hauptsächlich das strengflüssige Element Eisen aus, während der an Fremdstoffen (C, P, S) reicher werdende Kern mit niedrigem Schmelz- bzw. Erstarrungspunkt zuletzt erstarrt. Wegen der früher bereits behandelten Einwirkungen dieser Fremdstoffe auf den Stahl sind daher die Außenschichten am zähesten und wertvollsten, der Kern dagegen am geringwertigsten. Das ist u. U. bei der Wahl des Herstellungsverfahrens zu beachten, z. B. werden beim Drehen aus dem Vollen die äußeren wertvollsten Schichten zum großen Teil entfernt, während beim Vorschmieden im Gesenk und Nachdrehen die Außenschicht in der Hauptsache erhalten bleibt und dem Werkstück zugute kommt. Je geringer der Gehalt an schädlichen Nebenbestandteilen, desto geringer auch die Seigerung. Durch schnelles Abkühlen des Blockes kann man die Seigerung vermindern, durch Abschneiden des oberen Blockendes (verlorener Kopf) vor der Weiterverarbeitung die hauptsächlichsten Seigerungen und Lunker beseitigen.

Von den verschiedenen Flußstahlsorten ist Thomasstahl weicher als Bessemerstahl, Siemens-Martin-Stahl beiden in der Regel an Güte überlegen. Elektro- und Tiegelstahl sind die hochwertigsten und teuersten Stahlsorten und finden entweder als Baustähle für hochbeanspruchte Teile oder als Werkzeugstähle Verwendung. Der flüssige Stahl wird in eisernen Formen (Kokillen) zu Blöcken von quadratischem, rechteckigem oder achteckigem Querschnitt vergossen, die entweder im Hammer- oder Preßwerk zu Schmiedestücken verarbeitet oder im Walzwerk zu Schienen, Form- und Stabeisen, Blechen oder Drähten weiter ausgewalzt und in dieser Form in den Handel gebracht werden. Flußstahl wird außerdem zur Herstellung von Gußstücken (Stahlformguß, siehe S. 144) verwendet, die bei entsprechender Nachbehandlung ähnliche Eigenschaften wie gewalzte oder geschmiedete Teile besitzen.

Stahl hat ein kristallinisches, körniges Bruchgefüge. Die Kristalle wachsen mit der Temperatur und der Glühdauer. Je grobkörniger das Gefüge, desto geringer die Festigkeit, Streckgrenze und Kerbzähigkeit. Man sucht daher das Gefüge möglichst feinkörnig zu machen. Hierfür stehen drei Wege zur Verfügung: mechanische Bearbeitung, Umkristallisieren durch Warmbehandlung und Beifügung geeigneter Nebenbestandteile.

Durch Walzen oder Schmieden in heller Rotglut wird das Bruchgefüge feinkörniger, und zwar bessern sich dadurch die Festigkeitseigenschaften bei einer Querschnittsverminderung des Blockes bis auf etwa ein Drittel des ursprünglichen Querschnittes; darüber hinaus ist nur noch eine Verbesserung in der Hauptstreckrichtung (Walzrichtung) zu verzeichnen, die aber auf Kosten der Querrichtung geht. Bei Verarbeitung unter Rotglut durch Schmieden, Walzen oder Ziehen werden die Kristalle gestreckt und in einen Spannungszustand versetzt, der eine wesentliche Erhöhung der Festigkeit und Härte aber auch der Sprödigkeit des Stahles mit sich bringt. Auf diese Weise kann man z. B. aus dem gleichen vorgewalzten Draht durch Ziehen Drähte ganz verschiedener Festigkeit erhalten. Die durch Strecken der Kristalle hervorgerufenen inneren Spannungen können aber mit der Zeit zu Änderungen der Festigkeitseigenschaften — man nennt das das „Altern" — und sogar zur Rißbildung führen. Die Schlagfestigkeit derartig kaltbearbeiteten Stahles ist stark verringert, seine Empfindlichkeit gegen Oberflächenverletzungen und scharfe Ecken erhöht. Bei einem C-Gehalt bis zu 0,3 % hat eine Erwärmung auf 700° ein Wachstum der Kristalle und damit eine Herabsetzung der Festigkeit, der Streckgrenze und Zähigkeit des Stahles zur Folge. Schon eine mehrtägige Erwärmung bis auf etwa 200°, wie sie bei Dampfkesselblechen vorkommt, verringert die Zähigkeit in hohem Grade. Ebenso gefährlich ist die Kaltbearbeitung von Blechen durch Scheren und Stanzen oder Verstemmen. Durch eine Wiedererwärmung auf 910÷930° lassen sich die erwähnten Nachteile wieder beseitigen. Bezüglich des Einflusses der Warmbehandlung sei auf den betreffenden Abschnitt S. 263 verwiesen.

Die Festigkeit des Flußstahles schwankt je nach seiner Zusammensetzung und Verarbeitung in weiten Grenzen. Angaben darüber enthält DIN 1611.

Ähnlich wie beim Roheisen unterscheidet die Praxis auch bei Stahl nicht nur nach der chemischen Zusammensetzung, insbesondere dem C-Gehalt, sondern auch nach dem Herstellungsverfahren (Bessemer-, Thomas- und Siemens-Martin-Stahl, Elektrostahl, Tiegelstahl) und der weiteren Verarbeitung (Schienen, Stabeisen, Blech, Draht, Rohre usw.), sowie nach dem Verwendungszweck (Baustähle, Werkzeugstähle, Nieten- und Schraubeneisen und dergleichen). Nähere Angaben über die verschiedenen Walzwerkserzeugnisse enthält jedes Taschenbuch (z. B. „Hütte"). Die Werkstoffeigenschaften für Walzerzeugnisse aus Flußstahl sind in DIN 1612 und 1613 festgelegt.

3. Schutz der Eisenoberfläche gegen Rost[1].

Rost (Eisenhydroxyd) entsteht unter der gleichzeitigen Einwirkung von Wasser und Sauerstoff bzw. Luft. Völlig geklärt ist die Ursache der Rostbildung noch nicht, anscheinend spielen aber elektrische bzw. elektrolytische Vorgänge eine Hauptrolle und wird durch abirrende elektrische Ströme die Rostbildung begünstigt. Wenn in dem mit dem Eisen (oder sonstigen Metallen) in Berührung kommenden Wasser Säuren oder Salze gelöst sind, so entsteht nicht nur bei Anwesenheit verschiedener Metalle sondern auch bei Legierungen, wie Eisen, deren einzelne Bestandteile in elektrischer Spannungsdifferenz zu einander stehen, ein galvanischer Strom, durch dessen elektrochemische Einwirkung Anfressungen (Korrosionen) hervorgerufen werden, und zwar nicht nur der positiv elektrischen Teilchen, wie bisher allgemein angenommen wurde.

---

[1] Vgl. auch Betriebsblatt „Rostschutzmittel". Maschinenbau 1925, S. 854. „Hütte", Taschenbuch für Stoffkunde. 1. Aufl. S. 555.

Die Frage nach dem wirksamsten Schutz gegen Korrosion ist nicht leicht und nicht eindeutig zu beantworten. Die meistbeschrittenen Wege sind, das Metall, insbesondere das Eisen, mit einem Überzug zu versehen oder durch Legieren mit anderen Metallen elektrochemisch so zu veredeln daß die neue Legierung praktisch keine nennenswerte Korrosionsfähigkeit mehr besitzt. Alle sonstigen Schutzverfahren spielen daneben nur eine untergeordnete Rolle und kommen nur für Sonderfälle in Betracht.

Damit die Überzugsstoffe gut haften und nicht abblättern, sind die zu schützenden Flächen zuvor gründlich von Fett, Rost und Zunder zu reinigen. Durch Eintauchen in oder Abwaschen mit heißer Kali- oder Natronlauge läßt sich anhaftendes Fett verseifen und danach leicht abbürsten und abspülen. Rost und Zunder werden mit Drahtbürste oder Sandstrahlgebläse entfernt. Oxydschichten (Zunder) kann man auch durch Beizen in verdünnter Schwefelsäure beseitigen (so werden z. B. Feinbleche „dekapiert"). Sonstige Gegenstände, z. B. Werkzeuge, legt man in eine etwa 8 proz. Lösung von Kali- oder Natronlauge und bedeckt die Roststellen mit Zinkbohrspänen. Dadurch wird der Rost durch Reduktion entfernt, ohne daß das Werkstück leidet.

a) Nichtmetallische Überzüge.

Ölfarbenanstrich ist das am häufigsten angewendete, weil billig und leicht herzustellende Rostschutzmittel für größere Flächen. Als Grundierung verwendet man einen dünnflüssigen, rasch trocknenden Leinölfirnis mit einem Zusatz von gut deckendem Farbstoff (Graphit, Ocker, Eisenmennige, für Unterwasserteile am besten Bleimennige). Nach vollständigem Trocknen erfolgt ein nicht zu dick aufgetragener Deckfarbanstrich, bestehend aus Leinölfirnis mit Bleiweiß (nicht Zinkweiß, da nicht haltbar), Eisenmennige, Graphit, Zinkstaub usw. Vielfach wird als zweiter auch ein Lackanstrich gewählt. Maschinenständer, Motorgehäuse, Grundplatten usw. erhalten vor dem Anstrich oftmals einen Spachtelüberzug, der aber in erster Linie Unebenheiten und kleine Fehlerstellen der Flächen verdecken und ihnen ein besseres Aussehen geben soll. Das Auftragen der Farbanstriche erfolgt mittels Pinsels oder Druckluftpistole, seltener durch Eintauchen[1]. Ölfarben haben den Nachteil, daß sie für Feuchtigkeit und Dämpfe mehr oder weniger durchlässig sind bzw. Wasser absorbieren, so daß oft Rostungen unter scheinbar noch gut erhaltenen Anstrichen entstehen. Grundsätzlich soll der erste Anstrich chemisch rostschützend, der zweite physikalisch wetterbeständig sein. Der Schiffsbodenfarbe werden beim letzten Anstrich noch Giftstoffe, z. B. Quecksilberoxyd, zugesetzt, um den Schiffsboden nicht nur gegen Rost sondern auch gegen das Bewachsen und Ansetzen von Pflanzen und Tieren zu schützen. Andere Anstrichmittel (Bessemerfarbe, Schuppenpanzerfarben, Antioxyd, Tegolin-Rostschutzfarbe, Rostalin usw.) enthalten noch besondere, die Rostschutzwirkung erhöhende Zusätze.

Lackieren wird nur für vorher durch Abbrennen in Öl oder Säure, Abkratzen mit Stahlbürsten, Abblasen mit dem Sandstrahl, Schmirgeln oder Polieren sauber geglättete Flächen zur Erhaltung ihres Aussehens, insbesondere bei kunstgewerblichen Gegenständen, feinmechanischen, optischen und elektrischen Apparaten und dergleichen verwendet und besteht in einmaligem Auftragen von leichtflüssigem Zaponlack (Bernsteinlack) mittels Pinsels auf die leicht erwärmten Gegenstände.

Teer-, Asphalt- und Pechüberzug wird besonders bei in der Erde ge-

[1] Siehe auch Hettner: „Anstreichverfahren im Großbetrieb". Werkst.-Techn. 1928, S. 167,

lagerten gußeisernen Teilen (Rohre, Gas- und Wasserarmaturen, Kabelkästen usw.) verwendet und auf die zuvor auf 250÷350° erwärmten Teile heiß aufgetragen. Stahlrohre werden noch mit in Teer getränkten Jutestreifen umwickelt.

Fett- und Harzölüberzug ist für vorübergehenden Schutz blanker Eisenteile während des Transportes oder auf Lager geeignet. Talg und Pflanzenöle sind wegen ihrer Fettsäure, die das Eisen angreift und die Rostbildung eher fördert als hindert, nicht zu verwenden, sondern Mineralöle und -fette (Vaseline) oder konsistente (Stauffer-)Fette, deren Alkaligehalt rostschützend wirkt.

Emailleüberzug[1] besteht aus einer Grund- und einer Deckmasse (Glasur). Die Grundmasse aus mit Wasser angerührtem Feldspat, Borax, Quarz, Ton und Magnesia wird auf die zuvor gründlich gereinigten, gebeizten und getrockneten Gegenstände aufgetragen und im Brennofen bis zur Sinterung eingebrannt. Nach dem Erkalten wird die Schmelzmasse, aus Silikaten und Zinnoxyd bestehend, aufgetragen und wieder im Brennofen bis zum Schmelzen erhitzt. Gut ausgeführte Emaillierung bietet einen guten Rostschutz, hat aber den Nachteil, daß der Überzug infolge seiner Sprödigkeit leicht abspringt und an diesen Stellen dann das Eisen der Zerstörung durch Rost ausgesetzt ist. Emaillierung wird viel bei gußeisernen und Blechgeschirren, ferner für Behälter für die chemische Industrie (zum Schutz gegen Säuren) angewendet.

Zementüberzug aus mit Wasser streichfähig angerührtem Zement für Eisenkonstruktionen, Schiffsböden, Schleusenbauten usw. wird auf die zuvor gereinigten Flächen in vier bis fünf Schichten, die folgende jedoch stets erst nach Erhärten der vorangehenden Schicht, aufgetragen. Später schwer zugängliche Ecken schützt man durch Ausfüllen mit Zement.

Das Braunfärben (Brünieren) von Waffen- und feineren Eisenteilen besteht darin, daß dieselben nach sorgfältiger Reinigung mit Antimonchlorid bestrichen und der Einwirkung der Luft ausgesetzt werden, wodurch sich bei mehrmaliger Wiederholung ein Überzug aus metallischem Antimon bildet. Zuletzt werden die erwärmten Teile mit Wachs eingerieben.

Das Inoxydieren besteht darin, daß durch Glühen der fertigen Eisenwaren (Guß- oder Schmiedestücke) bei 800÷900° und Abkühlung an der Luft eine Schicht von Eisenoxyduloxyd erzeugt wird, die infolge ihrer Unempfindlichkeit gegen feuchte Luft und Wasser einen sicheren Rostschutz darstellt.

b) Metallschutz,

d. h. Überzug der zu schützenden Gegenstände mit einer Metallschicht aus Zink, Zinn, Blei, Nickel, Kobalt usw. Voraussetzung ist in jedem Falle eine sorgfältige Reinigung der zu überziehenden Fläche durch Abbürsten, Abblasen, durch Beizen in Säure, insbesondere verdünnter Schwefelsäure, und durch Kochen in heißer Kalilauge zur Entfernung von anhaftendem Fett und Öl. Ein dichter Metallüberzug bildet einen einwandfreien Rostschutz.

Das Tauchverfahren ist das einfachste, kommt aber nur für Überzugsmetalle mit niedrigem Schmelzpunkt (Zinn, Zink, Blei) in Frage. Die nach dem Beizen gut getrockneten Teile werden noch warm in das flüssige Metallbad getaucht, in dem sie je nach der Dauer des Eintauchens einen mehr oder weniger dicken Metallüberzug erhalten. Der Nachteil des Tauchverfahrens besteht in dem ungleichmäßigen und vielfach unnötig starken Metallüberzug und dem damit verbundenen großen Metallverbrauch. Nach Herausnehmen aus dem Bade werden die Teile durch Abstreifen oder Abwaschen von dem überflüssigen Metall befreit.

Das Galvanisieren (elektrolytisches Verfahren) kommt bei allen Metallen,

[1] Vgl. auch Neugebauer: Herstellung und Verwendung des Emails. Z. V. d. I. 1928, S. 1469.

insbesondere auch bei solchen mit höherem Schmelzpunkt, wie Kupfer, Nickel, Chrom, Kobalt, zur Anwendung. Die zu überziehenden Eisenteile werden als Kathode in die betreffende wässerige Metallsalzlösung gehängt, wobei sich unter der Einwirkung eines elektrischen Stromes von niedriger Spannung das Metall aus dem Bad auf dem Eisen niederschlägt. Die Stärke des Metallüberzuges kann je nach der Dauer des Vorganges in weiten Grenzen geregelt werden. Die Teile werden nachher gründlich mit Wasser abgespült und in Sägespänen getrocknet. Das Galvanisieren wird außer für Bleche hauptsächlich für solche Teile angewendet, die maßhaltig bleiben sollen, z. B. Schrauben, Muttern usw., oder eine Temperaturerhöhung, wie sie beim Tauchverfahren notwendig ist, nicht vertragen können (z. B. gehärtete und gezogene Teile)[1].

Beim Schoop'schen Metallspritzverfahren wird das Überzugsmetall in Drahtform einer Druckluftpistole zugeführt, durch eine Gebläseflamme oder einen elektrischen Lichtbogen zum Schmelzen gebracht und dann durch die Druckluft auf die zu überziehende Fläche geschleudert, auf der die einzelnen Tröpfchen zu einer zusammenhängenden Metallhaut zusammenfließen. Glatte Flächen, auf denen der Metallüberzug schlecht haften würde, werden vorher mittels Sandstrahles beblasen. Auch vorheriges Erwärmen der Flächen oder Werkstücke erhöht das Anhaften des aufgespritzten Metalles. Das Spritzverfahren bietet die Möglichkeit, das Metall in feinster Verteilung auf beliebig geformte Flächen aufzubringen und wird vielfach bei genieteten und gefalzten Gegenständen, Eisenkonstruktionen, Federn, Drähten und gehärteten und gezogenen Teilen, desgl. bei gußeisernen Teilen verwendet, sofern die Gegenstände keinen weiteren Formänderungen unterzogen werden müssen. Es lassen sich auch Rohre von 25 mm ϕ aufwärts inwendig auf diese Weise mit einer Metallschicht überziehen.

Das Sherardisieren ist sozusagen ein Trockenüberzugsverfahren und besteht darin, daß man die zu überziehenden Teile in verschließbare eiserne Trommeln füllt, in denen sich das Überzugsmetall in gepulvertem Zustande befindet. (Statt reinen Zinks, das sich nicht bewährt hat, verwendet man ein Gemisch von 10÷20% Zink und 90÷80% Quarzsand.) Die gefüllten Trommeln werden dann von außen her, z. B. in Öfen, 2÷4 Stunden lang auf 250÷400°, je nach dem Überzugsmetall, erwärmt und dabei gedreht, wodurch die Gegenstände gründlich in und mit dem Metallstaub durcheinander geschüttelt werden, so daß dieser möglichst überall hingelangt und sich mit dem Eisen verbindet. Bei gehärteten oder hartgezogenen Teilen darf man mit der Erwärmung nicht über 300° hinausgehen, damit dieselben nicht zu sehr an Härte und Elastizität verlieren. Das Sherardisieren empfiehlt sich für kleinere Teile, zumal wenn die Maßhaltigkeit gewahrt werden soll, eignet sich dagegen nicht für Teile mit Nuten und dergleichen, da das Metallpulver nicht tief genug in die Furchen eindringt.

Das Kalorisieren oder Alitieren wird für Gegenstände angewendet, die dauernd hohen Temperaturen und der Gefahr der Verzunderung ausgesetzt sind. Sie werden längere Zeit in Aluminiumpulver (bzw. einem Gemisch von z. B. 49 % Aluminiumpulver, 49 % Tonerde und 2 % Chlorammonium) auf etwa 800° erhitzt oder auf andere Weise, z. B. durch Sherardisieren oder Bestreichen mit Aluminiumbronze und nachfolgendem Glühen, mit einem Aluminiumüberzug versehen. Dabei entsteht an der Oberfläche eine *Al-Fe*-Legierung, die infolge rascher Bildung einer dichten Oxydschutzschicht das glühende Eisen sehr wirksam gegen Verzundern, d. h. gegen die Einwirkung des Luftsauerstoffes, schützt

[1] Siehe auch Pfanhauser: „Neuerungen auf dem Gebiete der Galvanotechnik". Werkst.-Techn. 1928, S. 161.

(Anwendung z. B. bei Glühkästen, Pyrometerschutzrohren, Salzbadwannen). Durch Alitieren wird Beständigkeit bis durchschnittlich 950° erreicht[1].

Im einzelnen ist über die Verwendung der verschiedenen Überzugsmetalle etwa folgendes zu sagen:

Das Verzinken kann nach jedem der erwähnten Verfahren ausgeführt werden und gewährt von allen Metallüberzügen den besten Rostschutz, weil Zink gegenüber Eisen in der Spannungsreihe elektropositiv ist, so daß sich bei elektrolytischer Wirkung am Zink Sauerstoff abscheidet und einen gegen weiteres Rosten schützenden Überzug von Zinkoxyd bildet, während bei Zinn und Blei die umgekehrte Wirkung eintritt, d. h. Sauerstoff sich am Eisen abscheidet und die Rostbildung fördert. Zink besitzt große Widerstandsfähigkeit gegen atmosphärische Einwirkungen und gegen Wasser. Wenn aber durch mechanische Beanspruchung, starke Temperaturschwankungen usw. die ursprünglich vollkommen zusammenhängende Zinkschicht stellenweise reißt oder sich ablöst, so genügt seine elektrochemische Wirkung nicht mehr, um einen Rostangriff zu verhüten.

Die Feuerverzinkung (Tauchverfahren bei etwa 450°) kommt hauptsächlich für stark profilierte oder hohle Gegenstände in Frage und ergibt meist eine sehr starke oder zu starke Zinkauflage (500÷800 g/m²), abgesehen von Drähten, Blechen usw., bei denen ein starkes Abstreifen möglich ist. Bei nachträglichem Biegen oder Falzen springt häufig die Zinkauflage ab. Kleinere Löcher, Einschnitte usw. setzen sich leicht zu; andererseits wirkt bei Gefäßen mit gefalzten oder genieteten Nähten, wie Eimer, Kannen usw., das geschmolzene Zink dichtend. Für hartgezogenen Stahldraht und gehärtete Teile ist die Feuerverzinkung wegen der hohen Badtemperatur nicht anwendbar. Dünne Gegenstände werden infolge Bildung einer Zn-Fe-Legierung hart und spröde. — Bei der sogenannten Patentverzinkung wird dem Zink etwa 3 % Aluminium zugesetzt; die dadurch bewirkte Leichtflüssigkeit ermöglicht eine wesentlich dünnere Zinkauflage (100 bis 200 g/m²) und eine größere Haltbarkeit derselben. So verzinkte Bleche lassen sich daher gut biegen und falzen.

Galvanische Verzinkung ergibt bei fehlerfreier Ausführung einen gut haftenden dünnen Zinküberzug (80÷100 g/m²) und kommt hauptsächlich für glatte, wenig profilierte Gegenstände in Frage, bei denen keine Löcher, Gewinde usw. sich zusetzen dürfen, ferner für gehärtete Drähte, Federn u. dgl., die ihre physikalischen Eigenschaften behalten sollen, oder für der Weiterverarbeitung unterliegende und maßhaltige Teile.

Das Spritzverfahren eignet sich hauptsächlich für gußeiserne oder für genietete und gefalzte Blechgegenstände und für gehärtete oder hartgezogene Drähte.

Das Sherardisieren ist einfach und billig, aber nur für feine Überzüge verwendbar und nur für kleine, starkwandige oder volle Gegenstände geeignet, die beim Trommeln nicht leiden, aber nicht für Gegenstände, die eine Erwärmung auf etwa 300° nicht vertragen.

Das Verzinnen findet besonders Anwendung bei Gegenständen zur Herstellung und Aufbewahrung von Lebensmitteln. Für diese Zwecke ist nur metallisch reines Zinn zulässig, da Zusätze von Antimon, Blei, Zink usw. giftig wirken. Hierhin gehört vor allen Dingen die Herstellung von feuerverzinntem Weißblech für Konservenbüchsen. Für andere technische Zwecke empfiehlt sich ein Zusatz von Blei, Zink, Eisen usw. Es kommt Feuer- und galvanische Verzinnung oder das Spritzverfahren in Frage, für deren Anwendung das bei der Verzinkung Gesagte gilt. Bei der Verzinnung ist nach dem oben Gesagten besonders sorg-

[1] Vgl. Krupp'sche Monatshefte 1925, S. 27.

fältig auf vollständig dichte Überzüge zu achten. Bei der Feuerverzinnung wird die meist in einem Beizbad vorbehandelte Oberfläche vor dem Eintauchen mit Lötwasser oder Lötpulver bestrichen. Gußeisen muß vor der Verzinnung oberflächlich entkohlt oder galvanisch mit Nickel oder Kobalt überzogen werden, weil Zinn sonst nicht haftet. Die galvanische Verzinnung bietet insofern Schwierigkeiten, als sich das Zinn nicht nur in festhaftender Form sondern teilweise auch schwammförmig und in groben Kristallen abscheidet und sich z. T. mit dem Finger abwischen läßt. Durch nachträgliches Erhitzen in Vaseline, Paraffin oder Fett sucht man einen möglichst porenfreien und glänzenden Zinnüberzug zu erhalten[1].

Das Verbleien kommt vorzugsweise für solche Gegenstände in Frage, die dauernd Säuren, Gasen, Seewasser oder anderen chemischen Einwirkungen ausgesetzt sind (Behälter und Rohrleitungen in chemischen Fabriken und Gasanstalten, Auspuffleitungen von Motoren usw.). Verbleien gewährt ebenfalls nur Schutz bei vollkommen dichten Überzügen, da Blei ebensowenig elektrolytisch schützend wirkt wie Zinn. Bei Feuerverbleiung, die mit reinem Blei oder mit Blei-Zinn-Legierungen ausgeführt wird, ist vorherige Verkupferung oder Verzinnung nötig, da Blei schlecht am Eisen haftet. Bei galvanischer Verbleiung ist diese Vorbereitung nicht erforderlich, doch ist keine Gewähr für dichte Überzüge gegeben. Spritzverbleiung erfordert ein vorheriges Aufrauhen der Flächen und Anwärmen auf etwa 300°. Durch Unterspritzen von Zink wird die Schutzwirkung erhöht. Eine Vorverzinnung ist zweckmäßig, wenn die Werkstücke der Einwirkung organischer Säuren ausgesetzt sind.

Das Vernickeln ist ein sehr wirksamer Rostschutz und wird hauptsächlich dort angewendet, wo auf schönes Aussehen der Teile Wert gelegt wird, wie bei Fahrrädern, Näh- und Schreibmaschinen, elektrischen und sonstigen Apparaten usw. Das Vernickeln erfolgt fast ausschließlich galvanisch.

c) Legierungsschutz,

wobei man dem Eisen oder Stahl gewisse Zusätze, wie Nickel, Chrom, Aluminium, gibt, die die Oxydation erschweren oder ganz verhindern. Hierher gehören die sogenannten rostsicheren, rostfreien oder nichtrostenden Stähle (siehe S. 14), die für die chemische Industrie, für Dampfturbinenschaufeln, Ventile, ärztliche Instrumente, Eßbestecke usw. Verwendung finden.

d) Lösungsschutz,

hauptsächlich angewendet bei Dampfkesseln, indem man durch geeignete Zusätze (z. B. Natriumsulfid, Zyan, Petrol, Karbozink) den zerstörenden Einfluß des im Speisewasser enthaltenen freien Sauerstoffs herabzumindern sucht.

e) Galvanischer oder elektrolytischer Schutz.

Die Korrosion eines Metalles kann durch abirrende Ströme (Erdströme) so stark gefördert werden, daß z. B. Rohrleitungen oder Kesselanlagen schon in ganz kurzer Zeit schadhaft werden. Man kann dem bei Kesseln dadurch entgegenwirken, daß man in die Wasserkammern Metallplatten hineinhängt und sie mit dem positiven Pol einer Elektrizitätsquelle verbindet, die einen entgegengesetzt gerichteten Strom hindurchschickt (Cumberland-Verfahren). Die Korrosion tritt dann an dem Hilfsmetall und nicht an den Kesselblechen auf.

---

[1] Siehe auch Bertl: „Die galvanische Verzinnung und ihre Anwendung in Elektrobetrieben". Werkst.-Techn. 1928, S. 164.

C. Nichteisenmetalle und Legierungen[1].

1. Reine Metalle.

Kupfer (*Cu*) wird als sogenanntes Hüttenkupfer mit einem Mindestreingehalt von 99% *Cu* und als Elektrolytkupfer (reinstes) geliefert (DIN 1708 unterscheidet fünf Sorten) und zeigt im frischen Bruch eine gelbrote Farbe. Schmelztemperatur $1100 \div 1200^0$, für reines Kupfer 1084^0, $\gamma = 8{,}93$. Für gewalztes Kupfer ist bei Zimmertemperatur $\sigma_B = 21 \div 24$ kg/mm², $\delta = 38 \div 46\%$, für kaltgezogenen Kupferdraht $\sigma_B = 37 \div 45$ kg/mm². Mit steigender Temperatur nimmt die Festigkeit stark ab. Kupfer läßt sich in kaltem und warmem Zustande durch Hämmern, Walzen, Ziehen, Pressen leicht umformen, wird aber durch wiederholtes derartiges Bearbeiten spröde. Durch Ausglühen und Abkühlen in Wasser kann die Sprödigkeit wieder beseitigt werden. Zum Bearbeiten mit Schneidwerkzeugen ist Kupfer weniger geeignet, es wird rauh (schmiert). Kupfer läßt sich gut löten, weniger gut schweißen; es ist ferner schwer gießbar, weil es in flüssigem Zustande Gase auflöst, die den Guß porös und blasig machen. Bei Aufnahme von *O* entsteht Kupferoxydul, welches das Kupfer dickflüssig und spröde macht. Kupferoxydulhaltiges Kupfer nimmt begierig *H* auf; durch den entstehenden Wasserdampf reißt das Kupfer auf (Wasserstoffkrankheit des Kupfers). Durch Zusatz kleiner Mengen von *P* in Form von Phosphorkupfer kann man das Kupferoxydul zerstören. Verunreinigung durch *Pb*, *Bi*, *S* macht Kupfer rot- und kaltbrüchig; *As* und *P* beeinträchtigen die elektrische Leitfähigkeit. An feuchter Luft überzieht sich Kupfer mit einem grünen Edelrost (Patina), der das darunter befindliche Metall vor weiterer Oxydation schützt. Durch Säuren wird ein Überzug von giftigem Grünspan erzeugt; daher verzinnt man kupferne Kochgefäße innen. Kupfer besitzt nächst Silber die beste Leitfähigkeit für Elektrizität, nämlich rd. $57{,}2\ \text{m}/\Omega \cdot \text{mm}^2$, daher wird es in der Elektrotechnik in großem Umfange für elektrische Leitungen usw. verwendet. Im Maschinenbau dient es zur Herstellung von Schmierrohren, Heizschlangen, Feuerbüchsen und Stehbolzen für Lokomotivkessel und zur Herstellung von Legierungen, im Schiffbau für Teile, die mit Seewasser in Berührung kommen, und schließlich für kunstgewerbliche (getriebene) Gegenstände.

Da Kupfer größtenteils aus dem Auslande eingeführt werden muß, bemüht man sich in Deutschland eifrig um einheimische Ersatzstoffe (vgl. Aluminium).

Zink (*Zn*) wird als Roh- oder Hüttenzink in Barren, als umgeschmolzenes Zink (aus Altzink mit oder ohne Zugabe von Rohzink), Raffinadezink oder Feinzink ($>$ 99,8% *Zn*) geliefert; die Farbe ist bläulichweiß, Schmelztemperatur 419^0 (bei 500^0 bereits Verdampfung!), $\gamma = 7{,}1$. Für gegossenes Zink ist $\sigma_B = 2 \div 3$ kg/mm² und $\delta = 10\%$, für gewalztes oder gepreßtes Zink $\sigma_B = 18$ kg/mm² bei $\delta \geqq 20\%$. Zink läßt sich bei etwa 100^0 gut pressen, walzen und ziehen. In trockener Luft ist Zink beständig, in feuchter überzieht es sich mit einer Schicht von basischem Zinkkarbonat, die das Metall vor weiterem Angriff schützt. Zink wird von Säuren und Laugen angegriffen. Verwendung findet Zink als Draht (Ersatz für Kupferdraht), für Wasserleitungsrohre, als Blech für Dachbedeckungen, Dachrinnen und Abflußrohre, Fenster- und Gesimsbekleidungen (keine Eisennägel verwenden, da durch galvanische Ströme das Zink zerstört wird!), ferner für Badewannen, wegen der Giftigkeit der Zinksalze aber nicht für Eß- und Kochgeschirre. Zink spielt ferner eine wichtige Rolle als Legierungsmetall und für das Verzinken. Zinklegierungen werden für Kunst- und Spritzguß und als Lagermetalle verwendet.

[1] Näheres siehe Werkstoffhandbuch Nichteisenmetalle, herausgegeben von der Deutschen Gesellschaft für Metallkunde; Normen siehe DIN-Taschenbuch 4.

Zinn (Sn) kommt hauptsächlich als Straits- und Bankazinn ($>$ 99,9 % Sn) in Blöcken, Platten oder Stangen in den Handel. DIN 1704 unterscheidet vier Sorten mit 99,75÷98 % Sn. Das Gefüge ist kristallinisch, die Farbe silberweiß; Schmelztemperatur 232°, γ = 7,28÷7,3, σ_B = 2,5÷4 kg/mm² bei δ = 30÷50 %. Beim Biegen von Zinn ist ein knisterndes Geräusch, der sogenannte „Zinnschrei", wahrnehmbar. Bei Temperaturen unter 18° tritt die sogenannte „Zinnpest" auf, d. h. das Zinn zerfällt zu grauem Pulver (z. B. bei Zinngefäßen, Orgelpfeifen usw. in ungeheizten Räumen). An der Luft ist Zinn sehr beständig, heiße konzentrierte Salzsäure, Schwefelsäure, verdünnte Salpetersäure und Natronlauge lösen es auf. Reines Zinn ist sehr weich (etwas härter als Blei); seine Härte kann durch geringen Zusatz von Pb, Sb oder Cu sehr gesteigert werden. Es läßt sich gut gießen und wegen seiner hohen Dehnbarkeit zu dünnsten Blättchen (Folien, Stanniol) auswalzen bzw. schlagen. Reines Zinn wird seines hohen Preises, seiner geringen Festigkeit und des niedrigen Schmelzpunktes wegen für Maschinenteile kaum verwendet, wohl dagegen als Überzug für Blech und daraus hergestellte Gegenstände. Zinnlegierungen finden ausgedehnte Verwendung z. B. als Lager- und als Lötmetalle. Auch Zinn sucht man möglichst durch andere, billigere bzw. heimische Metalle (Zink, Blei) zu ersetzen. Die Wiedergewinnung von Zinn aus Weißblechabfällen (Konservenbüchsen) durch Entzinnen mit Chlor unter Bildung von Zinntetrachlorid oder auf elektrolytischem Wege spielt eine große Rolle.

Blei (Pb) wird in Barren als sogenanntes Weich- oder Handelsblei mit 99,99 % Pb geliefert, besitzt bläulichgraue Farbe, niedrige Schmelztemperatur (327°) und hohes spezifisches Gewicht (11,34); $\sigma_B \approx$ 1,8÷2 kg/mm² bei δ = 50 %. Blei ist sehr weich (läßt sich mit dem Messer schneiden), geschmeidig und biegsam; es läßt sich gut gießen sowie pressen und walzen (zu Rohren, Draht bzw. dünnen Blättchen). Verunreinigungen erniedrigen die Dehnbarkeit des Bleies. Sb und As in geringen Mengen machen das Blei spröde. Blei überzieht sich an der Luft mit einer dünnen grauen Oxydschicht, die es vor weiterer Oxydation schützt. Im allgemeinen ist Blei säurebeständig, von Salpeter- und Essigsäure dagegen und von Alkalien wird es angegriffen. Blei und seine Verbindungen sind sehr giftig; Geräte und Apparate für menschlichen Gebrauch dürfen höchstens 10 % Pb enthalten. Das Einatmen von Bleistaub und Bleidämpfen führt zu Bleivergiftungen[1]. Blei wird für Wasserleitungsrohre, Kabelummantelung, Akkumulatorplatten, in der chemischen Industrie für Gefäße, Siedepfannen, Rohre usw., zur Herstellung von Farben (Bleiweiß und Bleimennige), im Maschinenbau für Dichtungsringe, für Härtebäder, besonders aber als Legierungsmetall verwendet. Das sogenannte Letternmetall (Hartblei) ist eine Sn-Sb-Pb-Legierung.

Aluminium (Al) wird als Originalhüttenaluminium mit mindestens 98 % Al in Barren oder Platten bzw. in Halbfabrikaten geliefert. DIN 1712 führt drei Sorten mit 98÷99,5 % auf. Farbe silberweiß, Schmelztemperatur 658°, γ = 2,7. In Sand gegossen σ_B = 6÷8 kg/mm² bei δ = 3÷14 %, in Kokille gegossen σ_B = 9÷10 kg/mm², $\delta \leqq$ 32 %, geglüht und geschmiedet σ_B = 8÷10 kg/mm², $\delta \approx$ 30 %, kalt gewalzt oder gezogen $\sigma_B \leqq$ 24 kg/mm², $\delta \approx$ 2 %. Aluminium ist härter als Zinn, aber weicher als Zink. Die elektrische Leitfähigkeit beträgt im Mittel 32,7m/$\Omega \cdot$ mm². Aluminium läßt sich gut hämmern, schmieden, walzen und ziehen (Bleche, Folien und Drähte). Wegen seiner Dickflüssigkeit ist beim Gießen starke Überhitzung notwendig; es schwindet und saugt stark. Aluminium ist sehr gut schweißbar, sowohl mit der Azetylensauerstofflamme als auch bei Dunkelrotglut durch Hämmern und Walzen, dagegen hat das Löten noch keine

[1] Vgl. Bleimerkblatt des Reichsgesundheitsamtes. Berlin: Julius Springer.

ganz einwandfreien Ergebnisse gehabt, da sich die Lötstellen bei Feuchtigkeit infolge des Potentialunterschiedes zwischen Aluminium und dem Lot mit der Zeit zersetzen. Auch die Bearbeitung mit Schneidwerkzeugen macht Schwierigkeiten (mit Petroleum gut schmieren!). Aluminium ist ziemlich luftbeständig, indem es durch die erste dünne Oxydschicht gegen weiteres Oxydieren geschützt wird, wird dagegen von Alkalien (z. B. Seife und Soda) und Säuren, mit Ausnahme von Salpetersäure und verdünnten organischen Säuren, angegriffen.

Aluminium findet rein oder legiert sehr ausgedehnte Verwendung. Wegen seiner verhältnismäßig hohen elektrischen Leitfähigkeit und des niedrigen spezifischen Gewichtes wird Reinaluminium für elektrische Leitungen verwendet, ferner in Form von Blechen zur Herstellung von Kochgeschirren u. dgl. (Nieten aus gleichem Metall!). Aluminiumlegierungen werden wegen ihres niedrigen spezifischen Gewichtes bei guter Festigkeit (nach erfolgter mechanischer Bearbeitung $\sigma_B \leqq 30$ kg/mm², $\delta = 5 \div 10$ %, veredelte Legierungen $\sigma_B \leqq 60$ kg/mm²) als Konstruktionsmetall im Maschinenbau, in der Elektroindustrie, im Apparatebau sowie im Kraftfahr- und Flugzeugbau verwendet, und zwar sowohl als Sand-, Kokillen- und Fertigguß (siehe S. 147), als auch in Form von Stangen, Blechen und Preßteilen. Da Aluminium sich bei höheren Temperaturen sehr leicht mit Sauerstoff verbindet, so wird es als Desoxydationsmittel für flüssiges Eisen und Stahl zur Erzielung dichten Gusses verwendet. Es erschließen sich dem Aluminium noch immer neue Anwendungsgebiete, was vom volkswirtschaftlichen Standpunkt aus sehr zu begrüßen ist, da es das am häufigsten in der Erdkruste vorkommende Metall ist, zum großen Teil aus heimischen Bodenschätzen hergestellt wird und als Ersatz für viele sonst einzuführende Metalle, insbesondere Kupfer, dienen kann.

Nickel wird als Hüttennickel mit $\geqq 98{,}5\,\%\,Ni$, als Kathoden- oder elektrolytisches Nickel mit $\geqq 99{,}5\,\%\,Ni$ und umgeschmolzenes Nickel mit $\geqq 96{,}75\,\%$ Ni (wobei der Co-Gehalt mitgerechnet wird) geliefert (DIN 1701). Je nach der Gewinnungsart und den dadurch bedingten physikalischen Eigenschaften unterscheidet man beim Hüttennickel noch Würfel-, Rondell-, Platten- und Granaliennickel. Nickel besitzt silberweiße bis silbergraue Farbe, Schmelztemperatur $= 1452^0$, $\gamma = 8{,}4 \div 8{,}9$, in geglühtem Zustande $\sigma_B = 40$ kg/mm², $\delta = 40$ %, in hartem Zustande $\sigma_B = 80$ kg/mm², $\delta = 1$ %. Nickel ist hart, läßt sich aber warm und kalt gut schmieden oder hämmern, ferner zu dünnen Blechen und Drähten walzen bzw. ziehen, ebenso mit Schneidwerkzeugen bearbeiten; an der Luft ist es sehr beständig.

Nickel wird hauptsächlich zur Herstellung von Nickelstahl und sonstigen Legierungen sowie als Rostschutz für Stahlteile, wenn dieselben gleichzeitig ein schönes Aussehen erhalten sollen, verwendet (elektrolytisch hergestellter Überzug), ferner für nickelplattierte Bleche; daneben werden auch Tischgeräte, Kochgeschirre für den Haushalt und Gefäße für die chemische Industrie aus Reinnickel hergestellt.

Kobalt (Co) dient vielfach als Ersatz für Nickel zur (elektrolytischen) Herstellung eines rostschützenden Überzuges, daneben auch als Legierungszusatz.

Antimon (Sb) wird, da hart und spröde, nur für Legierungen verwendet, um deren Härte zu erhöhen.

Wismut (Bi) und Kadmium (Cd) werden wegen ihres niedrigen Schmelzpunktes zur Herstellung leicht schmelzbarer Legierungen verwendet.

Magnesium (Mg) hat sehr geringes spezifisches Gewicht, läßt sich pressen, walzen, schmieden und ziehen und auch mit Schneidwerkzeugen bearbeiten. Es wird hauptsächlich als Legierungsmetall (Elektronmetall, siehe S. 28) und als Desoxydationsmittel bei Aluminiumguß, ferner wegen seiner leichten Brennbarkeit in der Feuerwerkerei und als Blitzlicht für photographische Zwecke verwendet.

Mangan (*Mn*), Chrom (*Cr*), Wolfram (*W*), Molybdän (*Mo*), Titan (*Ti*), Vanadium (*V*) werden als Legierungsmittel, hauptsächlich zur Herstellung legierter Stähle, verwendet. Wolfram spielt außerdem eine Rolle für die Herstellung der Drähte von elektrischen Glühlampen.

Silber (*Ag*), Gold (*Au*) und Platin (*Pt*) werden wegen ihres hohen Preises für technische Zwecke in ganz geringem Umfange und dann hauptsächlich in Legierungen, im übrigen für Schmucksachen, Tafelgeräte, Münzen u. dgl. verwendet. Platin ($\gamma = 21{,}47$), das teuerste der genannten Metalle, wird infolge seiner Widerstandsfähigkeit gegen chemische Einflüsse für chemische Apparate, ferner wegen seines hohen Schmelzpunktes (1764°) für Schmelztiegel und in Verbindung mit Rhodium oder Iridium für thermo-elektrische Pyrometer verwendet.

Quecksilber (*Hg*) ist das einzige bei gewöhnlicher Temperatur flüssige Metall und kommt daher in Stahlflaschen in den Handel. Seine Farbe ist silberweiß, die Schmelztemperatur beträgt — 39°, $\gamma = 13{,}6$. Es verdampft bei 358°; die Dämpfe sind sehr giftig. Blei, Zinn, Zink, Aluminium, Messing, Bronze usw. werden von Quecksilber unter Bildung von Amalgamen angegriffen; Quecksilber darf daher nicht mit ihnen in Berührung gebracht werden. Nur wenig und langsam werden Gold, Silber und Kupfer, Nickel und Platin, am wenigsten Eisen, Wolfram und Molybdän angegriffen. Quecksilber findet bei physikalischen Apparaten (Thermometer, Barometer, Vakuumpumpen) und für Quecksilbergleichrichter Verwendung. Silber- und Goldamalgam werden zur Versilberung bzw. Vergoldung verwendet, Zinnamalgam zur Herstellung von Spiegeln.

2. Legierungen[1].

Die meisten der genannten Metalle eignen sich rein schlecht zur technischen Verwendung, weil entweder ihre physikalischen oder chemischen Eigenschaften nicht genügen oder ihre Ver- oder Bearbeitung, insbesondere durch Gießen und mit Schneidwerkzeugen, Schwierigkeiten macht. Daher werden meist Legierungen verwendet, von denen nachstehend die wichtigsten besprochen werden. Hinsichtlich der Entstehung, des inneren Aufbaues und der Erstarrungsvorgänge sei auf das früher Gesagte (siehe S. 2) verwiesen.

Kupfer-Zink-Legierungen, bekannt als Tombake oder Messing, bzw. Rot- und Gelbguß, sind die wichtigsten Nichteisenmetallegierungen. DIN 1709, Bl. 1 unterscheidet zwei Sorten Gußmessinge mit 63 bzw. 67 % *Cu*, < 3 % *Pb*, Rest *Zn* und acht Sorten Walz- und Schmiedemessinge mit 58 ÷ 90 % *Cu*, Rest *Zn*; von letzteren enthält die erste Sorte noch 2 % *Pb*. Außerdem gibt es noch Sondermessinge, gegossen bzw. geschmiedet, mit 55 ÷ 60 % *Cu*, $< 7{,}5$ % $Mn + Al + Fe + Sn$ nach Wahl, Rest *Zn* (*Ni*-Gehalt nach DIN 1709, Bl. 2). Das Normblatt enthält außer den Benennungen der einzelnen Sorten noch Angaben über Behandlung und Verwendung derselben[2].

Beim Zusammenschmelzen ist Zink wegen seiner Flüchtigkeit (verdampft bei 920°, oxydiert lebhaft bei $> 500°$, daher Schmelzen im Tiegel) zuletzt zuzugeben. Die Schmelztemperatur beträgt 900 ÷ 1000° und ist um so niedriger, je höher der *Zn*-Gehalt ist. Bei Mitverwendung von Altmetall (nötigenfalls brikettiert) ist Einhaltung genauer Zusammensetzung der Legierung schwierig. Abfälle im eigenen Betriebe sind daher möglichst genau auseinander zu halten und vorher

[1] Näheres siehe Ledebur-Bauer: Die Legierungen in ihrer Anwendung für gewerbliche Zwecke. A. Krupp: Die Legierungen.

[2] Vgl. auch AEG-Normen, „Hütte", Taschenbuch der Stoffkunde, 1. Aufl., S. 520, 523. Halbzeugnormen DIN 1751, 1755 ÷ 1765, 1772.

auf Verunreinigung durch Eisenteile, auch vermessingte, zu untersuchen (magnetisch abscheiden!). Vor dem Vergießen wird das Messing meist von der Oxydkruste durch Verschlacken mit Salzen (Kochsalz, Soda, Glas) befreit oder mit $< 0{,}2\,\%$ Phosphorkupfer oder Aluminium, noch besser mit Mangan, desoxydiert.

Die Zusätze bei Sondermessingen sollen die technischen Eigenschaften verbessern. *Pb* erleichtert die Bearbeitung mit Schneidwerkzeugen (spritzige, brüchige Späne), *Sn* und *Ni* erhöhen die Korrosionsbeständigkeit gegen Seewasser, die Härte und Festigkeit unter Verminderung der Dehnbarkeit. Sondermessinge, die gleichzeitig mehrere Zusätze, besonders *Fe*, *Al*, *Mn*, enthalten, erreichen bei besserer Bearbeitbarkeit und Knetbarkeit die technischen Eigenschaften der Phosphorbronze (s. u.). Zur Beseitigung der Gefahr des Kaltreißens infolge der bei Kaltreckung entstandenen Spannungen empfiehlt sich Erhitzung auf $250 \div 300^0$ während etwa einer Stunde, wobei die durch Kaltrecken erzielte Verfestigung noch nicht aufgehoben wird. Je höher die Bildsamkeit in kaltem Zustande sein soll, desto kleiner muß der *Zn*-Gehalt sein. Da Kaltreckung Messing hart und spröde macht, muß es, um wieder weich zu werden, während der Bearbeitung von Zeit zu Zeit bei $600 \div 700^0$ ausgeglüht werden. Bei etwa 400^0 sind die Legierungen empfindlich gegen Schlagbeanspruchung.

Gußmessing wird verwendet für Gußstücke, wie Hähne, Ventile und sonstige Armaturen, Beschlagteile u. dgl., wo Gußeisen z. B. wegen der Rostgefahr nicht anwendbar ist, Walz- und Schmiedemessing entweder zur Herstellung von Warmpreßteilen (an Stelle von Gußstücken) oder zum Auswalzen, Pressen, Ziehen, Prägen, als Stangen, Rohre, Bleche und Drähte, die in geeigneter Weise weiterverarbeitet werden.

Kupfer-Zinn- und Kupfer-Aluminium-Legierungen oder Bronzen bestehen entweder nur aus diesen beiden Metallen (Zinn- bzw. Aluminiumbronzen) oder enthalten daneben noch *Zn* (Rotguß), z. T. mit etwas *Pb*, oder sonstige Zusätze (Sonderbronzen). DIN 1705, Bl. 1 unterscheidet vier Sorten Bronzen mit $80 \div 94\%$, Rest *Sn*, fünf Sorten Rotguß mit $82 \div 93\,\%$ *Cu*, $10 \div 4\,\%$ *Sn*, Rest *Zn* bzw. 10% *Zn* + *Pb*, zwei Sorten *Pb*-*Sn*-Bronzen mit 86 bzw. 79% *Cu*, 10 bzw. 8% *Sn*, 4 bzw. 13% *Pb* und *Al*-Bronze mit $90 \div 95\,\%$ *Cu*, Rest *Al*. Die Haupteigenschaften und Verwendungsgebiete der einzelnen Sorten sind ebenfalls dort angegeben[1]. Gußbronzen werden hauptsächlich für Lagerschalen und hochbeanspruchte, starkem Verschleiß ausgesetzte Teile, wie Verschleißplatten, Ventilkegel, Zahnkränze usw., Walzbronzen für Drähte, Bleche, Profilstangen verwendet.

Bei der Herstellung von Bronze ist zu beachten, daß das Zinn dem geschmolzenen Kupfer den Sauerstoff entzieht und Zinnsäure entsteht, die in Form dünner Häutchen im Metall hängen bleibt und die Bronze dickflüssig, spröde und weniger fest macht. Um die Bildung von Zinnsäure möglichst zu vermeiden, setzt man *Sn* erst nach dem Schmelzen des *Cu* zu, bedeckt die Schmelze wohl auch mit Glas oder Holzkohle und desoxydiert mit $0{,}5 \div 2\%$ Phosphorkupfer. Dadurch wird die Zinnsäure reduziert und die Oxyde des Phosphors gehen in die Schlacke (Phosphorbronze). Durch die Behandlung mit Phosphor wird die Bronze dünnflüssig, fester und zäher und widerstandsfähiger gegen chemische Einflüsse bzw. Seewasser. Phosphorbronze ist also mit Phosphorkupfer desoxydierte Bronze und soll nicht mehr als $0{,}1\%$ *P* enthalten.

Zinnbronzen sind gut gießbar (Schmelztemperatur $900 \div 1000^0$, um so niedriger, je höher der *Sn*-Gehalt) und bis zu 10% *Sn* kalt-, darüber nur warmreckbar. *Sn* steigert die Festigkeit, Streckgrenze und Härte unter Herabsetzung der Zähigkeit. Größte Festigkeit etwa bei $17 \div 20\%$ *Sn*. *Zn* und *Pb* ermäßigen den Preis,

[1] Vgl. auch AEG-Normen, „Hütte", Taschenbuch der Stoffkunde, 1. Aufl., S. 539, 541.

erhöhen die Gießbarkeit und erleichtern die Bearbeitung mit Schneidwerkzeugen, *Pb* befördert aber die Seigerung. Legierungen mit $< 30\%$ *Pb* werden wegen ihrer Billigkeit mitunter als Lagermetalle verwendet, sind aber von geringerer Festigkeit als bleifreie. Durch schnelle Abkühlung hart und spröde gewordene Bronze kann man durch Erwärmung auf Dunkelrotglut und Ablöschen in Wasser wieder weicher und zäher machen.

Aluminiumbronzen zeichnen sich durch große Festigkeit und Härte und Widerstandsfähigkeit gegen Seewasser aus, sind aber weniger gut zu gießen, da sie leicht grobkörnig werden und stark schwinden. Legierungen mit $< 10\%$ *Al* lassen sich in kaltem und rotwarmem Zustande walzen und schmieden, bei $> 12\%$ *Al* wird die Legierung sehr spröde. Ein Zusatz von $< 5\%$ *Fe* ergibt höchste Festigkeit und Härte, macht das Vergießen aber sehr schwierig.

Manganbronzen sind entweder durch Zusatz von Mangankupfer — nach Art der Phosphorbronze — durch Zerstörung der Oxyde von Kupfer und Zinn gereinigte Kupferlegierungen (Bronzen oder Messinge), deren Festigkeitseigenschaften durch den zurückbleibenden Rest von *Mn* gleichzeitig gesteigert werden, oder es sind Legierungen, denen $< 15\%$ *Mn* zugesetzt ist, mit sehr großer Festigkeit und Zähigkeit, die sie auch bei Erwärmung bis auf $300 \div 400^0$ beibehalten (mit $< 5\%$ *Mn* für Stehbolzen, Resistin mit $10 \div 15\%$ *Mn* für elektrische Widerstände).

Kupfer-Nickel-Legierungen (Konstantan, Nickelin, Manganin) werden wegen des hohen, von der Temperatur ziemlich unabhängigen elektrischen Widerstandes für elektrische Widerstände, Kupfer-Nickel-Zink-Legierungen (Neusilber) wegen ihrer Säurebeständigkeit für Eßgeräte (Alpaka, Alfenide usw.) verwendet. — Monelmetall wird unmittelbar aus Erzen gewonnen und zeichnet sich durch hohe Festigkeit und Dehnung und Korrosionsbeständigkeit aus; es wird deshalb z. B. mit Vorliebe für Dampfturbinenschaufeln und Teile von Heißdampfmaschinen oder Verbrennungsmotoren verwendet.

Aluminium- und Magnesium-Legierungen (Leichtmetalle) werden teils für Gußzwecke, teils in gewalztem Zustande verwendet. Als *Al*-Gußlegierung ist in Deutschland die sogenannte „Deutsche Legierung" mit 88% *Al*, 10% *Zn* und 2% *Cu* am gebräuchlichsten ($\sigma_B = 12 \div 18$ kg/mm², $\delta = 1 \div 3\%$), die ausgeglüht ($\sigma_B = 20$ kg/mm², $\delta = 10\%$) aber auch zum Walzen und Warmpressen verwendet wird. Die sogenannte „Amerikanische Legierung Nr. 12" mit 92% *Al* und 8% *Cu* ($\sigma_B = 13 \div 16$ kg/mm², $\delta = 1 \div 3\%$) ist eine Gußlegierung. Die elektrische Leitfähigkeit dieser Legierungen beträgt etwa ein Drittel derjenigen von reinem Aluminium. Meist wird zunächst *Al* eingeschmolzen und danach *Cu* oder Altmetall zugefügt. Zur Desoxydation wird Zinkchlorid, Kochsalz und Kohle zugegeben und nach gutem Durchrühren der Schmelze die Schlacke abgeschöpft. Die Zusatzmetalle, hauptsächlich *Cu* und *Zn*, machen die Legierung dünnflüssig und für dünnwandige, verwickelte Gußstücke verwendbar und erhöhen die Festigkeit; die Legierungen schwinden und lunkern jedoch stark. Bei Gießtemperaturen über 800^0 leiden die Legierungen durch grobe Kristallbildung, bei zu hohen Gießtemperaturen können sie rissig werden. Die Festigkeit nimmt mit der Abkühlungsgeschwindigkeit zu; dünnwandige Gußstücke und in eisernen Formen gegossene weisen daher höhere Festigkeit auf als dickwandige und in Sandformen gegossene. Bei zu schneller Abkühlung besteht die Gefahr von Brüchen infolge zu hoher Gußspannungen (ausglühen!). Geringe Schwindung zeigen Legierungen mit etwa 10% *Ni* oder *Si*; Silizium vergröbert jedoch das Korn und verringert dadurch die Festigkeit. Eine Ausnahme bildet die nach patentiertem Verfahren hergestellte Legierung Silumin ($86 \div 89\%$ *Al*, $14 \div 11\%$ *Si*), die sich durch feinkörniges Gefüge, verhältnismäßig große Zerreiß- und Schlagfestigkeit und

Zähigkeit auszeichnet, dichten Guß ergibt und nicht stärker schwindet als Gußeisen; ihr spezifisches Gewicht (γ=2,6) ist noch etwas geringer als dasjenige von Reinaluminium. Für Gußstücke ist $\sigma_B=14\div22$ kg/mm², $\delta=3\div8\%$, für Preßteile $\sigma_B=18$ kg/mm², $\delta=20\%$.

Obwohl die *Al*-Gußlegierungen durch Pressen oder Walzen in ihren Festigkeitseigenschaften wesentlich verbessert werden können, wählt man als Walzlegierungen doch meist aus *Al* mit geringen Zusätzen von *Cu*, *Zn*, *Mg*, *Li* und *Si* bestehende vergütbare Legierungen, wie Duralumin, Aludur, Lautal, Skleron, Aeron u. dgl. Die Vergütung besteht darin, daß das Metall nach gründlicher mechanischer Durcharbeitung durch Walzen, Pressen, Ziehen auf $500\div540^0$ erhitzt wird. Bei Duralumin und diesem ähnlichen Legierungen tritt die Vergütung ohne weiteres danach bei Raumtemperatur ein, während Lautal und ihm ähnliche Legierungen noch eines Anlassens während mehrerer Stunden bei $130\div180^0$ bedürfen. Bei Duralumin wird durch fünftägiges Lagern die Festigkeit und Härte ohne Beeinträchtigung der Zähigkeit wesentlich gesteigert; durch Kaltreckung lassen sich seine Festigkeitseigenschaften, besonders die Streckgrenze, noch weiter steigern, allerdings auf Kosten der Zähigkeit. Nach der Vergütung darf die Legierung jedoch nicht mehr Temperaturen über 180^0, für längere Zeit auch nicht entsprechend niedrigeren Temperaturen ausgesetzt werden (Gußstücke lassen sich nicht vergüten). Der *Mn*-Gehalt erhöht die Festigkeit und Korrosionsbeständigkeit; wegen der geringen Kerbzähigkeit sind scharfe Übergänge und Oberflächenverletzungen zu vermeiden.

Elektronmetall[1] ist eine *Mg*-Legierung, die neben $\approx$ 90% *Mg* hauptsächlich *Zn*, *Al* und *Mn* enthält und je nach dem Verwendungszweck (Guß, Stangenarbeiten, Bleche) in verschiedenen Zusammensetzungen geliefert wird. Es zeichnet sich durch außerordentlich niedriges spezifisches Gewicht ($\gamma=1,73\div1,83$) und gute Festigkeitseigenschaften (für Gußstücke $\sigma_B=18\div22$ kg/mm², $\delta=6\div10\%$, für Preßteile $\sigma_B=28$ kg/mm², $\delta=12\%$) aus, die sich durch Glühen und Kaltrecken nach Bedarf abstufen lassen, besitzt ferner gute Wärmeleitfähigkeit und läßt sich gut polieren. Elektron wird aus eisernen Pfannen in scharf getrockneten, möglichst noch warmen Formen vergossen und für Spritzguß verwendet. Das Schmieden, Walzen oder Ziehen erfolgt am besten bei $220\div250^0$. Bei höheren Temperaturen entstandene Sprödigkeit läßt sich durch Ausglühen bei $350\div400^0$ wieder beseitigen. Kaltreckung ist nur in geringem Maße möglich; die Bearbeitung mit Schneidwerkzeugen kann mit Schnittgeschwindigkeiten von $100\div150$ m/min erfolgen. Elektron wird von Alkalien, Öl, Benzin nicht, dagegen von Säuren und Salzlösungen, auch schwachen organischen Säuren und stark verdünnten Salzlösungen (Leitungswasser) angegriffen. An der Luft überzieht es sich mit einer grauen Haut, die es vor weiterer Oxydation schützt. Durch säurefreie Anstriche (Leinölfirnis, Spiritus- oder Bakelitlack) kann man dem Metall den Glanz erhalten und es gegen atmosphärische Einflüsse schützen. Elektron ist nur bei sehr dünnen Querschnitten feuergefährlich. Drehspäne entzünden sich leicht und brennen weiter (Aufbewahrung in eisernen Fässern; Ablöschen muß mit Sand erfolgen, da Wasser Knallgas erzeugt). Im Tiegel infolge starker Überhitzung über die Schmelztemperatur von 630^0 entzündetes Metall brennt ruhig ab und läßt sich durch Zugabe kalten Metalles löschen. Elektronmetall wird in Masseln für Gußzwecke, als fertige Guß- oder Preßteile, in gepreßten und gezogenen Stangen, Blechen und Rohren geliefert und besonders dort verwendet, wo geringes Gewicht eine besondere Rolle spielt, z. B. im Flugzeugbau, für Kolben schnellaufender Motoren, für umzusteuernde Riemenscheiben an Hobelmaschinen usw.

---

[1] Siehe auch Schreiber und Neuwahl: „Elektronmetall". Maschinenbau 1925, S. 7.

Zinklegierungen werden für Gußzwecke, hauptsächlich als Lagermetall (siehe unten), zum Ersatz der teuren Kupferlegierungen verwendet und enthalten neben 85÷90% *Zn* Zusätze von *Cu* und *Al* zur Erhöhung ihrer Festigkeit. Für Spritzguß (siehe S. 147) werden *Zn*-*Sn*-Legierungen mit 5÷18% *Sn* empfohlen.

Zinnlegierungen werden in den verschiedensten Zusammensetzungen hauptsächlich für Gußzwecke verwendet. *Sn*-*Pb*-Legierungen dienen des niedrigen Preises wegen als Ersatz für reines Zinn (für Eßgeschirre u. dgl. nur $<$ 10% *Pb* zulässig), insbesondere auch als Lötmetalle (siehe unten). Bei den *Sn*-*Sb*-*Pb*-Legierungen wird bis zu 25% *Pb* aus dem gleichen Grunde zugesetzt. *Pb* macht die Legierung außerdem leichtflüssig, erhöht aber die Neigung zum Seigern (schnelles Abkühlen und kleine Querschnitte, Spritzguß!).

Zinn-Antimon-Kupfer-Legierungen sind hauptsächlich als Lagerweißmetall und für Spritzguß in Gebrauch. *Sb* erhöht die Härte, aber auch die Sprödigkeit, während *Cu* Festigkeit und Härte ohne gleichzeitige entsprechende Steigerung der Sprödigkeit erhöht. Derartige Legierungen werden auch zu Blechen ausgewalzt, aus denen durch Prägen, Drücken usw. Eßgeräte und Tafelgeschirre hergestellt werden (Britanniametall, Kayserzinn).

Bleilegierungen, insbesondere *Pb*-*Sb*-Legierungen, werden an Stelle von reinem Blei (Weichblei) ihrer größeren Härte wegen verwendet und als Hartblei bezeichnet. Da mit dem *Sb*-Gehalt nicht nur die Härte sondern auch die Sprödigkeit steigt, so geht man über 25% *Sb* nicht hinaus. Die Legierungen neigen sehr zur Seigerung, eignen sich daher weniger für Sandformen als für Spritzguß, wofür auch das geringe Schwinden vorteilhaft ist. *Pb*-*Sn*-*Sb*-Legierungen sind noch härter, aber weniger spröde als die vorigen und werden hauptsächlich als Lagermetall an Stelle der zinnreicheren und teureren Weißmetalle und als Schriftmetall verwendet. Ihre Schwindung ist gering, ihre Neigung zum Seigern groß (abgesehen von der eutektischen Legierung mit 80% *Pb*, 10% *Sn* und 10% *Sb*). Als Lagermetalle werden auch sonstige *Pb*-Legierungen verwendet, bei denen an Stelle von Antimon andere Zusätze zur Erhöhung der Härte dienen (Lurgimetall).

Lagermetalle: Die Anforderungen, die an Lagermetalle gestellt werden, sind je nach dem Verwendungszweck verschieden, und daher ist auch eine sehr große Anzahl verschiedener Legierungen hierfür im Gebrauch. Im allgemeinen ist natürlich möglichst geringe Reibung, Erwärmung und Abnutzung das anzustrebende Ziel. Da sich aber Reibung und ihre Folgen niemals ganz vermeiden lassen, so verlangt man von einem Lagermetall möglichst hohe Druck- und Verschleißfestigkeit und Widerstandsfähigkeit gegen Erwärmung bzw. hohe Schmelztemperatur. Die Härte des Lagermetalles soll indessen geringer sein als die des darin laufenden Zapfens, damit das Lager sich eher abnutzt als der Zapfen. Gute Schmierwirkung ergeben Legierungen, die in einer weicheren Grundmasse eingebettete harte Kristallite aufweisen. Wenn die weicheren Bestandteile verschleißen, ragen die härteren etwas hervor und in den dadurch entstandenen flachen Zwischenräumen kann sich das Öl halten und verteilen.

Man kann die Lagermetalle in folgende vier Gruppen einteilen: Kupferlegierungen, Zinnlegierungen, Zinklegierungen und Bleilegierungen. DIN 1703 unterscheidet acht Sorten Lagerweißmetalle mit 80÷5% *Sn*, 0÷78,5% *Pb*, 10÷15% *Sb*, 10÷1,5% *Cu*.

Lötmetalle: Das Lötmetall muß eine niedrigere Schmelztemperatur haben als das zu lötende Metall.

Hart- oder Schlaglote sind *Cu*-*Zn*-Legierungen zum Löten von Kupfer und Kupferlegierungen, Stahl und anderen in hohen Temperaturen schmelzenden Metallen und Legierungen. DIN 1711 enthält vier Sorten Schlaglote mit 42÷54% *Cu*, Rest *Zn* und Schmelzpunkten von 820÷875^0 nebst Angaben über ihre

Verwendung. Zum Löten von Silberwaren und anderen Gegenständen, deren Lötstelle besondere Festigkeit und doch eine gewisse Biegsamkeit besitzen soll, dienen Silberschlaglote, von denen DIN 1710 sechs Sorten mit 50÷30% *Cu*, 46÷25% *Zn* und ÷445% *Ag* mit Schmelzpunkten von 855÷720° unter Angabe des Verwendungszweckes aufführt. Neusilber eignet sich zum Löten von Stahl, weil es sich der Farbe desselben besser anpaßt als Messingschlaglote. Hartlote werden in Körnern, Drähten oder Streifen geliefert.

Weichlote, Schnellote oder Lötzinn nennt man *Sn-Pb*-Legierungen, deren Schmelzpunkt unterhalb desjenigen von Blei (325°) liegt, zum Löten von Stahl (insbesondere Blechen), Kupfer, Messing, Zink und Blei. Für gewöhnliche Gebrauchsgegenstände werden der Billigkeit halber meist bleireichere Lote verwendet (für Kochgeschirre usw. $<$ 10% *Pb*!). DIN 1707 enthält sieben Sorten Lötzinn mit 25÷90% *Sn*, Rest *Pb*, nebst Verwendungszweck. Lötzinn soll technisch frei sein von schädlichen Beimengungen, insbesondere von Zink, Eisen, Arsen. Es ist in Form von Blöcken, Platten und Stangen im Handel zu haben.

Besonders leichtflüssige Lote für dünne Zinngegenstände oder als Temperatursicherung bei Feuermeldern oder gewissen elektrischen Apparaten erhält man durch Zusatz von *Bi* oder *Cd* oder beiden gleichzeitig. Hierhin gehören z. B. Roses-Metall (Schmelzpunkt 96÷150°), Woods-Metall (Schmelzpunkt $\approx$ 70°), Lipowitz-Metall (Schmelzpunkt $\approx$ 60°).

Als Aluminiumlote werden *Sn-Zn*-Lote mit 15÷50% *Zn* oder *Sn-Zn-Al*-Lote mit 8÷15% *Zn* und 5÷12% *Al* empfohlen. Anläßlich eines Wettbewerbes angestellte Versuche haben ergeben, daß es nicht sowohl auf das verwendete Lot, als vielmehr auf Verwendung eines geeigneten Flußmittels ankommt, das imstande sein muß, die feine Oxydhaut des Aluminiums zu lösen. Den ersten Preis erhielt dabei ein Flußmittel, bestehend aus Chlorkalzium, Lithiumchlorid, Natriumfluorid und Chlorzink. Hierbei ließ sich Aluminium mit allen Arten von Loten ohne Schwierigkeit löten. Den zweiten Preis erhielt ein Lot aus 75% *Zn* und 25% *Cd* mit zugehörigem Flußmittel aus Chlorzink und Chlornatrium[1].

Hart- oder Schneidmetalle[2] sind Legierungen von Nichteisenmetallen, die sich durch große Härte auszeichnen, diese auch bei hohen Temperaturen nicht verlieren und daher besonders als Schneidplättchen für Hochleistungsschneidwerkzeuge Verwendung finden, wobei sie Schnellstahl überlegen sind. Wegen ihrer Verschleißfestigkeit, Korrosions-, Wärme- und Säurebeständigkeit eignen sie sich z. T. ferner für Tastflächen von Meßwerkzeugen, für Warmziehringe, Ventilkegel von Verbrennungsmaschinen usw. Die Formgebung erfolgt durch Gießen, die Bearbeitung ist nur durch Schleifen möglich. — Zur Wolfram-Karbid-Gruppe gehören z. B. Hartmetall B, Kraftmetall Arboga, Lohmanit, Miramant, Thoran, Volomit, Widia; zu den Kobalt-Chrom-Wolfram-Legierungen gehören Stellit, Akrit, Caedit, Celsit, Lithinit, Percit, Tizit, Hartmetall WW.

III. Sonstige Werk- und Betriebsstoffe.

1. Holz[3].

Holz zeichnet sich durch Elastizität und Festigkeit bei geringem spezifischem Gewicht (lufttrocken, $\gamma = 0{,}4 \div 1{,}3$), leichte Bearbeitung, geringe Wärmeleitfähigkeit und Wärmeausdehnung aus, dem aber ungleichmäßiges Gefüge, hoher und

[1] Nach Ledebur-Bauer: „Die Legierungen“. 5. Aufl., S. 406.

[2] Näheres darüber vgl. z. B. Maschinenbau 1926, S. 744, 956; 1928, S. 49, 55, 76; Z. V. d. I. 1927, S. 817.

[3] Vgl. „Hütte“, Taschenbuch der Stoffkunde, 1. Aufl., S. 814.

wechselnder Feuchtigkeitsgehalt und damit abwechselndes Quellen und Schwinden („Arbeiten“), leichte Brennbarkeit und geringer Widerstand gegen stoffliche Zerstörung gegenüberstehen. Das Holzgefüge erkennt man durch den Querschnitt senkrecht zur Faser, der das Hirnholz mit den einzelnen Jahresringen zeigt, den Radiallängs- oder Spiegelschnitt, der die Markstrahlen in glänzenden Spiegeln erkennen läßt, und den am meisten vorkommenden Tangential- oder Sehnenlängsschnitt, der das Langholz zeigt. Im Innern ist das dunkle und feste Kernholz, außen das hellere, noch im Wachsen befindliche Splintholz. Vor der Verwendung muß der Wassergehalt des Holzes (frisch gefällt $\leqq$ 40%) durch mehrjährige Lufttrockunng oder durch mehrwöchige künstliche Trocknung bei 30÷40° für Laubhölzer, 50÷95° für Nadelhölzer heruntergesetzt werden. Lufttrockenes Laubholz enthält etwa noch 17%, lufttrockenes Nadelholz etwa noch 10% Wasser. Das wasserreichere Splintholz schwindet beim Trocknen stärker als das Kernholz. Das Schwinden ist am stärksten in der Sehnenrichtung (5÷8%), in radialer Richtung etwa nur halb so stark, unbedeutend in der Längsrichtung. Die Folge ist ein Werfen und Verziehen, u. U. ein Reißen des Holzes. Umgekehrt quillt das Holz bei Aufnahme von Feuchtigkeit. Um dieses „Arbeiten“ des Holzes möglichst zu vermeiden, ist nur gut abgelagertes, trockenes Holz zu verwenden und dasselbe nötigenfalls mit einem gegen Feuchtigkeitsaufnahme schützenden Überzug (Leinölfirnis, Ölfarbe) zu versehen. Verleimen größerer Stücke und Platten aus schmalen Stücken oder dünnen Schichten mit quergestellter Faserrichtung (Sperrholz) verhütet das Werfen und Verziehen. Wechselnde Wasseraufnahme und Wiedertrocknen wirkt zerstörend auf das Holz, dagegen hält sich dauernd unter Wasser befindliches Holz, besonders Eiche, sehr gut. Gegen das Faulen des Holzes, d. h. eine chemische Zersetzung insbesondere der darin enthaltenen Eiweißstoffe, hilft ein Entfernen dieser Stoffe durch Auslaugen in Wasser oder mittels Wasserdampfes in geschlossenen Behältern und nachträgliches Austrocknen. Weitere Mittel sind das Durchtränken oder Imprägnieren mit Kupfervitriol, Zinkchlorid oder Kreosotöl und Oberflächenverkohlung, Schutzanstriche mit Teer, Karbolineum usw. Auch gegen Wurmfraß und Hausschwamm sind derartige Schutzanstriche und Imprägnierungsmittel zu empfehlen.

Im Maschinenbau werden hauptsächlich verwendet: Kiefer, Fichte, Eiche, Rotbuche für Landwirtschafts- und Müllereimaschinen, Kiefer, Fichte, Erle, Linde, Rotbuche für Gießereimodelle, Esche, Weißbuche (im Trocknen), Eiche, Rotbuche (im Wasser) für Zahnradkämme, Pockholz für Walzenlager und Zapfenlager unter Wasser, Eiche, Weißbuche für Amboßklötze, Buche, Esche, Hickory für Werkzeugstiele, Esche, Birke u. a. für Wagen- und Karosseriebau, die verschiedensten Holzarten, besonders schöngezeichnete, als Fourniere, z. B. im Wagenbau, für Näh- und Schreibmaschinenkasten u. dgl.

Kork wird aus der Rinde der Korkeiche gewonnen. Feinporiger Kork, der beste, wird zu Flaschenstopfen, der Abfallkork, zerkleinert und mit Bindemitteln gemischt, zu Korkbelag, Korkstein (Wärmeschutzmittel) und Linoleum verarbeitet.

2. Leder[1].

Leder ist enthaarte, durch Gerbung gegen Fäulnis geschützte Tierhaut (für technische Zwecke Rindshaut) von großer Elastizität, Schmiegsamkeit, verhältnismäßig hoher Zerreißfestigkeit, Dichte und Widerstandsfähigkeit gegen mechanische Abnutzung. Man unterscheidet Fettgerbung für Binde- und Nähriemen, Sämischgerbung für Waschleder, Loh- und Mineral- (Chrom-) Gerbung für Treibriemen, Dichtungsstulpen usw. Lohgares Leder enthält etwa 35÷40% Hautsub-

[1] Vgl. „Hütte“, Taschenbuch der Stoffkunde, 1. Aufl., S. 1017.

stanz, zwei Drittel bis drei Viertel davon an Gerbstoffen, 3÷30% Fett und ≈ 15% Wasser, chromgares Leder ≈ 50% Hautsubstanz, 5÷20% Fett, ≈ 20% Wasser. Der Wassergehalt schwankt mit der Luftfeuchtigkeit. Leder wird nach Gewicht verkauft und daher oft mit billigeren Stoffen (Gerbstoffen oder Fett) künstlich „beschwert"; Treibriemen aus derartigem Leder recken sich schneller als solche aus reinem Leder. Hochwertige Treibriemen sollen nicht über 5÷6%, gewöhnliche Riemen für Stufenscheiben nicht über 15% Fett haben. (Hält man ein Stückchen Leder in eine Flamme, so tropft überschüssiges Fett aus.) Die Zerreißfestigkeit des lohgaren Leders schwankt zwischen 200÷750 kg/cm², chromgares Leder ist im allgemeinen fester. Die Festigkeit hängt außer von der Art der Gerbung wesentlich ab von der Lage des Stückes in der Haut (Rücken- oder Seitenbahn) und von der Vorstreckung; naßgestrecktes Leder ist fester als ungestrecktes. Für Treibriemen wichtiger als die Festigkeit ist die elastische Dehnung, die nach Überschreiten der bleibenden Dehnung noch vorhanden ist. Dasjenige Leder ist am besten, welches die elastische Dehnung am längsten bewahrt. Durch wiederholtes Vorstrecken des Leders wird die Zerreißfestigkeit erhöht und die bleibende Dehnung vermindert. Jährliches Abwaschen des Riemens mit warmem Wasser und Einfetten (nicht Ölen!) ist zweckmäßig. Gutgepflegte Treibriemen arbeiten 10÷15 Jahre und mehr. Lederstulpen oder -manschetten für Dichtungen werden aus mit Wasser oder Glyzerin aufgeweichtem Chromleder durch Pressen über Holz- oder Metallformen und nachträgliches Trocknen hergestellt.

Rohhaut ist enthaarte, in eine Glyzerin-Wasser-Lösung gehängte und dann in gespanntem Zustande getrocknete Haut von 2÷3 mm Stärke; sie wird für Nähriemen oder, aus einzelnen Schichten mit Bindemittel unter hohem Druck zusammengepreßt, zur Herstellung von Zahnrädern (Rohhautritzel) verwendet.

3. Isolier-, Dichtungs- und Bindemittel.

Bei den Isolierstoffen kann es sich um eine Wärme- oder um eine elektrische Isolierung handeln, vielfach wird beides gleichzeitig verlangt; eine genaue Scheidung ist daher nicht immer möglich. Da für beide Zwecke und ebenso für Dichtungs- und Bindemittel vielfach die gleichen Stoffe verwendet werden, so ist die Zusammenfassung in einem Abschnitt geboten.

Von den Isolierstoffen der Elektrotechnik muß man in erster Linie verlangen: hohen Isolations- und Oberflächenwiderstand (Durchschlagsfestigkeit), geringe dielektrische Hysteresisverluste, Unempfindlichkeit gegen atmosphärische Einflüsse und Säuren, gleichmäßig dichtes Gefüge (keine Poren oder Löcher), gute bzw. schlechte Wärmeleitung, je nach dem Verwendungszweck, bei festen Stoffen außerdem gute Festigkeitseigenschaften, bei anderen gute Anschmiegung usw. Ein Teil dieser Forderungen gilt auch für Wärmeschutz-, Dichtungs- und Bindemittel.

Man hat zu unterscheiden zwischen anorganischen (keramischen und mineralischen) und organischen (pflanzlichen und tierischen) bzw. zwischen natürlichen und künstlichen Stoffen, letztere meist aus Mischungen anorganischer und organischer Stoffe bestehend.

Kieselgur ($\gamma = 0{,}24$) ist ein lockeres, mehlartig fein zerreibbares Gestein (wasserhaltige Kieselsäure) mit Verunreinigung durch Quarz, Ton und organische Stoffe von weißer, grauer, grüner oder bräunlicher Farbe und wird, da feuerfest und ein guter elektrischer, Schall- und Wärmeisolator, als Packungsmittel für Dampfkessel und Dampfleitungen, Wände von Kühlräumen und feuerfesten Schränken, für schallsichere Decken und Fernsprechzellen verwendet.

Asbest ($\gamma = 2{,}3 \div 3$) kommt als feuer- und säurebeständiger Hornblendeasbest von seidenartigem Glanz und als nur feuer-, aber nicht säurebeständiger, stark hygroskopischer, aber geschmeidigerer Serpentin- oder Chrysotilasbest vor und ist ein faseriges, biegsames Mineral, in der Hauptsache kieselsaure Magnesia, von weißer, grünlicher oder bräunlicher Farbe. Asbest ist ein schlechter Wärme- und Elektrizitätsleiter und dient in Form von Pappe, Tuchen, Schnüren, Geweben, Asbestbausteinen und Asbestschiefer ebenfalls als Wärmeschutz für Dampfkessel und Dampfleitungen, Kühlanlagen, feuerfeste Schränke, für feuerfeste Anstrichfarben und unter Zuhilfenahme von Gummi, Pech, Harz usw. als Bindemittel zur Herstellung künstlicher Isolierstoffe (Gummiasbest, Vulkanasbest, Asbestonit, Tenacit, Australit, Festonit, Klingerit u. dgl. m.).

Glimmer oder Marienglas ($\gamma = 2{,}75 \div 3{,}2$) kommt hauptsächlich als glänzender, hellgelblicher, rötlicher oder bräunlicher, säurefester Kaliglimmer (Muskovit), daneben als dunkler Glimmer (Biotit, dunkelbraun oder dunkelgrün bis schwarz, minderwertig) und als Phlogopit oder Amber (rot, gelb oder braun), der von Schwefelsäure zersetzt wird, vor; Schmelzpunkt $1200 \div 1300^0$. Glimmer läßt sich drehen und stanzen und bis auf durchsichtige Blättchen von 0,006 mm Dicke ausgezeichnet spalten. Glimmer ist ein hochwertiger Isolierstoff (Durchschlagsfestigkeit 60 kV/mm, Dielektrizitätskonstante $5 \div 7$), der im Gegensatz zu anderen auch noch bei hohen Temperaturen (bis zu 1000^0) isoliert. Verwendung: für Stromabgeber elektrischer Maschinen, für Auskleidung der Nuten, für Heizapparate, Ofenfenster, Dichtungen für Rohre, Schutzbrillen, Lampenzylinder usw.

Mikanit ($\gamma = 2 \div 2{,}5$) ist ein unter hohem Druck aus einzelnen, durch Lackschichten verbundenen Schichten dünner Glimmerplättchen in Platten von $0{,}2 \div 2$ mm Stärke hergestelltes künstliches Erzeugnis, das sich leicht mit der Schere schneiden und in erwärmtem Zustande auch in Formen pressen läßt. Durchschlagsfestigkeit $30 \div 40$ kV/mm, Dielektrizitätskonstante $4{,}5 \div 5{,}5$. Verwendung wie Glimmer, hauptsächlich als Nutenisolation für hohe Spannungen, ferner in Form von Isolierrohren, Mikanitleinwand und Mikanitpapier.

Marmor ($\gamma = 2{,}7$, weißer billiger und weniger hart als schwarzer) soll aus Festigkeitsrücksichten nicht unter 20 mm Stärke, für schwere Apparate und Schalttafeln (keine metallischen Adern!) in Stärken von $25 \div 35$ mm verwendet werden. Marmor läßt sich mit Schneidwerkzeugen bearbeiten. Das Zersägen der Blöcke in Platten erfolgt mit Sägen ohne Zähne unter Zuhilfenahme von Quarzsand und Wasser. Um Feuchtigkeitsaufnahme zu verhüten, wird der Marmor poliert und mit Öllack überzogen. — Kunstmarmor wird aus Gips unter Zusatz von Alaun, Schiefermehl usw. hergestellt, ist zwar billiger, aber hygroskopisch und von geringerer Festigkeit, daher für technische Zwecke weniger empfehlenswert.

Tonschiefer ($\gamma = 2{,}7 \div 2{,}8$) ist ein in Platten spaltbares, wasserhaltiges Aluminiumsilikat, das als Isolierstoff für elektrotechnische Zwecke verwendet wird; er muß gleichmäßig bearbeitbar und frei von leitenden Einlagerungen (besonders Schwefelkies) sein. Am besten ist italienischer Tonschiefer. Die daraus hergestellten Teile werden zum Schutz gegen Feuchtigkeitsaufnahme getrocknet und lackiert. Hinsichtlich der Plattenstärke gilt dasselbe wie für Marmor.

Porzellan ist ein Gemisch von Kaolin, Quarz und Feldspat, welches in plastischem Zustande auf der Drehscheibe mittels Schablonen gedreht oder in Formen gepreßt, an der Luft getrocknet, alsdann zur Erhöhung der Porosität und Festigkeit bei $\approx 900^0$ geglüht und nach Überziehen mit der Glasurflüssigkeit, einer Mischung aus Porzellanmasse, Quarz und Flußmitteln, bei $\approx 1400^0$ gebrannt wird. Porzellan zeichnet sich durch Säurebeständigkeit, Widerstandsfähigkeit gegen Temperaturwechsel und große elektrische Durchschlagsfestigkeit aus. Letztere ist abhängig von der Temperatur und beträgt für 1 mm Dicke bei $25^0 \approx 60$ kV, bei $100^0 \approx 42$ kV, bei $190^0 \approx 10$ kV. Porzellan wird in der chemischen Industrie, für

Pyrometerschutzrohre und insbesondere für Isolationszwecke in der Elektrotechnik verwendet.

Speckstein, ein sich speckig anfühlendes Magnesiumsilikat, ist gut bearbeitbar und fest, in gebranntem Zustande sehr feuerbeständig. Zu Steatit weiter verarbeitet ist es ein vorzügliches Isoliermittel, das geringere Sprödigkeit und geringeres Schwindmaß besitzt als Porzellan und im Gegensatz zu diesem bei hohen Temperaturen nicht leitet. Verwendung: für Zündkerzen und Brennermundstücke, Sicherungen usw.

Glas ($\gamma = 2{,}5 \div 3{,}4$) ist ein durch Schmelzen entstandenes Silikat mit Quarzsand als Grundstoff und Zusätzen von Fluß- und Farb- bzw. Entfärbungs- und Läuterungsmitteln von fast unbegrenzter Formbarkeit in flüssigem und ausgezeichneten physikalischen und chemischen Eigenschaften — große Härte, Undurchlässigkeit für Gase und Flüssigkeiten, große Widerstandsfähigkeit gegen chemische Einwirkung, Durchsichtigkeit, hohes Isolationsvermögen gegen Wärme und Elektrizität — in erkaltetem, festem Zustande. Ungeeignet ist Glas dagegen bei starker mechanischer Beanspruchung (wegen seiner Sprödigkeit) und hohen und schroff wechselnden Temperaturen. Die sehr mannigfaltigen Verwendungszwecke dürfen als bekannt vorausgesetzt und können hier nicht eingehender behandelt werden. Glas läßt sich auch zu feinen Fäden ausziehen. Glasgespinst oder Glaswolle ist für Temperaturen von $0 \div 500^0$ das beste Wärmeschutzmittel; es wird in Form von Bändern, Schnüren, Decken usw. verwendet. Lockere Glaswolle dient als Füllmittel für Filter für Öl, Säuren, Laugen usw. oder (bleifrei!) als Zwischenlage zwischen den Blei- und Bleioxydplatten von Akkumulatoren, insbesondere von Trockenbatterien. Die Durchschlagsfestigkeit des Glases erhöht sich mit dem Bleigehalt oder bei Zusatz von Borsäure; durch Staubablagerung auf der durch atmosphärische Einflüsse rauh gewordenen Oberfläche wird die Oberflächenleitung begünstigt.

Baumwolle (Samenhaare der Baumwollstauden, fast reiner Zellstoff) wird zum Umspinnen von Drähten oder in Form von Garn, Bändern oder Tüchern als Träger von Isolierlacken verwendet. Dielektrizitätskonstante $2{,}5 \div 3$, Durchschlagsfestigkeit je nach dem Imprägniermittel $20 \div 600$ kV/cm.

Seide, ein Sekret des Maulbeerspinners, ist ein schlechter Elektrizitäts- und Wärmeleiter, kann bis 140^0 ohne Schädigung erhitzt werden, zersetzt sich aber bei 170^0; sie wird zum Umspinnen feiner Drähte, für die Spulen von Meßinstrumenten und für die Wicklungen von Kleinmotoren verwendet.

Holz (siehe S. 30) eignet sich als Isolierstoff im allgemeinen nicht, wohl dagegen verschiedene nachstehend genannte Holzfaser- (Zellulose- oder Zellstoff-) Erzeugnisse.

Papier wird zum größten Teil aus Holzfasern, ferner aus den Fasern von Leinen, Hanf, Baumwolle, Jute usw. hergestellt. Für Isolationszwecke unterscheidet man:

Kabel-, Kondensator-, Blechbekleb- und Hartpapiere mit je nach ihrem Verwendungszweck verschiedenen Eigenschaften. Hartpapier wird durch Aufeinanderschichten oder Aufeinanderwickeln mit Lack überzogener Blätter, die unter Erhitzung auf etwa 120^0 mit starkem Druck zusammengepreßt werden, in Form von Platten bis 60 mm Dicke oder von Rohren hergestellt. Hartpapier ist wärmebeständig bis etwa 100^0, auch widerstandsfähig gegen chemische Einflüsse, sehr fest, schwer brennbar, aber etwas hygroskopisch, läßt sich wie Holz bearbeiten und polieren. Dielektrizitätskonstante $3{,}5 \div 5$, Durchschlagsfestigkeit für Platten von 1 mm Dicke ≈ 20 kV. Handelsbezeichnungen: Pertinax, Bituba, Repelit usw. (vgl. auch Bakelit S. 36).

Preßspan, eine Pappe von $0{,}1 \div 5$ mm Stärke und besonders dicht, ist ein billiger und leichter Isolierstoff von meist grauer oder gelber Farbe, der im Transformatorbau unter Öl, für Nutenisolation, als Zwischenlage, Unterlegscheiben usw. verwendet wird. Preßspan ist hygroskopisch und brennbar, darf daher nur bei Temperaturen unter 100° verwendet werden. Dielektrizitätskonstante ≈ 3, Durchschlagsfestigkeit ≈ 10 kV/mm (Anelektron, besonders dicht, $\leqq 18$ kV/mm).

Vulkanfiber besteht aus durch Chlorzinklösung oder konzentrierte Schwefellösung klebrig und plastisch gemachten und alsdann unter Wärme und Druck aufeinandergepreßten, danach zwischen Kalanderwalzen getrockneten und gepreßten Papier- oder Jutegewebeschichten und wird in Platten, Stangen und anderen Formen in hornartiger oder durch Glyzerinzusatz biegsam gemachter Beschaffenheit geliefert. Vulkanfiber ist ein zäher, dauerhafter, gut bearbeitbarer Stoff, der sich durch Quellen zwar verzieht, aber von Wasser, Öl, Säuren und Basen nicht oder nur schwer angegriffen wird. Zum Schutz gegen Feuchtigkeit dient ein Schellacküberzug oder ein Ölemulsionszusatz. Vulkanfiber wird als Wärme- und Elektrizitätsisolator, für Bremsklötze, Handgriffe, Dichtungen, Rollen für Druckpressen, Zahnräder und andere möglichst geräuschlos laufende Maschinenteile verwendet.

Cellon ist ein Sammelname für aus Azetylzellulose (Verbindungen von Zellulose mit Essigsäure) durch Behandlung mit Alkohol usw. hergestellte, im Gegensatz zu Zelluloid vollkommen feuerungefährliche und gegen Fett, Öl, Alkohol, Benzin usw. beständige Zellstofferzeugnisse, die hart und biegsam sind und sich als Isolierstoffe und für Lacke eignen. Hartcellon zeichnet sich durch hohes Isolierungsvermögen aus (sonstige Handelsbezeichnungen: Sikoid, Similoid, Sinur usw.). Lonarit, in warmem Zustande durch Spritzen oder Pressen zu beliebigen Formstücken (auch mit eingesetzten Metallteilen) oder zu Platten, Stangen, Rohren usw. verarbeitet, läßt sich hinsichtlich Härte, Biegsamkeit, Wärmebeständigkeit usw. allen Anforderungen anpassen und sehr vielseitig verwenden, auch mit Schneidwerkzeugen bearbeiten.

Galalith oder Kunsthorn wird aus Kasein hergestellt, ist hygroskopisch, aber nicht brennbar und wird z. B. für Schaltergriffe u. dgl. verwendet.

Kautschuk oder Gummi, eine Kohlenwasserstoffverbindung, wird aus dem Milchsaft einiger tropischer Bäume und Sträucher als Rohkautschuk (am besten Parakautschuk) gewonnen und dann fabrikmäßig weiter verarbeitet (gewaschen, mit Füllstoffen gemischt, vulkanisiert). Nicht vulkanisierter Kautschuk ist bei gewöhnlicher Temperatur weich und dehnbar, wird bei $< 10^0$ hart, bei $50 \div 60^0$ zäh und klebrig, bei 120° flüssig (Kautschuklösung als Klebemittel). Durch Vulkanisieren verliert der Kautschuk seine Plastizität und Klebrigkeit; Elastizität, Dehnbarkeit und Bearbeitungsfähigkeit werden erhöht. Härte und Elastizität bleiben zwischen -20^0 und $+100^0$ nahezu unverändert. (Heißvulkanisation erfolgt unter Zusatz von $5 \div 20$ % S bei $2 \div 3$ stündiger Erhitzung durch Dampf von $3 \div 4$ at in Kesseln, Kaltvulkanisation durch Eintauchen in eine Lösung von Schwefelchlor und Schwefelkohlenstoff.) Vulkanisierter Kautschuk ist sehr elastisch und widerstandsfähig gegen Einwirkung von Luft, Wasser und Säuren. — Weichgummi, hellgrau, wird als Isolierstoff in der Elektrotechnik (Isolierband, Gummiadern für Kabel usw.), ferner für Dichtungen, Ventilklappen, Fahrradreifen, Schläuche und viele andere Zwecke verwendet. Hartgummi (Ebonit) erhält man durch höheren Schwefelgehalt ($25 \div 50$%) und längere Vulkanisationszeit ($8 \div 12$ Stunden bei $4 \div 4,5$ at Dampfdruck). Hartgummi wird in Platten, Stangen und Rohren, die sich leicht bearbeiten lassen, oder auch als Formteile (u. U. mit eingepreßten Metallteilen) geliefert und besonders für Schwachstromisolation, zur Herstellung oder Auskleidung von Akkumulatorkästen, für Dichtungszwecke usw. verwendet. Dielektrizitätskonstante $2 \div 3$, Durchschlagsfestigkeit für reines Hartgummi $\leqq$ 1000 kV/cm, für billigere Gemische 100 ÷ 200 kV/cm. Wegen seiner Brennbarkeit und seiner geringen Wärmebeständigkeit (bis $\approx 70^0$) ist Hartgummi vielfach durch andere Stoffe (z. B. Cellon) verdrängt. — Regenerierter Kautschuk ist ein aus bereits einmal vulkanisiertem Alt- oder Abfallkautschuk durch Replastizieren der darin enthaltenen Kautschukmasse (unter Anwendung von Wärme bei gleichzeitiger Entfernung des Schwefels und der Füllstoffe) wiedergewonnener knetbarer Kautschuk, der in immer vollkommenerer Beschaffenheit erzeugt wird und eine voraussichtlich noch wachsende Bedeutung gewinnt. — Künstlicher oder synthetischer Kautschuk, aus den Grundstoffen des Kautschuks künstlich hergestellt, steht dem natürlichen in keiner Weise nach.

Guttapercha und Balata, ebenfalls aus dem Milchsaft tropischer Bäume gewonnen und nach weiterer Verarbeitung ähnlich wie Kautschuk zwischen Kalandern gewalzt, werden bei $\approx 50^0$ plastisch und lassen sich dann in jede beliebige Form bringen. Guttapercha wird an der Luft spröde und bröckelig (Aufbewahrung unter Wasser), Balata nicht. Guttapercha wird hauptsächlich zur Isolation von Unterwasserkabeln verwendet (Durchschlagsfestigkeit $\approx$ 17 kV/mm). Balatalösung wird auch auf Streichmaschinen für die Herstellung der Balata-(Baumwolle-) Treibriemen verwendet.

Harze sind entweder Natur- oder Kunstharze. Naturharze sind in Wasser unlösliche, in Terpentinöl, Benzin, Alkohol usw. lösliche, klebrige, mehr oder weniger durchsichtige Pflanzenstoffe und dienen in erster Linie zur Herstellung von Lacken. Die wichtigsten Naturharze sind: Terpentine (gewöhnliche zur Herstellung von Terpentinöl und Kolophonium, feine als Lackzusatz; künstliche Terpentine = Lösungen von Kolophonium in Kien-, Harz- oder billigem Mineralöl), Kolophonium (als Zusatz zu Starrschmiere und Wagenfett verwendet, für Maschinenöle nicht empfehlenswert wegen der Neigung zum Verharzen), Kopale, Stock- oder Gummilack, aus dem Schellack gewonnen wird (für Polituren, Lacke, Siegellack, Isolierkitt, Hartpapier usw.), Dammar (für Öllacke, Emaillelack usw.), Sandarak (für Lacke und Kitte), Mastix (für Lacke, Klebemittel, Glas- und keramische Kitte), Akkaroid (Verwendung wie Schellack), Elemi (Zusatz zu Spirituslack), Naturasphalt (Erdharz oder Erdpech, für Lacke und für Isolationen von Hochspannungsmaschinen), Zeresin (Bienenwachs ähnlich). — Kunstharze sind wärme- und ölbeständiger als Naturharze, bei gleicher Güte billiger und werden zu den verschiedensten Zwecken verwendet, die löslichen zur Lackherstellung, die unlöslichen als Bindemittel, hauptsächlich bei der Herstellung von Isolierstoffen (Preßmassen siehe S. 37).

Bakelit, eins der wichtigsten Kunstharze, wird aus Formalin und Phenol gewonnen. Es entsteht zunächst das noch in Alkohol, Phenol, Azeton, Natronlauge usw. lösliche, zähflüssige, teigige oder feste, harzartige Bakelit A, das bei Erwärmung über 100^0 in das in Alkohol unlösliche, in der Hitze gummiartige, in der Kälte spröde Bakelit B und bei weiterer Erhitzung auf höhere Temperaturen schließlich in das vollständig unlösliche und unschmelzbare Bakelit C übergeht. Bakelit wird im Zustand A bezogen, in Spiritus gelöst (etwa 50 Teile Bakelit auf 50 Teile 95-prozentigen Spiritus) und erst im Verlauf der Verarbeitung zu irgendwelchen Gebrauchsteilen in den Zustand C übergeführt. Bakelit C ist (abgesehen von kochender konzentrierter Schwefelsäure und Salpetersäure) säurebeständig und auf der Drehbank gut zu bearbeiten, wasserklar bis dunkelrot, im übrigen beliebig färbbar. Dielektrizitätskonstante 5,6 ÷ 8,85, Durchschlagsfestigkeit für Reinbakelit 23 kV/mm, für Gemische mit Asbest oder Holzmehl entsprechend geringer. Mit Bakelitfirnis, einer alkoholischen Lösung von Bakelit A, getränkte Papiere oder Pappen werden als Isoliermittel in der Elektrotechnik (Rollen, Platten,

Spulenkästen usw.) verwendet. Außer Bakelit kommen andere Bezeichnungen wie Resinit, Kondensite, Eolit, Neolith, Tenacit, Wenjacit, Issolin usw. vor.

Albertole, aus organischen Verbindungen und Naturharzen bestehend, sind in Terpentin- und Leinöl, leicht in Spiritus, Äther, Azeton, schwer in Benzol löslich; sie sind ziemlich lichtecht, beständig gegen Wasser, Säuren, Ammoniak und andere chemische Einflüsse und werden für Lacke und Isolationszwecke, ferner mit Füllstoffen vermischt als Preßmassen verwendet.

Preßmassen sind Mischungen aus anorganischen Füllstoffen mit organischen Bindemitteln, die unter den verschiedenartigsten Bezeichnungen angeboten werden, z. B. Gummon, Eshalit, Ambroin, Margolit, Fermit, Heliosit, Resistan, Tenalan, Xylolith usw. Sie werden warm oder kalt in Formen gepreßt und ermöglichen das Miteinpressen vorher in die Formen eingelegter Metallteile. Kaltpressung ist wesentlich leistungsfähiger und billiger als Warmpressung, deren Hauptvorzug große Maßhaltigkeit der Preßteile ist. Außer Hartgummi (siehe S. 35) gibt es eine große Anzahl gummifreier Mischungen, für die als Füllstoffe Asbest, Kreide, Schwerspat, Feldspat, Kaolin, Schiefer- und Ziegelmehl, Quarzstaub, Sägespäne, Holzmehl, Wolle, Jute, Papier usw. in getrocknetem Zustande verwendet werden, während als Bindemittel hauptsächlich Harze, oxydierende Öle und Bitumina, daneben, hydraulisch abbindend, Gips und Zement und, chemisch abbindend, Magnesiumchlorid mit Magnesit in Frage kommen. Dielektrizitätskonstante $3 \div 5$. Bitumina (Teer- und Pechmischungen) mit geeigneten Füllstoffen ergeben bei sachgemäßer Herstellung gute Preßmassen (Biegefestigkeit ≈ 100 kg/cm², Wärmebeständigkeit $\approx 250^0$); allerdings kommen auch viele minderwertige Erzeugnisse vor, die schon bei Zimmertemperatur (25^0) unansehnlich werden bzw. erweichen. Naturharze, in Spiritus gelöst, mit entsprechenden Füllstoffen ergeben bei gut polierten Formen hochglänzende Preßteile von guten Festigkeits- und Isolationseigenschaften; die Masse ist nicht hygroskopisch, aber auch nicht wärmebeständig und wird bei $60 \div 100^0$ weich. Preßmassen mit Kunstharzen, insbesondere Bakelit und Albertolen, als Bindemittel sind wohl die besten und lassen sich warm und kalt pressen. Man kann Teile mit einer Biegefestigkeit von 400 kg/cm² und einer Wärmebeständigkeit bis 300^0 und solche mit einer Biegefestigkeit bis zu 900 kg/cm² bei einer Wärmebeständigkeit bis 150^0 herstellen. Plastizierte Zellulose (Trolit, Lonarit) mit Füllstoffen läßt sich ebenfalls warm leicht pressen (u. U. sogar spritzen); man erhält bei polierten Formen hochglänzende maßhaltige Preßteile von gutem Isolationsvermögen, die aber nur bis $\approx 50^0$ wärmebeständig sind. — Novotext[1] ist ein aus einem außerordentlich festen Gewebe mit Bakelit als Bindemittel unter hohem Druck gepreßter, wärme-, wasser- und ölbeständiger Werkstoff von großem Dämpfungsvermögen, hoher Festigkeit und geringem Verschleiß, der sich gut bearbeiten läßt und sich besonders zur Herstellung von geräuschlos laufenden Zahnrädern (an Stelle von Rohhaut) eignet.

Teerstoffe: Paraffin (Destillat) dient zum Tränken von Papier und umsponnenem Draht; Destillationsrückstände (Bitumen, Gudron, Asphalt, Pech) werden als Bindemittel für Preßmassen verwendet.

Öle werden als Isoliermittel für Transformatoren und Schalter verwendet (siehe S. 41).

Lacke, dünn mit dem Pinsel, durch Spritzen[2] oder Eintauchen aufgetragen, trocknen zu zusammenhängenden, festhaftenden, mehr oder minder harten und elastischen Schichten ein und sollen den betreffenden Gegenstand gegen chemische und mechanische Einwirkungen schützen bzw. isolierend wirken. — Öllacke sind

[1] Vgl. AEG-Mitteilungen 1925, S. 316; 1927, S. 145.

[2] Vgl. Klose: Neuzeitliche Spritzlackierverfahren. Maschinenbau 1926, S. 65.

hauptsächlich Lösungen von Harzen in trocknenden Ölen (Leinöl und Holzöl) mit Zusatz eines Trockenstoffes (Sikkativ) und flüchtiger Lösungsmittel (Terpentin, Benzin, Benzol usw.). Asphaltlacke enthalten außerdem noch Fettpeche. Flüchtige Lacke (Spiritus- und Ätherlacke) sind Lösungen von Harzen und anderen Stoffen (Nitrozellulose oder Zelluloid, Zelluloseazetat) in leicht verdunstenden Lösungsmitteln (Äthylalkohol, Amylazetat, Äthyläther u. a.) und dienen, außer zum Lackieren von Holz, mehr als Klebelacke zum Kleben von Papier und Glimmer zu Platten, Rohren usw. Als Isolierlacke werden meist Öllacke (schwarze Asphaltlacke oder helle Harzlacke) verwendet, z. B. zum Lackieren von Ankerwicklungen und Spulen elektrischer Maschinen, mit nachfolgender Trocknung im Ofen (5÷8 Stunden bei 80÷100°). Ofentrocknende Isolierlacke werden auch zum Imprägnieren von Leinen, Baumwolle, Seide, Papier usw. verwendet, die nach dem Trocknen in Bandform oder größeren Breiten zu Rollen aufgewickelt werden und zum Umwickeln von Ankern und Spulen elektrischer Maschinen und Apparate dienen. Die Durchschlagsfestigkeit soll für 0,1 mm Stärke mindestens 2500 V betragen. Luftlacke sollen etwa 24 Stunden bei gewöhnlicher Temperatur klebefrei trocknen, aber nur dann benutzt werden, wenn Ofentrocknung nicht möglich ist.

Kitte werden zum Ausfüllen von Fugen, Löchern und Poren, als Dichtungsmittel und zum Befestigen verschiedener Teile oder Stoffe auf- oder ineinander verwendet. Man unterscheidet Öl-, Harz-, Kautschuk- und Guttapercha-, Eiweiß- und Kasein-, Mineral-, Schmelz-, Rostkitte usw. Anforderungen und Zusammensetzung sind je nach Verwendungszweck sehr verschiedenartig[1].

Leim und Gelatine werden aus Tierhaut, Knochen, Knorpel usw. gewonnen, quellen in kaltem Wasser auf, ohne sich zu lösen, lösen sich in warmem Wasser und bilden nach dem Erkalten elastische Gallerten. Zu starkes Erhitzen und wiederholtes Aufkochen vermindert die Klebefähigkeit. Hautleim ist im allgemeinen besser als Knochenleim, letzterer genügt jedoch in den meisten Fällen[2].

4. Ofenbaustoffe (feuerfeste Stoffe).

Gewöhnliche Ziegelsteine werden nur für Fundamente und äußere Wandungen, die keinen hohen Temperaturen ausgesetzt sind, verwendet. Im übrigen kommen nur feuerfeste Steine in Frage. Von diesen wird verlangt: hoher Schmelzpunkt (feuerfest: Schmelzpunkt 1580÷1770° = Segerkegel 26÷35; hochfeuerfest: Schmelzpunkt 1790÷1920° = Segerkegel 36÷40), mechanische Festigkeit (>120 kg/cm² Druckfestigkeit), Dichte, Formbeständigkeit (möglichst geringes Wachsen oder Schwinden) auch bei höheren Temperaturen, Widerstandsfähigkeit gegen Temperaturwechsel (kein Reißen oder Springen) und chemische Einflüsse (Gase, Asche und Schlacken) und geringe Wärmeleitfähigkeit. Völlig formbeständige Steine gibt es nicht. Starkes Schwinden erzeugt Risse (Fugenerweiterung) im Mauerwerk, starkes Wachsen kann zur Zerstörung des Mauerwerkes führen, geringes Wachsen schließt die Fugen. Schamottesteine schwinden, stark quarzhaltige und reine Quarzsteine (Silika und Dinas) wachsen im Feuer. Zu dichte Steine vertragen keine schroffen Temperaturwechsel. Die Dichtigkeit wird gemessen durch die Aufnahmefähigkeit für Wasser (Porosität) und darf 6÷20% des Gewichtes des vorher bei 120° getrockneten Steines betragen. Neutrale Steine (aus fettem, tonerdereichem Ton, gemahlenem Koks) oder besser basische Steine (aus Bauxit, Korund, Dolomit, Magnesit) widerstehen basischen, saure Steine

---

[1] Zusammensetzung und Verwendungsmöglichkeiten siehe Dubbel: Taschenbuch für den Maschinenbau, und Krause: Rezepte für die Werkstatt. Werkstattsbücher H. 9.

[2] Näheres vgl. „Hütte", Taschenbuch der Stoffkunde, 1. Aufl., S. 1023.

(aus Quarzit und mageren, kieselsäurereichen Tonsorten, die hochfeuerfesten Sorten unter der Bezeichnung Silika- oder Dinassteine) kieselsäurereichen Schlacken. Der Gehalt an Flußmitteln (Alkalien, CaO, MgO, Fe), die die Feuerfestigkeit vermindern, soll möglichst gering sein. Zum Vermauern soll Mörtel von etwa gleicher Zusammensetzung wie die Steine benutzt werden.

Das deutsche Normalformat ist 25 × 12 × 6,5 cm. Außerdem werden für besondere Zwecke abweichende Formen, z. B. Radialsteine für Gewölbe und runde Steine, Widerlagersteine, Rohrstützsteine, Platten usw. hergestellt.

Für die hier hauptsächlich in Frage kommenden Zwecke werden etwa folgende Steinsorten verwendet:

Bei Rostfeuerung, für Verbrennungsraum, Feuerbrücke und Feuerzüge: guter Schamottestein (SK. 34 ÷ 35)[1]; für sonstige Innenflächen: Schamottesteine geringerer Güte.

Bei Gasfeuerung, für den Verbrennungsraum: hochwertiger, ziemlich dichtgebrannter Schamottestein; für Brennergewölbe: Silikasteine.

Bei flüssigem Brennstoff, für Zerstäuber, Düsen: Steinzeug, Porzellan.

Bei Misch- und Wassergaserzeugern, für den unteren Teil: Schamottesteine (SK. 32 ÷ 34); für den oberen Teil: neutrale Schamottesteine (SK. 30 ÷ 31).

Bei Schmiedeöfen, für Wärmeraum und Züge: Schamottesteine (SK. 32 ÷ 33) oder Quarzsteine (Silika- oder Dinassteine mit $> 95\%$ SiO_2 und $< 4\%$ Flußmittel.

Bei Rekuperatoren: Schamottesteine (SK. 32 ÷ 33) mit Zusatz von Kapselscherben (für Raumbeständigkeit).

Bei Kupolöfen, für Herd-, Verbrennungs- und Schmelzzone: Quarzschamottesteine ($\approx 75\%$ SiO_2, 20 ÷ 25% Al_2O_3); für den oberen Teil des Schachtes: billigere Schamottesteine von guter mechanischer Festigkeit; für den Teil oberhalb des Schachtes: halbfeuerfeste Steine.

Bei Gießpfannen, zum Ausstampfen: feuerfester Klebesand; zum Ausmauern: bester Schamottestein.

5. Schmier- und Kühlmittel[2].

Zweck der Schmierung ist Verminderung der Reibung zwischen zwei aufeinander gleitenden Flächen und damit ihrer Abnutzung und Erwärmung und des zur Überwindung der Reibung erforderlichen Kraftaufwandes. An die Stelle der Reibung zwischen den beiden Gleitflächen soll die innere Reibung des Schmiermittels treten. Dieses muß daher eine bei allen auftretenden Drucken und Temperaturen ausreichende Adhäsion besitzen, damit es eine zusammenhängende, aber möglichst dünne Schicht zwischen den Gleitflächen bildet und nicht herausgepreßt wird. Innere Reibung und Beständigkeit der schmierenden Schicht sind abhängig von der Zähflüssigkeit oder Viskosität, die dem Verwendungszweck entsprechen muß und sich innerhalb größerer Temperaturunterschiede möglichst wenig ändern soll. Zähflüssige Schmiermittel sind für stark belastete Flächen und kleine Gleitgeschwindigkeiten, leichtflüssige für geringere Drucke und hohe Gleitgeschwindigkeiten geeignet. Schmiermittel sollen ferner frei von festen und flüssigen Verunreinigungen sein, die die Gleitflächen mechanisch oder chemisch angreifen (Säuren) oder Eintrocknen des Schmiermittels begünstigen (Harze), und einen möglichst hohen Flamm- und niedrigen Stockpunkt, also große Wärmebeständigkeit, besitzen, so daß sie weder leicht verdunsten noch erstarren.

---

[1] Schamotte = in Stücken bis zur vollständigen Sinterung gebrannter Ton, wird gemahlen, mit Rohton gemischt und nach dem Formen wieder scharf gebrannt. Güte der Steine ist abhängig vom Tonerdegehalt; beste Steine 35 ÷ 40%, zweite Sorte 25 ÷ 32%, dritte Sorte 15 ÷ 20% Al_2O_3.

[2] Vgl. auch Maschinenbau 1927, S. 213ff (Sonderheft „Schmierung und Kühlung“).

Bei der Prüfung von Schmiermitteln werden hauptsächlich festgestellt:

1. Das spezifische Gewicht bei 20° mittels Aräometer, Pyknometer oder Mohr'scher Senkwage; hieraus läßt sich aber nicht ohne weiteres auf Güte und Schmierwirkung, sondern eher auf die Art oder Herkunft und Reinheit schließen. Der Höchstwert des spezifischen Gewichtes beträgt etwa:

0,925	für Spindelöl	mit einer Viskosität von	2,6 ÷ 4° *E* (vgl. unter 5.)	bei 20° C,
0,94	„ „	„ „ „ „	4 ÷ 8° *E*	„ 20° C,
0,95	„ Maschinenöl	„ „ „ „	2,5 ÷ 6° *E*	„ 50° C,
0,965	„ „	„ „ „ „	6 ÷ 12° *E*	„ 50° C,
0,980	„ Zylinderöl,			
1,030	„ Braunkohlenschmieröle,			
1,150	„ Steinkohlenschmieröle.			

2. Der Flammpunkt, d. h. diejenige Temperatur, bei der das in einem offenen Tiegel (Apparat von Marcusson) erhitzte Öl in solchem Maße verdampft, daß das entstehende Gemisch aus Öldämpfen und Luft beim Nähern einer Zündflamme sich entzündet. Der Flammpunkt ist ein Kennzeichen für die Verdampfbarkeit des Öles. Grenzwerte: für Spindelöle 140 ÷ 180°, Maschinenöle 140 ÷ 220°, Zylinderöle 220 ÷ 270° (Naßdampf) bzw. 270 ÷ 320° (Heißdampf).

3. Der Tropfpunkt für Fette, d. h. diejenige Temperatur, bei der der erste Tropfen des Fettes von dem Aufnahmegläschen (des Tropfpunktapparates nach Ubbelohde) abfällt. Fette sollen bei niedrigen Temperaturen nicht zu dünnflüssig sein, damit sie von den zu schmierenden Flächen nicht ablaufen. Grenzwerte: für Drahtseil- und Zahnradfette 45°, Wagenfette 60 ÷ 80°, dunkle Maschinenfette und Kaltwalzenfett 60°, helle Maschinenfette und Kugellagerfette 70°, Heißwalzenfette 75 ÷ 90°, hochschmelzende Heißwalzenfette 140°.

4. Der Stockpunkt oder diejenige Temperatur, bei der das Öl so steif wird, daß es unter Einwirkung der Schwerkraft nicht mehr merklich fließt. Der Stockpunkt ist besonders wichtig, wenn das Öl den Schmierstellen nur unter der Einwirkung der Schwerkraft zufließt, weil bei Abkühlung unter den Stockpunkt die Schmierung aufhören würde.

5. Die Viskosität oder Zähflüssigkeit[1], meist bestimmt durch das Viskosimeter nach Engler und ausgedrückt durch eine Verhältniszahl *E*, d. h. das Verhältnis der Zeit, in der eine bestimmte Menge Öl von bestimmter Temperatur durch ein Röhrchen von bestimmten Abmessungen hindurchläuft, zu der Zeit, die die gleiche Menge Wasser von 20° zum Durchfließen braucht. Die Viskosität nimmt mit steigender Temperatur ab. Grenzwerte: für Spindelöl 1,8 ÷ 8° *E* bei 20° C, für Maschinenöl 2 ÷ 18° *E* bei 50° C, für Zylinderöle 3 ÷ 6° *E* bei 100° C.

6. Mechanische (feste) Verunreinigungen, die leicht Zuflußleitungen und Schmiernuten verstopfen und die Reibung erhöhen, und zwar grobe durch engmaschige Siebe (Auswaschen mit Benzol), feinere durch die Fettfleckprobe, indem man mit einem Glasstab einen Öltropfen auf nicht zu starkes Filtrierpapier bringt, der sich dann langsam über das Papier ausdehnt. In der Durchsicht sind dann die Verunreinigungen erkennbar.

7. Die Lagerreibung, die z. B. für Öle gleicher Viskosität verschieden sein kann, mit Hilfe besonderer Ölprüfmaschinen (nach Wendt, Martens, Dettmar u. a.) oder an laufenden Maschinen im Betriebe[2] bei verschiedenen Lagerdrucken und Umlaufgeschwindigkeiten.

---

[1] Vgl. Sass: Über den Begriff der Zähigkeit von Schmierölen. Z. V. d. I. 1926, S. 1389.

[2] Vgl. Schlesinger und Kurrein: Schmierölprüfung für den Betrieb. Bericht IV des Versuchsfeldes für Werkzeugmaschinen; s. a. Werkst.-Techn. 1916, H. 1/3.

8. Der Säuregehalt oder die Säurezahl (= erforderliche Anzahl Milligramm Kaliumhydroxyd zur Neutralisierung der in 1 g Öl enthaltenen freien Säuren), der Wassergehalt (beeinträchtigt die Schmierfähigkeit), der Gehalt an Harzen, Asphalt, Asche usw., die Emulgierbarkeit, Verseifungs- und Verteerungszahl usw. durch chemische Untersuchung.

Pflanzenöle (Oliven-, Rüb-, Baumwoll-, Erdnußöl usw.) und tierische Öle und Fette (aus den Hufen, Knochen, dem Talg und Speck von Tieren gewonnen, Fischtran) werden teils wegen ihren hohen Preises, teils wegen ihrer Neigung zum Eintrocknen und Ranzigwerden (Zersetzung in Glyzerin und freie Fettsäure) verhältnismäßig selten rein als Schmiermittel verwendet, z. T. dagegen gemischt mit Mineralölen.

Mineralöle sind am billigsten, trocknen nicht ein und zersetzen sich nicht, greifen daher Metallflächen nicht an und lassen sich in den verschiedensten Zähflüssigkeitsgraden herstellen. Man unterscheidet Schmieröle aus Erdöl, aus Braunkohlen und Schiefer, aus Steinkohle und sogenannte verarbeitete Öle. Zu diesen gehören Mischöle, d. h. Mischungen von Mineralölen (Zusätze von unverarbeiteten Teeren und Pechen unzulässig), die geringwertiger als reine Mineralöle sind, und gefettete Öle (Compoundöle), bestehend aus Mischungen von aus Erdöl, Braunkohle oder Schiefer gewonnenen Ölen mit tierischen oder Pflanzenölen, die als gefettete Öle gekennzeichnet sein müssen.

Starrfette (Staufferfett, Kalypsol usw.) sind meist Aufquellungen von Seifen in Schmierölen; sie sollen bei gewöhnlicher Temperatur salbenartig sein, an der Luft nicht eintrocknen, sich beim Lagern nicht entmischen, keine mineralischen Bestandteile (Beschwerungsmittel) und $< 10\%$ Wasser enthalten.

Bohr- und Kühlöle[1], Bohrfette (Arbeitsöle) sind durch Seifen usw. emulgierbar gemachte Öle und Fette, die weniger zur Schmierung als vielmehr als Kühl- und Rostschutzmittel bei der Bearbeitung von Metallen mit Schneidwerkzeugen dienen und möglichst frei von Ammoniak, völlig frei von Mineralsäuren sein müssen und, mit der neunfachen Menge Wasser gemischt, dauernd beständige Emulsionen ergeben sollen.

Emulsionsöle, d. h. sehr innige Mischungen von Ölen, meist Mineralölen, mit Wasser oder wässerigen Lösungen bestimmter Alkalien, die nach einem geschützten Verfahren hergestellt werden, dienen zur Dampfzylinderschmierung, sind billiger als gleichwertige sonstige Zylinderöle und zeigen auch bei hohen Temperaturen keine merklichen Rückstände.

Voltolöle sind durch elektrische Glimmentladungen verdickt.

Graphitschmiermittel, bestehend aus Mischungen von Ölen mit sehr reinem, geschlämmtem, natürlichem oder künstlichem Graphit, dessen Hauptwirkung wohl in einem Glätten der Gleitflächen besteht, eignen sich besonders zum Einlaufen neuer Maschinen.

Transformator- und Schalteröle, die isolierend und kühlend wirken sollen, müssen gänzlich wasserfrei und möglichst frei von Säuren, Alkalien und sonstigen Verunreinigungen sein, möglichst wenig zum Zersetzen (Oxydieren) neigen, niedrige Verteerungszahl, hohen Flammpunkt ($> 145^0$) und niedrigen Stockpunkt ($< -15^0$), eine Viskosität $< 8^0\,E$ bei 20^0 C und eine Durchschlagsfestigkeit von > 60 kV/cm (zwischen Kugelkalotten von 25 mm Halbmesser bei 3 mm Abstand) besitzen[2].

Für besondere Zwecke werden auch noch andere Schmiermittel als die ge-

---

[1] Vgl. Schlesinger und Simon: Untersuchungen von Bohrölen. Werkst.-Techn. 1921, S. 140.

[2] Näheres vgl. „Hütte", Taschenbuch der Stoffkunde, 1. Aufl., S. 1128.

nannten verwendet, z. B. reine Schwefelsäure bei Schwefligsäure-Eismaschinen, Glyzerin für Sauerstoffkompressoren[1].

6. Schleif- und Poliermittel.

a) Schleifmittel[2].

Man unterscheidet natürliche und künstliche Schleifstoffe, von denen die letzteren sich durch größere Reinheit und Gleichmäßigkeit auszeichnen.

Natürliche Schleifstoffe sind Quarz, Sandstein, Kieselerden, Tripel, Bimsstein, Granat, Schmirgel, Korund, Diamant. Von diesen kommen für Metallbearbeitung hauptsächlich Schmirgel und Korund in Frage. Schmirgel (Naxos, Kleinasien) besteht zu etwa 65% aus Korund (kristallisierte Tonerde = Al_2O_3) und zu 35% aus Magneteisen, Turmalin und anderen Beimengungen. Korund (Kanada, Afrika, Indien, im Ural, Österreich und Jugoslawien) ist wesentlich härter und reiner als Schmirgel. Für beide ist $\gamma = 3{,}9 \div 4{,}3$. — Diamantpulver kommt nur für besondere Feinschleifarbeiten in Frage. Diamantwerkzeuge dienen zum Abdrehen von Schleifsteinen.

Künstliche Schleifstoffe zerfallen in die beiden Hauptgruppen Aluminiumoxyde und Siliziumkarbid. Kunstkorund ist ein Sammelname für durch Ausschmelzen der Rohstoffe (Bauxit, d. h. natürlicher, nicht kristallinischer Korund, und Koks) im elektrischen Lichtbogen bei etwa 2200° hergestelltes kristallisiertes wasserfreies Aluminiumoxyd, das unter den verschiedensten Handelsnamen, wie Alundum, Diamantin, Dirubin, Elektrorubin, Veral usw., angeboten wird; $\gamma = 3{,}9 \div 4$. Korund wird zum Schleifen von Stahl und Temperguß, Stein, Glas usw. verwendet. — Siliziumkarbid wird durch Zusammenschmelzen von etwa 56% Quarzsand, 35% Koks, 7% Sägespänen und 2% Salz im elektrischen Ofen bei einer Reaktionstemperatur von 1500÷2000° erzeugt; $\gamma = 3{,}15 \div 3{,}2$. Handelsbezeichnungen: Carborundum, Crystolon usw. Siliziumkarbid ist spröder als Korund und eignet sich besonders zum Schleifen von Gußeisen, Hartguß, Nichteisenmetalle, Holz, Gummi, Marmor usw.

Für die Güte der Schleifstoffe ist in erster Linie ihre Härte maßgebend (vgl. Zahlentafel 2). Besser als die alte (vervollständigte) Mohs'sche Härteskala, bei der die oberen Stufen 9÷10 viel zu eng, d. h. die Härten wesentlich größer sind als bei den Stufen 1÷9, ist die nach Seebeck. Hierbei wird die Härte durch die Zahl der Umdrehungen einer belasteten Diamantspitze bis zum Eindringen auf 0,01 mm in den zu prüfenden Stoff bestimmt (sklerometrisches Verfahren von Seebeck) und für Korund = 1000 gesetzt. Rosiwal mißt die Zeit, in der eine bestimmte Menge pulverförmigen Schleifmittels auf dem zu untersuchenden Körper bis zur Unwirksamkeit verrieben wird[3].

Die Körnung der zerkleinerten und durch Sieben bzw. Schlämmen nach Korngröße sortierten Schleifstoffe wurde bisher in der Regel nach der Anzahl der auf 1″ Sieblänge entfallenden Maschen bezeichnet. Die Bezeichnungen der verschiedenen Firmen sind aber nicht einheitlich. Es wäre zu begrüßen, wenn sich Draht-

---

[1] Näheres über die verschiedenen Arten der Schmiermittel, ihre Verwendungszwecke, die an sie zu stellenden Anforderungen und die Ausführung der Prüfungen enthalten die vom Verein Deutscher Eisenhüttenleute, Gemeinschaftsstelle Schmiermittel, und dem Deutschen Verband für die Materialprüfungen der Technik (Ausschuß IX) herausgegebenen „Richtlinien für den Einkauf und die Prüfung von Schmiermitteln“. Düsseldorf: Stahleisen m.b.H. Siehe auch: „Hütte“, Taschenbuch der Stoffkunde, 1. Aufl., S. 1144.

[2] Siehe auch Eitel: Physikalisch-chemische Grundlagen der Schleifmittelkunde. Z. V. d. I. 1928, S. 1155.

[3] Mindt hat umgekehrt die Eindringfähigkeit von losem Schleifmittel in einen Vergleichsstoff (Glas) gemessen; siehe Die Schleifmittelindustrie 1926, S. 17.

Zahlentafel 2. Härteskalen für Schleifstoffe[1].

Stoff	Härte nach Mohs	nach Seebeck	nach Rosiwal
Talkum	1	sehr gering	0,03
Gips	2	0,04	1,25
Kalkspat	3	0,26	4,5
Flußspat	4	0,75	5,0
Apatit	5	1.25	6,5
Feldspat	6	—	—
Orthoklas	7	25	37
Quarz	—	40	120
Topas	8	152	175
Schmirgel (Naxos)	8 ÷ 9	—	—
Rubin	9	—	—
Korund (künstlich)	$9^1/_4$	1000	1000
Siliziumkarbid	$9^3/_4$	—	—
Diamant	10	sehr viel größer als 1000	140 000

gewebe für Prüfsiebe nach DIN 1171 möglichst bald allgemein einführten, um Einheitlichkeit zu bekommen. Hier sind 18 verschiedene Siebgewebe vorgesehen; die Gewebenummer (kleinste 4, größte 100) entspricht der auf 1 cm entfallenden Maschenzahl. Lichter Querschnitt ≈ 36%.

Die Schleifstoffe werden in Form von Pulver, Steinen, Scheiben in den verschiedensten Formen, Ringen usw. verwendet. Pulverförmige Schleifstoffe dienen zum Aufstreuen auf Holz- und Lederscheiben oder werden auf Papier oder Leinen aufgeleimt. Schleifpapiere und Schleifleinen werden außer zum Handschliff auch auf Holz- oder Metallscheiben aufgeklebt oder in Form endloser Bänder für maschinelles Schleifen in der Holz- und Metallbearbeitung verwendet. Für Metallbearbeitung spielen die Schleifscheiben aber die Hauptrolle.

Die Schleifscheiben bestehen aus dem eigentlichen Schleifstoff und dem Bindemittel, durch das die einzelnen Schleifkörner zusammengehalten werden.

Die keramische Bindung, aus Ton, Kaolin oder Feldspat bestehend und bei ≈ 1500° gebrannt, verleiht der Scheibe hohe Festigkeit, Porosität und dadurch große Schneidfähigkeit, ist unempfindlich gegen Temperaturwechsel und Wasser und daher die wichtigste und am meisten gebrauchte Bindung.

Die elastische Bindung durch Gummi, Öl, Schellack, Bakelit usw. macht die Scheibe elastisch, fest und wenig empfindlich gegen Stöße und eignet sich daher besonders für dünne, profilierte Scheiben, aber nicht für kräftigen Schliff, da die feinen Poren leicht verschmieren; sie wird hauptsächlich für Trockenschliff, z. T. aber auch für Naßschliff verwendet.

Die mineralische oder kalte Bindung wird hauptsächlich wegen ihrer Billigkeit verwendet. Mineralisch gebundene Scheiben sind unelastisch und wenig porös. Die Magnesitbindung erhärtet in 1÷2 Tagen durch einen chemischen Prozeß, ist nur für Trockenschliff geeignet und gegen Nässe, Hitze und Kälte zu schützen. Sie wird nur noch selten verwendet. Silikatbindung (Wasserglas) wird bei 300÷350° getrocknet, nicht gebrannt, kann aber wasserbeständig und betriebssicher hergestellt werden. Mineralische Bindung wird hauptsächlich für Scheiben zum Schärfen von Sägen und Schneidwerkzeugen, daneben auch für das Planschleifen, Silikatbindung besonders für große Scheiben benutzt.

Von der Art und Menge des Bindemittels ist die Festigkeit und (bei gleichem Schleifstoff) die Härte der Schleifscheibe abhängig. Unter der Härte der Schleifscheibe versteht man also nicht die Härte des eigentlichen Schleif-

[1] Vgl. Die Schleifmittelindustrie 1925, S. 244 oder Schleifindustriekalender 1928, S. 26.

stoffes sondern die Widerstandsfähigkeit gegen das Ausbrechen der eigentlichen Schleifkörner. Die Härtegrade werden meist mit Buchstaben, aber keineswegs einheitlich, bezeichnet, wobei in der Regel A, B usw. die weichsten, Y und Z die härtesten Scheiben bedeuten. Neben der Härte spielt die Porosität der Schleifscheibe eine wichtige Rolle für die Schneidfähigkeit und Schleifleistung. Dichte, nicht poröse Scheiben verschmieren leicht (die Schleifspänchen setzen sich in der Schleiffläche der Scheibe fest) und verlieren dadurch ihre Schneidfähigkeit. Porosität ist auch zur Aufnahme von Kühlwasser, welches durch die Fliehkraft auf die Schleifstelle geschleudert wird, erforderlich (Prüfung der Härte und Porosität siehe S. 71).

Die Schleifscheiben werden in den verschiedensten Größen und Formen, je nach Verwendungszweck, hergestellt. Man unterscheidet z. B. flache zylindrische Scheiben, Topfscheiben, kleinere in einem Stück, größere als Segmentscheiben (Gußeisen- oder Stahlgußkörper mit eingesetzten Schleifzylindersegmenten) ausgeführt, Tellerscheiben und die verschiedenartigsten Profilscheiben (vgl. DIN 181÷185). Auf jeder Schleifscheibe muß Körnung, Härtegrad, Art der Bindung und die zulässige höchste Umlaufszahl deutlich vermerkt sein. Die Auswahl der richtigen Schleifscheibe für den jeweiligen Zweck erfordert sehr viel Erfahrung und wird am besten dem Lieferwerk auf Grund eines von diesem übersandten, vom Bezieher sorgfältig auszufüllenden Fragebogens überlassen[1].

b) Poliermittel.

Zum Schleifpolieren dienen in feinster Schlämmung außer den vorher genannten Schleifstoffen Eisenoxyde (Polierrot, Englisch Rot, Caput mortuum usw.), rote Bleimennige (Pariser Rot), Aluminium- und Chromoxyde, Wiener Kalk (ganz reiner, weicher, gebrannter Dolomit, ungelöscht, daher trocken aufzubewahren), Knochenasche, Zinnasche und Tripel (Terra tripolitana) oder Polierschiefer, d. h. eine weiße, graue, gelbe oder rote Kieselgurart.

Diese Stoffe werden nach Bedarf mit Wasser, Glyzerin, Stearinöl, säurefreiem Mineralöl, Alkohol angerührt oder in Form fertiger Pasten bezogen und je nach der Art der auszuführenden Arbeit auf Gußeisen-, Kupfer-, Holz-, Leder- (Walroßleder-), Tuch- oder Filzscheiben, Stahl-, Blei- oder Kupferdornen usw. verwendet. Stoffscheiben werden zur Aufnahme des Poliermittels vielfach mit Leim oder Glyzerin angefeuchtet. Zum Hochglanzpolieren oder Schwabbeln dienen Scheiben aus einzelnen Lagen Tuch, Nessel oder Flanell oder mit einem Kranz weicher Borsten versehene Bürstenscheiben.

Zum Druckpolieren dienen verschiedenartig geformte Werkzeuge aus Stahl, Achat, Feuerstein, Jaspis mit blank polierten, rißfreien Druckflächen.

7. Brennstoffe[2].

Man pflegt nach dem Aggregatzustande feste, flüssige und gasförmige und nach der Entstehung natürliche und künstliche Brennstoffe zu unterscheiden. Sie bestehen in der Hauptsache aus Kohlenstoff, Wasserstoff und Sauerstoff; die festen Brennstoffe enthalten außerdem mehr oder weniger Stickstoff, Schwefel, Wasser sowie nicht brennbare, mineralische Beimengungen, aus denen die Schlacken- und Aschenrückstände sich bilden.

Der Heizwert, ausgedrückt in kcal/kg oder kcal/m³, ist die wichtigste Eigenschaft eines Brennstoffes, genügt aber allein nicht zu seiner Kennzeichnung;

[1] Bezüglich Wahl, Verwendung und Behandlung der Schleifscheiben vgl. Betriebsblatt „Die Schleifscheibe" des Ausschusses für wirtschaftliche Festigung (siehe auch Die Schleifmittelindustrie 1924, S. 3).

[2] Ausführlichere Behandlung: Kothny: Die Brennstoffe, H. 32 der Werkstattsbücher.

dazu gehören vielmehr noch weitere Angaben wie Luftbedarf, Verbrennungstemperatur, Aschengehalt, Wassergehalt usw.

Der obere Heizwert H_o (= Verbrennungswärme) gilt für den Fall, daß die Temperatur vor und nach der Verbrennung dieselbe ist. Da aber in Wirklichkeit die Abgastemperatur immer über 100° liegt, Wasser also stets in Dampfform entweicht, so kommt praktisch nur der untere Heizwert H_u in Frage und wird daher meist einfach als Heizwert angegeben. Zweckmäßig wäre die Angabe von $\eta = \frac{H_u}{H_o}$, weil dadurch der Einfluß des Verbrennungswassers deutlich erkennbar und die Umrechnung von einem Heizwert auf den anderen erleichtert wäre. Gegenüber H_o ist H_u um diejenige Wärmemenge niedriger, die zur Verdampfung des in dem Verbrennungserzeugnis enthaltenen Wassers erforderlich ist. Der Unterschied beträgt 250÷300 kcal für Kohlen, 400÷700 kcal für flüssige Brennstoffe. Angenähert ergibt sich $H_u = H_o - W \times 600$, wenn W = Wassergehalt je kg Brennstoff[1].

H_o wird durch Verbrennung einer guten Durchschnittsprobe im Kalorimeter (Bombe) bestimmt. Nach Ermittlung des Verbrennungswassers kann daraus unter Benutzung obiger Formel der eigentliche Heizwert H_u berechnet werden. Die Berechnung des Heizwertes fester und flüssiger Brennstoffe aus ihrer chemischen Zusammensetzung kann auch angenähert erfolgen nach der Formel:

$$H_u = 8100\, C + 2900 \left(H - \frac{O}{8}\right) + 2500\, S - 600\, W,$$

wenn C, H, O, S und W die in 1 kg des Brennstoffes enthaltenen Gewichtsmengen Kohlenstoff, Wasserstoff, Sauerstoff, Schwefel und Wasser bedeuten.

Für gasförmige Brennstoffe, die in 1 m³ enthalten:

H m³ Wasserstoff,	CO m³ Kohlenoxyd,	CH_4 m³ Methan,
C_2H_4 „ Äthylen,	C_2H_2 „ Azetylen,	C_6H_6 „ Benzol,
(O „ Sauerstoff,	N „ Stickstoff,	CO_2 „ Kohlensäure),

ist $H_u \approx 3050\, CO + 3600\, H + 8580\, CH_4 + 14200\, C_2H_4 + 13600\, C_2H_2 + 34100\, C_6H_6$.

In ähnlicher Weise läßt sich die zur Verbrennung der in 1 kg bzw. 1 m³ eines Brennstoffes enthaltenen Einzelbestandteile erforderliche Sauerstoffmenge und die für 1 kg oder 1 m³ Brennstoff theoretisch erforderliche Luftmenge berechnen, wenn man berücksichtigt, daß 1 m³ Sauerstoff = 4,8 m³ Luft oder 1 kg Sauerstoff = 4,3 kg Luft zu setzen ist.

Eine möglichst vollkommene Verbrennung läßt sich jedoch praktisch nur bei Zuführung eines Vielfachen der theoretisch erforderlichen Luftmenge erzielen. Bezüglich näherer Angaben über die Berechnung der für die verschiedenen Brennstoffe theoretisch und praktisch erforderlichen Luftmenge bzw. die üblichen Mittelwerte sowie hinsichtlich der Verbrennungsvorgänge überhaupt muß auf die bekannten Nachschlagewerke verwiesen werden[2].

a) Feste Brennstoffe.

Der ursprüngliche feste natürliche Brennstoff ist das Holz. Durch Vermoderung von Holz und sonstigen Pflanzen sind im Laufe der Zeiten Torf, Braunkohle und Steinkohle (fossile, d. h. versteinerte Brennstoffe) entstanden. Je älter diese Brennstoffe, um so reicher an C und um so ärmer an H und O sind sie, um so höher ist ihr Heizwert. Kohle verliert aber bei längerer Lagerung durch Ver-

---

[1] Genauer: W = Wassergehalt des Brennstoffes + Wasser (entstanden aus der Verbrennung von H) + eingeleiteter Wasserdampf (bei Unterwindfeuerung mit Dampfstrahlgebläse und bei Gasgeneratoren).

[2] Vgl. z. B. Dubbel: Taschenbuch für den Maschinenbau und H. 32 der Werkstattsbücher.

witterung an Heizwert, bei Lagerung in hohen Schichten (> 3 m) kann Selbstentzündung eintreten. Durch harzige Bestandteile des Holzes, Pflanzen- und tierische Fette bildet sich ferner das Bitumen oder Erdharz, das sich in der Kohle findet.

Holz (Hauptbestandteil Holzstoff oder Zellulose) wird außer zum Anzünden anderer fester Brennstoffe nur selten, und dann hauptsächlich zur Verwertung größerer Abfallmengen, als Brennstoff verwendet. Holz ist leicht entzündbar und ergibt eine lange Flamme und sehr wenig (0,5÷1%) nicht schlackende Asche. Der Heizwert des Holzes ist in erster Linie vom Wassergehalt abhängig und beträgt für lufttrockenes Holz (10÷20% Wasser) 4000÷3000 kcal/kg.

Holzkohle, durch Trockendestillation des Holzes in Meilern oder Retorten hergestellt, ist völlig schwefelfrei und wird in Sonderfällen aus diesem Grunde trotz des hohen Preises verwendet. In trockenem Zustande Aschengehalt 1,5÷3%, Heizwert 7500÷6500 kcal/kg. Holzkohle nimmt an der Luft bis 10% Wasser wieder auf.

Torf (frisch gestochen oder gebaggert, Wassergehalt 85÷90%) wird in Stücken an der Luft getrocknet, besitzt dann einen Wassergehalt von 15÷20%, einen Aschengehalt von 2÷20% (darüber unbrauchbar) und einen Heizwert von 4500÷3300 kcal/kg.

Braunkohle kommt (in Deutschland ausschließlich) vor als junge Braunkohle von lignitischer (Holz-) oder mulmiger (erdiger) Struktur mit 40÷55% Wasser, 3÷12% Asche und einem Heizwert von 2200÷1800 kcal/kg, ferner (hauptsächlich in Böhmen) als ältere (Pech-)Braunkohle mit 15÷30% Wasser, 5÷16% Asche und einem Heizwert von 5600÷4200 kcal/kg, die in Dichte, Härte und Aussehen jüngerer, nicht backender Steinkohle ähnelt. Der Wassergehalt ermäßigt sich durch Ablagern an der Luft auf 12÷15%. Die bitumenreiche Fett- oder Schwelkohle eignet sich nicht für Brennzwecke, sondern wird chemisch weiterverarbeitet (Nebenerzeugnis bei der Trockendestillation ist Grudekoks). — Rohbraunkohle wird, wenigstens in Deutschland, hauptsächlich in der Nähe der Lagerstätten verfeuert, weil bei dem hohen Wassergehalt die Frachten bei größeren Entfernungen zu teuer sind. Für andere Fälle kommen aus lignitischer oder erdiger Braunkohle mit Bitumen als Bindemittel durch Trocknen und Pressen hergestellte Briketts (Preßkohlen) in Form von Steinen, Halbsteinen, Würfeln und Nüssen in Frage, die bei 12÷18% Wasser- und 6÷10% Aschengehalt einen Heizwert von 5200÷4700 kcal/kg besitzen und wegen ihres hohen Gehaltes an flüchtigen Bestandteilen in kleineren Formaten sich auch für das Vergasen in Generatoren eignen.

Steinkohlen sind die ältesten, wichtigsten und wertvollsten festen Brennstoffe. Nach dem geologischen Alter, nach dem auch die sonstigen Eigenschaften in der Hauptsache abgestuft sind, unterscheidet man:

Zahlentafel 3. Altersstufen der Steinkohle[1].

Alter	Spezifisches Gewicht	Kohlenstoffgehalt %	Aussehen
Jüngste, trockene (nicht backende) oder Sinterkohle	1,20÷1,25	78÷80	matt schwarz
Mittlere oder fette (backende) Steinkohle	1,25÷1,35	86÷88	tief schwarz, teilweise glänzend
Ältere, magere (nicht backende) Steinkohle	1,35÷1,40	89÷91	glänzend schwarz
Anthrazit, älteste, magere (nicht backende) Steinkohle		92÷95	schwarz, metallisch glänzend

[1] Nach „Hütte“, Taschenbuch der Stoffkunde, 1. Aufl., S. 1057.

Die gebräuchlichste Einteilung der Steinkohlen ist jedoch die nach ihren Verkokungseigenschaften gemäß

Zahlentafel 4. Einteilung der Steinkohlen nach ihren Verkokungseigenschaften[1].

	Art der Steinkohle		Menge und Beschaffenheit des Koks	Menge und Beschaffenheit der flüchtigen Bestandteile	Beispiele für das Vorkommen
I.	„Trockene" nicht backende Steinkohle	Sand- oder Sinterkohlen	50 ÷ 60 %, schwach gesintert	50 ÷ 40 %, lange, aber matte Flamme	Niederschlesien Schottland (Fife)
II.	„Fette" backende oder spezifische Steinkohle	Gasflamm-kohlen	64 ÷ 68 %, fest und gebläht	36 ÷ 32 %, lange, stark leuchtende Flamme	Westfälische und Durham-Gaskohlen
		Schmiedekohlen	68 ÷ 74 %, fest und geschmolzen	32 ÷ 26 %, verhalten langflammig	Durham coking coal
		Koks- oder „Fett"kohlen	74 ÷ 82 %, kompakt geschmolzen	26 ÷ 18 %, kurze, stark leuchtende Flamme	Westfälische „Fett"kohle
III.	„Magere" nicht backende Steinkohle	Magerkohlen	82 ÷ 90 %, schwach gefrittet	18 ÷ 10 %, kurze, leuchtende Flamme	Westfalen, Süd-Wales (England)
		Anthrazit	90 ÷ 95 %, pulverig	10 ÷ 5 %, sehr kurze, blaue Flamme	Westfalen, Süd-Wales (England)

Nach Art der Aufbereitung wird unterschieden:

Förderkohle, ein Gemisch verschiedenster Stückgrößen, wie es gefördert wird; gewaschene Kohlen, von minderwertigen, mit Gestein durchsetzten Beimengungen befreit;

Stückkohle (I und II), nur Stücke, aus denen das Minderwertige ausgelesen ist (II = Würfelkohle);

melierte Kohle, ein Gemisch von Förder- und Stückkohle;

Nußkohle (I ÷ V), durch Sieben nach Korngröße gesondert, Korngröße 50/80 bis 5/10 mm (Erbskohle = Nuß IV, Grieskohle = Nuß V);

Nußgrus, Feinkohle, Staubkohle, die bei der Aufbereitung verbleibenden feineren Rückstände;

Schlammkohle, bei der Kohlenwäsche durch das Wasser fortgespült, lufttrocken verfeuert.

Für die Hauptarten gelten etwa folgende Durchschnittswerte:

Zahlentafel 5. Wasser- und Aschengehalt und Heizwert von Steinkohlen.

Art der Kohle	Wasser-gehalt %	Aschen-gehalt %	Heizwert kcal/kg
Schlesische Stückkohle (nicht backend)	6 ÷ 12	5 ÷ 8	6900 ÷ 6200
Westfälische Gasflamm-Stückkohle	1 ÷ 2	5 ÷ 9	7600 ÷ 7100
Westfälische Fett-Stückkohle	0,5 ÷ 1,5	5 ÷ 8	7800 ÷ 7200
Westfälische Magerkohle	0,5 ÷ 1	4 ÷ 8	7900 ÷ 7500
Anthrazit	0,5 ÷ 1	5 ÷ 9	8000 ÷ 7600

[1] Nach „Hütte", Taschenbuch der Stoffkunde, 1. Aufl., S. 1060.

Steinkohlenbriketts werden aus den bei Abbau und Aufbereitung der Kohle verbleibenden Rückständen an Fein- und Staubkohle unter Zusatz von 6÷9% Steinkohlenteerpech als Bindemittel (aber zugleich hochwertiger Brennstoff!) hergestellt und zeichnen sich gegenüber der Rohkohle durch Gleichmäßigkeit, geringeren Raumbedarf und geringe Neigung zur Selbstentzündung beim Stapeln aus. Das kleine Eiformbrikett (hauptsächlich anthrazitisch) wird besonders für Hausbrand, das Stück- oder Blockbrikett (Lokomotivbrikett) im Gewicht von 1÷10 kg für industrielle Feuerungen verwendet und zweckmäßig vor Gebrauch zerschlagen, um mehr und bessere Angriffsflächen für die Verbrennung zu erhalten.

Steinkohlenkoks entsteht durch Trockendestillation der Steinkohle und ist fester und härter, dabei poröser und schwefelärmer als diese. Der hellere, harte, dichte und druckfeste Zechenkoks (Hochofen-, Gießerei- oder Schmelzkoks) wird aus kurzflammiger Fett- oder Kokskohle in steinernen Kammeröfen als Haupterzeugnis (Nebenerzeugnisse: Koksgas, Teer, Ammoniak, Benzol usw.) erzeugt, der dunklere, leichter bröckelnde, grobporige und vielfach noch gashaltige Gaskoks in der Regel aus langflammiger Fett- oder Gasflammkohle, heute meist noch in eisernen Retorten, neuerdings mehr und mehr ebenfalls in Kammeröfen als Nebenerzeugnis bei der Leuchtgasherstellung gewonnen. Der Unterschied zwischen beiden verwischt sich mehr und mehr. Der bei der Urteergewinnung entstehende Tieftemperatur- oder Halbkoks ist weich und sehr porös, daher leicht zu verfeuern, aber auch leicht zerreibbar.

Nach der Stückgröße unterscheidet man bei Zechenkoks: Stückkoks (ungebrochen) und Brechkoks (I÷IV mit Stückgrößen von 60/90 bis 10/20 mm), bei Gaskoks: Grob- (> 40 mm), Nuß- und Perlkoks und Grus (< 8 mm). Möglichst große und rauhe Oberfläche, wie sie Brech- bzw. Gaskoks gegenüber Stück- bzw. Zechenkoks darbieten, sind an sich für die Verbrennung günstiger, doch ist vielfach die Luftdurchlässigkeit und Druckfestigkeit für die Wahl von Stück- bzw. Zechenkoks ausschlaggebend.

Durchschnittlich kann man etwa annehmen:

Zahlentafel 6. Wasser- und Aschengehalt, Heizwert und Druckfestigkeit von Koks[1].

Koksart	Wassergehalt %	Aschengehalt %	Heizwert kcal/kg	Druckfestigkeit kg/cm²
Westfälischer Zechenkoks . .	0,1 ÷ 0,3	7 ÷ 11	7300 ÷ 7000	130 ÷ 200
Gaskoks, stückig. .	1 ÷ 1,5	10 ÷ 14	7100 ÷ 6700	70 ÷ 130
Gaskoksgrus	6 ÷ 10	18 ÷ 22	6000 ÷ 5300	—

b) Flüssige Brennstoffe.

Die flüssigen Brennstoffe sind Kohlenwasserstoffe, die hauptsächlich durch fraktionierte Destillation von Erdöl, Braunkohlenteer oder — weniger, aber in zunehmendem Maße — aus Steinkohlenteer gewonnen werden. Aus wirtschaftlichen Gründen werden die leichten und mittelschweren Destillate (z. B. aus Erdöl: Benzin, Leuchtöl, Gasöl; aus Steinkohlenteer: Leuchtöl oder Rohbenzol, Mittelöl) als Betriebsstoffe für Verpuffungs- und Dieselmotoren verwendet und nur die hochsiedenden Destillate (Siedepunkt > 350°) und die Destillationsrückstände dienen als Heizöl für Ölfeuerungen von Glüh-, Härte- und Schmelzöfen. Die, kurzweg meist Rohöl genannten, Destillationsrückstände des Erdöls (z. B.

[1] Nach „Hütte", Taschenbuch der Stoffkunde, 1. Aufl., S. 1064.

Masut aus Rußland, Pacura aus Rumänien) haben einen Heizwert von 10 000 bis 11 000 kcal/kg. Bei Steinkohlenteer wird Schweröl (Siedepunkt 230÷270°), Anthrazenöl (Siedepunkt 270÷350°) und dünnflüssiger Rohteer als Heizöl verwendet. Ihr Heizwert beträgt 8800÷9200 kcal/kg. Das Heizöl wird geeigneten Brennern zugeleitet und dabei durch eigenen Druck, Druckluft oder Dampf möglichst fein zerstäubt und innig mit Luft gemischt. Zur Erzielung einer ausreichenden Dünnflüssigkeit ist meist eine Vorwärmung auf 80÷140° erforderlich.

Die Vorteile der flüssigen Brennstoffe gegenüber den festen sind: hoher Heizwert, der für Versand und Lagerung wichtige geringe Raumbedarf, bequeme Verteilung, sofortige Betriebsbereitschaft und gute Regelbarkeit der Feuerung, geringerer Luftbedarf und das Fehlen nennenswerter Verbrennungsrückstände.

Spiritus, aus Kartoffeln durch Überführung ihres Stärkegehaltes in Zucker und Vergärung desselben zu Alkohol hergestellt, für Heizzwecke vergällt (denaturiert, d. h. für Genußzwecke unbrauchbar gemacht), hat einen Heizwert von 5300÷6000 kcal/kg und verbrennt mit rußfreier Flamme.

c) Gasförmige Brennstoffe.

Abgesehen von dem nur in beschränktem Umfange (z. B. Nordamerika) vorkommenden Erdgas, sind die gasförmigen Brennstoffe künstliche Erzeugnisse (z. T. Nebenerzeugnisse), entstanden durch Entgasung oder Verschwelung (Trockendestillation) oder thermische Zersetzung bzw. Verdampfung fester oder flüssiger Brennstoffe (Fett- und Starkgase, insbesondere Braunkohlenschwelgas, Leuchtgas, Koksofengas) oder durch Vergasung (d. h. unvollkommene Verbrennung des C zu CO) fester Brennstoffe im Generator (magere oder Schwachgase, Generatorgase). Die verschiedenen Gase unterscheiden sich durch ihren Gehalt an den Hauptbestandteilen, Kohlenwasserstoffen bzw. Wasserstoff und Kohlenoxyd (vgl. Zahlentafel 7), und werden größtenteils als Kraftgase und für industrielle Heizzwecke verwendet.

Zahlentafel 7. Zusammensetzung, Heizwert usw. gasförmiger Brennstoffe[1].

Verfahren	Gasart	Durchschnittliche Zusammensetzung des trockenen Gases in Raumprozenten: brennbar				nicht brennbar		Heizwert H_u kcal/m³ (0; 760)	Ausbeute m³/t aus		Rückstände
		CO	CH_4	C_nH_{2n}	H_2	CO_2	N_2		Steinkohle	Koks	
Entgasung	Schwelgas	7	48	13	27	3	2	6900	100	—	Halbkoks
	Leuchtgas	8	32	4	57	2	3	5000	340	—	Gaskoks
	Koksofengas	8	29	4	50	2	7	4800	320	—	Zechenkoks
Vergasung	Doppelgas	28	8	0,6	45	7	11	2800	1500	—	Asche und Schlacke
	Wassergas	42	0,5	—	49	5	3	2600	—	1400	
	Luftgas	23	3	0,2	6	5	62	1140	4000	—	
	Mischgas	28	2,5	0,2	12,5	5	51,8	1400	2500	—	
	Mondgas	12	4	0,3	25	16	43	1400	400	—	
	Hochofengichtgas	28	—	—	—	8	62	950	≈ 1500 m³/t Roheisen, davon ≈ 2000 m³ frei verfügbar.		

Die Vorzüge der Gasfeuerung gegenüber der Rostfeuerung sind etwa die gleichen wie bei der Ölfeuerung, jedoch ist infolge des sehr geringen erforderlichen

[1] Nach „Hütte", Taschenbuch für Betriebsingenieure, 2. Aufl., S. 14.

Luftüberschusses und der Erzielung sehr hoher Temperaturen bei Vorwärmung von Heizgas und Verbrennungsluft die Gasfeuerung der Ölfeuerung meist noch überlegen.

Die Generatorgase werden durch Vergasung von Koks oder durch gleichzeitige Ent- und Vergasung von Kohle erzeugt. Das Generatorverfahren ist billiger und einfacher als das Entgasungsverfahren und auch für minderwertige feste Brennstoffe anwendbar. Daher werden für Kraft- und Heizzwecke hauptsächlich Generatorgase verwendet.

Luftgas (für Heizzwecke) wird aus Koks, Steinkohle, Braunkohle, Torf und Holzabfällen hergestellt, indem nur die zur Vergasung erforderliche Luft durchgeblasen wird, bzw. als Nebenerzeugnis (Hochofengichtgas) gewonnen. Hohe Temperatur ($> 1000^0$), feinstückiger Brennstoff und hohe Schichtung desselben begünstigen die Reduzierung der ursprünglich entstandenen Kohlensäure zu Kohlenoxyd.

Wassergas entsteht durch Vergasung von Koks, wenn statt Luft Wasserdampf durchgeblasen wird. Dabei sinkt die Temperatur des Generatorinhaltes, und es wird daher in Zeitabständen von $6 \div 7$ min für etwa $1 \div 2$ min Luft durchgeblasen (Heißblasen). Es entsteht also abwechselnd Wassergas und Luftgas. Wassergas wird zur Erzielung hoher Temperaturen beim Löten und Schweißen benutzt (siehe S. 230). Werden statt Koks natürliche, gasreiche Brennstoffe verwendet, so entsteht Doppelgas, das ebenso wie Wassergas als Zusatz zum Leuchtgas dient. Durch Zusatz schwerer Kohlenwasserstoffe karburiertes Wassergas besitzt erhöhte Heiz- und Leuchtkraft.

Mischgas (Kraftgas, Mondgas, Dawsongas) entsteht bei Durchblasen von feuchter Luft oder eines Gemisches von Luft und Wasserdampf und wird hauptsächlich als Kraftgas verwendet.

Azetylen entsteht durch Zersetzung von Kalziumkarbid (CaC_2) und Wasser in Azetylen und gelöschten Kalk nach der Formel:

$$CaC_2 + 2\,H_2O = C_2H_2 + Ca(OH)_2.$$

1 kg Kalziumkarbid ergibt $\approx$ 300 l Azetylen mit einem Heizwert von 14000 bis 14500 kcal/m³. Azetylen wird für Beleuchtungszwecke und zum Schweißen verwendet (siehe S. 235).

Stoffprüfung[1].

Die Stoffprüfung kann verschiedene Zwecke verfolgen, z. B. festzustellen, aus welchen Grundstoffen ein Stoff besteht, welche physikalischen, mechanischen oder technologischen Eigenschaften er besitzt, oder ob er den im Sonderfalle zu stellenden Anforderungen entspricht.

In diesem Abschnitt soll vornehmlich die Prüfung der Werkstoffe, und zwar insbesondere der Metalle, behandelt werden, während auf die Prüfung sonstiger Stoffe nur kurz eingegangen bzw. an anderer Stelle, d. h. bei der Besprechung der betreffenden Stoffe selbst, hingewiesen wird. Es können hier natürlich nur die gebräuchlichsten, im praktischen Betriebe vorkommenden Prüfungen behandelt werden, Sonderprüfungen und chemische Untersuchungen scheiden aus.

---

[1] Näheres siehe Martens: Handbuch der Materialienkunde für den Maschinenbau. Memmler: Das Materialprüfungswesen. Memmler: Einführung in die moderne Technik der Materialprüfungen (Sammlung Göschen). Riebensahm und Traeger: Werkstoffprüfung (Metalle), H. 34 der Werkstattsbücher.

Über die Wichtigkeit und Notwendigkeit einer dauernden Stoffprüfung im Betriebe sollte man sich allgemein klar sein und die damit verbundenen Kosten nicht scheuen; sie machen sich stets bezahlt. Wenn es durch die Stoffprüfung gelingt, vorhandene Fehler und Mängel des Werkstoffes zu entdecken, so lassen sich Mißerfolge und unnötige Kosten bei der Weiterverarbeitung bzw. Brüche und Betriebsunfälle vermeiden. Andererseits unterstützt die Werkstoffprüfung die Erfahrung bei der Auswahl des Werkstoffes für einen bestimmten Zweck und ist bei der fortschreitenden Entwicklung der Werkstoffe unentbehrlich zur Feststellung, ob statt des bisher verwendeten nicht ebensogut oder besser ein anderer, vielleicht billigerer und besser zu bearbeitender Werkstoff zu wählen ist.

In den meisten Fällen wird man sich mit Stichproben begnügen müssen, wobei die richtige Auswahl der für die Prüfung zu verwendenden Probe von größter Bedeutung ist. Zu beachten ist dabei z. B., daß chemische Zusammensetzung, Gefüge- und Festigkeitseigenschaften des Stoffes nicht an allen Stellen gleich sind, und daß besonders bei starken Querschnitten die Kern- und Randzone ganz verschieden voneinander sein können. Sorgfältige Rücksichtnahme auf die Erzeugung, bereits erfolgte Ver- oder Bearbeitung des Werkstoffes durch Walzen, Schmieden, mittels Schneidwerkzeugen usw. ist daher unbedingt erforderlich, anderenfalls besteht die Gefahr, daß durch unzweckmäßige und ungenügende Auswahl der Proben ganz unzutreffende Ergebnisse erzielt werden. In manchen Fällen wird auch eine Rückfrage beim Erzeuger oder die Beobachtung des Fertigungsgangs eines Werkstückes im Betriebe selbst wichtige Fingerzeige für Entdeckung etwaiger Fehler in der Wahl oder Behandlung des Werkstoffes und ihre Beseitigung geben.

I. Prüfung der Metalle.

A. Chemische Untersuchung.

Die chemische Analyse gibt vielfach zugleich mit der chemischen Zusammensetzung einen Anhalt für die sonstigen Eigenschaften des Werkstoffes (vgl. z. B. die Wirkungen der verschiedenen Fremdstoffe beim Eisen); andererseits ist die chemische Zusammensetzung allein nicht ausschlaggebend, denn die mechanischen Eigenschaften sind auch wesentlich von der mechanischen und thermischen Behandlung des Werkstoffes und dem dadurch beeinflußten Gefüge abhängig. Während also beispielsweise zur Beurteilung von Roheisen die chemische Analyse genügt, ist für Stahl daneben die Prüfung auf Gefügebeschaffenheit bzw. Festigkeits- und technologische Eigenschaften erforderlich. Die Ausführung der Analyse ist Aufgabe des Chemikers; eine Besprechung ist daher hier nicht am Platze. Hinsichtlich der Entnahme der Proben, meist Feil- oder Bohrspäne, gilt das oben Gesagte.

B. Mechanische Prüfung[1].

1. Festigkeitsprüfungen[2].

Durch die Festigkeitsprüfungen soll die Widerstandsfähigkeit des Werkstoffes gegenüber verschiedenen Beanspruchungen durch äußere Kräfte (Zug, Druck,

[1] Die Merkblätter „Materialprüfung" des Deutschen Ausschusses für Technisches Schulwesen geben eine einfache schematische Darstellung der gebräuchlichsten Prüfverfahren und der dazu benutzten Einrichtungen nebst kurzem erläuterndem Text. Ausführlicher beschreiben Deutsch u. Fiek die „Maschinen für die Festigkeitsprüfung metallischer Werkstoffe" in Z. V. d. I. 1928, S. 1173. — Deutsche Industrienormen betreffend Werkstoffprüfung: DIN 1602 (Begriffe), 1603 (Allgemeines), 1605 (Versuche).

[2] Bezüglich der Zuverlässigkeit und des Wertes von Festigkeitsprüfungen vgl. Träger: Konstrukteur und Materialprüfung. Maschinenbau 1926, S. 689.

Schub, Biegung, Verdrehung, Knickung) zahlenmäßig festgestellt werden. Das Prüfverfahren soll sich möglichst der später im Betriebe auftretenden Beanspruchung anpassen. Danach unterscheidet man statische Versuche mit allmählich gesteigerten Kräften, dynamische Versuche mit schlag- oder stoßartig wirkenden Kräften und Dauerversuche. Um die Ergebnisse verschiedener Versuche miteinander vergleichen zu können, sind Probestücke mit genormten Abmessungen zu verwenden. Bei der Bewertung der Versuchsergebnisse ist aber zu berücksichtigen, daß dieselben nicht absolut sondern nur für die Form der Probestäbe, nicht aber auch ohne weiteres für die Formen der Konstruktionsteile in der Maschine oder im Bauwerk gelten[1]. Nicht die einzelnen Versuchswerte sind maßgebend, sondern nur die Ergebnisse der verschiedenen Versuche in ihrer Gesamtheit können ein Bild von dem Verhalten des Werkstoffes mechanischen Beanspruchungen gegenüber geben. Weit besser als derartige Laboratoriumsversuche sind zur Ermittlung der Güte oder Eignung eines Werkstoffes für einen bestimmten Zweck Prüfungen fertiger Werkstücke mittels besonderer Vorrichtungen, durch welche die betreffenden Teile ähnlichen Beanspruchungen unterworfen werden wie im praktischen Betriebe. Im allgemeinen wird das natürlich nur bei solchen Teilen möglich sein, die in größeren Mengen hergestellt und verwendet werden.

a) Statische Versuche.

Hierbei wird bei langsam ansteigender Belastung die jeweilige Spannung (= Belastung, bezogen auf die Einheit des ursprünglichen Querschnittes, $\sigma = \frac{P}{F_0}$ kg/cm² oder kg/mm²) und die durch sie bewirkte Formänderung sowie die zur Zerstörung der Probe erforderliche Spannung ermittelt und gleichzeitig in einem Schaubilde der Verlauf der Formänderung als Funktion der Belastung (z. B. selbsttätig durch einen Schreibapparat an der Prüfmaschine) oder besser als Funktion der Spannung aufgezeichnet (vgl. Zerreißversuch). Man unterscheidet dabei:

Die Elastizitätsgrenze σ_E = Spannung, bis zu der keine bleibende Formänderung auftritt (so daß nach Entlastung die Probe infolge der Elastizität des Werkstoffes wieder ihre ursprüngliche Form annehmen würde). Die genaue Feststellung ist schwierig und wird daher, obwohl für den Konstrukteur sehr wichtig, meist unterlassen.

Die Proportionalitätsgrenze σ_P = Spannung, bis zu der die Formänderungen den Spannungen proportional sind, im Schaubilde also eine schräge Gerade ergeben.

Die Streck- oder Fließgrenze σ_S = Spannung, bei der die Formänderung plötzlich stark zunimmt und u. U. eine Zeitlang anhält, während die Spannung nicht wächst oder sogar etwas zurückgeht (Fließfiguren, Abspringen von Zunder).

Die Bruchgrenze σ_B = höchste Spannung. Beim Zerreißversuch pflegt in der Nähe der Höchstbelastung P_B eine starke örtliche Einschnürung und Dehnung des Stabes einzutreten; infolgedessen sinkt die Gesamtbelastung und ist die wirkliche Bruchspannung niedriger als die sogenannte Bruchgrenze.

---

[1] Das gilt besonders z. B. für Gußeisen. Hier hängen die Festigkeitseigenschaften bei gleicher chemischer Zusammensetzung von den Querschnittsabmessungen des Gußstückes ab. Mit wachsendem Querschnitt nimmt die Festigkeit ab, die Formänderungsfähigkeit zu. Besonders gegossene Proben haben andere Eigenschaften als an größere Gußstücke angegossene. Die Abmessungen der Proben sind möglichst denen der Güsse anzupassen, aus dicken Stücken Proben an verschiedenen Stellen zu entnehmen. Zylindrische Stäbe liefern größere Festigkeit als quadratische, deren Seitenlänge = Zylinderdurchmesser. Abarbeiten der Gußhaut beseitigt Gußspannungen, wodurch die Festigkeit steigt. Biegeproben (30 mm Durchmesser, 650 mm Länge, 600 mm Stützweite) sind in getrockneten, möglichst ungeteilten Formen stehend bei steigendem Guß besonders zu gießen.

Prüfung auf Zug- oder Zerreißfestigkeit[1]: Der Probestabquerschnitt F_0 kann kreisförmig, quadratisch, rechteckig (gewöhnlich Seitenverhältnis nicht über 1 : 4), ausnahmsweise auch anders gestaltet sein; kleine Profilstäbe, kleine Rohre usw. können als Ganzes zerrissen werden (Abmessungen vgl. DIN 1605). Am gebräuchlichsten sind die langen Normalstäbe nach Abb. 4 mit $F_0 = 314$ mm² und $l_0 = 200$ mm. Bei kleineren, sogenannten Proportionalstäben, soll $l_0 = 11{,}3\sqrt{F_0}$ sein (bei kurzen $l_0 = 5{,}65\sqrt{F_0}$), um die Ergebnisse vergleichen zu können. Je kleiner die Meßlänge, desto größer die Bruchdehnung δ, was beim Vergleich von Versuchen mit langen und kurzen Stäben zu beachten ist.

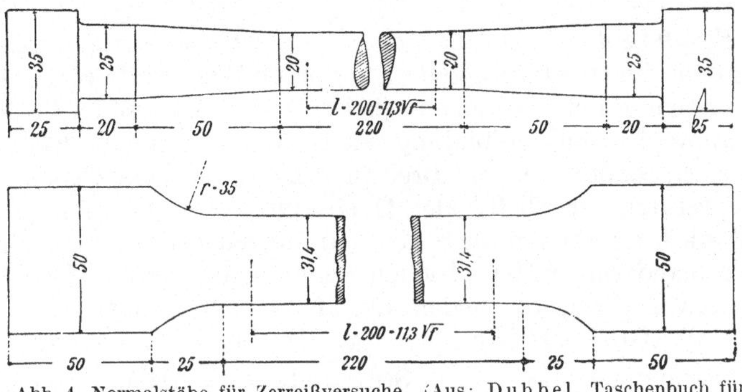

Abb. 4. Normalstäbe für Zerreißversuche. (Aus: Dubbel, Taschenbuch für den Fabrikbetrieb.)

Zugfestigkeit $\sigma_B = \frac{P_B}{F_0}$ kg/mm²; Bruchdehnung $\delta = \frac{l - l_0}{l_0} \times 100\%$; Einschnürung $\psi = \frac{F_0 - F}{F_0} \times 100\%$, Dehnungszahl $\alpha = \frac{\varepsilon}{\sigma}$ = Dehnung mm/kg (= Dehnung für die Spannungseinheit, ist bis σ_P konstant), Elastizitätsmaß $E = \frac{1}{\alpha}$. Hierbei bedeuten l die Länge und F den Querschnitt an der Einschnürungsstelle nach dem Zerreißen.

Dehnungsmessungen zwischen Endmarken der Meßlänge sind nur dann zulässig, wenn die Bruchstelle im mittleren Drittel der Meßlänge liegt, anderenfalls muß die Dehnungsberechnung so erfolgen, daß die Bruchstelle als Stabmitte betrachtet und das auf einer Seite dann fehlende Stück der Meßlänge durch die entsprechende Strecke der anderen Seite ergänzt wird (vgl. DIN 1605). Zu dem Zweck wird die Meßlänge vor dem Versuch in 20 (bzw. 10) gleiche, durch Rißmarken bezeichnete Strecken geteilt. Zäher und geschmeidiger Werkstoff (z. B. C-armer Stahl) besitzt große Bruchdehnung und Einschnürung, spröder (z. B. Gußeisen) keine wahrnehmbare.

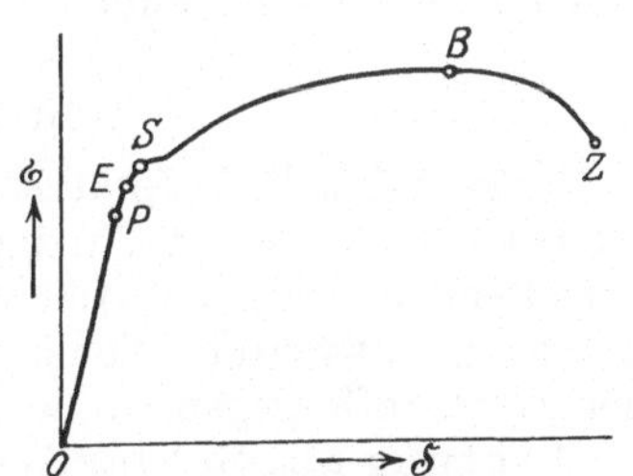

Abb. 5. Dehnungs-Spannungs-Schaubild eines Zerreißversuches mit Flußstahl.

Abb. 5 ist das Dehnungs-Spannungs-Schaubild eines Zerreißversuches mit Flußstahl. Bis zur Proportionalitätsgrenze (P) ist die Dehnung proportional der Belastung bzw. Spannung, dann nimmt die Dehnung stärker zu als die Spannung (Strecke P—S; zwischen P und S liegt die Elastizitätsgrenze E; P und E meist nicht bestimmt) und bei der Streckgrenze (S) tritt eine starke Zunahme der Dehnung (Fließen oder Strecken) ohne weitere Steigerung der Belastung oder Spannung ein, bei weiterer Belastung dann allmähliches Steigen von Belastung und Spannung bis zur Bruchgrenze (B) und bei Beginn der Einschnürung Fallen der Belastung bzw. Spannung bis zum Augenblick des Bruches (Z).

[1] Vgl. auch Sachs: Werkstoffprüfung und Werkstoffeigenschaften, Bemerkungen über die Bedeutung des Zugversuches. Z. V. d. I. 1926, S. 1167.

In Sonderfällen (Werkstoffe für hohen Betriebstemperaturen ausgesetzte Teile) werden auch Warmzerreißversuche vorgenommen, um festzustellen, inwieweit sich die Festigkeitseigenschaften mit steigender Temperatur ändern (z. B. Erniedrigung der Bruchgrenze!).

Prüfung auf Druckfestigkeit: Als Probestücke dienen Würfel, bei Metallen der billigeren Herstellung wegen meist Zylinder mit $h_o = d_o$, die bei $h_o = \sqrt{F_o} = 0{,}88\,d_o$ die gleiche Druckfestigkeit wie Würfel ergeben. Je kleiner h_o, desto größer die Druckfestigkeit σ_{-B}. Spröde Werkstoffe (z. B. Gußeisen) brechen unter Sprengung der Mantelzone (beim Würfel Pyramide, beim Zylinder Kegel, sogenannte Rutschkegelbildung, siehe Abb. 6). Bei bildsamen Stoffen erfolgt kein Bruch, sondern nur ein Breitquetschen; der Versuch wird hier nur bis zur Überschreitung der Fließ- oder Quetschgrenze durchgeführt. Zum Vergleich solcher Werkstoffe können auch die Spannungen bei gleichen Formänderungen oder die Formänderungen bei gleichen Spannungen dienen. Druckversuche sind seltener und von geringerer Bedeutung als Zerreißversuche.

Prüfung auf Biegefestigkeit: Der Probestab wird auf zwei Auflagern mit abgerundeten Kanten — Stützweite $l_s = 40\sqrt{F_o}$ — gelagert und in der Mitte durch eine Einzelkraft P belastet. Bruchfestigkeit $\sigma_B' = \frac{P_B \times l_s}{4\,W}$, wenn W = Widerstandsmoment des Stabquerschnittes. Außerdem wird vielfach bestimmt die Durchbiegung f in der Mitte zwischen den Stützen, Biegungspfeil $\varphi = \frac{f}{l_0} \times 100\,\%$ und die Biegungsgröße $= \frac{f}{l_s \times \sigma}$. Diese Prüfung wird hauptsächlich für spröde Werkstoffe, wie Gußeisen, Porzellan usw., ausgeführt und hierbei dem Zerreißversuch vorgezogen. Bei zähem Werkstoff wird die Durchbiegung nur bis zu einem Biegewinkel von 90° durchgeführt (vgl. Faltprobe S. 59).

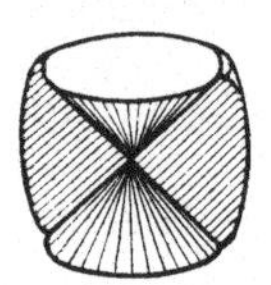

Abb. 6. Rutschkegel beim Druckversuch.

Knick-, Verdrehungs-, Scher- und Lochversuche werden nur selten ausgeführt, Verdrehungsversuche z. B. bei Draht.

b) Dynamische Versuche.

Werkstoffe, die bei statischer Prüfung genügende Festigkeit besitzen, versagen oft bei schlag- oder stoßartiger Beanspruchung im Betriebe, besonders wenn die betreffenden Teile Oberflächenverletzungen oder scharfe, eckige Querschnittsübergänge aufweisen. Schlagversuche dienen daher zur Prüfung des Verhaltens der Werkstoffe gegen Stöße.

Prüfung auf Schlagdruckfestigkeit (Stauchfestigkeit): Die Proben von meist kreisförmigem oder rechteckigem Querschnitt (Normen bestehen nicht) werden mittels eines Fallwerkes bis zu einem gewissen Grade oder bis zum Beginn des Einreißens gestaucht. Dabei ist:

die aufgewandte Schlagarbeit $A = z \times G \times H$ (z = Schlagzahl, G = wirksames Bärgewicht in kg, H = Fallhöhe in m),

die auf die Raumeinheit bezogene spezifische Schlagarbeit $a = \frac{A}{V}$ (V = Rauminhalt in cm³),

die auf die Längeneinheit bezogene Stauchung $-\delta = \frac{l_0 - l}{l_0}$,

der Bruchfaktor = spezifische Schlagarbeit zur Herbeiführung des Bruches mit einem Schlage,

bzw. für zähe Stoffe, die nicht brechen,

der Stauchfaktor = spezifische Schlagarbeit für $-\delta = 0{,}80$,

die spezifische Schlagfestigkeit = die für $-\delta = 0{,}50$ erforderliche spezifische Schlagarbeit.

Prüfung auf Schlagbiegefestigkeit: Die Probe (z. B. Achse oder Welle) ruht auf zwei abgerundeten Stützen und wird vom Fallbär mit gerundeter Stirn in der Mitte getroffen. Gemessen wird die Durchbiegung oder der Biegewinkel.

Prüfung auf Kerbschlagfestigkeit: Ein eingekerbter Probestab wird durch einen Schlag eines Pendelhammers (nach Charpy) von 10 oder 75 (seltener 250) mkg Arbeitsvermögen zerbrochen und die dazu verbrauchte mechanische Arbeit A aus dem Fallgewicht und dem Unterschied zwischen Fallhöhe vor und Steighöhe nach dem Schlag (bzw. aus dem Ausschlagwinkel mit Hilfe einer entsprechenden Umrechnungstafel) berechnet. Für einen 75 mkg-Pendelhammer werden Probestäbe nach Abb. 7 verwendet (für einen 10 mkg-Pendelhammer solche von 100 mm Länge bei 10×10 mm Querschnitt mit einer Bohrung von 2 mm und einem Querschnitt von 5×10 mm an der Kerbstelle). Die Einkerbung soll die Formänderung auf einen möglichst kleinen Raumteil begrenzen. Probestäbe aus sprödem Werkstoff erhalten zweckmäßig keine Kerbe.

Kerbzähigkeit ist die spezifische Schlagarbeit $a_k = \frac{A}{F_0}$ in mkg/cm², wenn $F_0 =$ Bruchquerschnitt in cm².

Die Querschnittsform des Probestabes, die Form der Kerbe, die Auflagerentfernung und die Art des Schlagwerkes ist von Einfluß auf die spezifische Schlagarbeit; die dafür erhaltenen Werte sind daher nur vergleichbar, wenn Stabform und Schlagwerk dieselben waren. Die Prüfung auf Kerbzähigkeit ist eine wertvolle Ergänzung des Zerreißversuches, da dieser z. B. die bei Flußstahl durch hohen Phosphorgehalt, Überhitzung, Kaltbearbeitung usw. oder bei Stahlguß durch mangelhaftes Glühen hervorgerufene Sprödigkeit und dadurch verminderte Widerstandsfähigkeit gegen Schläge nicht ohne weiteres erkennen läßt. Ebenso hat erst die Kerbschlagprobe den großen Vorteil der legierten Stähle erwiesen, der darin liegt, daß Anrisse bedeutend langsamer zum Bruch führen als bei reinen Kohlenstoffstählen. Andererseits darf bei der Bewertung der Kerbschlagprobe nicht vergessen werden, daß die praktisch zulässigen Stoßbeanspruchungen innerhalb der elastischen Formänderungen bleiben müssen, also weit unter den durch die Kerbschlagprobe erhaltenen liegen. Der Kerbschlagversuch ist das einzige mechanische Prüfverfahren zur Beurteilung der Güte oder der Fehler der voraufgegangenen Warmbehandlung.

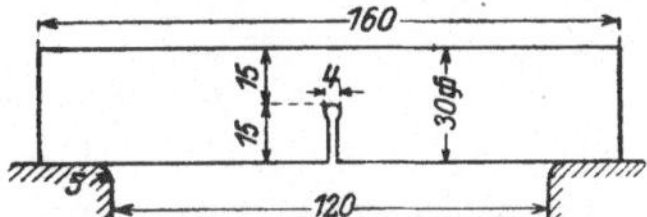

Abb. 7. Probestab für Kerbschlagversuche. (Aus: Dubbel, Taschenbuch für den Fabrikbetrieb.)

c) Dauerversuche.

Die vorher besprochenen dynamischen Versuche prüfen das Verhalten des Werkstoffes hauptsächlich gegen einzelne starke Schläge. Zweck der Dauerversuche ist dagegen, festzustellen, welche dauernde, ständig zwischen zwei Spannungsgrenzen wechselnde Beanspruchung der Werkstoff verträgt, ohne zu brechen, bzw. welche Änderungen der Eigenschaften des Werkstoffes dem Bruch voraufgehen. Die so gewonnenen Ergebnisse bilden eine wertvolle Grundlage für den Konstrukteur zur Beurteilung der zulässigen Beanspruchung, z. B. für Kolbenstangen, Kurbelwellen usw. Es zeigt sich nämlich, daß Teile, die längere Zeit anstandslos im Betriebe gewesen sind, infolge sogenannter Ermüdung des Werkstoffes plötzlich brechen (vgl. Abb. 12), ohne daß sie übermäßig hoch, d. h. über die Streck- bzw. Elastizitätsgrenze, beansprucht sind. Im allgemeinen besitzen Werkstoffe mit hoher Streckgrenze oder Kerbzähigkeit auch eine große „Arbeitsfestigkeit σ_A". Schlackeneinschlüsse, Poren, schroffe Querschnittsänderungen, Drehrillen, selbst feine Reißnadelrisse beeinträchtigen die Arbeitsfestigkeit wesentlich.

Am gebräuchlichsten sind dem Kerbschlagverfahren ähnliche Dauerschlagversuche, z. B. mit dem Krupp'schen Dauerschlagwerk. Hierbei werden Probestäbe nach Abb. 8 durch einen aus bestimmter Höhe fallenden Hammer einer bestimmten Schlagbiegebeanspruchung ausgesetzt und nach jedem Schlage um $^1/_2$ oder $^1/_{25}$ Drehung selbsttätig gedreht (minutliche Schlagzahl von $8 \div 120$ veränderlich, normal 86); ein Zählwerk addiert die Schläge, beim Bruch bleibt das Schlagwerk stehen. Die Gesamtschlagzahl Z_B bis zum Bruch dient als Vergleichswert. Trägt man die bei verschiedenen Spannungen erhaltenen Werte Z_B als Funk-

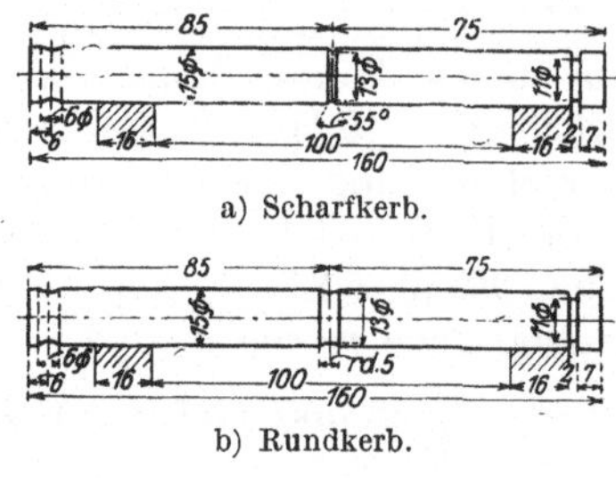

a) Scharfkerb.

b) Rundkerb.

Abb. 8. Probestäbe für Dauerschlagversuche. (Aus: Dubbel, Taschenbuch für den Fabrikbetrieb.)

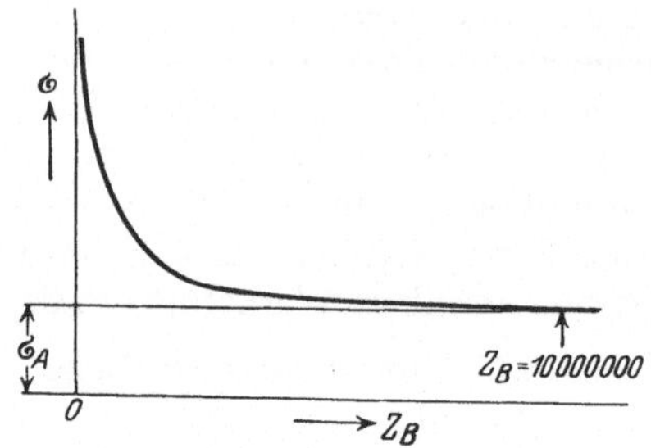

Abb. 9. Spannungs-Schlagzahl-Schaubild für Dauerschlagversuche.

tion der Spannung auf (Abb. 9), dann gilt die Ordinate der Asymptote als Arbeitsfestigkeit σ_A. Sie soll erfahrungsgemäß mit der für 10 Millionen Schläge zulässigen Spannung übereinstimmen[1].

2. Härteprüfungen[2].

a) Statische Versuche.

Die Kugeldruckprobe nach Brinell ist von den statischen Verfahren heute das gebräuchlichste. Eine gehärtete Stahlkugel vom Durchmesser D (mm) wird während einer gewissen Zeit mit einem bestimmten Druck P (kg) in die ebene Fläche der Probe gedrückt und alsdann der Durchmesser d (mm) der Eindrucksfläche mittels Mikroskopes oder durchsichtigen Meßwinkels gemessen. Als Härtezahl gilt die Belastung je Flächeneinheit $H = \dfrac{P}{\frac{\pi \cdot D}{2} \cdot (D - \sqrt{D^2 - d^2})}$ kg/mm². Zur Vermeidung immer wiederkehrender Berechnungen empfiehlt sich die Aufstellung einer Zahlentafel für H für die verschiedenen Werte von d, P und D.

Zu kurze Belastungsdauer ergibt zu große H-Werte; gleiche Werte für H werden mit verschiedenen Kugeldurchmessern D erzielt, wenn die Belastungen P proportional D^2 sind. Mittenabstand des Eindruckes vom Probenrand $\geqq 2{,}5\,D$, gegenseitiger Mittenabstand $\geqq 13$ mm. Probendicke a bei vollkommener Auflage auf genügend harter Platte ist ohne Einfluß, solange die Eindruckstiefe $\leqq \frac{a}{7}$. Für $H > 630$ werden die Ergebnisse unzuverlässig, weil damit die Härte der Prüfkugel erreicht ist.

Hinsichtlich der Durchführung der Versuche bestimmt DIN 1605 folgendes:

Bei Probedicke von mm		>6	$6 \div 3$	<3
Kugeldurchmesser D mm		10	5	2,5
Belastung P in Kilogramm:				
Für Gußeisen und Stahl	$= 30\,D^2$	3000	750	187,5
Für Hartkupfer, Messing, Bronze usw.	$= 10\,D^2$	1000	250	62,5
Für weichere Metalle	$= 2{,}5\,D^2$	187,5	62,5	15,6

[1] Vgl. auch: Deutsch u. Fiek: Dauerprüfmaschinen. Z. V. d. I. 1928, S. 1760.

[2] Vgl. Deutsch u. Fiek: Maschinen für Härteprüfungen, technologische Versuche und Verschleißprüfungen an metallischen Werkstoffen. Z. V. d. I. 1928, S. 1541.

Die Belastung ist stoßfrei während 15 s zu steigern und in der Regel 30 s auf ihrem Endwert zu belassen. Für Stahl mit $H \geqq 140$ genügen 10 s. Der Eindrucksdurchmesser ist auf Hundertstelmillimeter anzugeben. Maßgebend ist der Mittelwert aus zwei Eindrücken, bei unrunden Eindrücken der mittlere Durchmesser. Der Mittenabstand des Eindruckes vom Rande der Probe oder von einem anderen Eindruck ist so zu wählen, daß keine das Ergebnis beeinflussenden Nebenerscheinungen (Aufbeulen des Randes, Ausbauchen) auftreten.

H 5/250/30 = 56,8 bedeutet, daß die Härtezahl 56,8 mit $D = 5$ mm, $P = 250$ kg und einer Belastungsdauer von 30 s ermittelt ist; für den Regelversuch, d. h. für H 10/3000/30, dient als Kurzzeichen H_n.

Diese Härteprüfung ist sehr beliebt, weil die Probestücke leicht und billig herzustellen sind, vielfach die Anfertigung besonderer Proben sich sogar erübrigt, und weil man aus der so ermittelten Härtezahl H auch (angenähert) Schlüsse auf die Zugfestigkeit ziehen kann. Es ist z. B. für Kohlenstoffstähle (mit $\sigma_B = 30$ bis 100 kg/mm²) $\sigma_B = 0{,}36\,H$, für Chromnickelstähle (mit $\sigma_B = 65 \div 100$ kg/mm²) $\sigma_B = 0{,}34\,H$[1]. — Für Gußeisen läßt sich eine solche Beziehung nicht einwandfrei aufstellen. Besser geeignet dafür erscheinen Lochscherversuche nach **Sipp-Rudeloff**, die nur kleine, leicht an verschiedenen Stellen des Gußstückes zu entnehmende Probestücke erfordern[2].

Bei der **Rockwell-Härteprüfung** wird die Eindringtiefe einer Stahlkugel von 1/16″ ⏀ (bei weicheren Stoffen) oder eines Diamantkegels mit einem Spitzenwinkel von 120° (bei härteren Stoffen) bei Steigerung der Belastung von der Vorbelastung von 10 kg auf 100 bzw. 150 kg Endbelastung durch eine Meßuhr gemessen. Ein großer Vorteil dieses Verfahrens liegt in den ganz unbedeutenden Oberflächenverletzungen des Werkstückes infolge der geringen Eindringtiefen von 0,06 ÷ 0,25 mm.

Ritzhärteprüfung nach Turner und Martens: Mittels einer Diamantspitze mit einem Spitzenwinkel von 90° wird nach **Turner** ein mit bloßem Auge noch gerade sichtbarer Riß, nach **Martens** ein Riß von 0,01 mm Breite erzeugt und die dazu erforderliche Belastung des Diamanten als Ritzhärte bezeichnet. (Besonders geeignet für sehr harte Stoffe und zur Prüfung des Kleingefüges.)

Kugeldruckhärte P 0,05 in kg.	Werkstoff	Bearbeitbarkeit t_{100} in mm
259,2	Flußeisen B.o.5.	2,8
249,1	Gußeisen N.G.2.	4,59
243,5	Nickelstahl E200J	2,34
225,2	Gußeisen N.G.1	4,19
205,0	Flußeisen A.3	2,4
189,7	Flußeisen A.2.	1,76
173,5	Flußeisen B.o.3	2,01
172,7	Messing M.19.	1,26
169,4	Tombak T.2.	1,095
143,0	Flußeisen B.o.1	1,68
141,6	Deltametall D.1.	3,84
128,0	Flußeisen A.1.	1,17
124,5	Flußeisen B.R.E.1	3,09
120,7	Messing M.R.F.1	3,70
120,7	Messing M.R.H.1	4,45
110,0	Kupfer K.3	1,27
102,2	Messing M.R.D.1	5,19

Abb. 10. Beziehung zwischen Kugeldruckhärte und Bearbeitbarkeit. (Aus: Schütte-Blätter 1927, S. 597.)

Vergleichende Härteprüfung durch Bohren: Bei der Bohrmaschine zur Härteprüfung nach **Kessner**[3] handelt es sich weniger um eine Prüfung der Härte als vielmehr der Bearbeitbarkeit, die, wie aus Abb. 10 ersichtlich, keineswegs mit der Kugeldruckhärte identisch oder ihr proportional ist[4]. Die Prüfung beruht

[1] **Melle** stellt eine Beziehung zwischen der auf der Härtebohrmaschine ermittelten „Bearbeitbarkeit" und der Brinellhärte auf. Vgl. Gieß.-Zg. 1927, S. 483.

[2] Vgl. **Rudeloff**: Scherversuche zur Beurteilung der Festigkeitseigenschaften von Gußeisen. Gieß. 1926, S. 577.

[3] Bauart **Alfred H. Schütte**. Vgl. Gieß. 1922, S. 47.

[4] $P\,0{,}05$ = Kraft zur Erzielung eines bleibenden Eindruckes von 0,05 mm Tiefe mit einer Kugel von 5 mm ⏀; t_{100} = Bohrtiefe bei 100 Umdrehungen des Bohrers. Vgl. dazu auch Fußnote 1.

darauf, daß die unter gleichen Bedingungen bei verschiedenen Werkstoffen erzielten Bohrtiefen miteinander bzw. mit der bei einem als Norm betrachteten Werkstoff erzielten verglichen werden. Der Bohrervorschub wird dabei durch einen durch Gewicht belasteten Hebel bei gleichbleibendem Drehmoment bewirkt; die Bohrtiefe wird als Funktion der Bohrerumdrehungen durch einen Schreibapparat aufgezeichnet. Je größer die Bohrtiefe bei z. B. 100 Umdrehungen, d. h. je größer der Neigungswinkel der Schaulinie gegenüber der Wagerechten, desto weicher bzw. desto leichter zu bearbeiten ist der Werkstoff. Um den Einfluß der Abnutzung der Bohrerschneiden zu berücksichtigen, wird der Normalwerkstoff einmal vor und einmal nach dem zu prüfenden Werkstoff gebohrt und als Vergleichswert der Mittelwert aus diesen beiden Bohrungen gewählt[1].

b) Dynamische Versuche.

Kugelfall- oder -springversuch mit dem Skleroskop: Man läßt eine gehärtete Stahlkugel oder einen Fallkörper mit einer unten eingesetzten gehärteten Stahlkugel oder Diamantspitze aus einer bestimmten Höhe auf die wagerechte, sauber bearbeitete Fläche des zu prüfenden Stückes fallen. Als Härtezahl gilt nach Shore die an einer Teilung ablesbare Rückprallhöhe, die mit der als Norm (= 100) betrachteten Rückprallhöhe von harter Stahlplatte verglichen wird. Gemessen wird also eigentlich die Elastizität, die nur in bestimmten Grenzen der Härte proportional ist. Der Versuch hat aber den Vorzug, daß er schnell, ohne große Vorbereitungen und auch an fertigen, gehärteten Teilen, z. B. Schneidwerkzeugen, ohne Beschädigung derselben auszuführen ist. — Nach Wüst und Bardenheuer wird der Rauminhalt V des Kugeleindruckes bestimmt und als Kugelfallhärte $H_f = \frac{A}{V}$ die spezifische Verdrängungsarbeit bezeichnet. Diese weicht von der Brinellhärtezahl H ab, läßt sich aber — am besten mittels Zahlentafel oder Schaubilder — auf diese umrechnen; für $H \leqq 500$ ist $H_f = 1{,}79\,H$.

Kugelschlagversuch: Der Schlaghärteprüfer (nach Baumann-Steinrück, Graven oder Wilk) ist ähnlich wie ein selbstschlagender Körner eingerichtet und wird senkrecht auf das zu prüfende Stück aufgesetzt, beim Aufdrücken durch eine im Innern befindliche Feder gespannt und bei einem bestimmten Druck ausgelöst; dadurch wird ein Hammer mit gehärteter Stahlkugel mit einem Schlage in die Oberfläche des Probestückes eingetrieben. Wichtig ist eine gute, feste Unterlage. Aus dem Eindrucksdurchmesser wird, wie bei der Kugeldruckprobe, die Schlaghärtezahl errechnet. Die Schlaghärteprüfer sind sehr handlich und eignen sich besonders zur Prüfung der Werkstücke an Ort und Stelle, z. B. auf Lager oder in eingebautem Zustande.

Beim Poldi-Hammer wird durch einen freihändigen Hammerschlag auf einen Schlagbolzen eine Stahlkugel von 10 mm ⌀, die zwischen dem vierkantigen Normalstahlstab ($\sigma_B = 70$ kg/mm^2) und dem zu prüfenden Stück liegt, gleichzeitig in die Oberfläche beider eingedrückt. Durch Vergleich beider Eindrücke erhält man die Brinellhärtezahl.

Fehlerquellen liegen bei den Kugeldruck- und -schlagversuchen in Abplattungen der Kugel (dynamisch größer als statisch) und in der Schwierigkeit des genauen Messens des Eindrucksdurchmessers. Zwischen Brinellhärte, Skleroskophärte und Ritzhärte besteht kein unveränderliches Verhältnis, Elastizitätszahl und Gefügeaufbau des Werkstoffes spielen dabei vielmehr eine Rolle.

---

[1] Vgl. auch: Leyensetter: Die Beurteilung der Bearbeitbarkeit von Werkstoffen. Werkzeugmaschine 1928 S. 433 (s. a. Maschinenbau 1927, S. 1177, Pendelschnittverfahren).

3. Verschleißversuche[1].

Verschleißversuche haben den Zweck, festzustellen, welchen Widerstand gegen Abnutzung durch Reibung ein Werkstoff besitzt. Gegen eine umlaufende Stahlscheibe von bestimmtem Durchmesser und bestimmter Umlaufszahl wird eine Probe des zu untersuchenden Werkstoffes mit einem bestimmten Druck angepreßt und die nach einer gewissen Gesamtumlaufszahl (= einem bestimmten Gesamtreibungsweg) erreichte Eindringtiefe der Stahlscheibe und die Abnutzung der letzteren gemessen. Derartige Versuche sind besonders für Schienen üblich.

4. Technologische Prüfungen[1].

Hierbei kommt es nicht so sehr auf zahlenmäßige Feststellung bestimmter Eigenschaften als vielmehr darauf an, zu prüfen, ob der Werkstoff für einen bestimmten Zweck geeignet ist oder nicht. In erster Linie kommen solche Prüfungen für Werkstoffe in Frage, die bei ihrer Verarbeitung eine starke plastische Form-

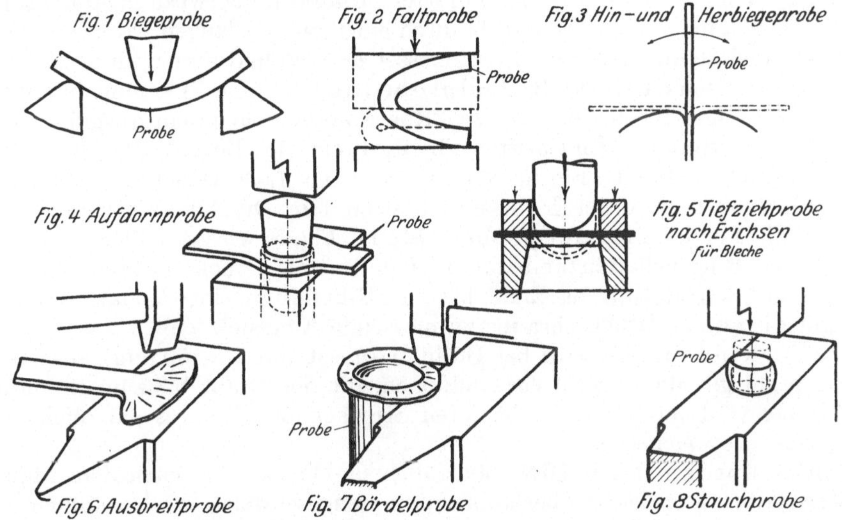

Abb. 11. Technologische Prüfungen (Nach Merkblätter „Materialprüfung" des DATSCH).

änderung durch Schmieden, Pressen, Ziehen usw. in kaltem oder warmem Zustande erleiden. Dementsprechend ist die Prüfung vorzunehmen. Am gebräuchlichsten sind folgende Prüfungen:

Biege- und Faltprobe: Der Probestab (Flach-, Rund- oder Profilstab) wird, am besten unter einer Presse (Abb. 11, Fig. 1), langsam und stetig, u. U. auch auf dem Amboß mit dem Hammer um einen Dorn von bestimmtem Durchmesser gebogen, bis sich an der äußeren, auf Zug beanspruchten Seite Risse zeigen. Sind hierbei noch keine Risse aufgetreten, dann wird der Probestab weiter frei vollständig oder bis zur Rißbildung zusammengefaltet (Abb. 11, Fig. 2). Der erzielte Biegewinkel dient als Maß für die Güte des Werkstoffes. Dünne Bleche und Drähte spannt man zwischen Backen von bestimmtem Abrundungshalbmesser (10 oder 5 mm) und prüft sie durch wiederholtes Hin- und Herbiegen um 90° (Abb. 11, Fig. 3). Als Gütemaß gilt die Anzahl Biegungen bis zum Anbruch oder Bruch. Die Kaltbrüchigkeit des Eisens ist vom Phosphorgehalt abhängig, während die Warmbiegeprobe bei Dunkelrotglut ($\approx$ 750°) zur Prüfung auf durch Schwefelgehalt hervorgerufene Rotbrüchigkeit und das Biegen bei Blauhitze ($\approx$ 300°) zur Prüfung der Blaubrüchigkeit des Eisens dient (vgl. auch DIN 1605).

[1] Vgl. Fußnote 2 auf S. 56.

Schmiedeproben werden ebenfalls bei gewöhnlicher oder bei Schmiedetemperatur bis zum Aufreißen der Probe ausgeführt. Bei der Ausbreitprobe (Abb. 11, Fig. 6) dient als Gütemaß das Verhältnis der erzielten Länge oder Breite zur ursprünglichen (in Prozenten); Voraussetzung für die Vergleiche sind geometrisch ähnliche Proben. Guter Fluß- und Schweißstahl muß sich etwa auf dreifache Probenbreite ausbreiten lassen. Bei der Stauchprobe (Abb. 11, Fig. 8), die besonders für Nieteisen vorgeschrieben ist, wird mit Zylindern von $l = 2d$ die Stauchung in Bruchteilen der ursprünglichen Länge festgestellt. Verlangt wird etwa Stauchung auf $\frac{l}{3}$. Bei der Aufdornprobe (Abb. 11, Fig. 4) wird in das hellrotwarme Probestück mit einem Durchschlag ein Loch geschlagen und dieses dann, nötigenfalls nach wiederholtem Anwärmen, mittels eines Kegeldornes aufgeweitet. Der Deutsche Verband für Materialprüfungen der Technik empfiehlt: Probenbreite $= 5 \times$ Probendicke, Lochdurchmesser $= 2 \times$ Probendicke, Steigung des Dornes $= 1 : 10$. Bei der als Rotbruchprobe ausgeführten Aufdornprobe wird ein rotwarm auf 6×40 mm geschmiedeter Probestab durch einen 80 mm langen Dorn von 20 mm kleinstem und 30 mm größtem Durchmesser gelocht und aufgeweitet, wobei die Probe nicht reißen darf. Die Bördelprobe (Abb. 11, Fig. 7) kommt hauptsächlich für Rohre und Bleche in Betracht. Rohre werden nach dem Ausglühen unter Einhaltung bestimmter Vorschriften für die Breite des Bördels und den Bördelwinkel kalt umgebördelt. Bleche werden mit einem Loch versehen, aus dem sich ein Bördel von bestimmter Höhe und bestimmtem Durchmesser heraustreiben lassen muß. Bei der Tiefziehprobe (Abb. 11, Fig. 5) wird das Blech am Rande durch einen Ring gehalten und durch einen mittels Druckschraube betätigten Stempel mit kugelförmigem Ende bis zur Rißbildung eingedrückt. Als Gütemaß gilt die an der Druckschraube zu messende Eindrucktiefe[1].

Die Verwindeprobe wird bei Drähten (meist mit $l = 150$ mm) ausgeführt. Als Gütezahl gilt die Anzahl Verwindungen, die der Draht bis zum Bruch aushält. Dabei verdrehen sich die härteren Strecken des Drahtes gar nicht oder weniger als die weicheren.

Schweißprobe: Nach DIN 1605 sollen die Probestäbe nach dem üblichen Werkstattsverfahren leicht überlappt zusammengeschweißt werden können. Die beiden zusammengeschweißten Teile dürfen sich an der Schweißstelle im kalten oder warmen Zustande beim Biegen des Stabes nicht trennen oder aufreißen. — Vielfach wird auch ein Zerreißversuch vorgenommen. Zerreißfestigkeit der Schweißnaht (von gleicher Dicke wie der übrige Werkstoff) soll mindestens 80% derjenigen eines ungeschweißten Probestabes betragen.

5. Magnetische und elektrische Prüfungen.

Auf diese für die Elektrotechnik wichtigen Prüfungen der Metalle hinsichtlich ihres magnetischen und elektrischen Verhaltens kann hier nur der Vollständigkeit halber hingewiesen, aber nicht näher eingegangen werden; es muß vielmehr auf die besondere Fachliteratur oder Nachschlagewerke verwiesen werden (vgl. z. B. „Hütte“, Taschenbuch der Stoffkunde, 1. Aufl., S. 157ff.).

6. Gefügeuntersuchung (Metallographie)[2].

Die mechanischen Prüfverfahren lassen zwar die mehr oder minder guten Festigkeitseigenschaften eines Stoffes erkennen, geben aber keinen Aufschluß

[1] Vgl. Kummer: Die Erichsen-Blechprüfung. Maschinenbau 1927, S. 764.

[2] Näheres vgl. Görens: Einführung in die Metallographie. Heyn-Bauer: Metallographie (Sammlung Göschen). Preuss-Berndt-Cochius: Die praktische Nutzanwendung der Prüfung des Eisens durch Ätzverfahren und mit Hilfe des Mikroskopes.

über die Ursache des mechanischen Verhaltens, den Gefügeaufbau; sie ergeben nur Durchschnittswerte für größere Stücke des Werkstoffes, gestatten aber, von der Härteprüfung abgesehen, keine örtliche Stoffprüfung. Auch die chemische Analyse genügt als Ergänzung allein nicht, weil — wie früher schon betont — neben der chemischen Zusammensetzung auch die mechanische und thermische Behandlung des Werkstoffes eine sehr wesentliche Rolle für das Verhalten desselben spielen. Dagegen gestattet die Gefügeuntersuchung noch mit Hilfe kleinster Proben, mit denen sich mechanische Prüfungen gar nicht mehr ausführen lassen, auf die Vorbehandlung und die mechanischen Eigenschaften des Stoffes zu schließen oder rein örtliche Fehlerquellen nachzuweisen.

Schon durch die Betrachtung der nicht weiter vorbehandelten Ober- oder Bruchfläche mittels Lupe oder mit dem Mikroskop kann man Oberflächenrisse und Brüche bzw. deren Ursachen feststellen. Ist ein Teil der Bruchfläche angelaufen oder verrostet, so deutet das auf einen alten Anriß hin. Gleichmäßig rauhe Bruchfläche und Anzeichen voraufgegangener Dehnung lassen auf einmalige Überlastung als Bruchursache schließen, während bei Ermüdungs- oder Dauerbrüchen infolge wiederholter, an sich zulässiger Beanspruchungen die Bruchfläche in der Nähe der Oberfläche glatt, im übrigen Teil aber rauh und körnig ist (vgl. Abb. 12). Eine Bruchfläche läßt besser als eine Schleiffläche die Größe der Kristalliten erkennen; feinkörniger Bruch läßt auf gute mechanische Eigenschaften, grobkörniger auf geringere Festigkeiten bzw. auf Fehler in der Wärmebehandlung schließen. Bei allen Gefügeuntersuchungen ist, wie bei allen örtlichen Prüfungen überhaupt, die Lage der untersuchten Stelle für die richtige Beurteilung der Prüfungsergebnisse genau zu beachten und zu vermerken; z. B. spielen Stärke des Querschnittes, Innen- und Außenzone, Einkerbungen usw. eine wichtige Rolle dabei.

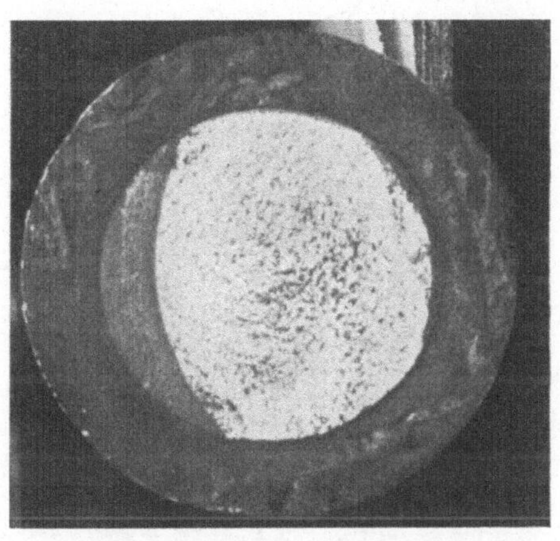

Abb. 12. Ermüdungsbruch (Dauerbruch) an einer Automobilachse. (Nat. Gr.)

Für eine Gefügeuntersuchung im engeren und eigentlichen Sinne der heutigen Metallographie schleift, poliert und — nötigenfalls — ätzt man eine (etwa 100 mm² große) Fläche des Probestückes und betrachtet sie unter dem Mikroskop. Wenn die natürliche Farbe der einzelnen Bestandteile oder ihre verschiedene Härte sie schon genügend hervortreten läßt, so erübrigt sich ein Ätzen des Schliffes; Risse, hohle Stellen und Einschlüsse sind sogar viel besser auf der polierten als auf der geätzten Fläche zu erkennen. Genügt die Betrachtung der polierten Fläche aber nicht, so wird sie durch chemische Einwirkung von Säuren (seltener von Gasen) geätzt. Hierdurch werden die einzelnen Bestandteile des Werkstoffes verschieden stark angegriffen, und es zeichnen sich entweder die Kristallgrenzen als Linien ab (Korngrenzenätzung) oder die verschiedenen Kristalle werden verschieden angegriffen und gefärbt (Kristallfelderätzung).

Auf die Einzelheiten des Schleifens, Polierens und Ätzens, der mikroskopischen Untersuchung und der Mikrophotographie sowie der dazu benutzten Einrichtungen kann hier nicht näher eingegangen werden. Metallographische Untersuchungen können mit Erfolg nur von dauernd auf diesem Gebiete tätigen Fachleuten vorgenommen werden. Es sei nur hinsichtlich der Probenahme betont, daß man — im Gegensatz z. B. zu chemischen Untersuchungen, bei denen es meist auf gute Durchschnittsproben ankommt — für die metallographische Untersuchung gerade solche Stellen auswählen wird, die vom Durchschnitt abweichen und daher besonders interessant erscheinen, wenn man nicht die ganze Querschnittsfläche untersucht, um die Gefügeunterschiede an den einzelnen Stellen oder Seigerungen u. dgl. festzustellen. Die Schliffe dürfen nicht abgewischt, sondern nur mit Watte und Alkohol abgetupft werden; die Aufbewahrung erfolgt im Exsikkator (= luftdicht, verschließbares Glasgefäß mit einem die Probe nicht berührenden wasserentziehenden Stoff, z. B. geschmolzenes Chlorkalzium).

Die Grundlage für sachgemäße Durchführung einer metallographischen Untersuchung bildet die genaue Kenntnis der beim Schmelzen bzw. Erstarren und weiterhin während der Erhitzung oder Abkühlung und mechanischen Behandlung innerhalb der Metalle und Metallegierungen stattfindenden Veränderungen, von denen früher ganz allgemein gesprochen wurde (siehe S. 2). Als Beispiel für

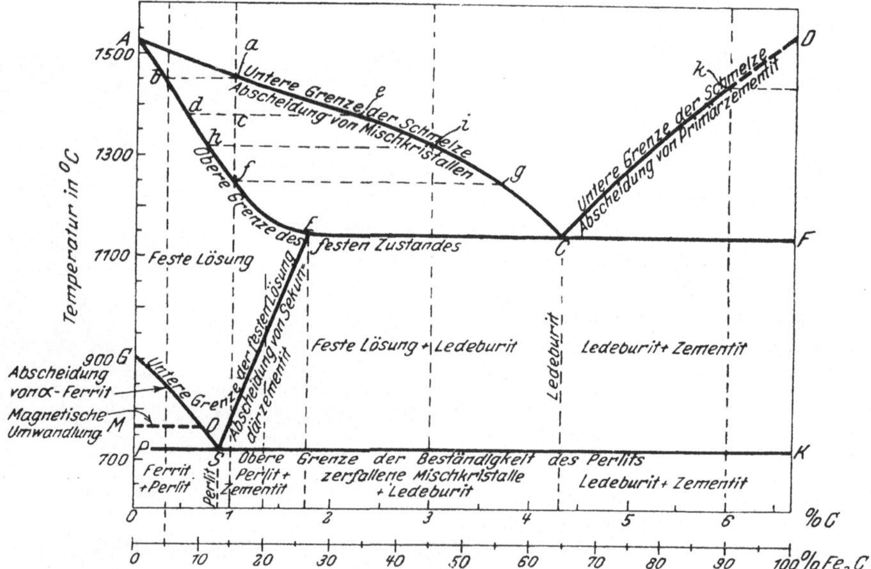

Abb. 13. Eisen-Zementit-Zustandsschaubild. (Aus: Bericht Nr. 42 des Werkstoffausschusses des Vereins Deutscher Eisenhüttenleute.)

den inneren Aufbau bei den verschiedenen Temperaturen und die daraus sich ergebenden Eigenschaften sei hier das System Eisen-Kohlenstoff näher besprochen[1].

Der Kohlenstoff kommt im Flußstahl nach Zerfall der festen Lösung, also bei normaler Temperatur, hauptsächlich in der Form von Eisenkarbid (Fe_3C) vor, das im flüssigen Eisen in jedem Verhältnis löslich ist. Durch das Hinzutreten des Eisenkarbides werden Erstarrungs- und Haltepunkte gegenüber reinem Eisen herabgesetzt und die Erstarrung findet nicht, wie bei reinem Eisen, bei einer bestimmten Temperatur sondern innerhalb eines Temperaturbereiches statt. Bestimmt man für Legierungen mit verschiedenen Eisenkarbidgehalten die Umwandlungs- und Haltepunkte durch Versuche und stellt sie in Abhängigkeit vom Kohlenstoff- bzw. Eisenkarbidgehalt zu einem Schaubilde zusammen (wie bei

[1] Unter Benutzung des Berichtes Nr. 42 des Werkstoffausschusses des Vereins Deutscher Eisenhüttenleute. Düsseldorf: Stahleisen m. b. H. Vgl. auch Stahleisen 1925, S. 427.

Abb. 1), so gibt dieses Eisen-Kohlenstoff- oder richtiger Eisen-Zementit-Zustandsschaubild (Abb. 13) einen Überblick über den Einfluß des Eisenkarbides auf das Verhalten der Legierung.

Für reines Eisen (mit 0% C bzw. Fe_3C) liegt der Erstarrungspunkt A bei 1528°; bei weiterer Abkühlung findet bei G (906°) die Umwandlung von γ- in β-Eisen und bei M (768°) eine solche von β- in α-Eisen statt[1]. Mit zunehmendem Eisenkarbidgehalt sinkt die Erstarrungstemperatur entsprechend dem Linienzuge AC bis auf 1145° bei einem Gehalt von 64,2% Fe_3C oder 4,29% C, um danach wieder nach CD bis auf $\approx$ 1580° für reines Eisenkarbid (mit 100% Fe_3C oder 6,67% C) anzusteigen. Die untere Grenze des Erstarrungsbereiches ist durch den Linienzug $AECF$ gegeben. Oberhalb der sogenannten Liquiduslinie ACD ist also alles flüssig (liquidus), unterhalb der Soliduslinie $AECF$ alles fest (solidus), während in dem Bereich zwischen beiden weder eine einheitlich feste noch eine einheitlich flüssige Masse vorhanden ist, sondern in noch flüssiger Schmelze bereits erstarrte Kristalle sich befinden, und zwar unterhalb AC Mischkristalle (d. h. Kristalle, die im festen Zustande einen anderen Bestandteil gelöst enthalten) aus Eisen und Eisenkarbid, unterhalb CD reine Eisenkarbidkristalle (Zementit).

Bei einer Legierung mit 15% Fe_3C (= 1% C) z. B. werden sich bei Unterschreitung einer Temperatur von 1450° (Punkt a) Mischkristalle abscheiden mit einem solchen Gehalt an Eisenkarbid ($\approx$ 4,5% Fe_3C oder $\approx$ 0,3% C), wie sie bei dieser Temperatur im festen Zustande gerade noch bestehen können und durch Punkt b auf der Soliduslinie gekennzeichnet werden. Mit der Ausscheidung dieser an Eisenkarbid oder Kohlenstoff ärmeren Primärmischkristalle nimmt der Eisenkarbidgehalt der sogenannten Mutterlauge zu, so daß sie entsprechend der Liquiduslinie AC auch bei niedrigeren Temperaturen noch flüssig bleibt. Bei $\approx$ 1380° z. B. werden also feste Mischkristalle mit $\approx$ 7,5% Fe_3C oder $\approx$ 0,5% C (Punkt d auf der Soliduslinie) in noch flüssiger Schmelze mit $\approx$ 34% Fe_3C oder $\approx$ 2,25% C (Punkt e der Liquiduslinie) vorhanden sein.

Das Mengenverhältnis der Mischkristalle zur Schmelze bei einer bestimmten Temperatur läßt sich aus dem Zustandsschaubild mittels des sogenannten Hebelgesetzes bestimmen, wonach sich die beiden Mengen jeweils umgekehrt wie die Hebelarme verhalten. Für den letztgenannten Fall (1380°) wäre also Menge der Mischkristalle: Menge noch flüssiger Schmelze = $ce : cd$.

Bei den Legierungen von 0 ÷ 1,75% C (= 26,2% Fe_3C) ist die Erstarrung bei den durch die Kurve AE gekennzeichneten Temperaturen, darüber hinaus stets bei der gleichbleibenden Temperatur von 1145° (ECF) beendet. Punkt E bezeichnet die Grenze, bis zu der die Mischkristalle noch Eisenkarbid in festem Zustande gelöst aufnehmen können, nachdem die Schmelze vollständig erstarrt ist. Der bei höheren Kohlenstoff- bzw. Eisenkarbidgehalten und 1145° noch vorhandene Rest der flüssigen Mutterlauge, der — wie oben gesagt — infolge Ausscheidung eisenkarbidärmerer Mischkristalle und entsprechend dem Verlauf der Liquiduslinie AC stets 4,29% C (= 64,2% Fe_3C) enthält, erstarrt nunmehr in dieser Zusammensetzung selbständig neben den Mischkristallen, d. h. es scheiden sich gleichzeitig oder immer unmittelbar aufeinanderfolgend Eisenkarbid und Mischkristalle mit 1,75% C aus. Dieses Gemenge mit dem niedrigsten im

---

[1] Die verschiedenen Zustandsformen des Eisens unterscheiden sich hauptsächlich dadurch, daß α-Eisen (Ferrit) magnetisierbar ist, β- und γ-Eisen dagegen nicht, und daß α- und β-Eisen nur verschwindend geringe Mengen von C zu binden vermögen, γ-Eisen dagegen in der Lage ist, C in fester Lösung zu binden. Da zwischen α- und β-Eisen im Atomaufbau bzw. im Gefüge kein Unterschied festzustellen ist, so ist man geneigt, das β-Eisen als besondere Zustandsform fallen zu lassen.

System vorkommenden Erstarrungspunkt (1145°), welches also bei der Erwärmung andererseits zuerst schmilzt, nennt man Eutektikum (griechisch: εὔτεκτος = leicht oder gut schmelzend) und als Gefügebestandteil Ledeburit (Abb. 14). Die sogenannte eutektische Legierung mit 4,29% C (= 64,2% Fe_3C) zeigt nur Eutektikum und besitzt im Gegensatz zu allen anderen nur einen, d. h. einen einheitlichen Schmelz- und Erstarrungspunkt (1145°). Untereutektische Legierungen (< 4,29% C) weisen nach der Erstarrung um so mehr Eutektikum, um so weniger Mischkristalle (siehe Abb. 15) auf, je höher der Eisenkarbidgehalt ist;

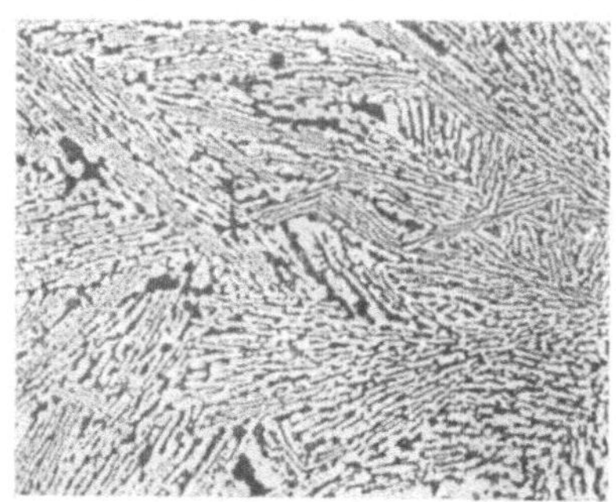

Abb. 14. Roheisen mit 4,29% C. Ledeburit. (Vergr. 100 ×)

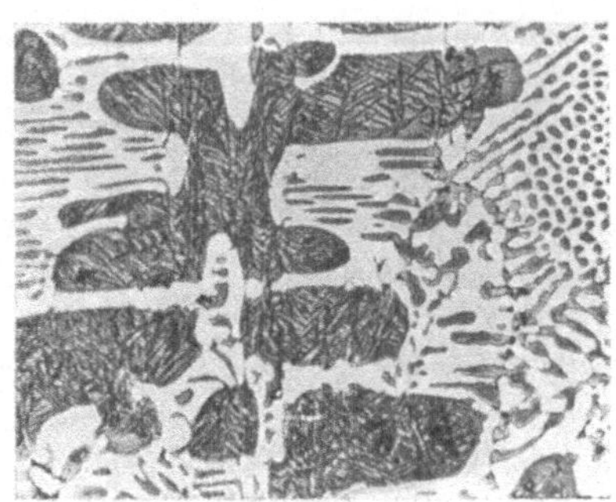

Abb. 15. Roheisen mit 3,6% C. Ledeburit und Mischkristalle. (Vergr. 200 ×)

bei den übereutektischen Legierungen (> 4,29% C) findet sich neben Eutektikum Eisenkarbid (siehe Abb. 16) in entsprechend steigender Menge.

Beispielsweise werden aus einer untereutektischen Legierung mit 45% Fe_3C (= 3% C) bei der Abkühlung bei 1320° (Punkt i der Liquiduslinie) sich zunächst Mischkristalle mit ≈ 11% Fe_3C (≈ 0,75% C) ausscheiden (Punkt h der Soliduslinie). Bei weiterer Abkühlung tritt eine Eisenkarbidanreicherung sowohl der Mischkristalle (nach der Soliduslinie) als auch der Schmelze (nach der Liquiduslinie ein).

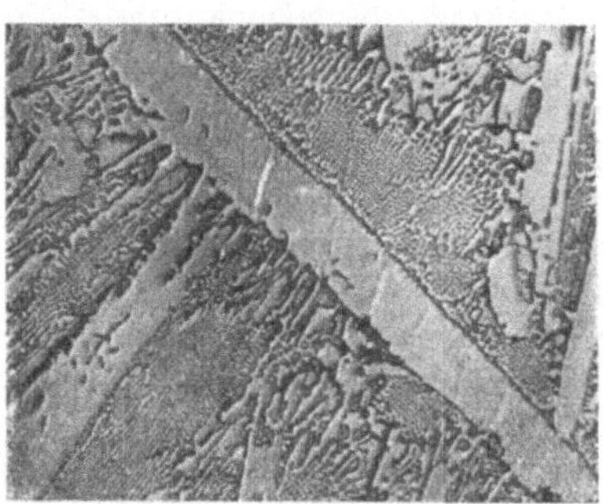

Abb. 16. Roheisen mit 5,2% C. Ledeburit und Zementit(-Nadeln). (Vergr. 100 ×)

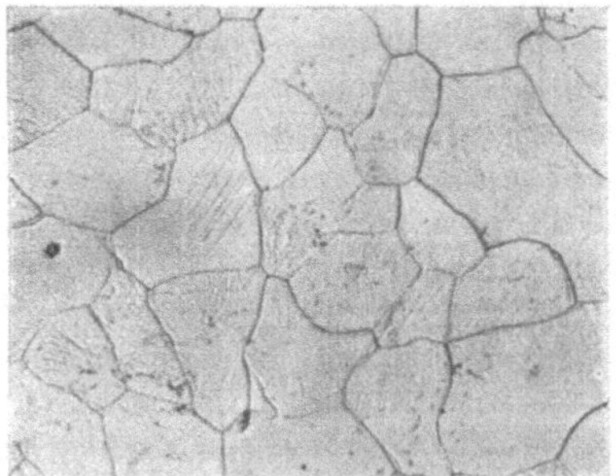

Abb. 17. Reines Eisen. Ferrit. (Vergr. 200 ×)

Bei 1145° haben die Mischkristalle 26,2% Fe_3C = 1,75% C (Punkt E), die Schmelze 64,2% Fe_3C = 4,29% C (Punkt C) erreicht. Bei der geringsten weiteren Temperaturerniedrigung erstarrt der Rest der Schmelze als Eutektikum, in dem die vorher entstandenen Mischkristalle eingebettet sind.

Bei einer übereutektischen Legierung mit z. B. 90% Fe_3C (= 6% C) beginnt bei der Abkühlung bei ≈ 1450° (Punkt k) reines Eisenkarbid (Zementit) auszukristallisieren, wodurch sich bei weiterer Abkühlung der Eisenkarbidgehalt der übrigbleibenden Schmelze erniedrigt, bis diese bei 1145° die eutektische Zusammensetzung erreicht und als Eutektikum erstarrt. Die nunmehr ganz erstarrte Legierung besteht also aus Eutektikum mit eingelagerten Eisenkarbidkristallen (wie bei Abb. 16).

Die Veränderungen im festen Zustande, also nach Unterschreitung der durch die Soliduslinie *AECF* gekennzeichneten Temperaturen, verlaufen ganz ähnlich. Innerhalb des durch den Linienzug *AESOGA* begrenzten Gebietes besteht die sogenannte feste Lösung (Austenit, siehe Abb. 20), die aber bei weiter sinkenden Temperaturen zerfällt, indem unterhalb *GOS* reines Eisen (Ferrit, s. Abb. 17) und unterhalb *SE* Eisenkarbid (Zementit) ausgeschieden wird. Im ersten Falle nimmt durch die Ferritausscheidung der Eisenkarbidgehalt der restlichen festen Lösung immer mehr zu, im zweiten Falle verringert er sich infolge der Zementitausscheidung, bis er bei $\approx 721^0$ im Punkte S 13,3% Fe_3C (= 0,89% C) beträgt. Diese Legierung zerfällt unterhalb 721^0 durch gleichzeitiges Ausscheiden von Ferrit und Zementit, und es bildet sich (ähnlich wie das Eutektikum bei C) das sogenannte Eutektoid, welches aus ganz dicht nebeneinander gelagerten Ferrit- und Zementitstreifen (siehe Abb. 18) besteht und wegen des perlmutterartigen Glanzes als Gefügebestandteil Perlit heißt. Bei Legierungen mit $<$ 13,3% Fe_3C tritt in dem Perlit Ferrit auf (siehe Abb. 19), bei solchen mit $>$ 13,3 Fe_3C dagegen Zementit (s. Abb. 26).

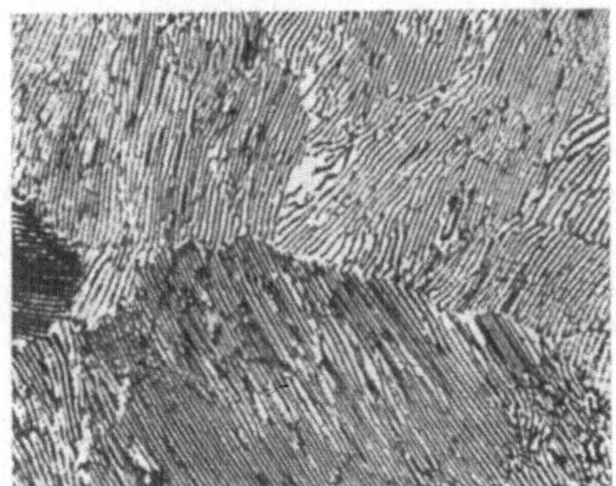

Abb. 18. Stahl mit 0,9% C. Perlit. (Vergr. 750×.)

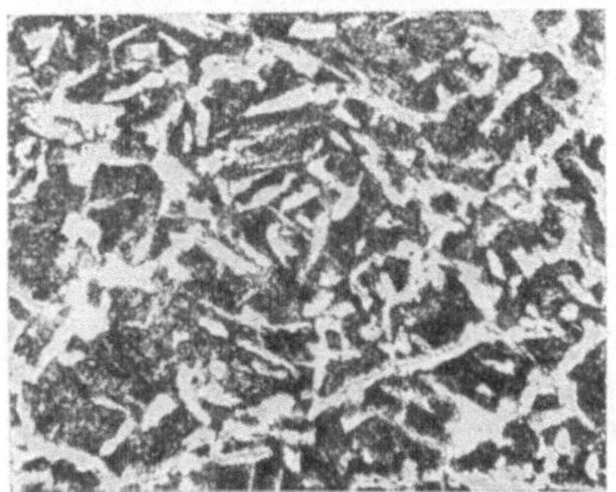

Abb. 19. Stahl mit 0,35% C. Ferrit und Perlit. (Vergr. 100×.)

Die Menge der einzelnen Bestandteile richtet sich natürlich nach dem ursprünglichen Eisenkarbidgehalt der Legierung. Da unterhalb *PSK* (721^0) keine Gefügeumwandlungen mehr stattfinden, so sind diese Bestandteile auch im Schliffbild zu erkennen.

Genau die gleichen Erscheinungen, jedoch in umgekehrter Reihenfolge, treten bei der Erhitzung der Eisen-Kohlenstoff-Legierungen auf.

Alle betrachteten Zustände und Veränderungen treten jedoch nur dann ein, wenn genügend Zeit zum Auswirken derselben und zur Einstellung des Gleichgewichtes vorhanden ist. Bei zu schneller Abkühlung treten Verzögerungen der Umwandlungen bzw. Erniedrigung der Umwandlungstemperaturen und Änderungen der Mengenverhältnisse der abgeschiedenen Bestandteile ein oder es werden sogar Umwandlungen vollständig unterdrückt. Bei tiefen Temperaturen genügt die Beweglichkeit der Atome nicht mehr, um den Gleichgewichtszustand des Schaubildes zu erreichen. Es besteht daher die Möglichkeit, durch schroffes Abkühlen die nach dem Erstarren anderenfalls noch auftretenden (sekundären) Umwandlungen und Ausscheidungen ganz oder teilweise zu unterbinden und das bei der Abschrecktemperatur (im stabilen Gleichgewicht) vorhandene Gefüge auch bei Zimmertemperatur (im labilen Gleichgewicht) festzuhalten. Hiervon macht man einerseits bei der Warmbehandlung der Stähle (siehe S. 263), andererseits bei der mikroskopischen Gefügeuntersuchung Gebrauch; denn das

Zustandsschaubild gibt nur Aufschluß über die Art der zur Ausscheidung kommenden Gefügebestandteile, dagegen nicht über ihre Größe, Form und Anordnung, die für die mechanischen Eigenschaften des Stahles jedoch große Bedeutung haben.

Bei reinen Eisen-Kohlenstoff-Legierungen genügt aber auch die schroffste Abschreckung aus Temperaturen oberhalb des Linienzuges *GOSE* nicht, um die feste Lösung (Austenit) als γ-Mischkristalle zu erhalten, wie es bei Anwesenheit gewisser anderer Bestandteile (z. B. Nickel, s. Abb. 20) möglich ist; es entsteht viel-

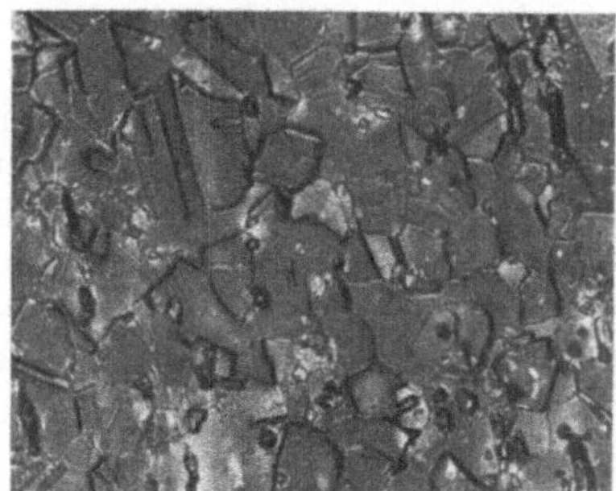

Abb. 20. 25% Ni-Stahl. Austenit. (Vergr. 200×.)

Abb. 21. Stahl mit 0,8% *C* von 900° abgeschreckt. Martensit. (Vergr. 750×.)

mehr ein mehr oder weniger feinnadeliges Gefüge, der sehr harte, magnetisierbare Martensit (s. Abb. 21), der wahrscheinlich feinst verteiltem, in die α-Eisenkristalle eingelagertem Kohlenstoff entspricht. Wird Stahl dagegen aus dem Gebiet niedrigster Bildungstemperatur der festen Lösung (also kurz oberhalb 721°) abgeschreckt, so erhält man einen strukturlosen Martensit, der Hardenit genannt wird. Ist jedoch die Abschreckung für die Erhaltung reinen Martensites nicht weitgehend genug, die Abkühlung zur Erzielung eines vollkommenen Gleichgewichtes andererseits nicht langsam genug, so entstehen metastabile Zwischenstufen zwischen dem bei Zimmertemperatur labilen Martensit und dem stabilen Perlit, nämlich Troostit (s. Abb. 22), ein strukturloses, durch tiefbraune bis schwarze Färbung gekennzeichnetes Gefüge, welches Ferrit und Zementit in feinster Verteilung enthält, und bei noch langsamerer Abkühlung — als nächste, hellere Zerfallsstufe des Troostites — Sorbit, ein fast strukturloses Perlitgefüge mit wechselndem Kohlenstoffgehalt.

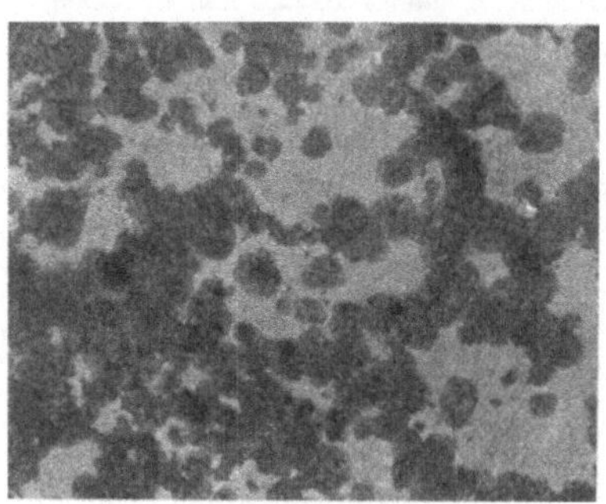

Abb. 22. Stahl mit 0,8% C, abgeschreckt. Martensit mit schwarzen Troostitknoten. (Vergr. 200×.)

Die gleichen Zwischenstufen entstehen, wenn der durch schroffes Abschrecken erzeugte Martensit durch nachträgliches langsames Wiedererwärmen (Anlassen, siehe S. 275) des Stahles in Perlit übergeführt wird. Ganz allgemein werden die durch Abschreckung erhaltenen Gefügebestandteile dadurch wieder dem Gleichgewicht genähert, daß man sie von Zimmertemperatur allmählich auf Temperaturen erhitzt, bei welchen die Beweglichkeit der Atome eine größere geworden ist, so daß nachträglich weit unterhalb der eigentlichen Umwandlungslinie des Zustandsschaubildes noch die Umwandlungen stattfinden, die bei normaler Abkühlung vorher hätten eintreten müssen (vgl. Härten, S. 263).

Das Eisen-Zementit-Zustandsbild ist für die ganze Warmbehandlung der Stähle (siehe S. 263) von Bedeutung, da mit den entsprechend den Linien des Zustandsbildes auftretenden Auflösungen, Ausscheidungen und Umkristallisationen gleichzeitig ein Mittel gegeben ist, die für die Stahleigenschaften wichtige Größenordnung der einzelnen Gefügebestandteile beliebig zu ändern. Bei schneller Abkühlung über die Erstarrungs- und Ausscheidungslinien erhält man ein feinkörniges Gefüge, während bei langsamer Abkühlung sich nur wenige Kristallisationskerne ausbilden, die wachsen und ein grobkörniges Gefüge ergeben. Wenn man also einem weichen Stahl ein gleichmäßig feines Gefüge verleihen will, so braucht man ihn nur bei Temperaturen kurz oberhalb der Linie *GOS* zu glühen und verhältnismäßig schnell abzukühlen. Ebenso kann man aus dem Zustandsbild auch die zweckmäßigen Härtetemperaturen entnehmen. Da nämlich das Gefüge auch im Gebiet der festen Lösung das Bestreben hat, um so gröber zu werden, je höher die Erhitzungstemperatur und je größer die Erhitzungsdauer ist, so wird man untereutektoide reine Kohlenstoffstähle ebenfalls nur so weit

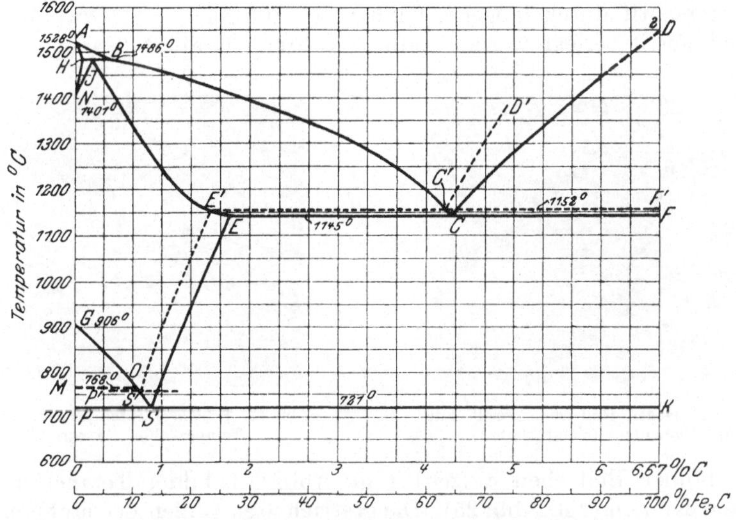

Abb. 23. Eisen-Zementit- und Eisen-Graphit-Zustandsschaubild. (Aus: Bericht Nr. 42 des Werkstoffausschusses des Vereins Deutscher Eisenhüttenleute.)

über die durch die Linie *GOS* angegebenen Temperaturen erhitzen und dann abschrecken, daß sie einerseits genügende Härte, andererseits aber auch ein genügend feinkörniges Gefüge erhalten (vgl. Abb. 249).

Das Eisen-Zementit-Zustandsbild gilt in der behandelten Form zunächst nur für reine Eisen-Kohlenstoff-Legierungen. Die Anwesenheit anderer Bestandteile hat neben sonstigen Wirkungen insbesondere eine Verschiebung der Haltepunkte zur Folge (ähnlich wie die Erhöhung der Abkühlungsgeschwindigkeiten); die allgemeine Form des Schaubildes bleibt aber bei normalen Mengen der gleichzeitig anwesenden Bestandteile bestehen, so daß alle daraus sich ergebenden Schlüsse in etwa auch auf diese anderen Legierungen übertragen werden können. Man wird nur zweckmäßig vorher durch Versuche feststellen, um wieviel die Haltepunkte durch weitere Bestandteile verschoben worden sind.

Die vom Werkstoffausschuß des Vereins Deutscher Eisenhüttenleute nach Abb. 23 festgesetzte einheitliche Buchstabenbezeichnung ermöglicht eine eindeutige Bestimmung der verschiedenen Punkte und Linien ohne jedesmalige Wiederholung des Schaubildes. (Das durch die Buchstaben *A*, *B*, *I*, *H* und *N* bezeichnete Gebiet bezieht sich auf die praktisch nicht sehr wichtige δ-Form des Eisens bei Legierungen mit $< 0{,}36\%$ C, auf die hier nicht näher eingegangen zu werden braucht.)

Die gestrichelten Linien entsprechen dem sogenannten stabilen System Eisen-Kohlenstoff, in dem nicht Eisen und Eisenkarbid sondern Eisen und Graphit auftreten. Längs $C'D'$ scheidet sich, wie die Temperung ergibt, primärer Graphit (Garschaumgraphit) ab; $E'F'$ entspricht einem Eutektikum aus Mischkristallen mit $\approx 1{,}4\%$ C und Graphit (eutektischer Graphit). Längs $E'S'$ scheidet sich aus den Mischkristallen elementarer Kohlenstoff aus und durch $P'S'$ wird der Zerfall der festen Lösung in ein dem Perlit entsprechendes Eutektoid aus Ferrit und Graphit gekennzeichnet. Die genaue Lage der Linien ist noch wenig erforscht; dasselbe gilt für die Umstände, unter denen der Übergang vom metastabilen Eisen-Zementit-System in das stabile Eisen-Graphit-System erfolgt. Man kann wohl so viel sagen, daß einerseits bei genügend hohem Siliziumgehalt und langsamem Durchlaufen der Line $E'F'$ bei der Abkühlung Graphit sich unmittelbar aus der Schmelze bildet und daß andererseits der bei normaler Abkühlung entstandene Zementit durch längeres Glühen bei $800 \div 1100^0$ in Graphit (Temperkohle) und Ferrit zerlegt werden kann. Während Graphit (Garschaumgraphit)

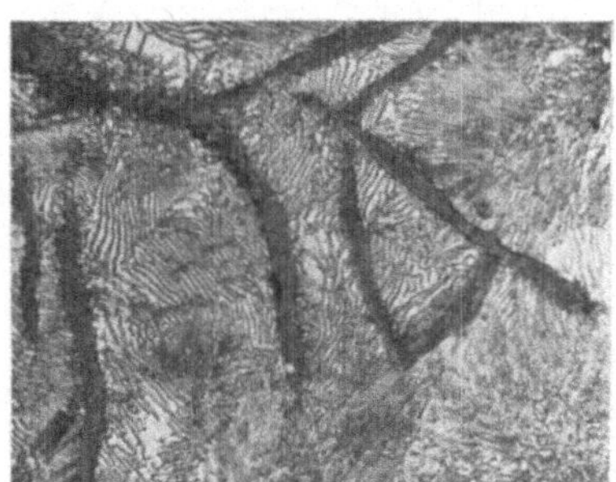

Abb. 24. Perlitisches Gußeisen. Perlit mit Graphitlamellen. (Vergr. 500×.)

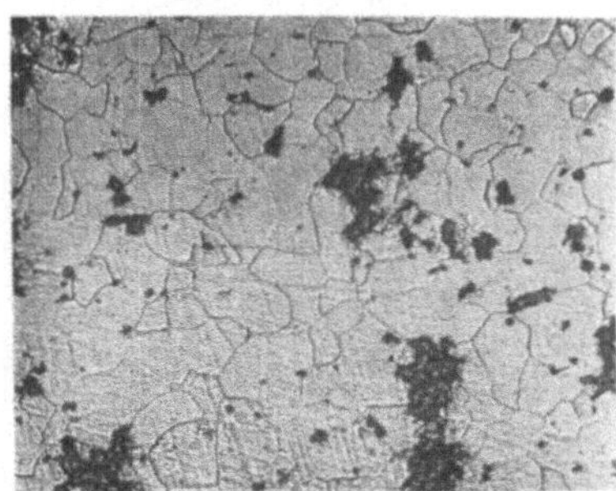

Abb. 25. Schwarzkerntemperguß. Ferrit mit Temperkohle. (Vergr. 200×.)

in Form dünner Blättchen auftritt (vgl. Abb. 24), bildet Temperkohle kleine Punkte und Knoten (vgl. Abb. 25). Die gestrichelten Linien des stabilen Systems gelten für weiches Gußeisen, Temperguß und die als Schwarzbruch gefürchteten Erscheinungen in hochgekohltem Werkzeugstahl, weil in allen diesen Fällen Graphit bzw. Temperkohle als Gefügebestandteil auftritt.

Ganz allgemein sei über die Wirkung von Fremdkörpern in Legierungen und insbesondere auch bei Eisen und Stahl[1] folgendes hinzugefügt:

Die verschiedenen Fremdkörper kommen entweder als Mischkristalle oder in Form selbständiger Verbindungen vor und bestimmen nicht nur die Eigenschaften des Werkstoffes, sondern sie beeinflussen sich auch gegenseitig, so daß derselbe Stoff verschieden wirkt, je nachdem, ob er allein oder mit einem anderen gleichzeitig auftritt (z. B. Schwefeleisen und Schwefelmangan; der Mn-Gehalt im Flußstahl bezweckt u. a. die Bindung von S an Mn, weil MnS weniger schädlich ist als FeS). Für Eisen-Kohlenstoff-Legierungen besonders wichtig sind derartige zwischen Kohlenstoff und anderen Fremdkörpern auftretende Wechselwirkungen, denn die mechanischen Eigenschaften des Stahles sind in hohem Maße davon abhängig, ob, in welcher Art und in welchem Umfange während der Abkühlung durch die Umwandlungsgebiete die örtliche Trennung von Eisenkarbid und

[1] Siehe Görens: Über Stahlqualitäten und ihre Beziehung zu den Herstellverfahren. Z. V. d. I. 1926, S. 1093.

metallischem Eisen sich vollzieht, d. h. ob perlitisches, martensitisches oder austenitisches Gefüge entsteht. Die Unterschiede in den Eigenschaften eines Stahles bei diesen drei Gefügezuständen sind wesentlich größer als diejenigen, die durch unmittelbare Einwirkung von Fremdkörpern hervorgerufen werden. Wichtiger als diese sind demnach ihre Wirkungen auf das Zustandekommen oder die mehr oder weniger vollkommene Unterdrückung der Umwandlung. Gewisse Stoffe, z. B. Nickel und Mangan, erniedrigen die Umwandlungstemperaturen derart, daß bestimmte Eisen-Kohlenstoff-Legierungen bis zur Zimmertemperatur überhaupt keine Umwandlung erfahren, gleichgültig, ob die Abkühlung schnell oder langsam erfolgt; andere Stoffe wieder, wie Chrom, Wolfram, Vanadium, verlangsamen lediglich die Umwandlungen. Während es beispielsweise bei reinem Kohlenstoffstahl genügt, ihn nur einige Sekunden lang in dem Temperaturbereich der Umwandlungen zu lassen, um die Umwandlung zu erzielen, muß bei gewissen Chromnickelstählen die Abkühlung innerhalb der Umwandlungszone auf Stunden ausgedehnt werden. Eine dritte Wirkung der Fremdstoffe ist noch möglich, nämlich die Förderung der Unterkühlung der Umwandlungen. So verursachen z. B. gewisse Nickelgehalte, daß bei der Abkühlung die

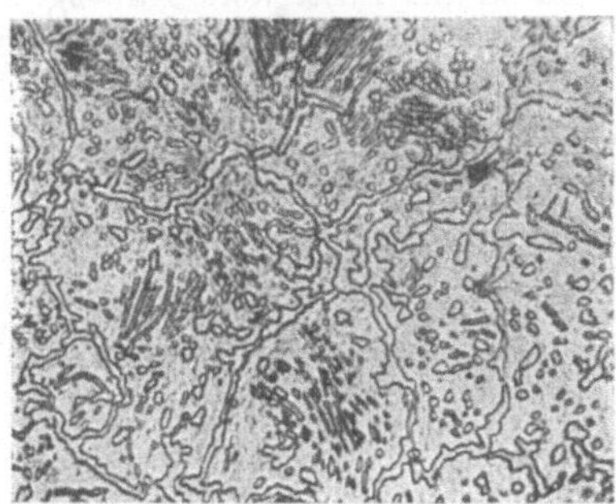

Abb. 26. Stahl mit 1,4 % *C*. Körniger Zementit mit Sekundärzementitnetz. (Vergr. 750×.)

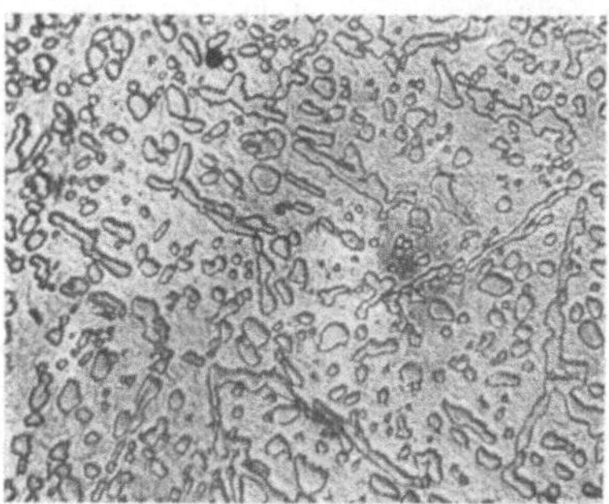

Abb. 27. Stahl mit 1,4 % *C* (wie in Abb. 25) nach weiterer Glühung. Körniger Zementit. (Vergr. 750×.)

Umwandlungen bei wesentlich niedrigeren Temperaturen erfolgen als bei der Erhitzung (Hysteresis).

Fremdkörper, die als selbständige Gefügebestandteile auftreten, unterscheiden sich von den als Mischkristallen gelösten grundsätzlich dadurch, daß ihre Wirkung in erheblichem Maße von ihrer Form und Verteilung abhängt. Bilden die Einschlüsse z. B. feine Schichten an den Korngrenzen der Grundmasse, so entsteht ein Netzwerk, das den metallischen Zusammenhang der Grundmasse unterbricht (Abb. 26). Die mechanischen Eigenschaften eines solchen Stahles sind daher nicht mehr abhängig von der eigentlichen metallischen Grundmasse, sondern von der Festigkeit der zwischen den Korngrenzen eingelagerten Netzschicht und dem Haftvermögen zwischen dieser und der Grundmasse. Demgegenüber wird der Zusammenhang durch körnige Einlagerungen von Fremdstoffen weniger gestört (Abb. 27). Sind die chemischen Eigenschaften mechanisch eingelagerter Fremdkörper stark verschieden von denjenigen der Grundmasse, so wird diese für chemische Angriffe, z. B. für das Rosten, leichter zugänglich. Haben die Einschlüsse eine wesentlich geringere Wärmeausdehnungszahl als das sie umschließende Metall, so treten bei Erwärmung und Abkühlung sehr verwickelte Spannungsverhältnisse auf, die zu feinen Rissen führen, wenn das Grundmetall die Spannungen nicht aufnehmen kann. Lösen sich die Einschlüsse bei der Erwärmung von dem sie umgebenden Metall, dann entstehen feine Spalte, die zu Dauerbrucherscheinungen führen, und die damit auftretende Porosität erhöht die chemische Angriffsfähigkeit und den mechanischen Verschleiß und beeinträchtigt die Polierfähigkeit.

Sehr unangenehm ist auch die Unfähigkeit der Einschlüsse, an den Formänderungen bei der weiteren Verarbeitung, z. B. beim Schmieden und Walzen, teilzunehmen. Die Folge davon ist, daß die zwischen den Einschlüssen befindliche Grundmasse zu langen Adern ausgestreckt wird (Abb. 28), deren Zusammenhang senkrecht zur Streckrichtung um so unvollkommener wird, je stärker die Ausstreckung in der einen Richtung wird. Derartige Stahlsorten z. B. dürfen also nicht zu stark ausgewalzt oder verschmiedet werden. Da Ausdehnungszahl, spezifisches Gewicht usw. von Kohlenstoff denen des Eisens näher kommen als die entsprechenden Werte anderer Beimengungen, so wirkt Eisenkarbid in gewisser Hinsicht (Steigerung der Härte und Festigkeit) günstig. Vor allen Dingen ist aber die Form des Eisenkarbides wichtig; bei körnigem Zementit (Abb. 27) ist z. B. unter sonst gleichen Verhältnissen die Brinellhärte beträchtlich geringer als bei lamellarem Zementit (Abb. 18).

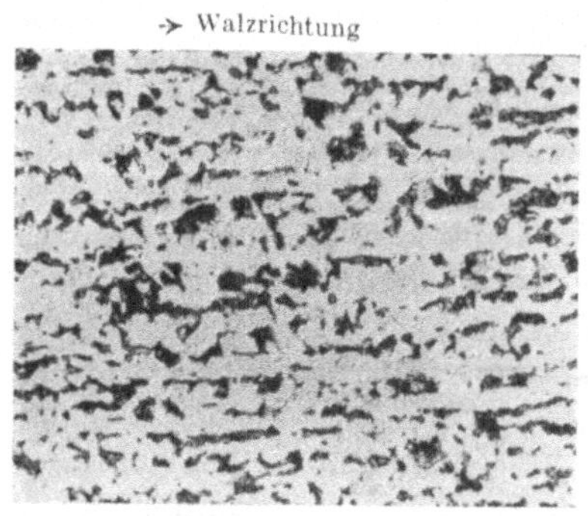

Abb. 28. Stahl mit 0,2% *C*. Anordnung des (dunkeln) Perlits in Ferrit (hell) in der Walzrichtung (sog. Zeilenstruktur). (Vergr. 100×.)

II. Prüfung sonstiger Werk- und Betriebsstoffe.

1. Holz.

Die Prüfung ist besonders schwierig wegen der hauptsächlich durch den eigenartigen Aufbau bedingten Eigenheiten des Holzes. Je nach dem Verwendungszweck werden Druck-, Zug-, Biege-, Scher-, Abnutzungs- und Härteversuche vorgenommen[1].

Bei allen Versuchsangaben ist gleichzeitige Angabe des Feuchtigkeitsgehaltes des Holzes bei der Prüfung notwendig, bzw. alle Festigkeitswerte sind auf einen normalen Feuchtigkeitsgehalt von 15% umzurechnen. Die Belastungsgeschwindigkeit ist auf einen Spannungszuwachs von 20 kg/cm² i. d. Min. festgesetzt. Das Raumgewicht ist stets zu bestimmen, und zwar an lufttrockenen Stücken durch Ausmessen und Wiegen derselben, und ist an sich schon ein Kennzeichen für die Güte des Holzes. Das Quellen und Schwinden wird an prismatischen Stücken gemessen, deren Hauptachsen mit den drei Hauptrichtungen am Stamm zusammenfallen.

2. Leder.

Eine Prüfung kommt hauptsächlich für Riemen in Frage. Zerreißversuche haben hier wenig Wert, denn die Zerreißfestigkeit spielt hierbei eine untergeordnete Rolle; viel wichtiger ist die Dehnung, und zwar die elastische, die nach Aufhören der bleibenden eintritt. Dasjenige Leder ist am besten, welches seine elastische Dehnung am längsten behält.

[1] Näheres über die Ausführung der Versuche bzw. über die vom Internationalen Verband für die Materialprüfungen der Technik aufgestellten Richtlinien vgl. „Hütte“, Taschenbuch der Stoffkunde, 1. Aufl., S. 852.

3. Isolierstoffe.

Die mechanischen und elektrischen Anforderungen sind sehr verschieden, entsprechend mannigfaltig sind auch die Prüfverfahren[1]. Zu unterscheiden ist z. B. zwischen natürlichen und künstlichen, festen und flüssigen Isolierstoffen, nach der Höhe der Spannungen usw. Die Prüfungen zerfallen in mechanische (Biegefestigkeit, Schlagbiegefestigkeit, Kugeldruckhärte), Wärme- (Wärmebeständigkeit, Feuersicherheit) und elektrische Prüfungen (Oberflächenwiderstand, Widerstand im Innern, Lichtbogensicherheit) und werden entweder an besonderen Probestücken, vielfach aber auch an fertigen Teilen vorgenommen, wofür besondere Verfahren notwendig sind. Für Transformator- und Schalteröle bestehen besondere Vorschriften[2].

4. Schmiermittel.

Auf die von Schmiermitteln zu verlangenden Eigenschaften wurde bereits früher (siehe S. 39) hingewiesen. Näheres über die einzelnen Prüfverfahren und die dabei zu verwendenden Einrichtungen enthalten die dort ebenfalls schon erwähnten „Richtlinien“.

5. Schleifmittel.

Bezüglich der Prüfung der Korngröße und Härte loser Schleifstoffe sei auf das früher Gesagte (siehe S. 42) verwiesen. Für die Prüfung der Härte von fertigen Schleifsteinen und Schleifscheiben gibt es noch kein einwandfreies, von allen subjektiven Einflüssen unabhängiges Verfahren. Die bisher angegebenen Verfahren kann man etwa in folgende vier Hauptgruppen teilen: 1. Ritzverfahren, bei welchen mittels einer scharfen Spitze die Scheibe geritzt und dabei die Ritztiefe bei bestimmtem Druck oder der für eine bestimmte Ritztiefe erforderliche Druck gemessen wird. 2. Schabeverfahren, bei welchen eine Schneide mit geradliniger oder umlaufender Bewegung (Bohrverfahren) Stoff aus der Scheibe herausschabt. 3. Reibungsverfahren, wobei die zwischen einem Normalkörper und der zu prüfenden Scheibe auftretende Reibung bestimmt wird. 4. Gebläseverfahren (nach Art des Sandstrahlgebläses), wobei die größere oder geringere Tiefe der Ausmahlung als Maßstab für die Scheibenhärte dient. — Alle diese Verfahren ergeben natürlich nur eine relative Härte und erfordern einen Vergleichsstoff. Am einfachsten und gebräuchlichsten ist noch immer das Anbohren mittels eines Meißels von Hand, ein allerdings rein subjektives Prüfverfahren.

Die Prüfung der Porosität der Scheibe erfolgt, soweit die Art der Bindung das zuläßt, am besten durch die Bestimmung der aufgesaugten Wassermenge durch Wiegen der Scheibe vor und nach dem Versuch.

Die Prüfung der Festigkeit der Scheibe durch Probelauf bei entsprechend hoher Umlaufszahl und das Auswuchten ist Aufgabe des Herstellers, während sich der Verbraucher durch leichtes Anschlagen der frei aufgestellten Scheibe mit einem Holzhammer jeweils vor Ingebrauchnahme einer Scheibe davon überzeugen muß, daß sie keine Risse oder Sprünge aufweist. Eine unbeschädigte Scheibe keramischer Bindung gibt einen hellen, eine gesprungene dagegen einen dumpfen Klang, wie beim Anschlagen von irdenem Geschirr.

6. Feuerfeste Stoffe.

Der Grad der Feuerfestigkeit wird durch Vergleiche mit Segerkegeln bestimmt. Der Probekörper muß annähernd die gleichen Abmessungen besitzen

[1] Näheres vgl. „Hütte“, Taschenbuch der Stoffkunde, 1. Aufl., S. 176.

[2] Näheres vgl. „Hütte“, Taschenbuch der Stoffkunde, 1. Aufl., S. 205.

wie die Segerkegel. Benutzt werden z. B. elektrische Öfen. Die Schmelztemperatur des Probekörpers soll in etwa einer halben Stunde erreicht werden. Die Schwindung wird durch Messung der linearen Veränderung bestimmt, die Porosität durch Wasseraufnahme beim Kochen unter Wasser; meist genügt Liegenlassen unter Wasser ($\approx$ 48 Stunden). Für die Festigkeit und Tragfähigkeit bei hoher Temperatur gewinnt man einen Anhalt, wenn man Probestäbe gleicher Abmessungen in gleichen Abständen auf dreikantige Prismen lagert, gleichmäßig auf hohe Temperaturen erhitzt und den Grad der Durchbiegung feststellt.

Formerei und Gießerei[1].

Das in flüssigem Zustande in die Form gegossene Metall füllt deren Hohlräume aus und behält, wenn es durch Abkühlung erstarrt ist, deren Gestalt bei. Für das Gießen eignen sich aber nur Metalle mit nicht zu hohem Schmelzpunkt, die in geschmolzenem Zustande dünnflüssig sind, beim Gießen wenig Gase entwickeln, beim Abkühlen geringe Neigung zum Seigern haben und nicht zu stark schwinden (siehe S. 131). Dünnflüssigkeit ist erforderlich, damit das flüssige Metall die Form bis in alle Ecken gut ausfüllt und etwa in der Form enthaltene Luft oder sich bildende Gase und Dämpfe leicht hochsteigen und entweichen können, so daß scharfe und dichte, blasenfreie Abgüsse erzielt werden. Auf das Verhalten des Metalles bei und nach dem Guß, die Folgen und die Gegenmaßnahmen wird später eingegangen (siehe S. 131).

Die wichtigsten Gußarten sind Grauguß, Stahlformguß, Temperguß und Metallguß, worunter man alle aus Nichteisenmetallen und ihren Legierungen hergestellten Gußstücke versteht. Dementsprechend unterscheidet man Eisen-, Stahl-, Temper- und Metall- oder Gelbgießerei. Die zu einer Gießerei gehörigen Abteilungen sind Modellschreinerei, Formerei mit Kernmacherei, Schmelzerei und Putzerei; kleinere Betriebe haben vielfach keine eigene Modellschreinerei, sondern beziehen ihre Modelle (siehe S. 74) von außerhalb.

I. Die Herstellung der Form.

A. Allgemeines.

Die Formen werden in der Regel nur ein einziges Mal zum Gießen verwendet und beim Herausheben des erstarrten Gußstückes zerstört; Dauerformen (siehe S. 110) sind Ausnahmen. Abgesehen von offenem Herdguß (siehe S. 83) sind die Formen geschlossen und bestehen aus zwei oder mehr Teilen, die genau auf einander passen und so dicht schließen müssen, daß kein flüssiges Metall durch Fugen austreten kann. Trotzdem machen sich die Fugen der Form immer mehr oder weniger durch eine kleine Erhöhung, die Gußnaht, am Gußstück bemerkbar. Hohlräume im Gußstück erfordern meist das Einlegen getrennt hergestellter Formteile, der Kerne (siehe S. 111), in die eigentliche Form. Zum Eingießen des flüssigen Metalles erhält jede Form mindestens einen, größere mehrere Eingüsse oder Gießtrichter mit vorgelagertem „Sumpf“ (vgl. Abb. 40), der gleichmäßiges, ruhiges Einlaufen des flüssigen Metalles in den Gießtrichter gewährleisten soll. Der Einguß ist so anzubringen und zu bemessen, daß das flüssige Metall alle Teile der Form erreichen kann, ohne sich unterwegs zu stark abzu-

[1] Siehe auch Geiger: Handbuch der Eisen- und Stahlgießerei. Osann: Eisen- und Stahlgießerei.

kühlen und ohne unmittelbar in die Form zu fallen. Daher mündet der Einguß nicht unmittelbar in die Form, sondern daneben und wird durch „Schlackenfänge“ und „Anschnitte“ (Rinnen) mit ihr verbunden. Dadurch soll die Schlacke zurückgehalten und ein Zerstören der Form durch den Gießstrahl verhütet werden. Die Eingüsse selbst erhalten kreisförmigen, die Schlackenläufe einen etwas kleineren, trapezförmigen und die Anschnitte einen noch kleineren, dreieckigen Querschnitt mit der Spitze nach unten. Die Querschnitte von Einguß, Schlackenlauf und dazugehörigen Anschnitten sollen sich erfahrungsgemäß wie 4 : 3 : 2 verhalten. Abb. 29 veranschaulicht richtige und falsche Ausführungen. Zweckmäßig wird mit „steigendem Guß“ (vgl. z. B. Abb. 70) gearbeitet, d. h. der Einlauf in die Form erfolgt an einer möglichst tief gelegenen Stelle, damit das in der Form hochsteigende Metall etwa mitgerissene Luft oder Schlacke ebenfalls mit hochnimmt und diese in die zur Abführung derselben und der Gase und Dämpfe an den höchsten Stellen der Form aufgesetzten „Steiger“ bzw. „Windpfeifen“ austreten können. Ausgedehnte wagerechte Flächen sind nach Möglich-

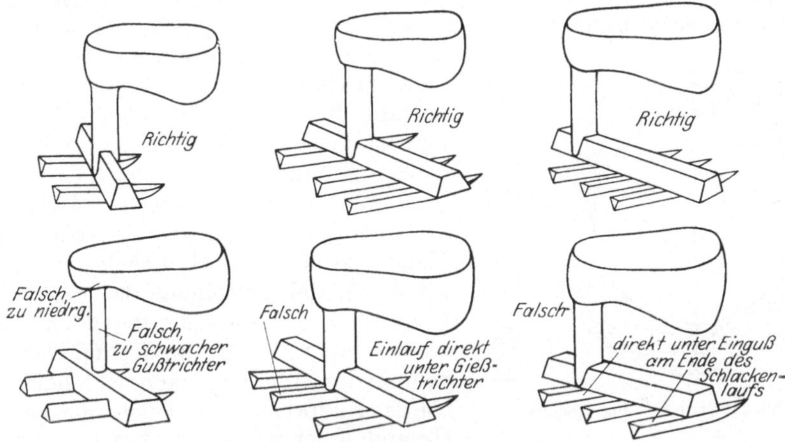

Abb. 29. Richtige und falsche Anordnung von Eingüssen, Schlackenläufen und Anschnitten. (Nach: Formerlehrgang des DATSCH.)

keit zu vermeiden, weil sich dort leicht Gasblasen festsetzen. Gute Entlüftung der Form ist zur Erzielung eines blasenfreien Gusses äußerst wichtig. Die Steiger zeigen durch das in ihnen hochkommende Metall gleichzeitig an, daß die Form gefüllt ist, und können bei reichlicher Bemessung ebenso wie die Eingußtrichter gleichzeitig als „verlorener Kopf“ (siehe S. 133) dienen. Die Größe der Einguß- bzw. Anschnittquerschnitte muß sich der Wandstärke des Gußstückes anpassen und ein leichtes Abtrennen beim Putzen der Gußstücke (siehe S. 136) ohne Beschädigung derselben ermöglichen. Die Anordnung und Ausführung von Eingüssen, Steigern usw. ist aus den verschiedenen weiter unten gegebenen Formbeispielen ersichtlich[1].

Man unterscheidet ferner „liegenden Guß“, wie er bei den meisten Maschinenteilen angewendet wird, und „stehenden Guß“, der hauptsächlich für Rohre, Dampf- und Gasmaschinenzylinder, Walzen u. dgl. in Frage kommt, um ungleiche Wandstärken infolge Durchbiegens des Kernes zu vermeiden oder dichten Guß durch große Flüssigkeitshöhe zu erzielen.

[1] Weitere Beispiele hierfür und für sonstige beim Einformen zu beachtende Punkte und öfters gemachte Fehler enthalten die DATSCH-Lehrtafeln für Formerei und Kernmacherei unter Gegenüberstellung von „Falsch“ und „Richtig“.

Nach der Art der Formstoffe spricht man von Sand-, Masse- und Lehmformen, nach der Art der benutzten Hilfsmittel von Modell- und Schablonenformerei bzw. von Hand- und Maschinenformerei.

B. Modelle, Schablonen, Kernkästen[1].

Das Formen nach Modell ist das weitaus gebräuchlichste. Das Modell besitzt, abgesehen von den Hohlräumen und Kernmarken und dem u. U. erforderlichen „Anzug“ (siehe unten), die Außenform des Gußstückes, seine Abmessungen, sind aber um das Schwindmaß (siehe S. 133) größer als die des fertigen Gußstückes. Außerdem sind die meisten Modelle zwei- oder mehrteilig, um sie bequemer einformen und vor allen Dingen ohne Zerstörung der Form aus ihr herausheben zu können. Die einzelnen Teile des Modelles müssen durch Stifte, Holz- oder Metalldübel genau aufeinander gepaßt und gegen Verschieben gesichert werden. Statt längerer paralleler Wände, die sich kaum ohne Beschädigung der Form herausziehen lassen, ist „Anzug“, d. h. eine Verjüngung, vorzusehen. An allen am Gußstück später zu bearbeitenden Stellen muß eine entsprechende Bearbeitungszugabe am Modell vorgesehen werden, die je nach Größe und Art der Gußstücke 2÷3 mm beträgt. Ein form- und gießgerechtes Modell herzustellen ist sehr schwierig und erfordert genaue Kenntnis der einschlägigen Arbeitsverfahren. Oftmals ergeben sich Schwierigkeiten infolge ungenügender Kenntnisse des Konstrukteurs eines Gußstückes in der Technik der Modellherstellung, der Formerei und Gießerei. Zwar läßt sich schließlich alles herstellen, aber durch unzweckmäßige Formgebung des Gußstückes können Modell sowohl wie das Einformen und Gießen unnötig schwierig und teuer werden, während andererseits vielfach kleine, ganz unbedeutende Änderungen die Arbeit wesentlich vereinfachen, so daß z. B. statt eines zwei- ein einteiliges Modell verwendet werden kann. Daher ist enges Zusammenarbeiten des Konstruktionsbureaus mit den ausführenden Werkstätten unbedingt erforderlich[2].

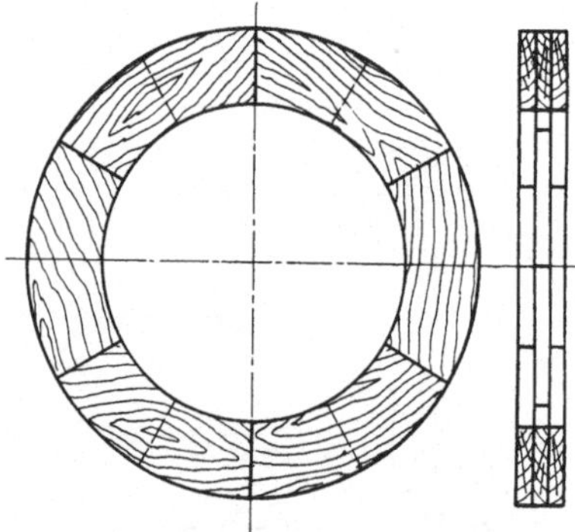

Abb. 30. Verleimen der Modelle.

Von einigen weiter unten erwähnten Sonderfällen abgesehen, werden die Modelle wegen des geringen Gewichtes und der leichten Bearbeitung aus Holz — größere aus Kiefern- oder Tannenholz, kleinere und besonders saubere und glatte Modelle aus Erlen-, seltener Birn- oder Nußbaumholz — hergestellt, das aber gut lufttrocken sein muß, da es bei weiterem Austrocknen schwindet und sich verzieht oder reißt (siehe S. 31). Ganz frei von diesen Erscheinungen ist aber auch lufttrockenes Holz nicht, da sich sein Feuchtigkeitsgehalt mit dem der Umgebung ändert. Man sucht das Werfen oder Verziehen der Holzmodelle dadurch auf ein Mindestmaß zu beschränken, daß man sie aus mehreren Schichten oder Teilen mit sich kreuzender Faserrichtung zusammenleimt (siehe S. 31 und Abb. 30). Da warm aufgetragener Leim auf die Dauer nicht feuchtigkeitsbeständig ist, so sollten alle damit hergestellten Leimfugen durch Holzschrauben gesichert werden. Heute

[1] Näheres siehe Löwer: Modelltischlerei, H. 14 und 17 der Werkstattsbücher, und Modelltischlerlehrgang des DATSCH.

[2] Näheres über zweckmäßige Konstruktion von Gußstücken siehe Gieß. 1925, S. 273; 1927, S. 705 oder Lehmann: Die Gestaltung von Gußstücken. Z. V. d. I. 1928, S. 1074. Siehe auch DIN 1511, Bl. 2: Richtlinien für den Bau von Holzmodellen.

gibt es aber einen feuchtigkeitsbeständigen Kaltleim (Käseleim), der außerdem das Anwärmen der Leimfuge erspart.

Um Feuchtigkeitsaufnahme des fertigen Modelles, insbesondere in feuchten Formen, und Anhaften des Formsandes am Modell möglichst zu verhüten, schleift man es mit Glaspapier und überzieht es mit Modellack (Schellack im Verhältnis 1 : 4 in Spiritus gelöst). Farbzusatz beim Lack dient gleichzeitig zur näheren Kennzeichnung des Gußmetalles, bearbeiteter und unbearbeiteter Flächen am Gußstück, der Kernmarken des Modelles usw. gemäß folgender Übersicht (DIN 1511, Bl. 1):

Anwendung	Gußeisen	Temperguß Stahlguß	Nichteisen-Metallguß
unbearbeitet bleibende Flächen am Modell und im Kernkasten	Grundfarbe rot	Grundfarbe blau	farblos (Schellack)
zu bearbeitende Flächen	gelb gestrichen (nur bei Einzelflächen) oder gelb gestreift bzw. Tupfen		
Sitzstellen loser Modellteile (Ansteckteile) am Modell oder im Kernkasten sowie für Schrauben für Ansteckteile	schwarz umrandet (gegebenenfalls die von losen Metallteilen bedeckten Flächen grün)		
Stellen für Abschreckplatten und Marken für einzulegende Dorne mit Angabe des Halbmessers	blau	rot	blau
Kernmarken	Stirnflächen schwarz		
auszuführende Hohlkehlen	gegebenenfalls schwarz gestrichelt umrandet mit Angabe des Halbmessers		
verlorene Köpfe oder Aufgüsse und verstärkte Bearbeitungszugaben	schwarze Streifen an der Grenze des Kopfes und entsprechende Beschriftung		
Dämmleisten oder Versteifungen und abzudämmende Teile am Modell	Grundfarbe der Modelle mit gekreuzten schwarzen Strichen		
Lage des Kerns auf der Teilfläche der Modelle	schwarz		

Die zur genauen Lagerung und zum Halten der Kerne in der Form erforderlichen Kernlager werden durch Zapfen am Modell, die „Kernmarken“, beim Einformen gebildet (Kernstützen siehe S. 111). Durch schwarzen Anstrich der Kernmarken und Aufmalen des Kernumrisses auf die Trennflächen mehrteiliger Modelle mit schwarzer Farbe gibt man dem Former, der in der Regel ja keine Zeichnung des fertigen Gußstückes erhält, einen Fingerzeig dafür, wo und wie die Kerne in die Form einzulegen sind.

Nur Modelle für kleinere Gußstücke, die sehr oft gebraucht werden, werden statt aus Holz aus Metall — Gußeisen, Messing, Weißmetall — hergestellt. Das gilt besonders für die auf Platten gesetzten Modelle für Formmaschinen (siehe S. 87). Bei nicht zu großen Abgußzahlen genügt auch Gipszement oder Gips. Werden Metallmodelle nach einem anderen Modell gegossen, so ist bei Bemessung desselben auch das Schwinden des Metalles der ersteren zu berücksichtigen.

Modelle für sehr große Gußstücke von einfacheren Formen, besonders für Umdrehungskörper, z. B. Seiltrommeln, einzelne Flanschenrohre verschiedener Länge u. dgl., werden auch aus Lehm mittels Schablonen (s. u.) hergestellt und nach dem Trocknen mit Schwärze oder auch mit Modellack überzogen. Kleinere Teile, z. B. Flanschen, können dabei u. U. aus Holz hergestellt und besonders angesetzt werden. Derartige Modelle brauchen zwar nicht billiger zu sein als Holzmodelle, lassen sich aber vielfach schneller herstellen und verziehen sich weniger als diese.

Schablonen sind Streichbretter, deren Arbeitskante dem Umriß des Gußstückes entsprechend geformt, abgeschrägt und bei lange andauernder Verwendung zum Schutz gegen Abnutzung mit Blech beschlagen ist. Die Schablonen werden längs einer Leitschiene oder beim Formen von Drehkörpern mittels eines um eine senkrechte Spindel drehbaren Armes geführt und hauptsächlich für größere Gußstücke, die nur ein oder einige Male anzufertigen sind, zur Ersparnis der teuren Modelle und zur Herstellung größerer Kerne verwendet (siehe S. 101 und 111).

Kernkästen sind aus Holz — nur ausnahmsweise aus Gips oder Eisen — angefertigte Formen zur Herstellung von Kernen (siehe S. 111). Sie werden zum Entfernen des Kernes geteilt und die Teile wie bei Modellen durch Dübel aufeinandergepaßt. Außen bleiben die Kernkästen meist roh, die Innenflächen werden dagegen mit Modellack überzogen.

C. Formstoffe und ihre Aufbereitung.

Die zur Herstellung der Formen benutzten Stoffe müssen hauptsächlich folgenden Anforderungen genügen:

1. Sie müssen die nötige Bildsamkeit und Widerstandsfähigkeit besitzen, d. h. sie müssen sich leicht formen lassen und dürfen durch die Strömung und den Druck des eingegossenen flüssigen Metalles nicht beschädigt oder zerstört werden.

2. Sie müssen scharf ausgebildete und glattwandige Formen ermöglichen, die saubere Gußstücke ergeben.

3. Sie müssen so hitzebeständig sein, daß sie bei den Gießtemperaturen weder schmelzen noch zerspringen, noch am Gußstück festbrennen.

4. Sie müssen genügend gasdurchlässig sein, damit die beim Gießen entstehenden Gase und Dämpfe z. T. auch durch die Formwände entweichen können und blasenfreier Guß ermöglicht wird.

5. Sie dürfen dem Schwinden des Gußstückes keinen zu großen Widerstand entgegensetzen.

6. Sie müssen im allgemeinen schlechte Wärmeleiter sein, damit das eingegossene Metall nicht zu plötzlich abgekühlt wird (Ausnahme bei Hartguß, siehe S. 142).

Formstoffe, die diese Eigenschaften besitzen, kommen im allgemeinen nicht gebrauchsfertig in der Natur vor, sondern werden erst aus den Rohstoffen künstlich „aufbereitet" (siehe S. 79). Die wichtigsten Formstoffe sind die Formsande und Lehm, zu denen noch einige weiter unten erwähnte Hilfsstoffe treten.

Die Formsande[1] werden gewöhnlich nach ihrem Tongehalt in magere mit $< 15\%$ Ton und fette Sande mit $> 15\%$ Ton eingeteilt. Eine genaue Grenze gibt es nicht. Bei den mittleren Tongehalten spricht man auch von halbfetten Sanden. Sie bestehen im übrigen in der Hauptsache, d. h. zu $75 \div 95\%$, aus Kieselsäure (Quarz, SiO_2) und enthalten als weitere Beimengungen Eisenoxyd (Fe_2O_3),

[1] Vgl. Aulich: Das Wesen des Formsandes und seine Bedeutung für die Gießerei-Technik. Gieß. 1924, S. 737. — Neue Forschungen auf dem Gebiet der Formsanduntersuchungen in Amerika. Gieß. 1926, S. 920. Diepschlag: Über die Konstitutionen der Formsande. Gieß. 1926, S. 125.

Kalk (*CaO*), Magnesia (*MgO*) und Alkalien (Na_2O, K_2O). Der Gesamtgehalt an diesen Flußmitteln soll 7% nicht übersteigen, weil der Schmelzpunkt des Sandes dadurch herabgesetzt wird und die Gefahr des Festbrennens am Gußstück wächst. Die verlangte Bildsamkeit des Formsandes ist nicht allein vom Tongehalt abhängig, wie vielfach angenommen wird, sondern erfordert auch einen gewissen Wassergehalt (7÷10%) und scharfkantige, zackige Quarzkörner; ferner spielt die Verteilung des Tones im Sande eine wesentliche Rolle. Die mikroskopische Untersuchung zeigt, daß bei anerkannt guten Formsanden jedes Sandkorn von einem Tonhäutchen umgeben ist, das infolge der Unebenheiten und Furchen der Sandkörner außerordentlich fest daran haftet. Diese Tonhülle ist das eigentliche Grundelement für das Verhalten des Sandes als Formstoff. Durch Benetzen mit Wasser quillt es auf, und dadurch entsteht die Bildsamkeit oder Formbarkeit des Sandes. Reicht der Ton nicht zur vollständigen Verklebung der Sandkörner aus, so ergeben sich halbfette und weiterhin magere Sande, die Bindefähigkeit (Standfestigkeit) sinkt. Je gleichmäßiger die nicht zu feine Körnung eines Sandes ist, um so besser wird sich im allgemeinen der Sand zum Formen eignen, d. h. seine Standfestigkeit bei gleichzeitiger Gasdurchlässigkeit wird ein Optimum erreichen. Die Gasdurchlässigkeit wird um so geringer, je höher der Tongehalt und je verschiedenartiger die Korngröße ist. Ein merklicher Kalkgehalt im Formsand verursacht unsauberen Guß. — Für die Prüfung des Formsandes, bezüglich deren hier nur auf die oben angezogenen Aufsätze und die einschlägige Fachliteratur verwiesen werden kann[1], bestehen noch keine festen Grundsätze und einwandfreien Verfahren. Wichtiger als die Untersuchung des frischen Formsandes ist die Prüfung der Sandgemische auf ihre Eignung für den jeweiligen Zweck, während die Aufbereitung heute meist noch rein erfahrungsgemäß erfolgt, und besonders die Untersuchung der Verdichtung, Bindefähigkeit und Gasduchlässigkeit des Sandes in der fertigen Form[2].

Magerer Formsand, meist kurz Formsand genannt, besitzt nur in feuchtem Zustande die nötige Bildsamkeit und Standfestigkeit, daher muß das Gießen in den noch feuchten, „nassen oder grünen", Formen erfolgen. Dem Formsand werden ferner 5÷15 Raumteile feingemahlener Steinkohle zugesetzt; diese vergast bei der Gießtemperatur und bildet feine Gasschichten, die das Zusammenschmelzen der Quarzkörner verhindern. Da die tonigen Bestandteile bei der hohen Gießtemperatur gebrannt werden und ihre Bindefähigkeit verlieren, muß der Sand vor neuer Verwendung als Formsand durch Beimischen von ungebrauchtem Sand aufgefrischt werden. Man verwendet aber feinen, neu aufbereiteten Sand (Modellsand) nur für die unmittelbar mit dem Modell in Berührung kommenden Schichten, im übrigen zum Ausfüllen der Formen gröberen, bereits gebrauchten Sand (Füllsand), der nicht nur billiger sondern auch gasdurchlässiger ist. Formen aus magerem Sand sind am gebräuchlichsten und billigsten, weil das Trocknen fortfällt, und werden daher überall verwendet, wo ihre Festigkeit genügt.

Fetter Formsand, bei höherem Tongehalt Masse genannt, ist infolge des hohen Tongehaltes fester als magerer, aber gleichzeitig in feuchtem Zustande gasundurchlässig. Die Formen werden deshalb vor dem Gießen getrocknet bzw. gebrannt, wobei der Ton schwindet und die Formwandungen feine Risse erhalten und dadurch gasdurchlässig werden. Damit das Schwinden und die Rißbildung

[1] Siehe z. B. Stahleisen 1923, S. 1365; 1924, S. 217; Gieß. 1925, S. 356, 513; Gieß.-Zg. 1927, S. 204.

[2] Bezüglich der verschiedenen Verfahren dazu vgl. Kessner: Über Sandverdichtung und Sandfestigkeit unter besonderer Berücksichtigung neuerer Formverfahren. Gieß. 1927, S. 525. Reitmeister: Verfahren zur Prüfung verdichteter, getrockneter Formsande. Gieß. 1928, S. 245. Rodehüser: Die Betriebsüberwachung in der Gießerei durch zweckmäßige Prüfung des verdichteten Formsandes. Gieß. 1928, S. 329.

ein gewisses Maß nicht überschreiten, werden Magerungsmittel — Quarzsand, magerer Formsand, gemahlene Tiegelscherben u. dgl. — zugesetzt. Vor jeder neuen Verwendung muß die Masse durch Zusatz von fettem Ton aufgefrischt werden, da sie durch die starke Erhitzung beim Gießen an Bildsamkeit einbüßt. — Die Zusammensetzung richtet sich im einzelnen nach dem Verwendungszweck der Form. Für Stahlguß z. B. muß wegen der höheren Gießtemperatur und des großen Flüssigkeitsdruckes eine sehr hitzebeständige und druckfeste Masse verwendet werden; sie besteht aus hochfeuerfestem, ungebranntem Ton mit Zusatz von schwer schmelzbaren Magerungsmitteln (Quarz- oder Koksmehl, Schamotte, gemahlene Tiegelscherben, bereits gebrauchte Masse) und Stoffen zur Verhütung des Anbrennens am Gußstück (Graphit, rein oder besser als gemahlene Graphittiegelscherben). — Das Trocknen der Formen vor dem Guß hat den weiteren Vorteil, daß sich beim Gießen keine Wasserdämpfe mehr entwickeln und das Metall langsamer abkühlt als in nassen Formen, so daß die im flüssigen Metall enthaltenen Gase Zeit finden, aus demselben zu entweichen. Zusammenfassend kann man also sagen, daß Masse für Formen zu verwenden ist, die infolge ihrer Größe und vielfach gegliederten Form (viele Kerne) lange Herstellungszeiten erfordern, hohen Temperaturen und Drucken standhalten müssen und möglichst blasenfreie Gußstücke mit reinen und glatten Oberflächen ergeben sollen.

Lehm ist ein Gemisch aus feinem Sand und Ton, das mit Wasser zu einem Brei angerührt und in diesem Zustand verwendet wird. Die nötige Festigkeit und Gasdurchlässigkeit erhält die Form erst durch starkes Trocknen oder Brennen, wobei die dem Lehm zugesetzten Magerungsmittel (Häcksel, Stroh, Torfgrus, Kälberhaare, Pferdedünger) verbrennen und dadurch einerseits die nötigen feinen Gaskanäle erzeugen, andererseits verhüten, daß an einigen wenigen Stellen große, klaffende Risse infolge des Schwindens des Lehmes sich bilden. Die vom Pferdedünger stammenden Ammoniaksalze verdampfen während des Gießens und hinterlassen ebenfalls Hohlräume, die die Gasdurchlässigkeit der Form weiter erhöhen. Pferdedüngerwasser erhöht zugleich die Klebekraft des Lehmes. — Lehmformen zeichnen sich durch sehr glatte Wandungen und hohe Festigkeit aus, eignen sich also für große Gußstücke, die glatte Oberflächen haben sollen, und werden fast ausschließlich mittels Schablonen hergestellt (siehe S. 107). Ferner wird Lehm wegen seiner großen Festigkeit im getrockneten Zustande zur Herstellung von Kernen verwendet (siehe S. 111).

Unter Kernsand versteht man, obwohl auch die vorher besprochenen Formstoffe z. T. zur Herstellung von Kernen benutzt werden, einen möglichst tonfreien Quarzsand, der seine Bildsamkeit erst durch Zusatz geeigneter Bindemittel erhält und dieselbe durch Verbrennen der letzteren bei der Gießtemperatur wieder verliert, so daß die Kerne beim Putzen der Gußstücke leicht zerfallen und bequem restlos entfernt werden können. Je regelmäßiger und runder die Sandkörner sind (See- oder Flußsand), desto gasdurchlässiger wird der Kern. Als Bindemittel dienen, je nach dem Verwendungszweck und der verlangten Festigkeit des Kernes, Kaolin und Ton, Öle (besonders Leinöl), Sulfitlauge, Melasse, Harze (hauptsächlich Kolophonium), Mehl, Dextrin und in kaltem Wasser lösliche Stärke (Quelline)[1]. So hergestellte Kerne sind sehr fest und hart und bedürfen keiner Versteifung durch Drähte oder Kerneisen; die größte Festigkeit (≈ 6 kg/cm^2) ergibt reines, ungekochtes Leinöl. Alle derartigen Kerne müssen bei $150 \div 200^0$ getrocknet werden und erfordern z. T. eiserne Formen.

Als Überzugstoffe, die das Festbrennen der Formstoffe am Gußstück verhindern sollen, dienen Holz- und Steinkohlenstaub, Graphit und Porzellanerde.

---

[1] Siehe Diepschlag: Die Prüfung von Kernbindemitteln. Gieß. 1926, S. 752.

Nasse oder grüne Formen werden mit Holz- oder Steinkohlenstaub und Graphit (in Leinwandsäckchen) bestäubt, Formen, die getrocknet werden, dagegen vor dem Trocknen mit Schwärze — einem mit Wasser angerührten Gemisch von Kohlenstaub, Graphit und Ton — mittels eines Pinsels bestrichen. Für Nichteisenmetallguß wird mit Wasser angerührte Porzellanerde verwendet, damit die Oberfläche der Gußstücke ein schöneres, der Metallfarbe entsprechendes Aussehen behält.

Um ein Anhaften des Formsandes am Modell zu verhüten, wird dasselbe vor dem Aufbringen des Formsandes ebenfalls mit Holzkohlenpuder oder — besonders bei Metallmodellen — mit Lykopodium (gelber Bärlappsamen) bestäubt. Als Ersatz für letzteres ist auch Bernsteinpulver (Lykodin) geeignet.

Damit Ober- und Unterteil einer Sand- oder Masseform nicht aneinander haften und sich zum Herausheben des Modelles leicht trennen lassen, wird die Trennfläche des Unterteiles dünn mit reinem Quarzsand, trockenem altem Formsand oder Kohlenstaub bestreut; in Gelbgießereien verwendet man statt dessen auch Lykopodium oder Ersatzmittel.

Abb. 31. Stehender Formsand-Trockenofen. (Badische Maschinenfabrik, Durlach.)

Die Formstoffe bedürfen, wie bereits erwähnt, vor ihrer Verwendung bzw. Wiederverwendung einer Aufbereitung, die in neuzeitlichen Betrieben nicht mehr von Hand sondern mechanisch erfolgt. Bei der Aufbereitung des Formsandes hat man zu unterscheiden zwischen der Aufbereitung des neuen und des alten Sandes und dem nachfolgenden Mischen beider.

Der frische, vom Lager oder der Sandgrube kommende, noch feuchte und mit Klumpen oder Stücken durchsetzte Sand wird zunächst getrocknet, damit er sich besser zerkleinern und sieben läßt, während bereits gebrauchter, klumpig gewordener Sand wieder zerkleinert, durchgesiebt und von den in ihm enthaltenen Eisenteilen (Formstiften, Spritzeisen) befreit werden muß. Darauf werden alter und neuer Sand unter Zugabe von Kohlepulver gemischt und angefeuchtet.

Das Trocknen des Sandes erfolgt entweder in oder auf den Trockenkammern (siehe S. 115), besser mittels besonderer, ununterbrochen arbeitender Sandtrockenöfen. Ein solcher Ofen liegender Bauart besteht aus einem auf Rollen gelagerten, langsam um seine wagerechte Achse sich drehenden Blechzylinder, der nach Art eines Flammrohrkessels von den Heizgasen der an einem Ende des umgebenden Mauerwerkes angeordneten Rostfeuerung durchzogen wird. Dabei wird durch die im Blechzylinder schraubenförmig angeordneten Schaufeln der an einem Ende aufgegebene Sand allmählich zur Ausfallöffnung am anderen Ende befördert. Der Raumersparnis wegen sind Trockenöfen stehender Bauart vorzuziehen (Abb. 31). In dem gemauerten Sockel liegt die Feuerung, und die Heizgase durchziehen einen Blechzylinder von unten nach oben. Das Innere desselben wird durch mit Mittelöffnungen versehene Teller in der Höhe unterteilt, während auf der durch Stufenscheibe und Rädervorgelege angetriebenen senkrechten Welle umgekehrt angeordnete, nach außen abfallende Teller von etwas kleinerem Durchmesser sitzen. Der durch ein Becherwerk von oben eingefüllte Sand rutscht, durch an der Unterseite der Teller angebrachte Rührschaufeln bewegt, abwechselnd auf den Tellern nach außen oder innen und von Teller zu Teller abwärts, wird dabei durch die im Gegenstrom hochsteigenden Heizgase getrocknet und fällt schließlich durch einen Stutzen unten heraus. Die Leistung solcher Öfen beträgt bei einem Feuchtigkeitsgehalt des Sandes von etwa 15% je nach Größe des Ofens 750 ÷ 400 kg/h.

Abb. 32. Kollergang. (Badische Maschinenfabrik, Durlach.)

Zum Zerkleinern der rohen Formstoffe dienen Kollergänge, Brech- oder Walzwerke (Granulatoren) und Kugelmühlen — Brech- oder Walzwerke eignen sich zum Vorzerkleinern der verschiedenartigsten Rohstoffe, insbesondere von hartem Gestein oder gebrauchtem Formsand, zwischen Backen oder Walzen. Leistung $\leqq$ 12 m³/h. — Ein Kollergang (Abb. 32) besteht aus einem Hartgußteller, auf dem zwei auf wagerechter Achse in ungleichem Abstand von der Mitte sitzende Walzen oder Läufer aus Hartguß umlaufen und dabei den in dem Teller befindlichen Formstoff zerdrücken und zerreiben. Die wagerechte Achse wird durch eine von oben oder unten angetriebene senkrechte Welle im Kreise gedreht. Die Läufer können bei besonders harten Klumpen oder Steinen nach oben ausweichen. Zwischen ihnen sitzen an der senkrechten Welle schrägstellbare Schaufeln, die das Mahlgut durchmischen und immer wieder unter die Läufer schieben. Sogenannte Mischkollergänge zum Mischen und Aufbereiten von Form-, Kern- und Lehmmasse werden mit umlaufendem Teller und feststehender senkrechter Welle ausgeführt. Die Läufer werden mit glattem oder gerilltem Mantel versehen. Das Aufgabegut kann dabei feucht und großstückig sein, und es können in den Teller gleichzeitig Wasser, Melasse und sonstige Zusätze eingefüllt werden. Leistung $\leqq$ 5 m³/h. — Kugelmühlen (Abb. 33) dienen zum Zermahlen von trockenem Formsand, Graphit, Kohle, Schamotte usw. auf beliebige Feinheit. Das Mahlgut wird durch einen Trichter in die Mahltrommel gefüllt und bei deren Umdrehung durch die in dem mit Schlitzen versehenen Mantel befindlichen Stahlkugeln zerschlagen und zerrieben. Genügend fein zermahlenes Gut fällt durch die äußeren feinen Siebe in den darunter befindlichen Trichter und aus diesem heraus, während noch nicht genügend zerkleinertes Mahlgut immer wieder in den Zylinder zurückfällt, um dort weiter zermahlen zu werden. Durchsatz $\leqq$ 1000 kg/h.

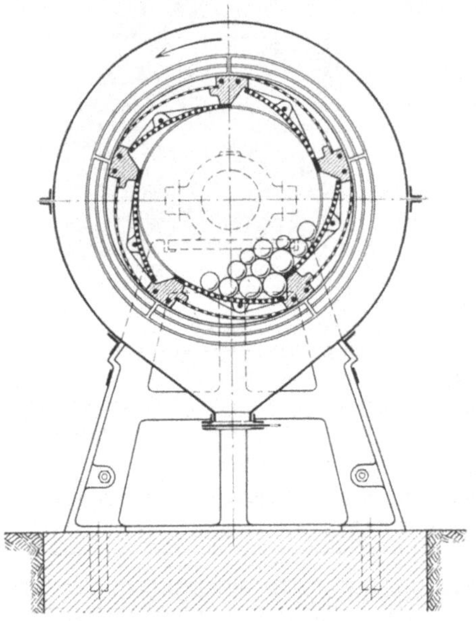

Abb. 33. Kugelmühle. (Verein. Schmirgel- u. Masch.-Fabriken, Hannover-Hainholz.)

Zum Sieben, hauptsächlich des schon gebrauchten Formsandes, der außer festen Klumpen auch Eisenteilchen enthält, benutzt man Schüttel- oder Trommelsiebe. Kleinere Schüttelsiebe sind rund, größere rechteckig; sie werden durch Druckluft oder von einer Welle durch Kurbel oder Exzenter geschüttelt. Leistung $3 \div 12$ m³/h. — Ein Trommel- oder Polygonsieb besteht aus einer um eine wagerechte Achse sich drehenden sechs- oder achteckigen, nach einem Ende meist verjüngten Siebtrommel, in die der Sand hineingefüllt wird. Der gesiebte Sand fällt durch die Siebmaschen heraus, die Rückstände bleiben in der Trommel und müssen von Zeit zu Zeit herausgeholt werden oder fallen am offenen Ende der Trommel heraus. Das Trommelsieb kann offen oder von einem Blechgehäuse umgeben sein. Durchsatz $3 \div 15$ m³/h.

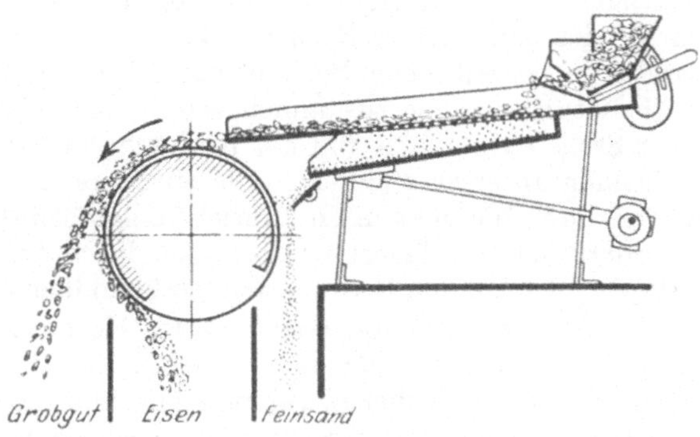

Abb. 34. Eisenabscheider mit Schüttelsieb. (Krupp-Grusonwerk, Magdeburg.)

Der gesiebte gebrauchte Formsand wird von den in ihm noch enthaltenen Eisenteilchen durch einen elektromagnetischen Eisenabscheider befreit. Der Sand fällt aus einer Schüttelrinne auf eine aus Holz oder nicht magnetisierbarem Metall bestehende umlaufende Trommel, in der ein stillstehender Magnet sich befindet. Der Sand gleitet über die Trommel und fällt nach der einen Seite ab, während die Eisenteile im Wirkungsbereich des Magneten auf der Trommel festgehalten werden und erst später nach der anderen Seite abfallen. Vielfach werden Brechwalzen oder Kugelmühlen und Schüttelsiebe mit dem Eisenabscheider zu einer Maschine vereinigt (vgl. z. B. Abb. 34). Durchsatz $\leqq 3$ m³/h.

Zum Vormischen des soweit vorbereiteten alten und neuen Sandes und ihrer Zusatzstoffe wie Kohlenstaub u. dgl. und zum gleichzeitigen Anfeuchten dienen Meng- und Anfeuchtapparate. Dieselben bestehen aus einem wagerechten Trog von U-förmigem Querschnitt und einer darin gelagerten Welle mit schraubenförmig angeordneten Schaufeln, die den an einem Ende eingefüllten Sand durcheinander mischen und gleichzeitig allmählich nach dem anderen Ende des Troges und aus diesem heraus befördern. Durch eine über dem Trog befindliche Brause wird der Troginhalt gleichzeitig angefeuchtet.

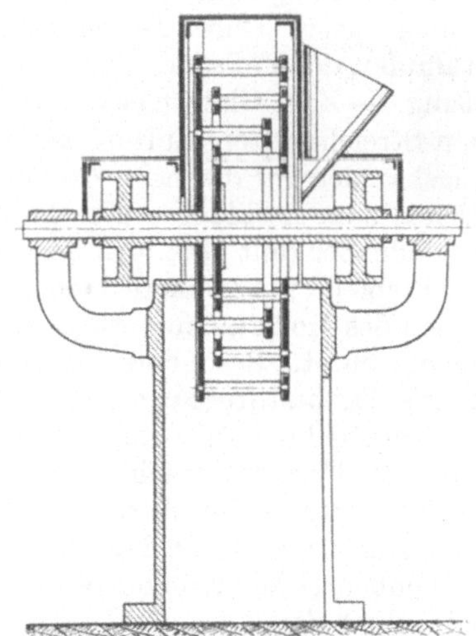
Abb. 35. Schleudermischmaschine.

Das Fertigmischen und Auflockern des Sandes ist eine der wichtigsten Aufbereitungsarbeiten und erfolgt mit Hilfe von Schleudermischmaschinen (Desintegratoren). Das Mischwerk (Abb. 35) besteht aus einer Anzahl in konzentrischen Kreisen angeordneter Schlagstifte, die in entgegengesetzt umlaufenden Scheiben sitzen. Der Sand wird durch einen Aufgebetrichter in das Innere der Stiftenkörbe gefüllt, durch die Fliehkraft nach außen geschleudert und dabei von jeder Stiftenreihe getroffen und gründlich durcheinander geschlagen und aufgelockert. Das Mischwerk ist von einem Blechgehäuse umgeben, das den fertigen Sand auffängt. Leistung $3 \div 12$ m³/h.

Zum selbständigen Befördern der Formstoffe zu den einzelnen Maschinen und Vorrichtungen dienen Rinnen mit Förderschnecke oder durch einen Kurbelantrieb betätigte Schaufeln, die den Sand vor sich herschieben, Schüttelrinnen, Fördergurte oder zum Heben Becherwerke. Die ganzen beschriebenen Einrichtungen werden in neuzeitlichen Betrieben meist zu vollkommen selbsttätig arbeitenden Aufbereitungsanlagen zusammengestellt, bei denen der neue und alte Sand an je einer Stelle aufgegeben und der fertige Sand dann ohne irgendwelche Zwischenbedienung an einer anderen Stelle entnommen wird. Derselbe kann dann auch weiter durch die genannten Einrichtungen selbsttätig zu den Verbrauchsstellen befördert und bei Maschinenformerei durch Sandzuteil- und Füllapparate unmittelbar den auf den Formmaschinen befindlichen Formkästen zugeleitet werden.

Die Aufbereitung von fettem Sand (Kernsand, Masse) erfolgt z. T. mit denselben Maschinen wie bei magerem Sand. Zum Mischen von Kernsand, Masse oder Lehm dienen die vorher erwähnten Mischkollergänge bzw. Misch- und Knetmaschinen mit auf wagerechter oder senkrechter Achse sitzenden Mischmessern, die das Gemisch gleichzeitig gründlich durchkneten.

D. Formerwerkzeuge, sonstige Hilfsmittel und Formkästen.

Der Handformer braucht außer Sandschaufel und Sieb noch Stampfer zum Verdichten des Sandes in der Form. Der Spitzstampfer, meist aus Holz, dient zum eigentlichen Aufstampfen, der Flachstampfer, meist aus Eisen, zum Plattstampfen des gefüllten Kastens; beide sitzen vielfach an den Enden eines gemeinsamen Stieles. Durch Druckluft betätigte Stampfer werden besonders für das Aufstampfen des Füllsandes verwendet und ermöglichen eine wesentlich höhere Leistung. — Zum Glattstreichen der Rückenflächen des eingestampften Sandes dienen Streichbretter, Luftspieße (zugespitzte Drähte) zum Stechen von feinen Abzugskanälen für die beim Gießen in der Form entstehenden Gase. Holzhämmer dienen zum Losklopfen der Modelle vor dem Herausheben aus der Form mittels Modellheber (mit Handgriffen versehene Holzschrauben für größere Modelle oder Drahtspieße für kleinere Modelle). Um ein Abreißen der Kanten beim Herausheben des Modelles zu verhüten, werden dieselben vorher mit einem Wasserpinsel angefeuchtet. Besonders empfindliche Stellen werden durch Einstecken langer, dünner Drahtstifte (Formerstifte) gesichert, die auch zum Halten nachträglich wieder angeflickter Teile dienen. Zum Ausbessern und Nacharbeiten der Form benutzt der Former Streich- und Poliereisen und Polierknöpfe in mannigfacher Form, Dammbretter beim Anflicken abgerissener Stellen, Sandheber, Blasebalg oder Druckluft zum Herausheben bzw. Herausblasen in die Form gefallenen Sandes. Leinenbeutel mit Kohlenstaub oder Lykopodium dienen zum Bestäuben des Modelles bzw. der Form. Richtlatte und Setz- oder Wasserwaage werden hauptsächlich in der Herdformerei zur Herstellung wagerechter Ebenen, Meßwerkzeuge, wie Schwindmaßstab, Taster und Zirkel, in der Schablonen- und Lehmformerei gebraucht.

Formkästen (vgl. z. B. Abb. 37) sind meist aus Gußeisen, seltener aus Stahl, ausnahmsweise aus Holz hergestellte Rahmen, die der Form den nötigen Halt geben und das Teilen, Wenden und Wiederzusammensetzen der einzelnen Formteile ermöglichen und erleichtern sollen. Sie müssen in Form und Größe dem zu formenden Gußstück angepaßt sein, um nicht unnötig viel Sand aufstampfen zu müssen; sie sollen einerseits genügend stark und kräftig, andererseits aber nicht übermäßig schwer sein. In der Regel gehören zwei, mitunter drei und mehr Kästen zu einer Form, die durch Dübel und Dübellöcher in seitlich angegossenen Augen genau aufeinandergepaßt werden. Kästen für Formmaschinen dürfen keine festen Dübel sondern nur Augen mit Löchern haben (vgl. z. B. Abb. 60). Die Kanten, mit denen die einzelnen Kästen sich aufeinander setzen, müssen gehobelt sein. An der Innenseite laufen Sandleisten zum besseren Halten des eingestampften Sandes herum. Große Kästen erhalten zum gleichen Zweck außerdem noch Querwände aus Eisen (angegossen oder angeschraubt) oder aus Holz (eingeschoben), die an der Unterseite nach Bedarf für das Modell ausgeschnitten werden. Bestreichen dieser Querwände und der Kastenwände innen mit Lehmwasser und Überhängen und Miteinstampfen in Lehmwasser eingetauchter eiserner Sandhaken (vgl. z. B. Abb. 65) sind weitere Mittel zum Festhalten des Sandes. Zum Abheben, Wenden usw. erhalten kleinere Formkästen feste oder einsteckbare Handgriffe (vgl. z. B. Abb. 37), größere zwei einander gegenüberliegende Zapfen (vgl. z. B. Abb. 66) zum Aufhängen an Ketten oder Ösen, die ihrerseits wieder um einen am Kranhaken hängenden Querbalken geschlungen werden. — Beim sogenannten kastenlosen Guß werden Abzieh- oder Abschlagkästen verwendet, die nach dem Fertigstellen und Absetzen der Formen auf der Gießereisohle vom Sandblock abgenommen und sofort wieder verwendet werden können, wodurch beträchtliche Kosten gespart werden. Abziehkästen sind nach einer Seite etwas verjüngt zwecks leichteren Abziehens vom Sandblock (schlechtes Sandhalten!). Abschlagkästen besitzen an einer Ecke ein Gelenk, an der gegenüberliegenden ein Schloß und werden nach Fertigstellung der Form aufgeklappt. Der freigelegte Formblock wird nötigenfalls mit einem (zuvor im Kasten liegenden) Bandeisen umgürtet, damit er beim Guß nicht auseinanderbricht. Zur Herstellung solcher kastenlosen Formen werden besondere Formmaschinen (siehe Abb. 62) verwendet.

E. Sandformerei.

1. Die Sandformerei nach Modell

ist zahlenmäßig das weitaus gebräuchlichste Formverfahren und hierbei wiederum überwiegt bei weitem die Kastenformerei, gegenüber der die reine Herdformerei nur eine untergeordnete Rolle spielt.

a) Handformerei.

Bei der Herdformerei wird auf oder in dem Boden der Gießerei eine Schicht groben, gebrauchten Formsandes gebettet, darauf eine Schicht Modellsand gesiebt und leicht festgedrückt, die Oberfläche mittels Richtscheites, das über zwei vorher genau wagerecht (nach Setz- oder Wasserwaage) verlegten Schienen geführt wird, eingeebnet (vgl. Abb. 36) und schließlich das Modell eingedrückt bzw. eingeklopft, bis seine ebene Oberfläche mit der Herdoberfläche abschneidet. Meist wird das Modell allerdings etwas stärker ausgeführt als das Gußstück, damit die Form nicht bis zum Rande gefüllt zu werden braucht. Die Stärke des Gußstückes wird dann durch einen an einer Seite angeschnittenen Überlauf bestimmt. Von der auf der gegenüberliegenden Seite angeordneten Rinne mit Eingußsumpf werden die Einlaufrinnen bis ans Modell heran eingeschnitten, die Sandkanten rings um das Modell durch Anfeuchten oder mit Formerstiften befestigt und dann das Modell ausgehoben. Rings um und möglichst weit unter das Modell werden mit dem Luftspieß Gasabzugkanäle gestochen, um ein Hochwölben des Gußstückes durch Gasentwicklung zu verhüten. Dieser offene Herdguß wird nur für flache, einfachere Teile mit einer ebenen Fläche, hauptsächlich für Kerneisen, einfache Platten usw. (Abb. 36) verwendet, bei denen es weder auf dichten Guß, noch auf scharf ausgeprägte Formen ankommt. Dagegen wird verdeckter Herdguß, bei dem nach Einformen des Modelles im Herd (in der Dammgrube) ein Deckkasten aufgesetzt und (wie bei der Kastenformerei) mit Sand aufgestampft wird, vielfach an Stelle von reiner Kastenformerei verwendet, und zwar in erster Linie für große Werkstücke und bei Schablonenformerei (vgl. z. B. Abb. 65). Das Einformen im Herd ist dann allerdings insofern schwieriger, als man derartige Modelle nicht von oben her eindrücken oder den Sand von oben aufstampfen kann, sondern von der Seite her unterstampfen muß. Auch ist hierbei durch ein Koksbett und größere Abzugskanäle (ähnlich wie bei Abb. 70) für gute Gas- und Luftzufuhr zu sorgen. An den Ecken des Oberkastens in den Herd eingeschlagene Holzpflöcke sollen richtiges Wiederaufsetzen nach dem Abheben gewährleisten.

Bei der Kastenformerei hat man zwischen Handformerei und Maschinenformerei zu unterscheiden, von denen die Handformerei zunächst besprochen werden soll.

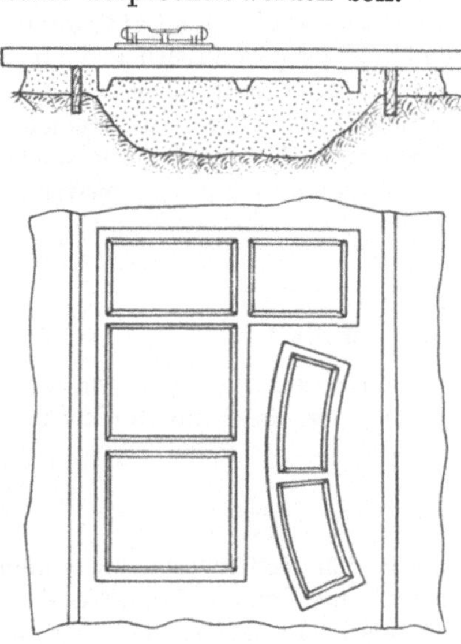

Abb. 36. Offener Herdguß.

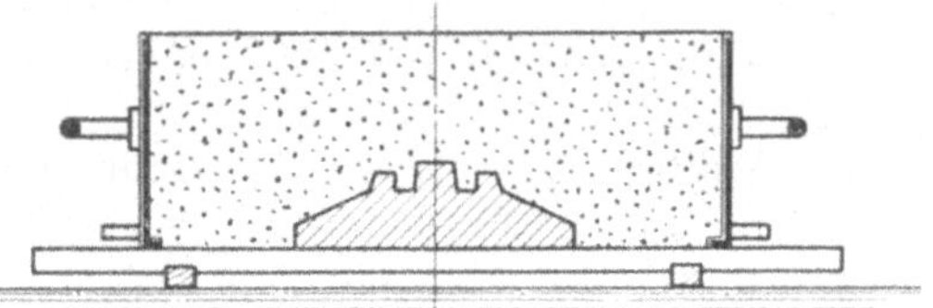

a Aufstampfen des Unterkastens.

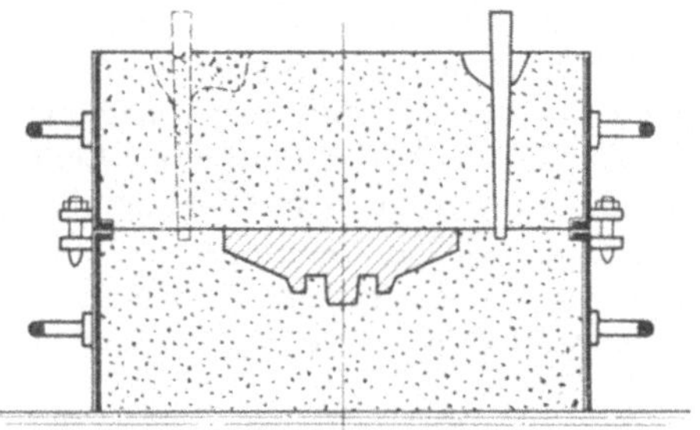

b Aufstampfen des Oberkastens.

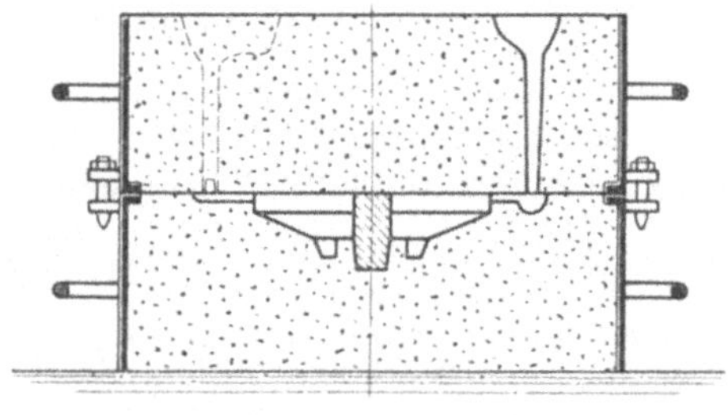

c Zusammengesetzte Form.

Abb. 37. Arbeitsfolge bei Handformerei nach Modell.

Die wichtigsten Arbeitsvorgänge bei der Handformerei sind etwa folgende (Abb. 37):

1. Aufstampfen und Wenden des Unterkastens: Modell mit der ebenen Fläche auf Modellbrett legen, Kasten aufsetzen, Modell mit Staubbeutel bestäuben, Modellsand übersieben und mit der Hand andrücken, alsdann Füllsand einschaufeln, Kasten vollstampfen, Oberfläche mit Streichbrett glattstreichen und Luft stechen; ein zweites Modellbrett obenauf legen und nötigenfalls mit dem unteren verklammern, Kasten mit beiden Brettern wenden und oberes Brett abnehmen, Sandkasten rings um das Modell nach Bedarf nachputzen, Oberfläche glattpolieren und mit Trennsand bestreuen, Modell abblasen.

2. Aufstampfen des Oberkastens: Aufsetzen des Oberkastens (Auflegen eines

Modellholzes für den Schlackenlauf), Bestäuben der Modelle, Aufsieben von Modellsand, danach etwas Füllsand aufgeben und Modellhölzer für Einguß- und Steigtrichter einsetzen, weiter auffüllen und vollstampfen, Oberfläche glattstreichen, Eingußsumpf und Steigermulden ausheben, Luft stechen und Modellhölzer herausziehen.

3. Herausnehmen des Modelles und Nacharbeiten der Form: Abnehmen des Oberkastens (zum Wenden nötigenfalls vorher Modellbrett auflegen), Sandkanten um das Modell nachputzen und befestigen, Einlaufrinne im Unterkasten anschneiden, Modell ausheben, Form nötigenfalls ausbessern, Kanten mit Wasserpinsel anfeuchten, Form ausstäuben und nachpolieren.

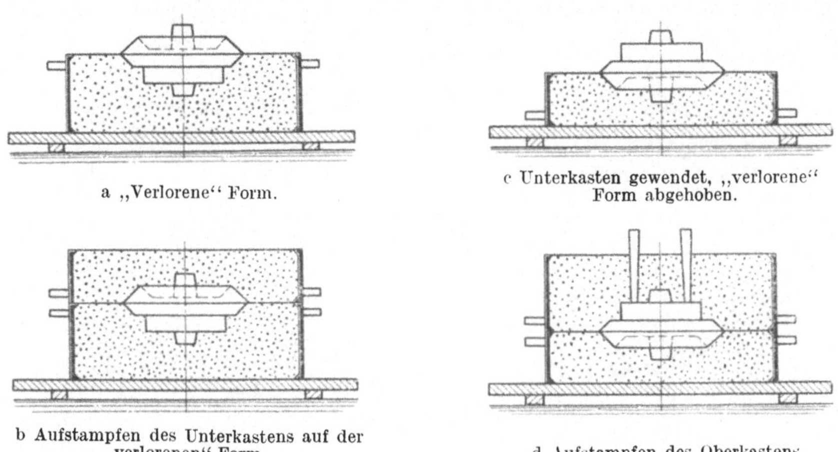

a „Verlorene“ Form. c Unterkasten gewendet, „verlorene“ Form abgehoben.

b Aufstampfen des Unterkastens auf der „verlorenen“ Form. d Aufstampfen des Oberkastens.

Abb. 38. Einformen mit „verlorener“ Form

4. Zusammensetzen der Form: Oberkasten wieder aufsetzen und zur Sicherung gegen Abheben durch den Auftrieb des flüssigen Metalles mit Gewichten beschweren oder mit dem Unterkasten verklammern (siehe S. 119).

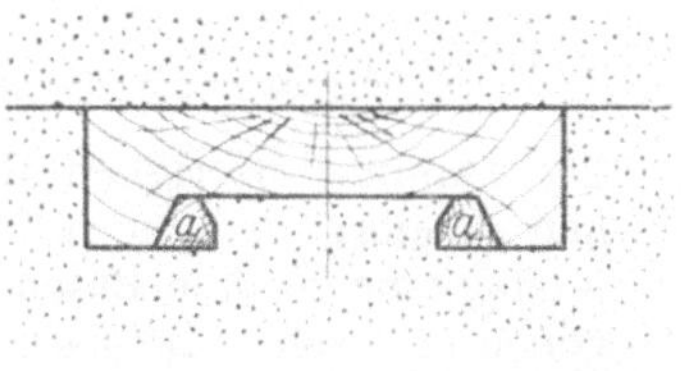

Bei zweiteiligem Modell wird vor dem Aufsetzen des Oberkastens die zweite, mit Dübeln versehene Modellhälfte zunächst auf die im Unterkasten befindliche, mit Dübellöchern versehene aufgelegt. Bei mehrteiligen Kastenformen ist sinngemäß zu verfahren. Kerne werden nach Beendigung der angegebenen Arbeiten vor dem Wiederzusammensetzen der Form eingelegt.

Abb. 39. „Lose“ Teile am Modell.

Zu den weiteren Formbeispielen ist folgendes zu bemerken: Modelle, die keine ebene Fläche zum Auflegen auf das Modellbrett besitzen und aus irgendwelchen Gründen nicht geteilt werden können oder sollen, müssen zunächst „verloren“ eingeformt werden, wie Abb. 38a zeigt. Nach Glattpolieren und Bestreuen der Trennfläche mit Streusand wird dann in üblicher Weise der Unterkasten aufgestampft, abgehoben und gewendet usw., wie oben beschrieben. Ist das betreffende Stück öfters zu formen, dann empfiehlt es sich, das „verlorene“ Unterteil einmal aus Gips herzustellen.

Springen einzelne Teile des Gußstückes vor oder zurück und machen dadurch das Ausheben des Modelles im ganzen unmöglich, dann kann man sich auf verschiedene Weise helfen. So wird man z. B. bei dem Modell eines Supportschlittens nach Abb. 39, welches ganz in den Unterkasten zu liegen kommt, die

Leisten *a* „lose“ lassen, damit sie beim Ausheben des Hauptmodelles zunächst im Unterkasten liegen bleiben und nachher seitlich herausgezogen werden können. Randriemenscheiben nach Abb. 40 kann man entweder im dreiteiligen Kasten formen, wie links dargestellt (dabei wird zuerst der Mittelkasten, dann der Unter- und zuletzt der Oberkasten aufgestampft und zum Herausheben des Modelles aus dem Mittelkasten der eine Rand am Modell zweiteilig und lose ausgeführt), oder man versieht das Modell mit Kernmarken und kann dann im zweiteiligen Kasten mit „falschem Kern“ formen, wie rechts veranschaulicht. Das erste Verfahren erspart die Kernherstellung, verursacht aber höhere Former- und Dreher-

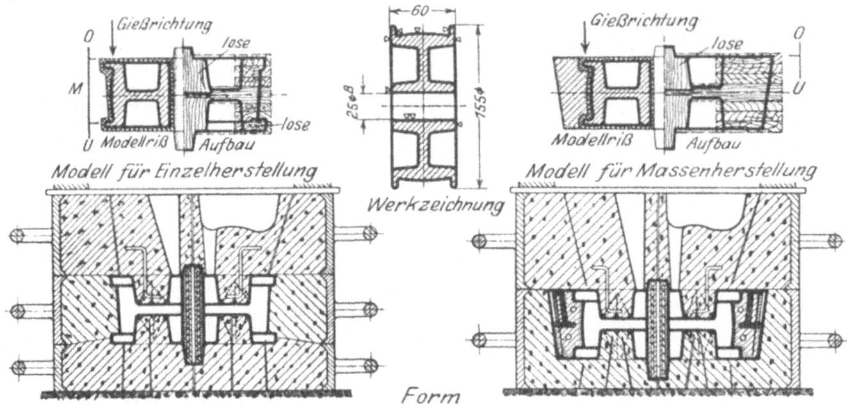

Abb. 40. Einformen einer Randriemenscheibe bei Einzel- und Massenfertigung. (Nach: Formerlehrgang des DATSCH.)

löhne, ist daher nur für Einzelherstellung empfehlenswert, während bei Massenherstellung die Kernkosten durch Ersparnisse an Former- und Dreherlöhnen überholt werden.

b) Maschinenformerei (und Formmaschinen).

Die Hauptschwierigkeit der Handformerei liegt nicht sowohl in dem Einformen sondern in dem einwandfreien Herausheben der Modelle, das fast niemals ohne eine gewisse Beschädigung der Form vor sich geht und ein Ausflicken derselben erheischt. Beides erfordert Zeit und Geschick und entsprechend hohe Formerlöhne. Der ursprüngliche Zweck der Formmaschinen ist es demgegenüber, das Modell möglichst schnell und ohne Beschädigung der Form aus dieser herauszuziehen. Der Fortfall der Flickarbeit hat nicht nur eine Leistungssteigerung zur Folge, sondern ermöglicht auch die Verwendung angelernter Arbeitskräfte an Stelle gelernter Former; alles zusammen ergibt wesentlich geringere Formkosten. Diese Vorteile werden erreicht einmal durch Verwendung von Modellplatten an Stelle der bei der Handformerei üblichen Holzmodelle und zum anderen durch die mechanische Führung des Formkastens bzw. des Modelles beim Trennen beider. Die Kosten für die Modellplatten machen sich aber natürlich nur bezahlt, wenn eine entsprechend große Anzahl von Abgüssen danach herzustellen ist. Ferner eignet sich Maschinenformerei im allgemeinen nur für solche Modelle, die sich auch wirklich aus der Form herausziehen lassen und keine losen Teile erforderlich machen. Eine weitere Verkürzung der Herstellungszeit für die Form läßt sich durch maschinelles Verdichten des Sandes an Stelle des Aufstampfens von Hand erzielen.

Die Modellplatte[1] ist eine Vereinigung des bei der Handformerei zunächst benötigten Modellbrettes mit dem Modell, derart, daß das Modell oder eine Modellhälfte auf einer Metallplatte befestigt ist und mit ihr zusammen aus dem aufgestampften Formkasten herausgezogen wird. (Das Losschlagen vor dem Ausheben erfolgt mit Holzhammer oder einem an der Maschine angebrachten Klopfer bzw. durch Druckluft betätigten Vibrator.) Kleinere Modelle werden zu mehreren auf einer Platte vereinigt. Die Modelle werden nur selten aus Holz (Ahorn oder Birnbaum), häufiger aus Gips oder Gipszement, in der Regel aber aus Metall hergestellt und u. U. mit der Platte in einem Stück gegossen. Bei Herstellung aus Gips erhalten die Platten einen eisernen Rahmen (vgl. Abb. 41). Außer dem eigentlichen Modell des Gußstückes bringt man gleichzeitig die Modelle für Schlackenlauf und Einlaufrinnen auf der Platte an, um das Anschneiden derselben von Hand zu ersparen. Die Platte selbst erhält Stifte zum genauen Aufpassen der Formkästen; ferner ist für genaue Lage der Modelle, d. h. richtiges Aufeinanderpassen derselben in Ober- und Unterkasten, zu sorgen. Einseitig ausgeführte Modellplatten müssen paarweise, d. h. eine für den Unter- und eine für den Oberkasten, verwendet werden. Steht nur eine Formmaschine zur Verfügung, dann kann also zunächst nur eine Anzahl Unterkästen und nach Auswechseln der Modellplatte erst die entsprechende Anzahl Oberkasten hergestellt werden. Bei gleichzeitiger Verwendung zweier Formmaschinen kann man auf der einen die Unter-, auf der anderen die Oberkasten formen. Um auf einer einzigen Maschine immer nacheinander Unter- und Oberkasten einer Form anfertigen zu können, muß man entweder Formmaschinen mit doppelseitiger Wendeplatte, die auf einer Seite die Modelle für den Unterkasten, auf der anderen die für den Oberkasten trägt, benutzen oder eine sogenannte Bonvillain'sche Reversierplatte (Abb. 41) ausführen. Das Kennzeichen derselben besteht darin, daß die für Unter- und Oberkasten benötigten Modelle auf derselben Seite der Platte symmetrisch zu einer Mittellinie *a—a* angeordnet sind; es werden also Doppelformen hergestellt, deren Unter- und Oberkasten (abgesehen von den nur in letzteren befindlichen Eingüssen und Steigern) gleich sind und bei denen die Formen der einen Seite gewissermaßen auf dem Kopf stehen. (Vgl. die strichpunktierten Ergänzungen in Abb. 41.)

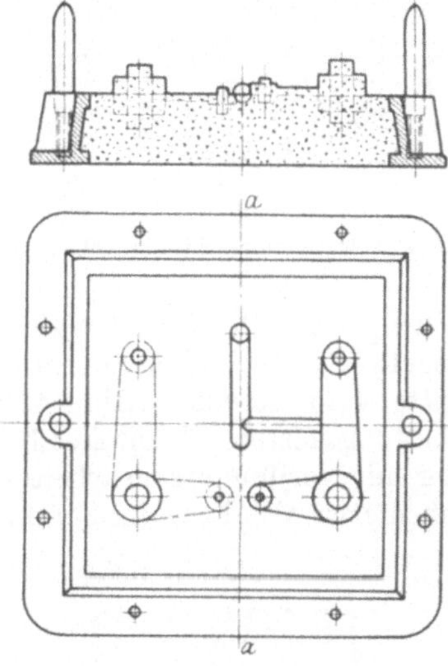

Abb. 41. Reversier-Modellplatte.

Zur Herstellung der Modellplatte formt man ein Holzmodell in Sand und gießt diese Sandform nach Auflegen des eisernen Halterahmens für die Modellplatte mit Gips oder Gipszement aus. Soll die Platte selbst in Metall ausgeführt werden, dann muß man auf die nach dem Holzmodell hergestellte, nach dem Herausheben des Modelles mit Streusand bestreute Sandform die erhabene Gegenform mit Einguß und Steiger aufstampfen und sie nach dem Abheben um die gewünschte Wandstärke der Modellplatte abarbeiten. Beide Teile zusammengesetzt ergeben die Gußformen für die Metallmodellplatte, die zur Verstärkung mit Gips hintergossen werden kann. Vielfach befestigt man besonders herge-

[1] Siehe auch Freytag: Die Modellplatten und ihre Handhabung in Verbindung mit Formmaschinen. Gieß.-Zg. 1926, S. 231.

stellte Metallmodelle durch Schrauben auf einer Eisenplatte oder bettet sie durch Umgießen in eine Gips- oder Gipszementplatte ein. Eisenplatten versieht man mit einem Rostschutzüberzug, Gipsplatten erhalten durch Modellack eine glatte Oberfläche. Feuchtigkeitsniederschläge auf Metallmodellen verursachen leicht ein Festkleben des Formsandes; durch Bestäuben der Modelle oder Anwärmen ganz in Metall ausgeführter Modellplatten durch darunter angeordnete kleine Gasflammen sucht man dem abzuhelfen.

Die Formmaschinen kommen in den verschiedensten Ausführungen und Größen vor. Man kann sie etwa nach folgenden Gesichtspunkten einteilen:

a) Nach dem Verwendungszweck:

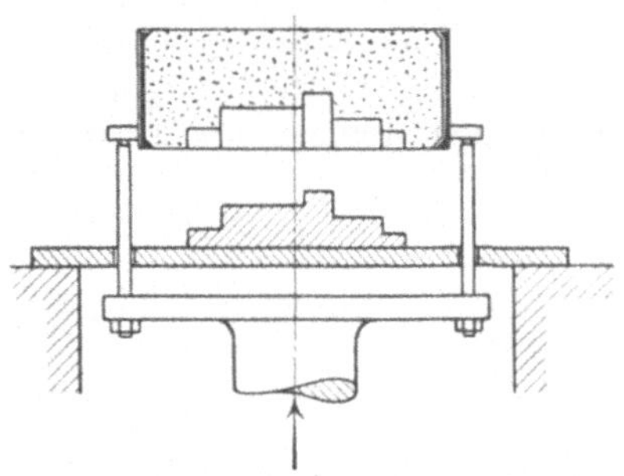
Abb. 42. Abhebeformmaschine m. Abhebestiften.

1. Formmaschinen für allgemeine Formarbeiten nach Modell; von diesen werden die wichtigsten Ausführungsarten und einige Ausführungsbeispiele nachstehend beschrieben[1].

2. Formmaschinen für Sonderzwecke; einige Beispiele hierfür werden unter „Sonderformverfahren" (siehe S. 104) behandelt.

3. Kernformmaschinen; diese werden im Abschnitt „Kernherstellung" (siehe S. 111) besprochen.

b) Nach der Art der Trennung von Modell und Form:

1. Abhebeformmaschinen mit einseitiger Modellplatte. Der Formkasten wird entweder durch Stifte von der feststehenden Modellplatte nach oben abgehoben (Abb. 42) oder er bleibt stehen, und die Modellplatte wird gesenkt (Abb. 43). Vorteile: Einfache Bauart und niedrige Anschaffungskosten. Nachteile: Nur für leicht aus der Form zu ziehende, d. h. flache oder mit Verjüngung gearbeitete Modelle verwendbar, weil sonst beim Herausziehen etwa sich lösender Sand aus der Form herausfällt und nicht einfach durch Andrücken und Anfeuchten wieder befestigt werden kann. (Nachteile der einseitigen Modellplatte siehe S. 87.)

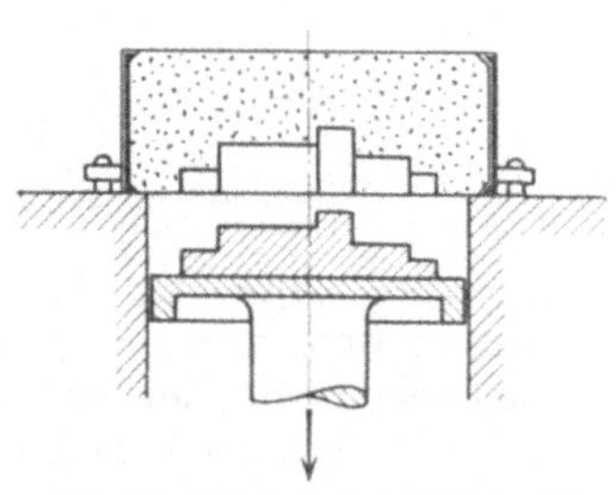
Abb. 43. Abhebeformmaschine mit senkbarer Modellplatte.

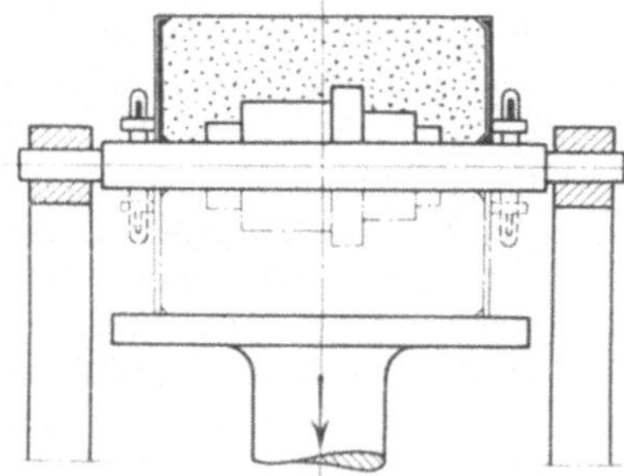
Abb. 44. Wendeplattenformmaschine.

2. Wendeplattenformmaschinen. Nach dem Aufstampfen oder Verdichten des Sandes wird der mit der Wendeplatte verankerte Formkasten mit dieser um 180° um ihre wagerechte Achse gedreht und alsdann gesenkt oder die Wende- und Modellplatte angehoben (Abb. 44). Vorteil: Das Modell wird nach oben herausgezogen, so daß etwa losgerissene Sandteilchen in der Form liegen bleiben und leicht wieder angefügt werden können. (Vorteil der doppelseitigen Modellplatte siehe S. 87.)

[1] Vgl. auch Lohse: Die internationale Gießereifachausstellung in Paris 1927. Gieß 1928, S. 6.

3. Durchzugsformmaschinen. Einzelne Teile des Modells sind auf einer besonderen, senkbaren Platte befestigt, und der Formkasten ruht auf der mit entsprechenden Ausschnitten versehenen Durchzugsplatte, die den Sand rings um das Modell während des Herausziehens einzelner Modellteile nach unten stützt und ein Abreißen verhütet. Das Trennen von Modell und Form erfolgt in zwei Vorgängen, nämlich zunächst durch Herausziehen der auf der versenkbaren Platte *a* befestigten Modellteile *b* durch die Durchzugsplatte *c* nach unten und dann durch Hochheben des Formkastens durch Abhebestifte *d*, nachdem unter seine Ösenlöcher Bleche untergeschoben sind, so daß die Abhebestifte nicht mehr durchtreten können (Abb. 45). Vorteil: Es lassen sich Modelle mit großer Tiefe und senkrechten Flächen (z. B. Riemenscheiben mit breitem Kranz, Ventilgehäuse mit Flansch wie in Abb. 45 u. dgl.) oder mit dünnwandigen bzw. in geringem Abstand voneinander angeordneten Rippen, z. B. Rippenheizrohre, Motorzylinder mit Kühlrippen, Zahnräder mit gegossenen Zähnen usw., aus der Form ohne Beschädigung herausziehen. Nachteile: Wie bei der einseitigen Modellplatte (siehe S. 87).

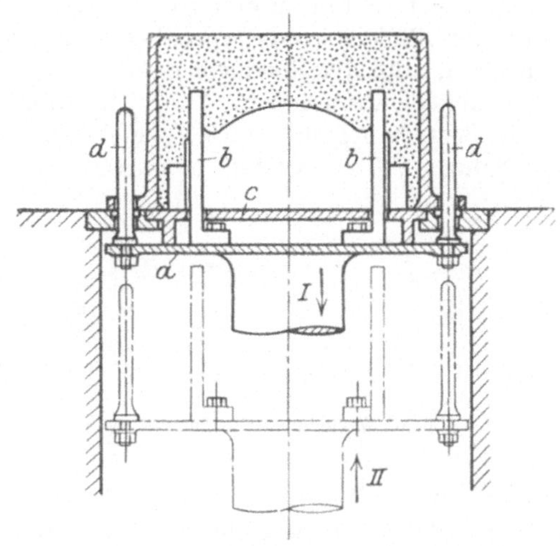

Abb. 45. Durchzugsformmaschine.

Den gleichen Zweck kann man vielfach bei einer Abhebeformmaschine mittels einer Abstreifplatte erreichen, die lose auf oder in der Modellplatte liegt und

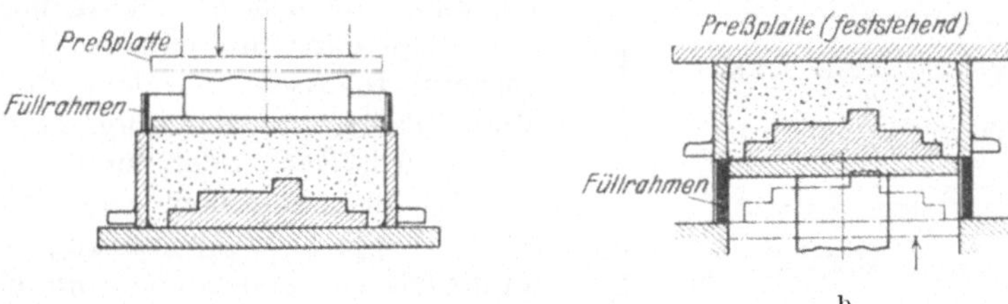

Abb. 46. Preßformmaschinen.

durch Abhebestifte mit dem Formkasten hochgehoben und dabei über das Modell gestreift wird (vgl. Abb. 61).

c) Nach der Art der Sandverdichtung:

1. Handstampfmaschinen. Hierbei wird der Sand wie bei der Handformerei von Hand aufgestampft.

2. Preßformmaschinen. Der in den Formkasten eingefüllte Sand wird durch Zusammenpressen auf eine der folgenden Arten verdichtet und dabei die Herstellungszeit für die Form wesentlich verkürzt.

Bei der einfachen Pressung wird auf den Formkasten ein Füllrahmen gesetzt, dessen Höhe so bemessen wird, daß er zusammen mit dem Formkasten die nötige Menge lockeren Sandes faßt, und darauf der Sand mittels einer passenden Preßplatte gepreßt. Das Pressen kann entweder durch Hineindrücken der Preßplatte in den Füllrahmen (Abb. 46a) oder durch Anheben der Modellplatte mit dem Formkasten gegen die feststehende Preßplatte erfolgen (Abb. 46b). Der Sand wird dabei nicht ganz gleichmäßig sondern nach der Preßplatte hin stärker, nach dem Modell weniger stark verdichtet, während es mit Rücksicht auf Gasdurchlässigkeit umgekehrt erwünscht ist. Modelle mit großen Höhenunterschieden sind für das Pressen weniger geeignet, oder es muß der Sand über den hohen Teilen des Modelles vor dem Pressen teilweise weggenommen werden (Abb. 47), um gleichmäßiges Verdichten zu erzielen. Unter vorspringenden Teilen des Modelles und ähnlichen Stellen, wo der von oben kommende Preßdruck nicht vollkommen wirken kann, muß der Sand vor dem Weiterfüllen des Kastens zunächst von Hand etwas angedrückt werden. Auch Querwände im Formkasten sind hinderlich[1].

Es ist naheliegend, statt einer ebenen Preßplatte die Modellplatte gegen den mit Sand gefüllten Kasten zu pressen. Man macht hiervon bei der zweiseitigen Pressung, wobei der Kasten zwischen zwei Modellplatten gepreßt wird, und zwar besonders bei flachen Modellen, Gebrauch, weil man dann in einem Formkasten und bei einer einzigen Pressung gleichzeitig eine obere und eine untere Formhälfte erhält und dadurch nicht nur an Arbeitszeit und Löhnen sondern auch an Kästen und an Sand spart. Die Kästen werden dann in größerer Anzahl aufeinander gestapelt (Stapelguß siehe Abb. 48), nehmen weniger Bodenfläche in Anspruch, und der Abfall durch Eingüsse und Steigtrichter ist geringer.

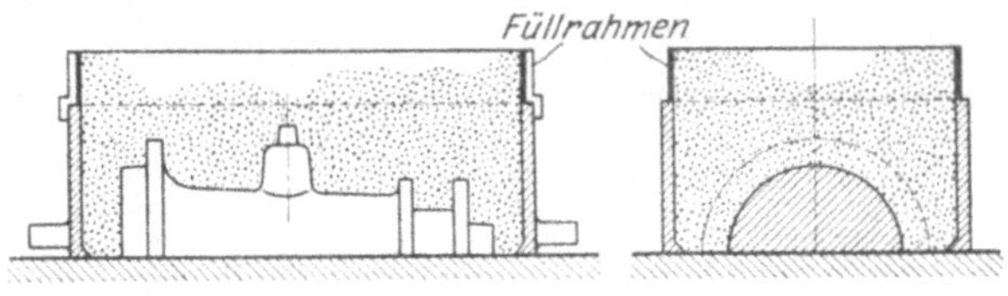

Abb. 47. Wegnehmen von Sand vor dem Pressen.

Schließlich kann auch der Sand in Ober- und Unterkasten mit dazwischen liegender doppelseitiger Modellplatte in einem einzigen Preßvorgang verdichtet werden (doppelte Pressung, vgl. Abb. 62), wie es bei den sogenannten kastenlosen Formmaschinen (siehe S. 100) gemacht wird.

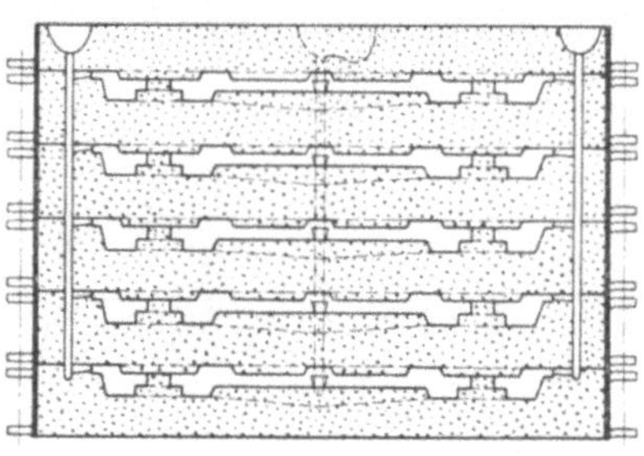
Abb. 48. Stapelform.

3. Rüttelformmaschinen. Der kräftig ausgeführte Tisch, mit dem Modell bzw. Modellplatte und der aufgesetzte Formkasten fest verbunden sind, wird durch Hand-, mechanischen oder Druckluftantrieb — je nach Ausführung und Größe minutlich 15÷300 mal — um einen gewissen Betrag gehoben und fällt dann durch sein eigenes Gewicht auf einen Untersatz, den Amboß, wieder zurück (Abb. 49). Die sogenannten stoßfreien Rüttler (Abb. 50), die für Hubgewichte bis zu 43000 kg gebaut werden, verhüten die Übertragung der Erschütterungen auf Fundament und Umgebung durch zwischen Tisch und Untergestell eingebaute federnde Stoßfänger. Durch das Aufschlagen des Tisches wird der Sand in sich zusammengerüttelt, d. h. verdichtet, und zwar, wie es bei höheren Formen wegen der Gasdurchlässigkeit erwünscht ist, am Modell stärker, nach dem Rücken hin weniger stark. Allerdings bleibt er an der Rückseite des Kastens vielfach so locker, daß er nachgestampft (Druckluftstampfer!) oder mit der Maschine nachgepreßt werden muß (vereinigte Rüttel- und Preßformmaschinen). Das Rütteln

[1] In Z. V. d. I. 1928, S. 6 ist eine französische Formmaschine für ununterbrochenen Formbetrieb beschrieben, bei der die Formkästen auf einer geschlossenen Rollbahn laufen, aus einem Behälter mit Sand gefüllt werden, und dieser beim Durchlaufen der mit drei Walzen arbeitenden Presse verdichtet wird (siehe auch Gieß. 1928, S. 51).

eignet sich aber auch für hohe Modelle und für Formkästen mit Querwänden, wo das Pressen, wie oben erwähnt, nicht anwendbar ist. Da ferner weder an das Modell noch an den Formkasten besondere Anforderungen gestellt werden, so eignet sich das Rütteln auch für Einzelherstellung.

4. Schleuderformmaschinen[1]. Bei den Fliehkraftschleuderern[2] wird der Sand einem Schleuder- oder Wurfrad zugeführt, durch dieses in einzelnen kleinen Mengen auf das Modell bzw. in den Formkasten geschleudert und dadurch verdichtet. Je schneller das an einem Gelenkarm wagerecht im Kreise schwenkbare Schleuderrad über die Kastenfläche geführt wird, um so lockerer wird die Sandschicht und umgekehrt. — Bei den Druckluftschleudermaschinen wird der Sand entweder in einzelnen Ballen oder in geschlossenem, von der Luft befreitem Strahl aus dem Strahlrohr durch Druckluft in die Form geschleudert. Die Sanddichte kann durch Veränderung des Betriebsdruckes und des Verhältnisses zwischen Sand- und Luftmenge geregelt werden und ist im Gegensatz zu anderen Verfahren sehr gleichmäßig bei erwünschter geringer Abnahme mit der Entfernung vom Modell. — Ein Nachstampfen oder Nachpressen ist bei geschleudertem Sand nicht erforderlich, außerdem können mit demselben Sandschleuderer Formen verschiedenster Größe und Gestalt verdichtet werden, soweit sie von dem Schleuder-

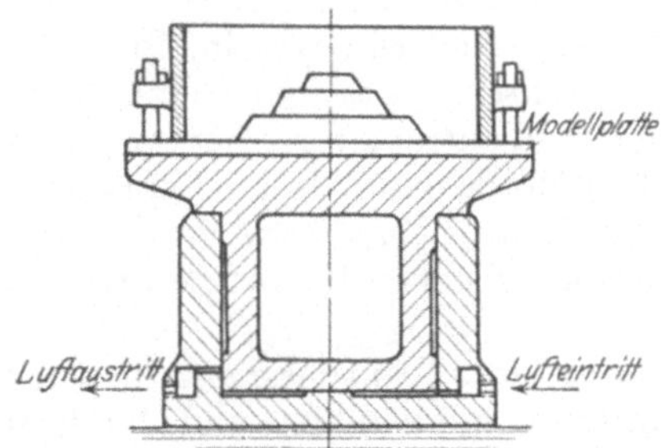

Abb. 49. Druckluftrüttler.

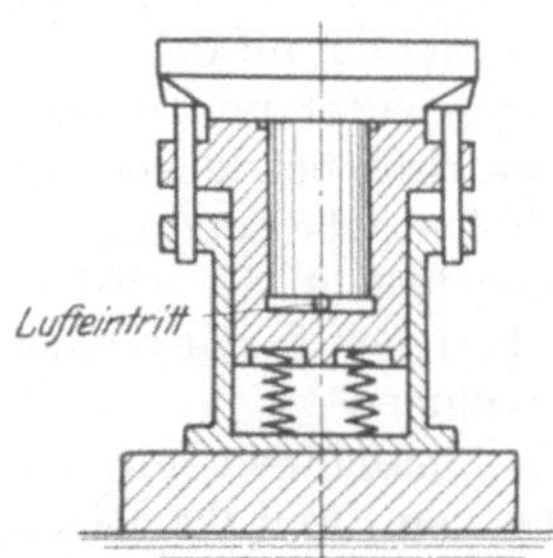

Abb. 50. Stoßfreier Druckluftrüttler.

kopf oder der Blasdüse bestrichen werden können. Die Schleuderer können ferner mit anderen Formmaschinen jeder Art und Größe zusammenarbeiten. Dieses in Deutschland noch wenig benutzte Verfahren verdient wegen der genannten Vorzüge und seiner hohen Leistungsfähigkeit besondere Beachtung.

5. Stampfmaschinen mit mechanischer Sandstampfung und Ziehmaschinen, bei denen durch den vorher gefüllten Kasten ein den Umrissen des zu formenden Stückes entsprechendes, verjüngtes Modell hindurchgezogen wird, kommen nur in der Röhrenformerei vor.

d) Nach der Art des Antriebes:

1. Handformmaschinen. Hierbei werden alle Bewegungen an der Maschine von Hand ausgeführt. Das ist natürlich nur bis zu einer gewissen Größe oder einem bestimmten Gewicht der Formen möglich.

2. Druckwasserformmaschinen. Der Druckwasserantrieb dient in erster Linie zum Pressen des Sandes und hat sich hierfür am besten von allen Antriebsarten bewährt. Das Herausheben oder Durchziehen des Modelles und das Wenden der Modellplatte wird bei kleineren Maschinen von Hand, bei größeren ebenfalls hydraulisch vorgenommen. Das Druckwasser von $\approx$ 50 atü für Grauguß- bzw. 100 atü für Stahlgußformen wird meist nicht unmittelbar von der Pumpe son-

[1] Vgl. Graue: Die Schleuderformmaschine. Gieß.-Zg. 1928, S. 181. (Die verschiedenen Systeme, wirtschaftliche Vergleiche.)

[2] Vgl. Gieß. 1924, S. 665; 1925, S. 809. (Leistungsangaben.)

dern von einem Druckwassersammler (s. S. 192) geliefert. Die erforderliche Druckwasseranlage mit Pumpe und Sammler, Hochdruckleitung und Armatur ist kostspielig. Gegen Einfrieren schützt man sich durch Beimischen von Glyzerin und Verlegen der Leitungen in den Erdboden. Die feste Leitung erfordert immer ortsfeste Maschinen.

3. Druckluftformmaschinen. Druckluft wurde bisher in Deutschland, abgesehen von Rüttelformmaschinen, zum Antrieb von Formmaschinen noch wenig verwendet, weil infolge der Elastizität der Luft immer ein gewisser Stoß auftritt, der z. B. für das Abheben ungünstig ist, und wegen der geringen Spannung von nur 5÷7 atü die Kolben und Zylinder und die Leitungen größeren Durchmesser erhalten müssen als bei Druckwasser. In den letzten Jahren ist aber offenbar allgemein ein Umschwung zugunsten der Druckluft eingetreten, wie die letzten Gießereifachausstellungen gezeigt haben. Der Grund liegt wohl in der bequemeren Anschlußmöglichkeit durch Schläuche an die jetzt fast in jeder Gießerei ohnehin vorhandene Druckluft und in der sich daraus ergebenden größeren Freiheit hinsichtlich des Standortes der Maschinen. (Fahrbare Maschinen!) In Amerika werden keine Druckwasserformmaschinen mehr verwendet sondern ausschließlich Druckluftformmaschinen. In Deutschland kommen jetzt auch Druckluftformmaschinen auf den Markt, bei denen die Druckluft nicht unmittelbar auf den Abhebekolben wirkt, sondern Glyzerin, Öl oder Wasser zwischengeschaltet und dadurch eine hydraulische Betätigung erzielt wird[1].

4. Elektrisch betriebene Formmaschinen. Elektromotorischer Antrieb ist wegen der hohen Übersetzungen, die zwischen Motor und Maschine notwendig werden, wenig beliebt. Er wird u. U. bei sehr großen Maschinen verwendet. Seine Vorteile bestehen in der bequemen Anschlußmöglichkeit für ortsbewegliche (fahrbare) Maschinen[2].

5. Formmaschinen mit Transmissionsantrieb. Transmissionen in Gießereien vermeidet man, weil die Riemen für Laufkräne störend sind und durch die auftretenden Wasserdämpfe leiden; daher und wegen der auch hier erforderlichen hohen Übersetzungen wird Transmissionsantrieb fast gar nicht ausgeführt.

Welche Maschine im Einzelfalle die zweckmäßigste ist, läßt sich nur nach reiflicher Überlegung und Beachtung aller Nebenumstände, am besten in Verbindung mit den Lieferfirmen entscheiden. Keins der bestehenden Systeme ist bisher durch ein anderes vollständig verdrängt worden[3].

Bei der einfachen Abhebeformmaschine (Abb. 51) wird durch Umlegen des vornliegenden Handhebels um 180° nach rechts eine senkrecht geführte Platte mit vier nach der Kastengröße einstellbaren Abhebestiften angehoben. Die Stifte greifen unter den Kastenrand und heben den Kasten von dem (durch Klopfen vorher gelösten) Modell ab. Bei Verwendung einer losen Abstreifplatte, die mit dem Kasten durch die Stifte abgehoben wird, kann die Maschine auch nach Art einer Durchzugsmaschine arbeiten. — Durch Hinzufügen eines Preßholmes und Schlaghebels erhält man eine Handpreßformmaschine (Abb. 52). Der zunächst zurückgeschwenkte Preßholm wird nach Füllen des Formkastens und des aufgelegten Füllrahmens mit Sand in die senkrechte Stellung vorgeschwenkt und dann durch Umlegen des Schlaghebels nach vorn mit der Preßplatte auf den Sand niedergedrückt. Nach erfolgtem Pressen werden Schlaghebel und Preßholm wieder zurückgeschwenkt und der Kasten wie beschrieben abgehoben, nachdem mit Hilfe des vorn befindlichen Losklopfers das Modell in der Form gelöst ist. —

[1] Siehe Gieß. 1927, S. 385.

[2] Elektromagnetische Aushebung von Metallmodellen. Siehe Gieß. 1928, S. 28.

[3] Vgl. Hoffmann: Gesichtspunkte bei der Wahl einer Formmaschine. Stahleisen 1920, S. 281.

Abb. 51. Einfache Abhebeformmaschine (Badische Maschinenfabrik, Durlach).

Abb. 52. Abhebeformmaschine mit Handpressung (Badische Maschinenfabrik, Durlach).

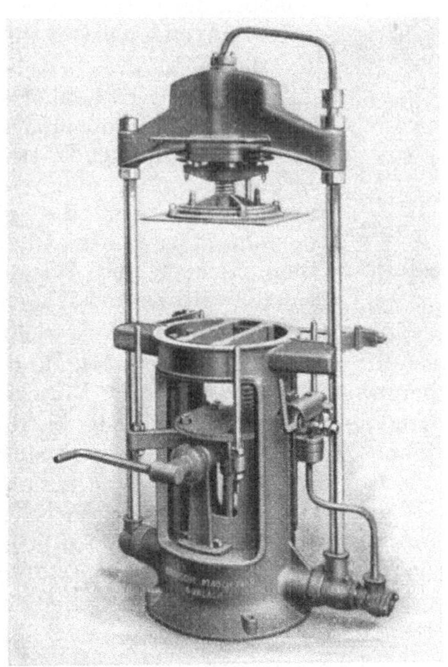

Abb. 53. Abhebeformmaschine mit hydraulischer Pressung (Badische Maschinenfabrik, Durlach).

Abb. 54. Abhebeformmaschine mit hydraulischer Pressung und aufklappbarem Preßholm (Verein. Schmirgel- und Maschinenfabriken, Hannover-Hainholz).

Bei der hydraulischen Preßformmaschine (Abb. 53), die sich in ihrer Arbeitsweise im übrigen nicht von der vorigen unterscheidet, wird die Preßplatte durch einen am Preßholm angeordneten Druckwasserzylinder und Kolben betätigt. Die Maschine kann auch mit hydraulischer Kastenabhebung ausgeführt werden.

Die hydraulische Preßformmaschine mit nach hinten aufklappbarem Preßholm (Abb. 54) arbeitet mit Pressung von unten, wobei zwar Formkasten und Modellplatte als tote Lasten mitgehoben werden müssen, andererseits aber nach erfolgter Pressung ein selbstätiges Zurückgehen der Teile in ihre Anfangsstellung bewirken. Der während des Pressens durch den hinteren Gelenkbolzen und zwei an der Vorderseite angeordnete Zugstangen festgehaltene Preßholm wird nach dem Pressen hochgeklappt und erfordert keinen besonderen Platz neben oder hinter der Maschine wie die ausschwenkbaren oder ausfahrbaren Holme[1]. (Die gleiche Einrichtung ist auch für Wendeplatten- und Rüttel-Preßformmaschinen verwendbar.) Stiftenabhebung wie oben.

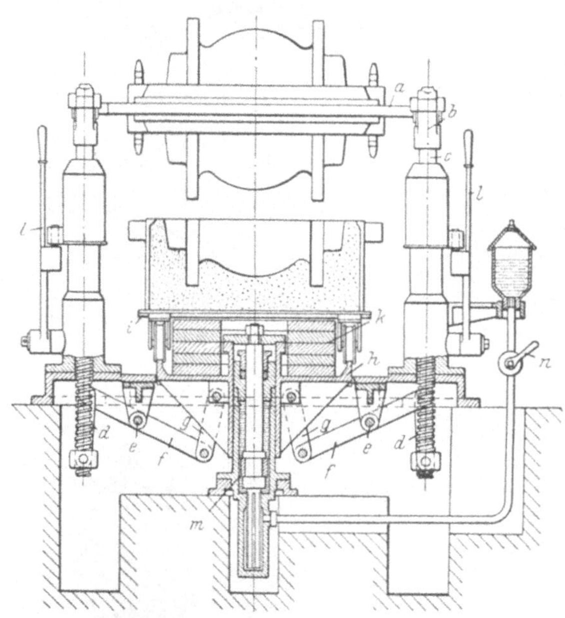

Abb. 55. Wendeplattenformmaschine mit selbsttätiger Modellaushebung der Verein. Schmirgel- und Maschinenfabriken, Hannover-Hainholz. Nach: Lohse, Fortschritte im deutschen Formmaschinenbau. (Gieß. 1925. S. 675.)

Die Wendeplattenformmaschine mit selbsttätiger Modellaushebung (Abb. 55) benutzt das Gewicht des gefüllten Formkastens als Kraftquelle zum Abheben der Form vom Modell. Die Wendeplatte *a* ruht in Lagern *b*, deren Hebestangen *c* durch Lenker *d*, um *e* drehbare Doppelhebel *f* und Stange *g* mit der Platte *h* verbunden sind, die den Formwagen *i* und die nötigen Zusatzgewichte *k* trägt. Beim Senken der Wendeplatte *a* wird also der Wagen *i* gehoben und umgekehrt. Die Hebelübersetzung ist so gewählt, daß die Gewichte von Wendeplatte und Zubehör ausgeglichen sind. Sobald der Formkasten auf die Wendeplatte gesetzt wird, bekommt sie Übergewicht, wird aber durch Vorlegen der mit Anschlägen versehenen Hebel *l* so lange gegen Sinken verriegelt, bis das Aufstampfen und Wenden vollzogen ist. Nach Zurücklegen der Hebel *l* sinkt dann die Wendeplatte, bis der daran hängende Kasten sich auf den Wagen *i* aufsetzt. Nachdem die Verbindung zwischen Wendeplatte und Formkasten gelöst ist, sinkt dieser mit dem Wagen *i*, während gleichzeitig die Wendeplatte hochgeht und das Modell aushebt. Die Ölbremse *m*, durch ein Ventil *n* eingestellt, sorgt für sanftes Ausheben des Modelles. Darauf wird der Wagen zum Abnehmen des fertigen Kastens vorgezogen. Die Herstellung der zweiten Formhälfte geht ebenso vor sich.

Wendeplattenformmaschinen können ebenfalls mit Einrichtung zum Pressen

[1] Vgl. Gieß. 1925, S. 676.

des Sandes von Hand oder durch Druckwasser eingerichtet werden; dabei kann der Preßzylinder oberhalb der Wendeplatte im Preßholm oder unterhalb derselben im Maschinengestell angeordnet sein.

Rüttler (vgl. Abb. 49 und 50) zum Verdichten des Sandes können mit den verschiedensten sonstigen Ausführungen von Formmaschinen, wie einfachen Abhebe-, Durchzugs- und Wendeplattenformmaschinen mit Hand- oder hydraulischer Abhebung usw. vereinigt werden. Als Beispiel diene zunächst die Wendeplattenformmaschine mit Kleinrüttler (Abb. 56), bei der das Trennen von Modell und Form durch Handhebel erfolgt. Der Wenderahmen ist durchbrochen und die Modellplatte lose darin geführt, so daß die Wendeplatte nicht mitgerüttelt wird. Die Modellplatte wird nach dem Rütteln selbsttätig im Wenderahmen verriegelt, sobald dieser zum Wenden hochgehoben wird, und wird erst wieder selbsttätig gelöst, wenn eine neue Form zum Rütteln bereit ist. In den

Abb. 56. Wendeplattenformmaschine mit Kleinrüttler und Handabhebung (Badische Maschinenfabrik, Durlach).

Wenderahmen kann auch eine Durchzugsplatte eingelegt und mit der Abhebevorrichtung, ohne zu wenden, unmittelbar abgehoben oder auch durchgezogen werden. Der ebenfalls mit durchbrochener Platte versehene Formwagen wird auch weder mitgerüttelt noch mitgehoben. — Die Arbeitsweise der Maschine ist folgende: Der Formkasten wird auf die Modellplatte gesetzt und verkeilt, der Füllrahmen aufgelegt, Sand eingeschaufelt oder mit einer mechanischen Füllvorrichtung eingefüllt, einige Sekunden gerüttelt und die Oberseite nachgestampft. Nach Wenden der Form wird das Modell durch einen Druckluftvibrator aus dem Sand gelöst und durch Umlegen des Handhebels ausgehoben. Die fertige Form wird auf dem Formwagen vorgezogen und weggetragen. — Die Maschine kann auch mit einem zweiten, um den Rüttelkolben angeordneten Hubkolben und ausfahrbarem Preßholm zum Nachpressen an Stelle des Nachstampfens von Hand versehen werden (vereinigte Rüttel- und Preßformmaschine)[1]. Hierbei wird nach dem Rütteln der Preßholm über den Kasten gefahren und die Form durch den Druckluft-Hubkolben gegen die Preßplatte gedrückt. Nach Zurückfahren des

[1] Preßrüttler ohne Wendeplatte siehe Gieß. 1928, S. 53.

Preßholms setzt sich der Arbeitsvorgang wie oben fort. Bei niedrigen Modellen kann man den Sand, ohne zu rütteln, einfach pressen.

Bei der Umroll-Rüttelformmaschine (Abb. 57), die hauptsächlich für große Formen bestimmt ist, sind über dem Rüttler a zwei Wendeplatten d_1 und d_2 angeordnet, um unmittelbar nacheinander Unter- und Oberkasten einer Form herstellen zu können. Der Arbeitsvorgang ist folgender: Auf die über dem Rüttler a stehende Wendeplatte d_1 wird der Formkasten aufgesetzt und verklammert. Hierauf werden durch vier Abhebezylinder b, deren Kolben durch Welle f und Kegelräder zwangläufig verbunden sind, die den Umrollwagen c tragenden Schienen e so weit gesenkt, daß die Wendeplatte d_1 auf dem Tisch des Rüttlers a ruht (Stellung wie in Abb. 57 links). Nach Lösen der Verbindung zwischen Wagen c und Wendeplatte d_1 wird gerüttelt und nachgestampft. Dann wird der Kasten mit den Schienen und dem Wagen wieder angehoben, mit diesem wieder gekuppelt (Stellung wie in Abb. 57 rechts) und der Wagen nach rechts gefahren; dabei werden die beiden Wendeplatten durch die von den Wagenlaufrollen angetriebene Kette um 180° gedreht. Werden jetzt die Schienen gesenkt, so setzt sich der fertig gerüttelte Kasten auf die Ablegeschienen h_1, während sich die Wendeplatte d_2 auf den Tisch des Rüttlers a legt. (Rütteln des zweiten Kastens wie oben.) Nach Lösen des auf die Schiene h_1 gesetzten Kastens von der Wendeplatte d_1 wird durch Anheben der Fahrschiene e das Modell ausgehoben. Nach Rütteln des zweiten Kastens wird der Wagen nach links verschoben, und die Vorgänge wiederholen sich entsprechend.

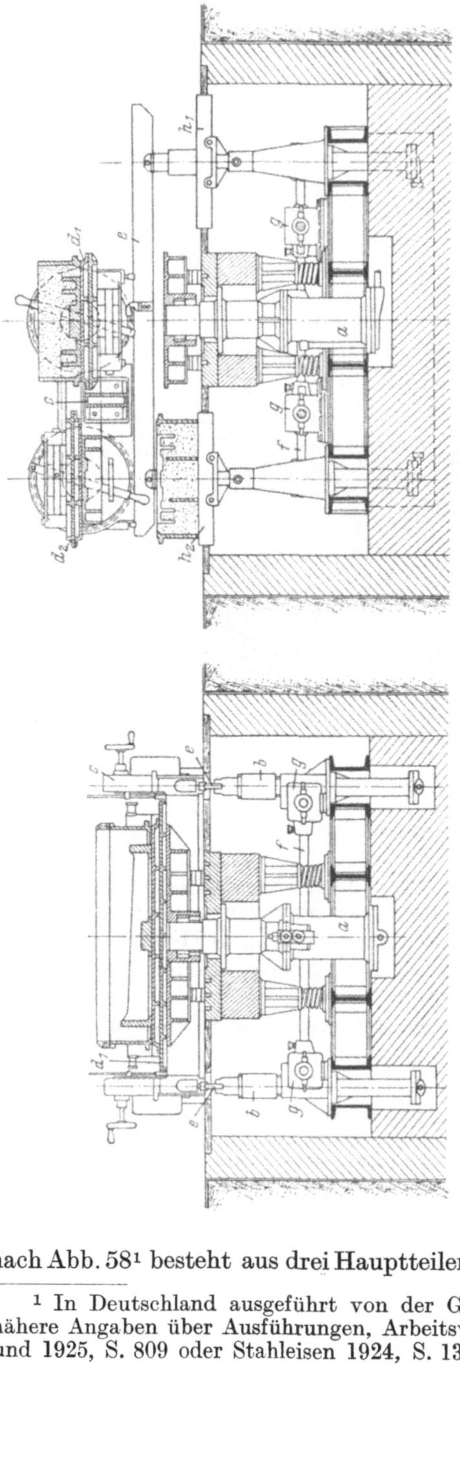

Abb. 57. Umroll-Rüttelformmaschine der Verein. Schmirgel- und Maschinenfabriken, Hannover-Hainholz. Nach: Lohse, Fortschritte im deutschen Formmaschinenbau. (Gieß. 1925, S. 680.)

Der Sandschleuderer (Sandslinger von Beardsley & Piper) nach Abb. 58[1] besteht aus drei Hauptteilen: einem Becherwerk, einem Schüttelsieb

[1] In Deutschland ausgeführt von der Graue-A. G. in Langenhagen bei Hannover; nähere Angaben über Ausführungen, Arbeitsweise und Leistung siehe Gieß. 1924, S. 665 und 1925, S. 809 oder Stahleisen 1924, S. 1374.

und einem Gelenkarm mit Schleuderrad, die je durch einen besonderen Motor angetrieben werden. Der durch das Becherwerk auf das Schüttelsieb beförderte Sand fällt durch dieses in einen Trichter, während die Rückstände über eine Rinne einem auf dem Gelenkarm stehenden, von Zeit zu Zeit zu entleerenden Kasten zugeführt werden. Der gesiebte Sand wird aus dem Trichter durch ein Förderband dem Schleuderbecher zugeleitet und durch diesen in den Formkasten geschleudert. An der Vorderseite des das Schleuderrad umschließenden Gehäuses sitzen zwei Handgriffe, mit denen der Former den 3 m langen Gelenkarm über dem Formkasten hin und her schwenken kann. Da sämtliche drehbaren Teile der Maschine auf Kugeln laufen und gut ausgewichtet sind, so ist der Schwenkarm sehr leicht beweglich. Die Ein- und Ausschaltknöpfe für die Motoren liegen am Schleuderkopf für den Ar-

Abb. 58. Sandschleuderer (Graue A.-G. Langenhagen bei Hannover).

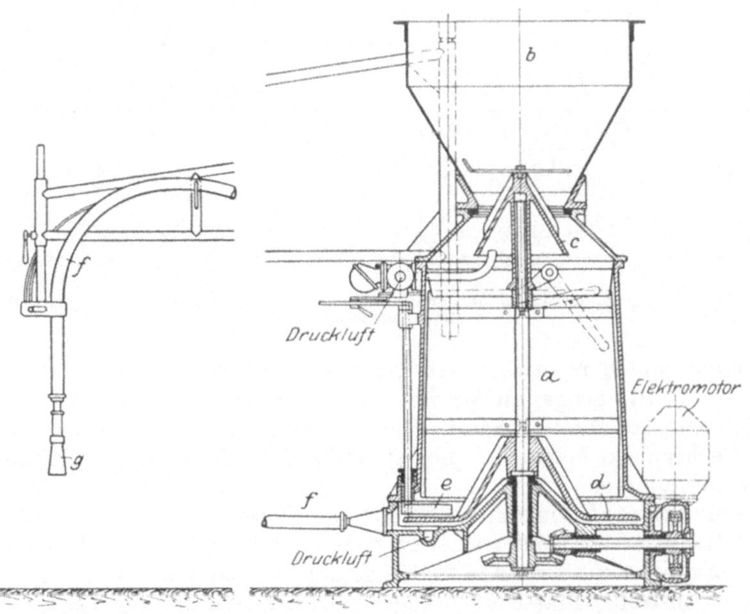

Abb. 59. Druckluft-Sandschleuderer (Badische Maschinenfabrik, Durlach).

beiter bequem erreichbar, der den Schleuderkopf nun je nach der gewünschten Sanddichte langsamer oder schneller über den Formkasten hinwegführt, bis derselbe gefüllt ist. Die Maschine wird ortsfest und ortsbeweglich (am Kran hängend oder auf Schienen fahrbar) ausgeführt.

Der Druckluft-Sandschleuderer (Abb. 59) besteht im wesentlichen aus einem Druckapparat *a* mit darüber befindlichem Sandbehälter *b*, der durch ein mittels Handhebels betätigtes Kegelventil *c* nach unten abgeschlossen werden kann, dem durch Motor und Rädervorgelege in langsame Drehung versetzten Zuteilteller *d*, einem von außen verstellbaren Abstreifer *e*, der die zu schleudernde Sandmenge regelt, und einem Schlauch *f* mit der Blasdüse *g*. Durch den unter dem Zuteilteller austretenden Luftstrahl wird der vom Abstreifer abgestrichene Sand durch den Schlauch der Blasdüse zugeführt, hier von der Luft getrennt und in gleichmäßigem Strom in die Form geschleudert. Die leicht bewegliche Blasdüse gestattet das Sandschleudern senkrecht und schräg nach unten, so daß eine gute Sandverdichtung auch an steilen Wänden und unter den Querwänden des Formkastens erzielt wird. Die Luftpressung beträgt 1,5÷2,5 atü, für eine

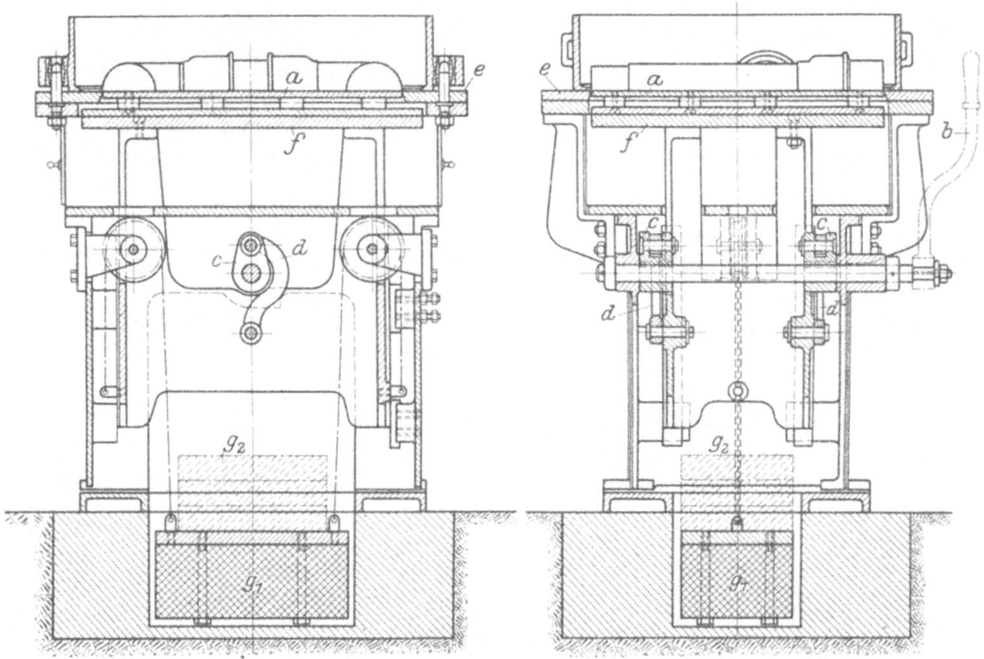

Abb. 60. Durchzugsformmaschine für Handbetrieb (Verein. Schmirgel- und Maschinenfabriken, Hannover-Hainholz).

Schlauchlänge von 8 m etwa 2 atü (größte Schlauchlänge etwa 20 m). Luftbedarf je nach Sandmenge und Verdichtung 5÷8 m³/min bei einer Leistung von 5÷15 m³/h an verdichtetem Sand. Die Maschine wird auch fahrbar ausgeführt und mit Becherwerk, Magnetabscheider und Schüttelsieb zum Füllen des Sandbehälters ausgestattet.

Eine Durchzugsformmaschine für Handbetrieb veranschaulicht Abb. 60. Nach Aufstampfen des Kastens wird die Modellplatte *a* durch Herumlegen des vorderen Handhebels *b*, Kurbeln *c* und Zugstangen *d* nach unten durch die Durchzugs- (bzw. Abstreif-) Platte *e* durchgezogen und darauf der Kasten von der Maschine abgehoben. Das Gewicht des die Modellplatte tragenden Tisches *f* nebst Zubehör ist durch Gegengewichte g_1 und g_2 ausgeglichen.

Die hydrauliche Preßformmaschine mit Handabhebung und Abstreifplatte (Abb. 61) preßt den in den Formkasten und Füllrahmen eingefüllten Sand durch Anheben des Tisches *a* durch den Preßkolben *b* gegen die mit ihrem Wagen über den Kasten gefahrene Preßplatte *c*, die durch Handrad und Schraubenspindel der Kastenhöhe entsprechend eingestellt werden kann. Nachdem der Kolben mit dem ganzen Tischaufbau wieder gesenkt ist, wird durch Herumlegen des Handhebels *d* mit Kurbel *e* und Zugstange *f* das Querhaupt *g* mit dem Abhebetisch *h* gehoben. Dabei fassen die in *h* sitzenden Abhebestifte *i* und *k* unter die Abstreifplatte *l* bzw. unter den Formkasten und heben beide

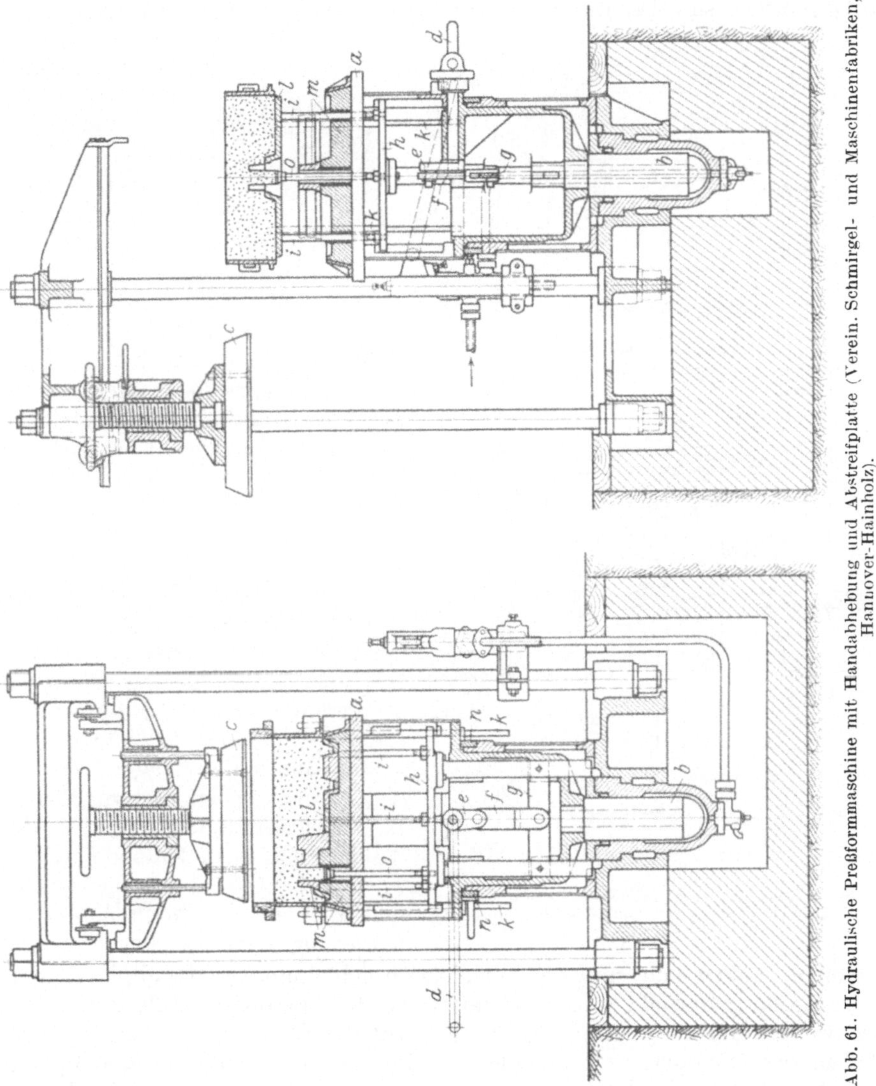

Abb. 61. Hydraulische Preßformmaschine mit Handabhebung und Abstreifplatte (Verein. Schmirgel- und Maschinenfabriken, Hannover-Hainholz).

von der Modellplatte *m* ab (vgl. Seitenansicht). Durch Verschieben der Riegel *n* werden die den Kasten tragenden Stifte *k* gestützt und halten den Kasten in der Höchstlage fest, wenn der Tisch *h* mit den Stiften *i* und der Abstreifplatte *l* durch Zurückdrehen des Handhebels *d* wieder gesenkt wird. Bei diesem Verfahren können, wie Abb. 61 zeigt, u. U. auch Kerne mitgeformt und durch gleichfalls im Abhebetisch *h* befestigte Ausdrückstifte *o* ausgedrückt werden.

Die hydrauliche Formmaschine für kastenlosen Guß (Abb. 62) arbeitet mit doppelter Pressung; es werden also in einem Hub beide Formhälften fertiggestellt. Nach Einlegen eines Bodenbrettes *a* in den Unterkasten *b* und Einfüllen des nötigen Sandes wird die um die Säule *c* schwenkbare Modellplatte *d* eingeschwenkt und durch den Handhebel *e* der an zwei über Rollen geführten Ketten mit Gegengewicht aufgehängte Oberkasten *f* auf die Modellplatte herabgelassen und mit Sand gefüllt. Wird jetzt das durch Handhebel betätigte Steuerventil *g* geöffnet, so gehen durch den Preßwasserdruck die Kolben *h* und *i* gemeinsam hoch, wobei der Kolben *h* nicht nur die untere Preßplatte *k* sondern auch den Formkastenträger *l* mitnimmt, indem er mit seinen radialen Ansätzen unter entsprechende Ansätze in dem Steg des Formkastenträgers *l* greift. Beim Hochgehen schwenkt der Unterkasten *b* durch eine an ihm befestigte Stange *m* und Hebel *n* die obere Preßplatte *o* in die Arbeitslage (vgl. Nebenskizze). Beim Weitersteigen des Unterkastens *b* wird auch Modellplatte *d* mit dem darauf ruhenden Oberkasten *f* gehoben und dadurch der Sand in beiden Kästen gegen die Modellplatte gepreßt. Sobald der mit der Sandverdichtung zunehmende Gegendruck vom Kolben *h* nicht mehr überwunden werden kann, bleibt derselbe stehen und stützt den Unterkasten durch den Träger *l*, während der Kolben *i* die weitere Pressung besorgt, indem er durch seine Ansätze *p* die lose auf dem Kolben *h* sitzende Preßplatte *k* weiter anhebt. Nach dem Pressen wird durch Umlegen der Steuerung *g* das Wasser abgelassen, die Kolben senken sich, und die Formkästen gehen mit der Modellplatte in ihre frühere Stellung zurück, wobei der untere Kasten die obere Preßplatte *o* wieder ausschwenkt und sich schließlich wieder auf die Stellringe *q* aufsetzt. Nach Abheben des Oberkastens *f* mittels des Handhebels *e* wird die Modellplatte *d* ausgeschwenkt; hierbei drehen die Hebel *r* und *s* durch einen Arm *t* den Kolben *i* und den in ihm mit Feder und Nut geführten Kolben *h* so weit, daß die radialen Ansätze des letzteren in Aussparungen im Quersteg des Kastenträgers *l* zu stehen kommen und die Verriegelung beider aufgehoben wird, während andererseits der Kolben *i* mit radialen Nasen an der Innenseite seiner oberen Haube unter entsprechende Nasen des Zylinders *u* greift und dadurch mit diesem verriegelt wird. Wird jetzt durch den Handhebel *e* der Oberkasten auf den Unterkasten niedergelassen und durch Steuerventil *g* Druck gegeben, dann drückt der hoch-

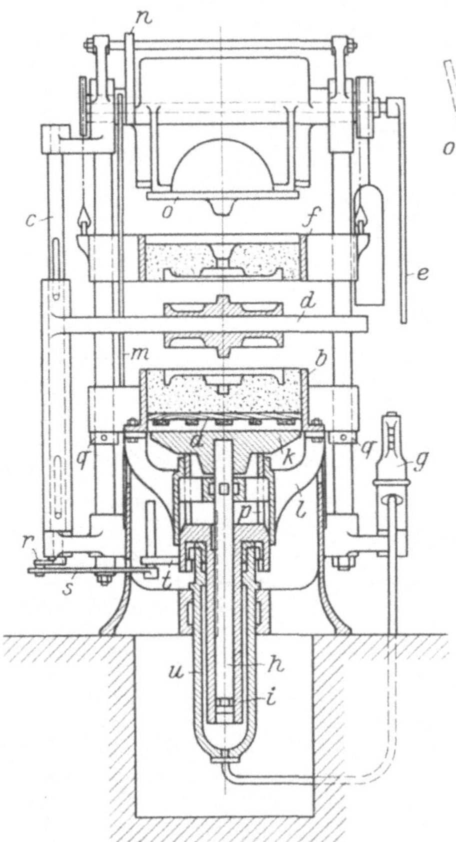

Abb. 62. Hydraulische Preßformmaschine für kastenlosen Guß. (Verein Schmirgel- und Maschinenfabriken, Hannover-Hainholz).

gehende Kolben h die fertige Sandform aus beiden Kästen heraus, während der Kolben i stillsteht. — Der Vorteil dieser patentierten Bauart besteht darin, daß der nur zum Stützen des Unterkastens und zum Ausdrücken der Sandform dienende Kolben h im Durchmesser klein gehalten werden kann, so daß nicht mehr Wasser als unbedingt erforderlich verbraucht wird. Die obere Preßplatte kann wegen ihrer Ausschwenkbarkeit ziemlich tief angeordnet werden, ohne das Einfüllen des Sandes zu behindern, wodurch der erforderliche Kolbenhub verringert und damit eine weitere Druckwasserersparnis erzielt wird.

Bei der fahrbaren Handformmaschine für kastenlosen Guß (Abb. 63) ist die in der Höhe verstellbare, mit Gegengewichten versehene Preßvorrichtung nach hinten umlegbar. Die dabei aufgespeicherte Energie wird zum Zurückschwenken in die Arbeitsstellung benutzt. Pressen und Abheben erfolgt von Hand (ähnlich wie bei der Maschine nach Abb. 52). Auf den Tisch wird zunächst ein Aufstampfboden aus Holz und auf diesen die Modellplatte gelegt, der Unterkasten darüber gesetzt und mit Sand gefüllt, ein Unterboden mit der Hand eingedrückt, das Ganze gewendet und alsdann der Oberkasten aufgesetzt und mit Sand gefüllt. Dann folgt das Pressen. Nach dem Pressen wird unter Einschaltung des Druckluftklopfers zunächst der Oberkasten und dann die Modellplatte abgehoben und dann der Oberkasten zum Nachsehen der Form bzw. zum Einlegen von Kernen mittels an den hinteren Anhebestiften sitzender Gelenke hochgeklappt (vgl. Abb. 63). Die lose Modellplatte wird über die Wärmestelle des zur Maschine gehörenden, ebenfalls fahrbaren Gerätewagens gelegt. Nachdem der Oberkasten wieder heruntergeklappt und durch Senken der Abhebevorrichtung auf den Unterkasten gesetzt ist, werden die Abschlagkästen gelöst und die Form auf dem Unterboden fortgetragen. Auf dem Gerätewagen werden alle erforderlichen Geräte abgelegt; er trägt ferner einen Modellsandbehälter, der durch Ziehen an einem Griff eine vorher bestimmte Menge Modellsand in das untergehaltene Sieb abgibt. Links neben dem Sandbehälter befindet sich die mit Grudekoks geheizte Anwärmevorrichtung für die Modellplatten. Maschine und Gerätewagen werden entsprechend dem Absetzen der fertigen Formen von Zeit zu Zeit weitergefahren, so daß der Former keine unnötigen Wege zu machen hat. Der Füllsand ist parallel zur Fahrtrichtung angehäuft.

Abb. 63. Fahrbare Handformmaschine für kastenlosen Guß (Vosswerke A.-G., Sarstedt bei Hannover).

2. Die Sandformerei nach Schablone

erspart nicht nur teuere Modelle, sondern gibt auch genauere Formen als diese, die sich mit der Zeit immer mehr oder weniger verziehen, verursacht jedoch höhere Formerlöhne.

Bei dem am meisten vorkommenden Schablonieren von Drehkörpern,

[1] Vgl. Schrage: Neuzeitliche Schablonenformerei. Gieß.-Zg. 1927, S. 589.

wie z. B. eines Gehäusedeckels nach Abb. 64, wird die Schablone an einem Arm (Fahne) befestigt, der mittels eines Stellringes auf richtige Höhe auf der Schablonierspindel einstellbar und um diese drehbar ist. Die Schablone kann an dem Arm wagerecht auf genauen Durchmesser eingestellt werden. Die Schablonierspindel steckt, genau senkrecht ausgerichtet, in einem mit Grundplatte versehenen Fuß, der im Boden der Gießerei, vielfach auf einem besonderen Fundament, steht und nach Fertigstellung der Form dort stehen bleibt. — Die Herstellung der Form gestaltet sich in ihren Hauptarbeitsgängen folgendermaßen: Zuerst wird mit der Oberteilschablone 1 eine „falsche Form“ oder Lehre schabloniert, ihre Oberfläche danach glatt poliert und mit Streusand bestreut, um — nach Aufsetzen des zweiten Kastens — darauf den Oberkasten aufzustampfen. Dieser wird dann abgehoben, gewendet und mit der Gegenschablone 2 nachgeprüft

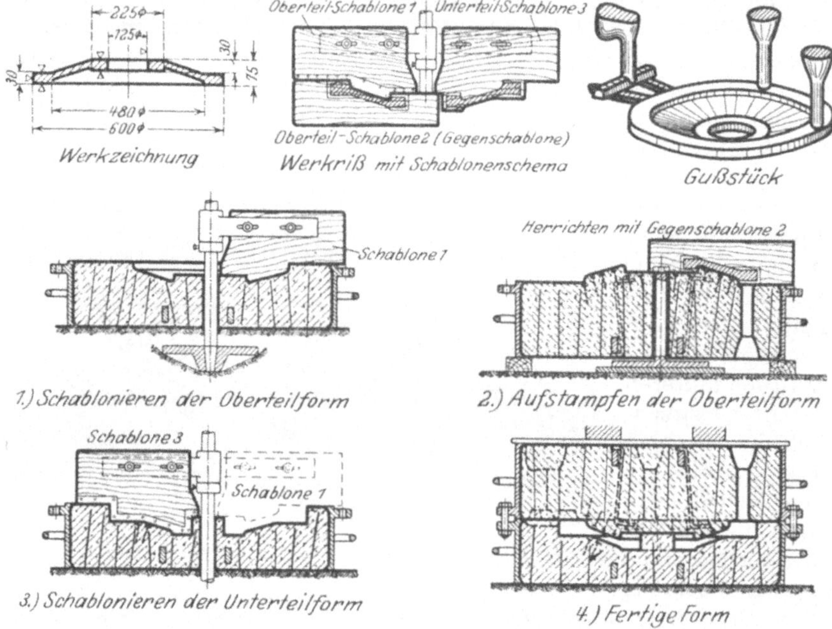

Abb. 64. Schablonieren der Form für einen Gehäusedeckel. (Nach Formerlehrgang des DATSCH.)

und nach Bedarf nachgearbeitet. Darauf wird der Unterkasten mit der Schablone 3 weiter aus- bzw. fertigschabloniert, glattpoliert usw. und schließlich die Form zusammengesetzt. Wie bei jeder Form muß man natürlich auch hier Steiger- und Eingußmodelle setzen, Einläufe anschneiden, Luft stechen usw. Nach Herausziehen der Schablonierspindel werden die durch sie verursachten Hohlräume in der Form nötigenfalls mit Sand ausgefüllt. Die Schablonen 1 und 3 können in einem Stück hergestellt werden, wobei z. B. die Oberkante des Brettes die Schablone 1 und die Unterkante die Schablone 3 bildet. Man kann auch die Unterkastenschablone 3 durch Ansetzen eines entsprechenden Zusatzbrettes an die Oberkastenschablone 1 herstellen und dadurch an Holz sparen; außerdem braucht die 2. Schablone dann nicht besonders in der Höhe eingestellt zu werden.

An die Stelle des Unterkastens tritt bei der Schablonenformerei in der Regel der Herd der Gießerei; dabei ist durch eine mitschablonierte Kegelfläche, das „Schloß“, für ein gutes Aufeinanderpassen der beiden Formhälften und (z. B. durch ein Koksbett) für gute Entlüftung der Unterform zu sorgen. Als Beispiel diene die Schwungradform nach Abb. 65. Das Schablonieren und Aufstampfen geht im wesentlichen wie oben beschrieben vor sich. Die Nabe wird entweder mitschabloniert oder nach Modell (Abb. 65) geformt. Die Arme können auf verschiedene Weise geformt werden, nämlich nach Modell, mit Schablone oder mit Kernstücken. Beim Formen nach Modell benutzt man zweckmäßig kein ganzes Armkreuz sondern nur ein Halbmodell für einen Arm, legt dasselbe mit der ebenen Fläche mit Hilfe einer auf der Schablonierspindel befestigten Teilscheibe und eines schwenkbaren Lineales an den vorher bestimmten Stellen nacheinander auf und zeichnet durch Umfahren des Modelles mit einer Reißnadel seinen Umriß auf der Oberfläche des Formunterteiles ab, so daß er sich beim Aufstampfen des Oberkastens auch auf dessen Trennfläche abzeichnet. Ist der Oberkasten aufgestampft und abgehoben, dann hebt man an den betreffenden Stellen dem Armmodell entsprechend Sand aus, formt das Modell der Reihe nach an den einzelnen Stellen ein und hebt es aus. — Das Einformen im Oberkasten kann man sparen, wenn man nach Schablonieren der Lehre für den Oberkasten in diese ein vollständiges Armkreuzmodell einlegt und dann erst den Oberkasten aufstampft. Dieses Modell

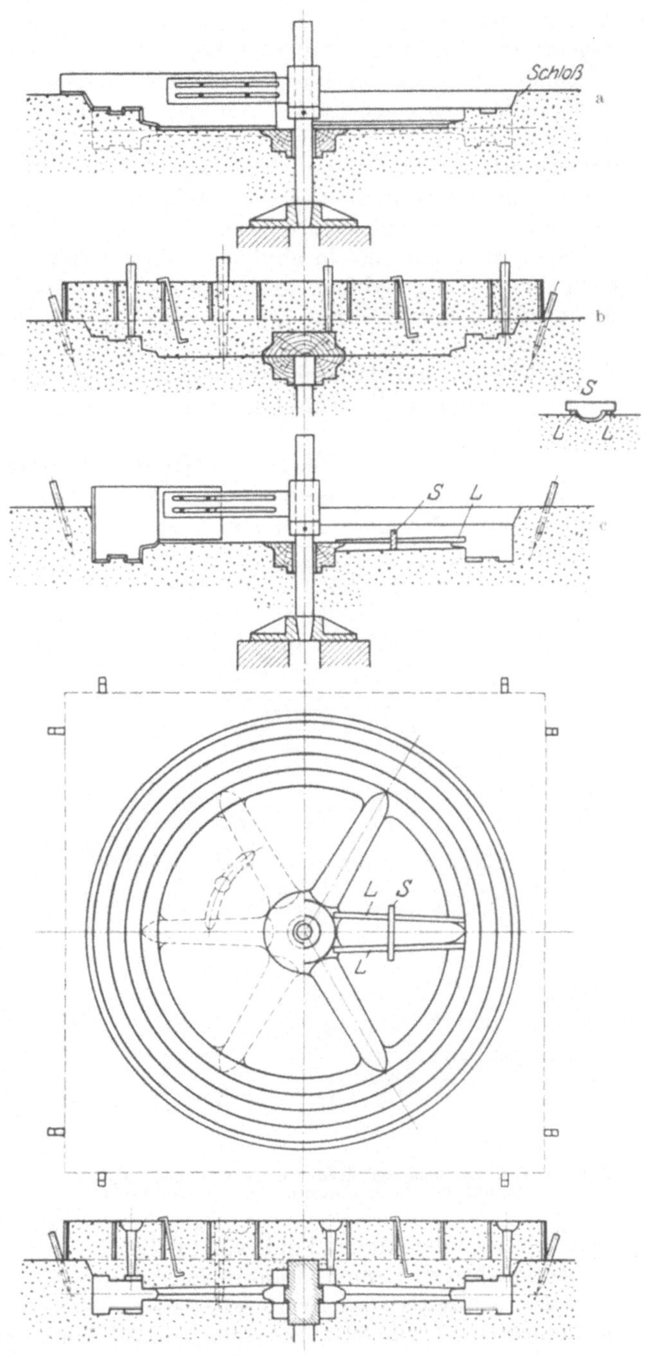

a Schablonieren der „falschen Form" (Lehre) für den Oberkasten. b Aufstampfen des Oberkastens. c und d Schablonieren des Formunterteils. e Fertige Form.

Abb. 65. Schablonieren einer Schwungradform.

wird am besten nicht in einem Stück aus Holz hergestellt, sondern aus einzelnen Armen zusammengesetzt, die nach Art von Kernen aus Lehm oder Masse angefertigt und nach Aufstampfen und Abheben des Oberkastens herausgenommen werden. — Werden die Arme zunächst nicht mitgeformt sondern nachträglich aus Ober- und Unterform ausschabloniert (Abb. 65), so wird die Schablone *S*, die in der Breite dem kleinsten, in der Höhe dem größten Armquerschnitt entspricht, an zwei Leisten *L* geführt; diese sind gegeneinander und mit ihrer Oberkante gegen die Wagerechte so geneigt, daß die Arme die gewünschte Verjüngung erhalten. Die Stellen, wo die Arme ausschabloniert werden sollen, werden zunächst in ähnlicher Weise ermittelt und die Umrisse der Arme nach einer Umrißschablone aufgezeichnet, wie vorher beim Formen mit einzelnen Armmodellen beschrieben.

In ähnlicher Weise können auch sonstige gerade oder gekrümmte Teile, z. B. Rohrkrümmer, und dazugehörige Kerne (siehe S. 111) schabloniert werden; die Führungsleisten für die Schablone müssen nur entsprechend geformt sein.

3. Sonderformverfahren.

Für die Massenfertigung bestimmter Sondererzeugnisse, wie Gas- und Wasserleitungsröhren, Kanalisationsteile, Kochtöpfe, gibt es Sonderformverfahren, auf die hier nicht näher eingegangen werden soll; für Maschinenfabriken haben nur die Riemenscheiben-und Zahnradformerei Bedeutung.

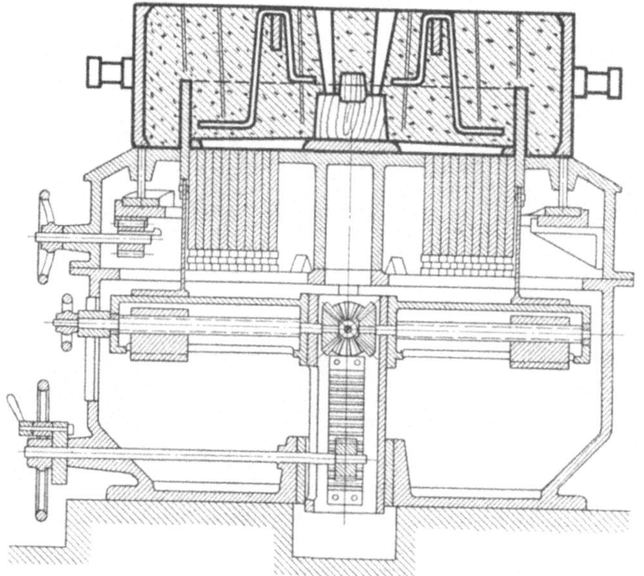

Abb. 66. Teleskop-Riemenscheibenformmaschine mit aufgestampfter Formhälfte. (Nach: Formerlehrgang des DATSCH.)

Das Formen von Riemenscheiben erfolgt, sofern es sich um einzelne Abgüsse handelt, von Hand, und zwar je nach Größe nach Modell oder nach Schablone; ist eine bestimmte Riemenscheibe laufend herzustellen, dann formt man mit Maschine, und zwar möglichst auf einer Durchzugsformmaschine, weil sie für das Herausziehen des verhältnismäßig dünnen und breiten Kranzes aus der Form sich besonders eignet. Sind, wie z. B. bei Transmissionsfabriken, zwar dauernd Riemenscheiben zu formen, ändern sich bei diesen aber die Durchmesser und insbesondere die Breiten, dann verwendet man sogenannte Teleskop-Riemenscheibenformmaschinen (Abb. 66) mit einer Anzahl konzentrisch angeordneter, genau ineinander passender und in der Höhe verstellbarer Hohlzylinder, von denen jeweils einer als Kranzmodell benutzt und zu dem Zweck um die halbe Kranzbreite über die Durchzugsplatte angehoben wird. Jeder Hohlzylinder hat an der Unterseite vier Schwalbenschwanznuten, in die vier auf einem Armkreuz durch Schraubenspindel radial verschiebbare Finger eingreifen. Durch Anheben bzw.

Senken des Armkreuzes mit Ritzel und Zahnstange wird das betreffende Kranzmodell hochgeschoben und nach Aufstampfen der Form aus dieser wieder herausgezogen. Das Abheben des Formkastens erfolgt durch Stifte, im vorliegenden Falle durch einen an der Oberseite mit Hubnocken versehenen Ring, der durch Ritzel und Zahnsegment gedreht wird. Zu jedem Riemenscheibendurchmesser ist ein Armkreuzmodell (meist aus Metall) und ein Nabenmodell erforderlich, dieses meist aus Holz hergestellt, weil Länge, Durchmesser und Lage der Nabe zur Mittelebene der Scheibe oft wechseln. — Dieses Formverfahren hat den Vorteil, daß nicht für jede Kranzbreite ein neues Modell anzufertigen ist (kurze Lieferfristen!) und daß infolge des Durchzugsverfahrens der Kranz nicht nach außen verjüngt zu werden braucht, sondern mit gleichbleibender Wandstärke und leicht aus-

Abb. 67. Zahnradformmaschine auf Säule (Badische Maschinenfabrik, Durlach).

geführt werden kann. Einmaliges Überdrehen genügt, da so geformte Scheiben ohnehin gut rundlaufen und die Kranzbreite genau stimmt.

Das Formen von Zahnrädern mit gegossenen Zähnen nach einem vollständigen Modell wird verhältnismäßig selten und nur bei kleineren Rädern vorkommen. Ein genaues Modell ist teuer; Holzmodelle werden durch Verziehen usw. bald ungenau. Bei Handformerei ist viel an der Form auszubessern. Bei größeren Stückzahlen wählt man eine Durchzugsformmaschine oder eine Abhebeformmaschine mit Abstreifplatte. Die Durchzugs- oder Abstreifplatte stellt man zweckmäßig aus Weißmetall durch Umgießen des Modelles her, um mechanische Bearbeitung wie bei Gußeisenplatten zu ersparen. Dem Nachteil des schnelleren Verschleißes steht als Vorteil der billigere und leichtere Ersatz gegenüber.

Größere Zahnräder werden in ähnlicher Weise geformt wie das Schwungrad in Abb. 65. Der Kranz des Rades wird mit etwas größerem Durchmesser glatt zylindrisch schabloniert, und hinterher werden die Sandblöckchen für die einzelnen Zahnlücken nach einem kleinen Modell eingestampft. Zum wiederholten Einsetzen und Herausheben desselben dient eine Zahnradformmaschine (Abb. 67). Die Säule *o* der Maschine wird über die Schablonierspindel gestülpt und

Abb. 68. Tisch-Zahnradformmaschine (Badische Maschinenfabrik, Durlach).

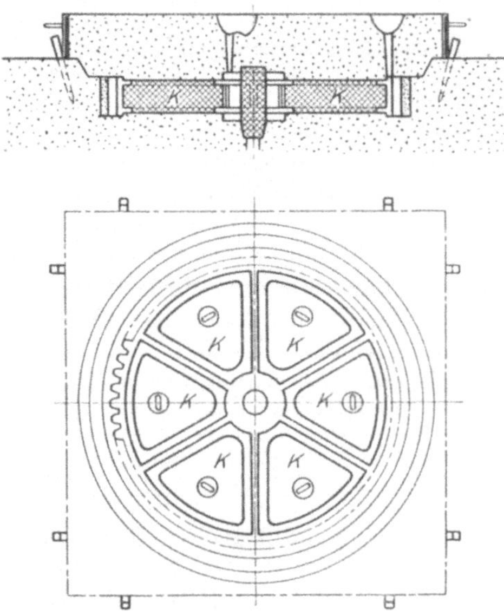

Abb. 69. Zahnradform mit Kernstücken für die Arme.

ist nicht drehbar. Der wagerechte Arm ist mittels des Handrades *a* radial verstellbar und mittels Teilvorrichtung im Kreise schwenkbar; er trägt einen durch das kleine Handrad, Zahnräder und Zahnstange senkrecht verstellbaren Stößel, an dessen unterem Ende das Zahnlückmodell befestigt wird. Das Modell wird auf Durchmesser und Tiefe richtig eingestellt und die Tiefenstellung durch einen Stellring *d* am Stößel festgelegt. Alsdann wird der Hohlraum des Modelles mit Sand ausgestampft und dieser an der Oberseite glattgestrichen und poliert. Nunmehr legt man (bei Stirnrädern) ein Brettchen vom Profil der Zahnlücke auf das eben gestampfte Sandblöckchen und hält dieses damit beim Anheben des Modelles fest. Dann wird der Arm mittels des Teilmechanismus um eine Zahnteilung gedreht, das Zahnlückenmodell wieder auf die Form gesenkt, und das Spiel wiederholt sich, bis alle Zahnlücken auf diese Weise geformt sind. — Beim Formen der ersten Zahnlücke muß außer dem auf einer Seite des Modelles angeschraubten Dammbrettchen auf der anderen Seite ein ebensolches dagegengelegt werden; beim letzten Zahn muß das feste Dammbrettchen zuvor entfernt werden. — Der Teilmechanismus besteht aus Handkurbel, Wechselrädern, Schnecke und Schneckenrad; die Wechselräder sind so zu wählen, daß bei einer Umdrehung der Kurbel der Arm um eine Zahnteilung geschwenkt wird. — Wird nicht im Herd sondern im zweiteiligen Kasten geformt, dann wird eine Zahnradformmaschine mit durch Teilmechanismus drehbarem Tisch (Abbild. 68) benutzt, und es wird der Tisch mit dem Formkasten immer um eine Zahnteilung gedreht und das Zahnlückenmodell nur gehoben und gesenkt. Die den Ausleger tragende Säule steht seitlich neben dem Maschinentisch. Die Schablonierspindel wird in den Tisch gesteckt und nach Gebrauch herausgezogen. — Das Formen von Kegelrädern (vgl. Abb. 68) geht in entsprechender Weise vor sich; Räder mit Winkelzähnen, Schrauben- und Schneckenräder lassen sich ebenfalls formen, doch muß das Modell dabei entweder radial oder nach einer Schraubenlinie herausgezogen werden[1]. Die Arme der Zahnräder werden je nach ihrem Querschnitt nach Modell geformt oder schabloniert (vgl. das Formen des Schwungrades auf S. 103 und Abb. 65) oder durch Kernstücke *K* nach Abb. 69 gebildet, die den ganzen Raum innerhalb des Radkranzes ausfüllen und nur zwischen sich die Hohlräume für die Arme freilassen. Sie können u. U. auch die Form für die Nabe bilden.

F. Lehmformerei[2].

Lehmformen werden nach Schablone und ohne Formkästen als sogenannte „freie Formen" hergestellt und besonders für höhere Formen verwendet. Sie

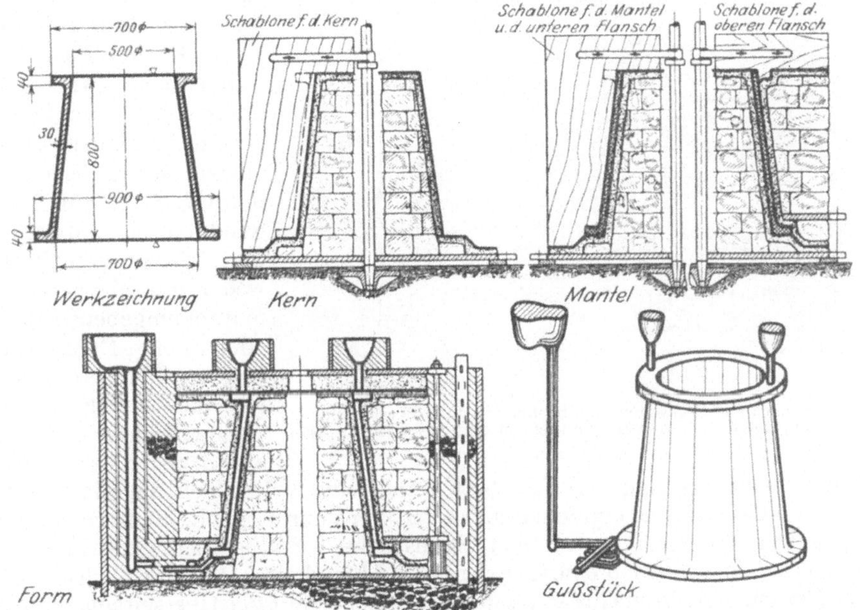

Abb. 70. Herstellung der Lehmform (Schablonenform) für ein Übergangsrohr. (Nach Formerlehrgang des DATSCH.)

werden in der Hauptsache aus Ziegel- oder Lehmsteinen mit Lehm als Bindemittel aufgemauert und an den Formwandungen mit einer Lehmschicht überzogen, die auf genauen Umriß schabloniert wird. Beim Formen von Hohlkörpern kann man zwei verschiedene Verfahren anwenden. Beim ersten Verfahren (Abb. 70) wird zunächst der Kern hergestellt, getrocknet und geschwärzt. Nach Trocknen dieses Überzuges wird eine weitere Lehmschicht aufgetragen und mittels einer zweiten Schablone auf Außenform des Gußstückes schabloniert. Ist diese, Hemd oder falsche Eisenstärke genannte Schicht, ebenfalls getrocknet und geschwärzt, dann wird darauf der Mantel der Form durch Aufbringen einer Lehm-

[1] Schnecken-Formmaschine mit nach Leitspindel geführtem Schablonierzahn siehe Stahleisen 1905, S. 1016.

[2] Weitere Einzelheiten vgl. Geissel: Die Lehmformerei. Gieß.-Zg. 1927, S. 29.

schicht und Ummauern des Ganzen hergestellt und getrocknet. Der Mantel ruht ebenso wie der Kern auf einer eisernen Grundplatte, um ihn nach dem Trocknen sicher abheben und später mit dem Kern verankern zu können. (Die Grundplatte ist mehrteilig, wenn der Mantel nicht im ganzen abgehoben werden kann.) Im vorliegenden Falle muß mit einer dritten Schablone noch der obere Flansch ausschabloniert und ferner ein Deckel hergestellt und aufgesetzt werden, der die für die Steiger nötigen Öffnungen enthält. Nach Abheben von Deckel und Mantel wird das „Hemd“ abgeklopft, die Form nach Bedarf ausgebessert, geschlichtet, geschwärzt, nachgetrocknet und schließlich wieder zusammengesetzt, wobei zwischen Kern und Mantel ein der Wandstärke entsprechender Hohlraum verbleibt. — Bei dem anderen Verfahren werden Kern und Mantel unabhängig voneinander hergestellt und danach genau zusammengesetzt. Dadurch wird die Herstellungszeit wesentlich verkürzt, weil das Aufbringen und Abklopfen des Hemdes fortfällt. Voraussetzung ist aber im allgemeinen ein ungeteilter Mantel.

In beiden Fällen empfiehlt es sich, die Form zunächst auf einem auf Gleisen fahrbaren Wagen herzustellen, um sie bequem in die Trockenkammer fahren und wieder herausholen zu können. Nach dem Zusammensetzen von Kern, Mantel und Deckel und Verankern der einzelnen Teile miteinander wird die ganze Form zum Schutz gegen Seitendruck des eingegossenen Eisens verdämmt, d. h. mit einem Sandmantel umstampft und zu dem Zweck entweder mit einem Blechmantel umgeben (Abb. 70) oder in eine Dammgrube gesetzt. Beim Aufstampfen dieses Sandmantels ist Gießtrichter und Luftabführungsrohr anzubringen. Unter letzterem liegt ein Koksbett, ferner eine Koksschicht im Sandmantel.

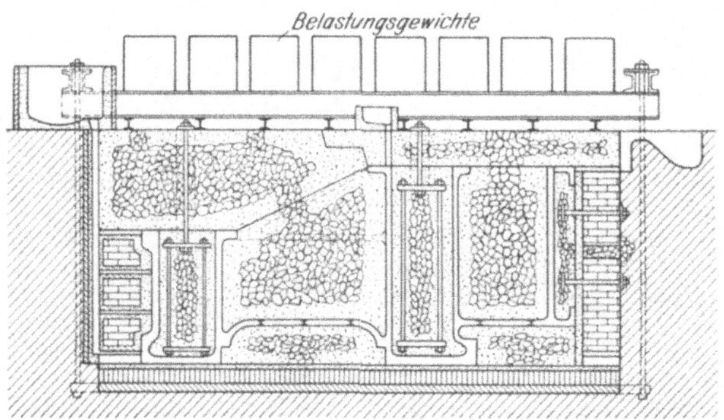

Abb. 71. Formen eines schweren Drehbankbettes durch Kernstücke. (Nach: Leber, Poesie und Prosa aus der Gießerei, Stahleisen 1909, S. 625.)

In manchen Fällen ist es einfacher oder überhaupt nur möglich, die Form aus einzelnen, getrennt hergestellten Teilen (Kernstücken) herzustellen. Abb. 71 veranschaulicht z. B. das Formen eines schweren Drehbankbettes (16 m lang, 1,5 m hoch), das zur Erzielung dichten Gusses an den Gleitflächen mit der Oberseite nach unten eingeformt wird. Der Boden der Grube wird zunächst sorgfältig aufgestampft, darauf wird eine schwere Gußplatte und auf diese eine Rollschicht Ziegelsteine mit Kokslösche in den Fugen zur Gasabführung gelegt. Die mit Kokseinlagen zur Entlüftung versehenen Kernstücke sind mittels Schablone hergestellt und z. T. aufgehängt. Abheben der Kernstücke durch den Auftrieb wird durch Belastungsgewichte, hauptsächlich aber durch Verankerung übergelegter Schienen mit der Bodenplatte verhütet.

G. Vereinigte Sand- und Lehmformerei (Formen mit Kernstücken).

Da das Formen in Sand schneller geht und billiger ist als Lehmformerei, so vereinigt man vielfach Sand- und Lehmformerei in der Weise, daß man nur die nicht in Sand herzustellenden Teile der Form in Lehm ausführt (Lehmkerne, siehe S. 111) und sie als sogenannte Kernstücke in die Form einsetzt. Das hat z. B. auch den Vorteil einer wirtschaftlicheren Ausnutzung der Arbeitsfläche der Formerei, da der Platz erst dann herzurichten ist und belegt wird, wenn sämtliche Kernstücke fertig sind. In anderen Fällen erspart das Formen mit Kernstücken die Herstellung kostspieliger Modelle oder vereinfacht die Formherstellung insofern, als die einzelnen Kernstücke sich leichter herstellen lassen als eine Form in der Gießereisohle. Einige Beispiele mögen das Gesagte erläutern.

Die Form für die Seilscheibe mit Rundeisenspeichen wird aus den Kernstücken *I—VI* und dem Kern *VII* zusammengesetzt (Abb. 72). Die Kerne für den Kranz werden als Segmentstücke ausgeführt. Die Auflagefläche für die Kerne wird in Sand schabloniert. Vor dem Aufsetzen der Kernstücke *II*, *III* und *VI* werden die die Speichen bildenden Rundeisenstangen eingelegt. Der Raum zwischen Nabe und Kranzkernstücken wird danach mit Sand vollgestampft und der Kranz außen ringsum verdämmt. Steiger und Eingüsse für Kranz und Nabe sind in den entsprechenden Kernstücken getrennt anzuordnen, da der Kranz zweckmäßig zuerst und erst nach seinem Erstarren die Nabe gegossen wird, um unnötige Spannungen zu vermeiden (vgl. S. 135). Zur Herstellung der Kernstücke sind nur vier Kernbüchsen erforderlich, außerdem eine für den Bohrungskern *VII*.

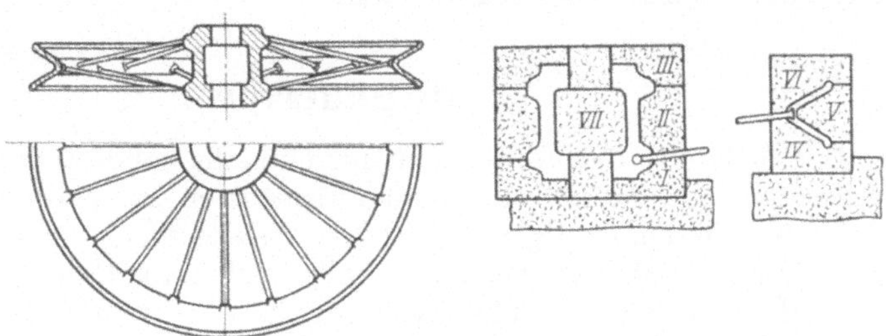

Abb. 72. Formen einer Seilscheibe mit Rundeisenspeichen durch Kernstücke. (Nach: Gieß. 1925, S. 890.)

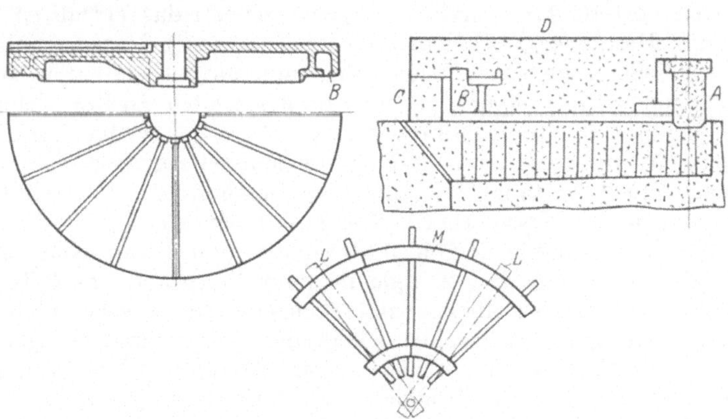

Abb. 73. Formen einer Planscheibe durch Kernstücke. (Nach: Gieß. 1925, S. 890.)

Die Anfertigung eines Holzmodelles für die Planscheibe nach Abb. 73 würde viel Zeit und Kosten erfordern; außerdem wären außer für den Nabenkern noch Kernkästen für die ⊥-Nuten und für den ringförmigen Hohlraum *B* erforderlich. Die Herstellung der Form aus Kernstücken erfordert nur zwei weitere Kernkästen für die Segmentkernstücke *C* und *D*, erspart aber die Modellkosten. Die Kernstücke *C* bilden den äußeren Durchmesser der Form und dienen zusammen mit *A* als Auflager für die Deckenkerne *D*. Die Kerne für die ⊥-Nuten haben I-Querschnitt und werden mit dem unteren Flansch in das Sandbett eingelassen, das genau wagerecht eingeebnet und so tief gelegt wird, daß die Oberfläche der Deckenkerne *D* in Flurhöhe zu liegen kommt. Die Eindrücke (Auflagerstellen) für die Nutenkerne werden mit einem Holzmodell *M* hergestellt, das, an Leisten *L* befestigt, um einen im Mittelpunkt der Form befestigten Stift gedreht werden kann. Nach Einlegen der Nutenkerne werden die äußeren Kernsegmente *B* und *C* (erstere auf Kernstützen) so gesetzt, daß die Fugen sich in der Mitte der Nutenkerne befinden; ebenso werden die Deckenkerne *D* aufgelegt. Die Form wird dann ringsum verdämmt und durch einen Deckkasten beschwert.

Auch das Formen der Arme bei Zahnrädern (siehe Abb. 69), Schwungrädern usw. durch Kernstücke gehört hierher.

H. Dauerformen.

Der Gedanke, die Form nicht nur einmalig sondern wiederholt zum Guß zu verwenden und dadurch an Herstellungskosten zu sparen, ist sehr naheliegend. In der Nichteisenmetallgießerei werden bereits seit längerer Zeit gußeiserne und andere Metallformen verwendet, ganz besonders für Fertigguß aus leicht schmelzbaren Metallen (siehe S. 147), während für Eisenguß gußeiserne Formen nur in Sonderfällen, z. B. in der Röhrengießerei, für das Gießen von Roststäben, Bremsklötzen usw. (s. auch S. 141) üblich sind[1]. Die Verwendung von Eisenformen oder eisernen Formteilen zur Erzielung von Hartguß wird in einem besonderen Abschnitt besprochen (siehe S. 142). In der Eisengießerei hat man auch Dauerformen, bestehend aus einem bleibenden Unterbau (aus Mauerwerk oder einem Gußeisenkörper) und einem Lehmüberzug (wie bei der Lehmformerei) verwendet, die mehrere Abgüsse aushalten, wobei zwischen den einzelnen Abgüssen nur die Lehmschicht auszubessern oder zu erneuern ist, im allgemeinen aber keine nennenswerten Vorteile damit erzielt. Dagegen scheint das Verfahren der Firma Büsselmann, Hannover[2], bei dem die Form aus einer Masse, ähnlich der in der Stahlformgießerei gebräuchlichen, aber mit unverbrennbaren Magerungsmitteln hergestellt wird, geeignet, bedeutende Ersparnisse an Formerlöhnen usw. zu erzielen, besonders seitdem Mikroasbest (= Asbest in Pulverform, gemahlen oder geschlämmt und gemahlen) als Magerungsmittel zur Verfügung steht, der auch in gemahlenem Zustande seine faserige Beschaffenheit beibehält und die Feuerbeständigkeit der Masse erhöht. Die Zusammensetzung derselben ist etwa folgende: 2÷3 Teile gemahlener Ton, 2÷3 Teile Kaolin, 1 Teil Koksmehl, 2 Teile Quarzsand, 3 Teile Schamotte, 2 Teile magerer Formsand, 2÷4 Teile Mikroasbest. Für Dauerformen muß man natürlich eine Masse verwenden, die hohe Feuerbeständigkeit, gute Gasdurchlässigkeit und eine gewisse Zähigkeit besitzt, da der wiederholte Wechsel von Erhitzung und Abkühlung bzw. von Aufnahme und Wiederaustreiben der Feuchtigkeit hohe Anforderungen an den Formstoff stellt, der dabei weder abblättern noch reißen noch durch das Schwärzen zugeschlämmt (gasundurchlässig) werden darf. — Die Formerei erfordert keine besonderen Kosten oder Modelle, nur kann es u. U. notwendig werden, Kerne zu teilen, wenn die Gefahr besteht, daß infolge der Schwindung (siehe S. 132) die Formmasse oder das Gußstück reißt. Aus demselben Grunde werden auch Eingüsse und Steiger aus nachgiebigem Stoff hergestellt und jedesmal erneuert. Nach dem Guß müssen die Mulden der Eingüsse und Steiger rechtzeitig abgebrochen werden, damit die am Gußstück sitzenbleibenden Trichter glatt aus der Form herausgezogen werden können.

---

[1] Vgl. auch Maschinenbau 1926, S. 705 (Dauerformverfahren von Schwartz).

[2] Siehe Lehmann: Die Herstellung von Dauerformen für Eisenguß. Gieß. 1928, S. 130.

I. Kernherstellung.

Die Kerne werden getrennt von der eigentlichen Form in der Kernmacherei aus fettem Sand (Masse), Kernsand oder Lehm mit Hilfe von Kernkästen, Schablonen oder besonderen Kernformmaschinen hergestellt und getrocknet, Masse- und Lehmkerne auch geschwärzt. Die Kerne müssen ebenso wie die Formen gas- und luftdurchlässig sein. Da der Abzug nur an den Stirnseiten des sonst überall vom flüssigen Metall umspülten Kernes erfolgen kann, sticht man von den Stirnflächen aus mit dem Luftspieß Kanäle oder legt, falls dieses wegen der Form des Kernes nicht möglich ist, Wachsschnüre ein, die beim Trocknen schmelzen und Kanäle hinterlassen, bei größeren Kernen auch Kokseinlagen (siehe Abb. 71). Demselben Zweck dient auch die durchlöcherte Kernspindel (siehe Abb. 78), die zugleich den Kern versteift, während in anderen Fällen Drähte oder dem Kern in ihrer Form angepaßte gitterartige Kerneisen zur Versteifung eingelegt werden müssen. Die Kerneisen werden je nach Form und Größe aus zusammengeschweißten oder mit Draht zusammengebundenen Rund- und Flachstäben hergestellt oder gegossen (Herdguß, siehe S. 83) und erhalten bei größeren Kernen Ösen oder dgl. zum Anheben und Einlegen der Kerne. Die Kerneisen müssen sich später mit dem Kern aus dem fertigen Gußstück entfernen lassen[1].

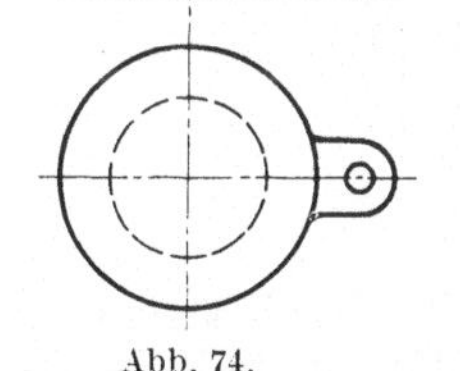

Abb. 74. Gußeiserne Kernstütze.

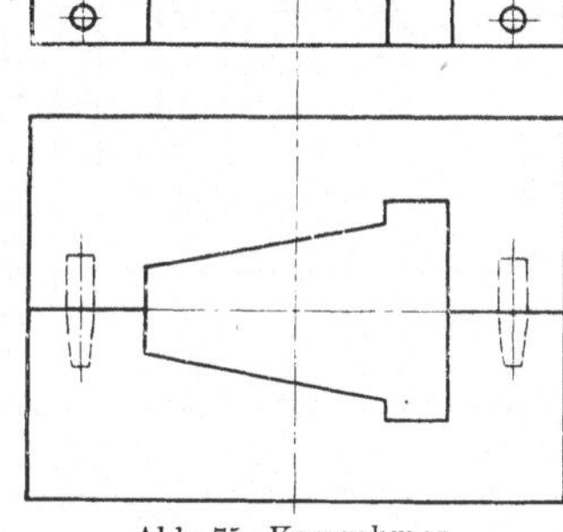

Abb. 75. Kernrahmen.

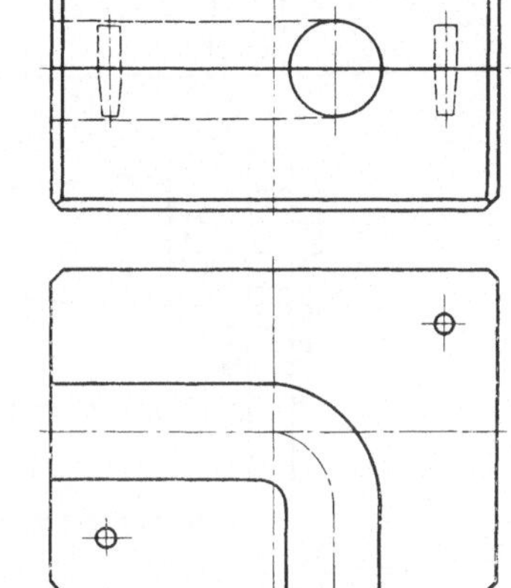

Abb. 76. Kernkasten für ein Knierohr.

Zum Stützen der Kerne (insbesondere gegen Durchbiegen oder Auftrieb) werden nach Bedarf verzinnte Kernnägel oder I-förmige Kernstützen in die Form eingesteckt bzw. zwischen Formwand und Kern eingelegt (vgl. Abb. 71) und mit eingegossen. Wegen der Gefahr der Undichtigkeit dürfen solche Stellen weder hohen Betriebsdrucken ausgesetzt noch nachträglich bearbeitet werden. Gußeiserne, blankgescheuerte und ebenfalls verzinnte Stützen nach Abb. 74 mit seitlichen Lappen zum Feststiften haben sich bei höheren Dampfdrucken bewährt und hinterlassen auch nach der Bearbeitung keine nennenswerten Spuren[2].

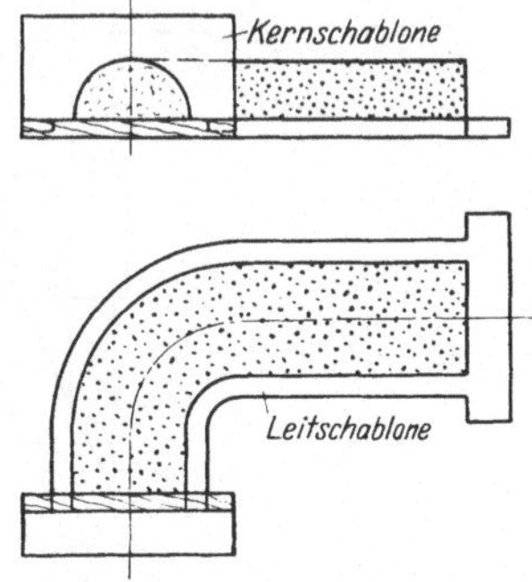

Abb. 77. Schablonieren eines Kernes nach Leitschablone.

Für einfache flache Kerne genügt an Stelle eines Kernkastens ein Kernrahmen (Abb. 75) von der Stärke des Kernes, der auf den Tisch der Kernmacherei

[1] Siehe auch DATSCH-Lehrtafeln „Falsch und Richtig", Tafel *Gk* Kernmacherei.
[2] Siehe Gieß.-Zg. 1918, S. 35.

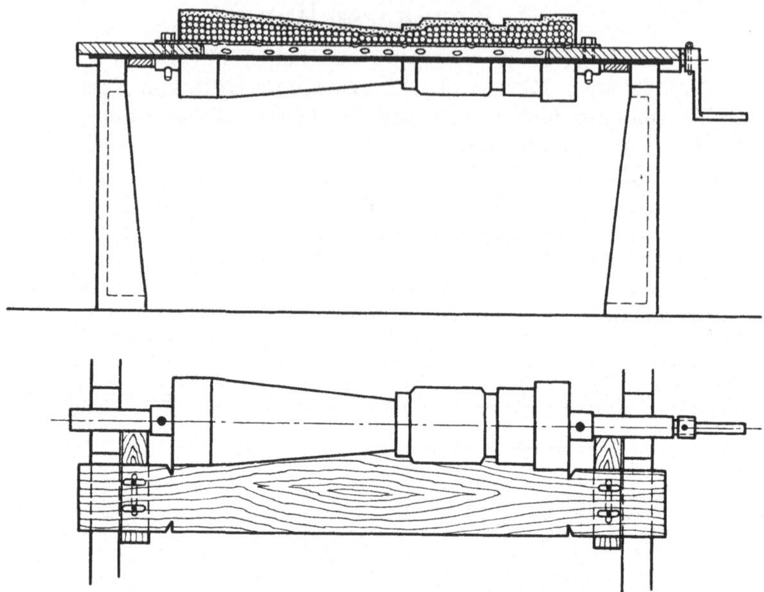

Abb. 78. Schablonieren eines Kernes auf der Kerndrehbank.

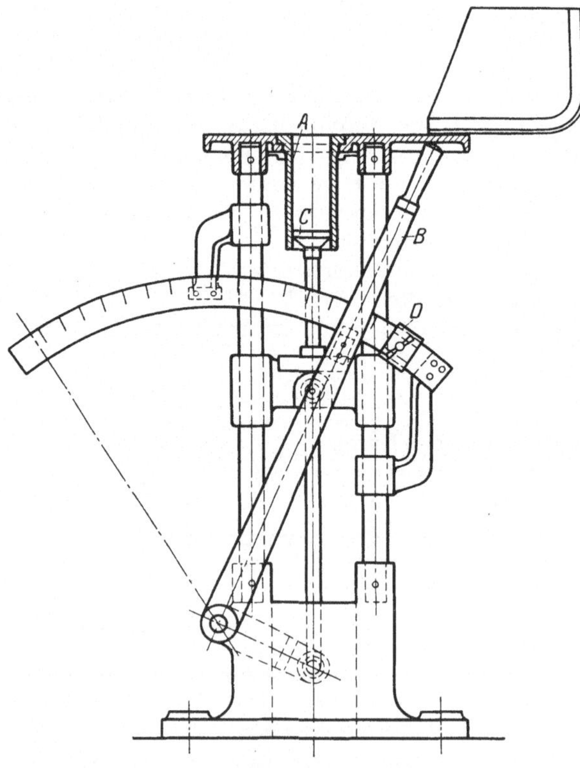

Abb. 79. Kernausdrückmaschine.

gelegt wird. Nach Einstampfen des Kernes (mit Drahteinlage) wird derselbe oben glattgestrichen und alsdann der Rahmen auseinandergenommen, so daß der Kern freiliegt. Die Luftkanäle können dabei durch eingelegte, nachträglich herausgezogene Fäden oder Drähte hergestellt werden. Als Beispiel eines einfachen Kernkastens diene Abb. 76. Derartige Kerne lassen sich aber auch nach Abb. 77 schablonieren. Die beiden Hälften werden nach dem Trocknen aufeinander gelegt und mit Draht zusammengebunden. — Für kleine genaue Bohrungen werden auch geschwärzte Metallkerne verwendet.

Größere, Drehkörper darstellende Kerne für Rohre u. dgl. werden auf Kerndrehbänken nach Schablone hergestellt (Abb. 78). Die Kerndrehbank besteht aus zwei gegeneinander verschiebbaren Lagerböcken für die Kernspindel mit Auflage für die Schablone. Die mit Schlitzen oder siebartig mit Löchern versehene Spindel wird durch Handkurbel oder von der Transmission aus gedreht und zunächst mit aus Stroh oder Holzwolle gedrehten Seilen umwickelt; darauf wird Lehm in einzelnen Schichten aufgetragen und an der Luft getrocknet und die äußere Schicht auf genaue Form schabloniert. Zur Beschleunigung des Trocknens der einzelnen Schichten werden solche Kerne vielfach in der geöffneten, aber noch warmen Trockenkammer (siehe S. 115) hergestellt. Die Seilwicklung verhindert das Verstopfen der Spindellöcher und gestattet dem Kern beim endgültigen Trocknen in der Trockenkammer zu schwinden bzw. der Spindel sich auszudehnen, ohne den Kern zu zerstören.

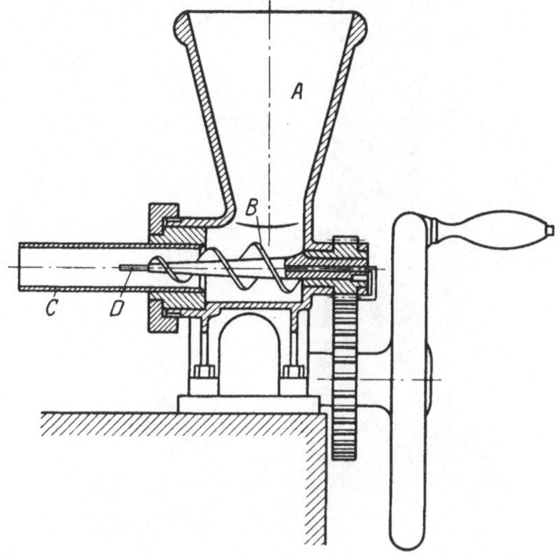

Abb. 80. Kerndrückmaschine.

Auch Kerne lassen sich vielfach mit Kernformmaschinen sauberer, schneller und billiger herstellen. Das gilt besonders für die überall in größerer Menge gebrauchten zylindrischen oder prismatischen Kerne. — Bei der Kernausdrückmaschine (Abb. 79) wird der Kern in einer unter dem Tisch hängenden gußeisernen Büchse *A* von Hand gestampft und dann mittels eines durch Handhebel *B* (oder durch Handrad, Ritzel und Zahnstange) betätigten Stempels *C* nach oben herausgedrückt. Die Länge der Kerne wird durch einen verstellbaren Anschlag *D* eingestellt; für jeden Kernquerschnitt ist eine besondere Büchse mit Stempel erforderlich. Die Kerne werden vollkommen glatt und nahtlos. Zur Versteifung oder zur Aussparung von Luftkanälen können Drähte eingelegt werden. Übersteigt die Länge der Kerne etwa das Fünffache des Durchmessers, so wird die Seitenflächenreibung zu groß, und die Kerne werden beim Ausstoßen zusammengedrückt. Bei Verwendung geteilter Kernbüchsen, die beim Ausstoßen auseinandergehen, lassen sich auch längere Kerne herstellen. — Bei der Kerndrückmaschine (Abb. 80) wird der in den Füllbecher *A* eingegebene Kernformstoff beim Drehen der durch Handrad oder Riemscheibe angetriebenen Schnecke *B* verdichtet, durch das wagerechte Mundstück *C* herausgedrückt und muß auf die gewünschte Länge abgeschnitten werden. Für jeden Kernquerschnitt ist ein besonderes Mundstück erforderlich. Einlegen von Drähten in den Kern ist hierbei nicht möglich, doch kann durch den Verlängerungsstift *D* der Schneckenwelle in der Mitte des Kerns ein Luftkanal ausgespart werden.

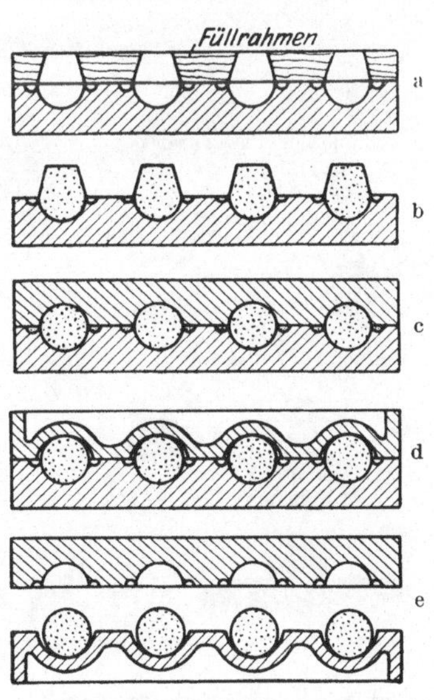

Abb. 81. Knüttel'sches Kernpreßverfahren.

Beliebig geformte Kerne, die sonst mit zweiteiligen Kernkästen hergestellt werden, lassen sich nach dem Knüttel'schen Verfahren auf mit Wendeplatte versehenen Kernformpressen oder leicht in solche umzuwandelnde Preßformmaschinen mit Handhebel- oder hydraulischer Pressung nach Abb. 81 anfertigen. Auf die untere Formplatte wird der Füllrahmen gesetzt (*a*), bis oben mit Kernsand gefüllt und abgehoben (*b*). Dann wird der Sand zwischen oberer und unterer Formplatte gepreßt (*c*), wobei der überschüssige Sand von der Rinne in der unteren Formplatte aufgenommen wird, und die untere Platte mit dem jetzt darinliegenden Kern gesenkt. Nach Auflegen eines mit entsprechenden Aussparungen versehenen Ablegebrettes oder einer passenden gußeißernen Schale (*d*) und Befestigen an der Wendeplatte wird diese um 180° geschwenkt und nach Lösen der Befestigung angehoben, so daß der Kern auf dem Ablegebrett oder der Schale liegenbleibt (*e*). Kleinere Kerne werden (wie in Abb. 81) zu mehreren gleichzeitig mit einem Plattenpaar hergestellt.

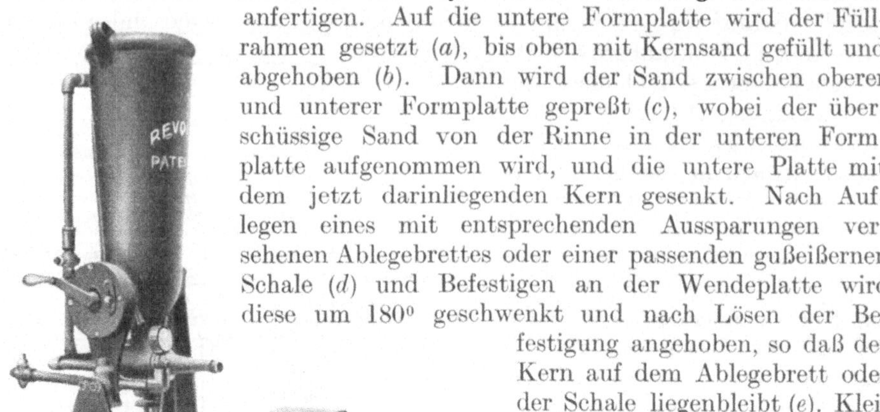

Abb 82. Druckluft-Kernspritze „Revolt“ (Maschinenfabrik Gustav Zimmermann, Düsseldorf-Rath).

Bei der Druckluft-Kernspritze „Revolt“ (Abb. 82) wird eine bestimmte Menge des in einem Füllbehälter befindlichen Sandes durch die Luftstöße, die durch abwechselndes Öffnen und Schließen eines Ventiles erzeugt werden, mitgerissen und unter einem Druck von 5÷6 atü in die Kernbüchse befördert. Die Regelung erfolgt von Hand, was für empfindliche Regelung zwecks gleichmäßigen Einblasen des Sandes in alle Teile der Kernbüchse wichtig ist. Es können gewöhnliche Kernkästen wie bei der Kernherstellung von Hand benutzt werden, sie müssen nur genaue Teilflächen und ein Loch für den Sandanschluß besitzen. Es wird mit Ölsand gearbeitet; Einlegen von Wachsschnüren ist nicht nötig. Der Sand wird, unabhängig von der Form des Kernes, vollkommen gleichmäßig verdichtet. Abb. 83 zeigt auf der Maschine hergestellte Kerne. Die Lohnersparnis gegenüber Handarbeit soll 60÷80% betragen[1].

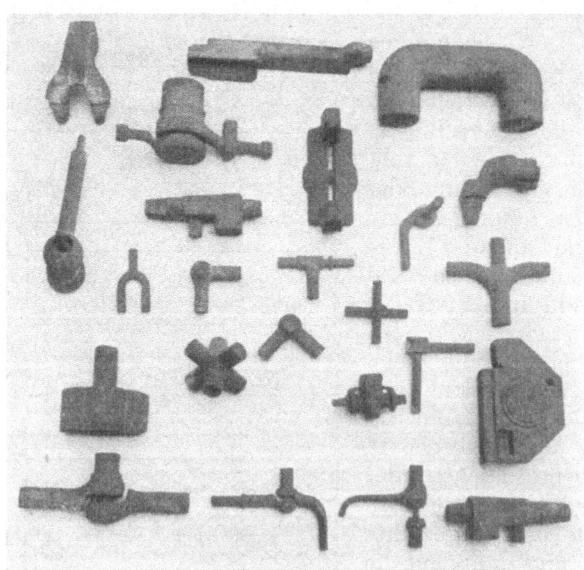

Abb. 83. Mit der Druckluft-Kernspritze (Abb. 82) hergestellte Kerne.

[1] Eine amerikanische (Demmler-)Kernblasemaschine wird von F. G. Kretschmer & Co., Frankfurt a. M. vertrieben.

K. Trocknen der Formen und Kerne[1].

Wenn irgend möglich, erfolgt das Trocknen von Formen und Kernen wegen der günstigeren Wärmeausnutzung in Trockenkammern von etwa 10÷80 m² Grundfläche bei 2÷3 m Höhe. Größere Formen und Kerne werden mit Wagen ein- und ausgefahren, kleinere auf Gestellen an den Seitenwänden der Kammer abgelegt. Das Mauerwerk der Rück- und Seitenwände wird zur Vermeidung allzu großer Wärmeverluste mit Luftisolierschicht ausgeführt. Die Vorderwand bildet ein Hebe- oder Schiebetor. Soll die Kammerdecke zum Sandtrocknen dienen, dann wird sie aus Eisenplatten hergestellt oder das Deckengewölbe mit Öffnungen versehen und darüber eine zweite Decke aus Eisenplatten gelegt. Die Feuerung liegt an der Rückseite der Kammer, während der Abzug der Heizgase an der gegenüberliegenden Seite erfolgt, damit die Heizgase möglichst alle Teile der Kammer durchströmen. Die Temperatur in der Trockenkammer ist nicht überall die gleiche, was bei Aufstellung der Formen und Kerne zu berücksichtigen ist. Bei

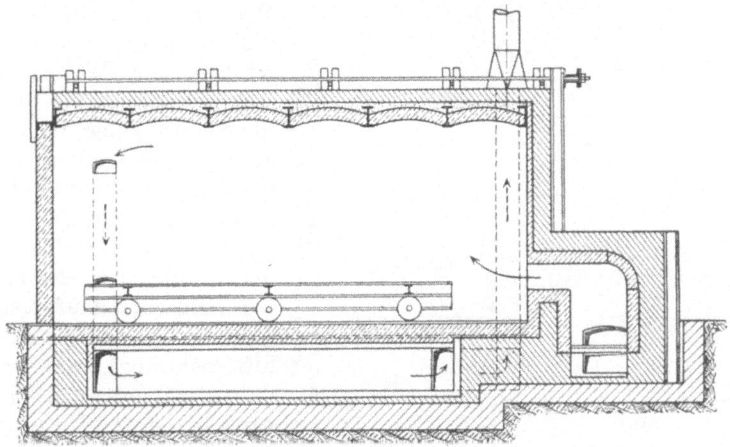

Abb. 84. Trockenkammer mit außen liegender Rostfeuerung. (Nach: Lugken, Die Trocknung der Formen, Gieß. 1926, S. 959.)

zu starker Wärmeausstrahlung in der Nähe der Feuerung, besonders wenn diese noch in der Kammer selbst liegt, werden die Formen und Kerne rissig. Heute liegt die Feuerung meist außerhalb (Abb. 84). Am gebräuchlichsten ist noch einfache Rostfeuerung für Koks, daneben spielt aber die Verwendung minderwertiger Brennstoffe wie Koksgrus, Rohbraunkohle und Torf eine wesentliche Rolle, die besondere Aufmerksamkeit hinsichtlich Konstruktion und Bedienung der Feuerung bedingen (z. B. Schräg- und Treppenrostfeuerung der Firma Thost G.m.b.H. in Zwickau). Verbesserungen der einfachen Rostfeuerung bestehen in der Verwendung von Unterwind, der Zuführung von Zweitluft oder dem Einbau eines Wärmespeichers. Als Beispiel diene die Trockenkammer nach Abb. 85 mit Unterwind-Düsenrost und Wärmespeicher für Betrieb mit minderwertigen Brennstoffen, insbesondere Koksgrus. Durch den Wärmespeicher kann die eigentliche Heizperiode

[1] Siehe Luyken: Die Trocknung der Formen auf der 4. Gießerei-Fachausstellung 1925 in Düsseldorf. Gieß. 1926, S. 957.

Die Wärmewirtschaft der Formtrockeneinrichtungen in den Gießereien (Ergebnis eines Preisausschreibens). Gieß. 1926, S. 609.

Erbreich: Wärmebilanzen von Trockenkammern. Gieß. 1924, S. 139. — Bericht über den augenblicklichen Stand der Trockenvorrichtungen für Eisenguß- und Stahlgußformen. Gieß. 1926, S. 741.

Mann: Wirkungsweise von Gießereitrockenkammern. Gieß. 1928, S. 591.

auf 2÷4 Stunden herabgedrückt werden, da derselbe sehr schnell auf Temperatur kommt und nach dem Einstellen des Feuerns seine Wärme gleichmäßig und langsam an die Kammer abgibt. Der dadurch erzielte sehr langsame Temperaturabfall in der Kammer ist für das Trocknen der Formen sehr günstig. Der Wärmespeicher ermöglicht durch die Luftvorwärmung auch das Arbeiten mit hohem Luftüberschuß, während bei Eintritt kalter Luft die Kammertemperatur sinken würde. Luftüberschuß befördert sowohl die Verbrennung wie das Trocknen, weil Luft viel größere Mengen Wasserdampf aufnehmen kann als die Heizgase. — Vom Gesichtspunkte der Wärmeausnutzung steht allerdings ein großer Luftüberschuß einer höheren Sättigung an Wasserdampf, die allgemein angestrebt werden soll, entgegen. Daher muß ein gewisses Optimum des Luftwechsels für den Kammerbetrieb ermittelt werden. Sehr vorteilhaft erscheint besondere Luftvorwärmung (Heißlufttrocknung), wie sie bei der von den Silamitwerken in Krefeld-Linn benutzten Heizung, System Dr. Dreves, die sich durch kurze Trockenzeiten auszeichnet, durchgeführt worden ist.

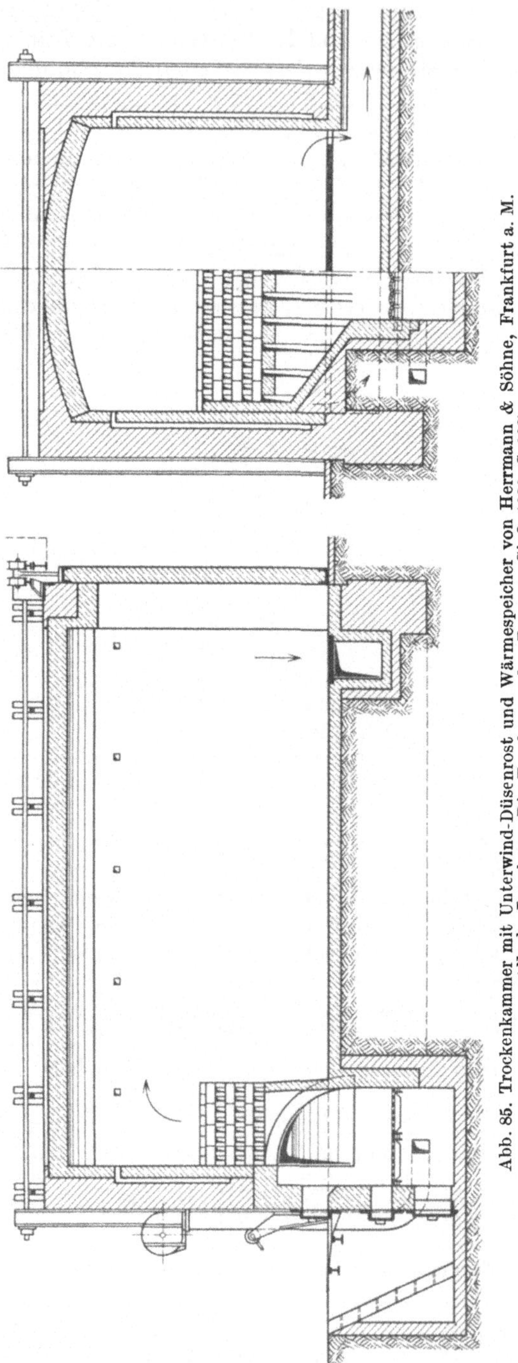

Abb. 85. Trockenkammer mit Unterwind-Düsenrost und Wärmespeicher von Herrmann & Söhne, Frankfurt a. M. (Nach: Luyken, Die Trocknung der Formen, Gieß. 1926, S. 966).

Neben der Rostfeuerung kommt Generator- und Halbgasfeuerung zur Anwendung. Als Beispiel diene die Trockenkammer mit Generator-Schüttfeuerung und Luftzirkulation nach Abb. 86. Nach erfolgtem Anheizen wird die zur Trocknung der eingebrachten Formen und Kerne erforderliche Menge Koks auf einmal in den entsprechend großen Füllschacht aufgegeben, eine Bedienung während der Trockenzeit ist also nicht erforderlich. Die Verbrennung geht allmählich vor sich, und je nach dem Fortschritt derselben rutscht frischer Koks aus dem Füllschacht nach (Ausführung auch für Braunkohlenbriketts). Die heißen Verbrennungsgase steigen nach Eintritt in die Trockenkammer zunächst zur Decke auf.

Ihre gleichmäßige Verteilung über den ganzen Trockenraum wird durch eine Reihe am Boden angeordneter Kanäle erreicht, die mit gußeisernen Platten entsprechend der Beschickung der Kammer abgedeckt werden können. Durch die zwischen den Platten freibleibenden Schlitze ziehen die Heizgase in einen Sammelkanal und den Schornstein ab. Durch die dadurch zugleich bewirkte Rückheizung von unten wird eine bessere Trocknung der auf dem Boden stehenden Formen erzielt. Als Vorzüge der Feuerung werden angegeben: Gleichmäßige Verteilung und allmähliches Steigen der Temperatur im Trockenraum, wie es zum Entweichen des sich entwickelnden Wasserdampfes und zur Verhütung von Rißbildungen an Formen und Kernen notwendig ist, Aufrechterhaltung der Temperatur während des größten Teiles der Trockenzeit und allmählicher Temperaturabfall gegen Ende derselben.

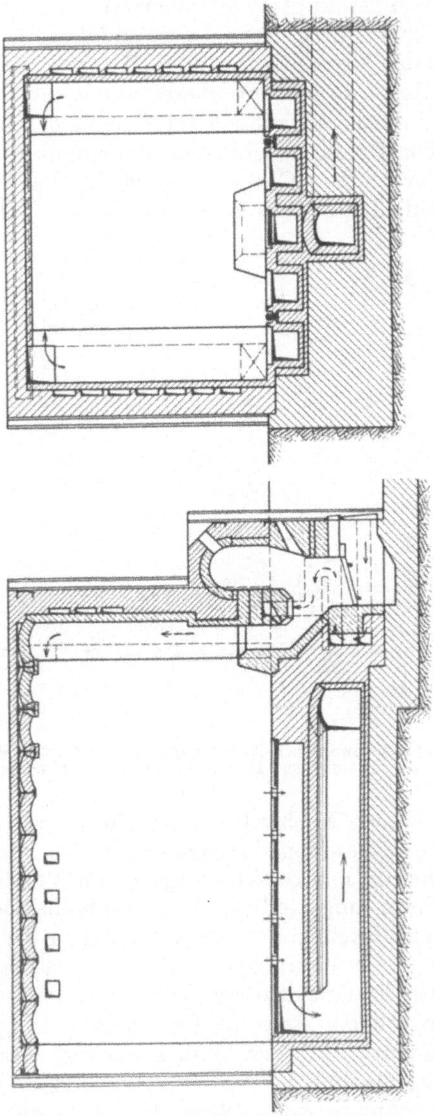

Bei reiner Gasfeuerung für Trockenkammern hat sich Gichtgas gut bewährt. Gasheizung ermöglicht vor allem langsames Anheizen und danach Aufrechterhalten der Temperatur während der eigentlichen Trockenzeit. — Von den mittelbaren Heizungsarten soll sich Heißwasserheizung bewährt haben, Dampfheizung nicht.

Abb. 86. Trockenkammer mit Generator-Schüttfeuerung von W. Ruppmann, Stuttgart. (Nach: Luyken, Die Trocknung der Formen, Gieß. 1926, S. 979.)

Der Brennstoffverbrauch der Trokkenkammern ist, abgesehen von der Art der Feuerung, verschieden je nach Art und Abmessung des Trockengutes, der Größe der Trockenkammer, der Güte der Isolierung der Wände, der Schornsteintemperatur usw.; als Durchschnitt wird meist angegeben $3 \div 4$ kg Koks für 1 m^3 Trockenkammerraum und eine Trocknung; der wirkliche Verbrauch ist aber wesentlich höher und beträgt, wie auch die Versuche von Erbreich (1922) bestätigen, durchschnittlich 10 kg/m^3 oder besser auf die Gesamtbeschickung der Trokkenkammer (Eisen + Sand) umgerechnet etwa $10 \div 14$ kg/t[1]. Die Trockentemperaturen richten sich ebenfalls nach der Art und Wandstärke der Formen und Kerne und mussen durch Versuche ermittelt werden. Sie betragen für Lehm- und starkwandige Masseformen $250 \div 350^0$, für Stahlgußformen $300 \div 600^0$, für Kerne $175 \div 200^0$ und liegen für dickwandige Formen und Kerne höher als für dünnwandige. Mit der Höhe der Temperatur verkürzt sich die

[1] Nach Brischkofsky (Anz. f. Berg-, Hütten- u. Maschinenwesen, Essen vom 18. VIII. 1927).

Trockenzeit, steigt aber die Gefahr der Rißbildung. Die Trockenzeit für starkwandige Masse- und Lehmformen beträgt 18÷36 h, für Lehmkerne genügen 2÷3 h. Eine große Rolle spielt dabei der Essenzug bzw. der Luftwechsel; je stärker dieser, desto stärker, aber auch um so oberflächlicher die Trockenwirkung, weil die Feuchtigkeit nur mit einer bestimmten Geschwindigkeit von innen nach außen wandern kann. Genügt Essenzug nicht, dann muß ein besonderer Abzug für die mit Wasserdampf angereicherten Gase vorgesehen werden.

Für kleinere Kerne verwendet man Kerntrockenschränke mit untenliegender Rostfeuerung oder Heizung durch die Abgase von Trockenkammern. Die Kerne liegen auf übereinander angeordneten Rosten, die beim Öffnen der Türen mit herausgezogen oder herausgeschwenkt werden und mit ihrer Rückwand die Türöffnung abschließen, um unnötige Wärmeverluste zu vermeiden.

Für größere Gußformen eignen sich in den Boden eingelassene, mit Deckel verschließbare Trockengruben, die sich bequem mit dem Laufkran bedienen lassen und infolge Fortfalls der Wagen eine bessere Raumausnutzung ermöglichen als die Trockenkammern. Beheizung wie bei Trockenkammern oder durch die unten beschriebenen Trockenapparate, Wärmeverluste geringer. Trockengruben sind ferner besonders geeignet für Formen, an denen tagsüber gearbeitet wird und die nachts trocknen sollen. Im übrigen wird man ortsfeste Formen trocknen, indem man sie entweder mit Eisenblech oder einem Rost überdeckt und darauf ein Holzkohlen- oder Koksfeuer anmacht oder über bzw. in die Formen Körbe mit glühendem Koks (Braunkohle, Torf) stellt oder hängt. Nachteile: Ungleichmäßige Temperaturen, schlechte Wärmeausnutzung, Belästigung der Arbeiter durch die Verbrennungsgase. — Besser ist die Trocknung mit ortsbeweglichen Trockenapparaten, die neben oder über der Form aufgestellt werden und heiße Gase und Luft durch eine Leitung in die Form schicken, z. B. nach Art der Abb. 87. Der Schüttelrost gestattet die Verwendung minderwertiger Brennstoffe; zur Erzeugung des Windes dient ein Hochdruckgebläse (Energieverbrauch 0,15 kW). Bei Verwendung zur Beheizung einer Trockengrube soll ein Apparat für 40 m³ genügen (Koksverbrauch ≈ 2,5 kg/m³). — Trockenapparate der Öhm-Feuerungs-Gesellschaft m. b. H. Düsseldorf zeichnen sich durch sehr hohe Temperaturen (1200÷1400°) und entsprechend kurze Trockenzeiten ohne Schaden (Risse) für die Formen aus[1]. — Gasheizung (Leucht-, Gicht-, Generatorgas) ergibt neben niedrigen Brennstoffkosten sehr gleichmäßige Temperatur. Auch elektrisch geheizte Trockenapparate haben sich gut bewährt (Energieverbrauch 6÷8 kWh für 1 m² Formfläche, kein Rauch und Ruß, keine Bedienung, gleichmäßige Temperaturen, kein Verbrennen der Formen).

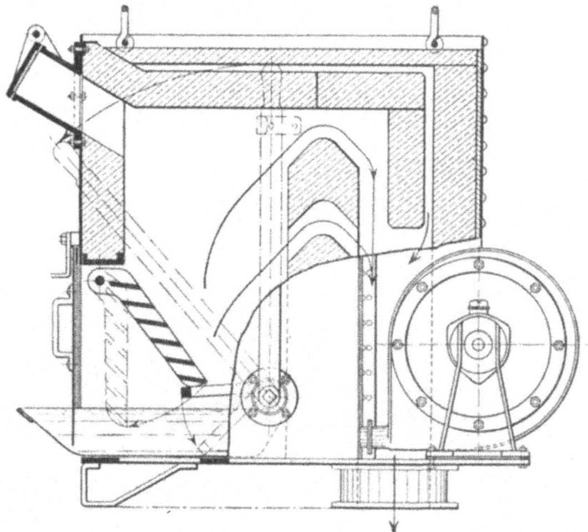

Abb. 87. Ortsbeweglicher Trockenapparat von Seith G. m. b. H., Siegen. (Nach: Luyken, Die Trocknung der Formen. Gieß. 1926, S. 984.)

[1] Siehe Gieß.-Zg. 1926, S. 20.

L. Fertigmachen der Formen zum Gießen.

Jede Form muß vor dem Gießen wegen der auftretenden Flüssigkeitsdrucke entsprechend belastet oder verankert und, sofern sie im Herd (in der Dammgrube) hergestellt oder der Kasten nicht stark genug ist, ringsum mit Sand fest umstampft, d. h. verdämmt werden; außerdem ist für zuverlässige und schnelle Luft- und Gasabfuhr aus der Form zu sorgen.

Der gegen den Oberkasten gerichtete Druck beträgt $(F_1 \times h_1 + F_2 \times h_2 + \ldots) \times \gamma$ kg, wenn F_1, F_2 usw. = wagerechte Projektionen der im Oberkasten vom flüssigen Metall bespülten Flächen in dm², h_1, h_2 usw. = (mittlere) Abstände derselben von der Eingußoberfläche in dm und γ = spezifisches Gewicht des flüssigen Metalles. Hierzu kommt gegebenenfalls noch der durch die Kernlager und Kernstützen auf den Oberkasten übertragene Auftrieb von Kernen mit wagerechten Flächen, der gleich dem Gewicht des vom Kern verdrängten flüssigen Metalles ist. Senkrecht stehende Kerne mit glatten Wänden (z. B. Nabenkerne) erleiden keinen Auftrieb, solange kein flüssiges Metall unter den Kern treten kann. Da man aber praktisch niemals mit vollkommen dicht abschließenden Kernen und vollkommen glatten Wänden rechnen kann, so ist immer ein gewisses Anheben des Kernes anzunehmen. Dem nach oben gerichteten Druck entgegen wirken die Gewichte von Oberkasten (G_o) und Kern (G_k). Zum Berechnen von G_o und G_k kann man $\gamma = 1{,}5$ annehmen. Der Unterschied zwischen dem gesamten nach oben gerichteten Druck und den Gewichten von Oberkasten und Kernen ist durch Belastung oder Verankerung aufzunehmen. Da aber infolge der unmittelbar nach dem Erstarren des Metalles eintretenden Raumvergrößerung des Gußstückes ein zusätzlicher Druck auftritt, so muß man die Belastung (bis zu 50%) größer wählen. Durch treppenartiges Aufeinandersetzen mehrerer Formen (Eingüsse und Steiger müssen frei bleiben!) kann man an künstlicher Belastung viel sparen.

Der Seitendruck je Flächeneinheit ist gleich dem in derselben Höhenlage nach oben gerichteten spezifischen Flächendruck. Hieraus und aus der Größe der gedrückten Seitenfläche läßt sich der gesamte Seitendruck berechnen, der durch die Kastenwände oder einen Sanddamm (siehe oben) aufzunehmen ist.

Die schnelle Abführung der in der Form enthaltenen Luft und der beim Gießen aus dem flüssigen Metall und den Formstoffen (Kohlenstaub, Schwärze, Pferdedünger, Wasser usw.) sich bildenden Gase wie Wasserstoff, Kohlenoxyd, Kohlenwasserstoff, ist wichtig, einerseits um blasenfreien Guß zu erhalten, andererseits um die Entstehung explosibler Gemische in der Form zu verhüten. Dazu genügen aber die beim Formen durch Luftstechen, Steiger, Koksbett u. dgl. geschaffenen Abzugsmöglichkeiten an sich nicht, sondern man muß sofort bei Beginn des Gusses die austretenden Gase anzünden, damit durch die dabei entstehende Zugwirkung der Abzug beschleunigt wird und die Luft bereits aus der Form entfernt ist, ehe die zur Bildung eines explosiblen Gemisches erforderlichen Gasmengen vorhanden sind.

II. Das Schmelzen der Gießmetalle.

A. Rohstoffe für die Eisengießerei (Gattieren, Schmelzverluste)[1].

Wie im Maschinenbau überhaupt, so spielt auch für die Gießerei das Eisen die Hauptrolle unter allen Metallen. Für gewöhnlichen Eisen- oder Grauguß wird graues Roheisen verwendet, während weißes Roheisen nur zur Herstellung von

[1] Näheres vgl. Mehrtens: Gußeisen, H. 19 der Werkstattsbücher.

Temper- oder schmiedbarem Guß oder als Gattierungszusatz (siehe unten) gebraucht wird. Bezüglich des Unterschiedes beider Roheisenarten und des Einflusses ihrer Nebenbestandteile kann auf das früher Gesagte (siehe S. 8) verwiesen werden. Der Roheisenverband unterscheidet fünf Sorten Roheisen für Gießereizwecke (vgl. Zahlentafel 8).

Zahlentafel 8. Roheisensorten für Gießereizwecke.

Roheisensorte	*Si* in %	*Mn* in %	*P* in %	*S* in %
Hämatit	2÷3	≦1,2	≦0,1	≦0,04
Gießerei-Roheisen I	2,25÷3	≦1,0	≦0,7	≦0,04
„ „ deutsch III . . .	1,8 ÷2,5	≦1,0	≦0,9	≦0,06
„ „ engl. III Ersatz .	1,8 ÷2,5	≦1,0	≦1,1	0,04÷0,06
„ „ Luxemburger . . .	1,8 ÷2,5	≦0,8	1,6÷1,8	≦0,06

Da nun einerseits die chemische Zusammensetzung des im Hochofen erzeugten Roheisens schwankt, andererseits an die Gußstücke je nach ihrem Verwendungszweck ganz verschiedene Ansprüche hinsichtlich Festigkeit usw. und damit hinsichtlich der chemischen Zusammensetzung gestellt werden (vgl. Zahlentafel 9),

Zahlentafel 9. Chemische Zusammensetzung verschiedener Gußwaren[1].

		C in %	*Si* in %	*Mn* in %	*P* in %	*S* in %
1.	Geschirr- und Ofenguß . . .		≈ 3	0,4 ÷ 0,8	≧ 1	< 0,1
2.	Röhrenguß			< 1	≧ 1	< 0,12
3.	Gewöhnlicher Handelsguß . .			0,4	≦ 1	≦ 0,17
4.	Maschinenguß höherer Festigkeit:					
	a) Lokomotivzylinder . . .	3,2 ÷ 3,57	1 ÷ 1,4	0,6 ÷ 0,9	0,7 ÷ 0,9	< 0,12
	b) Dampf-, Gasmotoren, Preßzylinder usw.	2,9 ÷ 3,2	0,8 ÷ 1,5	0,3	0,2 ÷ 0,6	< 0,12
5.	Gußformen für Stahlblöcke .	≈ 3,5	1,6 ÷ 2,5	0,8 ÷ 1	< 0,1	< 0,1
6.	Walzenguß	2,9 ÷ 3,4	0,5 ÷ 0,8	0,6 ÷ 1,2	< 0,5	< 0,1
7.	Hartguß	3,5 ÷ 3,8	0,5 ÷ 0,9	0,3 ÷ 0,5	0,2 ÷ 0,5	0,08 ÷ 0,15
8.	Dynamoguß	2,95	3,19	0,35	0,89	< 0,12
9.	Säurebeständiger Guß . . .	3,2	1,7	0,8	0,15	0,03 ÷ 0,04
10.	Feuerbeständiger Guß . . .	3 ÷ 3,8	0,5 ÷ 0,9	0,3 ÷ 0,5	0,2 ÷ 0,5	0,08 ÷ 0,15

so muß man das vom Hochofenwerk in Form von Masseln gelieferte Roheisen auf seine chemische Zusammensetzung untersuchen und durch Gattieren, d. h. durch Mischen verschiedener Roheisensorten, nötigenfalls unter Beimischung von Schrott oder sonstigen Zusätzen, die für den Einzelfall erforderliche chemische Zusammensetzung herstellen. Je nach der Art des Umschmelzverfahrens tritt eine mehr oder minder große Änderung der chemischen Zusammensetzung (Abbrand) des Schmelzgutes ein, die bei der Berechnung der einzelnen zu gattierenden Mengen und Sorten zu berücksichtigen ist. Die Änderungen betragen durchschnittlich:

beim Kupolofenschmelzen — 10% *Si*, — 15% *Mn*, 0% *P*, + 50% *S*, 0% *C*,
beim Flammofenschmelzen — 25 ÷ 50% *Si*, — 33 ÷ 66% *Mn*, 0% *P*, + 0 ÷ 0,03% *S*, — 10 ÷ 15% *C*.

Für die Berechnung des erforderlichen Einsatzes sind außer den Schmelzverlusten auch die durch Eingüsse, Steiger, verlorene Köpfe, Ausschuß usw. entstehenden Abfälle zu berücksichtigen. Diese Abfälle betragen für je 100 kg Guß

[1] Nach „Hütte", Taschenbuch für Eisenhüttenleute; ausführlichere Zusammenstellung (Entwurf zu einem Normblatt) s. „Hütte", Taschenbuch der Stoffkunde, 1. Aufl., S. 310.

etwa: 27 kg bei Maschinen- und Bauguß, 37 kg bei Armaturen, 40 kg bei Lehmgußwalzen, 52 kg bei Hartgußwalzen, 45 kg bei Ofenguß, 60 kg bei Rippenrohrguß, 137 kg bei Kunst- und Kleinguß. Je kleiner das Gewicht der Gußstücke, desto größer natürlich der Anteil des Abfalles. Zweckmäßig setzt man diesen Schrott wieder für die gleiche Art von Gußstücken ein, wobei aber wiederum der Einfluß des Umschmelzens zu berücksichtigen ist.

Gekauftes Brucheisen (Kaufbruch) ist vielfach minderwertig und auf seine Zusammensetzung schwer nachzuprüfen, daher mit größter Vorsicht zu verwenden. Stark verbranntes oder verrostetes Eisen soll man nicht verwenden.

Stahlabfälle bis zu 10% (höchstens 30%) werden zugesetzt, um den Si-, P- und C-Gehalt des Gußeisens bzw. die Graphitausscheidung herabzusetzen und dadurch die Festigkeit zu erhöhen.

Gußeisen- und Stahlspäne werden in Form von Spanbriketts (10$\div$15%) zugesetzt und haben eine ähnliche Wirkung wie Stahlabfälle.

Ferrosilizium (mit 9$\div$16% Si im Hochofen, mit 45$\div$75% Si im elektrischen Ofen erzeugt), Ferromangan (mit 30$\div$80% Mn) und Spiegeleisen (mit $\geqq$ 10% Mn) werden zur Erhöhung des Si- bzw. Mn-Gehaltes, ferner Ferrophosphor (mit $\approx$ 12% P) zur Erhöhung der Dünnflüssigkeit bei phosphorarmem Roheisen zugesetzt. Besonders empfehlenswert sind die aus diesen Legierungen mit Zement als Bindemittel hergestellten Briketts (Si-, Mn-, P-, „E-K"-Pakete) der Eßlinger Maschinenfabrik.

Aluminium (0,02$\div$0,05%) erhöht die Dünnflüssigkeit.

Der Gießereikoks soll dichtes Gefüge, helle Farbe, möglichst große Härte und Festigkeit, nicht über 1% S- und höchstens 10% Aschegehalt aufweisen; die Stücke sollen 80$\div$120 mm Kantenlänge besitzen.

Steinkohle und Gase kommen nur für Flamm- bzw. Tiegelöfen in Frage.

Kalkstein (kohlensaurer Kalk) wird nur beim Kupolofenschmelzen zugegeben, um den Gesamtabbrand des Eisens, die Koksasche, den dem Roheisen anhaftenden Sand, Teile des Ofenfutters usw. in eine dünnflüssige Schlacke zu verwandeln und das Eisen gegen zu weit gehende Schwefelaufnahme zu schützen (am günstigsten hierfür ist 25$\div$35% vom Kokseinsatz).

Flußspat macht die Schlacke dünnflüssiger und weniger geneigt zum Verstopfen der Winddüsen. Zweckmäßig wird ein Drittel des Kalksteinzuschlages durch Flußspat ersetzt.

Walter'sche Entschwefelungsbriketts mit Soda als Hauptbestandteil werden nach Entfernen der kieselsauren Ofenschlacke im Vorherd zur Entschwefelung und Entgasung des Eisens zugesetzt ($\approx$ 0,5% vom Eisengewicht), wenn man auf eine Verbesserung des Gußeisens Wert legt (Gußveredelungsverfahren nach Dürkopp-Luyken-Rein der Allgemeinen Brikettierungs-Gesellschaft, Berlin).

Bezüglich der sonst verwendeten Rohstoffe, der verschiedenen Umschmelzverfahren usw. sei auf den folgenden Abschnitt und auf den Abschnitt „Besondere Gußarten" (S. 139) verwiesen.

Das Zerbrechen der Roheisenmasseln (120 × 120 mm²), die in Abständen von 150$\div$200 mm eingekerbt sind, erfolgt mittels eines schweren Handhammers oder besser mit Hilfe elektrisch oder hydraulisch angetriebener Masselbrecher (Energiebedarf 8$\div$10 PS, Bedienung ein Mann, Leistung 6$\div$10 t/h). — Zum Zerkleinern von Gußschrott dient das Fallwerk, bestehend aus einem 10$\div$12 m hohen, unten mit einem kräftigen Holzzaun umgebenen, dreibeinigen Holzgerüst mit oben angebrachter Rolle und einem über diese geführten Drahtseil mit daranhängendem Fallgewicht, welches beim Herunterfallen das am Boden liegende Gußstück zertrümmert.

B. Die Schmelzöfen und ihr Betrieb.

1. Kupolöfen.

Der Kupolofen (Abb. 88) ist der in Eisengießereien am meisten verwendete Schmelzofen. Der auf einer von Säulen getragenen Bodenplatte ruhende zylindrische Blechmantel ist mit einem 150÷350 mm starken feuerfesten, gemauerten oder aufgestampften Futter versehen; zwischen beiden liegt mit Rücksicht auf ungleichmäßige Ausdehnung bei Erwärmung eine 35÷50 mm starke Sand- oder Ascheschicht. Der lichte Durchmesser beträgt je nach Schmelzleistung (0,25÷20 t/h) etwa 0,3÷1,7 m (= 800 cm²/t), die Höhe bis zur Gichtbühne 3÷8 m. Der obere Teil des Schachtes, die Gicht, wo die Beschickung durch eine seitliche Tür (600 × 800 bis 950 × 1200 mm) erfolgt, wird vielfach mit Eisenklötzen ausgemauert, die das darunterliegende Mauerwerk gegen Beschädigung durch die eingeworfenen Eisen- und Koksmengen schützen sollen. Auf der zum Entfernen der Rückstände nach beendetem Gießen herunterklappbaren Bodenklappe wird ein 75÷450 mm starkes Sandbett mit Neigung nach dem Abstichloch aufgestampft. Von dem rings um den Schacht laufenden, mit Reinigungsöffnung versehenen Windring wird der zum Betrieb des Ofens nötige Gebläsewind durch 3÷8 (bei zweireihiger Anordnung) mit Drosseleinrichtung versehene, oberhalb des Herdes einmündende Düsen oder Formen in das Ofeninnere geleitet. Im Außenmantel des Windringes liegende, mit einer Glimmer- oder Glasplatte verschlossene Schaulöcher gegenüber den Düsen dienen zum Beobachten des Schmelzvorganges und zum Reinigen der Düsen von Schlacken. Selbstreinigung der Düsen von Schlackenansätzen erfolgt bei Schließen des Drosselschiebers, indem die Schlacke durch strahlende Wärme wieder flüssig wird und abtropft. Der sich oberhalb der Gicht an den Schacht anschließende Abzugschlot muß zur Verhütung des Funkenauswurfes entsprechend hoch (im oberen Teil u. U. aus Blech) ausgeführt sein oder in eine Funkenkammer (Abb. 89) münden, deren Querschnitt etwa das 3,5÷5fache des lichten Ofenquerschnittes beträgt. In dieser Kammer erlischt die Flamme, die mitgerissenen glühenden Teilchen sinken bei der verminderten Abzugsgeschwindigkeit der Gase und der durch eine Querwand erzwungenen Richtungsänderung nieder und fallen durch einen Trichter und Abfallrohr in einen mit Wasser gefüllten Behälter. — Zwei nebeneinander stehende Öfen erhalten meist eine gemeinsame Funkenkammer und einen gemeinsamen Abzugschlot.

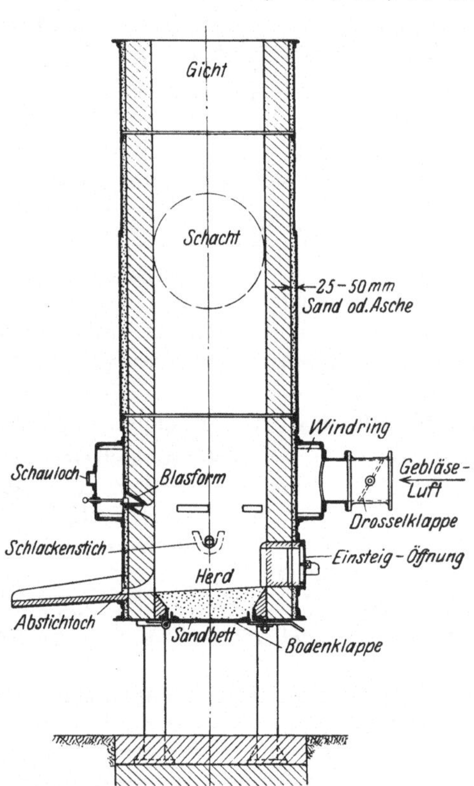

Abb. 88. Kupolofen (Badische Maschinenfabrik, Durlach).

Klein-Kupolöfen mit Leistungen unter 1 t/h bzw. einer lichten Weite unter 500 mm, die ein Einsteigen in das Ofeninnere nicht zulassen, werden zwecks Zugänglichkeit bei der Ausbesserung des Futters aus einzelnen abhebbaren Ringteilen oder mit seitlich ausfahrbaren Oberteil ausgeführt.

Der Vorherd (Abb. 89) hat sich bei größeren Öfen bewährt, weil er im Gegensatz zum Unterherd das flüssige Eisen schneller der Einwirkung des Füllkokses entzieht (geringerer C-Gehalt des Gußeisens!), das Verstopfen der Windformen durch die aufsteigende Schlacke verhütet, die Abführung der Schlacke vereinfacht und das Ansammeln größerer Mengen flüssigen Eisens und eine gewisse S-Abscheidung erlaubt. Er muß jedoch gut angeheizt werden, damit das Eisen nicht abkühlt. Bei kippbarem Vorherd erfolgt das Entleeren statt durch Abstich durch Kippen des Vorherdes, wobei die Schlacke durch eine Querwand zurückgehalten wird[1].

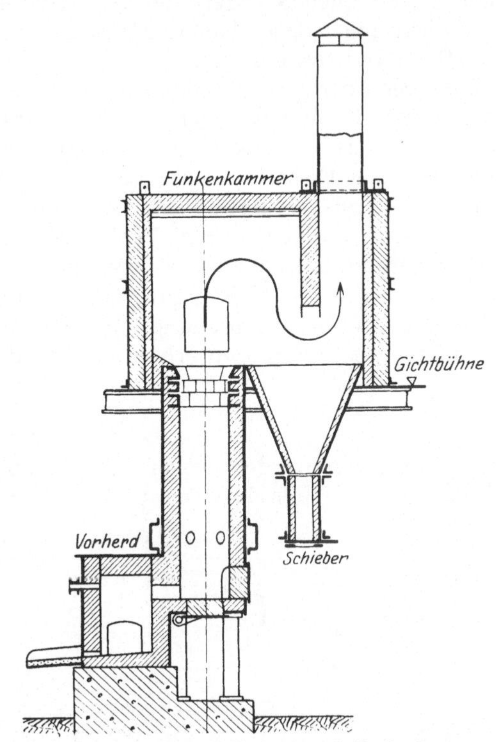

Abb. 89. Kupolofen mit Vorherd und Funkenkammer.

Der Schürmann-Ofen arbeitet mit Winderhitzung durch die Abgase. Über seine Vor- und Nachteile sind die Meinungen noch geteilt[2].

Der Betrieb des Kupolofens[3] nach erfolgter Reinigung und Ausbesserung verläuft etwa folgendermaßen: Zum Anwärmen des Ofens wird in demselben ein Holzfeuer angemacht, und nach etwa einer Stunde wird Koks (Füllkoksmenge 80÷100 kg für 1 m² Ofenquerschnitt) aufgegeben; dabei bleiben Einsteig- und Abstichöffnung für die Luftzufuhr offen. Zum Entzünden des Kokses kann auch Petroleum oder Kerosinöl mit passenden Brennern und Druckluft benutzt werden; dabei müssen gabelförmige Kanäle für die Flamme im Koks vorgesehen werden (genagelte Holzkanäle). Der etwa vorhandene Vorherd wird ebenso, aber ungefähr eine Stunde früher, angewärmt. — Nach etwa einer weiteren Stunde wird abwechselnd Roheisen, Koks (Setzkoks) und Kalkstein im durchschnittlichen Verhältnis 100 : 10 : 3 von oben aufgegeben. Die Einsteigöffnung wird geschlossen und Wind eingeblasen, sobald glühender Koks sich vor den Windformen zeigt. Das Abstichloch bleibt noch offen, damit auch die Ofensohle gut vorgewärmt wird, und wird erst durch Hineinstoßen eines vorn auf einer Stange sitzenden Tonpfropfens geschlossen, wenn Eisen auszufließen beginnt. Ist genügend Eisen geschmolzen (nach etwa 25÷30 min oder wenn flüssiges Eisen mit der Schlacke aus dem Schlackenabstichloch abfließt), so wird mit einer spitzen Eisenstange der

---

1 Siehe Gieß.-Zg. 1910, S. 333; 1911, S. 404. Stahleisen 1913, S. 1056. Vgl. auch Rein: Kupolofenschmelzen und veredelter Guß. Gieß.-Zg. 1927, S. 173.

2 Siehe Gieß. 1924, S. 425, 741, 750.

3 Genaue Einzelheiten siehe Irresberger: Kupolofenbetrieb. H. 10 der Werkstattsbücher. Ferner: Gieß. 1924, S. 267 (Sonderheft 20). Die Abmessungen der Kupolöfen, ihr Verhältnis zur Größe der Koks- und Eisensätze und ihr Einfluß auf Schmelzgang und Koksverbrauch. (Drei preisgekrönte Arbeiten eines Preisausschreibens.)

Tonpfropfen im Abstichloch durchstoßen und das geschmolzene Eisen fließt über die Ablaufrinne in Gießpfannen (siehe S. 129) aus. Das Schließen des Abstichloches geschieht wieder mittels Tonpfropfens wie zuvor. (Man hat auch mechanische Abstichvorrichtungen zum abwechselnden Schließen und Öffnen des Abstichloches.) Dieser Vorgang wiederholt sich nun abwechselnd bis zum Schluß des Schmelzens. Das erste, stets etwas matte Eisen verwendet man für geringwertige Gußwaren. Der Gesamtverlust an Eisen durch Abbrand, mechanische Verluste und Ofenrückstände beträgt 5÷8%, die Schlackenmenge etwa 7÷9% des Eiseneinsatzes. Die Schmelzleistung eines Kupolofens beträgt meist 3÷10 t/h.

Das Beschicken des Ofens erfolgt von Hand durch Arbeiter auf der Gichtbühne, bei neuzeitlichen Anlagen von der Gießereisohle aus durch einen Aufzug, wobei der oben angelangte Wagen seinen Inhalt selbsttätig in den Ofen schüttet.

Der Wind ($\approx$ 100 m^3/min auf 1 m^2 Schachtquerschnitt in der Schmelzzone) wird wegen der geringen Pressung (0,02÷0,07 atü, mit dem Ofenquerschnitt zunehmend) durch Schleudergebläse (Ventilatoren) oder Kapselgebläse geliefert. Schleudergebläse kommen heute hauptsächlich als schnellaufende, unmittelbar mit dem Elektromotor gekuppelte Gebläse zur Verwendung, die sich durch niedrigen Preis, geringen Platzbedarf und sehr hohen Wirkungsgrad auszeichnen. Kapselgebläse haben den Vorteil, daß der Verdichtungsraum vollständig vom Ansaugeraum getrennt ist, so daß die einmal angesaugte Windmenge auch ausgestoßen wird. Bei Verstopfung der Windformen durch Schlacke steigt der Winddruck, das Gebläse läuft langsamer und bleibt schließlich stehen, oder die Verstopfung wird durch den erhöhten Winddruck beseitigt.

2. Flammöfen.

Flammöfen werden wegen ihres großen Fassungsvermögens (5÷45 t) zum Gießen großer Gußstücke (hauptsächlich in Walzengießereien) benutzt und eignen sich infolge ihres langgestreckten Herdes zum Wiedereinschmelzen großer unbrauchbar gewordener Gußstücke ohne vorherige Zerkleinerung.

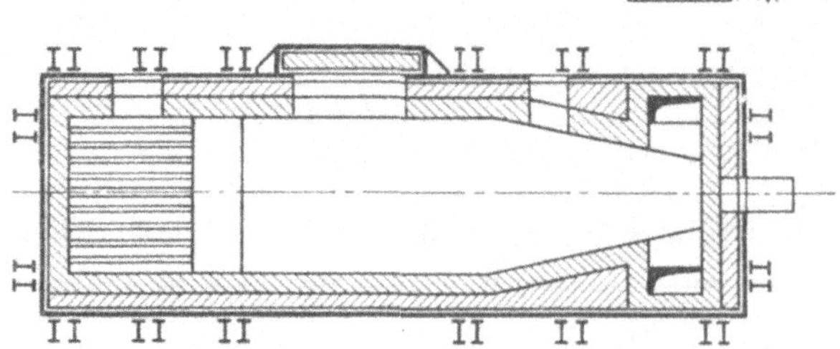

Abb. 90. Gießerei-Flammofen. (Nach: Osann, Gießereiflammöfen und ihre Berechnung, Stahleisen 1910, S. 1547.)

Bei den mit einfacher Rost- oder Generator- (Halbgas-) Feuerung versehenen Flammöfen unterscheidet man drei Bauarten: Die englische mit muldenförmigem Herd, die deutsche (Abb. 90) mit ebenem, nach dem Fuchs abfallendem und die amerikanische mit ebenem, nach der Feuerbrücke abfallendem Herd, von denen die letztere der kürzeren Schmelzdauer und des geringeren Brennstoffverbrauches wegen immer mehr bevorzugt wird. Das Abstichloch befindet sich jeweils an der tiefsten Stelle des Herdes. Das innere Mauerwerk besteht aus feuerfesten Steinen, der Herd wird aus feuerfestem Sand aufgestampft. Das Außenmauerwerk wird durch Schienen, I-Träger und Anker zusammengehalten.

Nach Einsetzen des Schmelzgutes wird das Feuer entzündet und zuerst schwächer, später stärker geheizt, wobei die über den Herd hinwegstreichende Flamme und die Verbrennungsgase das Schmelzgut langsam zum Schmelzen bringen und durch ihren Sauerstoffüberschuß gleichzeitig oxydierend, d. h. frischend, auf dasselbe einwirken, so daß der *Si*-, *Mn*- und *C*-Gehalt des Eisens sich verringert. Man kann so ein kohlenstoffärmeres Eisen von großer Festigkeit erschmelzen, wie es im Kupolofen nicht erzielbar ist. Durch Kalksteinzuschlag erhält man eine dünnflüssige Schlacke, durch die man das Eisen vor zu weit gehender Oxydation schützen kann. Der Schmelzverlust beträgt $5 \div 8\%$, der Brennstoffverbrauch $25 \div 50\%$ des Einsatzes und ist bei größeren Öfen und Dauerbetrieb geringer als im anderen Falle. Die Schmelzdauer beträgt je nach Ofengröße bzw. Einsatzmenge 6 bis 20 h.

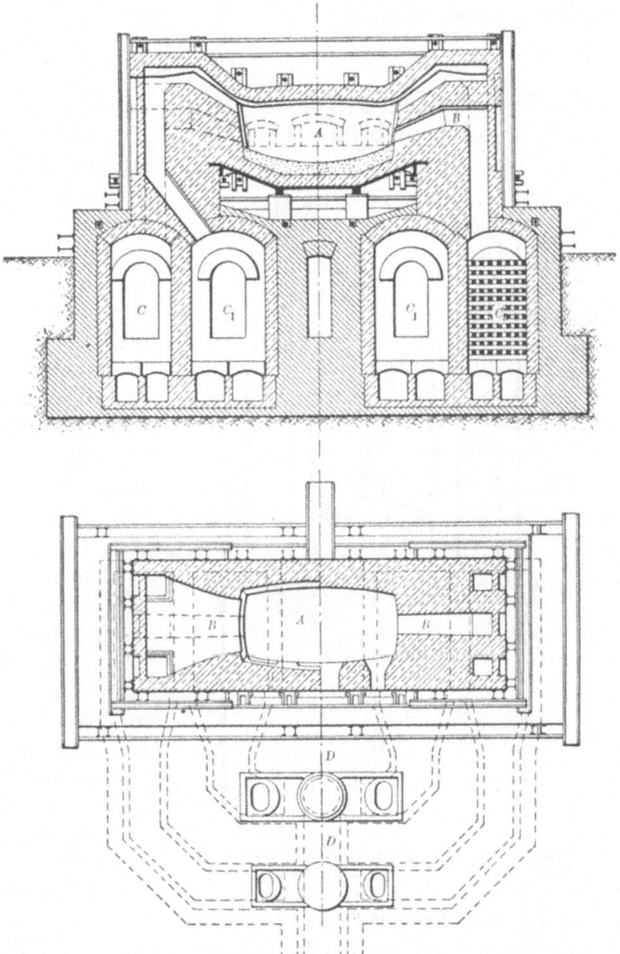

Abb. 91. Siemens-Martin-Ofen. (Nach: Kothny, Stahl- und Temperguß.)

Der Siemens-Martin-Ofen (Abb. 91) ermöglicht durch die Siemens-Regenerativ-Gasfeuerung die hohen Temperaturen, wie sie z. B. beim Schmelzen von Stahl und bisweilen auch von Temperguß erforderlich sind. Das von der Erzeugeranlage kommende Gas (Luft- oder Mischgas) wird ebenso wie die zur Verbrennung erforderliche Luft vor dem Eintritt in den Ofen durch die unter demselben angeordneten Regeneratoren oder Wärmespeicher C bzw. C_1 auf $1000 \div 1200^0$ vorgewärmt. Die Wärmespeicher sind mit feuerfesten Steinen gitterartig ausgesetzte Kammern (vgl. die rechte Kammer C), die im Wechselbetrieb zunächst durch die Abgase des Ofens angewärmt werden, um dann während eines folgenden Zeitabschnittes ihre Wärme an das Gas bzw. an die Verbrennungsluft wieder abzugeben. Angenommen z. B., das Gas durchströmt die rechte Gaskammer C, die Luft die rechte Luftkammer C_1, und beide treten durch die Kanäle des rechten Brenners B (Gas unten, Luft oben) in den Ofenraum und verbrennen ($\approx 2000^0$).

Die Verbrennungsgase ziehen über den Herd A und durch die linken Brennerkanäle und die beiden linken Wärmespeicher C und C_1 ab, dadurch diese beiden Kammern heizend. Sind nach 15÷20 min deren Steine weißglühend geworden, so werden die Wechselventile D umgesteuert, und Gas, Luft und Abgase durchziehen in umgekehrter Richtung die Wärmespeicher und den Ofen. Infolge der zum Heizen der Wärmespeicher erforderlichen hohen Abgastemperatur ist der Brennstoffverbrauch ziemlich hoch; er beträgt (bei Steinkohle mit 7000 kcal/kg) 30÷50% des Eiseneinsatzes. Weitere Ausnutzung der Abhitze zur Dampferzeugung ist vielfach möglich.

3. Tiegelöfen.

Das Schmelzen im Tiegel wird wegen der hohen Betriebskosten nur dort angewendet, wo es, wie beim Schmelzen von Nichteisenmetallen oder hochwertigen Stahlsorten, darauf ankommt, das Schmelzgut gegen die chemischen Einwirkungen der Brennstoffe und Heizgase oder gegen sonstige Verunreinigung zu schützen. Auch zur Erzielung eines feinkörnigen, blasen- und schlackenfreien, dichten Gußeisens, z. B. für Schieberspiegel, wird gelegentlich das Tiegelschmelzen benutzt. Die Tiegel, aus feuerfestem Ton, Graphit und gemahlenen Tiegelscherben hergestellt, haben ein Fassungsvermögen von 10÷50 kg, nicht tragbare ein solches von 75÷500 kg.

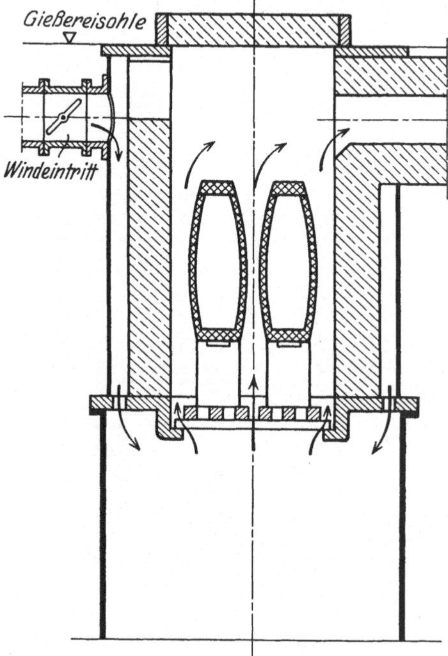

Abb. 92. Tiegelschachtofen mit Unterwind. (Nach: Kothny, Stahl- und Temperguß.)

Die einfachen Tiegelschachtöfen mit aufklappbarem Deckel arbeiten mit natürlichem Zug oder mit Gebläsewind (Abb. 92). Die mit Deckel versehenen Tiegel (1÷4) stehen nicht unmittelbar auf dem Rost sondern auf einem feuerfesten Stein, der sie gegen die von unten eintretende kalte Luft schützt, und sind rings von glühendem Koks umgeben. Das Ein- und Ausbringen der Tiegel erfolgt mit Hilfe von Tiegelzangen von oben her, was große Wärmeverluste und kurze Lebensdauer der Tiegel (5÷15 Schmelzen) zur Folge hat. Der Koksverbrauch beträgt bei Metallegierungen 50÷60%, bei Stahl 150÷400% des eingesetzten Schmelzgutes, die Schmelzdauer 2÷3 bzw. 3÷4 h.

Bei den kipp- oder tragbaren Tiegelöfen mit Unterwind (nach Piat), die nach dem Schmelzen des Einsatzes entweder durch Kippen in Gießpfannen entleert oder zur Form getragen und dort ausgekippt werden, bleibt der Tiegel dauernd im Ofen und hält infolgedessen wesentlich mehr Schmelzen (bis zu 80 etwa) aus; außerdem werden die oben erwähnten Wärmeverluste vermieden. Durch Anordnung eines durch die Abgase geheizten Vorwärmers (nach Baumann) für den später zu schmelzenden Einsatz über dem eigentlichen Schmelztiegel bzw. durch Vorwärmung der Verbrennungsluft in einer rings um den eigentlichen Schmelzofen liegenden Luftkammer (nach Debus) wird eine weitere Verbesserung der Brennstoffausnutzung erzielt. — Ein kippbarer Tiegelofen zum

Schmelzen von Nichteisenmetallen (System Piat-Baumann), ist in Abb. 93 veranschaulicht. Der Ofen besteht aus einem feuerfest ausgekleideten Blechmantel und ist mit zwei seitlichen Zapfen in Böcken kippbar gelagert. Der aufklappbare Boden, an dem der Rost und der Windzuführungsstutzen befestigt ist, ist kegelförmig mit feuerfesten Stoffen ausgekleidet, damit bei einem Tiegelbruch das flüssige Metall nicht in den Windstutzen sondern nach dem Rand abfließt, wo es durch Öffnungen mit Bleiverschluß herausfließen und dort aufgefangen werden kann. Ferner ist in dem Knie der Windzuleitung noch ein senkrechtes Abfallrohr für etwa durchgesikkertes flüssiges Metall vorgesehen. Der eine Lagerbock trägt die Kippvorrichtung für den Ofen, der andere die Abhebe- und Ausschwenkvorrichtung für den Vorwärmer. Der Vorwärmer besteht ebenfalls aus einem feuerfest ausgekleideten Blechmantel, in dem unten ein Kreuz aus feuerfestem Stoff zum Auflegen des vorzuwärmenden Schmelzgutes liegt, das beim Weich- oder Flüssigwerden in den Tiegel herabsinkt. Über dem Vorwärmer befindet sich die senkrecht verschiebbare Rauchglocke mit anschließendem Abzugrohr. Der Windstutzen preßt sich auf das feststehende Zuleitungsrohr fest auf und hebt sich beim Kippen des Ofens ohne Lösen irgendwelcher Verbindungen ab. Beim Kippen fließt das Metall in eine mit ihrer Traggabel auf zwei am Ofenmantel angebrachten Armen hängende Gießpfanne. — Ein 400 kg-Ofen dieser Art brauchte bei drei Schmelzungen, also für 1200 kg Schmelzgut, zum Anwärmen und Schmelzen 168 kg Koks = 14% des eingesetzten Metallgewichtes. Der Abbrand betrug $\approx$ 2%; das Anwärmen des Ofens dauerte $1^1/_4$ h, jede Schmelze 40 min. Durchschnittlich beträgt bei solchen verbesserten Öfen der Koksverbrauch für Nichteisenmetallegierungen 20%, für Gußeisen 35% des Einsatzes.

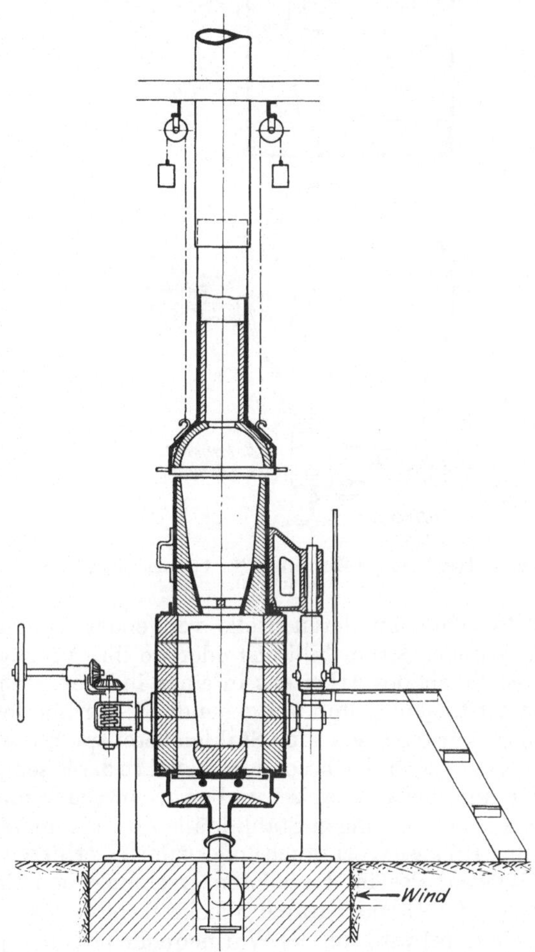

Abb. 93. Kippbarer Tiegelofen nach Piat-Baumann (Badische Maschinenfabrik, Durlach).

Tiegelöfen mit Ölfeuerung zeichnen sich durch einfachen, rauchfreien Betrieb, leichte Regelung und verhältnismäßig geringen Brennstoffverbrauch aus (bei Stahl und Gußeisen $\approx$ 20%, bei Nichteisenmetallen $\approx$ 10% des Einsatzes). Als Brennstoff wird vorzugsweise das bei der Kokerei entfallende Steinkohlenteeröl verwendet, das aus einem höher gelegenen Behälter dem Brenner zufließt, hier durch Wind von 300 ÷ 600 mm WS zerstäubt und mit diesem innig gemischt wird. Hierdurch ergibt sich eine so hohe Temperatur, wie sie z. B. zum Schmelzen von Stahl benötigt wird, und es kann ohne Luftüberschuß bzw. mit reduzierender Flamme gearbeitet werden, die das Metall gegen Oxydation schützt. — Abb. 94 veranschaulicht einen feststehenden, mit Öl geheizten Tiegelofen. Das nebelartige Öl-Luft-Gemisch tritt tangential durch die Brennermündung in den Verbrennungsraum; die aufsteigende Flamme umkreist schraubenförmig den Tiegel und tritt kurzzüngelnd durch die Deckelplatte aus. Der Deckel ist zum Ein- und Ausbringen des Tiegels wegschwenkbar.

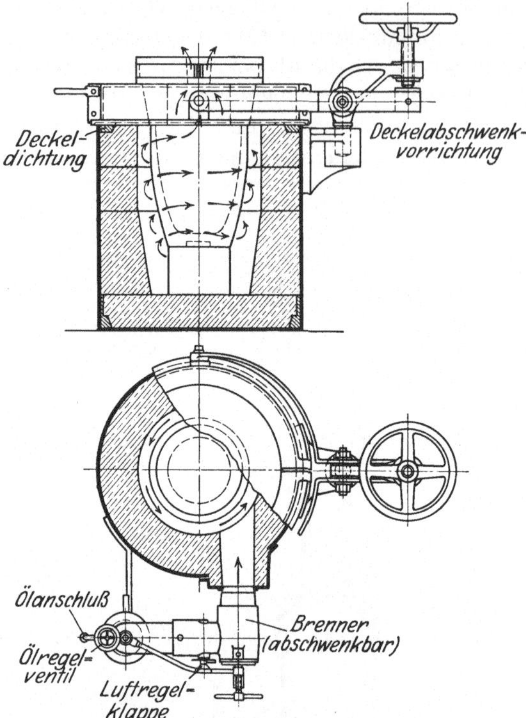

Abb. 94. Tiegelofen mit Ölfeuerung (Karl Schmidt G. m. b. H., Neckarsulm).

Tiegelflammöfen mit Siemens - Regenerativ - Gasfeuerung (ähnlich wie Abb. 91) zum Schmelzen hochwertiger Stahlsorten haben einen wagerechten ebenen Herd zur Aufnahme einer größeren Anzahl von Tiegeln und statt seitlicher Beschickungstüren durch Deckel verschließbare Deckenöffnungen zum Ein- und Ausbringen der Tiegel.

4. Elektroöfen.

Elektroöfen werden aus den gleichen Gründen wie Tiegelöfen und vielfach an deren Stelle verwendet, sind aber nur dort wirtschaftlich, wo elektrischer Strom billig ist oder wo ihre Vorzüge — Reinheit der Wärmequelle, Möglichkeit des Arbeitens in einer indifferenten Atmosphäre, geringer Abbrand, genaue Regelung und weitgehende Steigerung der Temperatur — ausschlaggebend sind[1]. Für die Eisen- und Stahlgießerei spielt die weitgehende Entschwefelung des Einsatzes noch eine besondere Rolle. In der Eisengießerei (Grauguß) werden Elektroöfen nur ausnahmsweise, und zwar entweder zum synthetischen Erschmelzen von Gußeisen aus billigen Stahlabfällen oder zum Wiedereinschmelzen von Gußbruch (ohne Roheisenverbrauch) oder zum Überhitzen und Reinigen (Entschwefeln und Entgasen) des im Kupolofen erschmolzenen Eisens für hochwertigen Grauguß, verwendet (Elektrograuguß siehe S. 140). Der elektrische Strom (Wechsel- oder Drehstrom) wird nur als Wärmequelle benutzt; je nach der Art, wie das geschieht, unterscheidet man Lichtbogen- und Induktions(Widerstands-)öfen[2].

Bei den reinen Lichtbogenöfen (Abb. 95) wird nur die strahlende Wärme des Lichtbogens benutzt, der sich zwischen den über dem Schmelzgut angeordneten Elektroden entwickelt. — Bei dem Stassano-Ofen sind die zwei bzw. drei Kohlenelektroden durch die Seitenwände etwas nach unten gerichtet eingeführt. Ältere Ausführungen des Ofens sind um eine gegen die senkrechte etwas geneigte Achse drehbar, um die Schmelze gut durchzumischen; die neueren Ausführungen

[1] Vgl. Kothny: Die Wirtschaftlichkeit des Elektroofens in der Gießerei. Gieß.-Zg. 1927. S. 57, 185 und 256.

[2] Siehe auch v. Kerpely: Der heutige Stand des Elektroschmelzofens in der Eisengießerei (mit zahlreichen Bildern und Zeichnungen). Gieß.-Zg. 1928, S. 135.

sind fest oder kippbar. Stromverbrauch 1000 ÷ 900 kWh/t. — Der als wagerechte, auf Rollen drehbare Trommel ausgeführte Rennerfelt-Ofen arbeitet mit Zweiphasenstrom, der aus Dreiphasenstrom gewonnen wird. Hierbei werden die beiden Seitenelektroden an je eine Phase angeschlossen, während die senkrechte Elektrode, durch die der Lichtbogen nach unten gerichtet wird, mit dem gemeinsamen Vereinigungspunkt der zusammengeschalteten Phasen verbunden ist.

Bei den Lichtbogen-Widerstandsöfen (Abb. 96 u. 97) tritt der Strom durch den Lichtbogen von den Elektroden auf das Schmelzgut über und durchströmt dieses, so daß neben der strahlenden Wärme auch die Widerstandswärme benutzt wird, die allerdings nur etwa 15% der Gesamtwärme beträgt. — Der Héroult-Ofen (vgl. Abb. 96) besitzt für einphasigen Wechselstrom zwei hintereinandergeschaltete, bei Drehstrom drei Elektroden in Dreiecksternschaltung, die durch die Decke in den Herdraum hineinragen und verstellbar sind. Fassungsvermögen bis zu 30 t. — Beim Girod-Ofen (vgl. Abb. 97) geht der Strom von der oder den über dem Metallbad befindlichen Kohlenelektroden unter Lichtbogenbildung auf das Schmelzgut und von diesem auf eine oder mehrere wassergekühlte Eisenelektroden im Herdboden über. (Abarten des Girod-Ofens sind der Keller- und der Nathusius-

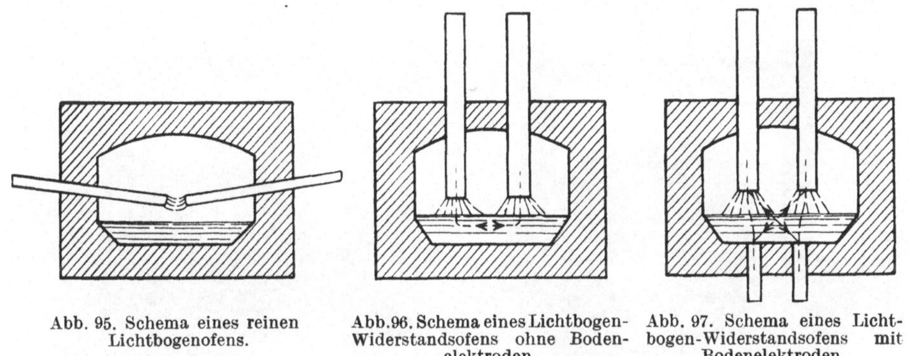

Abb. 95. Schema eines reinen Lichtbogenofens.

Abb. 96. Schema eines Lichtbogen-Widerstandsofens ohne Bodenelektroden.

Abb. 97. Schema eines Lichtbogen-Widerstandsofens mit Bodenelektroden.

(Aus: Kothny, Stahl- und Temperguß.)

Ofen.) Fassungsvermögen bis zu 15 t. — Beide Öfen sind kippbar, Stromverbrauch 850 ÷ 500 kWh/t.

Induktionsöfen (z. B. nach Röchling-Rodenhauser) erfordern flüssigen Einsatz und kommen daher als Schmelzöfen nicht in Frage; sie werden nur in Stahlwerken zur Erzeugung von Stahl aus Roheisen verwendet.

III. Das Gießen.

1. Der Gießvorgang.

Zum Transport des geschmolzenen Metalles vom Schmelzofen zur Gießstelle und zum Eingießen in die Form dienen Gießpfannen, beim Schmelzen im Tiegel vielfach auch die Tiegel selbst. Die Gießpfannen sind genietete oder geschweißte Blechgefäße, die innen mit Lehm oder feuerfester Masse ausgekleidet sind und vor der Verwendung in Trockenkammern oder mittels einfacher Trockenfeuer getrocknet und angewärmt werden. Handpfannen oder Gießlöffel mit Stiel fassen bis zu 25 kg und werden von einem Mann getragen, Gabelpfannen mit 50 ÷ 150 kg Inhalt (Abb. 98) werden in den Ring der zum Tragen und Ausgießen dienenden Gabel gesetzt und von zwei bis vier Mann getragen, größere Pfannen mit bis zu 30 t Inhalt werden als Kranpfannen mit Kippvorrichtung (Abb. 99) ausgeführt und entweder mit dem Kran oder auf einem Wagen zur Gießstelle gebracht. An ihrer Stelle werden mit Vorteil auch um die wagerechte Achse kippbare, geschlossene, mit Ausguß versehene Gießtrommeln (Abb. 100) verwendet, die das flüssige Metall gegen zu schnelles Abkühlen und die Arbeiter gegen die strahlende Hitze schützen.

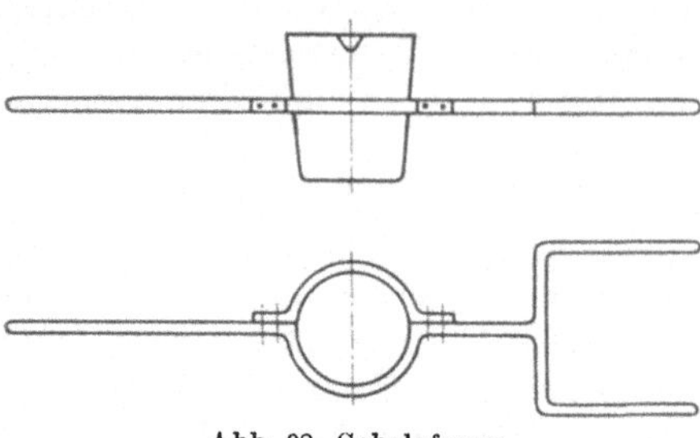

Abb. 98. Gabelpfanne.

Beim Gießen ist zur Erzielung eines blasen- und schlackenfreien Gusses auf Einhaltung der richtigen Gießtemperatur sowie darauf zu achten, daß der Einguß immer ganz gefüllt ist und weder zu schnell noch zu langsam sondern mit gleichmäßigem, ununterbrochenem Strahl gegossen wird und weder Luft noch Schlacke, noch die bei offenen Pfannen zum Schutz gegen Oxydation und Abkühlung etwa aufgestreute Holzkohlen- oder Sandschicht mit in die Form gelangt.

Abb. 99. Kranpfanne (Badische Maschinenfabrik, Durlach).

Abb. 100. Gießtrommel (Badische Maschinenfabrik, Durlach).

(Richtige Bemessung der Eingüsse und Schlackenläufe und Anordnung von Schlackenfängen ist ebenfalls wichtig, siehe S. 73.) Zum Abschöpfen oder Zurückhalten der Schlacke u. dgl. in der Pfanne benutzt man gewöhnlich ein Stück Holz oder eine vorn etwas ausgeschmiedete, mit Lehm bestrichene Eisenstange (Krampstock); für das Gießen von Stahl insbesondere verwendet man auch Gießpfannen mit senkrechter Querwand, die die Schlacke zurückhält und nur das reine Metall von unten durchtreten läßt (Abb. 101), oder sogenannte Stopfenpfannen, die durch eine Ausflußöffnung am Boden entleert werden. Der Stopfen sitzt an einer feuerfest umkleideten Eisenstange und kann durch einen Mechanismus von außen gelüftet und wieder aufgesetzt werden.

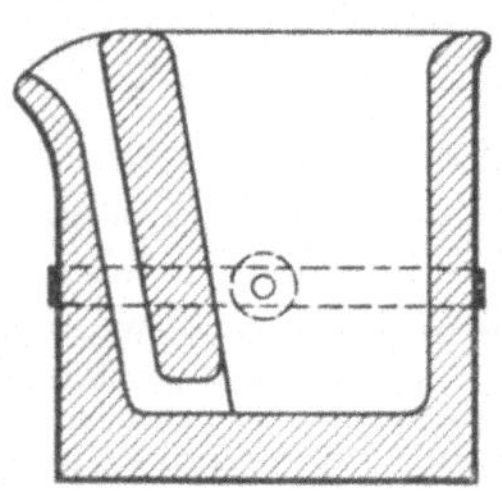

Abb. 101. Gießpfanne mit Schlackenfang.

Abgesehen von dünnwandigem Guß, wo man sofort mit Ofentemperatur vergießt, um die Dünnflüssigkeit des Metalles bei hoher Temperatur auszunutzen, läßt man dasselbe gewöhnlich erst etwas in der Gießpfanne abstehen, um die

Gasausscheidungen, Seigerungs- und Schwindungserscheinungen am Gußstück zu mindern (siehe unten). Mit welcher Temperatur im Einzelfalle vergossen werden muß, ist noch mehr oder weniger Erfahrungssache.

In die Mündungen der Windpfeifen und Steiger der Form legt man Papier oder Hobelspäne und zündet diese bei Beginn des Gießens an, damit die beim Einfließen des Metalles in der Form entstehenden brennbaren Gase sich daran entzünden, verbrennen und abziehen und Explosionen verhütet werden. Durch „Pumpen", d. h. Auf- und Abbewegen einer angewärmten Eisenstange in den Trichtern größerer Formen, hält man das Metall in ihnen flüssig, um bei Bedarf nachgießen zu können.

Nach dem Gießen und Erstarren läßt man, um gleichmäßiges und allmähliches Abkühlen zu erreichen und Spannungen (siehe S. 134) möglichst zu verhüten, die Gußstücke meist noch einige Zeit in der Form, ehe man diese zerstört. Bei sehr ungleichen Wandstärken muß man die stärkeren Teile des Gußstückes aus demselben Grunde früher freilegen als die schwächeren. Kerne sind aber möglichst frühzeitig auszustoßen, damit sie das Schwinden des Gußstückes nicht hindern. Stahlgußstücke müssen wegen des sehr schnell eintretenden Schwindens gleich nach dem Erstarren freigelegt werden.

2. Das Verhalten der Metalle bei und nach dem Guß.

Das Verhalten der Metalle und Metallegierungen, insbesondere auch des Eisens, bei und nach dem Guß ist für das Gelingen der Gußstücke von solcher Bedeutung, daß die Nichtbeachtung der entsprechenden gießtechnischen und konstruktiven Gesichtspunkte zu einem Mißerfolg führen wird. Es können hier nur die wichtigsten Erscheinungen kurz behandelt werden; im übrigen muß auf die besondere Fachliteratur verwiesen werden[1]. Der Konstrukteur kann durch richtige Formgebung zum Gelingen eines Gußstückes beitragen, doch muß er zu dem Zweck mit den gießtechnischen Eigenschaften des Werkstoffes und den Formverfahren hinlänglich vertraut sein[2].

Beim Abkühlen und Erstarren von Legierungen treten vielfach Entmischungsvorgänge auf (siehe S. 3), sogenannte Seigerungen, die eine ungleichmäßige Zusammensetzung und Unterschiede in den Festigkeitseigenschaften und der Härte des Werkstoffes an den verschiedenen Stellen des Gußstückes zur Folge haben. Je langsamer und ungleichmäßiger das Gußstück erstarrt, um so mehr werden die Seigerungen begünstigt. Es erstarren zuerst die Legierungen oder Legierungsbestandteile mit der höchsten Schmelztemperatur und schließen die später erstarrenden Bestandteile in sich ein. So seigern z. B. bei Gußeisen je nach den Umständen Schwefel, Phosphor und Kohlenstoff aus[3]. Übt eine erstarrende und sich dabei zusammenziehende Kruste auf das noch flüssige Innere einen Druck aus, so kann bei phosphorhaltigem Gußeisen die zuletzt erstarrende leichtflüssige eutektische Legierung in Form von Tröpfchen (Schwitzkugeln) ausgepreßt werden (Druckseigerung). Hierhin gehören z. B. die „harten Stellen" in Grauguß, d. h. nieren- oder bohnenartige Einschlüsse von solcher Härte, daß sie bei der späteren Bearbeitung entweder vom Schneidwerkzeug nicht angegriffen oder als Ganzes herausgerissen werden und dadurch unsaubere Arbeitsflächen oder „unganze Stellen" entstehen. An den Wänden der Gußform werden diese Tropfen plattgedrückt und überziehen u. U. die ganze Oberfläche des Guß-

[1] Vgl. Kothny: Gesunder Guß. H. 30 der Werkstattsbücher.

[2] Vgl. Fußnote auf S. 74. Ferner Oecking d. Ä.: Konstruktion von Stahlformgußstücken. Stahleisen 1923, S. 841.

[3] Siehe Klingenstein: Über den Einfluß der Schmelztemperatur auf die Graphitbildung. Gieß.-Zg. 1927, S. 335.

stückes mit einer harten Schicht. — Eine in ihren Ursachen noch nicht ganz aufgeklärte seigerungsähnliche Erscheinung ist der sogenannte umgekehrte Hartguß[1], gekennzeichnet durch das Auftreten weißer Stellen im Innern von Grauguß, wie es bei den ersten matten Abstichen des Kupolofens und beim Einschmelzen von rostigem Gußbruch oder von Roheisen mit höherem Schwefelgehalt vorkommt. Auch die beim Auftreffen des Gießstrahles eines matten oder schwerflüssigen Eisens entstehenden und im Gußstück eingeschlossenen Spritzkugeln sind eine Art Entmischungserscheinung (Mischkristalle mit geringerem Kohlenstoffgehalt als das Muttereisen).

Seigerungen werden sich niemals ganz vermeiden sondern höchstens durch geeignete chemische Zusammensetzung der Legierung und durch gießtechnische und konstruktive Maßnahmen, die auf eine gleichmäßige Erstarrung hinzielen, einschränken lassen. Ein genauer Nachweis über Größe und Verteilung der Seigerungen ist nur durch metallographische Gefügeuntersuchung möglich.

Die flüssigen Metalle nehmen sowohl aus der umgebenden Atmosphäre als auch infolge chemischer Umsetzungen mehr oder weniger Gase auf. Diese Gase werden in dem Maße, wie das Lösungsvermögen des Metalles mit der Temperatur und dem Druck abnimmt, wieder ausgeschieden. Besonders lebhaft ist die Gasausscheidung beim Erstarren. Bleibt ein Teil der freigewordenen Gase im erstarrenden Metall zurück, so entstehen im Innern des Gußstückes Hohlräume oder Gasblasen. — Dasselbe tritt ein, wenn die in der Form enthaltene Luft oder die durch Berührung des flüssigen Metalles mit den Formwandungen oder mit kalten Metallteilen neu entstehenden Gase nicht rechtzeitig und vollkommen entweichen können. So entsteht z. B. Wasserdampf bei der Berührung mit feuchten Formwänden und Kohlenoxyd durch Verbrennen des dem Formsand beigemischten Kohlenstaubes oder durch Reduktion von Metalloxyden (keine rostigen Kernstützen und Schreckschalen verwenden, Kernstützen verzinnen oder entbehrlich machen!). Kalte Metallteile enthalten in ihren Poren meist Wasserstoff, Stickstoff und Sauerstoff verdichtet, die sie bei Berührung mit dem flüssigen Metall wieder freigeben. Diese Gasentwicklungen lassen sich durch Trocknen der Form bzw. durch vorheriges Anwärmen der Metallteile (z. B. der Schreckschalen bei Hartguß oder der zum Umrühren des Metalles benutzten Eisenstangen) größtenteils vermeiden. Größer als bei Grauguß ist die Gefahr von Gasblasen bei Stahlguß, und zwar einmal wegen der hohen Schmelztemperatur und des teigigen Zwischenzustandes bei der Erstarrung und zum anderen wegen des im Flußstahl gelöst enthaltenen Eisenoxyduls, wie es die unvollkommene Desoxydation (durch *Mn*-Zusatz) bei den Frischverfahren mit sich bringt (bei Tiegel- und Elektrostahlerzeugung ist eine praktisch vollkommene Desoxydation und weitgehende Entgasung möglich). Geringe Zusätze von *Si* oder *Al* verringern die Gasausscheidung und wirken gleichzeitig desoxydierend auf den Flußstahl.

Um einen blasenfreien Guß zu erzielen, muß in erster Linie das Schmelzgut entsprechend fertiggemacht sein; der Konstrukteur kann durch möglichst einfache und zweckentsprechende Formgebung zum rechtzeitigen und möglichst vollständigen Entweichen der Gase beitragen, insbesondere wird er größere wagerechte Flächen in der Form vermeiden müssen, weil sich hier Gasblasen leicht festsetzen.

Die beim Abkühlen des flüssigen und festen Metalles eintretende Raumverkleinerung nennt man Schwindung. Die im Augenblick des Erstarrens vorübergehend auftretende Raumvergrößerung ist meist gering und ohne praktische Be-

[1] Vgl. Stahleisen 1912, S. 143, 346, 1819; 1921, S. 569, 719, 1224; 1922, S. 1906 und 1907.

deutung, bei Grauguß dagegen deutlich wahrzunehmen und u. a. die Ursache für die Erzielung scharfkantiger Formen und glatter Oberflächen im Gegensatz zum Stahlformguß. Die Größe der Schwindung ist abhängig von der Zusammensetzung des Werkstoffes, bei Grauguß z. B. um so kleiner, je höher der *Si*- bzw. der Graphitgehalt, und nimmt mit der Gießtemperatur und der Abkühlungsgeschwindigkeit zu. Man unterscheidet das räumliche und das lineare Schwindmaß, wobei das erstere ungefähr das Dreifache des letzteren beträgt. Das lineare Schwindmaß beträgt etwa für:

Grauguß	0,5 ÷ 1,3 %
Stahlformguß	1,6 ÷ 2 %
Temperguß	1,5 ÷ 2 %
Messing	1,97 %
Bronze	1,5 %
Aluminium	1,8 %
Weißmetall	0,5 %

Damit die erkalteten Gußstücke die verlangten Abmessungen aufweisen, müssen die Formen und die zu ihrer Herstellung benutzten Schablonen und Modelle um das Maß des Schwindens größer gemacht werden. Der Modelltischler benutzt daher einen dem jeweiligen Gießmetall entsprechenden Schwindmaßstab, dessen Maßeinheiten um das lineare Schwindmaß größer sind als das angegebene Nennmaß, so daß Umrechnungen der Längenmaße sich erübrigen.

Die als Folge der Abkühlung im flüssigen Zustande und während des Erstarrens des Eisens eintretende Abnahme seines Gesamtvolumens bedingt — im Verein mit dem naturgemäß von außen nach innen allmählich fortschreitenden Abkühlen, Festwerden und Schwinden — einen mehr oder weniger großen Stoffmangel, der sich schließlich bei der Erstarrung des bis zuletzt flüssig gebliebenen Kernes als ein Hohlraum oder Lunker (vgl. Abb. 102) oder mindestens als poröse Saugstellen im Gußstück auswirken müßte, wenn es nicht gelingt, rechtzeitig den Stoffmangel zu beheben bzw. den im Entstehen begriffenen Hohlraum auszufüllen. Das Nachfließen wird durch „Pumpen“ (siehe S. 131) wesentlich gefördert. Die Gefahr solcher Lunker und Saugstellen ist bei großen und dickwandigen Gußstücken stärker als bei kleinen und dünnwandigen; sie werden sich besonders an den Stellen zeigen, wo Stoffanhäufungen vorliegen (Abb. 102a), die beim Entwurf von Gußstücken daher möglichst zu vermeiden sind (Abb. 102c). Der Konstrukteur muß die Wandstärken möglichst so wählen, daß das Gußstück an allen Teilen gleichmäßig erstarren kann, und zum mindesten scharfe Übergänge zwischen dick- und dünnwandigen Stellen vermeiden. Das wichtigste, besonders bei Stahlformguß angewendete Mittel des Gießers, den Lunker im Gußstück selbst zu vermeiden, ist das Aufsetzen eines oder mehrerer „verlorener Köpfe“ (Abb. 102), die später abgeschlagen oder abgestochen werden und so bemessen sein müssen, daß sie zuletzt erstarren und die Lunker oder Saugstellen

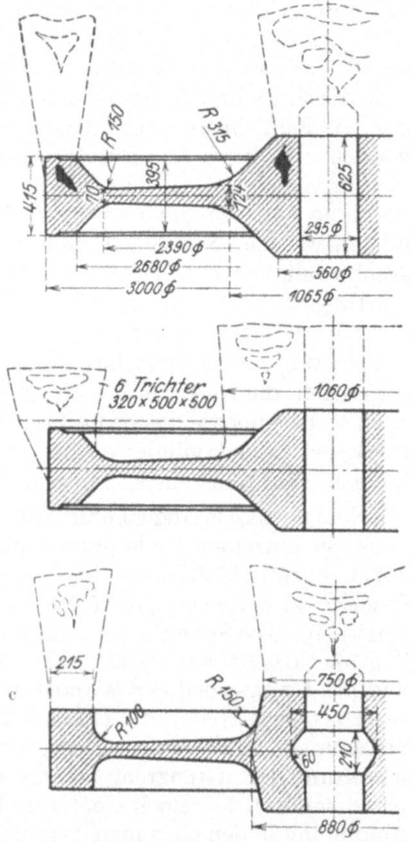

Abb. 102. Falsche und richtige „verlorene Köpfe“ bzw. Konstruktion eines Gußstückes. (Aus: Kothny, Gesunder Guß.)

in sich aufnehmen und somit aus dem Gußstück herausziehen. Dazu ist weiter erforderlich, daß der Übergangsquerschnitt zwischen Gußstück und verlorenem Kopf so groß ist, daß derselbe nicht vorzeitig erstarrt und den Lunker im Gußstück festhält (Abb. 102a). Verlorene Köpfe erfordern einen nicht unerheblichen Aufwand an Werkstoff und Arbeitslohn (Abb. 102b), der durch zweckentsprechende Konstruktion des Gußstückes wesentlich verringert werden kann (Abb. 102c). — Ist infolge der Formgebung des Gußstückes ein verlorener Kopf nicht anwendbar oder wirkungslos, so kann durch Einlegen mit Lehm bestrichener eiserner Schreckschalen (Kokillen) an den gefährdeten Stellen der Form die Abkühlung stärkerer Querschnitte beschleunigt und dadurch die Bildung von Lunkern oder Saugstellen verhindert oder vermindert werden. Die Wirkung der Schreckschalen läßt sich durch mehr oder minder starkes Anwärmen vor dem Guß regeln. Ferner können Kühleinlagen aus dem gleichen Werkstoff wie das Gußstück eingelegt werden, die durch das flüssige Metall so stark angewärmt werden, daß sie mit diesem verschweißen. Der richtige Querschnitt, der nicht nur eine ausreichende Kühlung sondern auch ein gutes Verschweißen erlaubt, muß durch Versuch ermittelt werden. Schließlich kann der Gießer durch die Gießtemperatur und Gießgeschwindigkeit und frühzeitiges Freilegen einzelner Teile des Gußstückes die Erstarrung u. U. so beeinflussen, daß die Bildung von Hohlräumen auf ein Mindestmaß beschränkt wird. — Wird ein Lunker oder eine Saugstelle erst bei der Bearbeitung des Gußstückes bemerkt und dieses dadurch unbrauchbar, dann erhöhen sich die Ausschußkosten noch um die Bearbeitungskosten; wird der Fehler auch hierbei noch nicht bemerkt, dann können später im Betriebe Undichtigkeiten (z. B. bei Dampfzylindern) oder Brüche eintreten. Durch Röntgenuntersuchung können Fehlstellen u. U. festgestellt werden[1].

Eine weitere unangenehme Folge des ungleichmäßigen Abkühlens und Schwindens der einzelnen Teile eines Gußstückes oder der Hemmung des Schwindens durch Formteile (Kerne) ist das Entstehen von Gußspannungen mit ihren Begleiterscheinungen (Werfen oder Krummziehen des Gußstückes, Warm- und Kaltrisse). Die Spannungen sind unter sonst gleichen Verhältnissen um so größer, je größer das Schwindmaß des Werkstoffes (bei Stahlguß größer als bei Grauguß) und der Unterschied der Wandstärken und Abkühlungsgeschwindigkeiten an den verschiedenen Stellen des Gußstückes ist. Es kommen hier lediglich „bleibende" Spannungen in Betracht; sie rühren daher, daß in dem Werkstoff, der bei Unterschreitung der „Grenztemperatur" ($\approx 600^0$ für Grau- und Stahlguß) keine plastischen sondern nur noch elastische Formänderungen erfährt, bei ungleichmäßiger Abkühlung in den einzelnen Teilen verschieden große Formänderungen entstehen, die naturgemäß Festigkeitsbeanspruchungen bei vermindertem Schwinden zur Folge haben. Je nach Größe und Art ihres Auftretens können die Gußspannungen noch während des Abkühlens zum Werfen oder Krummziehen des Gußstückes (Herdgußplatten, Drehbankbetten) oder zu Warm- oder Kaltrissen führen. Letztere können aber auch nachträglich noch entstehen, wenn infolge der Bearbeitung oder durch Betriebsspannungen Zusatzbeanspruchungen hinzukommen, die zur Erreichung der Bruchgrenze ausreichend sind. (Der Konstrukteur sollte daher beim Entwurf eines Gußstückes nicht nur auf dessen Betriebsbeanspruchung, sondern auch auf die Schwindungsspannungen Rücksicht nehmen!) Diejenigen Teile eines Gußstückes, die infolge ihrer Stärke langsamer abkühlen, erhalten Zugspannungen, die früher abgekühlten Druckspannungen. Am einfachsten zeigt das ein sogenanntes Spannungsgitter (Abb. 103). Die schneller erkalteten Außen-

[1] Vgl. Schulz: Feststellung von Fehlstellen im Stahl mittels Röntgenstrahlen. Stahl-eisen 1922, S. 492.

stäbe konnten sich während des noch plastischen Zustandes des Mittelstabes ungehindert verkürzen, während der langsamer erkaltende Mittelstab durch die bereits erkalteten Seitenstäbe an der Verkürzung beim Schwinden gehindert wird, seinerseits auf die Seitenstäbe einen Druck ausübt und diese verbiegt und selbst Zugspannungen erhält. Die Querjoche werden nach innen durchgebogen. Die Spannungsverhältnisse ändern sich mit den Querschnittsverhältnissen der Stäbe. — Überschreiten diese Spannungen die Bruchgrenze des Werkstoffes, so muß ein Riß entstehen. Warmrisse treten dabei nicht in den schwächeren sondern in den stärkeren Querschnitten oder in den Übergängen beider auf, da hier die Festigkeit wegen der durch die Stoffanhäufung bedingten höheren Temperatur bedeutend kleiner ist als in den schwächeren, schon kälteren Querschnitten.

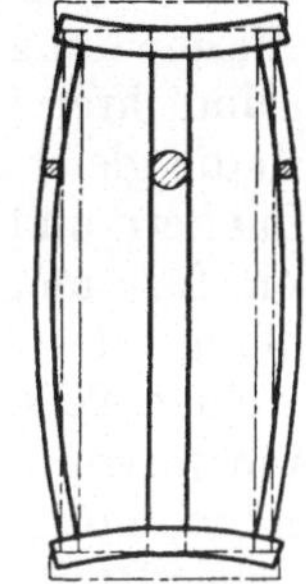
Abb. 103. Spannungsgitter.

Abb. 104. Verziehen prismatischer Gußstücke.

Die Beispiele aus der Praxis für das Auftreten von Spannungen und ihre Folgen sind so zahlreich und so mannigfaltig, daß ein näheres Eingehen darauf hier viel zu weit führen würde[1]. Zur Erläuterung seien hier nur einige grundlegende Fälle angeführt. Längere prismatische Gußstücke (z. B. die Betten von Drehbänken und Hobelmaschinen u. dgl.) krümmen sich hohl nach der Seite des stärkeren Querschnittes (Abb. 104). Abhilfe: Früheres Freilegen der starken Querschnittsteile nach dem Guß zwecks schnelleren Abkühlens und Schwindens.

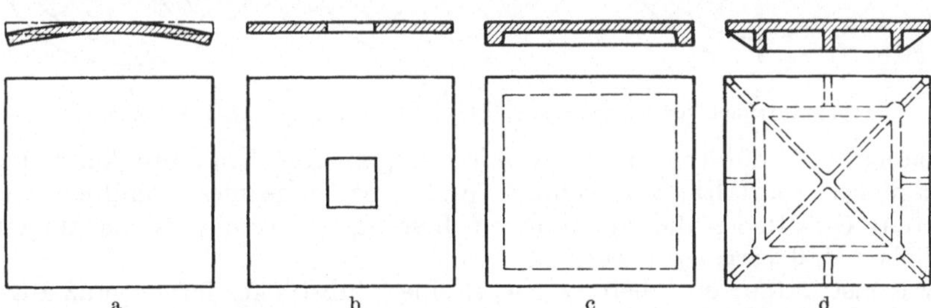

Abb. 105. Verziehen ebener Platten und Gegenmittel. (Nach: Geiger, Handbuch der Stahl- und Eisengießerei.)

— Ebene Platten schwinden vom Rand nach der Mitte zu, letztere erhält Zugspannung, und die Platte krümmt sich (Abb. 105a). Abhilfe: Freilegen der Mitte unmittelbar nach dem Guß, Aussparungen in der Mitte (Abb. 105b), falls möglich, Verstärkung des Randes (Abb. 105c) zur Verzögerung der Abkühlung und des Schwindens desselben oder kräftige Verrippung der ganzen Platte (wie z. B. bei Richtplatten, Abb. 105d). Hierdurch werden zwar die Spannungen selbst nicht beseitigt, aber ein Verziehen unmöglich gemacht (nur zulässig, wenn keine zusätzlichen Betriebsspannungen auftreten). — Bei geschlossenen, rahmen- oder ringförmigen Gußstücken wird ein schwacher Kranz (z. B. bei Riemenscheiben) durch die später erstarrenden Arme und Nabe wellen-

[1] Vgl. Fußnote 1 auf S. 131. Ferner: Bauer: Schwindung und Spannung im Gußeisen. Gieß.-Zg. 1926, S. 61.

förmig verzogen (Abb. 106a), oder es treten an den Verbindungsstellen zwischen Kranz und Armen Risse ein, wenn nicht durch früheres Freilegen der Arme und Nabe für deren schnelleres Erkalten und Schwinden (während des noch plastischen Zustandes des Kranzes) gesorgt oder die Nabe geteilt wird (Abb. 106b). Bei starkem Kranz (Schwungräder) werden die Arme auf Biegung und Knickung beansprucht, wenn derselbe zuletzt erstarrt und schwindet und nicht gleich nach dem Guß freigelegt oder die Nabe, der Kranz oder das ganze Gußstück nicht geteilt wird (Abb. 107a bis c).

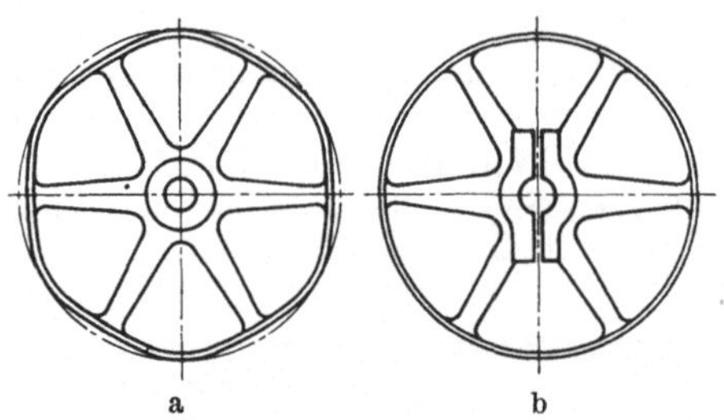

Abb. 106. Verziehen von Riemscheiben und Teilung der Nabe als Gegenmittel.

Die Maßnahmen des Konstrukteurs und des Gießers zur Vermeidung übermäßiger Spannungen und ihrer Folgen sind also grundsätzlich die gleichen wie zur Vermeidung von Lunkern und Saugstellen; beide müssen für möglichst gleichmäßige Abkühlung des Gußstückes in seinen einzelnen Teilen sorgen. Der Konstrukteur muß auf möglichst gleichmäßige Wandstärken, sanfte Übergänge und Vermeidung scharfer Ecken und Kanten achten, nötigenfalls Schwindungsrippen vorsehen oder das Gußstück zweckentsprechend teilen, der Gießer durch rechtzeitiges Freilegen stärkerer Teile des Gußstückes für deren

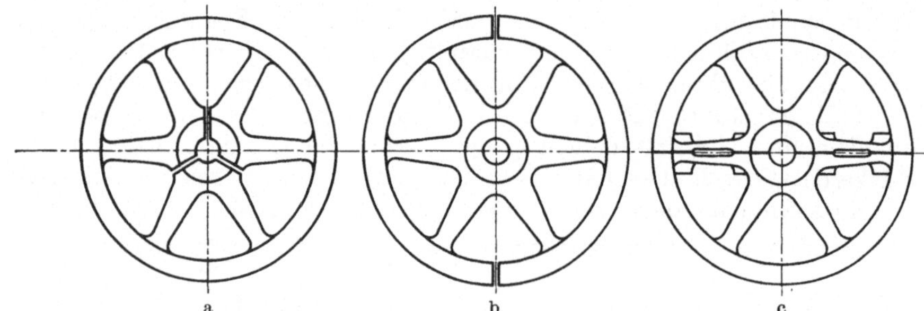

Abb. 107. Teilung von Schwungrädern zur Vermeidung unzulässiger Spannungen.

beschleunigtes Abkühlen und Schwinden sorgen. Bei Stahlguß können durch nachträgliches sorgfältiges Ausglühen und ganz langsames Abkühlen der (eingepackten) Gußstücke die Spannungen beseitigt oder mindestens auf ein ungefährliches Maß verringert werden.

Der Konstrukteur muß beim Entwurf eines Gußstückes ferner ganz allgemein auf das Formverfahren, das nachträgliche Putzen (leichtes Entfernen der Kerne) und die spätere Bearbeitungsmöglichkeit der Gußstücke Rücksicht nehmen[1].

IV. Das Putzen der Gußstücke.

Unter dem Putzen der Gußstücke versteht man das Entfernen der denselben anhaftenden Formstoffreste und der Kerne, das Abtrennen der Steig- und Gießtrichter nebst Einlaufrinnen, etwa aufgesetzter verlorener Köpfe und angeschweißter Formerstifte sowie das Beseitigen des bei mehrteiligen Formen entstehenden Grates (Gußnaht).

1. Mechanische Putzverfahren.

Kleinere Eingüsse und Steigtrichter entfernt man durch Abschlagen (vielfach schon gleich nach dem Erstarren in noch rotwarmem Zustande oder beim Heraus-

[1] Vgl. Fußnote 2 auf S. 74 und 1 auf S. 135.

nehmen des Gußstückes aus der Form), größere und verlorene Köpfe sowie alle Ansätze bei Stahlguß durch Abschneiden mittels Scheren oder Pressen, Abstechen auf Abstech- (Dreh-)bänken, Absägen[1] oder Abschneiden mittels Schneidbrenners (siehe S. 258). Das Abgraten und das weitere Beputzen der Trennstellen erfolgt mit Hand- oder Preßluftmeißel, Feile oder Schleifscheiben (einfache Schleifböcke, Pendel- oder kleine handbewegliche Schleifmaschinen).

Das Reinigen der Gußstückflächen von Formstoffresten mit Hilfe von Drahtbürsten ist möglichst durch andere Verfahren (Putztrommel, Sandstrahl, Beizen) zu ersetzen, zum mindesten ist es auf besonderen Putztischen vorzunehmen, durch deren rostartige oder durchlöcherte Platte der Staub hindurchfällt und durch eine Absaugevorrichtung abgesaugt wird. Statt Drahtbürsten werden auch Druckluftabklopfer verwendet, die besonders zum Entfernen von anhaftenden Kernresten zweckmäßig sind.

Kleinere, unempfindliche Gußstücke können von dem anhaftenden Sand bequem und billig in Putztrommeln oder Scheuerfässern befreit werden. Darunter versteht man um die wagerechte Achse drehbare Blechzylinder, die zu etwa zwei Dritteln mit Gußstücken gefüllt, geschlossen und dann in Drehung versetzt werden (Transmissionsantrieb). Hierbei werden die Gußstücke durcheinander gewürfelt und durch die Erschütterung und gegenseitige Reibung vom Sand befreit. Putztrommeln laufen auf Rollen, Scheuerfässer in Drehzapfen, die zum Anschluß an eine Staubabsaugung hohl sein können. Der Blechmantel der Putztrommel kann für empfindlichere Teile und zur Erzielung eines geräuschlosen Betriebes auch mit Hartholz, für größere Stücke und angestrengten Betrieb mit Stahlgußplatten ausgefüttert werden.

2. Das Putzen mit dem Sand- bzw. Wasserstrahl.

Die wirksamste und wirtschaftlichste Reinigung der Gußstücke ist die mittels Sandstrahlgebläses[2], wobei durch den Druckluftstrahl[3] trockener, scharfkantiger Quarzsand (neuerdings auch Stahlkörner, Stahlsand) mit großer Gewalt auf die Gußstücksflächen geschleudert wird und diese sorgfältig von allem anhaftenden Sand befreit (wichtig für die spätere Bearbeitung!). Mit dem Sandstrahl (Freistrahl) kann man auch gut alle Ecken und das Innere der Gußstücke putzen. Die Gußstücksoberflächen erhalten gleichzeitig eine schöne hellgraue Farbe und können gegebenenfalls ohne weitere Vorbehandlung emailliert werden. Die Druckluft wird durch Kompressoren, Schleuder- oder Kapselgebläse erzeugt. Die Spannung beträgt je nach Größe des Sandstrahlgebläses bzw. der zu putzenden Gußstücke $0{,}5 \div 2$ atü, für Stahlformguß $\leqq 4$ atü; bei höheren Spannungen wird der Sand zu schnell zu Staub zerschlagen und büßt an Wirkung ein. Luftbedarf $\approx 130\ m^3/h$ bei 1 atü und für 1 cm^2 Düsenquerschnitt[4]. Zwischen Kompressor bzw. Gebläse und das Sandstrahlgebläse wird ein Windkessel zur Vermeidung von Druckschwankungen eingebaut. Der gebrauchte Sand wird in einem Trichter aufgefangen und durch Schleuderräder, Förderschnecken und Becherwerke aufs neue dem Sandbehälter wieder zugeführt. Die Zuführung des Sandes aus diesem zum Druckluftstrahl kann auf verschiedene Weise erfolgen. Beim Saugsystem

---

[1] Eine neue Gußtrennmaschine (Mars-Werke A. G.). Z. V. d. I. 1926, S. 1700.

[2] Leistungsangaben vgl. „Maschinen und Verfahren der Gußputzerei". Z. V. d. I. 1923, S. 850.

[3] Für Stahl- und Temperguß wird vielfach auch ein kräftiger wirkender Dampfstrahl verwendet.

[4] Vgl. Karg: Die Preßluftverhältnisse beim Betrieb von Sandstrahlgebläsen. Gieß. 1927, S. 129. — Preßluftreinigung und Kompressorleistung für Sandstrahlgebläse. Gieß. 1927, S. 42.

erzeugt der aus der Düse austretende Luftstrahl in dem umgebenden, in den Sandbehälter mündenden Rohr Unterdruck und saugt dadurch den Sand an; beim Drucksystem wird der Sand selbst unter Druck gesetzt und durch den Druckluftstrom dem Düsenmundstück, beim Schwerkraftsystem durch freien Fall von oben dem Luftstrom zugeführt. Die Sandzufuhr ist regelbar.

Ein Mehrkammer-Drucksandstrahlgebläse (Abb. 108) gewährleistet im Gegensatz zum Einkammergebläse, bei dem zum Nachfüllen des Sandes die Arbeit auf kurze Zeit unterbrochen werden muß, einen ununterbrochenen Betrieb. In der Kammer *C* herrscht immer derselbe Druck wie in dem Rohr *A*; der aus *C* durch den Hahn *B* fallende Sand wird durch den Luftstrom fortgeblasen. Während der Sand in *C* verbraucht wird, wird die Kammer *D* aus dem Sammelbehälter *E* neu gefüllt, indem man durch entsprechendes Umstellen des Umschaltventils *I* die Druckluft aus *D* entweichen läßt. Dabei wird das Sandventil *G* durch den Überdruck in *C* geschlossen, während *F* sich nach unten öffnet und der Sand von *E* nach *D* durchfällt. Das Durchschleusen des Sandes aus *D* nach *C* erfolgt nach Wiederumschalten von *I*, so daß Druckluft in *D* eintritt und dadurch *F* geschlossen wird, während der in *D* befindliche Sand durch sein Gewicht *G* öffnet und nach *C* durchfällt. (Die Apparate werden auch mit selbsttätiger Umschaltung von *I* ausgeführt, so daß man von der Aufmerksamkeit des Putzers unabhängig ist.) Bei Verstopfung des Hahnes *B* öffnet man einen Verschluß *K*; der durch *L* ausströmende Luftstrom reißt dann alle Verunreinigungen mit.

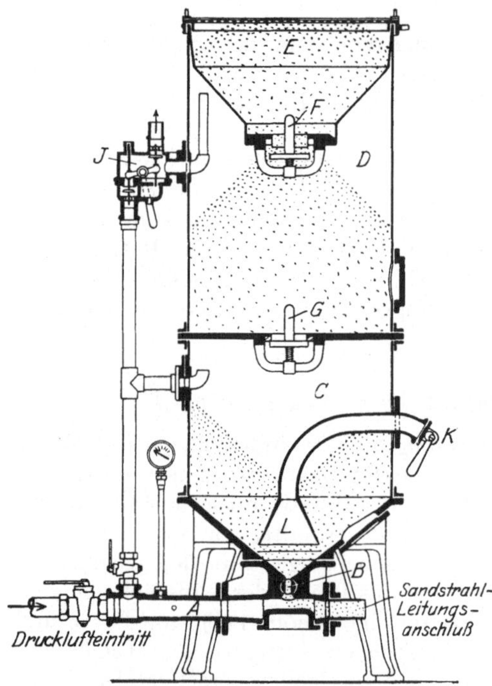

Abb. 108. Mehrkammer-Drucksandstrahlgebläse (Alfred Guttmann A.-G., Ottensen-Hamburg).

Für große Gußstücke insbesondere benutzt man Freistrahlgebläse, wobei der Sandstrahl durch das an einem Schlauch sitzende, von Hand geführte Mundstück überall hingeleitet werden und nach Bedarf längere oder kürzere Zeit einwirken kann. Freistrahlgebläse arbeiten meist in einem besonderen Putzhaus mit Staubabsaugung und Wiedergewinnung des Sandes. Zum Schutz gegen Staub und umherspritzenden Sand trägt der Putzer einen seinen Kopf vollständig einschließenden Staubhelm mit Gazefenster und Luftzuführung, oder er steht in einem besonderen Raum hinter einer mit Bedienungsschlitzen versehenen Glaswand. Der Boden des Putzhauses ist als Rost ausgebildet.

Mittlere und kleinere Gußstücke putzt man hauptsächlich mit Drehtischgebläsen, wobei die auf einem kreisförmigen, sich drehenden Rost liegenden Teile ein oder mehrere Male unter dem Sandstrahl vorbeigeführt und vor jedem Durchgang nach Bedarf gewendet werden. Die vordere, aus der vorn mit Leder- oder Gummilappen verhängten Blaskammer heraustretende Hälfte des Drehtisches dient zum Be- und Entladen, wodurch ein ununterbrochener Betrieb ermöglicht wird. Bei feststehender Schlitzdüse, die etwa über die halbe Breite des Tisches reicht, werden wegen der von der Mitte nach dem Rande zunehmenden

Umfangsgeschwindigkeit des Tisches die außenliegenden Stücke der Wirkung des Sandstrahles kürzere Zeit ausgesetzt als die innenliegenden. Man verwendet deshalb heute meist eine oder mehrere kreisende Spitzdüsen, deren Bewegung (z. B. durch unrunde Räder) so geregelt wird, daß alle auf dem Drehtisch liegenden Gußstücke möglichst gleichmäßig vom Sandstrahl bearbeitet werden. — Für Stahlgußstücke ist wegen des an den verschiedenen Stellen außerordentlich verschieden stark haftenden Sandes das Freistrahlgebläse vorzuziehen, mit dem man je nach Bedarf die einzelnen Stellen des Gußstückes länger oder kürzer bearbeiten kann.

Statt des Drehtisches werden für langgestreckte Gußstücke geradlinig langsam hin und her gehende Rollbahntische oder Sprossentische (endlose Ketten mit Quersprossen) verwendet; für kleinere Gußstücke dienen Trommel-Sandstrahlgebläse mit langsam umlaufender Trommel und pendelnden Düsen.

Jede Sandstrahlgebläseanlage besteht aus einem Luftkompressor bzw. Gebläse, einem Windkessel, dem eigentlichen Sandstrahlapparat, einem Exhaustor, einer Einrichtung zum Abscheiden des Staubes aus der abgesaugten Luft (Sandfangkasten, Wassergrube, Filter) und Fördereinrichtungen für den wiedergewonnenen Sand.

Das Putzen mit dem Wasserstrahl unter Verwendung enger Düsen (< 10 mm ⌀) und höherer Wasserdrucke ($20 \div 50$ atü), wobei die Düse bis an den Sand herangebracht wird und sich beim Herausspülen des Sandes sozusagen einbohrt (Hochdruckbohrverfahren), so daß keine Energie verloren geht, wie beim Freistrahl, wird als besonders vorteilhaft gepriesen. Als Vorteile werden angegeben: Vollkommene äußere und innere Reinigung des Gußstückes vom Sand, keine Zerstörung und daher Wiederverwendbarkeit der Kerneisen und vollkommen staubfreies Arbeiten[1]. Das Putzen mit dem Freistrahl scheint in vielen Fällen jedoch noch vorteilhafter zu sein[2].

3. Das Beizen der Gußstücke.

Das Beizen der Gußstücke besteht darin, daß man dieselben über einem Stein- oder mit Blei ausgekleideten Holzgefäß mit verdünnter Schwefelsäure ($5 \div 10\%$) übergießt oder in solcher 24 h und länger liegen läßt und nach ein- bis zweitägigem Lagern an der Luft mit Wasser abspült. Die durch die Sandschicht bis zum Eisen eindringende Säure entwickelt Wasserstoff, sprengt dadurch den Sand ab und erzeugt eine metallisch reine Oberfläche. Das Verfahren wird angewendet, wenn man die für die spätere Bearbeitung benutzten Schneidwerkzeuge, z. B. kostspielige Fräser, schonen will.

V. Besondere Gußarten.

A. Grauguß.

Die Anforderungen an die Gußstücke sind je nach ihrem Verwendungszweck verschieden und dementsprechend auch die chemische Zusammensetzung, der Gefügeaufbau bzw. die Erzeugung[3].

Gußeisen hoher Festigkeit spielt heute eine sehr wichtige Rolle; seine Erzeugung hat in den letzten Jahren die Gießereifachleute ganz besonders be-

---

[1] Vgl. Sipp: Gußputzverfahren und ihre Entwicklung bis zur Gegenwart. Gieß. 1927, S. 601.

[2] Vgl. Gertreudts: Putzereifragen. Gieß.-Zg. 1928, S. 50.

[3] DIN 1691 (Gußeisen) enthält Klasseneinteilung, Verwendungsbeispiele und Vorschriften. — Erläuterungen dazu siehe Schmid: Ein Geleitwort zum Normblatt DIN 1691. Gieß. 1928, S. 669.

schäftigt und erhebliche Fortschritte gemacht, jedoch sind noch mancherlei Hindernisse zu überwinden, ehe von einer Erzeugung auf breiter Grundlage gesprochen werden kann. Den Anstoß hat offenbar der Perlitguß der Firma Heinrich Lanz in Mannheim nach den Patenten von Diefenthäler und Sipp (Guß in vor- bzw. nachgewärmten Formen) gegeben. Mittlerweile hat man aber verschiedene Verfahren zur Erzielung von hochwertigem Gußeisen entwickelt[1] und zugleich festgestellt, daß zur Erzielung guter Festigkeitseigenschaften noch wichtiger als das rein perlitische Gefüge der Grundmasse die Graphitzertrümmerung, d. h. die möglichst fein verteilte Ausscheidung des Graphites in Körnerform, ist, weil dadurch der Zusammenhang der metallischen Gefügebestandteile am wenigstens gestört wird (siehe S. 69), und daß damit sogar für rein ferritisches Gußeisen Festigkeitszahlen sich ergeben, die bei einer rein perlitischen Grundmasse mit eingebettetem blättchenförmigem Graphit nicht zu erreichen sind.

Die Hauptmittel zur Erzielung hochwertigen Gußeisens sind die Erniedrigung des C-Gehaltes (durch Zugabe von Stahlschrott im Kupolofen) und starke Überhitzung der Schmelze, jedoch macht letztere für den Kupolofen noch viele Schwierigkeiten.

Die Erzeugung hochwertigen Gußeisens als Elektrograuguß nach dem sogenannten Duplexverfahren, d. h. durch Nachschmelzen bzw. Überhitzen, Reinigen und Entgasen der im Kupolofen vorgeschmolzenen Eisengattierung im Elektroofen, ist technisch weniger schwierig, aber kostspieliger und daher nur unter bestimmten Voraussetzungen wirtschaftlich[2]. — Das im Kupolofen aus Roheisen, Maschinenbruch und Stahlschrott erschmolzene Gußeisen wird flüssig in den Elektroofen (Lichtbogenofen) gefüllt, nachdem zur Regelung des C-Gehaltes vorher nach Bedarf Stahlschrott oder Kohlepulver zugesetzt ist. Gleichzeitig mit dem flüssigen Eisen erfolgt der Zusatz von Ferrosilizium und Ferromangan. Auf den flüssigen Einsatz kommt gebrannter Kalk, Flußspat und Kohlepulver in den zur richtigen Schlackenführung erforderlichen Mengen. Durch die im Gegensatz zum Kupolofen beim Elektroofen mögliche genaue Kontrolle von Schlacke und Schmelze und ihre Regelung durch geeignete Zusätze kann man den C-Gehalt gleichmäßig und niedrig ($2{,}5 \div 3\%$) halten, wodurch auch die Graphitausscheidung gering wird. Durch die genaue Regelung der notwendigen Temperatur ($\approx 1500^0$) im Elektroofen erzielt man ferner die für gute Festigkeitseigenschaften besonders wichtige feine Verteilung des Graphites. Die basische Zustellung des Ofens gestattet weitgehende Entschwefelung (keine harten Stellen!). Die Entgasung hat ruhiges Vergießen und blasenfreien und dichten Guß zur Folge, der große Beständigkeit gegen Korrosion und hohe Temperaturen aufweist. Das Bruchgefüge des Elektrogußeisens ist immer äußerst fein und über den ganzen Querschnitt gleichmäßig.

Eine Beschleunigung und weitergehende Durchbildung der auf chemischer

[1] Vgl. Meyersberg: Perlitguß (Eine Sammlung einschlägiger Arbeiten). Jungbluth: Hochwertiges Gußeisen (Zusammenfassender Bericht über die bis Ende Juni 1927 vorliegende Literatur). Gieß. 1928, S. 457 oder Kruppsche Monatshefte 1928, S. 69. Die Arbeit ist unterteilt nach der Verbesserung des Gußeisens durch Legierungszusätze, durch Herstellung einer perlitischen Grundmasse, durch Graphitverminderung und durch Graphitverfeinerung (durch rasche Abkühlung, durch Schmelzüberhitzung, durch Rütteln). Langenohl: Übersicht über die derzeitigen Verfahren zur Gewinnung hochwertigen Gußeisens und Betrachtungen über einige Ofenfragen. Gieß. 1928, S. 566. Osann: Die Herstellung hochwertigen Gußeisens, ihre metallurgische Grundlage und die praktische Ausführung. Gieß. 1928, S. 648.

[2] Vgl. Erbreich: Elektrograuguß Tangerhütte. Bd. 3 der Veröffentlichungen des Zentralverbandes der Preußischen Dampfkesselüberwachungsvereine. Halle a. S.; Selbstverlag des Verbandes. v. Kerpely: Betriebserfahrungen über Herstellung von hochwertigem Gußeisen im Elektroofen nach dem Duplexverfahren. Gieß.-Zg. 1926, S. 33.

und thermischer Grundlage beruhenden Vorgänge zur Veredelung des Gußeisens läßt sich durch Rütteln und Schütteln des zuvor entschlackten Eisens im Vorherd des Kupolofens erreichen. Durch die mechanische Bewegung soll eine Entgasung und Desoxydation, eine gründliche Durchmischung aller Legierungsbestandteile und damit eine Unschädlichmachung des Schwefels und schließlich eine Auflösung des Graphits zur Erzielung eines feinen Kornes bewirkt werden[1].

Die gießtechnischen Eigenschaften des hochwertigen Gußeisens (Flüssigkeitsgrad, Schwindung, Spannungen und — mit Ausnahme vielleicht des Lanzschen Perlitgusses — die Neigung zur Lunkerbildung) sind ungünstiger als bei gewöhnlichem Grauguß. Die Vorteile des hochwertigen Gusses sind neben großer Zug- und Biegefestigkeit ($\sigma_B \leqq 40$ kg/mm², $\sigma_B' \leqq 60$ kg/mm²), große Schlagfestigkeit (bei Dauerschlagversuchen ergaben sich etwa achtfache Schlagzahlen gegenüber bisher bestem Zylinderguß), verhältnismäßig geringe Brinellhärte ($H = 180 \div 230$), große Widerstandsfähigkeit gegen reibende Beanspruchung und, sofern die sonstigen chemischen Bestandteile entsprechend gewählt sind, gegen Korrosion und hohe Temperaturen (geringes Wachsen!, siehe unten). Hochwertiges Gußeisen eignet sich also für mechanisch oder sonst stark beanspruchte Teile und kann in vielen Fällen auch an Stelle von Stahl- und Temperguß verwendet werden, z. B. für Zylinder, Kolben und Kolbenringe von Dampf-, Gas- und Verbrennungsmaschinen, Gleitbahnen, Getrieberäder, Turbinengehäuse, Retorten und Schmelzkessel, Vorwärmer-Rippenrohre (dünnwandiger Elektrograuguß!) usw.

Feuer- und hitzebeständiger Guß: Längeres und wiederholtes Erhitzen von Gußeisen auf 400° und darüber hat Zerfall des Eisenkarbides unter Ausscheidung von Graphit und Oxydation des Si zu SiO_2 zur Folge, womit eine Raumvergrößerung, das „Wachsen“, verbunden ist, die z. B. bei Heißdampf- und Verbrennungsmaschinen zu Brüchen führen kann. Durch möglichste Herabsetzung des C- und Si- und Erhöhung des Mn-Gehaltes wird auf feinkörnige Graphitbildung hingewirkt und dem Zerfall des Eisenkarbides und damit dem Wachsen entgegengearbeitet; auch ein geringer Cr-Gehalt ($\approx$ 0,5%) wirkt günstig.

Säurebeständiger Guß ist gekennzeichnet durch einen höheren Si-Gehalt ($12 \div 18\%$), der aber den Guß gleichzeitig hart, spröde und schwer vergieß- und bearbeitbar macht. Bei dem Krupp'schen Thermisilid wird durch ein besonderes Verfahren eine Verringerung der Sprödigkeit erzielt[2].

Kokillen- oder Schalenguß, d. h. die Herstellung von Grauguß in eisernen Dauerformen, kommt für Massenfertigung solcher Teile in Frage, die infolge ungünstiger Querschnittsverteilung bei Sandguß leicht porös ausfallen, während durch die schnelle Abkühlung in eisernen Formen der Lunkerbildung vorgebeugt wird. Durch besondere Abkühlungsverfahren erhält das Eisen feinkörniges Gefüge und große Dichtigkeit, ohne hart zu werden, und läßt sich ähnlich wie Temperguß mit hohen Schnittgeschwindigkeiten (55 m/min beim Schruppen, 80 m/min beim Schlichten) bearbeiten. Mit diesem Gießverfahren lassen sich täglich bis zu 2000 Stück von je 1 kg Gewicht und in den Ausmaßen von 180 × 180 × 200 mm herstellen[3] und die Herstellungskosten durch die Dauerformen erniedrigen.

---

[1] Vgl. Irresberger: Veredelung des Gußeisens durch Rütteln und Schütteln. Gieß.-Zg. 1926, S. 355. (Stahleisen 1926, S. 869; Gieß. 1926, S. 425, 727.) Denecke und Meierling: Bemerkungen zur Entschwefelung des Gußeisens und zu seiner Veredelung durch Rütteln. Gieß.-Zg. 1926, S. 569.

[2] Vgl. Kruppsche Monatshefte 1927, S. 117.

[3] Vgl. Loewe-Notizen November 1926.

Hartguß[1] wird verwendet für solche Gußstücke, wie Walzen, Laufräder (Griffinräder), Teile von Zerkleinerungsmaschinen u. dgl., die mit Rücksicht auf geringen Verschleiß eine im ganzen oder nur an bestimmten Stellen harte Außenschicht bei weichem Kern besitzen sollen. Die Härte der Außenschicht wird durch beschleunigte Abkühlung (Abschrecken) derselben unmittelbar nach dem Eingießen des flüssigen Eisens in die Form durch an den betreffenden Stellen in diese eingelegte eiserne Schreckschalen (Kokillen) erzeugt (Abb. 109). Die schnelle Abkühlung unterbindet zum größten Teil die Graphitausscheidung in der Außenzone und vermehrt zugleich ihren Gesamtkohlenstoffgehalt auf Kosten des Kerns. Der Querschnitt eines Hartgußstückes besteht aus einer weißen Außenzone, einem grauen Kern und einer halbierten Übergangszone; der Übergang soll ganz allmählich erfolgen und nicht scharf abgegrenzt sein. Die beste Härtewirkung ließe sich mit einem Eisen von $2 \div 3\%$ Mn- und mäßigem Si-Gehalt ($\approx 1{,}5\%$) erzielen; derartige Gußstücke springen jedoch leicht infolge des starken Schwindens und der dadurch bedingten Spannungen. Dagegen ist ein Mn-ärmeres Eisen mit nur so viel Si, daß der C bei langsamer Erstarrung und Abkühlung graphitische Form annimmt, bei beschleunigter aber gebunden bleibt, wohl geeignet. Die sichersten Gattierungen erhält man mit Mn- und P-armem, aber möglichst C-reichem weißem Roheisen und nur so viel Zusatz von grauem Roheisen, wie zur Erreichung des zur beabsichtigten Härte erforderlichen Si-Gehaltes nötig ist. Die besten Ergebnisse werden mit Holzkohlenroheisen erzielt, das neben wenig Si und viel C sehr wenig S enthält. Das Roheisen soll etwa enthalten: $\leqq 3{,}6\%$ C, $0{,}5 \div 1\%$ Si, $0{,}5 \div 1{,}25\%$ Mn, $0{,}15 \div 0{,}25\%$ P, $< 0{,}1\%$ S. Man kann Hartgußeisen im Kupol- und im Flammofen schmelzen.

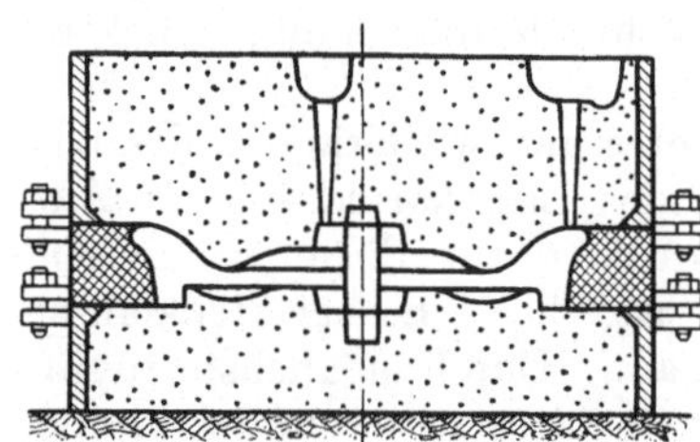

Abb. 109. Hartgußform mit Schreckschale.

Schleuderguß[2], hauptsächlich für Rohre, Kolbenringe u. dgl. verwendet, wird dadurch erzielt, daß das in die sich drehende Form einfließende Eisen durch die Fliehkraft gegen die Außenwandungen der Form geschleudert wird. Man verwendet warme und wassergekühlte, mit Formstoff ausgekleidete und nackte eiserne Formen. Die Außenseite der in wassergekühlten Formen erzeugten Abgüsse schreckt bis zu einer gewissen Tiefe ab; durch schnelles Glühen erfolgt die Rückwandlung der Härteschicht in graues Eisen.

B. Temperguß[3].

Temperguß wird aus weißem Roheisen gegossen und nachträglich durch eine besondere Wärmebehandlung in seinen Eigenschaften schmiedbarem Eisen ähnlich gemacht. Er ist weich und läßt sich gut bearbeiten; seinen Festigkeitseigenschaften nach steht er zwischen Grau- und Stahlguß ($\approx 32 \div 36$ kg/mm^2). Temperguß eignet sich besonders für kleine, dünnwandige Stücke, die sich als Stahlguß wegen seiner Zähflüssigkeit nicht herstellen lassen, geschmiedet zu teuer würden, für die aber Grauguß nicht genügt. Es werden ganz kleine Teile im

[1] Vgl. Bator: Schalenhartguß, seine Eigenschaften und seine Verwendungsmöglichkeiten. Gieß. 1928, S. 121.

[2] Vgl. Pardun: Über die wissenschaftlichen Grundlagen des Schleudergusses. Stahleisen 1924, S. 905, 1044, 1200. Irresberger: Der gegenwärtige Stand des Schleudergusses. Gieß.-Zg. 1924, S. 397. — Gasröhren-Schleuderguß in Sandformen. Gieß.-Zg. 1928, S. 17.

[3] Vgl. Kothny: Stahl- und Temperguß. H. 24 der Werkstattsbücher. Geissel: Ein Streifzug durch das Gebiet der Tempergießerei. Gieß.-Zg. 1926, S. 482.

Stückgewicht von einigen Gramm und solche von mehreren Kilogramm in Temperguß hergestellt, hauptsächlich aber solche im Stückgewicht von 0,5÷1 kg, wie Schlüssel, Schraubenschlüssel, Fenster- und Türbeschläge, Formstücke für Landwirtschaftsmaschinen, für Nähmaschinen, Rohrverbinder und Armaturen (als Ersatz für Nichteisenmetalle wegen der geringen Neigung zum Rosten) usw.

Das Schmelzen der Rohstoffe kann in allen besprochenen Öfen und im Kleinkonverter wie bei Stahlguß (siehe S. 144) erfolgen. Das Kupolofenschmelzen ist am billigsten, liefert aber nicht immer gleichmäßigen Guß und geringere Festigkeitswerte und kommt daher besonders für billige Massenware in Frage. Als Rohstoffe werden Roheisen, Rohguß-, Temperguß- und Stahlabfälle, Gußbruch und Ferrolegierungen verwendet. Der Rohgußabfall durch Trichter, Eingüsse, Steiger beträgt, da es sich hauptsächlich um Kleinguß handelt, 50÷70% des Schmelzgutes und macht daher den Hauptteil des Einsatzes aus. Tempergußabfall und Gußbruch wird nur in geringer Menge zugesetzt, Stahlschrott (10÷20%) zur Regelung des C-Gehaltes, Ferrosilizium zur Regelung des Si-Gehaltes. Das Eisen ist möglichst heiß zu vergießen (beim Kupolofen 1250÷1300°, bei den anderen Öfen 1400÷1500° möglich) und erfordert wegen des hohen Schwindmaßes von 1,5÷2% starke Gießtrichter und Einlaufquerschnitte. Aus dem gleichen Grunde sind bei der Formgebung der Gußstücke Massenanhäufungen und scharfe Ecken zu vermeiden[1]. Bei starken Teilen treten im Inneren leicht Graphit- und sonstige Seigerungserscheinungen auf, die die Festigkeit herabsetzen.

Bei der nach dem Putzen der Gußstücke vorzunehmenden Warmbehandlung hat man zwei Verfahren zu unterscheiden. Bei dem „amerikanischen Verfahren“, dem eigentlichen Tempern, wird der Rohguß in neutraler Packung (Sand) geglüht, um den Zerfall des Zementits in Ferrit und Kohlenstoff bzw. die Umwandlung des gebundenen Kohlenstoffes in die graphitische Form der sogenannten Temperkohle zu bewirken. Durch die gleichmäßig über den ganzen Querschnitt erfolgende Ausscheidung derselben erhält der Bruch des so hergestellten Tempergusses eine gleichmäßig dunkle, schwarze Farbe (Schwarzguß). Bei dem in Deutschland hauptsächlich angewandten „europäischen Verfahren“ oder Glühfrischen wird der Rohguß durch Glühen in Sauerstoff abgebenden Stoffen allmählich entkohlt (weißkerniger Guß). Ganz dünne Stücke können vollständig entkohlt werden, bei dickeren dagegen nimmt die Entkohlung von außen nach dem Kern hin ab. Die Ansichten über die hierbei stattfindenden Vorgänge gehen noch auseinander. Der Zerfall des Eisenkarbides erfolgt ebenso wie beim Tempern, wird aber sehr bald durch die gleichzeitig verlaufenden Oxydationsvorgänge gestört. Auf jeden Fall muß der Rohguß den Kohlenstoff in gebundener Form (weißes Roheisen), dagegen nicht als Graphit enthalten, weil die Graphitblättchen die Festigkeit vermindern und so schwer zu oxydieren sind, daß die metallische Grundmasse vor dem Graphit verbrennt und deshalb brüchig wird. Mit dem C-Gehalt sinkt einerseits zwar die erforderliche Glühdauer, andererseits aber auch die Gießfähigkeit; üblich ist 2,5÷3% C. Da die Neigung zur Graphitausscheidung mit der Wandstärke und dem Si-Gehalt wächst, so wird man diesen um so kleiner wählen, je größer die Wandstärke ist (1,25÷0,5% Si). Den S-Gehalt (0,05÷0,08%) hält man möglichst niedrig, da er den Zerfall des Eisenkarbides erschwert, oder man sucht ihm durch Si entgegenzuwirken. Der Mn-Gehalt beträgt 0,2÷0,4%, der P-Gehalt 0,1÷0,2%.

Zum Glühen werden die Rohgußstücke abwechselnd mit dem Packungsmittel in guß- oder schmiedeeiserne Gefäße (Glühtöpfe) gepackt, diese mit einem

[1] Vgl. auch: Das Verhalten der Metalle bei und nach dem Guß, S. 131 und die Fußnoten dazu.

Deckel verschlossen und die Fugen gut mit Lehm verschmiert. Die Gußstücke müssen nach Wandstärken sortiert werden, da die Glühdauer von dieser abhängt. Die Schicht des Packungsmittels zwischen den einzelnen Gußstücken soll 15 bis 20 mm betragen. Als Packungsmittel beim Glühfrischen wird hauptsächlich Roteisenstein verwendet, und zwar neues und altes Erz etwa 1 : 4 gemischt, da frisches Erz allein zu stark oxydierend wirkt und den Guß zu sehr angreift. Auch Hammerschlag oder Walzsinter kann verwendet werden. Die Glühtöpfe werden einzeln oder zu mehreren mit Zwischenraum von etwa 200 mm in Glühöfen gesetzt, die mit Rost- oder Gasfeuerung versehen sind. Kohleverbrauch bei Rostfeuerung $\approx$ 100÷180%, bei Gasfeuerung $\approx$ 80÷120% vom Gußgewicht. An Stelle der Öfen mit Glühtöpfen werden auch Kastenöfen verwendet, bei denen die Gußstücke in einer allseitig geheizten Kammer aus feuerfesten Steinen eingepackt werden. Der Ofen wird ebenfalls gut verschlossen und verschmiert und beim europäischen Verfahren in 48÷60 h auf die Glühtemperatur von 850÷1000° gebracht, 4÷5 Tage auf Temperatur gehalten (beim amerikanischen Verfahren etwa die halbe Zeit) und kühlt in 2 Tagen langsam ab. Zu rasches Abkühlen und zu schnelles Auspacken des Gusses verursacht Gußspannungen. Da bei einem *Si*-Gehalt $>$ 0,5% durch das Glühen eine Raumvergrößerung der Gußstücke eintritt, so ist das endgültige Schwindmaß $\approx$ 1,5%.

C. Stahlguß[1].

Stahlguß ist in Formen vergossener Stahl, der aus Roheisen, Gußbruch und Stahl erschmolzen wird und ohne jede weitere Warmbehandlung schmiedbar ist. Er wird für Gußstücke verwendet, von denen größere Zähigkeit und Festigkeit verlangt wird.

Hinsichtlich der Erzeugung von Stahl sei auf das früher Gesagte (siehe S. 10) verwiesen. Das Einschmelzen erfolgt in Tiegeln (siehe S. 126), Siemens-Martin-Öfen (siehe S. 125) und Elektroöfen (siehe S. 128); dazu kommt noch das Kleinkonverterverfahren (siehe unten). Siemens-Martin- und Konverterverfahren sind am gebräuchlichsten. Beim Konverterverfahren ist das Roheisen der Hauptrohstoff, bei den anderen Verfahren spielen Gußbruch und Stahlschrott die Hauptrolle. Zum Fertigmachen des Stahles für das Vergießen muß *Mn* (zur Desoxydation), *Si* und *Al* (zur Erzielung dichten, blasenfreien Gusses) zugesetzt werden.

Der Siemens-Martin-Ofen (Fassungsvermögen meist 5÷15 t) wird hauptsächlich mit Schrott und wenig Roheisen beschickt. Die Zusammensetzung des Einsatzes beträgt etwa 1÷1,5% *C*, 0,5÷1,8% *Mn*, 0,3÷0,8% *Si* und bis zu je 0,05% *P* und *S*. Öfen mit saurer Zustellung sind im Betrieb einfacher und billiger, erfordern aber reinere, *P*-arme Rohstoffe. Der Siemens-Martin-Ofen arbeitet bei gleichbleibendem, ununterbrochenem Betrieb billig. Die Güte des Stahls entspricht den meisten Anforderungen. Er ist daher der Normalofen für die Stahlgießerei.

Der Kleinkonverter oder die Klein-Bessemer-Birne (Abb. 110) mit einem Fassungsvermögen von 0,5÷2,5 t ähnelt den in Stahlwerken üblichen Groß-Bessemer-Birnen, jedoch wird der von Kapsel- oder Schleudergebläsen erzeugte Wind von 0,2÷0,3 atü nicht durch Bodendüsen in und durch, sondern durch seitliche Düsen auf (u. U. zeitweilig auch in) das Bad geblasen. Das saure Futter erfordert möglichst phosphorfreie Beschickung. Zusammensetzung etwa 3÷4% *C*, 0,6÷1% *Mn*, 1,5÷2% *Si*, je 0,06% *P* und *S*. Der höhere *Si*-Gehalt ist notwendig, um die Temperatur bei der Verbrennung zu steigern. Das Roheisen wird im Kupolofen geschmolzen und unter sorgfältigem Abschlacken in die um ihre Zapfen gekippte Birne eingefüllt. Beim Wiederaufrichten derselben

[1] Vgl. Kothny: Stahl- und Temperguß. H. 24 der Werkstattsbücher.

wird der Wind angestellt, unter dessen Einfluß *Mn*, *Si* und ein Teil *Fe*, schließlich *C* verbrennen. Der Verlauf ist an der Farbe und Größe der aus der Birne herausschlagenden Flamme zu erkennen, die bei Beendigung des Blasvorganges und damit der Entkohlung in der Birne verschwindet. Die Birne wird wieder gekippt, der Wind abgestellt und zur Desoxydation, Entgasung und Rückkohlung des Stahls Ferromangan und Ferrosilizium zugesetzt. Die Verluste im Kupolofen und Konverter betragen etwa 17÷20%, das Ausbringen also 80÷83% vom Einsatz. — Der im Kleinkonverter erzeugte Stahl ist durch die Verbrennungswärme des *Si* heißer und dünnflüssiger als der im Siemens-Martin-Ofen erzeugte und daher besonders für dünnwandige Gußstücke geeignet. Der Kleinkonverter läßt sich schnell anheizen und abstellen, d. h. Betriebsschwankungen leicht anpassen.

Die chemische Zusammensetzung und der Härtegrad des fertigen Stahlgusses richtet sich nach dem Verwendungszweck. DIN 1681 unterscheidet 5 bzw. 7 Güteklassen mit $\sigma_B = 38 \div 60$ kg/mm² bei $\delta = 20 \div 8\%$. Die weichsten Sorten werden für elektrische Maschinen, mittlere für allgemeinen Maschinen-, Lokomotiv- und Schiffbau, die härteren für Gußstücke verwendet, die besonders starkem Verschleiß ausgesetzt sind, wie Scheibenräder, Kammwalzen, Herzstücke, Teile von Zerkleinerungs-, Aufbereitungs- und Baggermaschinen. Die härtesten Sorten lassen sich nur durch Schleifen bearbeiten; Sondersorten, z. B. für Automobilteile, erhalten durch Zusatz von *Ni*, *Cr* usw. besonders große Festigkeit und Zähigkeit.

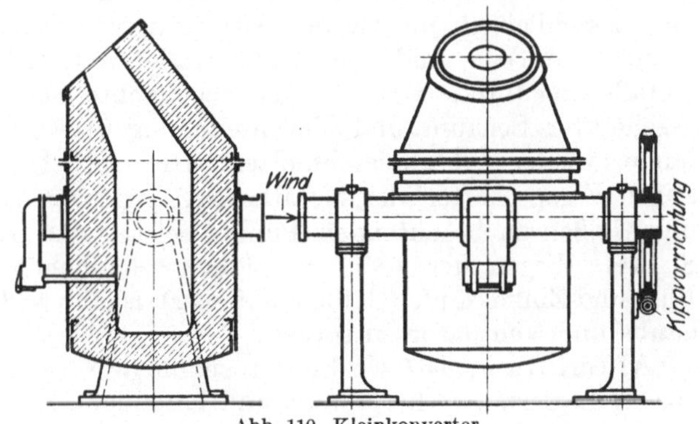

Abb. 110. Kleinkonverter.

Die Formen werden aus fettem Sand hergestellt und scharf getrocknet. Die Neigung des Stahls zur Schlakkenbildung und zu Gaseinschlüssen und das starke Schwinden (1,6÷2%) mit seinen Folgeerscheinungen (Lunker, Gußspannungen, siehe S. 132) erheischen besondere Vorsicht beim Entwurf und bei der Herstellung der Gußstücke[1]. Sofern Stoffanhäufungen unvermeidlich, müssen genügend und hinreichend stark bemessene verlorene Köpfe aufgesetzt werden, die das Kennzeichen aller Stahlgußstücke sind.

Im allgemeinen wird so matt wie möglich vergossen, doch muß die Gießtemperatur so hoch sein, daß ein gutes Auslaufen der Form verbürgt wird (Gießpfannen, siehe S. 129). Die Gußstücke müssen wegen des schnellen und starken Schwindens nach dem Erstarren möglichst schnell freigelegt werden.

Zur Beseitigung der Gußspannungen und zur Erzielung eines gleichmäßigen und feinkörnigen Gefüges bzw. größerer Festigkeit und Zähigkeit werden die Gußstücke in mit Rost- oder Gasfeuerung versehenen Glühöfen geglüht. Die zur Gefügeumwandlung erforderlichen Glühtemperaturen richten sich nach der chemischen Zusammensetzung des Stahles und liegen bei nichtlegierten Stählen etwas über den durch die Linie *GOSK* des Eisen-Kohlenstoff-Zustandsbildes (Abb. 13) gekennzeichneten, bei legierten Stählen sind sie weiterhin von dem Einfluß der Legierungsbestandteile abhängig. Nach dem Glühen werden die

[1] Vgl. Krieger: Stahlformguß als Baustoff. Z. V. d. I. 1919, S. 25. — Der Stahlformguß. Betriebsblatt 20 des Ausschusses für wirtschaftliche Fertigung. Siehe auch: Das Verhalten der Metalle bei und nach dem Guß, S. 131 nebst Fußnoten.

Gußstücke zunächst schnell auf Dunkelrotglut und nachher langsam auf Außentemperatur abgekühlt. Zu hohe Glühtemperatur und zu lange Glühdauer bewirken Überhitzung und grobes Korn, zu niedrige Temperatur keine Kornverfeinerung sondern nur die Beseitigung der Gußspannungen. Die Glühdauer soll so kurz wie möglich sein (vgl. auch: Härten und Vergüten S. 263). — Das Richten während des Glühens verzogener Gußstücke kann bei kleinen Stücken im Schmiedefeuer erfolgen, größere Stücke bringt man, zweckentsprechend unterlegt, in wagerechte Lage und erhitzt die zu richtende Stelle im Koksfeuer.

D. Nichteisenmetallguß.

Neben dem Eisen spielen alle sonstigen Metalle für Gießereizwecke ihrer Menge nach eine untergeordnete Rolle. Besondere Beachtung verdienen Aluminiumguß und Fertigguß, die deshalb besonders behandelt werden sollen (siehe unten). Da, abgesehen von Lager-Weißmetallen, hauptsächlich Kupferlegierungen vergossen werden, so spricht man vielfach kurzweg von Gelbgießerei im Gegensatz zur Eisengießerei.

Die Formen werden meist aus fettem Sand (Masse) oder Lehm hergestellt, gelegentlich werden auch bleibende Formen benutzt. Das Einschmelzen erfolgt fast ausschließlich im Tiegel. Altmetall, wie durch Verschleiß oder Bruch unbrauchbare Teile, und Metallabfälle aller Art, z. B. Einguß- und Steigtrichter, Metallspäne (brikettiert) und das sogenannte Gekrätz (vom flüssigen Metall abgeschöpfter Schaum und Verunreinigungen) werden neben neuem Rohmetall immer wieder mit eingeschmolzen. Hinsichtlich der gießtechnischen und sonstigen Eigenschaften der Metalle und Legierungen und der beim Einschmelzen und Gießen zu beachtenden Punkte sei auf das früher Gesagte verwiesen (vgl. S. 131). Wegen der z. T. gesundheitsschädlichen Metalldämpfe, insbesondere Blei- und Zinkdämpfe (Gelbgießerfieber), ist für wirksamen Abzug durch Abzugshaube und Ventilator zu sorgen.

Aluminiumguß[1] wird nur ausnahmsweise aus Reinaluminium, in der Regel aus Al-Legierungen hergestellt und besonders in der Automobil- und Flugzeugindustrie für Kurbelgehäuse und sonstige Teile (außer Zylinder) verwendet. Man unterscheidet Sand- oder Naß- und Kokillenguß (Al-Fertigguß wird unter „Fertigguß" behandelt). Bei Sandguß $\sigma_B < 12$ kg/mm², $\delta = 1 \div 2\%$, bei Kokillenguß $\sigma_B = 15 \div 20$ kg/mm², $\delta = 2 \div 4\%$; Silumin in Sand gegossen $\sigma_B \approx 18$ kg/mm², $\delta = 6\%$, in Kokille gegossen $\sigma_B < 23$ kg/mm², $\delta < 10\%$. Brinellhärte der Gußlegierungen $H = 60 \div 120$.

Für Sandguß kein zu fetter und feuchter Sand, Formen nicht zu fest stampfen. Eingüsse und Steiger müssen den Wandstärken angepaßt sein, da Al sehr zu Lunkern neigt. Zur Vermeidung poröser Stellen oder Lunker bei Stoffanhäufungen werden Schreckschalen eingelegt, die zum Schutz gegen Verschieben beim Einstampfen mit Dübeln am Modell befestigt werden können. Die Formen werden mittels einer Kamelhaarbürste mit Seifenstein- und Graphitpuder eingestäubt. Die Kerne müssen bei ausreichender Festigkeit während des Gusses nach dem Guß leicht zerdrückbar sein, um Risse infolge des Schwindens zu verhüten. Zweckmäßig ist $^1/_3$ gewöhnlicher grüner Al-Formsand, $^1/_3$ alter Sand und $^1/_3$ tonfreier Quarzsand. Leinölbinder sind gefährlich, da die Kerne zu hart werden. Das Trocknen erfordert große Sorgfalt; zu langes Trocknen ergibt mürbe Kerne. — Bei Gußstücken mit größeren wagerechten, ebenen Flächen, z. B. Kurbelgehäusen, empfiehlt sich an der Unterseite das Angießen später wieder

[1] Vgl. Richards: Das Schmelzen und Gießen des Aluminiums. Gieß.-Zg. 1927, S. 156. Siehe auch: Gieß. 1924, S. 343 (Automobilkurbelgehäuse); 1925, S. 877.

zu entfernender Zapfen und Lappen am Gußstück zum Festhalten des flüssigen *Al*, da dasselbe sonst bestrebt ist, über solche Flächen schnell hinwegzufließen und (wie Quecksilber) zu Kügelchen zu zerspritzen. Die entsprechenden Vertiefungen in der Form werden bei größeren Lappen durch Modellteile, bei kleineren Zapfen durch Einstechen mit einem Spieß vor dem Einstäuben hergestellt und u. U. nachher nochmals nachgedrückt, um Loswaschen von Sand zu verhüten. — Bewährt hat sich neben der sogenannten deutschen Legierung (siehe S. 27) eine Legierung von 85% *Al*, 10% *Zn* und 5% *Cu*; für Kurbelgehäuse 91% *Al*, 1,5% *Zn*, 7,5% *Cu*. — Beim Sandguß ist wegen der harten, unsauberen Gußhaut eine Bearbeitungszugabe $\leqq$ 2 mm erforderlich; Löcher bis zu 20 mm werden fast immer gebohrt.

Bei Kokillenguß ist auf formgerechte Herstellung der Kokillen (Möglichkeit des schnellen Abnehmens) und hinreichend große Eingüsse zu achten. Die Kokillen sind nötigenfalls genügend vorzuwärmen. Die Maßgenauigkeit der Gußstücke beträgt 0,3÷0,5 mm; Löcher von 10 mm ⌀ an können gegossen werden. Dünnwandige Teile sind infolge der zu schnellen Abkühlung an den Kokillenwänden schwierig zu gießen.

Richtige Gießtemperatur, schnelles Freilegen der Gußstücke nach dem Guß und Ausstoßen der Kerne ist für das Gelingen von *Al*-Guß besonders wichtig. Nach Abklopfen des anhaftenden Sandes mit dem Holzhammer wird mit dem Sandstrahlgebläse fertiggeputzt. Untersuchung auf Dichtigkeit des Gusses erfolgt durch Überpinseln mit oder — bei unzugänglichen Stellen — durch Eingießen von Benzin, das von den porösen Stellen aufgesaugt wird und dunkle Flecke ergibt. Ausbessern schadhafter Stellen geschieht nach Abmeißeln der harten Gußhaut und Anwärmen des Gußstückes, durch Löten (Lot aus 75% *Sn*, 16% *Zn*, 4,5% *Pb*, 4,5% *Al*) mit Wassergas-Bunsenbrenner, solange das Gußstück noch gut handwarm ist (siehe auch S. 228).

F e r t i g g u ß (Spritzguß, Preßguß)[1] wird durch Einpressen flüssigen Metalls, neuerdings auch von unverbrennbaren Zellulose- und Kaseinstoffen u. dgl. in sehr genau gearbeitete Stahlformen auf besonderen Gießmaschinen hergestellt und ist infolge seiner hohen Genauigkeit ohne weitere Bearbeitung einbaufertig und austauschbar. Bei Verwendung leicht schmelzender Legierungen (siehe S. 148) lassen sich Teile mit den verwickeltsten Formen, mit Löchern von 0,5 mm ⌀ an, mit Kanälen, Außen- und Innengewinde, Zapfen, Zahlen und Schrift usw. mit einer Genauigkeit von $\pm$ 0,02÷0,05 mm sofort fertig gießen; außerdem können Teile aus anderen Metallen oder Stoffen — z. B. Stahlachsen für Zahnrädchen, Federn, Röhrchen, selbst Glas — in die Form eingelegt und mit eingegossen werden. — *A l*-L e g i e r u n g e n sind wegen des höheren Schmelzpunktes, des starken Schwindens und ihrer großen Neigung zur Blasen- und Lunkerbildung wesentlich schwerer zu vergießen, eröffnen aber dem Fertigguß wegen der hohen Zugfestigkeit (20÷24 kg/mm²), Dehnung (2÷4%), Druck- und Schlagfestigkeit und Zähigkeit bei geringem spezifischem Gewicht, großer elektrischer Leitfähigkeit und geringer chemischer Angreifbarkeit besonders günstige Aussichten in der Fahrzeug- und Elektroindustrie, im Kleinmaschinenbau usw. Die Gießgenauigkeit beträgt wegen der großen Schwindung und der starken Abnutzung der Gießform bei Stücken mittlerer Größe $\pm$ 0,05÷0,08 mm, bei größeren $\pm$ 0,3 mm; da diese für Passungen nicht ausreicht, so ist ein kleines Nacharbeiten der Paßmaße erforderlich. Löcher über 2,5 mm ⌀ und Außengewinde können mitgegossen werden, Innengewinde aber nicht, weil die

[1] „Der Spritzguß und seine Verwendung", herausgegeben vom Reichskuratorium für Wirtschaftlichkeit (RKW). — U h l m a n n: Der Spritzguß. — Das Spritzgußverfahren in der Massenfertigung. Werkst.-Techn. 1925, S. 352.

Kerne nicht schnell genug gezogen werden können. Wandstärke meist nicht unter 1,5 mm.

Abgesehen von der Ersparnis der nachträglichen Bearbeitung ist bei Fertigguß die Herstellung von Paßflächen möglich, die mit Schneidwerkzeugen sonst überhaupt nicht oder nur sehr schwierig zu bearbeiten sind; außerdem ist der Guß feinkörniger, dichter und fester als Sandguß. Wegen der hohen Kosten der Formen ist Fertigguß nur für ausgesprochene Massenfertigung von mindestens 5000 Stück wirtschaftlich, andererseits sind die dabei erzielbaren technischen und wirtschaftlichen Vorteile aber so groß, daß kein Konstrukteur diese Möglichkeiten mehr übersehen darf[1]; er muß aber beim Entwurf auf die gießtechnischen Vorgänge entsprechend Rücksicht nehmen und möglichst mit einem erfahrenen Fertigguß-Fachmann zusammenarbeiten.

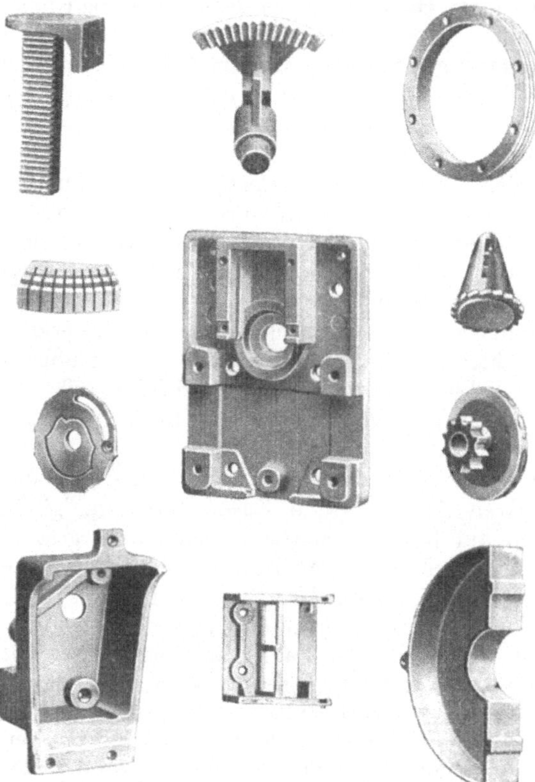

Abb. 111. Fertiggußteile. (Ludw. Loewe & Co. A.-G.)

Verwendet wird Fertigguß für Teile von Apparaten aller Art, von Schreib-, Rechen- und Sprechmaschinen, für Uhr- und Zählwerke, Armaturen, Staubsauger und sonstige hauswirtschaftliche Maschinen, elektrische Installationsteile usw. (vgl. Abb. 111). Das Stückgewicht schwankt von 1 g bis zu mehreren Kilogramm (bei *Al*-Guß im Mittel 100÷300 g, Volumen aber das 2,5fache gegenüber Gußeisen!). Die Tagesleistung einer Maschine richtet sich nach Größe, Art und Form des Gußstückes und beträgt bei einfachen Gegenständen, die zu mehreren in gemeinsamer Form gegossen werden können, bis zu 40000 Stück, bei Einzelformen 1000÷10000 Stück, bei Teilen, bei denen Kerne gezogen oder Gewinde mit eingegossen werden müssen, entsprechend weniger. Eine Form hält bei sachgemäßer Herstellung und Wartung 100000 Güsse und ein Vielfaches davon aus.

Für Fertigguß werden verwendet:

Bleilegierungen (Schmelzpunkt ≈ 325°), billig, chemisch beständig, geringe Festigkeit (Bleivergiftung!);

Zinnlegierungen (Schmelzpunkt ≈ 220°), nahezu luft- und säurebeständig, für Lagerschalen, ärztliche Instrumente, Molkereimaschinen usw.;

Zinklegierungen (Schmelzpunkt ≈ 370°), am meisten verwendet, luftbeständig, von Säuren und Alkalien stark angegriffen, lassen sich hochglanzpolieren und galvanisch vernickeln, vermessingen, versilbern und vergolden;

[1] Vgl. auch Otto: Die Verbilligung des Erzeugnisses und das Spritzgußverfahren. Maschinenbau 1925, S. 11.

Aluminiumlegierungen (Schmelzpunkt ≈ 620°), geringes spezifisches Gewicht, größere Festigkeit und Dehnung, beständig gegen Temperaturschwankungen und organische Säuren (Lebensmittel!), gute elektrische Leitfähigkeit, lassen sich vernickeln, versilbern und vergolden; nachteilig: hoher Schmelzpunkt, großes Schwindmaß und starke Lösungsfähigkeit des flüssigen Metalles für fast alle chemischen Elemente, besonders für Eisen, noch mehr für Kupfer und Kupferlegierungen;

Elektronmetall (Schmelzpunkt ≈ 630°), sehr geringes spezifisches Gewicht, gute Festigkeitseigenschaften, leichtflüssig, unempfindlich gegen Temperaturschwankungen, von Säuren und Salzlösungen (auch stark verdünnten) angegriffen, läßt sich lackieren, beizen und mattieren (siehe auch S. 28).

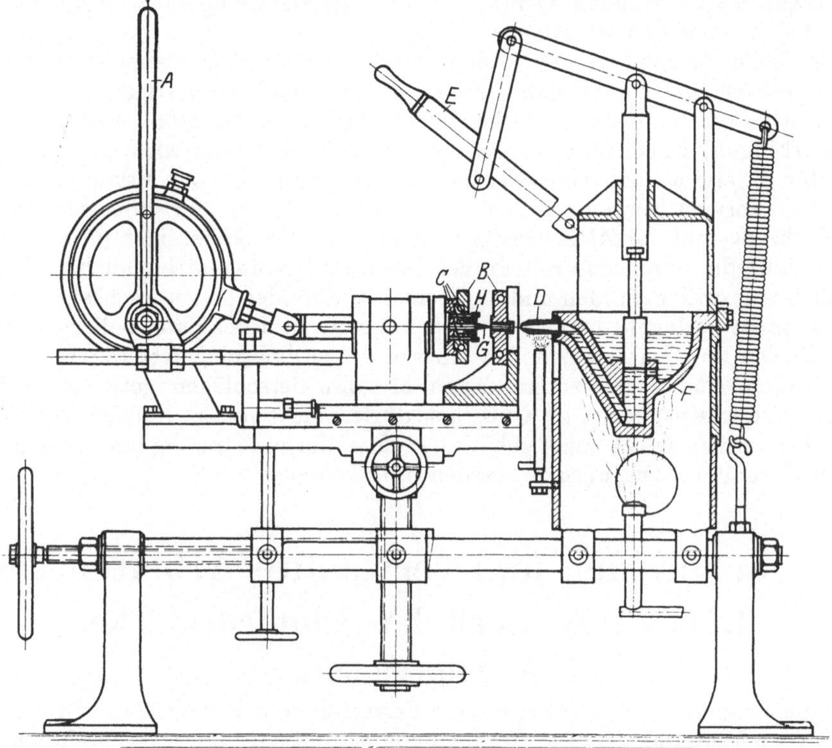

Abb. 112. Kolbendruck-Gießmaschine (Gebr. Eckert, Nürnberg).

Für das Verarbeiten der leichtschmelzenden Blei-, Zinn- und Zinklegierungen werden hauptsächlich Gießmaschinen mit Kolbendruck verwendet, weil sie billiger und einfacher zu bedienen sind als die mit Druckluft (bis etwa 70 atü) mit oder ohne Vakuum arbeitenden Gießmaschinen (mit Kompressor, Luftbehälter, Manometer, Ventil), die nur für hochprozentige *Al*- und andere schwerschmelzende, mit Kolbendruck nicht zu verarbeitende Legierungen und für solche Stoffe, wie Zelluloid (Trolit) und Kaseinstoffe, verwendet werden, die bei Erwärmung dickflüssig oder breiartig und beim Erkalten hart werden[1]. Da flüssiges Aluminium Stahl und Gußeisen stark angreift, so dürfen innerhalb des Bereiches des flüssigen Metalles keine abdichtenden oder aufeinander arbeitenden Teile, wie Kolben, Zylinder usw., liegen!

[1] Vgl. Spritzguß aus Kunststoffen. Z. V. d. I. 1928, S. 322. (Hier ist auch eine mit Druckluft oder Druckwasser von 300 atü Arbeitsdruck betätigte Maschine senkrechter Bauart abgebildet und beschrieben.)

Der Arbeitsvorgang bei der mit Kolbendruck arbeitenden Maschine nach Abb. 112 ist folgender: Mit einer Hand betätigt der Arbeiter einen Exzenterhebel *A*, schließt dadurch die Form *B*, wobei der Auswerfer *C* zurückgeht, und drückt sie gegen die Spritzdüse *D*. Mit der anderen Hand drückt er dann den Handhebel *E* herunter und preßt dadurch mittels eines Kolbens das flüssige Metall aus dem Kessel *F* bzw. dem Zylinder in die wassergekühlte Form *B*, in der es sofort erstarrt. Nunmehr wird durch Zurückschwenken des Exzenterhebels *A* die Form von der Spritzdüse zurückgezogen, geöffnet und gleichzeitig durch den vorgehenden Auswerfer der Einguß *G* abgerissen und das fertige Gußstück *H* ausgestoßen (wie in Abb. 112 gezeigt). Schmelzkessel *F* und Spritzdüse *D* werden durch Gasbrenner geheizt. Genaue Regelung und Kontrolle der Temperatur des Schmelzgutes ist besonders wichtig. Zu niedrige Gießtemperatur ergibt eine gekräuselte, nicht glatte Oberfläche.

Die Gießmaschinen werden in den verschiedensten Ausführungen, z. B. auch in senkrechter Bauart und ganz selbsttätig arbeitend, hergestellt.

Für das Gelingen der Gußstücke ist natürlich die sachgemäße Ausführung der Form (Einguß, Entlüftung, genaues Schließen usw.) sehr wichtig. Zu kleiner Einguß z. B. ergibt unsaubere Oberflächen infolge zu schnellen Erkaltens des Metalles. Die Formen werden aus Siemens-Martin-Stahl, für sehr große Stückzahlen aus Werkzeugstahl, für *Al*-Legierungen aus legierten Sonderstählen (Chrom-Vanadium-Stahl), die durch das mit großer Geschwindigkeit eintretende Metall nicht merklich angegriffen werden und unter dem Einfluß der hohen wechselnden Temperatur nicht springen, hergestellt und müssen auf Hochglanz poliert sein und beim Gießen von Zeit zu Zeit mit einer mit Vaseline eingefetteten Bürste von Metallresten oder etwa entstandenen Metallniederschlägen gereinigt werden. Löcher und Aussparungen im Gußstück dürfen nicht unterschnitten sein, da sie durch herausziehbare Stempel gebildet werden, die zweckmäßig eine geringe Verjüngung erhalten. Die Formen werden mit Wasser gekühlt.

Schmieden und verwandte Arbeiten.

I. Das Anwärmen der Schmiedestücke.

A. Allgemeines.

Unter Schmieden versteht man eine Formgebung der Metalle auf Grund ihrer Knet- oder Bildsamkeit. Die Formgebung beruht auf einer gegenseitigen Verschiebung der kleinsten Stoffteilchen im festen Aggregatzustande[1], ohne daß ihr Zusammenhang (Kohäsion) zerstört wird, und erfolgt durch Zusammendrücken (Stauchen), Dehnen (Strecken) oder Biegen, wobei die Elastizitätsgrenze des Werkstoffes überschritten wird, um die Formänderung zu einer bleibenden zu machen, die Bruchgrenze aber nicht erreicht werden darf, weil sonst eine Zerstösung des Werkstoffes eintreten würde[2]. Zum Schmieden eignen sich also nur solche Metalle, bei denen Elastizitäts- und Bruchgrenze weit genug auseinanderliegen. Bei einigen Metallen, z. B. Blei, Kupfer, Aluminium, ist das schon bei Lufttemperatur der Fall, so daß dieselben auch kalt geschmiedet (gehämmert) werden können; meist ist aber ein Anwärmen zum Schmieden erforderlich oder

[1] Näheres über die dabei auftretenden „Rutschkegel“ und sonstigen Vorgänge vgl. Schweißguth: Freiformschmiede I. H. 11 der Werkstattsbücher.

[2] Vgl. Hoff und Sobbe: Über die Vorgänge bei der bildsamen Formänderung. Maschinenbau 1926, S. 109. Heneky: Ein notwendiger Wandel in unseren Anschauungen über das Wesen der plastischen Formänderung. Maschinenbau 1926, S. 113.

zweckmäßig, weil dadurch die Elastizitätsgrenze herabgesetzt und somit die Formgebung durch Schmieden erleichtert und der dazu erforderliche Arbeitsaufwand verringert wird (siehe unten). Die Erwärmung erhöht die Bildsamkeit des Werkstoffes in dem Maße, daß die Erwärmungskosten durch Ersparnisse an Zeit und Arbeitsaufwand für das Schmieden mehr als aufgewogen werden. Mit steigender Temperatur sinkt allerdings auch die Bruchgrenze, meist jedoch nicht in dem Maße wie die Elastizitätsgrenze, so daß der Spielraum zwischen beiden sich vergrößert, was für das Schmieden wichtig ist. Abb. 113 veranschaulicht z. B. den Einfluß der Temperatur auf die Festigkeit eines Stahles, die bei Lufttemperatur $\approx$ 50 kg/mm² beträgt. In demselben Maße etwa ändert sich auch der zur Umformung erforderliche spezifische Flächendruck und die aufzuwendende Arbeit. Nach Riedel[1] ist zum Zusammendrücken von Zylindern aus gewöhnlichem Flußstahl unter der Presse bei einer Geschwindigkeit von 1 mm/s

bei einer Temperatur von °C	600	700	800	900	1000	1100	1200	1300
der erforderliche Flächendruck kg/mm²	16,9	12,9	10,3	8,1	6,1	4,4	3,0	2,0.

Die zum Umformen erforderlichen Kräfte sind größer als die jeweiligen Festigkeiten, weil die Umformung schneller stattfindet als die Beanspruchung bei der Festigkeitsprüfung und im Verlauf der Umformung das Gefüge des Werkstoffes sich verdichtet.

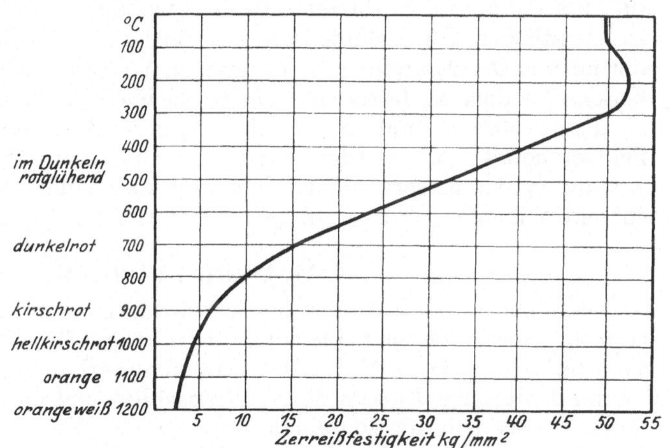

Abb. 113. Einfluß der Temperatur auf die Festigkeit von Stahl. (Nach: Schneider, Wirtschaftliches aus der Schmiede.)

Die günstigste Schmiedetemperatur für Stahl liegt zwischen 900 und 1200° (vgl. Abbild. 113), sie wird um so höher sein müssen, je niedriger der C-Gehalt und umgekehrt, da die Bearbeitung am besten innerhalb des Gebietes der festen Lösung erfolgt ($AESOG$ vgl. Abb. 13), und sollte nicht unter 700÷750° (Rotglut) sinken. Gefährlich und deshalb unter allen Umständen zu vermeiden ist das Schmieden bei Blauhitze, d. h. bei Temperaturen von 300÷500°, weil der Stahl in diesem Zustande außerordentlich spröde oder blaubrüchig ist und Risse bekommt, die zunächst nicht immer zu erkennen sind, später aber zu oft sehr folgenschweren Brüchen der betreffenden Teile führen. Innere Spannungen, und als deren Folge feine Risse, können auch durch zu schnelles Anwärmen entstehen, indem sich die äußere Zone des Werkstoffes schneller erwärmt und ausdehnt als der Kern folgen kann. Daher soll man Stahl bis zum gefährlichen Gebiet der Blauhitze zunächst ganz allmählich anwärmen und danach erst die Temperatur schneller steigern. Durch zu langes Verweilen in Temperaturen über 900° verglühter oder durch zu hohe Temperatur leicht überhitzter Stahl wird grobkörnig und spröde, kann aber durch kurzes ($^1/_2$ h) Wiederanwärmen auf eine wenig über GOS in Abb. 13

[1] Siehe „Hütte", Taschenbuch für Eisenhüttenleute, 2. Aufl., S. 853.

liegende Temperatur und nachfolgende rasche Abkühlung wiederhergestellt werden. Bei stark überhitzem Stahl empfiehlt sich Abschrecken aus Temperaturen oberhalb *GOS* (Gebiet der festen Lösung) mit nachfolgendem Wiederanwärmen bis in die Nähe der durch *GOS* gekennzeichneten Umwandlungstemperaturen und langsamem Abkühlen oder Ausschmieden des Stahles in rotwarmem Zustande. Tritt, wie besonders bei den *C*-reicheren Stahlsorten, infolge noch stärkerer Erhitzung ($> 1200^0$ bzw. über die Soliduslinie *AE* der Abb. 13) neben der physikalischen noch eine chemische Umwandlung, insbesondere eine Verminderung des *C*-Gehaltes und eine Oxydation des Stahles ein, so kann der Stahl nicht wiederhergestellt werden. Derartig verbrannter Stahl ist also unbrauchbar. Stahl nimmt, wie fast alle Metalle, in glühendem Zustande lebhaft Sauerstoff auf. Die dadurch entstandene Oxydschicht (Zunder, Hammerschlag, Sinter) blättert beim Schmieden ab und bedeutet einen Werkstoffverlust. Der Abbrand beträgt im Mittel bei Rostfeuerung 5%, bei Halbgasfeuerung 4%, bei Gasfeuerung 2% und ist um so größer, je öfter und stärker erwärmt wird. Man schmiedet daher z. B. dünne Bleche kalt, um die Oxydation zu verhüten. Durch stärkeres Oxydieren wird ferner die Außenzone des Stahles mehr oder minder entkohlt, indem *O* des Eisenoxydes sich mit *C* des Stahles zu *CO* verbindet und dieses gasförmig entweicht, und büßt dadurch ihre Härtefähigkeit ganz oder teilweise ein. Nach Beendigung des eigentlichen Formschmiedens und Entfernen des Zunders (durch Abklopfen oder mittels Drahtbürste) schlägt man u. U. kalt nach, um die Oberfläche des Werkstoffes dichter, fester und härter zu machen (Komprimieren).

Andere Metalle und ihre Legierungen, z. B. Aluminium, Kupfer, Messing, Elektronmetall usw., werden meist bei schwacher Rotglut geschmiedet; dabei hart und spröde gewordenes Kupfer muß ausgeglüht werden. Aus $\approx 500^0$ abgeschrecktes Kupfer wird — im Gegensatz zu Stahl — geschmeidig.

B. Schmiedeöfen.

Das Schmiedefeuer oder der Schmiedeherd wird hauptsächlich in der Handschmiede zum Anwärmen kleinerer bis mittlerer Teile verwendet. Auf dem gemauerten oder (wie in Abb. 114) eisernen Unterbau liegt die Herdplatte *A*, in ihr der muldenförmige Einsatz *B* mit Windschlitz und darunter befindlichem Windkasten *C*, aus dem der von einem Gebläse oder Ventilator durch Windleitung *D* zugeführte und durch Handhebel und Schieber *E* der Menge nach regelbare Wind mit einer Pressung von $100 \div 180$ mm WS durch einen länglichen oder ringförmigen Schlitz nach oben in den in *B* befindlichen glühenden Kohlenhaufen eingeblasen wird. Ein Schieber oder eine Klappe *F* mit Handhebel dient zum Entfernen durchgefallener Kohlen und Schlacken, der mit Wasser gefüllte Löschtrog *G* zum Abkühlen von Werkstücken und Werkzeugen oder zum Besprengen der glühenden Schmiedekohle mit einem Löschwedel, Eisenplatte *H* zum Schutz der Mauer und die Rauchhaube I zum Abführen der Rauchgase in die Esse. — Als Schmiedekohle wird eine feinkörnige, backende und möglichst schwefelfreie Kohle verwendet. Die anzuwärmenden Teile werden unmittelbar in die glühende Kohle hineingesteckt. Durch Benetzen derselben will man eine die Wärmeausstrahlung einschränkende dichte Kohlenkruste erzielen.

Wandschmiedefeuer werden vielfach als Doppelfeuer ausgeführt, freistehende auch zu vier vereinigt. Freistehende Schmiedefeuer gestatten das Anwärmen beliebig langer Stücke an bestimmten Stellen. Besser als die feste Rauchhaube und natürlicher Zug ist unterirdische Rauchabsaugung durch einen Ventilator in Verbindung mit auf- und niederklappbaren, dicht über dem Feuer angeordneten Rauchhauben, die weniger verdunkelnd wirken. Für Außenarbeiten u. dgl. werden fahrbare Schmiedefeuer, sogenannte Feldschmieden, verwendet.

Zum Anwärmen von Nieten und Bolzen und ähnlichen kleinen Teilen benutzt man auch drehbare Nieten- oder Bolzenöfen nach Abb. 115. Der auf Kugeln um den feststehenden, der Windzufuhr dienenden hohlen Fuß drehbare zylindrische Schacht von 250÷350 mm ⌀ wird nach Anzünden des Feuers auf dem Rost mit Koks gefüllt und mit einem abnehmbaren Deckel abgeschlossen. Rings um die schlitzförmigen Öffnungen des Schachtes läuft zum Schutz des Arbeiters gegen Wärmestrahlung ein Windschleierrohr, aus dem kalte Luft schräg nach oben gegen die austretenden Feuergase geblasen wird. Diese steigen zwischen Schacht und Schutzblech hoch in die Abzugshaube, die auf einem Standrohr drehbar oder an einem hängenden Rohr in der Höhe verschiebbar ist.

Elektroessen, den elektrischen Widerstandsschweißmaschinen (siehe S. 232) nachgebildet, finden wegen ihrer mannigfaltigen Vorzüge — schnelle Betriebs-

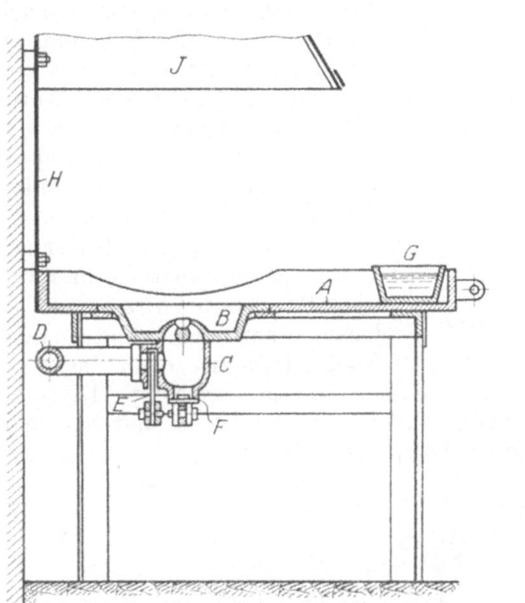

Abb. 114. Schmiedefeuer. (Nach: Preger, Metallbearbeitung.)

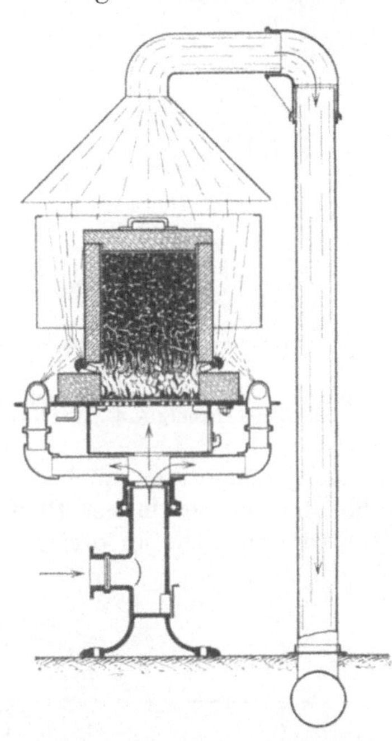

Abb. 115. Drehbarer Nieten- oder Bolzenofen (Brüder Boye Ofenbau A.-G., Berlin).

bereitschaft, keine Leerlaufsverluste, sauberer Betrieb, kein Verzundern der Werkstücke, zuverlässige Regelung der Erwärmung, hohe Leistung — nicht nur zum Anwärmen von Nieten (siehe S. 223), sondern in entsprechenden Ausführungen auch für andere Werkstücke bei Massenfertigung immer ausgedehntere Verwendung. Auch die normalen Widerstandsschweißmaschinen, nötigenfalls mit besonderen Spannbacken versehen, werden mit Vorteil zum Erwärmen von Schmiedestücken bei Massenfertigung verwendet. Ein Hauptvorzug ist dabei die Möglichkeit der örtlichen Begrenzung der Erwärmung auf die zu stauchende oder zu biegende Stelle.

Im übrigen werden für das Anwärmen der Schmiedestücke geschlossene Öfen verwendet, die sich außer durch ihre Größe durch die Art der Beheizung unterscheiden. Öfen für normale Schmiedetemperaturen nennt man Glühöfen, solche für Erwärmung bis zur Weißglut Schweißöfen. Bei diesen muß der Herd geneigt und mit Abfluß für die aus Eisenoxyd und Sand entstehende Schlacke versehen sein.

Der kleine ortsbewegliche Schmiedeofen mit Koksfeuerung nach Abb. 116 bedarf keiner näheren Erläuterung, ebensowenig der mit Ölfeuerung versehene Ofen nach Abb. 117. Die Einsatzöffnung beider Öfen ist durch eine Schiebetür verschließbar. — Öfen zum Anwärmen von Stangenenden besitzen statt dessen in der Vorderwand einen über die ganze Herdbreite reichenden schmalen Schlitz zum Ein- und Ausbringen der Stangen.

Größere, ortsfeste Schmiedeöfen werden an Ort und Stelle aufgemauert. Das ganze Mauerwerk wird durch ein Eisengestell und Anker zusammengehalten. Die von den Heizgasen bestrichenen Wände und Gewölbe bestehen aus feuerfesten Steinen; der Herd wird aus reinem Quarzsand aufgestampft, da Schamotte mit dem Eisenoxyd (Zunder) eine leicht schmelzbare Verbindung eingeht, die an den Werkstücken festkleben und mit eingeschmiedet würde. Die Einsatztüren werden als Schiebetüren ausgeführt und bei längeren Wärmezeiten nötigenfalls mit Lehm abgedichtet.

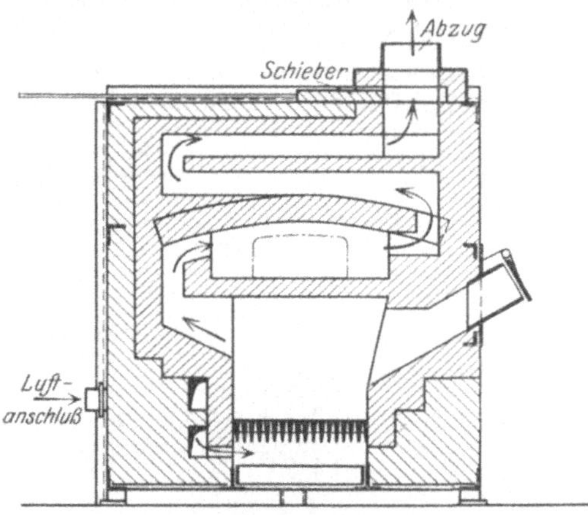

Abb. 116. Kleiner Schmiedeofen mit Koksfeuerung (Gebrüder Pierburg A.-G., Berlin-Tempelhof).

Die einfache Rostfeuerung, d. h. die unmittelbare Verbrennung fester Brennstoffe, wird wegen ihrer Unwirtschaftlichkeit und sonstigen Nachteile immer mehr durch Öl-, Gas- und neuerdings auch durch Kohlenstaubfeuerung verdrängt. Besonders große Öfen mit einfacher Rostfeuerung werden immer seltener und bald ganz verschwinden. Die in den mit hoher Temperatur aus dem Ofen abziehenden

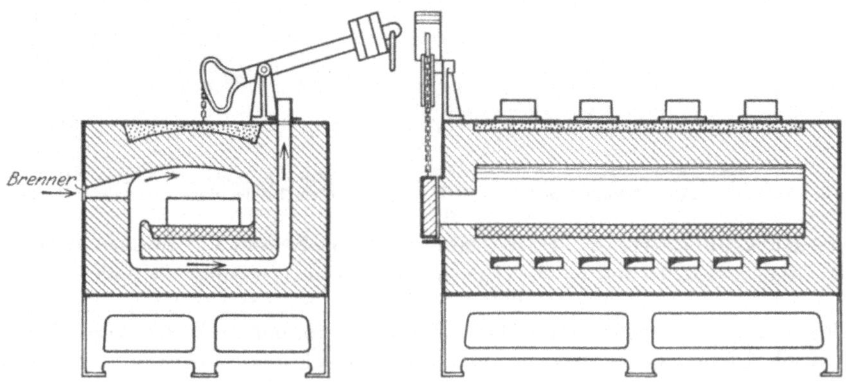

Abb. 117. Kleiner Schmiedeofen mit Ölfeuerung (Brüder Boye Ofenbau A.-G., Berlin).

Heizgasen noch enthaltenen Wärmemengen kann man noch zur Beheizung eines aufgebauten Dampfkessels verwenden. Da aber für Dampf nicht immer Verwendung vorhanden ist und die so nutzbar gemachte Wärme dem Ofenbetrieb selbst nicht zugute kommt, so benutzt man heute die Abgaswärme zur Vorwärmung der Verbrennungsluft in sogenannten Rekuperatoren oder Kanalerhitzern und erzielt dadurch gleichzeitig in Verbindung mit den oben erwähnten verbesserten Feuerungen wesentlich höhere Ofentemperaturen und bessere Brennstoffausnutzung und damit geringeren Brennstoffverbrauch.

Bei dem Schmiedeofen mit Ölfeuerung nach Abb. 118 wird die Luft in einem die Esse umschließenden Kanal durch die abziehenden Heizgase vorgewärmt und den Brennern zugeleitet, während das Heizöl den Brennern aus einem höher gelegenen Behälter zufließt. Die Beschickungsöffnungen an den Längsseiten sind etwas gegeneinander versetzt und gleich der an der Stirnseite mit Schiebetür versehen.

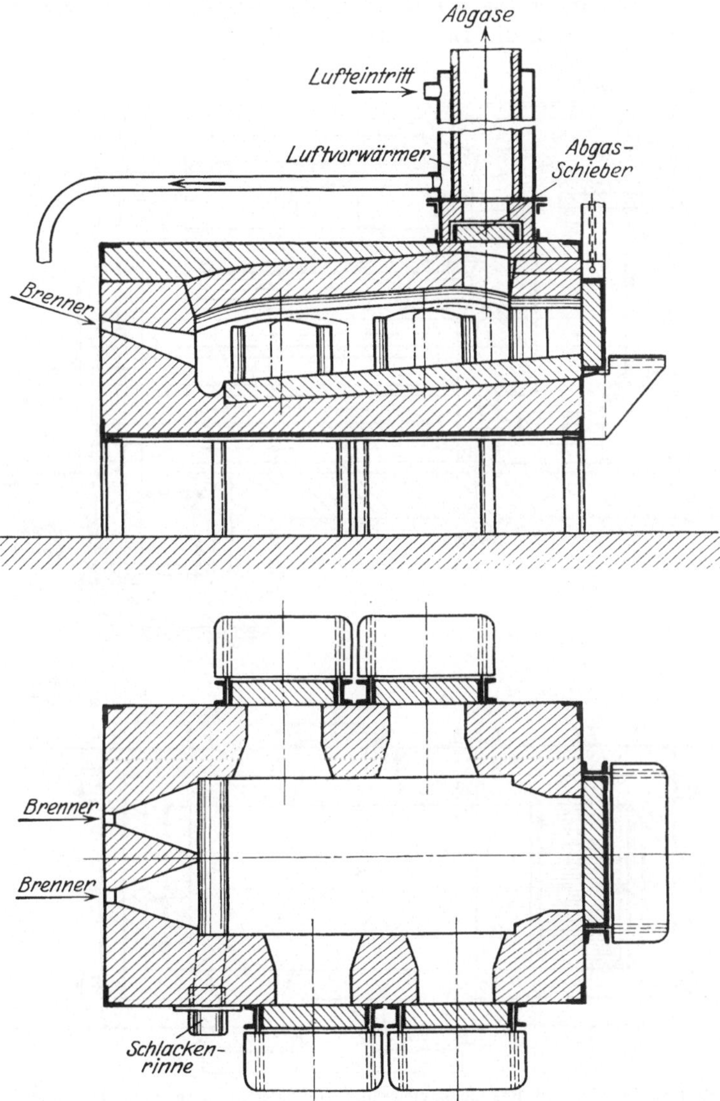

Abb. 118. Schmiedeofen mit Ölfeuerung und Lufterwärmung (Otan-G. m. b. H., Berlin).

Ein Schmiedeofen mit angebautem Gaserzeuger (sogenannte Halbgasfeuerung) und Rekuperator ist in Abb. 119 dargestellt. Die in hoher Schicht auf dem Rost ruhenden Brennstoffe — Steinkohle, Koks, Braunkohlenbriketts oder ein Gemisch dieser Brennstoffe — werden vergast, indem die untere Schicht unmittelbar über dem Rost zu Kohlensäure (CO_2) verbrennt und diese dann beim Hochsteigen aus den oberen vorgewärmten Schichten Kohlenstoff aufnimmt und dadurch zu Kohlenoxyd (CO) reduziert wird. Erst durch Zutritt weiterer, vorgewärmter Luft (Zweitluft) im Brenner tritt vollständige Verbrennung des CO und sonstiger dabei entstandener brennbarer Gase ein. Die Heizgase streichen durch den Herdraum und ziehen durch die Gaskanäle des Rekuperators, ihre Wärme z. T. an die Wandungen desselben abgebend, in den Fuchs ab. Parallel zu den Gaskanälen liegen die Luftkanäle, durch die die anzuwärmende Luft in

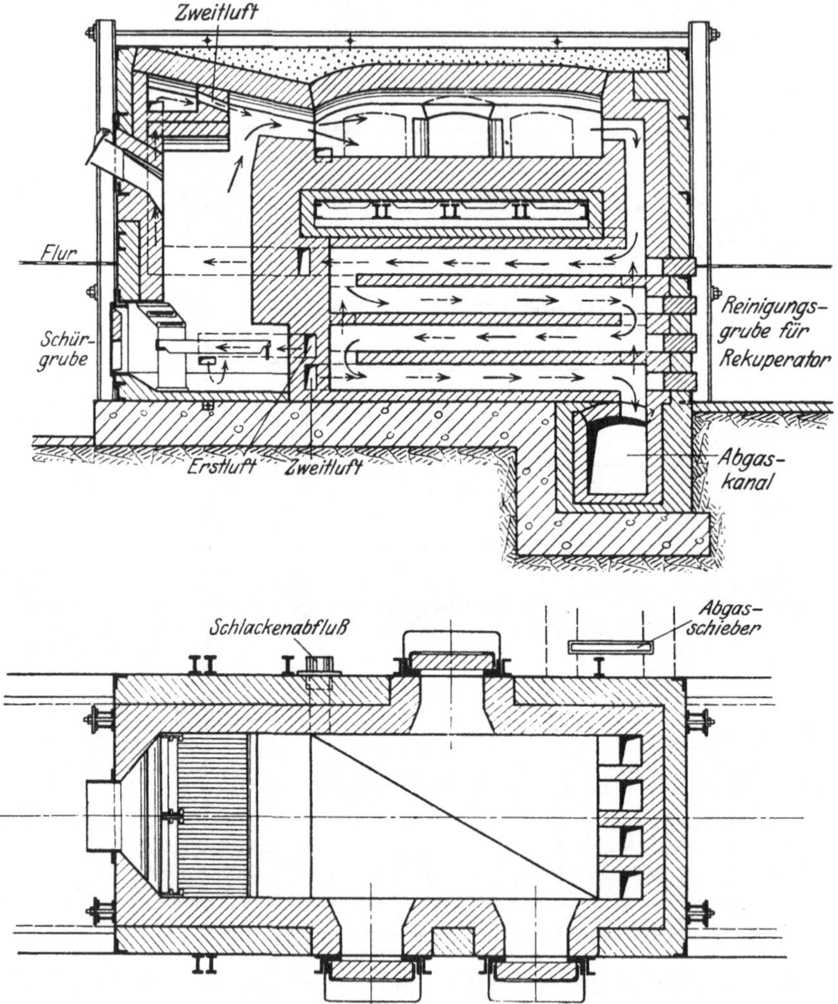

Abb. 119. Schmiedeofen mit Rekuperativfeuerung (Gebrüder Pierburg A.-G., Berlin-Tempelhof).

entgegengesetzter Richtung (Gegenstrom) streicht. Die Ofenkonstruktion ist im übrigen aus Abb. 119 ersichtlich. (Bei Gas- oder Ölfeuerung fällt der vorgebaute Gaserzeuger fort.)

Für ganz schwere Schmiedestücke, die man nicht durch Türen einbringen kann, werden Öfen mit ausfahrbarem Herd verwendet. Beim Ausfahren des Herdes entstehen aber große Wärmeverluste. Aus diesem Grunde, und weil für sehr lange und sperrige Stücke ein ausfahrbarer Herd unzweckmäßig ist, hat man für solche Zwecke auch Öfen mit in Flurhöhe liegendem festem Herd gebaut und in Herd und Schmiedesohle Rinnen mit darin liegenden Rollen oder Kugeln eingebettet, auf denen einfache Gestelle mit den daraufliegenden Schmiedestücken aus- und eingefahren werden.

Roll- und Stoßöfen mit langgestrecktem Herd eignen sich für Betriebe, die dauernd gleichartige Stücke zu verarbeiten haben. Die Beschickung erfolgt am hinteren Ende des Ofens. Die kalten Teile werden hier vorgewärmt und allmählich, entsprechend der Entnahme schmiedewarmer Teile am vorderen Ende des Ofens, den heißeren Gasen entgegengewälzt oder geschoben. Durch dieses Gegenstromverfahren wird nicht nur eine bessere Wärmeausnutzung sondern gleichzeitig auch ein Dauerbetrieb erzielt, während sonst immer mit mehr oder minder großen Arbeitspausen zu rechnen sein wird.

Bei der Anschaffung eines Schmiedeofens muß man die örtlichen und die Betriebsverhältnisse sowie die Vor- und Nachteile der verschiedenen Feuerungen sorgfältig berücksichtigen. Nicht der Anschaffungspreis sondern die Wirtschaftlichkeit des Betriebes muß ausschlaggebend sein[1].

Die Angaben über den Brennstoffverbrauch oder den Wärmewirkungsgrad der Öfen gelten für Vollbelastung[2]. Sinkt die Ofenbelastung, so steigert sich der Brennstoffverbrauch nicht unwesentlich, denn es ist, unabhängig von der Belastung, eine gewisse Brennstoffmenge aufzuwenden, um den Ofen selbst auf der nötigen Temperatur zu halten (Leerlaufverbrauch). Ein an sich wirtschaftlicher großer Ofen kann also bei ungenügender Beanspruchung sehr unwirtschaftlich werden. Die Ofengrößen sind daher möglichst den Anforderungen des Betriebes anzupassen und neben größeren auch kleinere Öfen aufzustellen. Zu beachten ist auch, daß kleinere Stücke wegen ihrer verhältnismäßig größeren Oberfläche zwar leichter anzuwärmen sind, daß aber infolge des häufigeren Öffnens der Ofentüren auch mehr Wärmeverluste entstehen.

Der Wärmewirkungsgrad einer Ofenanlage läßt sich berechnen aus:

$$\eta = \frac{\text{theoretisch erforderliche Wärmemenge}}{\text{wirklich aufgewendete Wärmemenge}} = \frac{G_1 \cdot c\,(t_1 - t_2)}{G_2 \cdot p}, \text{ wobei}$$

G_1 = Gewicht des anzuwärmenden Arbeitsgutes (Einsatzgewicht) in kg,
c = spezifische Wärme des Arbeitsgutes = Wärmemenge zum Erwärmen von 1 kg um 1° (für Stahl bei Erwärmung von 20° auf 1200° im Mittel = 0,155),
t_1 und t_2 = Anfangs- bzw. Endtemperatur des Arbeitsgutes,
G_2 = Brennstoffverbrauch in kg,
p = Heizwert des Brennstoffes in kcal/kg.

Ist z. B. $G_1 = 1000$ kg, $c = 0{,}155$, $t_1 = 20°$, $t_2 = 1200°$, $G_2 = 400$ kg, $p = 7000$ kcal/kg, dann ist

$$\eta = \frac{1000 \times 0{,}155 \times 1180}{400 \times 7000} = 0{,}065 = 6{,}5\,\%,$$

d. h. nur 6,5% der aufgewendeten Wärmemenge werden wirklich zum Anwärmen des Arbeitsgutes ausgenutzt; 93,5% gehen durch Schornstein- und Strahlungsverluste usw. verloren. Mit derartig ungünstigen Wirkungsgraden arbeiten sehr viele Öfen.

Der Brennstoffverbrauch offener Schmiedefeuer beträgt 70÷100% vom Einsatzgewicht.

Bei einfacher Rostfeuerung beträgt der Brennstoffverbrauch (bei 7000 kcal/kg) erfahrungsgemäß mindestens 30÷40% vom Einsatzgewicht.

---

[1] Vgl. auch Schweißguth: „Die wirtschaftliche Schmiede", Maschinenbau/Betrieb 1921/22 H. 6 und „Die Beheizung der Öfen in der Gesenkschmiede", Maschinenbau/Betrieb 1921/22 H. 18 (oder „Schmieden und Pressen"), ferner „Freiformschmiede II", H. 12 der Werkstattsbücher.

[2] Vgl. Mohr: „Die Messung des wirklichen Brennstoffverhältnisses bei Schmiedeöfen". Maschinenbau 1926, S. 876.

Bei Halbgasfeuerung mit Rekuperator werden etwa 12% des Einsatzgewichtes an Brennstoff benötigt.

Was das bedeutet, lehrt folgende Überschlagsrechnung: Ein Ofen mit einer Leistung von 1000 kg Einsatz je Stunde würde bei achtstündigen Schichten und 300 Arbeitstagen im Jahr gebrauchen:

bei Rostfeuerung mindestens $300 \times 8 \times 300 = 720000$ kg Kohle,
bei Rekuperativfeuerung $120 \times 8 \times 300 = 288000$ kg Kohle.

Jährliche Ersparnis also 432 t Kohle! Diese Ersparnis wird durch Verminderung der Abgasmenge, durch Erniedrigung der Abgastemperatur im Fuchs von etwa 900° auf 400÷350° und durch Erhöhung der Ofentemperatur erzielt. Infolge der innigeren Mischung des vorher vergasten Brennstoffes mit der Luft ist ein geringerer Luftüberschuß erforderlich als bei unmittelbarer Verbrennung des festen Brennstoffes auf dem Rost. Der geringere Luft- bzw. Sauerstoffüberschuß vermindert einerseits die Oxydation oder Verzunderung des Stahles erheblich, andererseits wird durch Verminderung der zu erwärmenden Luft- bzw. Gasmenge und die Vorwärmung der Zweitluft die Ofentemperatur erhöht und damit eine mehrfach gesteigerte Wärmeübertragung durch Strahlung auf das Arbeitsgut, also eine größere Leistungsfähigkeit des Ofens erzielt, während die weitgehendere Ausnutzung der Abgaswärme zur Vorwärmung der Zweitluft die Schornsteinverluste wesentlich herabmindert. Nicht unerwähnt darf aber bleiben, daß wegen der schlechten Wärmeleitung der feuerfesten Steine mindestens ein Temperaturgefälle von 300° zwischen Abgas und vorzuwärmender Luft erforderlich ist. Höher als auf ≈ 800° (höchstens 900°) kann die Luft nicht erwärmt werden. Das Dichthalten der Rekuperatoren ist sehr schwierig.

Durch Verwendung von Regeneratoren (vgl. Siemens-Martin-Ofen S. 125) an Stelle von Rekuperatoren läßt sich der Brennstoffverbrauch bis auf ≈ 5% des Einsatzgewichtes herabdrücken, doch eignen sich Regeneratoren nur für große Öfen mit mehr als 3 m² Herdfläche und ununterbrochenen Betrieb, weil anderenfalls die Verluste beim jedesmaligen Anheizen zu groß sind und die Mehrkosten für Anlage und Betrieb (Bedienung der Umsteuerventile) durch die Brennstoffersparnis nicht aufgewogen werden.

Zentralisierte Gaserzeugung (sogenannte reine Gasfeuerung) kommt nur für sehr große Schmieden in Frage. Die Vorteile bestehen in der Sauberkeit und Einfachheit des Ofenbetriebes (kein Heranschaffen und Lagern von Brennstoffen in der Schmiede, keine Schlacken und Asche, kein Rauch und Ruß, kein Nachschüren des einzelnen Feuers), im schnellen Anheizen und in der genauen Regelung der Ofentemperatur bzw. dem Anpassen des Ofenbetriebes an die jeweilige Arbeitsleistung. Durch Abscheidung von Teer und Abkühlung des Gases in den Leitungen oder Kanälen vom Gaserzeuger bis zu den Öfen entstehen gewisse Wärmeverluste (Gasbrenner siehe S. 269).

Bei der Ölfeuerung, deren Vorteile etwa die gleichen sind wie bei der Gasfeuerung, tritt an die Stelle des bei dieser erforderlichen Gaserzeugers der in entsprechender Höhe anzubringende Ölbehälter, aus dem das Öl den Brennern zufließt, um hier durch Dampf oder Druckluft (≈ 400÷700 mm WS) zerstäubt und, mit der nötigen Verbrennungsluft gemischt, in den Ofen eingeblasen und verbrannt zu werden (siehe S. 269). Als Heizöle kommen je nach Beschaffungsmöglichkeit besonders Erdöl (Rohpetroleum, Naphtha mit 8500÷11000 kcal/kg) und seine Destillationsrückstände (z. B. Masut) und Stein- oder Braunkohlenteeröle (8500÷9500 kcal/kg) in Frage. Bei größeren Öfen arbeitet man mit Luftvorwärmung durch die Abgase; bei kleineren verzichtet man meist darauf, trotzdem beträgt der Ölverbrauch auch hier nur etwa 10% des Einsatzgewichtes. Die Verbrennung ist eine sehr lebhafte, und die Verbrennungstemperatur bleibt selbst ohne Vorwärmung der Verbrennungsluft kaum hinter derjenigen der Gasfeuerung mit Gas- und Luftvorwärmung zurück. Infolge der innigen Mischung mit der Verbrennungsluft kann ohne Luftüberschuß, d. h. mit neutraler, nicht oxydierender Flamme, gearbeitet werden. Diesen und den schon genannten Vorteilen steht der hohe Ölpreis gegenüber (vgl. Zahlentafel 10), an dem die Einführung der Ölfeuerung gerade für Schmiedeöfen in sehr vielen Fällen scheitert. Mit Öl geheizte Schmiedeöfen eignen sich besonders für Schmieden mit unterbrochenem Betrieb und wechselnder Leistung, weil die Feuerung nicht nur leicht zu regeln sondern auch schnell in und außer Betrieb zu setzen ist und während der Arbeitspausen kein Brennstoffverbrauch stattfindet. Für einwandfreies Arbeiten der Brenner und Aufrechterhaltung der Ofentemperaturen ist Reinheit und gleichmäßige Temperatur ($\approx 20^0$) des Öles, die seinen Flüssigkeitsgrad (Viskosität) bestimmt, wichtig.

Die Kohlenstaubfeuerung beruht auf der Verbrennung mehlartig fein gemahlener Kohle in der Schwebe ohne Rost und ist vom wärmewirtschaftlichen Standpunkt eine der besten, wird aber wegen praktischer Schwierigkeiten noch selten angewendet. Ihre Vorteile — gute Mischung mit der Verbrennungsluft, vollständige Verbrennung ohne Luftüberschuß, hohe Temperaturen auch ohne Luftvorwärmung, schnelles Anheizen usw. — entsprechen denen der Ölfeuerung. Gegenüber einfacher Rostfeuerung gestattet sie die Verwendung von Kohle mit hohem Aschegehalt. Der Wirkungsgrad sinkt auch bei geringer Belastung des Ofens wenig. Die Feuerung erfordert aber großen Feuerungsraum, dessen Mindestgröße von der Menge des Staubes, seiner Mahlfeinheit und seiner Verbrennungszeit ($1 \div 3$ s) bestimmt wird. Die Mahlfeinheit ist aus wirtschaftlichen Gründen begrenzt. Die Unterhaltungskosten sind verhältnismäßig hoch, weil die Steine stark angegriffen werden; auch verursacht die Flugasche bzw. der Flugstaub vielfach Schwierigkeiten im Verbrennungsraum oder in den Zügen. Etwa ins Freie austretender Kohlenstaub bringt Explosionsgefahr. Bedingung für Wirtschaftlichkeit ist niedriger Gestehungspreis des Kohlenstaubes und Haltbarkeit des Mauerwerkes, ferner ein einwandfrei arbeitender Kohlenstaubzuteiler, der auch die kleinste Menge (bis zu 0,5 kg/h) sicher und gleichmäßig zuteilt. (Der Kohlenstaubzuteiler von I. F. Mahler Komm.-Ges., Eßlingen, bewirkt die Zuteilung im Gegensatz zu anderen Ausführungen ohne Schnecke und arbeitet daher nach Angabe der Firma sicher und einwandfrei.)

Einen Vergleich der Brennstoffkosten für 100 kg Einsatzgut gibt Zahlentafel 10, wobei natürlich zu berücksichtigen ist, daß die Brennstoffpreise gewissen Schwankungen unterworfen und von der örtlichen Lage des Betriebes abhängig sind, und daß die Betriebskosten eines Ofens nicht allein von den Brennstoffkosten bestimmt werden.

Die Wärmebilanz allein ist nicht maßgebend für den Vergleich und die Wirtschaftlichkeit von Feuerstätten, sondern ihre Betriebsbilanz, bei der auch die Kosten für die Brennstoffanfuhr, Abfuhr der Rückstände, Ofenbedienung usw. bzw. die Ersparnisse an diesen oft sehr beträchtlichen Nebenkosten zu berücksichtigen sind, die z. B. die Gasfeuerung ermöglicht. Für die Beurteilung der Wirtschaftlichkeit einer Feuerstätte sind ferner zu berücksichtigen: die Anheizzeit (Leerlaufzeit!), die Zeitdauer der Erwärmung des Einsatzgutes (Durchsatzzeit)[1] und ihr Einfluß auf den weiteren Fertigungsgang, die mehr oder minder genaue Temperaturregelung, der Abbrand (Oxydation, Verzunderung) des Einsatzgutes usw.

Der Querschnitt der Windleitungen ergibt sich aus dem Brennstoffver-

[1] Vgl. Freund: Ofenkarten zur Ermittlung der Anwärmzeiten für Schmiedestücke. Maschinenbau 1927, S. 853.

Zahlentafel 10. Brennstoffverbrauch und Brennstoffkosten von Schmiedeöfen bei verschiedenen Feuerungen.

Brennstoff	Heizwert	Preis für 100 kg	Preis für 1000 kcal	für 100 kg Einsatz Brennstoff-verbrauch	Brennstoff-kosten
	kcal/kg	etwa RM.	etwa RPf.	etwa kg	etwa RM.
Steinkohle	7 200	3,20	0,45		
Rostfeuerung				30	0,96
Rekuperativ-feuerung				12	0,40
Koks	7 000	4,00	0,56	25	1,00
Heizöl	10 000	17,00	1,70	10	1,70
Braunkohlenstaub	5 000	1,30	0,25	20	0,26
Grudekoksstaub	6 300	1,30	0,20	15	0,20
Steinkohlenstaub	7 500	2,20	0,30	12	0,26
dsgl. bei eigener Mahlanlage	7 500	1,50	0,20	12	0,18

brauch und der für 1 kg desselben erforderlichen Luftmenge (siehe S. 45). Unter Zugrundelegung einer Windgeschwindigkeit von 6 m/s für die Saugleitung und von 10÷12 m/s für die Druckleitung. Vorgewärmter Wind verlangt den dreifachen Querschnitt gegenüber kaltem Wind. Der Querschnitt der Rauchkanäle für die Abgase ist so zu berechnen, daß die Gasgeschwindigkeit 4 m/s möglichst nicht überschreitet[1].

Künstlicher Zug an Stelle von natürlichem Schornsteinzug macht von Witterungseinflüssen unabhängig und ermöglicht gute Anpassung an die Betriebsverhältnisse; z. B. kann der Saugzug abgestellt werden, um das Einströmen kalter Luft in den Ofen beim Ein- und Ausbringen der Schmiedestücke zu verhüten.

II. Die Werkzeuge für das Schmieden von Hand.

Als Unterlage für das Schmiedestück und zur Erhöhung der Schlagwirkung dient der Amboß, ein etwa 200÷300 kg schwerer geschmiedeter Block mit aufgeschweißter Stahlplatte (Bahn), der meist mit einem oder zwei kegel- bzw. pyramidenförmigen, wagerechten „Hörnern" für Biegearbeiten versehen ist und auf einem Holzklotz oder auf einem Betonklotz mit Zwischenlage von Leder oder Eisenfilz ruht (Amboßbahn ≈ 750 mm über Fußboden). Ein oder zwei Löcher in der Amboßbahn dienen zum Einstecken von Werkzeugen.

Der 1÷2 kg schwere Handhammer wird für leichte Arbeiten benutzt, und zwar die als abgerundete Schneide ausgeführte, quer zum Stiel stehende „Finne" zum Strecken und die flachgewölbte, quadratische „Bahn" zum Stauchen und Schlichten. Der vom Zuschläger mit beiden Armen geschwungene Vor- oder Zuschlaghammer unterscheidet sich nur durch Größe und Gewicht (6÷10 kg) vom Handhammer; bei zwei Zuschlägern arbeitet der neben dem Schmied stehende mit dem Kreuzschlaghammer, dessen Finne parallel zum Stiel steht.

Hämmer, die nicht geschwungen sondern auf das Werkstück aufgesetzt werden und auf die mit dem Vorschlaghammer geschlagen wird, sind z. B. der Setz-

[1] Bezüglich Berechnung der Abgasmenge siehe Dubbel: Taschenbuch für den Maschinenbau oder Kothny: Die Brennstoffe. H. 32 der Werkstattsbücher.

und der Schlichthammer zum scharfen Absetzen bzw. zum Glätten der Flächen, ferner der Durchschlag zum Lochen, der Abschrot zum Trennen und Gesenke zur genauen Formgebung, deren zugehöriges Unterteil in die Amboßbahn gesteckt wird.

Die Loch- und Gesenkplatte dient als Unterlage beim Lochen oder als Untergesenk für Rund-, Vier- und Sechskantgesenke.

Die Schmiedezangen haben dem Werkstück jeweils in Querschnitt und Stellung angepaßte Mäuler, um ein sicheres Festhalten zu gewährleisten, und werden mittels eines über ihre langen und dünnen Schenkel geschobenen Ringes zugespannt.

Als Meßwerkzeuge dienen außer eisernen Maßstäben und Tastern Dickenlehren aus Blech und aus Draht gebogene Längenstichmaße.

III. Maschinenhämmer und Schmiedepressen.

A. Maschinenhämmer.

1. Allgemeines über die Wirkungsweise.

Beim Hammer wird der zur Umformung des Werkstückes erforderliche Druck durch einen Schlag oder Stoß erzeugt, womit immer eine Bewegung bzw. Erschütterung des Amboßes und damit ein Arbeitsverlust verbunden ist. Das Arbeitsvermögen eines Hammers beträgt $A_1 = \frac{G_1}{g} \cdot \frac{v^2}{2} \approx 0{,}05\ G_1 \cdot v^2$ mkg (bei reinen Fallhämmern ist auch $A_1 = G_1 \cdot h$), wenn G_1 = Fallgewicht in kg, g = 9,81 m/s² (Fallbeschleunigung), v = Auftreffgeschwindigkeit in m/s und h = Fallhöhe in m.

Nach den (hier nicht abzuleitenden) Gesetzen vom Stoß zweier unelastischer Körper, von denen der eine vor dem Stoß in Ruhe war, beträgt der Stoßverlust, d. h. die die Formänderung hervorbringende nutzbare Schmiedearbeit, $A_2 = \frac{G_1 \cdot v^2}{2\,g} \cdot \frac{G_2}{G_1 + G_2}$, wobei G_2 = Gewicht von (aus Unteramboß oder Schabotte und Amboßbahn bestehendem) Amboß + Schmiedestück. Je größer A_2, desto geringer die Erschütterungsarbeit oder der Arbeitsverlust $A_3 = A_1 - A_2 = \frac{G_1 \cdot v^2}{2\,g}\left(1 - \frac{G_2}{G_1 + G_2}\right) = \frac{G_1\,v^2}{2\,g} \cdot \frac{G_1}{G_1 + G_2}$. Je größer also das Gewicht G_2 von Schabotte (+ Amboß + Schmiedestück) gegenüber dem Bärgewicht G_1, desto geringer die Erschütterungen und der Arbeitsverlust A_3, um so besser der Wirkungsgrad $\eta = \frac{A_2}{A_1} = \frac{G_2}{G_1 + G_2}$.

Für $G_2 = 10\ G_1$ ist $\eta = \frac{10}{11} = 0{,}91$,
„ $G_2 = 15\ G_1$ „ $\eta = \frac{15}{16} = 0{,}938$,
„ $G_2 = 20\ G_2$ „ $\eta = \frac{20}{21} = 0{,}95$.

Mit Rücksicht auf wachsende Beförderungsschwierigkeiten usw. geht man über diese Grenze meist nicht hinaus.

Da die Erschütterungen nicht eigentlich vom Fallgewicht sondern vom Arbeitsvermögen des Bärs hervorgerufen werden und dieses auch von der Auftreffgeschwindigkeit desselben abhängig ist, so ist es richtiger, das Schabottegewicht nach dem Arbeitsvermögen und nicht einfach nach dem Gewicht des Bärs zu berechnen.

Der gewöhnlich vertretenen Ansicht, daß bei gleichem Arbeitsvermögen die Wirkung eines leichten Bärs mit hoher Auftreffgeschwindigkeit sich mehr auf die Oberfläche des Werkstückes beschränkt, während die Schlagwirkung eines schweren, langsamer schlagenden Bärs das Werkstück mehr durchdringt, wird von anderer Seite entgegengehalten, daß bei gleicher Schlagstärke (= Bärgewicht × Beschleunigung) es gleich sei, ob der Schlag klebend oder prellend ausgeübt würde.

Die nutzbare Schmiedearbeit ist aber ferner abhängig vom elastischen Verhalten des Fundamentes und Erdreichs, denn je mehr die Schabotte beim Schlag in der Schlagrichtung beschleunigt wird und ausweicht, desto weniger Arbeit nimmt das Schmiedestück selbst auf. Ist

P = zwischen Bär und Amboß auf das Werkstück ausgeübter Druck in kg,

s_1 = Eindringtiefe von Bär- und Amboßbahn (Ober- und Untergesenk) in das Werkstück in mm,

s_2 = Ausweichung der Schabotte in mm, dann ist

$$A_1 = A_2 + A_3 = \frac{P \cdot (s_1 + s_2)}{1000} \text{ mkg}^1,$$

d. h. die Nutzarbeit $A_2 = \frac{P \cdot s_1}{1000}$ ist um so größer, je kleiner s_2. Verdichtet sich z. B. im Laufe der Zeit der tragende Untergrund, so wird der Wirkungsgrad des Hammers günstiger. Nimmt infolge der Abkühlung des Schmiedestückes bei gleichbleibender Schlagarbeit die Eindringtiefe ab, so erhöht sich der Schmiededruck. Diese Drucksteigerung ist wegen der mit der Temperatur abnehmenden Bildsamkeit des Werkstoffes sehr erwünscht, aber nur erreichbar, wenn das Schabottegewicht genügend groß und das Fundament und Erdreich genügend widerstandsfähig ist, so daß der Schabotteausweichweg nicht zunimmt. Schabottegewicht und Widerstandsfähigkeit von Fundament und Baugrund bestimmen also letzten Endes die Leistungsfähigkeit eines Hammers, die daher auch nicht an allen Orten gleich sein kann. Da aber für die Bemessung des für eine bestimmte Arbeit erforderlichen Hammers noch eine ganze Reihe anderer Faktoren, wie Werkstoff, Schmiedetemperaturen usw. mitbestimmend sind, so ist eine rechnerische Ermittlung nur unter bestimmten Annahmen und nur mit gewissen Fehlergrenzen möglich. Überschläglich (unter Vernachlässigung des Arbeitsverlustes) kann man setzen

$$A_1 = 0{,}05\ G_1 \cdot v^2 = \frac{k \cdot F \cdot s_1}{1000} \text{ oder } G_1 \cdot v^2 = \frac{k \cdot F \cdot s_1}{50} \text{ oder } G_1 \cdot h = \frac{k \cdot F \cdot s_1}{1000},$$

wobei F = gedrückte Fläche (oder ihre Projektion senkrecht zur Druckrichtung) in mm² und k = beim Umformen zu überwindender Widerstand in kg/mm² = 1,5 ÷ 10faches der bei der jeweiligen Temperatur vorhandenen Zerreißfestigkeit des Werkstoffes (vgl. z. B. Abb. 113); die kleineren Werte gelten für Preßdruck, die größeren für Schlag[2].

Nach Hoffmeister[3] ist der spezifische Arbeitsaufwand im Mittel

$$a = \frac{G_1 \cdot h \cdot n}{F} \approx 24 \text{ mkg/cm}^2, \text{ wenn } F \text{ (s. o.)} = \text{cm}^2 \text{ und } n = \text{Schlagzahl},$$

oder für Überschlagsrechnung mit $h = 1{,}75$ m und $n = 4$, $G_1 = 3{,}63 \cdot F$.

Die erforderliche Kraft ist unter sonst gleichen Verhältnissen um so größer, je dünner das Werkstück ist, und etwa umgekehrt proportional dem Quadrat der Dicke desselben. Beim Gesenkschmieden, wo das Werkstück meist verzwicktere Formen besitzt und auch quer zur Kraftrichtung scharf auszuprägen ist, muß die Kraft entsprechend größer sein. Praktisch wird man durch Versuche den passendsten Hammer und die für ein Schmiedestück erforderliche Gesamtschlagzahl ermitteln.

---

[1] Vgl. Schneider: Das Schmieden unter Hämmern und Pressen. Werkst.-Techn. 1918, S. 13.

[2] Vgl. Sobbe: Technologie des Schmiedepressens. Werkst.-Techn. 1908, S. 430.

[3] Vgl. Werkst.-Techn. 1921, S. 94.

Nach dem oben Ausgeführten wäre für die Ausnutzung des Arbeitsvermögens des Hammerbärs neben einer schweren Schabotte ein möglichst starkes, unelastisches Fundament derselben am günstigsten. Da aber ein vollkommen unelastisches Fundament mit der Zeit unter der Schlagwirkung brechen würde und allzu starke Erschütterungen der Gebäude und Umgebung vermieden werden müssen (Baupolizeiliche Aufstellungsgenehmigung!), so muß man für eine gewisse Elastizität sorgen und den damit verbundenen Arbeitsverlust in Kauf nehmen[1]. Die Art der Gründung muß den jeweiligen Verhältnissen, insbesondere dem Schabottegewicht und der Bodenbeschaffenheit, angepaßt werden. Die Entscheidung läßt sich nur von Fall zu Fall treffen. Jedenfalls muß das Fundament bis auf festen Baugrund heruntergeführt werden (nötigenfalls Betonplatte und Pfahlrost!). Abgesehen von Hämmern mit kleineren Fallgewichten und reinen Fallhämmern, bei denen das Hammergestell auf der Schabotte befestigt ist, werden Hammer und Schabotte von einander getrennt und, um den Hammer gegen allzu starke Erschütterungen zu schützen, auf getrennte Fundamente gesetzt. Dabei werden zwischen Fundament und Schabotte eine oder mehrere Lagen Eichenbalken eingelegt; zur Schalldämpfung dient auch eine Zwischenlage von Hartfilz (Eisenfilz). Die Schabotte wird mit Rücksicht auf die zu Anfang zu erwartende Senkung (10÷50 mm) von vornherein etwas höher aufgestellt. Die Trennung der Fundamente bringt aber auch die Gefahr einer Schiefstellung von Hammer und Schabotte gegeneinander und des Verschwindens der Parallelität zwischen Hammer- und Amboßbahn mit sich, als deren Folgen Verbiegen der Kolbenstange und Zylinderbrüche auftreten. Man stellt daher heute vielfach Hammer und Schabotte auf ein gemeinsames Fundament oder das Hammerfundament auf das treppenartig abgestufte Fundament der Schabotte mit Zwischenlagen von Eisenfilz und legt unter die Muttern der Ankerschrauben für das Hammergestell kräftige Federn, die den Hammer selbst, ohne seine Standsicherheit zu gefährden, gegen unberechenbar hohe Beanspruchungen schützen (auch Zylinder und Hammergestell werden u. U. federnd verbunden, vgl. Abb. 123 u. 131). Diese Ausführung ist vor allen Dingen auch für Gesenkhämmer zu empfehlen, weil hier ein gegenseitiges Versetzen von Hammer und Amboß unbedingt vermieden werden muß. Auch läßt man bei Gesenkhämmern, die harte Schläge geben sollen, den elastischen Holzrost unter der Schabotte fort, zumal das Holz mit der Zeit zerstört wird und zur Schiefstellung der Schabotte führt[2].

Der Druck auf die Schabotte beträgt $D = \frac{A_3}{s_2}$; die Gesamtbelastung des Fundamentes vom Gewicht G_3 ist also $Q = G_1 + G_2 + G_3 + D$. Mit Q wäre die erforderliche Bodenfläche des Fundamentes unter Berücksichtigung der Tragfähigkeit des Bodens zu berechnen. Bei sicherem Baugrund (wagerecht gelagerter Felsboden, Kies, grobkörniger Sand, trockener Lehm) in Tiefe bis zu 4 m kann mit einer Belastung von 2 kg/cm² gerechnet werden.

Alle Maschinenhämmer, mit Ausnahme der Stielhämmer, sind Parallel- oder Gleishämmer, bei denen der Bär sich stets geradlinig in Führungen auf und ab bewegt und seine Bahn stets parallel zur Amboßbahn liegt. Der Antrieb erfolgt, abgesehen von Dampf- und Drucklufthämmern, durch Riemen von einer Transmission aus oder bei Einzelbetrieb durch einen Elektromotor.

2. Stiel- oder Aufwurfhämmer.

Diese auch Hebel- oder Winkelhämmer genannten Hämmer mit Bärgewichten bis etwa 100 kg ahmen die Bewegung des Handhammers nach, indem der um

[1] Vgl. Schneider: Etwas über Hammerfundamente. Maschinenbau 1926, S. 116.

[2] Vgl. Schweißguth: Schmieden und Pressen (siehe auch Z. V. d. I. 1919, S. 1107).

einen Zapfen schwingende Hammerstiel durch eine Daumenscheibe oder Kurbel mit Kulisse oder dgl. um einen bestimmten Winkel angehoben wird und dann wieder herunterfällt. Die Wucht des Schlages kann z. B. durch Gummipuffer verstärkt und dabei gleichzeitig die Schlagzahl erhöht werden. Der Hauptvorteil dieser Hämmer ist die mögliche hohe Schlagzahl ($\leqq$ 500/min), die ein schnelles Ausschmieden (Ausbreiten) des Werkstoffes gestattet, bevor er zu stark abgekühlt ist. Die Hämmer werden zum Vorstrecken und Breiten des Werkstoffes in der Gesenkschmiede, hauptsächlich in der Kleineisen- und Messerwarenindustrie, verwendet. Für allgemeine Zwecke sind sie schon deswegen nicht geeignet, weil Hammer- und Amboßbahn nicht immer parallel zueinander stehen.

3. Fallhämmer.

Zur Abwärtsbewegung des Hammerbärs wird lediglich sein Gewicht, d. h. die Anziehungskraft der Erde, benutzt, und der Bär muß zur Erzielung einer bestimmten Auftreffgeschwindigkeit und Schlagwirkung auf eine bestimmte Höhe gehoben werden. Dadurch ist die minutliche Schlagzahl begrenzt und niedriger als bei anderen Hammerarten; sie beträgt $\approx$ 60÷15/min, je nach Fallhöhe und Fallgewicht. Die Fallhöhe bewegt sich etwa zwischen 1,2÷2 m (bei Riemen- oder Seilfallhämmern mit besonderen Hubvorrichtungen — siehe S. 165 — bis $\approx$ 4 m). Fallhämmer für Freiformschmieden erhalten meist einseitig offenes, nach hinten gekröpftes Gestell mit nicht ganz heruntergeführten Gleitbahnen, um eine größere Bewegungsfreiheit für das Schmiedestück zu haben, während Gesenkfallhämmer, bei denen es zur Verhütung des Eckens des Bärs auf eine sehr zuverlässige Führung desselben ankommt, mit zwei kräftigen Säulen oder Ständern ausgeführt werden, zwischen denen der mit möglichst langen Gleitbahnen versehene Bär bis unten geführt wird. Trotz gleichen Arbeitsvermögens kann die Wirkung eines Fallhammers ganz verschieden sein. Bei leichtem Bär und großer Fallhöhe ergibt sich ein prellender Schlag (z. B. für leichte Gesenkschmiedearbeiten geeignet), bei großem Bärgewicht und kleiner Fallhöhe dagegen mehr ein Knetschlag (Breiten und Recken)[1]. Dem Verwendungszweck muß auch das Schabottegewicht angepaßt sein.

Beim Riemenfallhammer hängt der in senkrechten Führungen gleitende Bär an einem Ende des auf der stets in gleicher Richtung sich drehenden Hubscheibe liegenden Riemens, der durch Reibung mitgenommen wird und den Bär anhebt, sobald durch Ziehen am anderen Ende des Riemens der nötige Anpressungsdruck hervorgerufen wird. Beim Aufhören des Zuges fällt der Bär herab. Der zum Anheben des Bärs erforderliche Zug ist $P = \frac{G}{e^{\mu\alpha}} \approx \frac{G}{4} \div \frac{G}{6}$, wenn G = Bärgewicht in kg, $e = 2{,}718$, μ = Reibungsziffer für Riemen auf Riemenscheiben = 0,25÷0,6 und α = vom Riemen umspannter Bogen der Riemenscheibe (meist $= \pi$, entsprechend einem Umspannungswinkel von 180°). Bärgewicht also höchstens $\approx$ 100 kg, weil sonst der erforderliche Zug für Dauerbetrieb zu groß. (Die Hammer-Lieferfirmen geben wesentlich kleinere Zugkräfte und entsprechend größere Bärgewichte an.)

Um das Schleifen des Riemens auf der Scheibe möglichst zu verhüten und den dadurch hervorgerufenen Riemenverschleiß zu mildern, werden besondere Riemenabhebevorrichtungen angebracht. Die in Abb. 120 dargestellte besteht aus einem durch Schraubenfeder anzuhebenden Bügel mit Rollen, über die am Hubriemen befestigte schmale Lüftriemen laufen. Sobald der Hand-

[1] Vgl. das auf S. 161 darüber Gesagte.

zug am Hubriemen nachläßt, wird der Bügel an- und damit der Hubriemen von der Scheibe abgehoben.

Bei größeren Bärgewichten erzielt man den nötigen Reibungsdruck durch Anpressen des Riemens gegen die Hubscheibe mittels einer besonderen, durch Tritthebel betätigten Druckscheibe, an der das eine Ende des Riemens befestigt ist. Bei der in Abb. 121 veranschaulichten Hubvorrichtung hat die Druckscheibe a keinen kreisförmigen sondern spiralförmigen Kranz, und ihr Umfang ist etwas größer als der größte Bärhub. Die Scheibe sitzt lose auf einer exzentrisch gelagerten Welle und kann mittels des auf ihr befestigten Hebels b durch Herunterdrücken des Tritthebels c gegen die Hubscheibe d gepreßt werden. Dadurch wird der Bär angehoben. Wegen der Spiralform des Kranzes der Scheibe a verringert sich aber der Anpressungsdruck schon bei der geringsten Drehung, und der Bär bleibt in der erreichten Höhe stehen, wenn der Tritthebel c nicht dauernd nachgedrückt wird. Sobald nämlich der Anpreßdruck und damit die Riemenreibung zum Heben des Bärs nicht mehr genügen, sucht dieser die

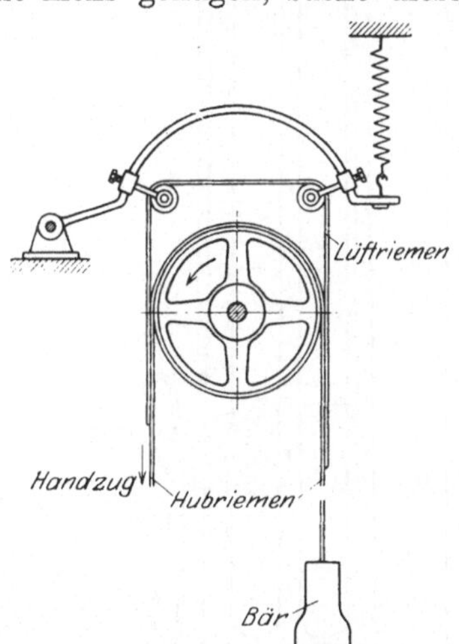

Abb. 120. Riemenabhebevorrichtung.

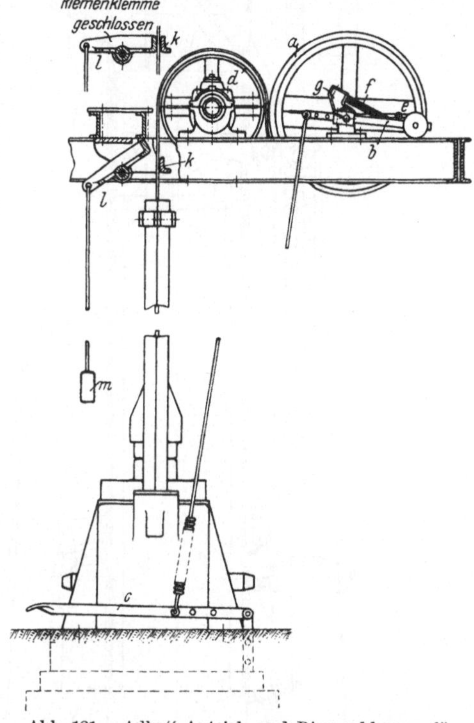

Abb. 121. „Adko“-Antrieb und Riemenklemme für Riemenfallhämmer (Koch & Cie., Remscheid-Vieringhausen).

Scheibe a zurückzudrehen, dabei steigt, ebenfalls infolge der Spiralform des Kranzes, sofort der Anpreßdruck wieder, bis Gleichgewicht herrscht. Die Steuerung ist sehr feinfühlig. Ein Anschlagbolzen e in der Scheibe a schlägt unmittelbar nach Auftreffen des Bärs gegen die Blattfeder f und begrenzt dadurch die Rückdrehung der Scheibe a. Die Blattfeder sitzt in einem Halter g, der auf der Welle von a nach Bedarf verdreht und eingestellt werden kann. — Mit derartigen Hubvorrichtungen, die vom Schmied selbst betätigt werden können, lassen sich Bärgewichte bis zu 1000 kg heben. — Zum Festhalten des Bärs in beliebiger Höhe dient eine Riemenklemme mit fester und beweglicher Backe k und l, die durch Anheben des Gegengewichtes m geschlossen und beim Anheben des Bärs durch Niederdrücken des Tritthebels c selbsttätig geöffnet wird. Während der Arbeit wird die Klemme durch das Gewicht m offengehalten.

Riemenfallhämmer werden auch als Doppelhämmer mit gleichen oder verschieden großen Bärgewichten ausgeführt, um ein Gesenkschmiedestück unmittelbar nacheinander in zwei Gesenken bearbeiten zu können, falls nicht zwei nebeneinander stehende Hämmer benutzt werden sollen oder können.

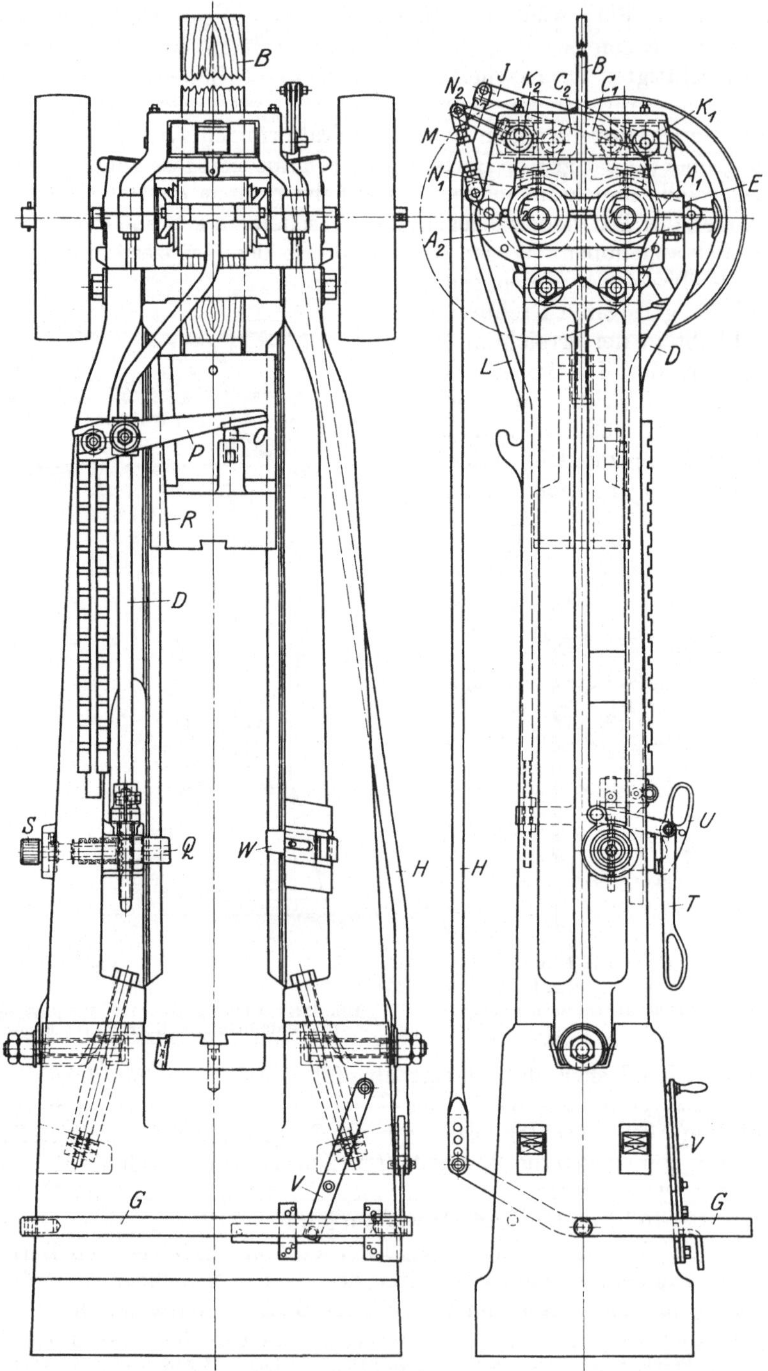

Abb. 122. Lasco-Brettfallhammer (Langenstein & Schemann A.-G., Ernsthütte-Coburg).

Schwere Fallhämmer, bei denen das Anheben des Bärs durch Riemen und Transmission nicht mehr angängig ist, werden auch mit besonderen Bäraufzugvorrichtungen versehen. Eine solche Vorrichtung (von Bêché & Grohs in Hückeswagen) besteht z. B. aus einer Dampf- oder Drucklufthebemaschine mit langem, senkrechtem Zylinder. Das den Bär tragende Drahtseil wird zunächst oben über die eigentliche Hubrolle, über diese nach unten über eine auf der Kolbenstange der Hebemaschine sitzende Rolle und dann wieder hochgeführt und das Seilende am Maschinengestell oben befestigt, so daß beim Niedergang des Kolbens der Bär um den doppelten Kolbenhub angehoben wird. — Derartige zusätzliche Hubeinrichtungen beeinflussen den mechanischen Gesamtwirkungsgrad des Hammers natürlich nicht gerade günstig. (Betreffs Anlage- und Betriebskosten siehe S. 169.)

Der Brett- oder Reibstangenfallhammer benutzt zum Anheben des Bärs ein in ihm befestigtes, zwecks geringerer Abnutzung vielfach mit Hartholzdübeln gespicktes Brett, das zwischen zwei Walzen läuft und bei genügendem Anpressungsdruck durch Reibung von diesem hochgehoben wird. Als Beispiel diene der in Abb. 122 dargestellte Lasco-Brettfallhammer. Die beiden Ständer mit den Führungsleisten für den Bär sind mit Feder und Nut und schräg angeordneten Ankerschrauben auf der Schabotte befestigt und können mittels Feinstellschrauben auf dieser wagerecht verstellt werden, um entweder dem Bär eine stets sichere, aber freie Führung zu geben oder das Obergesenk genau nach dem Untergesenk auszurichten. Der Antrieb der beiden in dem Kopfstück gelagerten Hubwalzen A_1 und A_2 für das Bärbrett B erfolgt durch je eine Riemenscheibe und offenen bzw. gekreuzten Riemen. Über den Walzen sitzen die Klemmbacken C_1 und C_2 zum Festhalten des Bärs in seiner jeweiligen Höchstlage. Die vordere Walze A_1 kann durch die Steuerstange D, Hebel E und Exzenter F_1 gegen das Hubbrett gedrückt oder von ihm abgehoben werden, während die vordere Klemmbacke C_1 durch Tritthebel G, Stange H, Hebel I und Exzenter K_1 wagerecht verschoben wird. Um der Abnutzung des Hubbrettes B Rechnung zu tragen, können die hintere Hubwalze A_2 und Klemmbacke C_2 gleichmäßig durch Tieferstellen der an der Rückseite des Hammers befindlichen Stange L, der Verbindungsstange M, Hebel N_1 und N_2 und gleichhubige Exzenter F_2 und K_2 nachgestellt werden. Hintere Walze und Klemmbacke sind so eingestellt, daß sie beim Fall des Bärs nicht am Brett anliegen, den freien Fall also nicht hindern, sondern erst beim Vorschieben der vorderen Walze bzw. Klemmbacke und durch eine geringe dabei auftretende Durchbiegung des Brettes zur Anlage mit diesem gebracht werden. Die Klemmfläche der Klemmbacke bleibt immer parallel zum Brett. — Beim Hochgehen trifft der Bär mit seiner mit Hartholz ausgefütterten Nase O gegen den zur Einstellung der Fallhöhe in Rasten des linken Ständers und an der Stange D in der Höhe verstellbaren Umsteuerhebel P und hebt diesen und zugleich die Walzensteuerstange D hoch, die in ihrer Höchstlage durch den durch eine Feder vorgeschobenen Riegel Q verriegelt wird und die vordere Hubwalze A_1 vom Hubbrett B abhebt. Ist nun der Tritthebel G nicht belastet, dann halten die Klemmbacken C_1 und C_2 das Hubbrett mit dem Bär in der Höchstlage fest. (Hierbei tritt kein Ecken des Bärs auf, wie z. B. beim Auffangen desselben durch eine seitliche Nase und unter diese greifenden Winkelhebel.) Wird durch Heruntertreten des Tritthebels G die vordere Klemmbacke zurückgezogen, so fällt der Bär herab und drückt am Ende seines Weges mit der an seiner linken Seite befindlichen schrägen Fläche R den Riegel Q zurück, wodurch die Steuerstange D entriegelt wird, durch ihr Eigengewicht herunterfällt und dadurch die vordere Hubwalze A_1 wieder gegen das Hubbrett B drückt, so daß der Bär wieder angehoben wird. Der Bär trifft in der eingestellten Höchstlage wieder gegen Hebel P usw., und das Spiel wiederholt sich, solange der Tritthebel belastet bleibt. Wegen der verschiedenen Höhe der benutzten Gesenke muß sich die Bärumkehr nach erfolgtem Schlag auf eine der Gesenkhöhe entsprechende Höhenlage einstellen lassen. Zu dem Zweck kann der Riegel Q mittels Griffmutter S vor- oder zurückgestellt werden und wird beim Fall des Bärs entsprechend früher oder später von der schrägen Fläche *R* zurückgeschoben. Hierdurch wird die Steuerstange *D* früher oder später entriegelt und die Hubbewegung des Bärs ebenfalls entsprechend früher oder später eingeleitet. — Der Hammer besitzt außerdem eine Handsteuerung, bestehend aus Handhebel *T* und Sperrhebel *U*, durch die der Schmied die Stange *D* in jedem Augenblick anheben und dadurch den Bär auslösen, also Schläge von wechselnder Stärke ausführen kann. Wird der Handhebel *T* so hoch gehoben, daß der Sperrhebel *U* mit seiner Nase sich auf das am Ständer befindliche Auge legt, dann ist ein Wiederanlegen der Hubwalze an das Hubbrett und damit unbeabsichtigtes Anheben des Bärs ausgeschlossen. Zur Wiederinbetriebnahme des Hammers genügt ein kurzer Ruck am Handhebel *T*, um den Sperrhebel wieder zu entsichern. Außerdem ist auch für den Fußtritthebel eine Verriegelung *V* vorgesehen, durch die der hängende Bär gegen unbeabsichtigtes Fallen gesichert ist. Schließlich ist am rechten Ständer noch ein Riegel *W* vorhanden zum Aufsetzen des Bärs beim Auswechseln der Gesenke.

Abb. 123. Fallhammer mit bruchsicherem Aufzugorgan (Eumuco A.-G. für Maschinenbau, Schlebusch-Manfort).

Diese Hämmer werden mit Bärgewichten von 200 ÷ 2000 kg und Fallhöhen von 1500 ÷ 2000 mm ausgeführt.

Die Aerzener Maschinenfabrik G. m. b. H. in Aerzen (Hannover) baut auch Hämmer für Bärgewichte von 50 ÷ 300 kg mit zwei nach unten gerichteten hölzernen Hebeschienen und untenliegendem Antrieb.

Abweichend von den bisher besprochenen Ausführungen, deren Hubriemen, Seil oder Brett nur eine begrenzte, vielfach sehr kurze Lebensdauer besitzen, wird bei dem in Abb. 123 veranschaulichten Fallhammer mit bruchsicherem Aufzugorgan eine dünne, nachgiebig im Bär befestigte Hubstange benutzt, die durch einen auf den Hammer aufgebauten Dampf- und Druckluftzylinder mit entsprechend großem Hub betätigt wird[1]. Am Hubende wird der Bär durch eine Prellfedervorrichtung abgefangen. Eine Sicherung gegen unbeabsichtigtes, zu rasches Hochgehen des Bärs ist schon durch Drosselung der Luftsäule über dem Kolben beim Anheben geschaffen. Die Einrichtung läßt sich auch in andere

[1] Neuerdings wird die Hubstange auch als Zahnstange ausgebildet und durch Ritzel und oben auf dem Hammergestell stehenden Elektromotor angehoben. Das Ritzel wird beim Fall des Bärs von der Welle entkuppelt.

Fallhämmer und in Dampfhämmer einbauen. Die Sicherung der Hubstange gegen Überbeanspruchung ist dadurch erreicht, daß die beim Schlag frei werdenden Fallenergien der Hubstange und des Hubkolbens auf einem bestimmten Relativweg zum Bär unschädlich gemacht werden[1]. Durch reichliche Bemessung der freien Austrittsventilfläche und Einbau eines Hochhubschnüffelventils im oberen Zylinderdeckel ist erreicht, daß beim Fall des Bärs weder ein in Betracht kommender Gegendruck unter dem Kolben noch ein schädlicher Unterdruck über dem Kolben entsteht, der Bär also praktisch frei fällt. (Bei Dampfbetrieb kann auch mit Gleichdruck über und unter dem Kolben Beeinträchtigung des freien Falls vermieden werden.) Die Steuerung — bei kleineren Fallgewichten vereinigte Hand- und Fußsteuerung, bei größeren reine Handsteuerung mit Einsitzventilen (siehe S. 179) — gestattet schnelle Schlagfolge und Abfangen und Umkehr der Bewegungsrichtung des Bärs an jeder beliebigen Stelle. Durch die außergewöhnlich groß bemessene Bärhöhe und sehr kräftige Führungsständer ist für unschädliche Aufnahme beim Gesenkschmieden auftretender Eckkräfte gesorgt. Durch Einschaltung von Federn an den Verbindungsstellen der Hauptkonstruktionsteile (Schabotte, Ständer, Aufzugsapparat) sind diese gegen Überbeanspruchung geschützt, infolgedessen kann der Hammer auch bei den größten Bärgewichten unmittelbar auf die Schabotte gestellt werden und beide können sich gegeneinander nicht versetzen, eine Hauptbedingung beim Gesenkschmieden. Zum genauen Einstellen der Gesenke kann der Hammer mit Keil und Schraube auf der Schabotte verschoben und das Untergesenk gegen das Obergesenk mittels Schrauben fein eingestellt werden. — Die Hämmer werden — auch als Doppelhämmer — mit Fallgewichten von 300÷20000 kg bei einer Fallhöhe von 2100 bzw. 2200 mm gebaut und dürften hauptsächlich für solche Bärgewichte sich empfehlen, für die Riemen- und Brettfallhämmer nicht mehr in Betracht kommen. Die großen Fallgewichte ermöglichen z. B. das Schmieden von größeren Teilen in einem einzigen Gesenk und in einer Hitze, wodurch sich die Kosten vielfach um etwa 50% gegenüber früher ermäßigen.

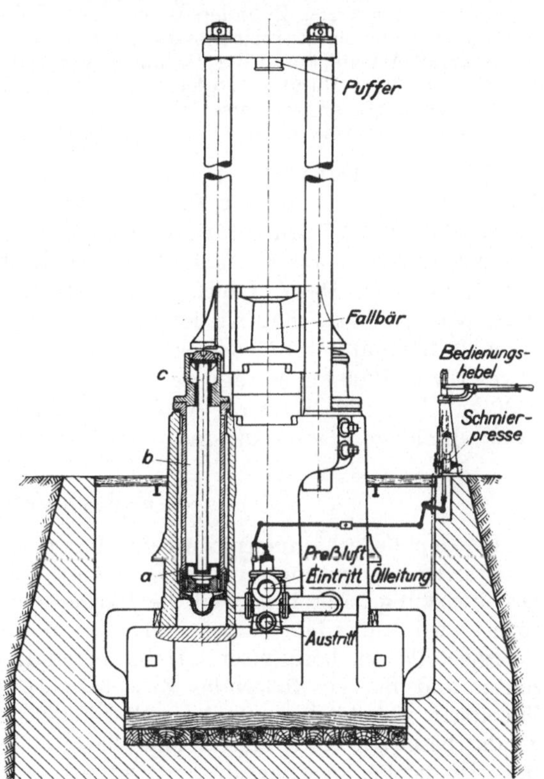

Abb. 124. Aufwurf-Fallhammer (Béché & Grohs, Hückeswagen).

Beim Vergleich mit einem anderen Fallhammer ist zu beachten, daß die Dampf- oder Druckluft-Erzeugungsanlage die Anlagekosten, wenigstens anteilmäßig, erhöht; ausschlaggebend sind aber die Betriebskosten. Wesentlich ist das Verhältnis von Arbeits- und Stillstandszeiten und der dabei erforderliche Energieverbrauch. Ein 2000 kg-Fallhammer führt

[1] Siehe auch (Maschinenbau-)Betrieb 1922, S. 297.

erfahrungsgemäß etwa 2000 Schläge in achtstündiger Schicht aus, arbeitet also etwa 4000 s = 1,1 h. Bei Transmissionsantrieb verbraucht er beim Arbeiten ≈ 30 PS, beim Leerlauf (mit Transmission) ≈ 10 PS. Der Arbeitsaufwand beträgt also beim Arbeiten ≈ 1,1 × 30 = 33 PSh, beim Leerlauf ≈ 6,9 × 10 = 69 PSh, der in Rechnung zu setzende Arbeitsaufwand je Schlag also etwa das Dreifache des dabei tatsächlich vorhandenen. Der durch Dampf oder Druckluft betätigte Fallhammer erfordert theoretisch selbst keine Leerlaufsarbeit, Verluste entstehen nur durch Undichtigkeiten oder Kondensation bzw. durch Leerlauf des Kompressors. Da aber wegen der dünnen Hubstange und ihrer nachgiebigen Verbindung mit dem Bär kein Ecken des Kolbens und keine Stöße im Zylinder auftreten, die Undichtigkeiten verursachen, so sind die Undichtigkeitsverluste am Hammer praktisch sehr gering. (Nach Angabe der Firma waren bei einem 7 Jahre in Betrieb gewesenen Zylinder keine merklichen Verluste festzustellen, während in einem anderen Falle der Luftverbrauch nach zweijährigem Betrieb nur um 3% gestiegen war, wobei nicht festgestellt ist, ob der Mehrverbrauch für den Hammer allein oder für die ganze Anlage gilt.) Isolierung des erschütterungsfreien Zylinders ist möglich. Bei elektrischem Antrieb des Kompressors kann unnötige Leerlaufsarbeit desselben durch selbsttätiges Stillsetzen und Wiederanlassen bei größeren Arbeitspausen des Hammers vermieden werden (siehe auch S. 181). Da in der Regel mehrere Hämmer vorhanden sind und ihre Arbeitszeiten und Betriebspausen nicht zusammenfallen, so verschieben sich die Verhältnisse natürlich von Fall zu Fall und eine genaue zahlenmäßige Berechnung ist nicht ohne weiteres möglich.

Bei dem Aufwurf-Fallhammer nach Abb. 124 ist am Bär überhaupt kein Aufzugsorgan befestigt, der Bär wird vielmehr beim Hochschnellen der durch Druckluft von 5 ÷ 7 atü betätigten beiden Kolben *a* in den Zylindern *b* durch die Stangen *c* auf drei- bis vierfache Höhe des Kolbenhubes emporgeworfen und fällt dann frei zurück. Das Aufwurfgestänge ist beim Auftreffen des Bärs auf Schmiedestück oder Amboß schon wieder in die Anfangsstellung zurückgekehrt. Der frei fallende Bär kann durch Gegensteuerung abgefangen werden. Bei einem Fallgewicht von 1000 kg beträgt der Bärhub ≈ 3,5 m. Größtes Bärgewicht bisher 4000 kg. Derartige Hämmer werden besonders dort Verwendung finden können, wo Prellschläge erwünscht sind.

4. Federhämmer.

Bei den Federhämmern wird der Bär durch Kurbel oder Exzenter betätigt. Bei starrer Verbindung mit dem Bär würde aber keine Schlag- sondern nur eine Druckwirkung entstehen, weil die Bärbewegung nach den Hubenden stark verzögert wird; außerdem wäre bei zu starkem Schmiedestück ein Bruch irgendeines Getriebeteiles zu befürchten. Deshalb schaltet man zwischen Kurbel oder Exzenter und Bär ein federndes Zwischenglied, eine bei den verschiedenen Ausführungen verschieden gestaltete Stahlfeder, ein, wodurch einerseits die Bruchgefahr beseitigt, andererseits eine bessere Schlagwirkung erzielt wird, indem beim Hochgehen des Bärs durch Spannen der Feder Energie in ihr aufgespeichert und beim Niedergang an den Bär wieder abgegeben wird und ihn beschleunigt.

Auf der Antriebswelle des in Abb. 125 dargestellten Verbundfederhammers sitzt zwischen Riemenscheibe und Schwungrad ein verstellbares Exzenter *a*, das durch die aus zwei Blattfedern bestehende Schubstange *b* eine kräftige Lamellenfeder *c* in schwingende Bewegung versetzt. Am vorderen Ende von *c* ist der in nachstellbaren Leisten senkrecht geführte Bär *d* befestigt, während am hinteren Ende ein Schuh mit Ausziehstück sitzt, mit Hilfe dessen die Länge der Schubstange und damit die Lage der Lamellenfeder bzw. des Bärs je nach Werkstückshöhe verändert werden kann. Damit läßt sich andererseits auch die Schlagstärke, die im übrigen mit der Schlagzahl wächst und fällt, unabhängig von dieser bei bestimmtem Hub und gegebener Werkstückshöhe in beschränktem Maße regeln. Beim Schmieden selbst wird aber die Schlagzahl und damit die Schlagstärke durch einen um das Hammergestell geführten Tritthebel *e* geregelt, der gleichzeitig die Riemengabel *f* und die Schwungradbremse *g* betätigt. Je mehr der Hebel heruntergetreten wird, desto mehr wird der Riemen von der Los- auf die Festscheibe gerückt und gleichzeitig die Bremse am Schwundrad gelüftet. Je weiter aber der Riemen auf die Festscheibe geschoben wird, um so weniger gleitet er, desto größer wird also die Schlagzahl und die Schlagstärke. Beim Freigeben des

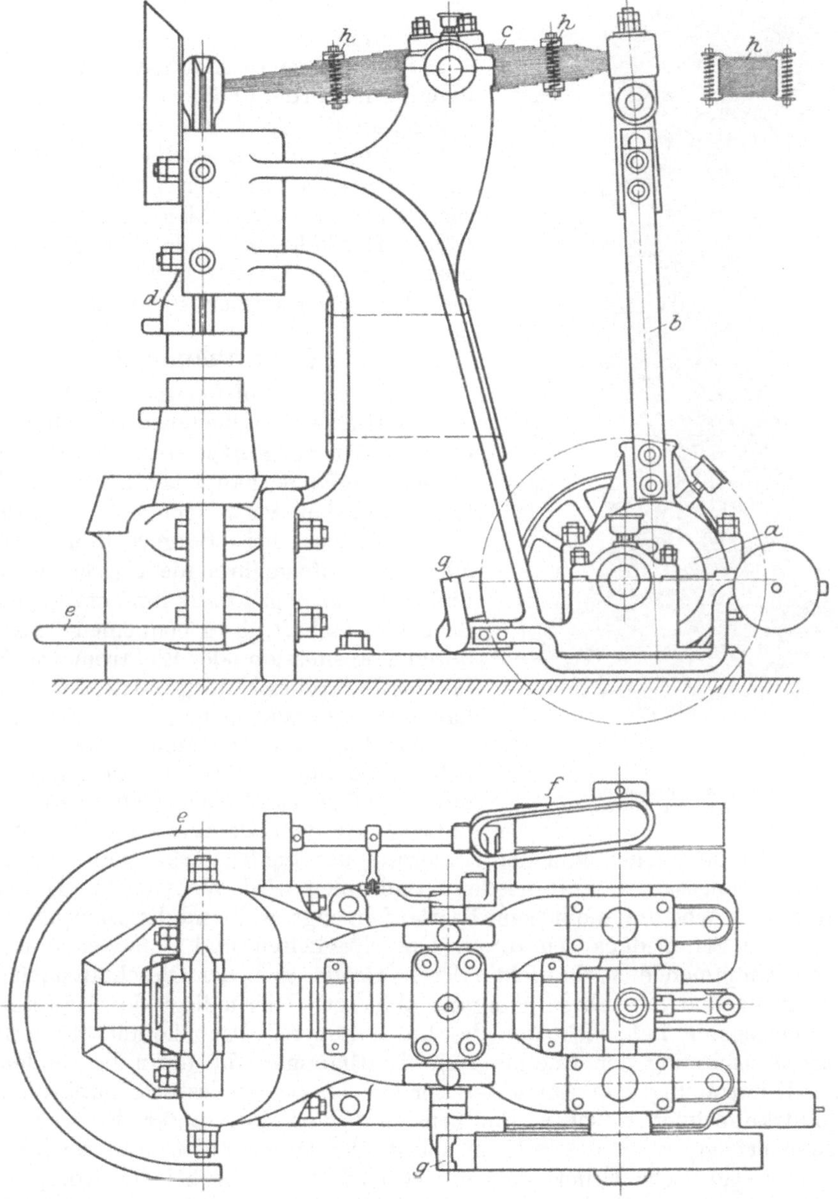

Abb. 125. Verbundfederhammer (Langenstein & Schemann A.-G., Ernsthütte-Coburg).

Fußtritthebels wird er durch sein Gegengewicht angehoben, und, sobald der Riemen dadurch auf die Losscheibe verschoben ist, der Hammer ebenfalls selbsttätig durch Anziehen der Schwungradbremse stillgesetzt. — Bei den sonst üblichen starren Federschellen zum Zusammenhalten der einzelnen Federlamellen werden diese an der Schelle meist überbeansprucht und brechen oft; außerdem wirken dabei eigentlich nur die äußeren Enden der Lamellenfeder. Beim abgebildeten Hammer ist dieser Nachteil durch federnde Schellen *h* beseitigt (vgl. Nebenskizze in Abb. 125). — Verbundfederhämmer werden mit Bärgewichten von 15÷250 kg bei 100÷350 mm Hub und 375÷120 Hüben/min ausgeführt.

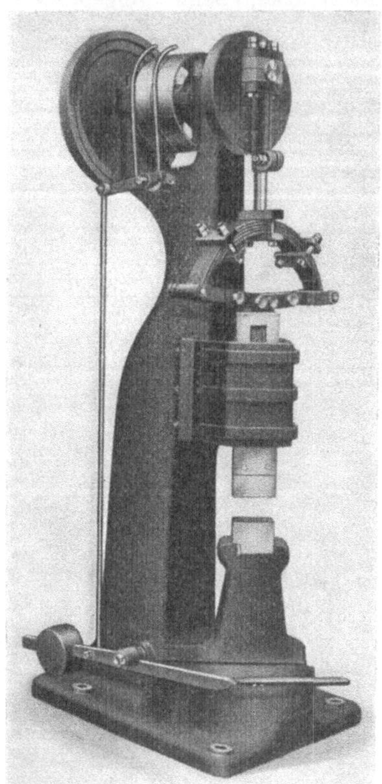

Abb. 126. Bügelfederhammer (Engel & Biermeier, Hagen).

Abb. 126 veranschaulicht einen Federhammer mit in der Länge verstellbarer Schubstange, an der der Bär mittels einer Bügelfeder befestigt ist. Diese Bauart wird wegen der geringeren bewegten Massen besonders für kleinere, schnell schlagende Hämmer gewählt. Der hohe, schlanke Ständer und der oben liegende Antrieb sind für die Standfestigkeit des Hammers nicht günstig.

5. Lufthämmer.

Lufthämmer (Luftfederhämmer) benutzen als elastisches Zwischenglied zwischen Kurbel und Bär ein Luftpolster. Sie werden in großem Umfange, hauptsächlich für das Freiformschmieden, verwendet und verdrängen — wenigstens bei Bärgewichten bis zu 2000 kg — infolge ihrer niedrigeren Betriebs- und Unterhaltungskosten, ihrer ständigen Betriebsbereitschaft, ihres bequemen Antriebes durch Transmission oder Elektromotor (Fortfall der Dampfkesselanlage) usw. den Dampfhammer mehr und mehr.

Der Lufthammer erzeugt die erforderliche Druckluft selbst und arbeitet stets mit derselben Luftmenge; ein Auspuff von Luft — wie von Dampf beim Dampfhammer — findet, abgesehen von der Änderung der Schlagstärke und vom Leerlauf, wo die angesaugte Luft wieder ausgestoßen wird, nicht statt. Druckluft wird nur beim Arbeiten, nicht beim Leerlauf erzeugt, während der Dampfhammer auch in den Schmiedepausen durch Undichtigkeiten und Kondensation eine gewisse Dampfmenge verbraucht, deren Größe von der Beschaffenheit der Dampfleitung und der Abschlußorgane abhängt. Hierin liegt der Hauptgrund für die geringeren Betriebskosten des Lufthammers. Dazu kommt die äußerst günstige Ausnutzung der Energie beim Lufthammer, die darin begründet ist, daß die Übertragung vom Antriebsmotor auf das Schmiedestück durch die günstige Luftkuppelung zwischen Pumpen- und Bärkolben unter den geringsten Verlusten erfolgt, wozu der geringe spezifische Druck nicht unwesentlich beiträgt. Der spezifische Druck wird mit Rücksicht auf die bei der Kompression der Luft auftretende Erwärmung und die damit verbundenen Energieverluste möglichst niedrig gehalten und beträgt 0,7÷1,5, höchstens 2,5 atü. Faßt man alles zusammen, so ergibt sich etwa, daß einem Wirkungsgrad von 0,02÷0,05 beim Dampfhammer ein solcher von 0,68÷0,8 beim Lufthammer gegenübersteht, daß die Wärmeausnutzung beim Dampfhammer $\approx$ 2%, beim Lufthammer $\approx$ 7,7% beträgt und die Betriebskosten eines Dampfhammers zu denen eines

Lufthammers von gleichem Bärgewicht sich etwa wie 3 : 1 verhalten, wobei ferner noch zu berücksichtigen ist, daß die sekundliche Schlagzahl eines Lufthammers um 20÷40% größer ist als die eines Dampfhammers von gleicher Größe[1].

Die heutigen Lufthämmer werden als Zweizylinderhämmer ausgeführt und sind, von einer Ausnahme (siehe Abb. 127) abgesehen, doppeltwirkend, d. h. sie arbeiten mit Luftverdichtung bzw. Luftverdünnung über und unter dem Kolben[2]. Der Bär wird entweder als Tauchkolben ausgebildet, der sich im Bärzylinder selbst (siehe Abb. 127) oder in einer unmittelbar darunter angeordneten Führung (siehe Abb. 128) führt, oder durch eine Kolbenstange mit seinem Kolben verbunden und durch Gleitbahnen am Hammergestell (siehe Abb. 129) geführt. Welcher von diesen Ausführungen der Vorzug zu geben ist, hängt von der Art der überhaupt oder hauptsächlich auszuführenden Schmiedearbeiten oder der Form der Schmiedestücke ab. Eine möglichst tiefliegende Bärführung ist wegen der außer rein senkrechten, in der Bärachse wirkenden Kräften meist auch auftretenden wagerechten Seitenkräfte zum mindesten erwünscht, weil diese Kräfte sonst durch den Bär auf den Zylinder weitergeleitet werden und hier mit der Zeit Verschleiß oder Beschädigungen verursachen. Ist aber zum Schmieden besonders sperriger Teile oder aus anderen Gründen eine größere lichte Weite in der Umgebung von Amboß und Bär erforderlich, dann muß man auf eine besondere Führung des Bärs in der Nähe der Schmiedezone verzichten. Im übrigen unterscheiden sich die verschiedenen Ausführungen der Lufthämmer hauptsächlich durch die (senkrechte oder geneigte) Lage des Luftpumpenzylinders, die Lage der Kurbelwelle (in der Mittelebene des Hammergestelles oder quer dazu) und die Steuerorgane.

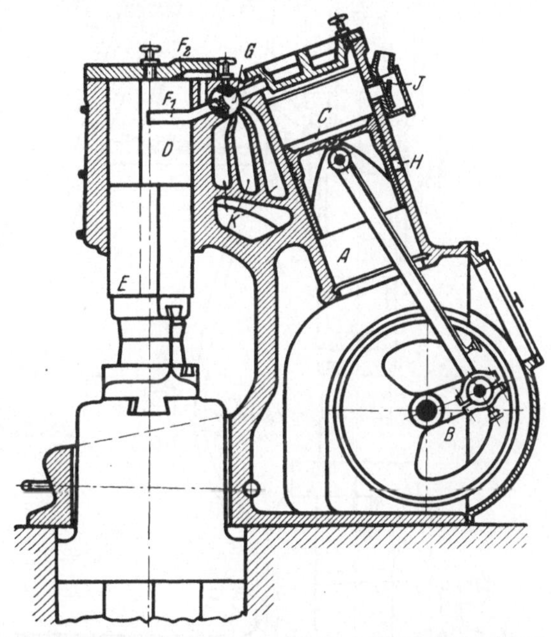

Abb. 127. Yeakley-Lufthammer (Billeter & Klunz, Aschersleben).

Bei dem einfach wirkenden Yeakley-Lufthammer (Abb. 127) bewegt sich

[1] Diese letzten Angaben sind der „Wirtschaftlichkeitsstudie des Schmiedebetriebes unter besonderer Berücksichtigung der Schmiedelufthämmer" von Cyron (vgl. Glasers Annalen Nr. 1117 vom 1. I. 1924, S. 3) entnommen, in der die Ergebnisse von Versuchen mit Lufthämmern verschiedener Bauart eingehend behandelt sind. Bei der Beurteilung der angegebenen Vor- und Nachteile der verschiedenen Hämmer ist allerdings zu berücksichtigen, daß nicht bei allen Versuchen die neuesten Ausführungen zur Verfügung standen. Im ersten Teil der Abhandlung werden die Vorgänge beim Schmieden und die Wirtschaftlichkeitsverhältnisse der Dampf- und Lufthämmer besprochen. Auf Grund der Versuchsergebnisse sind Richtlinien für die Beurteilung von Hämmern und Lieferungs- und Leistungsgrundsätze aufgestellt.

[2] Einfachwirkende Einzylinderhämmer, bei denen Bär- und Luftpumpenkolben in demselben Zylinder arbeiten, dürfen aus verschiedenen Gründen (geringes Hubvolumen, einseitige Luftwirkung, durch oben liegenden Antrieb beeinträchtigte Standfestigkeit usw.) als überholt bezeichnet werden.

im Luftpumpenzylinder A der von der Kurbel B angetriebene Kolben C und saugt beim Niedergang die im Bärzylinder D über dem mit rechteckigem Querschnitt ausgeführten Bärkolben E befindliche Luft durch Kanäle F_1 und F_2 und die sich dabei öffnende Lederklappe des Steuerschiebers G ab, so daß der Bär sich durch den äußeren Luftdruck nach oben bewegt. In der tiefsten Stellung von A tritt durch Öffnung H von außen Luft in den Luftpumpenzylinder ein, die beim Hochgehen von A verdichtet wird oder, soweit überschüssig, durch die Klappe I wieder austritt. Solange die Kanäle F_1 und F_2 durch den Drehschieber G

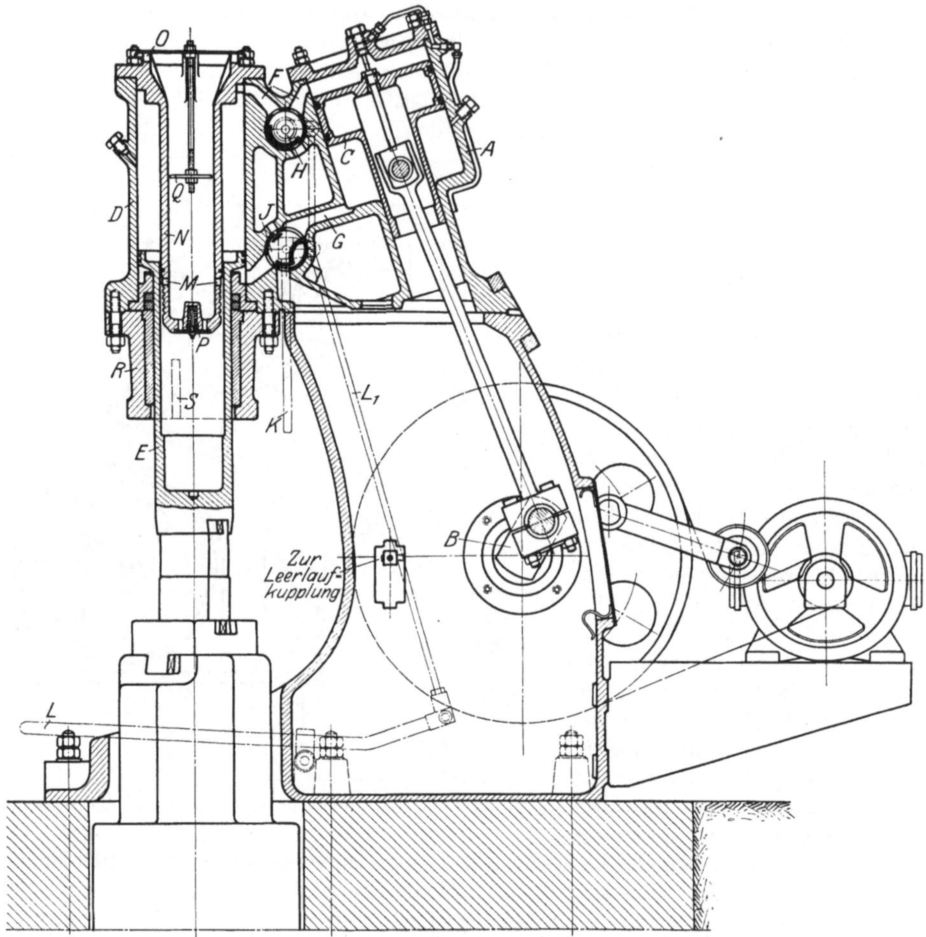

Abb. 128. Lufthammer mit Tauchkolben (Eumuco A.-G. für Maschinenbau, Schlebusch-Manfort).

geschlossen sind und keine Luft in den Zylinder D eintreten kann, bleibt der Bär in seiner Höchstlage stehen und die Luft wird in die Kammern K gedrückt. Sobald aber durch Hand- oder Fußsteuerung der Schieber G entgegen dem Uhrzeiger gedreht und dadurch Kanal F_1 geöffnet wird, beginnt der Hammer zu schlagen. Die Schlagstärke nimmt zu mit der Menge der zum Schlagen benutzten verdichteten Luft, d. h. in dem Maße, wie durch Weiterdrehen von G die Kammern K abgeschlossen werden. Überfährt beim Hochsteigen des Bärs seine Oberkante den Kanal F_1, dann kann Druckluft durch F_2 noch in den Bärzylinder eintreten. Beim Loslassen des Hand- oder Fußsteuerhebels dreht sich G selbsttätig in seine Ruhelage zurück, und der Bär bleibt in der Höchstlage stehen.

Dreht man den Steuerschieber *G* so weit herum, daß in dem Bärzylinder *D* nur Druckluft eintreten, aber keine Luft abgesaugt werden kann, dann wird der Bär auf dem Schmiedestück und dieses zwischen Bär und Amboß festgehalten, um es z. B. mit dem Zuschlaghammer zu biegen. — Die Hämmer werden mit Fallgewichten von 30÷250 kg bei 225÷550 mm Hub und 210÷130 Schlägen/min gebaut.

Die Hämmer nach Abb. 128 und 129 sind doppeltwirkend und unterscheiden sich hauptsächlich durch die Ausführung des Bärs bzw. der Bärführung, auf die

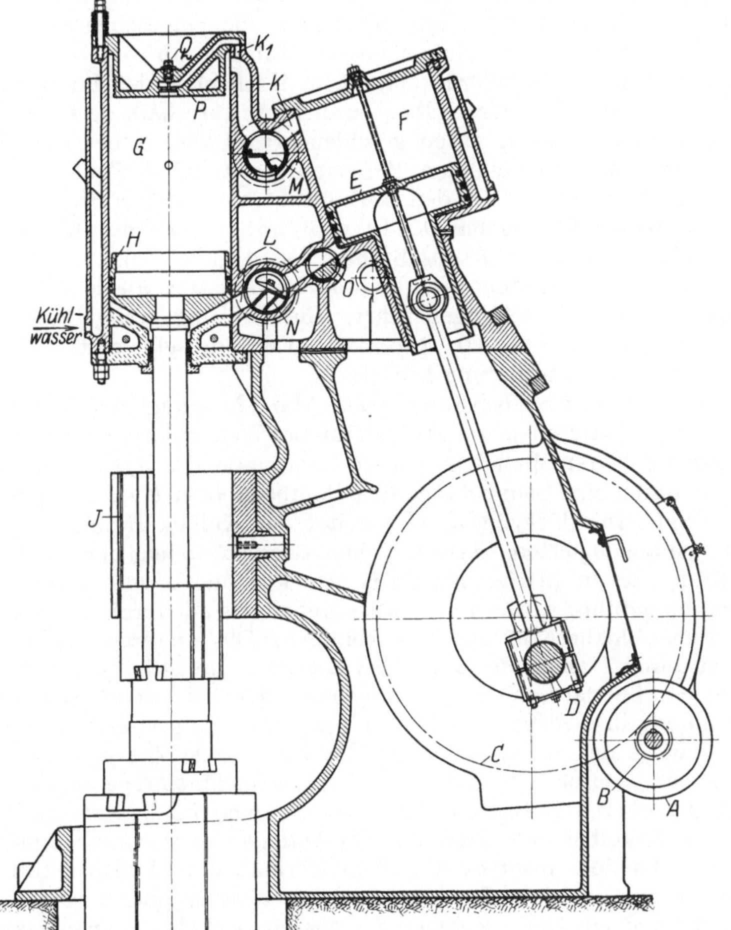

Abb. 129. Lufthammer mit durch Kolbenstange verbundenem Bär und Kolben (Eumuco A.-G. für Maschinenbau, Schlebusch-Manfort).

bereits oben (siehe S. 173) eingegangen wurde. Zur Steuerung der Luftbewegung (s. S. 177) dienen zwei Drehschieber. Die Bärbewegung erfolgt durch den aus der Luftverdichtung bzw. Luftverdünnung über und unter den Kolben sich ergebenden Gesamtdruck.

Der mit Tauchkolbenbär versehene Hammer nach Abb. 128 wird entweder von der Transmission oder, wie hier, durch angebauten Elektromotor und Spannrollengetriebe angetrieben. Im Luftpumpenzylinder *A* bewegt sich der von der Kurbelwelle *B* betätigte Kolben *C*, im Bärzylinder *D* der stählerne Tauchkolbenbär *E*. Die beiden Zylinder sind durch Luftkanäle *F* und *G* verbunden, in die

die Steuerschieber H und I eingebaut sind; dieselben werden gemeinsam durch einen Handhebel K oder durch Fußtritthebel L und Gestänge L_1 betätigt. Bei normaler Schlagstellung der Steuerschieber wird beim Niedergang des Pumpenkolbens C die Luft unterhalb der beiden Kolben verdichtet, oberhalb derselben verdünnt und dadurch der Bär angehoben, wobei die im Inneren des Bärkolbens E befindliche Luft durch Bohrungen M des mit dem oberen Zylinderdeckel vereinigten Pufferkolbens N und durch diesen und die oben befindlichen Schlitze O austritt. Sobald aber das untere, mit Kolbenringen versehene Ende des Pufferkolbens N in den unteren, engeren Teil der Bärkolbenbohrung eintritt und diese abdichtet, kann keine Luft mehr entweichen; die eingeschlossene Luftmenge wird verdichtet, puffert den Bär am oberen Hubende ab und verhütet das Anschlagen desselben am Zylinderdeckel. Beim Hochgehen des Pumpenkolbens C wird die Luft oberhalb beider Kolben verdichtet, unterhalb derselben verdünnt und der Bärkolben E nach unten geschleudert. Dabei öffnet sich das Rückschlagventil P und verbindet den Pufferraum mit der Außenluft, ferner tritt Luft durch die Bohrungen M in den Bärkolben ein. In den Pufferkolben ist eine Schalldämpferplatte Q eingehängt. In dem mit gußeiserner Laufbüchse versehenen Bärführungskörper R aus Stahlguß sind gußeiserne, von außen leicht nachstellbare Führungsleisten durch Schrauben befestigt, an denen sich der Bär mit entsprechenden Abflachungen führt. Die Führung besitzt zwei Schlitze S für den Befestigungskeil des Obergesenkes, so daß derselbe stets sichtbar bleibt und keiner besonderen Sicherung bedarf.

Bei der Bauart mit Kolbenstange nach Abb. 129 erfolgt der Antrieb von der Riemenscheibe A (oder einem unmittelbar mit der Welle gekuppelten Elektromotor) aus — bei den größeren Modellen über ein Rädervorgelege B, C — auf die Kurbelwelle D, die durch eine Schubstange den Pumpenkolben E im Luftpumpenzylinder F betätigt. Im Bärzylinder G arbeitet der Kolben H und ist durch eine Kolbenstange aus legiertem Stahl mit dem Bär verbunden, der durch nachstellbare Führungsleisten in der prismatischen Führung I unmittelbar über der Schmiedezone geführt wird. Die beiden Zylinder sind durch Kanäle K und L mit den Steuerschiebern M und N verbunden. Die letzteren werden wiederum gemeinsam durch Hand- oder Fußhebel betätigt. Im unteren Kanal ist außerdem noch ein Leerlaufschieber O eingebaut, der bei entsprechender Stellung die Luft unterhalb des Kolbens E durch das Hammergestell austreten läßt. — Die Arbeitsweise des Hammers ist in der Hauptsache die gleiche wie bei der vorigen Bauart. Durch den in den Arbeitszylinder hineinragenden zylindrischen Ansatz P des oberen Zylinderdeckels, der dichtend in die entsprechende Ausdrehung des Bärkolbens vor dessen oberer Totlage eintritt, wird einmal zwischen der Bodenfläche des Ansatzes und dem Bärkolben und ferner rings um den Deckelansatz eine gewisse Luftmenge eingeschlossen und verdichtet, die als Puffer wirkt und ein Durchschlagen des oberen Deckels bei unachtsamer Steuerung verhütet. Die Steuerung ist so eingestellt, daß stets noch eine Pufferkammer von gewisser Größe vorhanden bleibt, wenn der Auspuffkanal bereits geöffnet ist; außerdem liegen noch Pufferfedern unter den Befestigungsschrauben des Deckels. Falls der Bärkolben in seiner höchsten Stellung den Kanal K zum Teil überdeckt, tritt zur Einleitung der Abwärtsbewegung zunächst Luft durch den Hilfskanal K_1 und das Rückschlagventil Q über den Bärkolben. Der untere Zylinderdeckel ist zweiteilig, um den Bärkolben bequem ausbauen zu können.

Die Hämmer werden bis zu Fallgewichten von 175 kg mit Hand- und Fußsteuerung, darüber hinaus nur mit Handsteuerung versehen. Die Steuerung werde an Hand der schematischen Skizzen Abb. 130 I÷III, die Ober- und Unterschieber in verschiedenen Schnitten und Arbeitsstellungen zeigen, erläutert.

Für Reihenschläge werden die Schieber auf „Durchschlagen“ gestellt. Die oberen bzw. die unteren Zylinderräume stehen dann unmittelbar miteinander in Verbindung (Schnitt *CD* und *IK* in Abb. 130 I), so daß der Bär dem Spiel des Pumpenkolbens folgt. Bei der Stellung „Hochhalten“ stehen die oberen Räume beider Zylinder durch den oberen Schieber mit der Außenluft in Verbindung (Schnitt *CD* in Abb. 130 II), es arbeiten also nur die unteren Kolbenseiten. Beim Niedergehen des Pumpenkolbens wird durch die Kammer *a* des unteren Schiebers Luft in die im Hammergestell befindliche Verbindungskammer beider Schieber

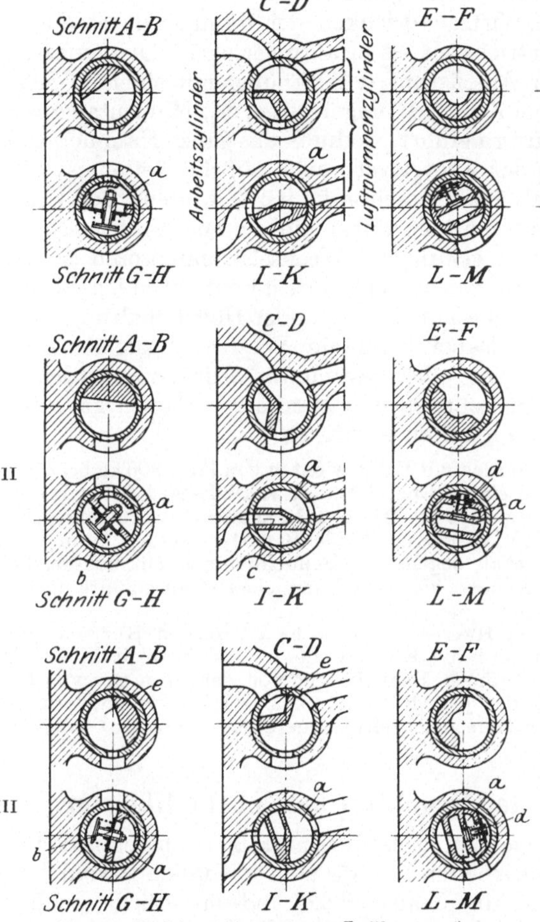

Abb. 130. Schieberstellungen zur Lufthammersteuerung (vgl. Abb. 128 und 129).
I = Stellung „Durchschlagen“, II = Stellung „Hochhalten“, III = Stellung „Niederpressen“.

bzw. durch das Rückschlagventil *b* und die Schieberkammer *c* unter den Bärkolben gedrückt (Schnitt *IK* und *GH* in Abb. 130 II), beim Hochgehen des Pumpenkolbens durch das Rückschlagventil *d* und die Kammer *a* in den Pumpenzylinder unter den Kolben gesaugt (Schnitt *LM* und *IK* in Abb. 130 II), sofern der hier herrschende Druck das gestattet. Bei der Stellung „Niederpressen“ steht der obere Raum des Luftpumpenzylinders durch den oberen Schieber mit der Außenluft in Verbindung (Schnitt *CD* in Abb. 130 III), es arbeitet also nur die Unterseite des Pumpenkolbens. Die unteren Zylinderräume sind durch den unteren Schieber voneinander abgesperrt (Schnitt *IK* in Abb. 130 III). Beim Niedergehen des Pumpenkolbens wird Luft durch die Kammer *a* und Rückschlagventil *b* des unteren Schiebers (Schnitt *IK* und *GH* in Abb. 130 III) und die Verbindungskammer im Gestell in die Kammer *e* des oberen Schiebers und von da in den Arbeitszylinder über den Bärkolben gedrückt (Schnitte *IK*, *GH*, *AB* und *CD* in Abb. 130 III) und hält diesen dadurch nieder. Beim Hochgehen des Pumpenkolbens kann durch Rückschlagventil *d* und Kammer *a* (Schnitt *LM* in Abb. 130 III) wieder Luft eingesaugt werden. — Einzelschläge werden durch Bewegen der

Schieber mittels Hand- oder Fußhebels aus der Stellung „Hochhalten" in die Stellung „Durchschlagen" und zurück erzielt. Damit auch bei unvorsichtiger Handhabung der Steuerung der Bärkolben nicht gegen den oberen Zylinderdeckel schlägt, kann durch eine besondere Rohrleitung (Einmündung in Abb. 129 angedeutet) aus dem unteren Arbeitszylinderraum bei etwa $^2/_3$ Hub des Bärs Luft austreten. Zu dem Zweck wird bei den größeren Hämmern durch einen besonderen Handhebel ein auf dem oberen Schieber sitzender (nicht gezeichneter) Hilfsschieber auf „Einzelschlag" eingestellt, bei den kleineren Hämmern ein in die Rohrleitung eingebauter Hahn geöffnet.

Die Erkenntnis, daß die Wirtschaftlichkeit der Hämmer durch die Leerlaufsverluste — etwa $^2/_3$ der Betriebszeit ist erfahrungsgemäß Leerlaufszeit — sehr beeinträchtigt wird, hat zur Ausrüstung der Hämmer mit einer im Schwungrad (Antriebsscheibe oder großem Zahnrad) eingebauten, mit Momentausrüstung versehenen Leerlaufskupplung geführt, wodurch das ganze Hammergetriebe mit einem Griff stillgesetzt und der Energieverbrauch auf die Reibungsverluste zwischen Schwungrad und Laufbüchse beschränkt wird, während Leerlaufsschieber nur die Luftverdichtung ausschalten, wobei die Pumpe aber leer weiterläuft. Bei Antrieb durch unmittelbar gekuppelte Wechselstrommotoren ist mit Rücksicht auf die durch die Phasenverschiebung ($\cos \varphi$) entstehenden Verluste statt der Leerlaufskupplung elektrische Druckknopf- oder Hebelschaltung bzw. Selbstanlassersystem zweckmäßig. Dabei kann ein Verzögerungsrelais zum selbsttätigen Stillsetzen des Motors nach einer bestimmten Stillstandszeit des Hammers eingebaut werden, so daß der Schmied den Hammer verlassen kann, ohne daß dadurch unnötig lange Leerlaufszeiten entstehen.

Die Hämmer nach Abb. 128 werden mit Fallgewichten von 175 ÷ 800 kg bei 540 ÷ 840 mm Hub, 150 ÷ 95 Schlägen/min und einem Energiebedarf von 20 ÷ 90 PS, die Hämmer nach Abb. 129 mit Fallgewichten bis zu 2500 kg bei etwa 1200 mm Hub, 70 Schlägen/min und einem Energiebedarf von $\approx$ 250 PS gebaut. Beide Bauarten werden (zum Recken und Stempeln von Edelstählen) auch als sogenannte Schnellhämmer mit höherer Schlagzahl aber kleinerem Hub und entsprechend höherem Energiebedarf ausgeführt, ferner für besondere Fälle als Brückenhämmer.

Bei dem ähnlich arbeitenden Hammer von Bêché & Grohs in Hückeswagen ist der Luftpumpenzylinder senkrecht und die Kurbelwelle in der Mittelebene des Hammergestelles (nicht quer dazu) angeordnet. Dasselbe gilt von dem Hammer von H. Hessenmüller A.-G. in Ludwigshafen, der jedoch nicht mit Drehschiebern sondern mit einem die oberen und unteren Zylinderräume gleichzeitig steuernden, geradlinig bewegten Kolbenschieber arbeitet.

6. Mit Dampf oder Druckluft betriebene Hämmer.

Die Dampfhämmer zeichnen sich durch große Anpassungsfähigkeit an alle vorkommenden Schmiedearbeiten aus, da man mit ihnen sowohl Dauer- wie Einzelschläge ausführen und die Schlagstärke und minutliche Schlagzahl in weiten Grenzen regeln kann. Aus diesem Grunde werden auch heute noch Dampfhämmer trotz ihrer hohen Betriebskosten in großem Umpfange verwendet. Dampfhämmer sind nur dort wirtschaftlich, wo bereits für andere Zwecke eine Kesselanlage vorhanden ist und der Abdampf für Heizzwecke verwendet werden kann, denn der Dampfverbrauch ist wegen der notwendigen Hubregelung bzw. der großen schädlichen Räume im Zylinder, die unter dem Kolben mit der Höhe des Schmiedestückes zunehmen, recht beträchtlich. Die Dampfverwertung wird aber durch die stark wechselnde Dampfmenge sehr schwierig[1].

---

[1] Nach Stahleisen 1923, S. 790, ergaben die Versuche von Beleke bei Dauerbetrieb unter günstigsten Betriebsverhältnissen bei einer Kesselspannung von 7 atü einen Dampfverbrauch von 44,4 kg/PSh, mit der sogenannten Banning'schen Sparsteuerung einen solchen von 19,1 kg/PSh (bei unterbrochenem Betrieb, der die Regel bildet, ergibt

Der Bär ist durch eine Kolbenstange mit dem in einem senkrechten Zylinder arbeitenden Dampfkolben verbunden und durch Gleitbahnen am Hammergestell geführt. Einfachwirkende Hämmer, bei welchen nur Frischdampf unter den Kolben zum Heben des Bärs geleitet wird und der Bär lediglich durch sein Gewicht herabfällt, werden nur noch ausnahmsweise und bei sehr großen Bärgewichten verwendet (vgl. auch Fallhämmer mit Dampfaufzugsapparat S. 166), im übrigen werden heute nur doppeltwirkende Hämmer mit Frischdampf unter und über dem Kolben gebaut, bei denen der Niedergang des Bärs durch den Oberdampf beschleunigt und die Schlagkraft und Schlagzahl erhöht wird. Dem äußeren Aufbau nach unterscheidet man Einständerhämmer (Abb. 131) für Fallgewichte von $\approx$ 100÷2000 kg und Hübe von $\approx$ 400÷1300 mm, Doppelständerhämmer für Fallgewichte von 500÷10000 kg bei 700÷2000 mm Hub und Brückenhämmer mit schmiedeeisernem, genietetem oder in Stahlguß ausgeführtem Gestell für Fallgewichte von 1500÷20000 kg bei 1200 bis 3200 mm Hub. Wegen der im Betriebe auftretenden starken Erschütterungen werden in Maschinenfabriken Dampfhämmer mit Fallgewichten über 2000 kg nur selten verwendet und meist durch entsprechende Schmiedepressen (siehe S. 182) ersetzt. Ihr Hauptverwendungsgebiet sind die Schmiedebetriebe der Hüttenwerke, die schwere Schmiedestücke herstellen. Die Steuerung muß je nach Bedarf leichte und schwere Schläge in beliebiger Reihenfolge und Anzahl und ebensolche Einzelschläge, ferner Umkehrung der Bärbewegung in jedem Augenblick und In-der-Schwebe-Halten des Bärs sowie Niederhalten desselben unter Druck auf dem Werkstück ermöglichen. Als Steuerorgane werden, wie bei Dampfmaschinen, Flach- und Kolbenschieber, Hähne und Ventile verwendet. Bei kleinen Hämmern sind Ventilsteuerungen nicht zweckmäßig, weil die Verluste durch Undichtigkeiten im Zylinder die Vorteile des Ventiles wieder wettmachen; bei Fallgewichten über 1500 kg etwa sind Einsitzventile zu empfehlen, die dauernd dicht gehalten werden können (Anpressungsdruck $>$ 10facher Betriebsdruck), Doppelsitzventile eignen sich nur für Dampfmaschinen, nicht aber für Dampfhämmer mit ihren großen Arbeitspausen. „Schnellhämmer" mit Fallgewichten bis 500 kg, die 500÷200 Schläge/min ausführen, erhalten vom Bär betätigte Selbststeuerung, kleine und mittlere Hämmer Hand- und Selbststeuerung, Gesenkhämmer auch Fußsteuerung, große Hämmer mit Fallgewichten über 1500 kg nur Handsteuerung, weil bei den darunter zu bearbeitenden schweren Schmiedestücken der schnelle Selbstgang des Hammerbärs nicht in Frage kommt, der Hammerführer vielmehr die Steuerung in der Hand behalten und jeden Schlag nach Bedarf anpassen muß. Zur Verhinderung des Anschlagens des Kolbens gegen den oberen Zylinderdeckel und dadurch verursachter Beschädigung desselben bei unaufmerksamer Bedienung wird auch bei Handsteuerung eine in der Höchststellung des Bärs wirkende selbsttätige Umsteuerung und — besonders bei größeren Hämmern — außerdem eine Puffervorrichtung angebracht, die die noch vorhandene kinetische Energie des Bärs aufspeichert und zur Beschleunigung des Bärniederganges verwendet. Kolbenstange und Bär werden bei kleineren Hämmern meist aus einem Stück geschmiedet, bei größeren Hämmern soll der Bär mit der Stange gekuppelt, nicht aufgeschrumpft sein, weil das Auseinandernehmen im Notfalle zu lange dauert. Eine kräftige Kolbenstange und eine zuverlässige Kuppelung sind für störungsfreien Hammerbetrieb von größter Wichtigkeit[1].

---

sich ein Dampfverbrauch von 50÷60 kg/PSh und mehr). Nerreter fand als Gesamtwärmewirkungsgrad für Dampfhammer und Kessel bei Betrieb ohne Abdampfverwertung 0,0082÷0,0127, bei Abdampfverwertung in Dampfturbinen 0,0089÷0,0136, bei Abdampfverwertung zur Kesselspeisewasser-Vorwärmung 0,018÷0,0275.

[1] Vgl. Schweißguth: Schmieden und Pressen (oder Z. V. d. I. 1919, S. 1107).

Ebenso wichtig ist eine gründliche selbsttätige Entwässerung beider Zylinderseiten, namentlich während der Betriebspausen. Dicht vor dem Hammer ist ein Wasserabscheider mit Kondenstopf anzubringen.

Als Beispiel eines Dampfhammers und seiner Steuerung diene der in Abb. 131 veranschaulichte Einständerhammer mit vom Hammergestell getrennter („loser") Schabotte, die von der Grundplatte umschlossen wird, und vereinigter Hand- und Selbststeuerung. Diese Ausführung eignet sich insbesondere für Reckarbeiten und für das Freiformschmieden, während für das Gesenkschmieden zur

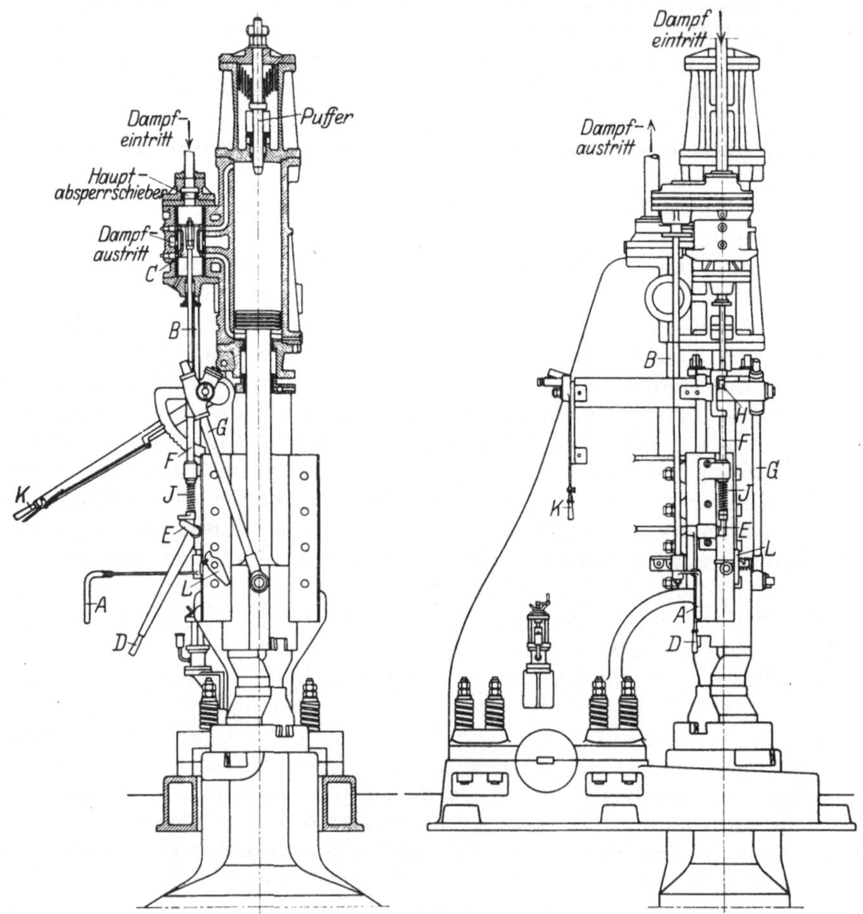

Abb. 131. Einständerhammer für Dampf- oder Druckluftbetrieb (Eumuco A.-G. für Maschinenbau, Schlebusch-Manfort).

Vermeidung des gegenseitigen Versetzens mit der Grundplatte aus einem Stück bestehende Schabotte vorzuziehen ist. Grundplatte und Ständer sind durch kräftige Federn elastisch miteinander verbunden (siehe S. 163). Die Steuerung kann außerdem auch für Bedienung durch Tritthebel eingerichtet werden. Als Hauptabsperrschieber dient ein Flachschieber, der durch den Handhebel A und die Stange B bedient wird. Der Kolbenschieber C wird bei Handsteuerung durch Handhebel D, Daumen E und Stange F, bei selbsttätiger Steuerung durch die am Bär gelenkig befestigte Stange G, Daumen H und Stange F betätigt und steuert mit seinen Außenkanten den Dampfeintritt über und unter den Kolben, mit seinen Innenkanten den Dampfaustritt aus dem Zylinder. Durch die Feder J

wird die Steuerung immer wieder nach unten gedrückt. Durch den mit Rasteneinstellung versehenen Handhebel K wird die Mittellage, aus der der Schieber C bzw. die Stange F beim Arbeiten auf und nieder geht, verschoben und dadurch Schlagstärke und Hub bei selbsttätiger Steuerung geregelt. Je tiefer der Schieber eingestellt ist, desto früher und länger tritt Frischdampf über den Kolben, desto später und kürzere Zeit hindurch unter den Kolben. Der Hammer führt also kurze Hübe bei verhältnismäßig kräftigen Schlägen aus. Umgekehrt bei hoher Schiebereinstellung. Die Regelung der Schlagstärke unabhängig vom Hub erfolgt durch mehr oder weniger starkes Drosseln des Dampfes durch den Hauptabsperrschieber. Zwischen den gegebenen Grenzen gestattet die Steuerung jede beliebige Regelung, Dauer- und Einzelschläge, Hochhalten des Bärs und Niederpressen auf das Schmiedestück. Zum Auswechseln der Hammerbahn oder Gesenke kann der Bär auf den schwenkbaren Daumen L aufgesetzt werden.

Die Unwirtschaftlichkeit der Dampfhämmer infolge des hohen Dampfverbrauches ist außer in den bereits oben genannten Tatsachen darin begründet, daß, da Heißdampf aus betriebstechnischen Gründen nicht verwendet wird, der Dampf oft schon feucht zum Hammer gelangt und in dem nicht isolierten Zylinder, durch die reichlichen Arbeitspausen begünstigt, in reichlichem Maße kondensiert, wodurch sehr erhebliche Energiemengen verloren gehen. Das trifft besonders dort zu, wo die Abdampfmengen so gering sind, daß eine wirtschaftliche Ausnutzung nicht möglich ist. Man ist daher in manchen Fällen zum Betrieb mit Druckluft übergegangen. Hierbei fallen die Kondensationsverluste fort und es bleiben bei gleichem Druck nur die Undichtigkeitsverluste in etwa gleicher Höhe bestehen, die sich aber infolge der günstigeren Schmierungs- und Instandhaltungsverhältnisse noch verkleinern lassen. Kann der Dampf dagegen für Heizungen, wo er fast restlos ausgenutzt wird, oder ähnliche Zwecke verwendet werden, so ist Dampfbetrieb wenigstens eines Teiles der Hämmer wirtschaftlicher als Druckluftbetrieb. Auch Wechselbetrieb — im Sommer Druckluft und im Winter Dampf — hat sich bewährt.

Betriebserfahrungen und praktische Versuche der AEG[1] haben ergeben, daß unter gleichen Betriebsbedingungen an Stelle eines stündlichen Dampfverbrauches von 1000 kg bei Hämmern bis 600 kg Bärgewicht ein Verbrauch an angesaugter Luft von 1000 ÷ 930 m³ und bei größeren Hämmern bis 2000 kg Bärgewicht ein solcher von ≈ 800 m³ tritt. Da man annehmen kann, daß bei gleichem Druck gleiche Dampf- und Luftvolumina etwa dasselbe leisten, das für eine bestimmte Arbeit erforderliche Dampfvolumen aber praktisch etwa doppelt so groß ist wie das benötigte Luftvolumen, so gehen ≈ 50% des Dampfes durch Kondensation und undichte Kondenstöpfe verloren.

Der Gesamtwirkungsgrad des Luftdruckbetriebes ist ebenfalls günstiger als der des Dampfbetriebes, obwohl im letzteren Falle der Dampf unmittelbar aus dem Kessel zum Hammer geleitet wird, während bei Druckluftbetrieb der Kompressor und bei elektrischem Antrieb des Kompressors noch die elektrische Übertragung als Zwischenglieder hinzukommen. Nimmt man für eine Dampfturbine einen Dampfverbrauch von 5,6 kg/kWh an, so lassen sich mit 1000 kg Dampf etwa 178 kWh erzeugen. Zur Verdichtung von 1000 m³ angesaugter Luft braucht der Kompressormotor etwa 100 kW, so daß trotz der mehrfachen Energieumformung eine Ersparnis von $178 - 100 = 78$ kWh $= 42\%$ sich ergibt. Nach Berechnungen der Wärmestelle in Düsseldorf[2] bringt der Druckluftbetrieb mit elektrisch angetriebenem Kompressor und Erzeugung des Stromes in Turbogeneratoren

---

[1] Vgl. AEG-Mitteilungen 1924, H. 12; 1925, H. 1, 4 und 7.

[2] Siehe Stahleisen 1920, S. 16, 17.

gegenüber dem Dampfbetrieb eine Ersparnis von 14% an aufgewendeten Brennstoff-Wärmeeinheiten. Weitere Ersparnismöglichkeiten ergibt die Ausnutzung der Abwärme der Schmiedeöfen zur Erwärmung der Druckluft, weil der Luftbedarf dann ungefähr proportional der durch die Erwärmung hervorgerufenen Zunahme an Volumen und Arbeitsvermögen der Luft sinkt. Ein Wärmeschutz der Luftleitung erübrigt sich wegen der kleinen Entfernung zwischen Erwärmungsstelle und Hammer, andererseits ist die Instandhaltung des Wärmeschutzes bei Dampfleitungen in der Schmiede sehr kostspielig und unterbleibt daher vielfach; daher die hohen Verluste. Weitere Vorteile des Druckluftbetriebes mit elektrisch angetriebenem Kompressor sind: Aufstellung in der Nähe der Schmiede unabhängig vom Kraftwerk und selbsttätiges Stillsetzen und Wiederanlassen des Kompressors bei bestimmten Höchst- und Mindestspannungen der Luft und Vollbelastung, also günstiger Wirkungsgrad des Kompressors während der Arbeitszeiten.

Die Hämmer für Druckluftbetrieb unterscheiden sich in nichts von den Dampfhämmern; die Umstellung kann also ohne weiteres erfolgen. Die Gefahr des Einfrierens der Zylinder infolge des mit der Ausdehnung der Druckluft verbundenen Temperaturabfalles ist wegen der meist großen Pausen zwischen den einzelnen Arbeitszeiten auch bei nicht vorgewärmter Luft gering.

B. Schmiedepressen.

1. Allgemeines über Wirkungsweise und Vergleich mit den Hämmern.

Die Erschütterungen und Arbeitsverluste, wie sie beim Hammer auftreten (siehe S. 161), fallen bei der Presse fort; dieselbe bedarf daher weder einer baupolizeilichen Aufstellungsgenehmigung, noch eines besonders schweren Fundamentes. Die auftretenden Kräfte werden innerhalb der Presse selbst aufgenommen.

Die Wirkungsweise einer Presse ist im einzelnen aber von der Art der Betätigung des Stempels abhängig, insofern als die unmittelbar durch Exzenter, Kurbel oder Schraubenspindel betätigten Pressen eine Art Schlagpressung ausüben, die etwa zwischen reinem Schlag und reinem Druck steht, während die mittelbar durch Druckwasser betätigten hydraulischen Pressen eine reine Druckwirkung besitzen. Besonders diese arbeiten mit einem über eine gewisse Zeit sich erstreckenden Druck und üben auf das Werkstück eine viel gründlichere, dasselbe durchdringende Wirkung aus als ein Hammer, dessen Schlagwirkung wegen seiner kurzen Dauer sich mehr auf die Werkstücksoberfläche beschränkt. Aus diesen Gründen werden hydraulische Pressen für schwere Schmiedestücke verwendet und sind hierbei dem Hammer zweifellos überlegen[1]. Hinzu kommt, daß bei hohen Werkstücken die Leistungsfähigkeit eines Hammers nicht voll ausgenutzt werden kann. Dagegen besitzt der Hammer eine größere Anpassungsfähigkeit bei wechselnden Anforderungen und wird für das Gesenkschmieden meist vorgezogen, weil die hohe Formänderungsgeschwindigkeit ein schärferes Ausprägen der Formen, und zwar besonders in der Schlagrichtung, ermöglicht,

---

[1] Selbstverständlich darf beim Vergleich nicht einfach Fallgewicht des Hammers und Preßdruck der Presse gleichgesetzt werden, sondern der zur Erzielung einer bestimmten Wirkung erforderliche Druck der Presse muß wesentlich größer sein als das Fallgewicht des Hammers, das durch Abgabe seines Arbeitsvermögens auf dem kleinen Formänderungsweg ei nenhohen Druck auf das Werkstück erzeugt.

Angaben über erforderliche Fallgewichte und Preßdrucke siehe „Hütte, „Taschenbuch für Betriebsingenieure, 2. Aufl., S. 923.

die kurze Berührungsdauer zwischen Gesenk und Werkstück ein geringeres Erwärmen der Gesenke und geringere Abkühlung des Werkstückes bewirkt und der Zunder beim Schlag von selbst abspringt. Man kann zusammenfassend etwa sagen, daß für das Durchkneten des Werkstoffes die Presse, für das Formschmieden der Hammer vorzuziehen ist.

2. Exzenter- und Kurbelpressen und Wagerecht-Schmiede- oder Stauchmaschinen.

Exzenter- und Kurbelpressen, bei denen der am Ständer geführte Stößel durch eine Exzenter- oder Kurbelwelle und Schubstange hin und her

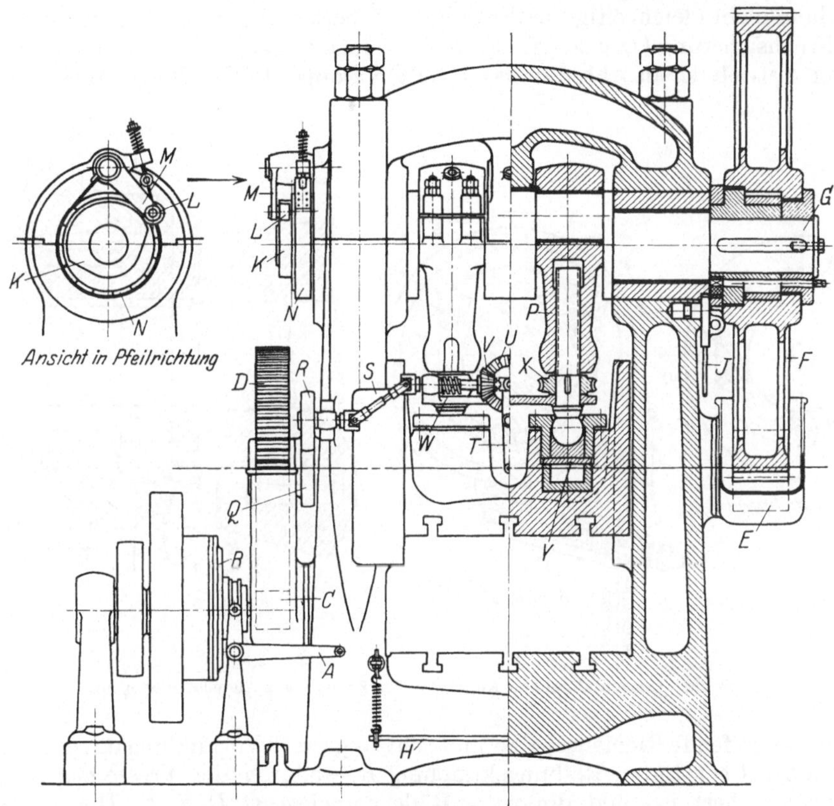

Abb. 132. Doppelständer-Kurbelpresse (Th. Kieserling & Albrecht, Solingen).

bewegt wird, eignen sich nicht für allgemeine Schmiedearbeiten, weil der Hub verhältnismäßig klein und — wenn auch in gewissen Grenzen einstellbar — während der Arbeit unveränderlich ist und sich den wechselnden Stärken der Schmiedestücke oder wechselnder Eindringtiefe in das Werkstück nicht anpassen läßt. Sie werden daher nur zum Gesenkschmieden und hauptsächlich für Sonderzwecke, z. B. für Biege- oder Abkröpfarbeiten in warmem oder kaltem Zustande oder in der Kleineisenindustrie zum Schmieden von Hacken, Beilen, Spaten, Pflugteilen usw. benutzt; ferner dienen sie zum Abpressen des an Gesenkschmiedestücken anhaftenden Grates (siehe S. 201); ihr Hauptanwendungsgebiet ist im übrigen das Prägen, Stanzen und Ziehen (siehe S. 212, 213). Eine besondere Art sind die Wagerecht-Schmiede- oder Stauchmaschinen (siehe S. 185).

Die Pressen werden je nach Größe und Verwendungszweck mit einseitig nach hinten gekröpftem Ständer oder mit geschlossenem Doppelständer ausgeführt und erhalten ein Schwungrad (Schwungradpressen), um durch die in ihm aufgespeicherte kinetische Energie die Druckwirkung des Stößels gegen Ende des Arbeitshubes zu unterstützen. Der Antrieb erfolgt von der Transmission oder durch besonderen Elektromotor, bei kleineren Pressen ohne, bei größeren mit Rädervorgelege. Antriebsscheibe (Schwungrad) bzw. letztes Vorlegerad sitzen lose auf der Exzenter- oder Kurbelwelle und werden durch eine ein- und ausrückbare Kupplung mit dieser gekuppelt. Die Kupplung kann so ausgebildet sein, daß sie sich nach einem Stößelhub selbsttätig ausrückt, um weitere, unbeabsichtigte und den Arbeiter gefährdende Hübe zu verhüten (vgl. Abb. 133). Sofern die Kupplung nicht gleichzeitig die Presse gegen Überlastung sichert, kann eine besondere Bruchsicherung (Druckregler) in den Stößel oder den Tisch eingebaut werden.

Der Antrieb der in Abb. 132 dargestellten Doppelständer-Kurbelpresse erfolgt

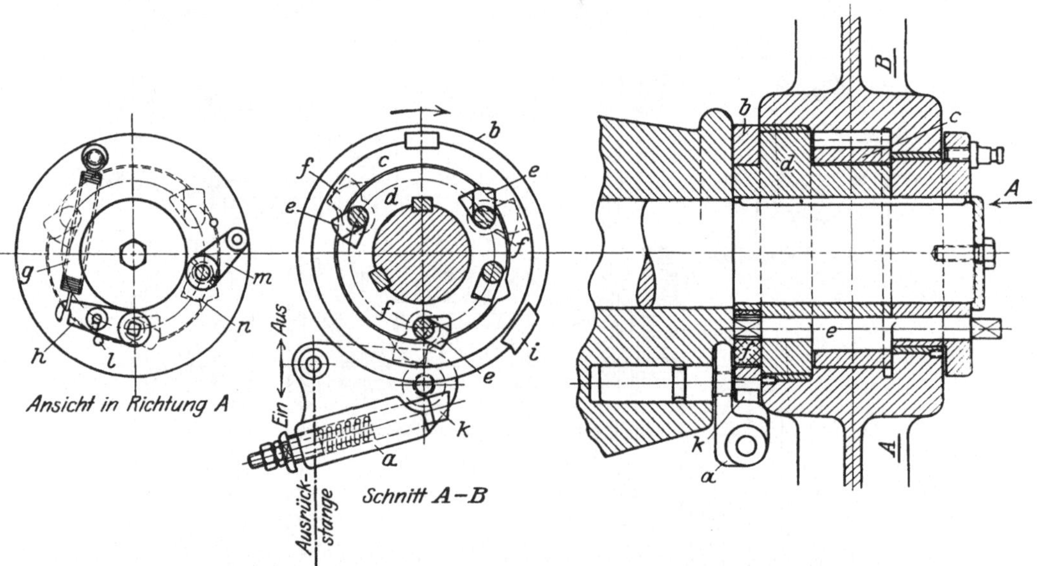

Abb. 133. Tangentialdrehkeil-Kupplung (Th. Kieserling & Albrecht, Solingen).

durch lose laufende Riemenscheibe und Schwungrad in Verbindung mit einer durch Handhebel *A* betätigten Reibungskupplung *B*, wodurch die Presse gegen Überlastung gesichert ist, und doppeltes Rädervorgelege *C, D, E, F*. Die Kupplung des Rades *F* mit der Kurbelwelle *G* erfolgt gewöhnlich durch eine durch Handgriff oder Tritthebel betätigte nachstellbare Reibkupplung, die in jedem Augenblick ein- und ausgerückt werden kann und — sofern sie nicht für ununterbrochenes Durchlaufen eingestellt ist — nach jedem Hub bei höchster Kurbelstellung selbsttätig auslöst. Im vorliegenden Falle ist statt dessen die nachstehend beschriebene, durch Tritthebel *H* und Stange *J* betätigte Tangentialdrehkeil-Kupplung (Abb. 133) eingebaut, doch ist bei Schmiedepressen im allgemeinen die Reibkupplung vorzuziehen, weil sie feinfühliger zu handhaben und, wie erwähnt, jederzeit ein- und auszurücken ist und außerdem eine weitere Sicherung gegen Überlastung bietet. Auf dem anderen Ende der Kurbelwelle sitzt eine Kurvenscheibe *K*, die durch die auf ihr sich abwälzende Rolle *L* und Winkelhebel *M* die Federbandbremse *N* betätigt, derart, daß die Bremse nur beim Niedergang und bei der Höchststellung des Stößels im Augenblick des Ausrückens der Kupplung angezogen, beim Hochgang des Stößels aber gelüftet wird. Die Bremse verhütet ein selbsttätiges Niedergehen des Stößels bzw. ein Voreilen desselben infolge seines Eigengewichtes. Die beiden Druckstangen *P* lassen sich von Hand oder, wie hier, selbstätig durch Riemenscheiben Q und *R* (Riemen nicht gezeichnet), Kugelgelenkwelle *S*, durch Hebel *T*, umsteuerbares Kegelradwendegetriebe *U*, *V*, Schnecke *W* und Schneckenrad *X* in der Höhe verstellen. Zwischen Druckstangen und Stößel sind Abscherplatten *Y* eingebaut.

Eine Presse dieser Art für 650 t Druckleistung hat z. B. einen Stößelhub von 150 mm und kann 12 Hübe/min ausführen; Energiebedarf $\approx$ 25 PS.

Die Tangentialdrehkeil-Kupplung (Abb. 133) wirkt folgendermaßen: Beim Niedertreten des Tritthebels der Presse wird der Ausrückhebel *a* hochgeschwenkt und dadurch der Ring *b* freigegeben. Sobald nun die Einschnitte der in der Radnabe durch Keil befestigten Büchse *c* den drei in der auf der Welle aufgekeilten Büchse *d* gelagerten Drehkeilen gegenüberstehen, werden diese, die durch den Ring *b* und die in seine Aussparungen eingreifenden, auf den hinteren Zapfen der Drehkeile befestigten Daumen *f* in ihrer Bewegung zwangläufig verbunden sind, durch die Feder *g* und Hebel *h* in die Einschnitte der Büchse *c* eingeschwenkt. Dadurch ist die Kupplung eingerückt. Beim Freigeben des Tritthebels schwingt der Ausrückhebel *a* wieder nach unten. Sobald nun der im Ring *b* sitzende Anschlag *i* gegen den Riegel *k* trifft, wird der Ring *b* für einen Augenblick festgehalten und dreht mittels der Daumen *f* die Keile wieder nach innen, wodurch die Kupplung, und zwar bei Höchststellung des Stößels, ausgerückt wird. Sie kann, z. B. zum Ein- und Ausbauen der Werkzeuge, in dieser Leerlaufstellung mittels eines durch die Bohrung des Hebels *h* in das Loch *l* gesteckten Stiftes festgestellt werden. Zum Rückdrehen kann die Welle mittels des durch Handhebel *m* einschwenkbaren Drehkeiles *n* gekuppelt werden, der bei Ingangsetzen der Presse selbsttätig wieder ausschwenkt. (Die Kupplung kann auch als Sicherheitskupplung ausgebildet werden, die die Presse nach jedem Hub des Stößels unbedingt ausrückt, auch wenn der Tritthebel nicht freigegeben ist. Es wird dann der Ausrückhebel *a* nicht fest mit der Ausrückstange verbunden und durch einen zweiten Anschlaghebel ausgelöst, so daß er unabhängig von der Ausrückstange herunterklappt, die ihrerseits erst nach Freigabe des Tritthebels heruntersinkt.)

Wagerecht-Schmiede- oder Stauchmaschinen sind liegende Kurbelpressen zur Massenfertigung von Gesenkschmiedestücken von der Stange und zeichnen sich durch außerordentlich hohe Leistungsfähigkeit aus. Im Gegensatz zu den sonstigen Gesenkschmiedearbeiten, bei denen die Form des Schmiedestückes durch Ausstrecken und Ausbreiten des Werkstoffes erzeugt wird, werden hier die Gesenkformen durch Stauchen der ursprünglich schwächeren Stange ausgefüllt. Das Stauchen erfolgt in einem einzigen Hube; sofern dabei die endgültige Form des Schmiedestückes nicht erzielt werden kann, sind zwei oder drei Gesenke und ebenso viele Stauchhübe nacheinander anzuwenden (vgl. z. B. Abb. 171 u. 175) Da die Zeit für einen Hub sehr kurz ist und die Gesenke unmittelbar untereinander liegen, so ist auch in diesem Falle schnelles Arbeiten ohne Zeit- und Wärmeverluste möglich. Das auf die nötige Länge erwärmte Stangenmaterial wird von der Stirnseite der Maschine zwischen die geöffneten Matrizen bis gegen einen Anschlag geschoben, der nach Schließen der Matrizen und Festhalten der Stange durch dieselben durch den nunmehr vorgehenden Stauchschlitten weggeschwenkt wird, so daß der Stauchstempel das vorstehende Stangenende in die Matrizen hineindrücken kann. Beim Rückgang des Stauchschlittens öffnen sich die Matrizen, die gestauchte Stange wird herausgezogen und das fertige Schmiedestück mit einer Säge oder Schere von der Stange abgetrennt. — Die Notwendigkeit,

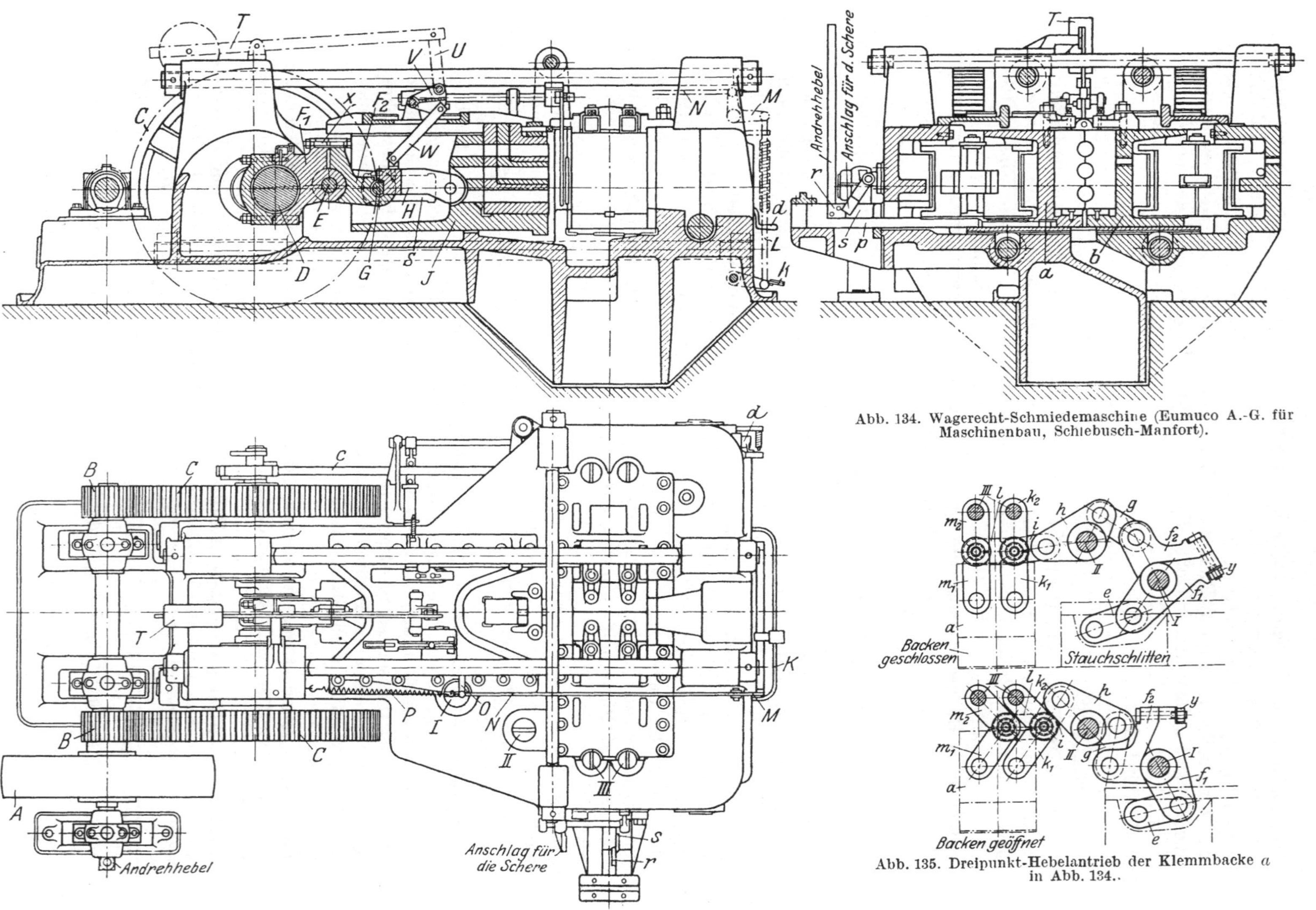

Abb. 134. Wagerecht-Schmiedemaschine (Eumuco A.-G. für Maschinenbau, Schiebusch-Manfort).

Abb. 135. Dreipunkt-Hebelantrieb der Klemmbacke *a* in Abb. 134.

die Gestehungskosten so niedrig wie möglich zu halten, haben der Wagerecht-Schmiedemaschine große Verbreitung verschafft. Mit der immer zunehmenden Verwendung hochwertiger Werkstoffe haben sich auch erhöhte Ansprüche an die Leistungsfähigkeit der Maschinen ergeben, die zu mancherlei Änderungen gegenüber den bisherigen Ausführungen geführt haben. Die nachstehend beschriebenen Maschinen stellen bereits derartige Neukonstruktionen dar, die auch die Verarbeitung der härtesten Stahlsorten ermöglichen, wie sie heute z. B. im Automobilbau und in der Kugellagerfabrikation vorkommen.

In das Bett der Wagerecht-Schmiedemaschine nach Abb. 134 sind längs und quer, also in Richtung des Stauch- und des Klemmbackendruckes, Stahlanker warm eingeschrumpft, um nicht nur eine sichere Aufnahme der großen Kräfte, sondern auch geringstes „Atmen" des Bettes zu gewährleisten. Der Klemmbackendruck ist etwa gleich dem Stauchdruck gemacht, damit gelegentlich auch Formgebungsarbeiten quer zur Längsachse des Schmiedestückes ausgeführt werden können. Die rechte Klemmbacke ist maschinell verstellbar. Stauchhub und Klemmbackenöffnung sind gegenüber den bisherigen Ausführungen vergrößert. Der Antrieb erfolgt durch Riemen von der Transmission (oder von einem auf die Maschine gesetzten Elektromotor mit Spannrollengetriebe) auf die Schwungradriemenscheibe A und von dieser durch — bei größeren Maschinen doppelseitiges — Rädervorgelege B, C auf die Kurbelwelle D, welche durch die aus den beiden durch Bolzen E verbundenen Teilen F_1 und F_2 bestehende Schubstange, den Druckbolzen G und den Einfallhebel H den Stauchschlitten I betätigt. Voraussetzung dafür ist jedoch, daß der Einfallhebel H sich in der gezeichneten wagerechten Arbeitslage befindet. Das ist aber nur der Fall, wenn der Tritthebel K niedergedrückt wird; bei Freigabe wird er durch die Feder P und das Gestänge L, M, N hochgezogen und durch die letzteren, Hebel O und weitere in der Zeichnung nicht näher ersichtliche Getriebeteile der Einfallhebel H hochgeklappt und dadurch die Verbindung mit der Schubstange F gelöst. Der Stauchschlitten I wird durch den Bolzen G, der beiderseits in Langschlitze S in den Seitenwänden des Stauchschlittens eingreift (und bei Leerlauf in ihnen gleitet), bis in die hintere Totlage mitgenommen und bleibt dann stehen. Der Einfallhebel ist durch Gewichtshebel T, Zugstange U, Hebel V und Stange W ausgewichtet. Der sehr lang gehaltene Stauchschlitten besitzt oben liegende, gegen herabfallenden Zunder unempfindliche Gleitbahnen mit nachstellbaren und auswechselbaren Verschleißleisten und ist mit Bohrungen in den Stempelachsen versehen, in die nötigenfalls ein lang vorstehendes Stangenende eintreten kann, wenn es selbst nicht an der Stauchung teilnehmen soll.

Von den beiden Klemmbacken a und b, in denen die Matrizen befestigt werden, steht die rechte Backe b beim Schmieden gewöhnlich still, kann aber von der Kurbelwelle D aus durch Exzenterstange c usw. zurückgezogen bzw. wieder vorgeschoben werden. Die Bewegung wird durch Handhebel d gesteuert. Die linke Klemmbacke a wird durch ein Winkel- bzw. Kniehebelsystem e, f, g, h, i, k, l, m mit drei festen Drehpunkten I, II, III (Abb. 135) bei jedem Hub des Stauchschlittens von diesem betätigt. Dieses Dreipunktsystem soll ruhiges Schließen der Klemmbacken und vollkommen sicheres Festhalten des Schmiedestückes (ohne Verlagerung oder seitliches Ausschlagen wie bei schnellerem Schließen der Backen) bewirken. Von der linken Klemmbacke aus wird durch einen Schieber p die Schere r, s betätigt (Abb. 134).

Die Maschine ist an drei Stellen mit Sicherungen gegen Überlastung und Bruch des Getriebes versehen. Zunächst sind die großen Vorgelegeräder C mit Abscherbolzen auf der Kurbelwelle befestigt. Ferner werden die beiden Schubstangenteile F_1 und F_2 durch einen Schraubenbolzen x zusammengehalten, der zerreißt, wenn die Schubstange bei Überlastung infolge der Überhöhung des Bolzens E gegenüber der Achse der Kurbelwelle und des Bolzens G nach oben ausknickt. Ähnlich sind die beiden Hebelhälften f_1 und f_2 des Kniehebelsystems durch einen Zerreißbolzen y verbunden.

Die Maschinen werden für Enddrucke von 100÷1500 t ausgeführt.

Die Neukonstruktion der Wagerecht-Schmiedemaschine der Maschinenfabrik Hasenclever A.-G., Düsseldorf[1], besitzt nicht mehr den Einfallhebel zwischen Kurbelwelle und Stauchschlitten, sondern das In- und Außergangsetzen desselben erfolgt durch eine zwischen Kurbelwelle und großem Vorgelegerad eingebaute Drehkeilkupplung mit Stoßpuffer, die für jede Umdrehung viermaliges Einrücken gestattet und bei jedem Ausrücken die Kurbelwelle mit dem Stauchschlitten in die hintere Totlage zurückführt und hier stillsetzt, wobei eine Bremse einen Teil der Bewegungsenergie der Kurbelwelle usw. vernichtet und dadurch den beim Auskuppeln entstehenden Stoß mildert. Als Vorteile der Kupplung werden kürzere Baulänge der Maschine, Vermeidung der Stöße beim Einrücken, schnelleres Ingangsetzen des Stauchschlittens infolge Fortfalles des Einfallspieles und Stillstand der Kurbelwelle bei Leerlauf angegeben. Die zweite wesentliche Neuerung und Abweichung gegenüber anderen Bauarten besteht darin, daß die Bewegung der linken Klemmbacke nicht mehr vom Stauchschlitten abgeleitet wird, sondern unabhängig von diesem durch eine besondere Kurbel von der Hauptkurbelwelle aus über ein Hebelwerk mit nur einem festen Drehpunkt und einer Mindestzahl von Gelenken erfolgt. Das Getriebe soll stoßfreies Schließen der Backen und kräftige Querschmiedewirkung ergeben und den Stauchschlitten gegen jeglichen Seitendruck schützen. Der Klemmdruck ist gleich dem Stauchdruck. Die rechte Backe ist von Hand verstellbar. Der Stauchschlitten besitzt ebenfalls oben liegende Führung. Der gedrungene Bau der Maschine erscheint besonders mit Rücksicht auf geringes Federn des Bettes vorteilhaft.

Die Maschinen werden zur Verarbeitung von Stangenmaterial mit einem größten Durchmesser von 20÷250 mm und für größte Stauchdrucke von 50÷3000 t, mit Stauchhüben von 50÷300 mm bei 80÷20 Hüben/min ausgeführt. Die erforderliche Motorstärke beträgt 5÷100 PS.

Wagerecht-Biegemaschinen sind Kurbelpressen mit breitem, durch zwei Schubstangen betätigtem, auf dem Bett hin und her gehendem Stößel, an dem die eine Hälfte des Biegegesenkes befestigt wird, während das Widerlager am Ende des Bettes die feststehende Hälfte trägt. Die Maschinen dienen zum Biegen von Rund- und Flacheisen, Blechteilen, gerade vorgeschmiedeten Teilen bei Reihen- oder Massenfertigung, von Teilen für Landwirtschaftsmaschinen, Eisenbahnwagen, in der Kleineisenindustrie, im Schiffbau usw.

Schmiedewalzen zum Ausbreiten, Ausstrecken oder Verjüngen von Schmiedestücken bei Massenfertigung zeichnen sich durch hohe Leistungsfähigkeit aus. Die eigentlichen Werkzeuge werden als besondere Segmente auf den Walzen befestigt. Zum Ausstrecken z. B. von Werkzeugangeln, Achszapfen, Gewehrläufen usw. dienen Kaliber, die für viele Zwecke verwendbar sind, zum Profilieren der Arbeitsstücke entsprechend geformte Matrizen.

3. Spindelpressen.

Bei den Spindelpressen sitzt der durch Gleitbahnen am Gestell geführte und gegen Drehung gesicherte Stößel am unteren Ende einer steilgängigen Schraubenspindel, die sich durch das Querhaupt des Gestelles auf und nieder schraubt und — abgesehen von kleinen, durch Schwunghebel betätigten Handpressen zum Blechstanzen — durch umsteuerbare Reibscheiben angetrieben wird (Friktionspressen). Die auf der Spindel sitzende Scheibe dient dabei gleichzeitig als Schwungrad zur Verstärkung der Preßwirkung am Ende des Arbeitshubes. In-

[1] Abbildung siehe Z. V. d. I. 1928, S. 253.

folge der mit dem Niedergang zunehmenden Stößelgeschwindigkeit tritt neben reiner Druck- auch eine Art Schlagwirkung auf, die z. B. für scharfes Ausprägen beim Gesenkschmieden vorteilhaft ist. Zum Schutz gegen Überlastung und Bruch wird das Schwungrad entweder durch Abscherstifte mit der Spindel verbunden oder mit getrenntem Kranz ausgeführt, der nur durch Reibung mit dem eigentlichen Rade gekuppelt ist. Dabei ist aber die Größe der Reibung und der erzielbare Höchstdruck vom Anziehen der Schrauben abhängig, und die Sicherung kann leicht illusorisch werden (deshalb Schraubenschlüssel mit Selbstausrückung bei Überschreitung eines bestimmten Drehmomentes!). Das Gestell der Maschinen wird in der Regel als geschlossener Doppelständer, seltener einhüftig oder mit vier Säulen zwischen Sockel und Querhaupt ausgeführt. Spindelpressen eignen sich für Preß-, Präge- und Stanzarbeiten usw. an Blechen und zum Gesenkschmieden, zum Anstauchen von Niet- und Schraubenköpfen sowie zum Warmpressen von Messing, Aluminium u. dgl. (s. S. 208).

Abb. 136. Spindelpresse mit eingebautem Lauer-Schmaltz-Motor (Th. Kieserling & Albrecht, Solingen).

Die in Abb. 136 dargestellte Spindelpresse besitzt ein durch zwei kräftige Stahlanker verstärktes Gestell. Der Antrieb kann statt durch Fest- und Losscheibe auch unmittelbar vom Elektromotor auf ein entsprechend großes Riemscheibenschwungrad erfolgen. Im vorliegenden Falle ist im linken Gestellarm ein Lauer-Schmaltz-Motor eingebaut, der durch die große Schwungmasse des umlaufenden „Stators“ die beim Umsteuern auftretenden Stromstöße vom Netz fernhält. Das Schwungrad hat getrennten, mit Lederbelag versehenen Kranz und ist durch Konus und Keil auf der Spindel befestigt. Die Verbindung zwischen Spindel und Stößel wird durch Zuganker mit Halslager bewirkt, der Druck zwischen Spindel und Stößel durch eine Stahlbronzeplatte aufgenommen. Die Umsteuerung erfolgt durch den Handhebel *a* und Gestänge *b*, *c*, *d*, *e*, wodurch die wagerechte Antriebswelle etwas in ihren Lagern verschoben und abwechselnd eine der beiden auf ihr nachstellbar befestigten Reibscheiben mit dem Schwungradkranz zur Anlage gebracht wird. Die Steuerung kann auch linksseitig angeordnet oder für Fußtrittbedienung eingerichtet werden. (Bei mit selbsttätiger Umsteuerung versehenen Spindelpressen werden auf der senkrechten Steuerstange *b* Anschläge befestigt, gegen die der am Stößel sitzende Arm *f* in der jeweiligen höchsten oder tiefsten Stellung trifft.) Durch den an der Steuerstange *b* sitzenden Sicherheitshebel *g*, der durch sein Gewicht selbsttätig mit seiner Nase unter eine Nase des am Stößel befestigten Armes *f* greift, wird die Steuerstange *b* verriegelt und unbeabsichtigtes Niedergehen des Stößels verhindert. Zum Ingangsetzen des Stößels sind also beide Hände erforderlich[1].

Pressen der beschriebenen Art werden für Preßdrucke von 25÷1200 t bei Spindeldurchmessern von 70÷450 mm ausgeführt. Der Hub beträgt 180 mm bei den kleinsten und etwa 700 mm bei den größten Ausführungen, die minutlichen Hubzahlen betragen 20÷25 bzw. 2÷4.

Einen ganz neuartigen Antrieb weist die Spindelpresse mit versetzten Reibscheiben (Abb. 137) auf, durch den die großen Energieverluste vermieden oder wesentlich herabgemindert werden, die Spindelpressen bisher beim Umsteuern in den Rückhub infolge der hohen Randgeschwindigkeit der Seitenscheibe und des dadurch bedingten starken und lange anhaltenden Gleitens zwischen dieser und der Mittelscheibe aufweisen. Beim Arbeitshub wird die Mittelscheibe *d* von der Scheibe *a* aus angetrieben, beim Rückhub zunächst von der Scheibe *b* und dann von der Scheibe *c*. Der Rücklauf wird also nahe der Mitte von *b*, d. h. mit kleiner Umfangsgeschwindigkeit, eingeleitet, beim Hochsteigen von *d* bis zum Rand von *b* beschleunigt und dann beim Antrieb durch *c* wieder verzögert. Bei größeren Pressen ist ferner ungenügender Anpressungsdruck zwischen den Reibscheiben ein Grund für übermäßiges Gleiten. Deshalb erfolgt im vorliegenden Falle die Anpressung der Seitenscheiben nicht mehr von Hand sondern durch einen Servomotor *e* mit durch Drosselventil regelbarem Druck, dessen durch Flüssigkeit oder Luft betätigter Kolben durch zwei Steuerhebel *f* und *g* die Verschiebung der Seitenscheiben bewirkt. Die Pumpe *h* für das Druckmittel ist in einem Lagerarm eingebaut. Die Rückführung der Seitenscheiben in die Mittelstellung erfolgt selbsttätig. Bär, Spindel und Mittelscheibe werden bei Leerlauf durch eine selbsttätige Totpunkt-Bandbremse festgehalten.

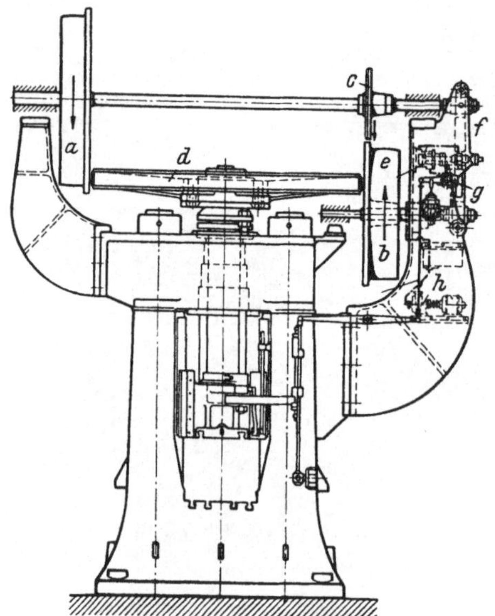

Abb. 137. (Nach Z. V. d. I. 1928, S. 255.) Spindelpresse mit vesetzten, durchS ervomotor verschiebbaren Reibscheiben (Maschinenfabrik Hasenclever A.-G., Düsseldorf).

Die mit Chromnickelstahl-Spindel von 80÷500 mm ⌀ ausgeführten Pressen erlauben normale Preßdrucke von 30÷3000 t (Überlastungsfähigkeit bei den kleineren Modellen 100%, bei den größten 50%). Der Hub beträgt 200 mm beim kleinsten, 1000 mm beim größten Modell, die minutlich ausführbare Hubzahl entsprechend 20 bzw. 3.

Bei den sogenannten Vincent-Pressen (Abb. 138) zur Massenherstellung der verschiedenen Kopfformen an Bolzen, Schrauben, Nieten, Schienennägeln usw. oder von Flanschen und ähnlichen kleinen Schmiedestücken wird die Spindel durch Kegelscheiben angetrieben und schraubt sich nicht im Gestell auf und ab, sondern betätigt durch eine Mutter den am Maschinengestell senkrecht geführten Schlitten, so daß das in seinem Unterteil befestigte Untergesenk von unten gegen

[1] Bei anderen Konstruktionen werden zur Verhütung von Unglücksfällen bei unvorsichtigem Ingangsetzen besondere Handabweiser vorgesehen, die die Hand des Bedienenden vor dem Stößelniedergang beiseite schieben.

das an der Spindel sitzende Obergesenk schlägt. Die auf Länge zugeschnittenen, angewärmten Bolzen werden mit der Zange in das Untergesenk gesteckt und durch einen verstellbaren Anschlag im Unterteil des Schlittens auf richtige Stauchlänge eingestellt. Die Umsteuerung nach erfolgtem Schlag erfolgt selbsttätig, und beim Niedergang des Schlittens wird der Bolzen selbsttätig so weit aus dem Untergesenk herausgehoben, daß er bequem weggestoßen werden kann. — Für außergewöhnliche Kopfformen, die mit einem einzigen Druck nicht zu

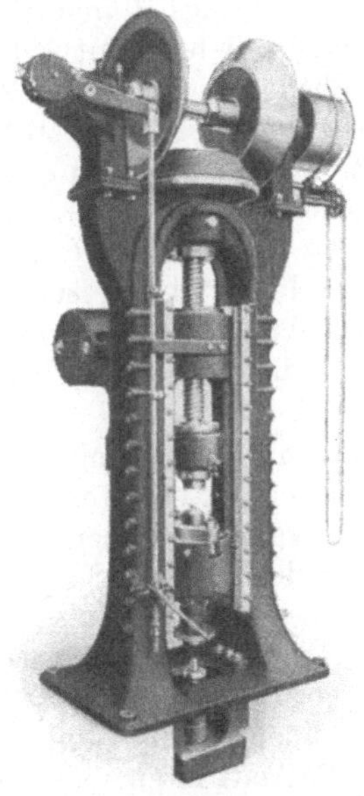

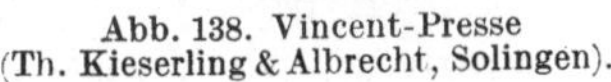

Abb. 138. Vincent-Presse (Th. Kieserling & Albrecht, Solingen).

Abb. 139. Vorstauchapparat (zu Abb. 138).

stauchen sind, wird ein Vorstauchapparat (Abb. 139) mit zwei in einem Schieber angeordneten Obergesenken verwendet, die abwechselnd über das Untergesenk geschoben werden können. Anschläge am Schieber sorgen für genaues Fluchten der Gesenke.

4. Druckwasserpressen (Rein-, dampf- und elektro-hydraulische Pressen).

Bei diesen Pressen wird der Preßdruck durch Druckwasser, das auf den Kolben des Preßbärs wirkt, erzeugt. Dabei hat man zu unterscheiden zwischen rein-hydraulischen Pressen mit besonderen Druckwassererzeugungsanlagen und dampf-hydraulischen Pressen, die sich mittels eines Dampftreibapparates bei jedem Preßhub das dazu benötigte Druckwasser erzeugen.

Bei rein-hydraulischen Pressen kann das Druckwasser zwar unmittelbar von der Pumpe geliefert werden, doch wird meist ein Druckwassersammler zwischengeschaltet, denn beim Betrieb ohne Sammler erfordert jede Presse eine ihrer Höchstleistung entsprechende Pumpe, die aber nur für Augenblicke voll ausgenutzt wird und die übrige Zeit mit ungünstigem Wirkungsgrad arbeitet. Arbeitet die Pumpe nur während des Preßhubes der Presse, dann muß sie, um schnell anlaufen zu können, schwungradlos ausgeführt werden; arbeitet sie dauernd, wobei das Wasser bei Stillstand der Presse durch eine Umlaufvorrichtung dem Sammelbehälter wieder zugeleitet wird, dann kann sie zwar mit

Schwungrad versehen werden, leistet aber größtenteils nutzlose Arbeit. Beim Betrieb mit Sammler kann die Pumpe dauernd arbeiten und daher für eine Durchschnittsleistung bemessen und dauernd gleichmäßig belastet werden. Das während der Arbeitspausen der Presse geförderte Druckwasser wird im Sammler aufgespeichert, um im Augenblick des Bedarfes an die Presse abgegeben zu werden. Es steht also jederseit Druckwasser zur Verfügung und die Presse kann schneller arbeiten als bei Betrieb ohne Sammler. Ein Sammler kann mehrere Pressen speisen.

Die Preßpumpen, meist liegende Zwillings- oder Drillings-Plungerpumpen mit Transmissions-, Dampf- oder elektrischem Antrieb, liefern entweder unmittelbar Druckwasser mit dem erforderlichen Betriebsdruck von 100÷200 atü oder von geringerem Druck, der durch einen vor jede Presse geschalteten Druckübersetzer auf den Betriebsdruck gesteigert wird. Ein Druckübersetzer (Multiplikator) besteht aus einem Zylinder mit Kolben, auf den das von der Pumpe erzeugte Druckwasser wirkt und dessen Kolbenstange als Kolben in einem zweiten Zylinder, der der eigentliche Preßzylinder sein kann, arbeitet. Der Wasserdruck wird dadurch im Verhältnis der Querschnitte von Kolben und Kolbenstange erhöht (ähnlich wie beim Dampftreibapparat, siehe S. 193).

Der Druckwassersammler (Akkumulator) besteht aus einem senkrecht stehenden Zylinder mit einem durch Gewichte oder Druckluft belasteten Tauchkolben, der durch das von der Pumpe gelieferte Druckwasser gehoben wird und bei Entnahme von Druckwasser durch die Presse wieder sinkt. (Statt dessen kann auch der Tauchkolben feststehen und der darüber gesetzte Zylinder sich heben und senken.) — Das Belastungsgewicht des Gewichtsakkumulators besteht aus gußeisernen Ringen oder Eisenbetonplatten, die mit Tragstangen an einer Kopfplatte des Tauchkolbens hängen, oder aus ebenso aufgehängten, mit Eisenabfällen, Schwerspat, Sand oder dgl. gefüllten Ballastkästen. Durch An- oder Abhängen einzelner Belastungsgewichte oder Vermehren bzw. Vermindern des Kasteninhalts kann der Wasserdruck geändert werden. Die Aufstellung eines solchen Sammlers macht wegen des erforderlichen schweren Fundamentes und des hohen Führungsgerüstes für das Belastungsgewicht oft große Schwierigkeiten. Dazu kommt, daß bei starker Wasserentnahme und plötzlichem Aufhören derselben infolge zu schnellen Abschließens des Wasserzuflusses zur Presse oder des Aufsetzens des Preßbärs auf ein bereits stark abgekühltes Schmiedestück die große Masse des sinkenden Belastungsgewichtes nicht sofort zum Stehen gebracht werden kann und starke Stöße in der Rohrleitung auftreten, die von dieser, den Flanschverbindungen, Steuerorganen und sonstigen dem Wasserdruck ausgesetzten Teilen aufgenommen werden müssen und dieselben zerstören können. (Eine gewisse Druckerhöhung am Ende des Preßhubes ist z. B. für scharfes Ausprägen beim Gesenkschmieden zwar erwünscht, sie darf aber mit Rücksicht auf die ganze Pressenanlage sich nur in bescheidenen Grenzen halten.) Um allzu rasches Sinken des Belastungsgewichtes und die damit verbundenen schädlichen Folgen zu vermeiden, werden Drosselschieber und Rohrbruchventile eingebaut, die bei starkem Undichtwerden der Leitung den Wasserabfluß aus dem Sammler verringern oder ganz sperren. Ein Holzprellager dämpft etwaige Stöße auf das Fundament. — Die Druckluftakkumulatoren haben, abgesehen von dem wesentlich geringeren Gewicht und Raumbedarf und dem Fortfall des Führungsgerüstes und des schweren Fundamentes, den Gewichtsakkumulatoren gegenüber den Vorteil, daß die wegen der geringeren bewegten Massen an sich geringeren Stöße durch die Elastizität der Druckluft aufgefangen und noch weiter gemildert werden und infolgedessen mit größeren Wassergeschwindigkeiten gearbeitet werden kann. Der Betriebsdruck kann leicht geändert werden, indem man Luft aus dem Luftzylinder des Sammlers ausströmen läßt oder mittels des Füllkompressors hineinpumpt. Die beim Auf- und Niedergehen des Tauchkolbens während des Betriebes entstehenden Druckschwankungen können durch Zuschalten eines Windkessels oder einiger Stahlflaschen, also durch entsprechende Bemessung des Gesamtluftraumes, in ganz geringen Grenzen gehalten werden.

Jeder Sammler muß mit einem Sicherheitsventil gegen zu hohen Druck und mit einer Einrichtung versehen sein, die bei Höchststellung des Tauchkolbens die Pumpe oder die Wasserzufuhr zum Sammler selbsttätig ab- und nach dem Sinken des Tauchkolbens ebenso wieder anstellt. Damit dieses Wechselspiel sich nicht zu oft wiederholt, darf der Sammler nicht zu klein bemessen sein; man rechnet gewöhnlich das Zwei- bis Dreifache des Preßzylinderinhaltes.

Der Presse soll aber nur während des wirklichen Preßweges Druckwasser vom Sammler zugeführt werden, während bis zum Aufsetzen des Preßbärs auf dem Schmiedestück der Preßzylinder mit Wasser aus einem Vorfüllbehälter vorgefüllt wird, in den beim Hochgehen des Preßbärs das Wasser aus dem Preßzylinder zurückgedrückt wird. Die Vorfülleitung muß reichlich bemessen sein, damit die Leerwege des Preßkolbens in kürzester Zeit zurückgelegt werden können (Schnellpressen). Zum Auffangen der beim plötzlichen Schließen des Vorfüllventiles zu erwartenden Wasserstöße ist ein Windkessel in die Leitung einzubauen. Stoßausgleicher mit Feder- oder Druckluftbelastung sind auch bei umfangreichen Rohrnetzen zur Vermeidung von Wasserschlägen erforderlich.

Die Steuereinrichtungen für das Druckwasser müssen so einfach und betriebssicher wie möglich, leicht zu bedienen und instandzuhalten sein und feinfühliges und schnelles, dabei möglichst stoßfreies Steuern gestatten. Da die Steuerung dauernd unter dem hohen Betriebsdruck steht, so ist das Dichthalten sehr schwierig und verursacht die meisten Störungen. Verwendung von Wasser mit einem Zusatz von wasserlöslichem Öl und Wasserbewegung in geschlossenem Kreislauf ist vorteilhaft, weil dadurch die Schmierfähigkeit des Wassers voll ausgenutzt wird und stets luft- und säurefreies Wasser zur Verfügung steht, schädliche Einflüsse von Unreinigkeiten auf Dichtungsflächen und Steuerorgane also nach Möglichkeit vermieden werden.

Bei den dampf-hydraulischen Pressen wird an Stelle der Pumpe und des Sammlers ein Dampftreibapparat benutzt. Derselbe besteht aus einem Dampfzylinder mit Kolben, dessen verlängerte Kolbenstange den Kolben des Preßwasserzylinders bildet. Dampf- und Wasserdruck sind umgekehrt proportional den wirksamen Kolbenflächen. Der Dampfdruck beträgt 8÷10 atü, der Wasserdruck 400÷500 atü. Da hier der Dampf und nicht das Druckwasser gesteuert wird, so können höhere Wasserdrucke angewandt werden als bei reinhydraulischen Pressen. Dabei fallen nicht nur die erwähnten Schwierigkeiten der Dichtung der Druckwassersteuerung fort, sondern die Steuerung des Dampfes ist auch wesentlich einfacher, und gleichzeitig kann infolge des höheren Wasserdruckes der Preßzylinder im Durchmesser kleiner gehalten werden. Ein Nachteil des Dampftreibapparates ist, daß er nicht mit expandierendem Dampf sondern als Volldruckmaschine mit hohem Dampfverbrauch arbeitet. Dieser Nachteil wird jedoch größtenteils durch einfache Bauart und andererseits durch die bei rein-hydraulichen Pressen durch Undichtigkeit entstehenden Druckwasserverluste ausgeglichen. Die Expansion des Dampfes auszunutzen ist zwar versucht, bietet aber konstruktive Schwierigkeiten und hat den grundsätzlichen Nachteil, daß dabei der Preßdruck nach dem Hubende abnimmt, während eher ein gesteigerter

Preßdruck benötigt wird. Der Treibapparat kann neben oder auf die Presse gestellt werden. Dem Vorzug der geringeren Bodenfläche bei aufgebautem Treibapparat steht die größere Bauhöhe und die geringere Zugänglichkeit der Packungen usw. gegenüber.

Luft-hydraulische Pressen werden in gleicher Weise und aus denselben Gründen an Stelle von dampf-hydraulischen verwendet, wie Hämmer statt durch Dampf durch Druckluft betrieben werden (vgl. S. 181).

Für die Entscheidung, ob eine dampf-, luft- oder rein-hydraulische Preßanlage zweckmäßig ist, ist, abgesehen vom Verwendungszweck der Pressen, wichtig, ob Dampf bzw. Druckluft vorhanden oder billig zu beschaffen ist. Ist das der Fall, dann ist der dampf- bzw. luft-hydraulische Betrieb für Schnellschmiedepressen vorzuziehen, während für Gesenkarbeiten und langhubige Pressen (Ziehpressen) meist der rein-hydraulische Betrieb zweckmäßiger ist[1].

Bei der elektro-hydraulischen Presse, deren elektrischer Antrieb von der AEG entwickelt ist[2], arbeitet der Elektromotor auf eine Zahnstange, die mit dem in gleicher Achse liegenden Kolben eines hydraulischen Übersetzers gekuppelt ist, von dem das Druckwasser unmittelbar der Presse zugeführt wird. Der Elektromotor nimmt beim Pressen in jedem Augenblick eine der geleisteten Arbeit entsprechende Energie auf, d. h. es wird jeweils nur Druckwasser von der Spannung erzeugt, die dem Schmiedewiderstand entspricht. Schnelle und verlustlose Steuerung wird durch Anwendung der Leonard-Steuerung erreicht, einigermaßen gleichmäßige Netzbelastung durch Kupplung des Zwischenumformers mit einer Schwungmasse. Der Energieverbrauch bei dampf-, luft- und elektrisch-hydraulischem Betrieb soll sich etwa wie 100 : 27,5 : 13 verhalten.

Dem äußeren Aufbau nach unterscheidet man Viersäulenpressen (Abb. 140) und Einständerpressen. Die Bauart mit vier Säulen ist für die Aufnahme der auftretenden Kräfte am günstigsten, während beim einhüftigen Ständer (nach Art der Hämmer, s. z. B. Abb. 128 u. 131) Biegungsbeanspruchungen auftreten, die bei größeren Preßdrucken sehr große Querschnittsabmessungen erfordern; dagegen hat man bei der Einständerpresse größere Bewegungsfreiheit für das Werkstück, was besonders für größere, sperrige Werkstücke vorteilhaft ist.

Der Aufbau der in Abb. 140 dargestellten dampf- bzw. luft-hydraulischen Presse ist folgender: Mit dem Untersatz A ist durch vier kräftige Stahlsäulen das obere Querhaupt B verbunden, das zugleich den Vorfüllraum C und den Preßzylinder D enthält. Auf dem Querhaupt ist durch ein Aufsatzstück E der Zylinder F des Treibapparates nebst Steuergehäuse G und den beiden Rückzugszylindern H für den Preßbalken befestigt. Über dem Zylinder F sitzt der Rückzugzsylinder I für den Treibkolben K, dessen Kolbenstange L beim Niedergang gleichzeitig als Kolben auf das im Preßzylinder D befindliche Wasser wirkt und den darin arbeitenden Preßkolben M mit dem Preßbalken N betätigt. Letzterer ist mit zwei Stangen O an den Rückzugskolben T aufgehängt. Q ist das Vorfüllventil. Der Hebel R betätigt den Haupteinlaß- bzw. Absperrschieber, Hebel S die eigentliche Steuerung; die Gestänge T dient zum Umschalten auf Schlichthübe (siehe unten).

Der Arbeitsvorgang beim Pressen (aus der gezeichneten Höchststellung) verläuft folgendermaßen. 1. Senken: Man läßt Dampf aus den Rückzugszylindern H entweichen, dann sinken infolge ihres Eigengewichtes Preßbalken N, Preßkolben M, die Stangen O und Rückzugskolben P herab, wobei der Preßkolben M durch das selbsttätig sich öffnende Vorfüllventil Q Wasser aus dem Vorfüll-

[1] Vor- und Nachteile beider Betriebsarten siehe Werkst.-Techn. 1916, S. 417.
[2] Vgl. AEG-Mitteilungen 1926, S. 27.

raum C in den Preßzylinder D ansaugt. — 2. Pressen: Sobald der Obersattel auf dem Schmiedestück aufsitzt, läßt man Frischdampf in den Zylinder F über den Treibkolben K ein- und den im Rückzugszylinder I unter dem Kolben noch befindlichen Dampf ausströmen; infolgedessen geht der Treibkolben K herunter, die Kolbenstange L tritt in den Preßzylinder D ein, preßt das darin und im Innern des Preßkolbens M befindliche Wasser und übt auf den Kolben (und den Preßbalken N) den im Verhältnis der wirksamen Kolbenquerschnitte vervielfachten Preßdruck aus. — 3. Rückzug: Nach vollführter Pressung erhalten die Rückzugszylinder H und I Dampf, gleichzeitig aber auch der Aufstoßzylinder des Vorfüllventils Q, das infolgedessen durch einen Kolben aufgestoßen und offengehalten wird, so daß beim Rückzug des Preßbalkens das Wasser aus dem Preßzylinder D durch den Preßkolben M in den Vorfüllraum C zurückgedrückt wird, soweit es nicht beim gleichzeitig erfolgenden Rückzug des Treibkolbens K von dessen Stange L nachgesaugt wird. — Bei einem neuen Preßvorgang wiederholt sich das Spiel. Der Preßbalken kann natürlich auch in jeder Stellung angehalten und stillgelegt werden. Sollen mehrere Preßdrucke hintereinander gegeben werden, ohne daß sich der Obersattel vom Werkstück abhebt, so wird der Steuerhebel nur bis in die Haltstellung gebracht und dadurch nur dem Treibapparat Ausströmung gegeben. Beim „Schlichten“ mit schnell aufeinanderfolgenden kurzen Hüben wird mittels der Stangen T auf konstanten Rückzug umgestellt, so daß die Rückzugskolben dauernd unter Dampfdruck stehen, und der Treibkolben abwechselnd auf und ab gesteuert. Das Vorfüllventil bleibt dabei geschlossen, nur bei Mehrbedarf wird Wasser aus dem Vorfüllraum hinzugenommen.

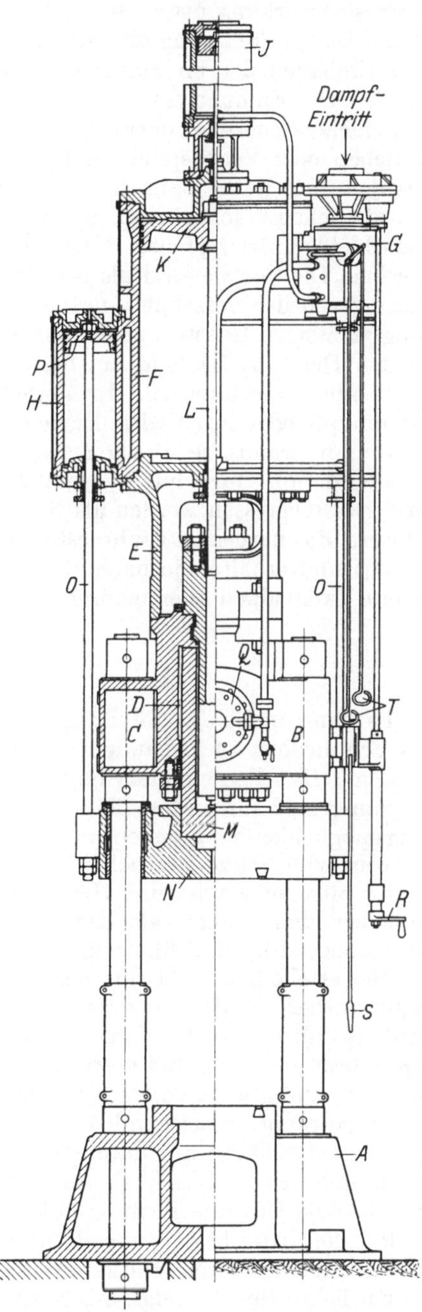

Abb. 140. Dampf- oder luft-hydraulische Viersäulenpresse (Eumuco A.-G. für Maschinenbau, Schlebusch-Manfort).

Der Aufbau der rein-hydraulischen Pressen entspricht, abgesehen von dem Fortfall des Treibapparates, dem der dampf-hydraulischen, so daß auf besondere Abbildungen und Beschreibung verzichtet werden kann. Die Bewegungen — Senken, Pressen und Rückzug — erfolgen ausschließlich durch Druckwasser.

Die Steuerungen der Pressen sind die empfindlichsten Teile derselben und erfordern, insbesondere bei den rein-hydraulischen Pressen, häufigere Instandsetzung, weil auch bei den kleinsten Wassergeschwindigkeiten das Wasser durch Korrosionswirkung etwa vorhandene kleine Undichtigkeiten schnell vergrößert. Daher ist die Steuerung alle 8÷14 Tage genau zu untersuchen und leichtes Aus- und Einbauen der im Steuerbock vereinigten Steuerorgane unbedingtes Erfordernis. Die Eumuco-A.G. verwendet bei Wasserdrucken von 80÷100 atü Kolbenschiebersteuerung, darüber hinaus Ventilsteuerung. In beiden Fällen ist jede Schieber- oder Ventilspindel mit sämtlichen zugehörigen Teilen als Ganzes leicht aus dem nur glatte Bohrungen besitzenden Steuergehäuse herauszuziehen. Alle erforderlichen Nacharbeiten können also bequem nach Herausnehmen der dem Verschleiß unterworfenen Teile in der Bearbeitungswerkstatt vorgenommen werden. Die Ventile sind als Einsitzventile ausgebildet und mit besonderen Entlastungsventilen versehen, um die Steuerkräfte in den für eine feinfühlige Steuerung zulässigen Grenzen zu halten, und arbeiten mit hohem spezifischem Druck an den Dichtungsflächen, um bei den kleinsten und größten Wasserpressungen vollkommen abzudichten. In ähnlicher Weise sind auch die Ventilsteuerungen der dampf- oder luft-hydraulischen Pressen ausgeführt.

Rein-hydraulische Pressen werden etwa für Preßdrucke von 200÷2000 t gebaut, dampf- und luft-hydrauliche Pressen bis etwa 12000 t Gesamtdruck. Druckwasserpressen werden als Kümpel-, Bördel- und Flanchierpressen auch für schwere Blecharbeiten (Fahrgestellrahmen, Kesselböden usw., siehe S. 212) verwendet und erhalten je nach Bedarf besonders breite, durch zwei Zylinder betätigte Preßbalken oder mehrere Stempel.

IV. Freiformschmieden.

Es kann nicht der Zweck der vorliegenden Arbeit sein, alle Einzelarbeiten des Schmiedens zu behandeln; es muß dieserhalb auf Sonderwerke verwiesen werden[1]. Es sollen vielmehr im folgenden nur an Hand einiger Schmiedebeispiele, die sinngemäß für andere Fälle zu verwerten sind, Fingerzeige für die Herstellungsmöglichkeiten gegeben werden, die zugleich auch zum Nachdenken beim Entwurf von Schmiedestücken anregen sollen[2].

Im allgemeinen ist das Herunterschmieden auf einen kleineren Querschnitt einfacher und billiger als das Stauchen (Ausnahme: Schmieden auf Stauchmaschinen, siehe S. 206). Beim Biegen verringert sich die Querschnittshöhe an der Biegestelle (Abb. 141 a) infolge der starken Streckung der Außenschicht, wenn nicht vorher an der betreffenden Stelle durch Stauchen Stoff angehäuft ist (Abb. 141 b). Das Anstauchen ist aber teuer. Scharfkantige Biegungen (Abb. 141 c) sind teurer als runde und möglichst zu vermeiden. Schwierigkeiten machen auch geneigte, zur gegenüberliegenden nicht parallele Flächen; sie können zunächst nur abgetreppt vorgeschmiedet (Abb. 142a) und unter Benutzung eines Keilstückes (Abb. 142b) nur dann geebnet werden, wenn die Neigung nicht zu groß ist, so daß das Keilstück nicht abgleitet. Kegel lassen sich unter Hammer oder Presse ohne Gesenke nicht schmieden, man kann nur abgestufte Zylinder herstellen, die später kegelig abgedreht werden müssen. Ein entsprechender Zylinder ist trotz des größeren Werkstoffaufwandes meist billiger.

Kurbeln, Hebel u. dgl. nach Abb. 143a und b sind wohl für das Gesenkschmieden, aber nicht für das Freiformschmieden geeignet, erstere Ausführung zunächst nicht wegen der doppelseitigen Naben, die besondere Unterlagsstücke

[1] Vgl. z. B. Schweißguth: Freiformschmiede. H. 11 und 12 der Werkstattsbücher.

[2] Vgl. Käßberg: Einfluß der Schmiedetechnik auf die Konstruktion. Maschinenbau 1927, S. 793. — Konstruktionsregeln für Schmiedestücke. Maschinenbau 1928, S. 1125.

auf dem Amboß erfordern, die zweite Form nicht wegen der Verjüngung der Stärke des Armes. Außerdem ist das Ausschmieden der zylindrischen Naben und

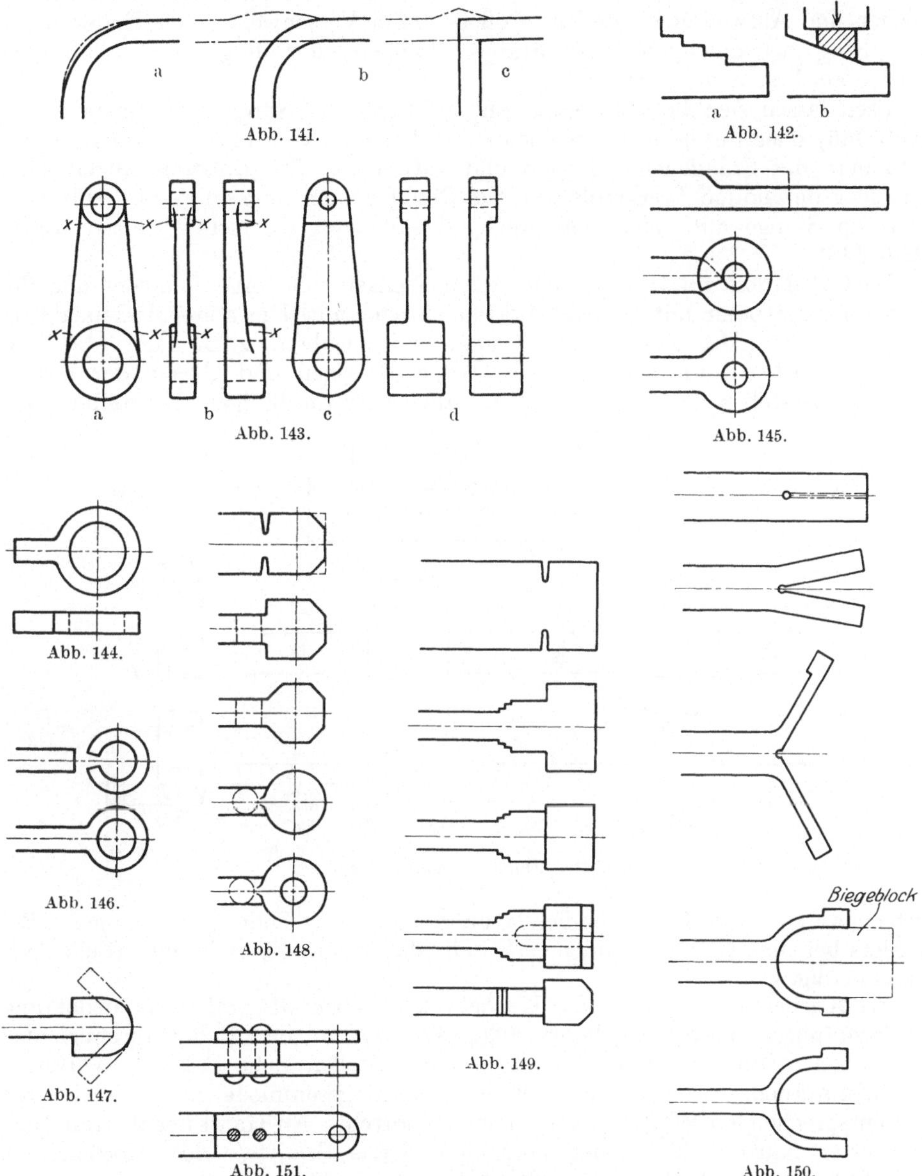

Abb. 141. Rund- und Eckigbiegen. Abb. 142. Schmieden geneigter Flächen.
Abb. 143. Ungünstige und zweckmäßige Formen von Hebeln, Kurbeln und dgl. für Freiformschmieden.
Abb. 144. Ring mit angeschweißtem Lappen.
Abb. 145. Öse aus der Stange ausgestreckt und geschweißt. Abb. 146. Öse als Ring angeschweißt.
Abb. 147. Verstärkung des Stangenendes für das Auge durch Umschweißen von Vierkanteisen.
Abb. 148. Vorschmieden und Lochen des Stangenauges und Ausstrecken des Stangenschaftes.
Abb. 149. Vorschmieden des Gabelkopfes und Ausstrecken des Stangenschaftes.
Abb. 150. Schmieden eines Gabelkopfes aus der aufgesägten Stange durch Aufspreizen und Biegen der Schenkel; Ausstrecken des Stangenschaftes.
Abb. 151. Genieteter Gabelkopf.

das Aushauen der Ecken bei x sehr kostspielig, falls man die Naben nicht aus gewalztem Rundstahl aufschweißt. Sonst wähle man die Form nach

Abb. 143c oder d; nötigenfalls können die Naben später zylindrisch abgedreht werden.

Kleinere Ringe kann man aus Scheiben von gewalztem Rundstahl durch Lochen und Aufweiten herstellen, größere durch Verschweißen der Enden eines zum Ring zusammengebogenen Stabes. Lappen oder dergleichen (Abb. 144) werden am besten aufgeschweißt.

Ösen lassen sich bei schweißbarem Stahl mit der Stange aus einem Stück (Abb. 145) oder durch Aufschweißen eines Ringes (Abb. 146) herstellen; sonst muß man das Stangenende lochen und aufweiten. Bei größeren Augen wird entweder der nötige Werkstoff auf das Stangenende aufgeschweißt (Abb. 147) oder die Stange auf einem entsprechend stärkeren Querschnitt ausgestreckt (Abb. 148).

Die Gabelköpfe von Schubstangen werden meist voll vorgeschmiedet und die Gabelöffnung später mit Schneidwerkzeugen oder mit dem Schneidbrenner herausgeschnitten (Abb. 149), während man breite Gabeln, z. B. nach Abb. 150, durch Vorlochen und Aufsägen der Stange, Spreizen und Biegen der beiden Schenkel herstellen kann. In manchen Fällen wird die billigere Herstellung mit

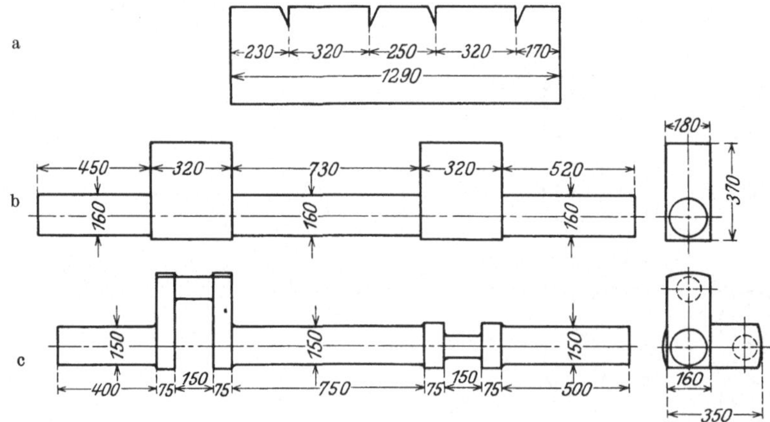

Abb. 152. Schmieden einer Kurbelwelle.

aufgenieteten (Abb. 151) oder besser aufgeschweißten Schenkeln genügen. Besonders bei einseitig ausladenden Gabeln ist das Anschweißen des einen Schenkels zweckmäßig.

Bei Kurbelwellen werden die Kurbelwangen ebenfalls voll geschmiedet und die Kröpfungen später ausgebohrt, ausgesägt oder mit dem Schneidbrenner ausgeschnitten. (Im Gesenk geschmiedete Kurbelwellen siehe S. 204.) Versetzte Kurbeln werden zunächst in einer Ebene liegend geschmiedet und hinterher um den entsprechenden Winkel gegeneinander verdreht. An Hand der in Abb. 152c skizzierten Kurbelwelle sei der Vorgang und das Ermitteln des erforderlichen Rohblockes kurz erläutert. Für Bearbeitung und Abbrand sind entsprechende Zugaben zu machen (siehe Abb. 152b). Das Gewicht der roh geschmiedeten Welle beträgt demnach:

$$\left[\frac{1{,}6^2 \times \pi}{4} \times (4{,}5 + 7{,}3 + 5{,}2) + 2 \times (3{,}2 \times 3{,}7 \times 1{,}8)\right] \times 7{,}9 = 610 \text{ kg}.$$

Mit Rücksicht auf weitere Abfallverluste (Auskerbungen, Endenabstechen usw.) wird man einen Block von vielleicht 680 kg wählen[1], der auf den Querschnitt

[1] Rohgewicht ≈ 10 ÷ 30% größer als Fertiggewicht, um so größer, je kleiner und verwickelter das Schmiedestück ist.

370 × 150 mm der Kurbelwange zu schmieden ist. Seine Länge ist dann $\frac{680}{7{,}9 \times 3{,}7 \times 1{,}8} = 12{,}9$ dm = 1290 mm. Der Block muß für das Absetzen der Wellenenden an den entsprechenden Stellen eingekerbt werden. Es werden benötigt: für jede Kurbelwange 320 mm, für das rechte Wellenende $\frac{\frac{1{,}6^2\,\pi}{4} \times 5{,}2}{3{,}7 \times 1{,}8} =$ 1,56 dm oder unter Berücksichtigung des Abfalles durch Auskerben ≈ 170 mm, für das mittlere Wellenende $\frac{\frac{1{,}6^2\,\pi}{4} \times 7{,}3}{3{,}7 \times 1{,}8} = 2{,}19$ dm oder unter Berücksichtigung des Abfalles durch zwei Auskerbungen ≈ 250 mm, und für das linke Wellenende $\frac{\frac{1{,}6^2\,\pi}{4} \times 4{,}5}{3{,}7 \times 1{,}8} = 1{,}35$ dm bzw. mit Kerbverlust ≈ 150 mm. Der Block ist also nach Abb. 152a einzuteilen, wobei für das linke Wellenende noch 230 mm zur Verfügung stehen; das überschießende Ende wird später abgeschnitten. Beim Ausschmieden der Wellenenden (Abb. 152b), insbesondere des mittleren, ist das Schwinden (≈ 1,2%) zu berücksichtigen. Sind nach dem Einkerben die drei Wellenenden ausgestreckt und gerundet, dann wird das mittlere nochmals angewärmt, die eine Kurbelwange zwischen Bär und Amboß der Presse oder des Hammers festgehalten und die andere Wange — unter Verwindung des mittleren Wellenendes — um 90° gegen die erstere verdreht. Das Verdrehen erfolgt mittels eines auf der Kurbelwange befestigten Hebels (einer sogenannten Zange) oder eines auf dem Wellenende befestigten Kettenrades mit Kette und Windwerk. Jedes Wellenende erfordert 2, die ganze Kurbelwelle 7 Hitzen und 7 ÷ 8 Stunden Arbeitszeit und wird danach ausgeglüht.

V. Schmieden im Gesenk[1].

Beim Freiformschmieden, das gelernte Schmiede erfordert, kann das Werkstück nur mit reichlicher Bearbeitungszugabe roh vorgeschmiedet und muß dann auf Werkzeugmaschinen mit Schneidwerkzeugen fertig bearbeitet werden; beim Schmieden im Gesenk dagegen kann man durch angelernte Arbeitskräfte bei wesentlich größerer Tagesleistung selbst verwickelte Formen so sauber und maßhaltig schmieden, daß nur eine geringe, mitunter überhaupt keine Nacharbeit mehr erforderlich ist. Die zunächst recht beträchtlichen Kosten für die Anfertigung der Gesenke setzen allerdings Massenfertigung des Schmiedestückes voraus, machen sich dann aber nicht nur durch die erwähnten Vorteile bezahlt, sondern ermöglichen vielfach nicht unerhebliche Ersparnisse an Gestehungskosten für die Schmiedestücke und ihre weitere Bearbeitung[2].

Ein **Gesenk** ist eine in der Regel zweiteilige, aus Ober- und Untergesenk bestehende Form aus Stahl, Stahlguß oder Gußeisen, in die der auf Schmiedehitze erwärmte, nötigenfalls vorgeschmiedete Werkstoff eingetrieben wird und dadurch genaue Form und saubere Oberflächen erhält. Die Gesenke für Wagerecht-Schmiedemaschinen sind dreiteilig (Stempel und zweiteilige Matrize, siehe S. 206). Die Gesenkformen müssen, wenigstens für nicht nachträglich bearbeitete Teile, um das Schwindmaß (≈ 1,2% für Stahl) größer bemessen werden als das erkaltete

[1] Siehe auch Schweißguth: Gesenkschmiede. H. 31 der Werkstattsbücher. — Pockrandt: Schmieden im Gesenk und Herstellung der Schmiedegesenke.

[2] Vgl. Z. V. d. I. 1925, S. 269. Durch Nachprägen gleiche Genauigkeit wie bei Bearbeitung mit Schneidwerkzeugen bei wesentlich höherer Leistung. Erforderlicher Druck 70 ÷ 80 kg/mm². Vgl. auch: Das Kaltprägen der Metalle. Maschinenbau 1927, S. 775.

Schmiedestück. In den meisten Fällen kommt man mit einem Gesenk nicht aus, sondern benötigt ein oder mehrere Vorgesenke und ein Fertiggesenk, teils um das Fertiggesenk zu entlasten und zu schonen, teils weil das Werkstück in einem einzigen Vorgesenk nicht so weit vorgeschmiedet werden kann, daß es sich in das Fertiggesenk hineintreiben läßt. Das gilt besonders für gebogene Werkstücke (Winkelhebel, Kurbelwellen usw.), die ein besonderes Biegegesenk erfordern. Vor- und Fertiggesenk können vollständig getrennt voneinander hergestellt oder in einem Block vereinigt werden; maßgebend hierfür ist die Größe des einzelnen Gesenkes, der dafür verwendete Werkstoff, die Hammerkonstruktion usw.

Die Wahl des Werkstoffes für das Gesenk[1] ist von so vielen Faktoren — Werkstoff, Form, Größe, Anzahl und verlangte Güte der Schmiedestücke, Art des Schmiedeverfahrens usw. — abhängig, daß es unmöglich ist, eine Regel dafür aufzustellen. Die meisten Gesenke werden aus Flußstahl hergestellt; für das Schmieden von hochwertigerem Stahl und solcher Teile, bei denen es auf dauernde Maßhaltigkeit der Gesenke ankommt, ist Werkzeugstahl vorzuziehen. Für große Gesenke, in denen z. B. Achsen und Kurbelwellen für Kraftfahrzeuge geschmiedet werden, wird man legierte Stahlsorten wählen, die, wie z. B. Chromnickelstahl, hart und zäh sind. In manchen Fällen empfiehlt es sich, nur besonders stark beanspruchte Teile des Gesenkes aus hochwertigerem Stahl herzustellen und in das im übrigen aus Flußstahl hergestellte Gesenk einzusetzen. Gußeiserne und Stahlgußgesenke kommen hauptsächlich für Pressen in Frage; sie sind in der Herstellung am billigsten, weil sie nach Modell gegossen und nicht aus dem Vollen herausgearbeitet werden. Dabei ist außer dem Schwinden des Schmiedestückes auch das Schwinden des Gesenkes (Gußeisen ≈ 1%, Stahlguß ≈ 2%) zu berücksichtigen. Gußeiserne Gesenke werden zum Schutz gegen Bersten mit Schrumpfringen aus Stahl umgürtet.

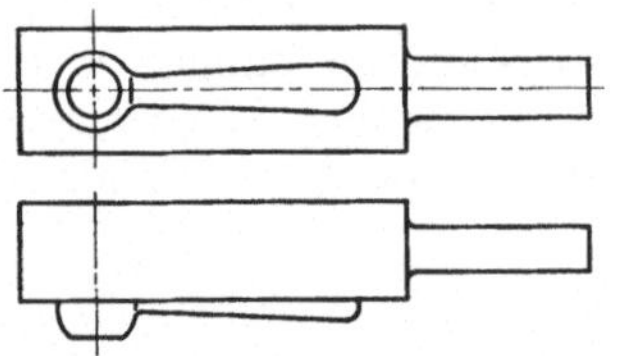
Abb. 153. Leisten zum Schmieden eines Gesenkes für einen Kugelgriff.

Vor dem Ausarbeiten der Gesenke müssen die Stahlblöcke gut durchgeschmiedet werden, damit in ihnen keine Risse, Blasen usw. enthalten sind, die beim Ausarbeiten der Formen angeschnitten werden und das Gesenk unbrauchbar machen. Zum Ausarbeiten dienen neben den allgemein üblichen Werkzeugmaschinen besonders Gesenkfräsmaschinen, Kopierfräsmaschinen und u. U. selbsttätige Kopier- und Graviermaschinen[2]; daneben ist aber meist noch viel Nacharbeit von Hand durch geschickte Graveure erforderlich. Statt des sehr kostspieligen Ausarbeitens aus dem Vollen empfiehlt sich für wiederholt anzufertigende Gesenke das Schmieden derselben mit Hilfe sogenannter Leisten (Abb. 153), d. h. mit doppeltem Schwindmaß hergestellter Patrizen, die in den auf Schmiedehitze erwärmten Gesenkblock unter dem Hammer eingetrieben werden und die Hohlform erzeugen. Nach dem Erkalten wird dann die Stirnfläche des Gesenkes nachgehobelt und die Hohlform nach Bedarf etwas nachgearbeitet. Auf diese Weise läßt sich leicht und schnell Ersatz für ein unbrauchbar gewordenes Gesenk schaffen und übermäßig lange Unterbrechung des Schmiedens vermeiden. Stahlgesenke werden meist nur an der Stirnfläche gehärtet (siehe S. 263). Zum Nachprüfen der Ausarbeitung auf genaue Form und Maßhaltigkeit (auch nach dem Härten) dienen Blechschablonen und Gips- oder Bleiabdrücke, letztere mit dem Gesenk unter dem Hammer kalt geschmiedet.

[1] Vgl. Oertel: Einige Richtlinien für geeignete Auswahl von Gesenkstahl. Maschinenbau 1926, S. 879.

[2] Vgl. Maschinelle Herstellung von Gesenken. Werkst.-Techn. 1920, S. 590.

Die *Gratbildung* ist eine Eigentümlichkeit des Gesenkschmiedens und dadurch begründet, daß zum scharfen und vollständigen Ausprägen der Formen ein gewisser Überschuß an Werkstoff vorhanden sein muß, der rings um das Schmiedestück als Grat herausgepreßt wird (Ausnahme: das Schmieden von Drehkörpern von der Stange in „offenen" Gesenken, wobei die Stange nach jedem Schlag um etwa 90° um ihre Längsachse gedreht wird, und das weiter unten beschriebene Schmieden auf Wagerecht-Schmiedemaschinen). Die Stirnflächen der Gesenke rings um die eigentliche Form werden daher entweder nach außen abgeschrägt (Abb. 154a), wobei die Stärke des Grates nicht genau festliegt und die Stärke des Schmiedestückes beeinflußt, falls die Stirnflächen nicht mit schließlich aufeinandertreffenden Stoßflächen (Abb. 154b) versehen werden, oder es wird in die Stirnflächen rings um die Form eine Gratrille eingearbeitet (Abb. 154c).

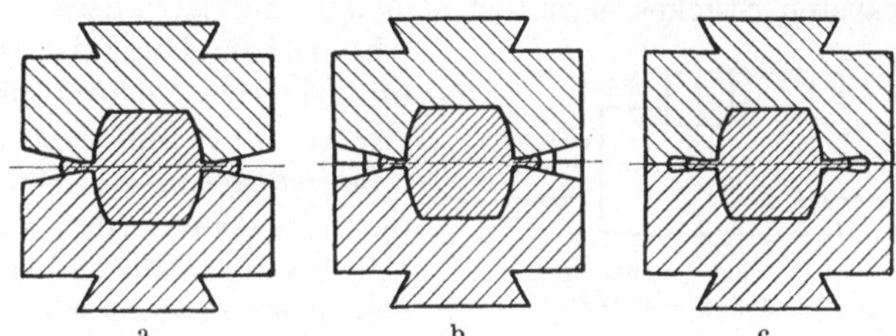

Abb. 154. Verschiedene Ausbildung der Gesenkstirnflächen.

An denjenigen Stellen, wo infolge starker Querschnittsänderungen oder Einbuchtungen besonders starker Grat entsteht, muß durch entsprechende Aussparungen im Gesenkblock genügend Platz dafür geschaffen werden. Der Grat muß zum leichten Abtrennen am Schmiedestück selbst möglichst dünn sein. Nicht weiter bearbeitete Schmiedestücke werden nach dem Abgraten nochmals in ein Gesenk geschlagen, welches keine Gratrille mehr und möglichst eine andere Teilfläche besitzt als das zuvor benutzte, um die Gratspur zu beseitigen.

Zum genauen *Aufeinanderpassen von Ober- und Untergesenk* sind, falls dasselbe nicht nach den genau bearbeiteten Seitenflächen oder nach Strichmarken auf diesen erfolgen kann oder die Stirnflächen nicht genau ineinander passende Gegenprofile darstellen, Falz und Nut, gerade oder kreisförmig, vorzusehen, die beim Auftreffen des Obergesenkes auf das Schmiedestück schon ineinandergreifen müssen und u. U. schon notwendig sind, um ein Verschieben beider Gesenkhälften durch auftretende Seitendrucke zu verhüten und die Bärführungen des Hammers zu entlasten (vgl. auch Abb. 159).

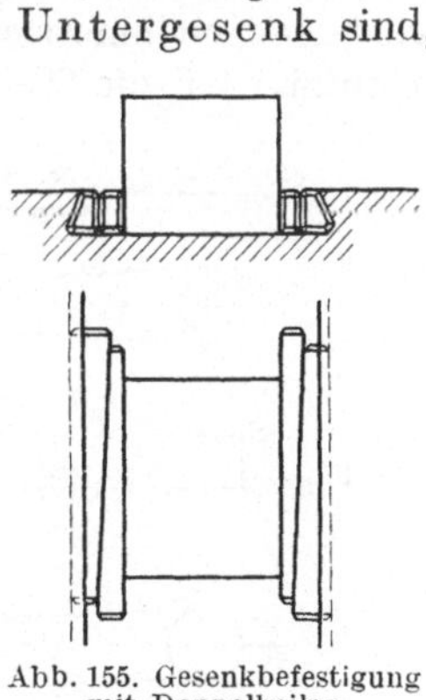

Abb. 155. Gesenkbefestigung mit Doppelkeilen.

Zum *schnellen Herausheben des fertigen Schmiedestückes* aus dem Gesenk, in dem es sich sonst infolge des Schwindens festklemmen kann, ist vielfach eine Ausstoßvorrichtung (Bohrung mit Dorn) vorzusehen. — Bei tiefen Gesenken ist auch eine *Entlüftungsbohrung* erforderlich, weil die eingeschlossene Luft sonst das Ausfüllen der Formen verhindert.

Die *Befestigung der Gesenke* in den Schwalbenschwanznuten der Maschine erfolgt am besten mit Doppelkeilen zu beiden Seiten des Gesenkblockes (Abb. 155), die ja auch eine gewisse seitliche Verstellung zum genauen Ausrichten erlauben. Für kleine Gesenke werden besondere Gesenkhalter benutzt (Abb. 156), größere erhalten einen Schwalbenschwanz (vgl. Abb. 154). Die Befestigung der Gesenke durch Schrauben sollte nur bei Pressen verwendet werden, weil Schrauben zur Aufnahme von Stößen nicht geeignet sind.

Die *Lebensdauer eines Gesenkes* ist nicht allein vom Werkstoff sondern auch von der Art des Schmiedens, der Sorgfalt in der Herstellung und

Behandlung und auch von Zufälligkeiten abhängig; sie läßt sich nur auf Grund von Erfahrungen schätzen. In manchen Fällen hat Dauerheizung der Gesenke durch Gasflammen die Lebensdauer günstig beeinflußt[1].

Das Abgraten erfolgt kalt durch Abmeißeln oder Abschleifen des Grades, meist aber mit Abgratgesenken auf Pressen, und zwar bei kleineren Teilen kalt, bei größeren in warmem Zustande, da sonst zu hohe Drucke und übermäßig schwere Pressen nötig. wären. Das Abgratgesenk besteht aus Stempel und Matrize, deren Schneidkanten genau dem Umriß des Schmiedestückes entsprechen. Zur Erzielung einer günstigen Scherwirkung und freien Durchfallens des entgrateten Stückes erweitert sich der Matrizenausschnitt nach hinten etwas (vgl. Abb. 164c). Die Form der Stirnfläche von Stempel und Matrize richtet sich nach dem Verlauf des Grates am Schmiedestück bzw. der Stirnfläche des Schmiedegesenkes. Die Patrize muß sich möglichst der Oberfläche des zu entgratenden Schmiedestückes anpassen und sich gleichmäßig anlegen, um Verbiegen desselben zu verhüten.

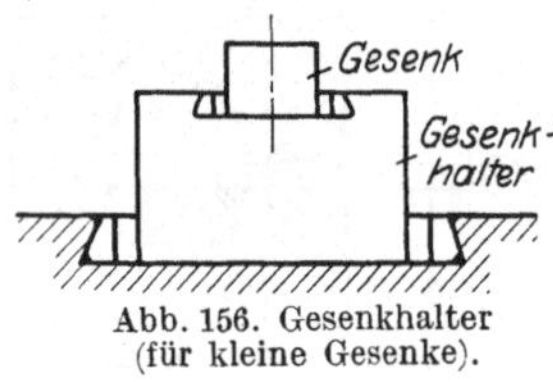

Abb. 156. Gesenkhalter (für kleine Gesenke).

Beim Entwerfen von Schmiedegesenken ist neben einer Reihe anderer Punkte — Schmieden von der Stange oder aus einzelnen Abschnitten, Vorschmieden oder Vorbiegen, nachträgliches Biegen oder Aufspreizen usw. — vor allen Dingen zu überlegen, was in Ober- und Untergesenk zu liegen kommen und wie die Teilfläche oder Gratlinie verlaufen soll. Es ist eine theoretisch noch nicht vollkommen begründete Erfahrungstatsache, daß beim Schmieden unter Hämmern die Formen im Obergesenk, bei Pressen im Untergesenk schärfer ausgeprägt werden. Bei Drehkörpern u. dgl. wird eine Symmetrieebene als Teilebene benutzt. Ist die Teilfläche nicht eben,

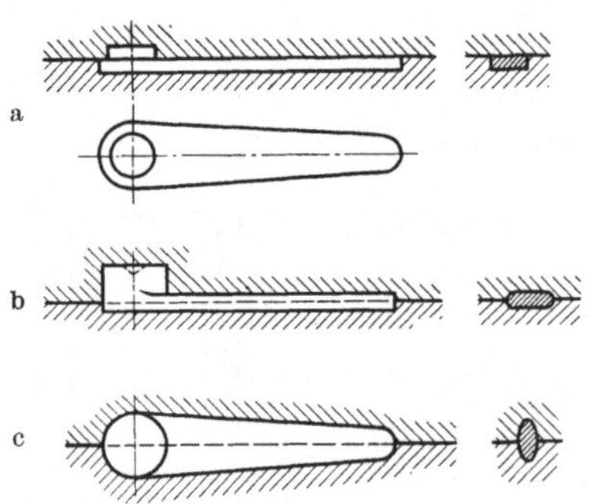

Abb. 157. Gesenkteilung bei Hebeln u. dgl.

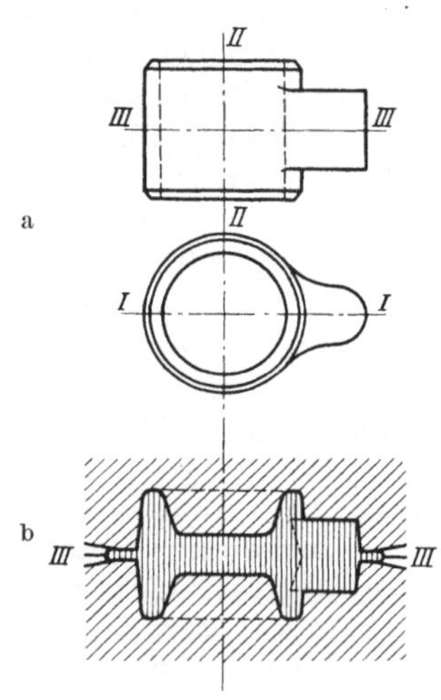

Abb. 158. Teilung des Gesenkes für eine Muffe.

so gibt man, wenn irgend angängig, dem Obergesenk die erhabene oder mit vorspringenden Teilen versehene Stirnfläche, dem Untergesenk die eingezogene, weil sich dann das Werkstück besser auflegen läßt und nach dem Schlagen ins Gesenk nicht so leicht vom Obergesenk mit hochgenommen wird[2]. Bei der

[1] Vgl. Z. V. d. I. 1923, S. 743.

[2] Vgl. Quack: Neues Verfahren zur vereinfachten Herstellung von Gesenkschmiedestücken. Maschinenbau 1925, S. 948. — Bei diesem nur für Gesenkschmiedestücke mit glatter Unterseite geeigneten Verfahren (Otan-Gesellschaft m. b. H., Berlin) wird die ganze Gesenkform in das Obergesenk verlegt und in das glatte Untergesenk eine verjüngte Schwalbenschwanznut zum Festhalten des Schmiedestückes beim Hochgehen des Obergesenkes

Wahl der Teilflächen ist auf möglichst einfache Vorform des Schmiedestückes, gutes Ausschlagen, leichtes Herausheben aus dem Gesenk und gutes Abgraten zu achten.

Das Vorgesenk erhält meist angenähert dieselbe Form wie das Fertiggesenk. Das ist aber vielfach unwirtschaftlich, weil dem Fließen des zu schmiedenden Werkstoffes dabei nicht Rechnung getragen wird. Schweißguth empfiehlt daher[1], die Druckwirkung zwischen Gesenk und Werkstück bei ebener Werkstücksfläche mit einer erhaben gekrümmten Gesenkfläche und umgekehrt auszuüben, wodurch Fließen des Werkstoffes und Ausfüllen der Gesenke erleichtert und beschleunigt, der Kraftverbrauch vermindert und eine größere Schonung der Gesenke erzielt wird.

Bei Hebeln oder Griffen mit rechteckigem Querschnitt und einseitigen Augen kann man die ganze Form in eine Gesenkhälfte legen (Abb. 157a), das vereinfacht die Gesenkherstellung und das Abgraten. Bei abgerundetem Griffquerschnitt ist die Teilung nach Abb. 157b oder 157c möglich. Maßgebend dafür ist die Höhe des Auges und das Verhältnis von Breite und Dicke des Griffquerschnittes. Teilung nach Abb. 157b ergibt einfachere und flachere Ausarbeitung des Gesenkes und einfacheres Abgratgesenk; das Gesenk nach Abb. 157c ist teurer, ermöglicht aber höhere, zylindrische Augen.

Auch für die Muffe nach Abb. 158a ergeben sich drei Möglichkeiten für die

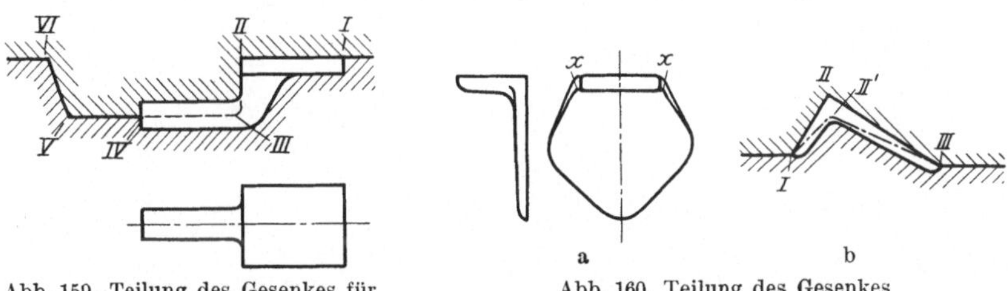

Abb. 159. Teilung des Gesenkes für einen Haken.

Abb. 160. Teilung des Gesenkes für eine Winkelplatte.

Gesenkteilung, nämlich nach *I—I*, *II—II* oder *III—III*. Bei Teilung nach *II—II* ergibt sich für das Abgratgesenk eine einfachere rechteckige Schnittlinie. Bei Teilung nach *III—III* wird die Muffe außen doppelkegelförmig (Abb. 158b), das Gesenk ist aber leichter durch Ausdrehen und Ausfräsen herzustellen und die Bohrung des Werkstückes kann vorgedrückt werden, wodurch an Werkstoff und an Bearbeitungskosten gespart und der Werkstoff gründlich durchgeknetet wird und die Formen schneller und besser ausfüllt. (Das Loch kann später durchgestanzt und nach Wiedererwärmung des Stückes durch Durchdrücken eines Dornes genau zylindrisch gemacht werden, so daß höchstens Nachreiben nötig ist. Ähnlich schmiedet man ringförmige Körper aus abgeschnittenen Rundstahlscheiben und stanzt den Boden aus.)

Das Gesenk für den Haken nach Abb. 159 wird man nach *I—II—III—IV* teilen und ihm eine Schulter *V—VI* geben, um ein Verschieben beider Gesenkhälften durch wagerechten Seitendruck von rechts zu verhüten.

Bei der Winkelplatte nach Abb. 160a teilt man wegen des saubereren Abgratens bei x nicht nach *I—II—III*, sondern nach *I—II'—III* (Abb. 160b) und wählt die Neigung von *I—II'* und *II'—III* so, daß sich die Seitendrucke gegenseitig aufheben.

---

eingearbeitet; die Form desselben kann hierbei ohne Verjüngung (Anzug) ausgearbeitet werden. Der an der Unterseite des Werkstückes dadurch gebildete Schwalbenschwanz muß nachträglich abgetrennt werden.

[1] Vgl. H. 31 der Werkstattsbücher oder Werkst.-Techn. 1925, S. 373.

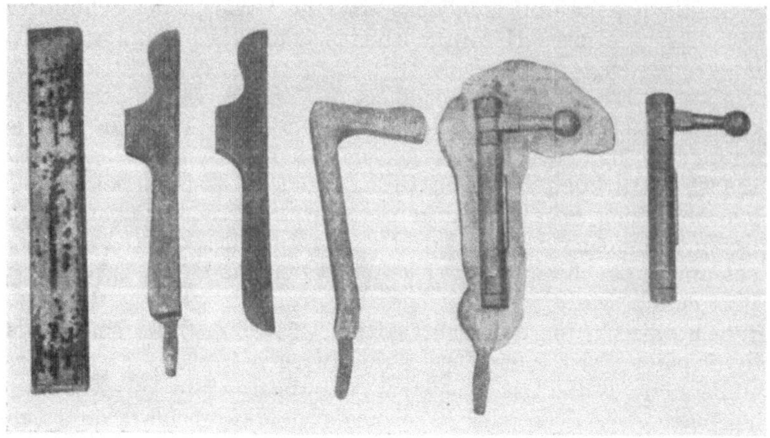

Abb. 161. Schmiedestufen einer Gewehrkammer.

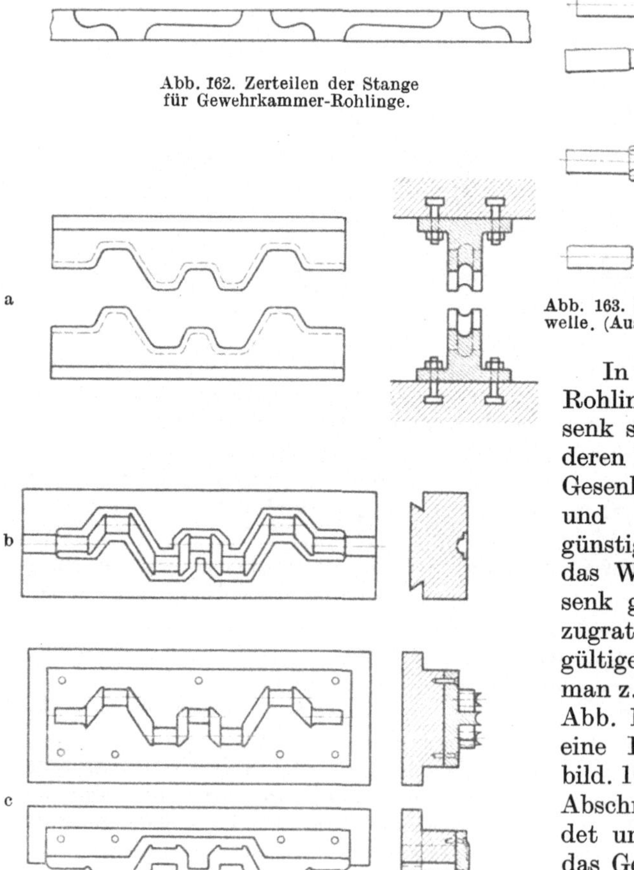

Abb. 162. Zerteilen der Stange für Gewehrkammer-Rohlinge.

Abb. 164. Gesenke für die Automobilkurbelwelle nach Abb. 163.

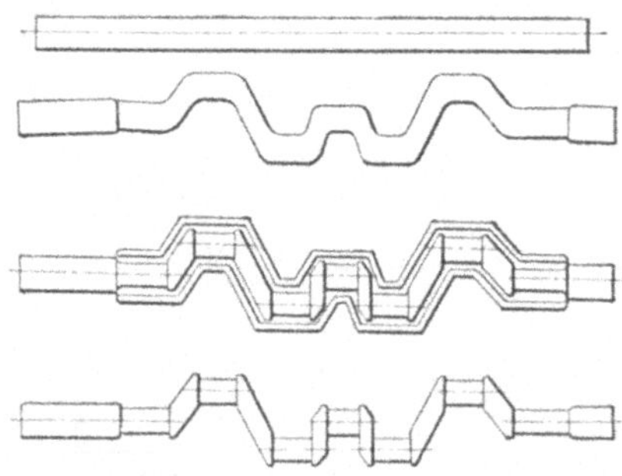

Abb. 163. Schmiedestufen einer Automobilkurbelwelle. (Aus: Schweißguth, Gesenkschmiede I.)

In vielen Fällen muß man den Rohling vorbiegen, um ihn ins Gesenk schlagen zu können; in anderen Fällen wieder ist es für die Gesenkherstellung, das Abgraten und die Werkstoffausnutzung günstiger oder sogar notwendig, das Werkstück erst in einem Gesenk gestreckt zu schmieden, abzugraten und dann erst in die endgültige Form zu biegen. So kann man z. B. die Gewehrkammer nach Abb. 161 schmieden, indem man eine Flacheisenstange nach Abbild. 162 ohne Abfall aufteilt, die Abschnitte freihändig vorschmiedet und biegt und schließlich in das Gesenk schlägt und abgratet.

Bei einer Automobilkurbelwelle (Abb. 163) wird man die Rohstange dagegen mittels eines besonderen Biegegesenkes (Abb. 164a) auf der

Presse oder Biegemaschine vorbiegen, dann ins Gesenk (Abb. 164b) schlagen, abgraten (Abgratgesenk Abb. 164c) und hinterher nochmals in das Fertiggesenk schlagen und wieder abgraten.

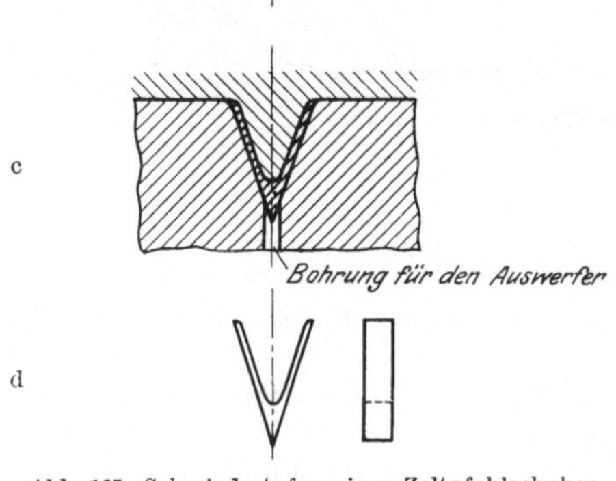

Abb. 165. Schmiedestufen eines Zeltpfahlschuhes.

Der Zeltpfahlschuh (Abb. 165d) erhält z. B. die Vorform nach Abb. 165a, dann wird die Spitze geschmiedet (Abb. 165b), abgegratet und dann in die endgültige Form gebogen (Abb. 165c).

Der Winkelbügel (Abb. 166b) wird wegen seiner Aussparung erst nach Abb. 166a vorgeschmiedet und dann rechtwinklig umgebogen.

Die zweiarmige Stütze (Abb .167) wird

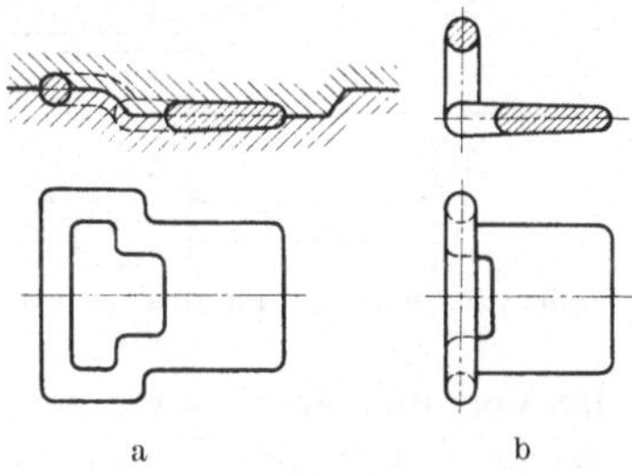

Abb. 166. Schmiedestufen eines Winkelbügels.

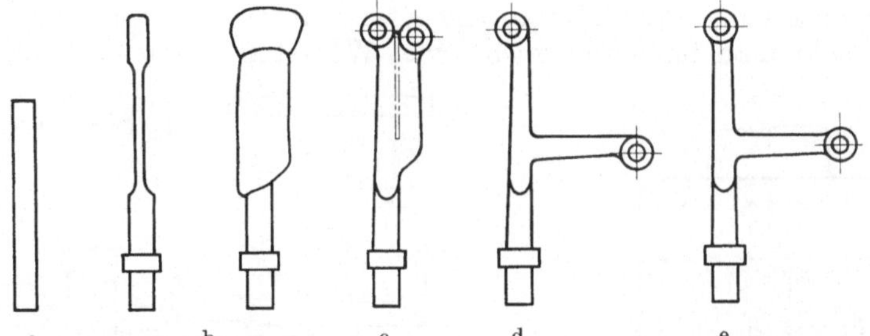

Abb. 167. Schmiedestufen einer zweiarmigen Stütze. (Aus: Schweißguth, Gesenkschmiede I.)

man zunächst mit zusammengelegten Armen (Abbild. 167c) schmieden und abgraten (Abb. 167a—c), dann warm aufsägen (Abb. 167c), aufbiegen (Abb. 167d) und die Augen mit Hilfe eines kleinen Gesenkes geraderichten (Abb. 167e). — Ähnlich werden die Arme der Bremswelle für Eisenbahnwagen (Abb. 168c) aus dem vorgeschmiedeten Werkstoff (Abb. 168a) im Gesenk erst angelegt geschmiedet (Abb. 168b) und dann in die endgültige Form rechtwinklig abgebogen.

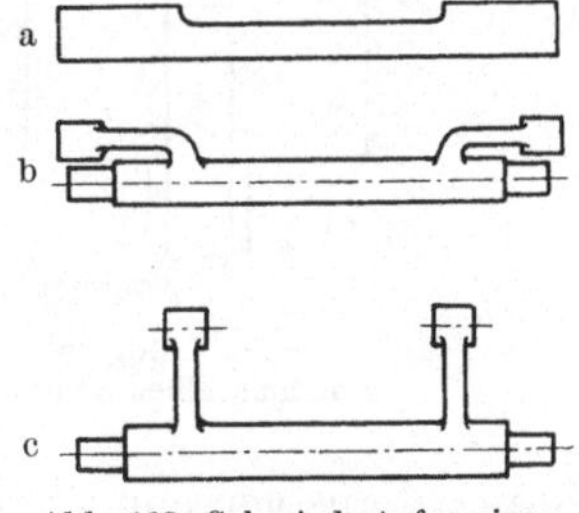

Abb. 168. Schmiedestufen einer Bremswelle. (Aus: Schweißguth, Gesenkschmiede I.)

Es braucht nicht immer das ganze Schmiedestück im Gesenk geschmiedet zu werden, oft genügt es, nur bestimmte Teile ins Gesenk zu schlagen, z. B. Naben langer Hebel, Stangenköpfe, die Enden von Automobilachsen (Abb. 169) usw. Dadurch erhält man kleinere und billigere Gesenke und braucht nicht unnötig schwere Hämmer; außerdem kann man ein solches Teilgesenk für Werkstücke von verschiedener Länge benutzen.

Mitunter ist es aber zweckmäßiger, Augen, Köpfe, Bunde, Flanschen usw. durch Stauchen herzustellen, wie es z. B. für die Herstellung von Niet- und Schraubenköpfen auf Pressen allgemein üblich ist und bei größeren, von der Stange zu schmiedenden Stücken auf Wagerecht-Schmiedemaschinen vorgenommen wird. Auch das Schmieden von Ventiltellern und Eisenbahnpuffern gehört hierher[1].

Abb. 170 veranschaulicht das Stauchen eines Schraubenkopfes, wobei der vorher auf genaue Länge abgeschnittene Rohling durch einen verstellbaren, auch als Auswerfer verwendbaren Anschlag gegen den Stauchdruck gestützt

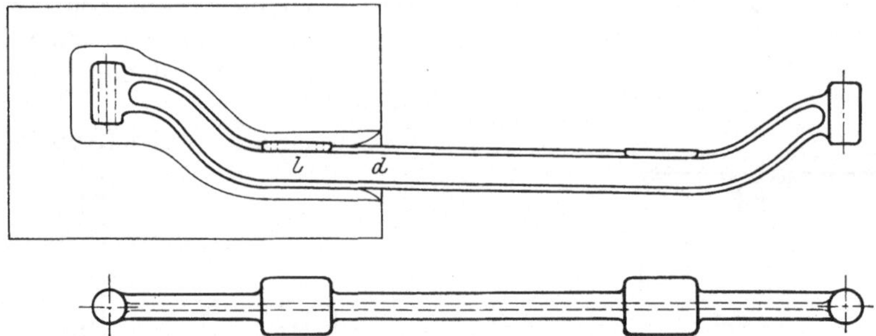

Abb. 169. Teilgesenk für eine Automobilachse. (Aus: Schweißguth, Gesenkschmiede I.)

wird. Ist Vor- und Fertigstauchen notwendig, dann verwendet man eine Vincentpresse (siehe S. 190) mit Vorstauchapparat (siehe Abb. 139).

Es folgen einige Beispiele für Arbeiten auf Wagerecht-Schmiedemaschinen, die die vielseitige Verwendbarkeit derselben beweisen[2]. Abb. 171 veranschaulicht das Anstauchen einer Fußplatte an eine Stange in zwei Vorgängen. Beim Vorstauchen sucht man immer möglichst viel Werkstoff schon nach hinten (vom

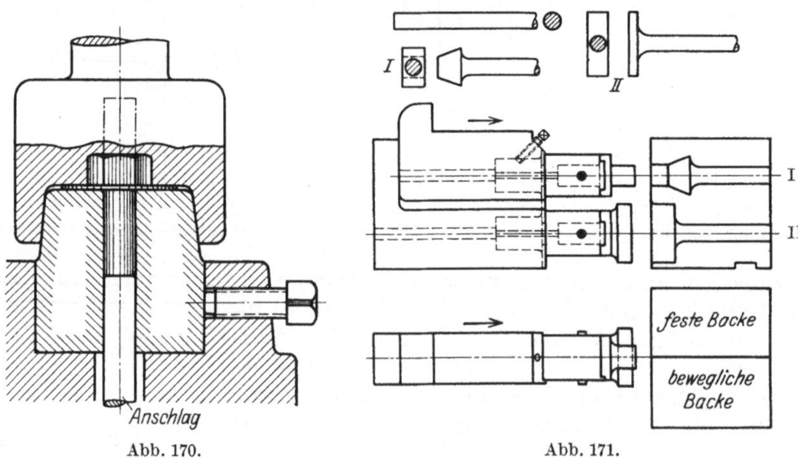

Abb. 170. Stauchen eines Schraubenkopfes.

Abb. 171. Stauchen der Fußplatte einer Stange.

Stempel aus gerechnet) zu bringen, daher die keilförmige Vorform (*I*). — Gabelköpfe können entweder nach Abb. 172 oder bei nicht zu weiten Gabeln auch ohne vorheriges Aufsägen geschmiedet werden; im letzteren Falle wird die Stange

[1] Vgl. Gans: Reihenfertigung von Eisenbahnpuffern. Werkst.-Techn. 1924, H. 19 (siehe auch Werkstattsbücher H. 31).

[2] Siehe auch Pockrandt: Die wirtschaftliche Bedeutung des Stauchens auf Wagerecht-Schmiedemaschinen. Maschinenbau-Betrieb 1922, S. (459) 31.

beim ersten Arbeitsvorgang durch einen meißelartig zugespitzten Stempel in der Mitte aufgeschnitten und vorgespreizt. — Hohlkörper lassen sich aus der vollen Stange ohne Werkstoffabfall schmieden, wie z. B. die Büchse nach Abb. 173. Im ersten Hub wird gestaucht und vorgelocht (*I*), im zweiten Hub mittels Scherstempels und Scherrings (zweiteilig durch Draht zusammengehalten) der Boden durchgestoßen (*II*), wobei der „zurückgelochte" Werkstoff an der Stange sitzenbleibt. (Ebenso lassen sich auch Flansche mit Loch oder eckige Hohlkörper, z. B. Federbunde, von der Stange schmieden; einseitig geschlossene Hohlkörper werden nicht durchgelocht, sondern der Boden im zweiten Hube innen eben gedrückt und das Schmiedestück auf der Warmsäge von der Stange abgeschnitten.) — Augen an Stangen oder Hebeln können nach Abb. 174 nach dem Stauchen auch quer gelocht werden. Eine andere Herstellungsmöglichkeit besteht darin, daß das Stangenende durch die bewegliche Backe zunächst um einen senkrechten Dorn gegen die feste Matrizenhälfte gebogen und durch den Stempel dann zum Ring zusammengebogen wird, der dann im zweiten Gesenk durch den zweiten Stempel fertiggestaucht wird. — Bei der Geländerstange nach Abb. 175 wird mittels eines langen Hohlstempels zunächst die Mittelkugel (*I*), im zweiten Hub die Endkugel (*II*) und im dritten die Fußplatte (*III*) am anderen Ende gestaucht. Man kann auch die beiden Kugeln in einem Hub stauchen, wenn man die Matrize in der Längsrichtung in drei Teile teilt, von denen der hintere Teil (vom Stempel aus gerechnet) feststeht und die beiden anderen, in der Längsrichtung verschiebbaren durch Federn auseinandergehalten

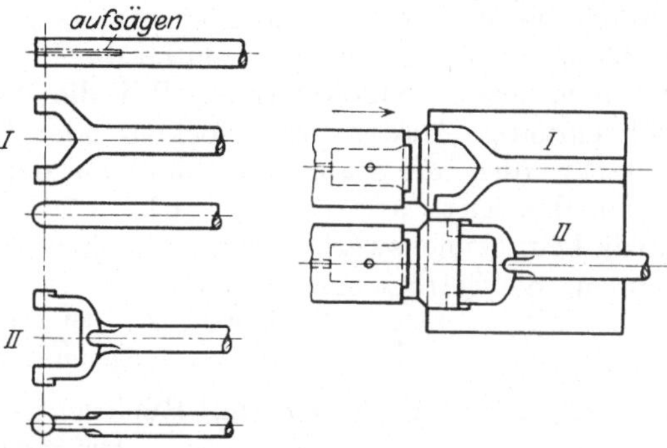

Abb. 172. Schmieden eines Gabelkopfes.

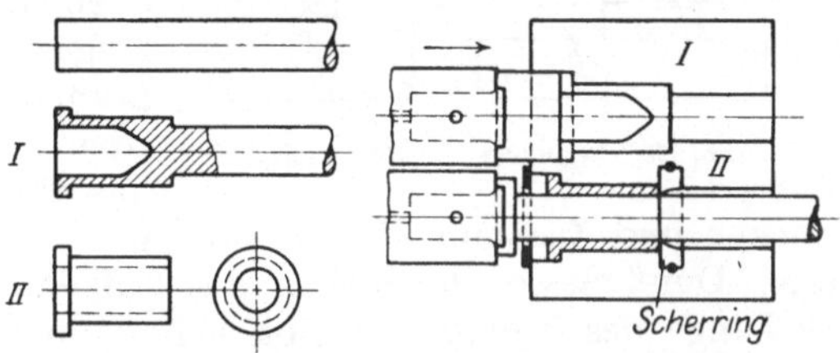

Abb. 173. Schmieden einer Büchse von der Stange

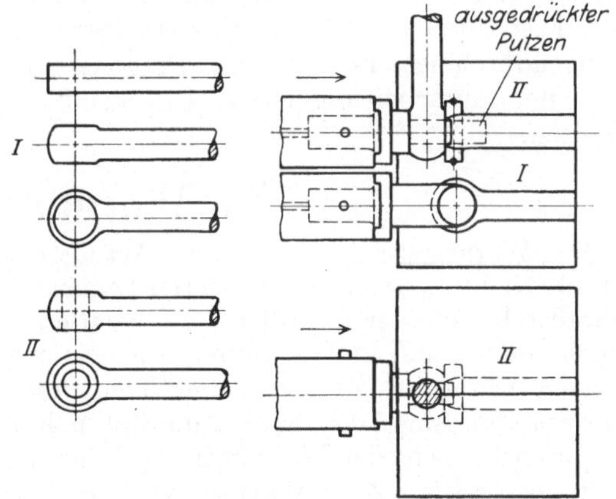

Abb. 174. Schmieden und Querlochen eines Stangenauges.

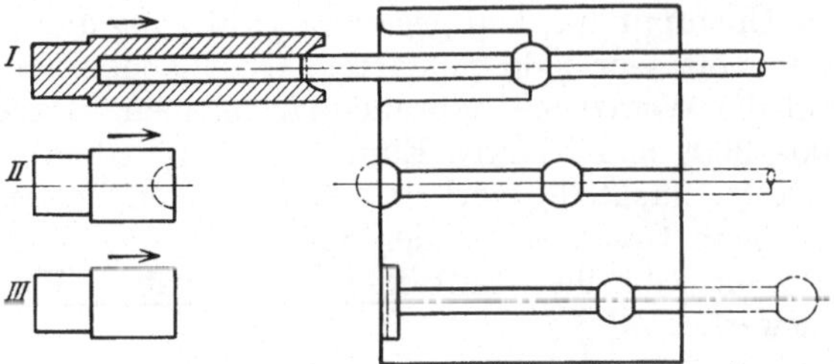

Abb. 175. Schmieden einer Geländerstange.

werden, bis der vorgehende Stempel sie zusammendrückt und zwischen dem vorderen und mittleren Matrizenteil die Endkugel und zwischen dem mittleren und dem feststehenden letzten Teil die Mittelkugel staucht. — Es können auch einseitige Ansätze, wie Nocken- oder Daumen (Abb. 176), gestaucht (gespritzt) werden; die Stange muß dann auf der Strecke *a*—*b* festgeklemmt werden.

Für den Entwurf der Gesenke für Wagerecht-Schmiedemaschinen ist, da kein nennenswerter Grat entstehen soll, zunächst die Stauchlänge zu berechnen. Sie beträgt theoretisch

$$L = \frac{\text{Rauminhalt des zu stauchenden Teiles}}{\text{Stangenquerschnitt}},$$

praktisch $L_1 = 1{,}1 \div 1{,}15\ L$ (mit Rücksicht auf Abbrand und sonstige Verluste). Die genaue Stauchlänge ist nur durch Versuche vor dem Schmieden festzustellen. Die in einem Hube zu stauchende freie Stangenlänge darf höchstens das Dreifache des Stangendurchmessers betragen; eine größere freie Länge läßt sich z. B. stauchen, wenn das freie Stangenende zum Schutz gegen Knicken und Zusammenfalten von einer Aussparung der Matrize umgeben ist, deren Durchmesser höchstens das 1,5fache des Stangendurchmessers beträgt. Die Länge des Stempels ergibt sich dann aus der Stauchlänge, dem Abstand zwischen Stempelhalter und Matrize bei vorderer Totlage des Stauchschlittens und der Lage der Gesenkformen in der Matrize. Die Länge der Klemmfläche zum Festhalten der Stange in der Matrize muß mindestens das Dreifache des Stangendurchmessers oder der Diagonale bei kantigen Stangen betragen, die Tiefe der Ausarbeitung etwas Untermaß gegenüber dem Stangenquerschnitt erhalten.

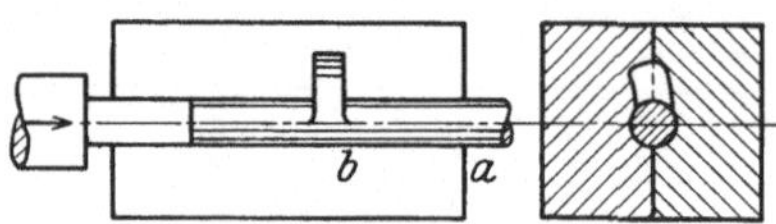

Abb. 176. Stauchen eines Nockens.

VI. Warmpressen[1].

Das Warmpressen ist auch eine Art Gesenkschmieden und kommt hauptsächlich für Nichteisenmetalle und deren Legierungen in Frage. Die Rohlinge — meist zylindrisch, seltener profiliert[2] — werden von der Stange auf genaue Länge abgeschnitten und in Wärmöfen, am besten in Muffelöfen (vgl. S. 271) vor dem Pressen erwärmt. Zweckmäßige Temperaturen sind etwa: für Kupfer 900°, Warmpreßmessing 700÷800°, Aluminium 400°, Elektron 250°, Zink 220°. Wegen des guten Fließens der Werkstoffe erübrigt sich hier gewöhnlich ein Vorschmieden oder Vorpressen. Zum Warmpressen werden in der Regel Spindelpressen verwendet. Die Warmpreßwerkzeuge müssen aus Werkstoffen, wie Chromnickelstahl, hergestellt werden, die größte Widerstandsfähigkeit gegen Schlagwirkung und Unempfindlichkeit gegen die Erhitzung durch die Rohlinge besitzen; trotzdem treten oft sehr bald netzartige Oberflächenrisse auf, die sich schnell erweitern und die Werkzeuge unbrauchbar machen. Dauernde Heizung der Gesenke auf 200÷300° und leichtes Einfetten nach jedem Preßvorgang erhöht die Lebensdauer[3]. Nachteilig wirken scharfe Ecken in der Gravur. Das Abgraten erfolgt wie beim Gesenkschmieden mit Hilfe von Abgratschnitten auf Abgratpressen.

Zum schnellen Entfernen der fertigen Preßteile aus dem Gesenk dienen Auswerfer.

[1] Vgl. Merkblatt des DATSCH: „Warmpreßwerkzeuge für Nichteisenmetalle".

[2] Profilierte Stangen werden auf sogenannten Strangpressen in teigigem oder flüssigem Zustande gepreßt (gespritzt) und zeichnen sich durch besondere Dichte aus.

[3] Vgl. Aronheim: Die Erhöhung der Lebensdauer von Gesenken für das Warmpressen von Messing. Maschinenbau 1926, S. 877.

Je nach der Form des gewünschten Preßteiles verwendet man das Quetsch- (Abb. 177), das Stauch- (Abb. 178) oder das Spritzverfahren (Abb. 179) oder eine Verbindung zweier dieser Verfahren.

Das Warmpressen kann mit den beschriebenen Schmiedepressen ausgeführt werden, von denen jede Bauart unter gewissen Voraussetzungen bestimmte Vorteile hat. Am gebräuchlichsten sind Spindelpressen (sogenannte Schnelläufer) wegen ihrer großen Leistungsfähigkeit. Bei richtig gewählter Temperatur und zweckmäßigem Preßverfahren erhält man nicht nur sehr saubere und genaue sondern auch sehr dichte und feste Preßteile, die durch Abbeizen mit Salpetersäure von der anhaftenden Oxydschicht befreit werden können.

Die Genauigkeit kann durch Kalibrieren, d. h. lehrenhaltiges Fertigpressen, der warm vorgepreßten und entgrateten Teile mit besonderen Kalibriergesenken weiter gesteigert und dadurch jede weitere Nacharbeit überflüssig gemacht werden. Hierzu eignen sich

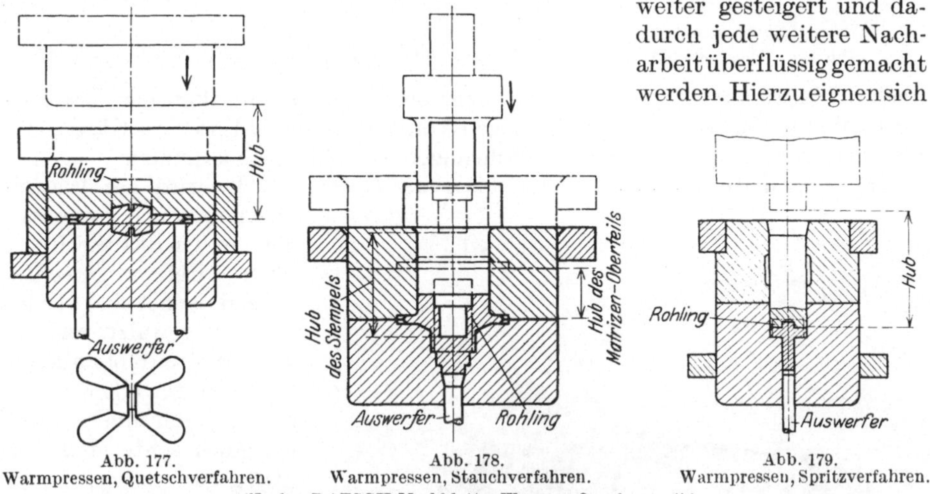

Abb. 177. Warmpressen, Quetschverfahren. Abb. 178. Warmpressen, Stauchverfahren. Abb. 179. Warmpressen, Spritzverfahren.

(Nach : DATSCH-Merkblatt „Warmpreßwerkzeuge".)

besonders Kniehebel-Prägepressen, bei welchen der Druck mit Hilfe eines durch Kurbeltrieb und Lenkstange betätigten Kniegelenkes hervorgebracht wird (vgl. auch Kniehebel-Ziehpressen Abb. 193). Die Firma L. Schuler A.-G., Göppingen, baut solche Pressen für Arbeitsdrucke bis 2000 t, womit auch noch die größten Teile (z. B. für Automobile) gepreßt und kalibriert werden können.

VII. Blech-, Draht- und Rohrverarbeitung.

Die Verarbeitung erfolgt je nach Art und Abmessungen des Werkstoffes und der Größe der vorzunehmenden Formänderung warm oder kalt. Kaltverarbeitung wird insbesondere gewählt bei geringen Werkstoffquerschnitten, die bei Erwärmung ohnehin allzu schnell abkühlen würden, und solchen Werkstoffen, wie Stahl mit niedrigem Kohlenstoffgehalt, Kupfer, Messing, Blei usw., die in kaltem Zustande bereits hinreichend dehnbar sind. Auf die bei der Kaltformung u. U. auftretenden Nebenwirkungen in bezug auf das Gefüge und die Festigkeitseigenschaften wurde schon früher hingewiesen (siehe S. 6, Legierungen). Nachstehend werden nur die mit besonderen Vorrichtungen oder Maschinen ausgeführten Arbeiten behandelt.

A. Blechverarbeitung.

Dünnere Bleche werden durchweg kalt, stärkere Eisenbleche, z. B. Kesselbleche, vielfach warm verarbeitet.

1. Biegen, Richten, Pressen und Kümpeln.

Das Abkanten, d. h. scharfkantige Umbiegen des Bleches um einen bestimmten Winkel, wird mit Abkantmaschinen vorgenommen. Das Blech wird zwischen zwei Backen A und B (Abb. 180) eingespannt und der vorstehende Teil mittels der Backe C umgebogen. Der Biegewinkel wird durch einen Anschlag für die

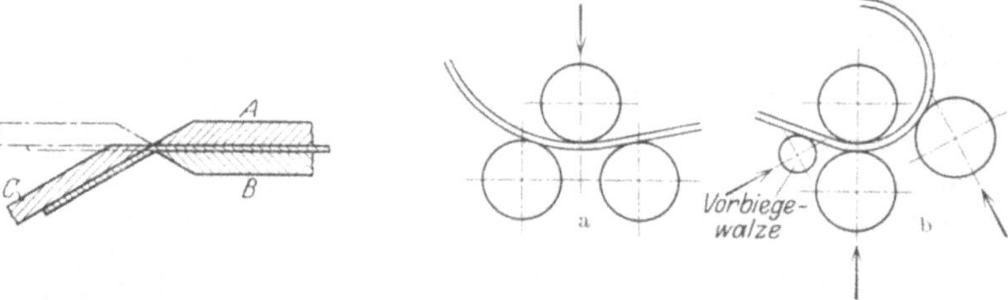

Abb. 180. Abkanten von Blechen. Abb. 181. Walzen-Blechbiegemaschinen (Schema).

Backe C bestimmt. Für das Biegen mehr oder minder scharfkantiger Transformator-Wellbleche sowie zum Abbiegen von engen, geschlossenen Kästen wie Eiszellen u. dgl., gibt es Sonderausführungen von Abkantmaschinen.

Das Rundbiegen von Blechen bis etwa 25 mm Stärke wird auf Walzenbiegemaschinen vorgenommen, indem das Blech zwischen drei wagerechten Walzen nach Abb. 181 a hin und her gewalzt und die obere Walze dabei allmählich tiefer gestellt wird, bis der Biegedurchmesser auf das gewünschte Maß heruntergegangen ist. Durch Neigen der Oberwalze lassen sich kegelförmige Blechschüsse erzielen. Zum Einlegen und Herausnehmen der Bleche ist die Oberwalze hochklappbar. Es werden auch Maschinen mit drei verstellbaren Walzen und solche mit einer (vierten) Vorbiegewalze verwendet (Abb. 181 b). Sehr starke Bleche biegt man mit „stehenden“ Backenbiegemaschinen, indem das senkrecht stehende bzw. an einem Kran hängende Blech schrittweise zwischen den sich abwechselnd öffnenden und schließenden Backen durchgeschoben wird. Die Maschine (Abb. 182) besteht aus einem äußerst kräftigen Rahmen, der oben durch einen aufklappbaren Riegel geschlossen wird. An dem einen der beiden äußeren Rahmenbalken sitzt die feste, erhaben gewölbte Backe, während der

Abb. 182. Stehende hydraulische Backen-Blechbiegemaschine (Haniel & Lucy, Düsseldorf).

innere, wagerecht verschiebbare Balken die hohlgewölbte Backe trägt. Das Vorschieben desselben wird durch den innerhalb des Maschinenrahmens angeordneten Druckwasserzylinder und die von dessen Kolben auf einer schiefen Ebene bewegten Druckrollen, der Rückzug durch einen besonderen wagerechten, außen am Rahmen angeordneten hydraulischen Rückzugzylinder bewirkt. Der darüber sitzende hydraulische Zylinder dient zum Hochschwenken des Riegelbalkens, um das zum vollen Zylinder gebogene Blech nach oben herausheben zu können. Mit Backenbiegemaschinen kann man das Blech bis zum vorderen und hinteren Rande gleichmäßig rund biegen, was bei Walzenbiegemaschinen nicht ganz möglich ist.

Die Schieß-Defries-A.-G., Düsseldorf, baut eine stehende Blechbiegemaschine von 4 m Biegehöhe mit Antrieb durch Elektromotor und Rädervorgelege mit versenkbarem äußerem Biegebalken und Einrichtung zum Biegen von Kegelschüssen nach vorgezeichneten Biegelinien. Eine selbsttätig ausrückende Doppel-Drehkeilkupplung setzt den inneren Biegebalken in seiner Ausgangsstellung still, doch kann auch mit unmittelbar aufeinanderfolgenden Hüben gearbeitet werden. Der Vorschub des Bleches beim Zylindrischbiegen erfolgt selbsttätig während des Rückhubes des Biegebalkens. Das Absenken des äußeren Balkens in eine unter Flur angeordnete Grube erspart das Herausheben des geschlossenen Blechschusses über die Maschine und die dazu erforderliche große lichte Werkstattshöhe. — Eine ähnliche Maschine von Haniel & Lueg, Düsseldorf, für Bleche bis 4100 × 60 mm besitzt statt des äußeren Balkens eine versenkbare Walze.

Das Richten der Bleche erfolgt durch mehrmaliges Hin- und Herwalzen zwischen zwei Walzenreihen, von denen die eine Reihe eine Walze mehr hat als die andere (Mindestwalzenzahl zwei bzw. drei) und die obere Walzenreihe je nach Blechstärke gegenüber der unteren eingestellt werden kann (Abb. 183). Außerdem sind die beiden äußeren Walzen der oberen Reihe unabhängig von den anderen einzeln verstellbar, um geraden Blechauslauf zu erzielen. Das Blech wird beim Durchlaufen der Walzen abwechselnd etwas hin und her gebogen, um die Unebenheiten (Buckel) zu beseitigen.

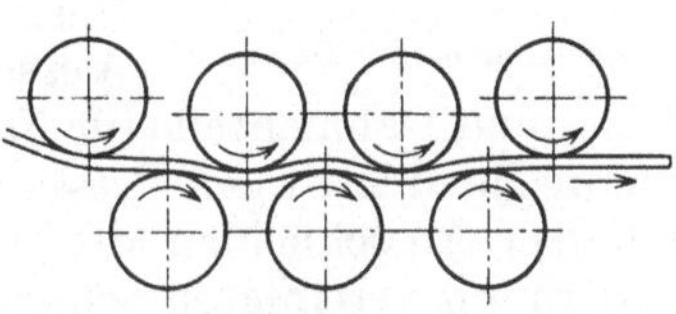
Abb. 183. Blechrichtmaschine (Schema).

Die Profilring-Walzmaschine von Th. Kieserling & Albrecht, Solingen, mit der Bandeisen in kaltem Zustande in die verschiedenartigsten Profile, von denen einige in Abb. 184 veranschaulicht sind, umgeformt werden kann, arbeitet mit mehreren, teils wagerechten, teils senkrechten Formwalzenpaaren hintereinander. Auf diese Weise werden z. B. Fahrrad-, Motorrad- und Automobilfelgen und Schutzbleche, eiserne Faßringe usw. hergestellt. Das profilierte Bandeisen wird

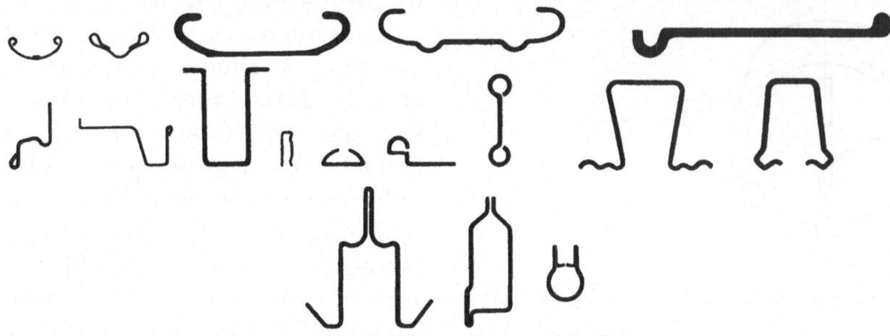
Abb. 184. Aus Bandeisen kaltgewalzte Profile.

zugleich schraubenförmig im gewünschten Ringdurchmesser aufgewickelt und zur Herstellung von Felgen z. B. danach auf Sägen oder Exzenterpressen in einzelne Ringe zerlegt, die elektrisch stumpfgeschweißt werden. Bei Ersatz der Biegerolle durch einen Richtapparat können die Profile aber auch in geraden Stäben hergestellt werden und als Ersatz für die wesentlich teureren gezogenen Profile dienen.

Die Formgebungsarbeiten an Blechabschnitten oder Blechausschnitten werden mit Hilfe entsprechender Werkzeuge (Gesenke) unter Pressen (siehe S. 182) vorgenommen, und zwar je nach Art und Größe der vorzunehmenden Formänderung in einem oder mehreren Arbeitsgängen. Abb. 185 veranschaulicht z. B. das Biegen eines Blechstreifens, der beim Auflegen auf die Matrize durch Anschläge A ausgerichtet wird. (Für größere Stücke und stärkere Bleche kommen auch die Wagerecht-Biegemaschinen — siehe S. 188 — zur Anwendung.) In den meisten Fällen wird es sich aber nicht um reine Biegearbeit handeln, sondern gleichzeitig ein Strecken oder Stauchen des Bleches an der einen oder anderen Stelle auftreten.

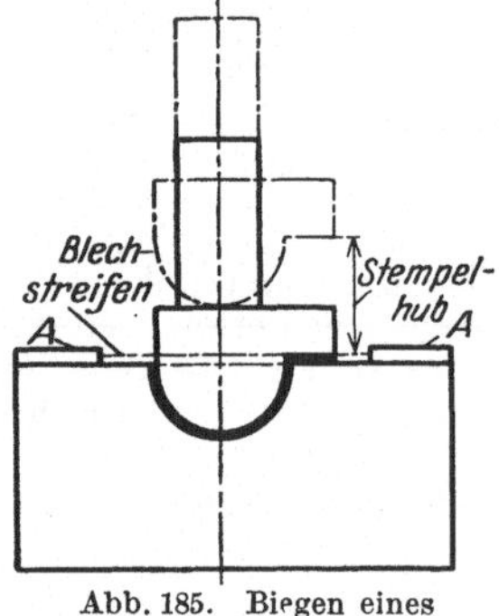

Abb. 185. Biegen eines Blechstreifens mit Gesenk.

Durch Pressen zwischen zwei entsprechenden Werkzeugen kann man alle möglichen, nicht zu tiefen und nicht unterschnittenen Formen erzeugen, wie es besonders der Fall ist bei der Massenherstellung der verschiedenartigsten Gebrauchsgegenstände (z. B. Löffel, Beschläge, Teile von Beleuchtungskörpern usw.) oder von Teilen im Apparate- und Kleinmaschinenbau (Fernsprecher, Fernschreiber, Zähler, Fahrräder, Näh- und Schreibmaschinen usw.). Aber auch große Teile, wie Verschlußbügel für Rohr- und Mannlochdeckel, Schutzbleche und Rahmenteile für Fahrgestelle von Fahrzeugen u. dgl., lassen sich mit entsprechend kräftigen Pressen aus Blech herstellen. Bei kleinen Teilen wird vielfach das Ausschneiden der Rohlinge nicht in einem besonderen Arbeitsgang, sondern mit vereinigten Schnitt- und Preßwerkzeugen (ähnlich wie z. B. Abb. 189) in einem Hube vorgenommen. Wird durch das Pressen die Blechstärke verändert, so spricht man von Prägen (Münzen, Medaillen, Plaketten usw.).

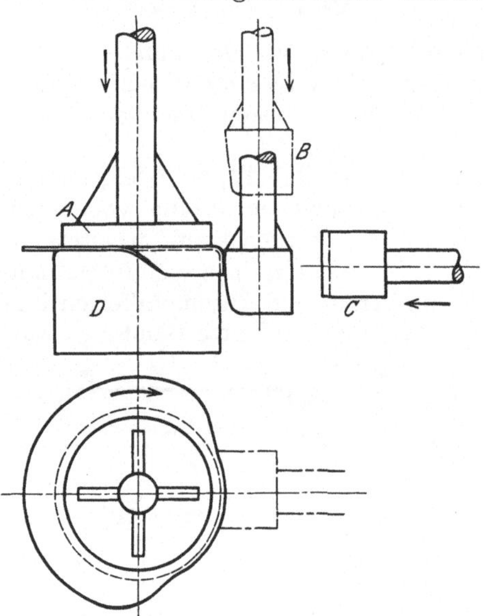

Abb. 186. Kümpeln bei Einzelfertigung.

Unter Kümpeln versteht man das Umbiegen des ganzen Blechrandes zur Herstellung von Deckeln und Böden von Blechgefäßen, im besonderen von Behälter- und Kesselböden. Dünnere Bleche können kalt, stärkere Bleche, z. B. Kesselbleche, nur warm unter hydraulischen Pressen gebördelt oder gekümpelt werden. Wenn nicht Massenfertigung vorliegt, dann wird man den ganzen Rand nicht in einem Hube, sondern schrittweise über den Umfang fortschreitend umbiegen, wie beim Bördeln von Hand, weil dafür einfachere und billigere Werkzeuge genügen. Man benötigt dazu aber eine Mehrstempelpresse, wie z. B. in Abb. 186 veranschaulicht. Der Stempel A hält das Blech auf dem Formblock D fest, der senkrecht arbeitende Stempel B biegt einen Teil des überstehenden Blechrandes nach unten um, geht wieder hoch, und dann drückt der wagerecht arbeitende Stempel C den umgebogenen Rand fest gegen die Seitenfläche von D. Dieser Vorgang wiederholt sich unter allmählichem Vorrücken oder Drehen des Bleches, das allerdings die sehr weitgehende Beanspruchung durch abwechselndes Strecken und Stauchen an der Übergangsstelle zwischen noch ebenem und bereits umgebogenem Rande aushalten und in der Regel mehrmals erwärmt werden muß. — Bei Massenfertigung, z. B. von Kesselböden, wird man dagegen den ganzen Rand mit einem Druck auf der Einstempelpresse kümpeln, wie Abb. 187 zeigt. Die Werkzeuge bestehen aus den ringförmigen Haltern H_1 und H_2, die mit den aus einzelnen Segmenten zusammengesetzten Füßen F_1 und F_2 an Preß- und Amboßbahn befestigt sind, und den um bzw. in den Halter gelegten, die Patrize und Matrize bildenden Ringen R_1 und R_2, von denen ersterer geschlitzt ist, so daß er nach Durchdrücken des Werkstückes durch die Matrize etwas herunterfallen und nach innen zusammengehen kann (Abb. 187b), um das Abstreifen des fertigen Bodens zu erleichtern oder ihn frei herunterfallen zu lassen und sein Festschrumpfen auf der Patrize zu verhüten. Zum Herausnehmen des fertigen Bodens muß etwa die Hälfte der Matrizenfüße F_2 entfernt werden. Bei nicht zu großen Durchmesserunterschieden der zu kümpelnden Böden brauchen nur die Ringe R_1 und R_2 ausgewechselt zu werden, darüber hinaus ist aber jeweils ein ganz neuer Werkzeugsatz erforderlich. In ähnlicher Weise erfolgt auch das Kümpeln des Innenrandes ein- oder ausgehalster Kesselböden zum Einstecken der Flammrohre.

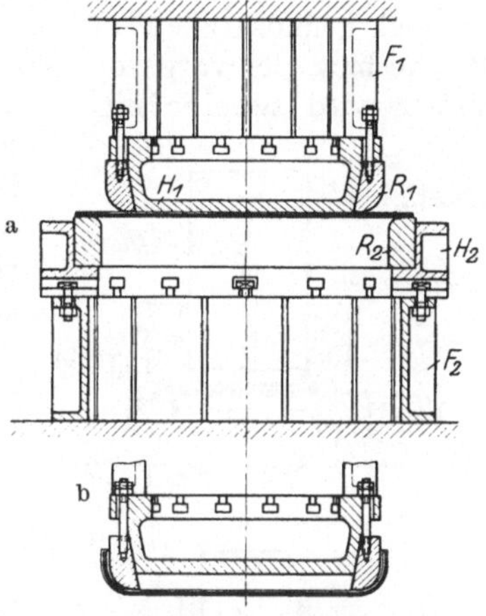

Abb. 187. Kümpeln bei Reihen- oder Massenfertigung. (Nach: Preger, Metallbearbeitung.)

2. Ziehen von Hohlkörpern[1].

Das Ziehen von Hohlkörpern mit im Verhältnis zum Durchmesser größerer Tiefe ist ein dem Kümpeln ähnliches, aber nur für verhältnismäßig dünne Bleche und in kaltem Zustande derselben in mehreren Zügen erfolgendes Verfahren zur Massenfertigung von zylindrischen, nach dem offenen Ende kegel- oder glockenförmig sich erweiternden oder ähnlichen Blechgefäßen, wie Hülsen, Dosen und Büchsen, Glühlampenfassungen, Lampenteilen, Kochgeschirren, Uhr- und Zählergehäusen usw.[2]. Gefäße mit viereckigem oder unregelmäßigem Querschnitt kommen zwar auch, aber seltener, vor. Außer Ziehstempel (Patrize), der zur Verhütung des Festsaugens des Werkstückes mit einem Luftloch versehen sein muß, und Ziehring (Matrize) ist noch ein den Ziehstempel umgebender Blechhalter erforderlich, der vor Beginn des Ziehens sich gegen das auf dem Ziehring liegende Blech legt und die bei der starken Umformung sonst stattfindende Faltenbildung desselben verhüten soll, u. U. auch noch ein Auswerfer (vgl. Abb. 190). Die für die einzelnen Züge verwendeten Werkzeuge müssen sich dem immer kleiner werdenden Durchmesser und der größeren Ziehtiefe bzw. der jeweiligen Vorform des Werkstückes anpassen (Abb. 188). Die kegelförmigen Stirnflächen von Blechhalter und Ziehring (Neigung 38 ÷ 45°) sollen den Übergang auf den nächst kleineren Durchmesser erleichtern. Die Anzahl der erforderlichen Züge und

[1] Vgl. Brasch: Das Ziehen unregelmäßig geformter Hohlkörper. Forschungsarbeiten H. 268. Sommer: Versuche über das Ziehen von Hohlkörpern. Maschinenbau 1925, S. 1171. Sellin: Ziehtechnik. H. 25 der Werkstattsbücher. Merkblätter: „Ziehwerkzeuge" des DATSCH, denen Abb. 188 ÷ 190 entstammen.

[2] Sehr interessante Ausblicke für „Die Entwicklung und Verwendung von Pressen und Gesenken" eröffnet der gleichlautende Aufsatz von Le Vrang in Maschinenbau 1925, S. 707, der einige besonders große Preß- und Zieharbeiten in amerikanischen Werkstätten behandelt.

Zwischenformen von der ebenen Blechscheibe bis zum fertigen Stück richtet sich nach der endgültigen Form desselben und nach Stärke und Ziehfähigkeit des Bleches. Je nach Art und Güte des Bleches sind Zwischenglühungen — mit nachfolgendem Beizen zur Entfernung des durch das Glühen entstandenen Zunders — erforderlich, um die durch das Ziehen entstandenen Spannungen zu beseitigen. Es soll grundsätzlich niemals trocken gezogen werden. Das Schmieren der Bleche bzw. der vorgezogenen Teile mit Talg, Tran oder Seifenwasser mit Sodazusatz wird zweckmäßig zwischen gut durchgefetteten Filzwalzen oder durch Eintauchen mit Drahtkörben von besonderen Arbeitskräften ausgeführt. Um die Gleitreibung für das einfließende und das gezogene Blech zu verringern, sind möglichst senkrechte Ziehflächen, gegebenenfalls mit kegelförmigen Übergängen, nicht aber gewölbte Flächen zu verwenden. Die endgültige Formgebung erfolgt vielmehr durch einen nachträglichen End- oder Formdruck mittels Kalibrierwerkzeugen, die ohne weiteres Ziehen die angenäherte in die verlangte Endform verwandeln.

Für zylindrische, kegelförmige und sonstige runde Ziehteile mit gleichbleibender Wandstärke läßt sich der Durchmesser der erforderlichen Blechscheibe (Zuschnitt) aus der Oberflächengleichheit derselben mit dem fertigen Teil errechnen. Bei Ziehteilen, deren Boden stärker ist als die Wände (z. B. bei Patronenhülsen), wird man von der Gleichheit des Körperinhaltes oder des Gewichtes ausgehen. Bei Teilen mit eckigem oder unregelmäßigem Querschnitt ist man aufs Ausprobieren angewiesen.

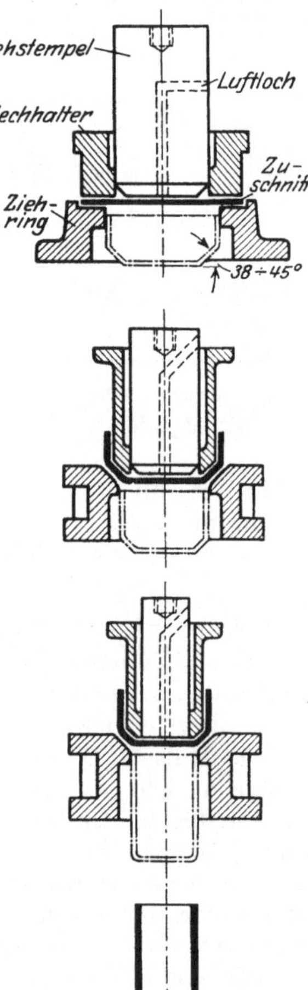

Abb. 188. Ziehen von Blechgefäßen.

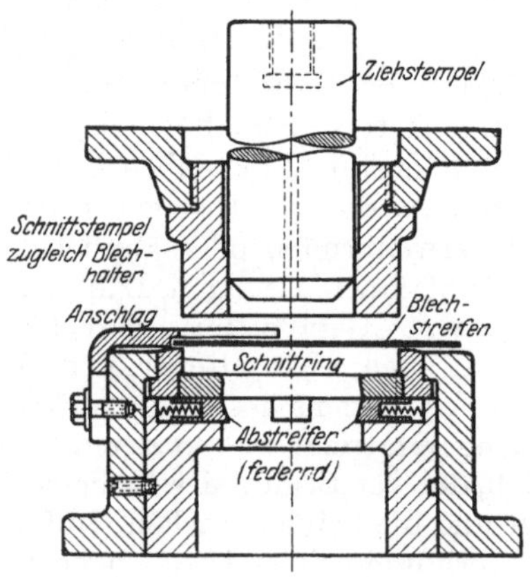

Abb. 189. Vereinigtes Schnitt- und Ziehwerkzeug für Ziehpressen.

Beim ersten Zug (Anschlag) kann der Durchmesser im Mittel auf etwa 0,6 desjenigen der Blechscheibe, bei den folgenden Zügen (Weiter- und Fertigschlag) auf etwa 0,8 des vorhergehenden Durchmessers bei Eisenblech (Tiefzieh- und Stanzblech) vermindert werden; für Kupfer- und Messingblech betragen die entsprechenden Werte etwa 0,55 und 0,76. Von Wichtigkeit ist auch die Abrundung der Ziehkante des Ziehringes; ist sie zu scharf, dann bricht oder reißt das Blech. Bezüglich der näheren Einzelheiten hierzu muß auf die Fachliteratur verwiesen werden[1].

Mit vereinigten Schnitt- und Ziehwerkzeugen nach Abb. 189 läßt sich bei nicht zu großen Ziehteilen das Ausschneiden der Blechscheibe und der

[1] Vgl. Fußnote 1 auf voriger Seite und Werkst.-Techn. 1925, S. 137.

erste Zug in einem Hube ausführen, also ein besonderer Stanzvorgang ersparen. Nachdem der Schnittstempel die Blechscheibe mit Hilfe des Schnittringes ausgeschnitten hat, drückt er dieselbe auf den Ziehring, alsdann führt der weiter vorgehende Ziehstempel den ersten Zug aus. Die dabei nach außen zurückgedrängten federnden Abstreifer schnellen über dem oberen Rande des Werkstückes wieder vor und streifen es beim Hochgehen des Ziehstempels von diesem ab. — Verwendet man statt der üblichen doppeltwirkenden Ziehpressen (siehe S. 216) eine einfachwirkende Exzenter- oder Kurbelpresse, wie es bei verhältnismäßig flachen Gegenständen möglich ist, so kann man auch hier mit einem, allerdings umgekehrt angeordneten, vereinigten Schnitt- und Ziehwerkzeug in Verbindung mit einem Federdruckapparat nach Abb. 190 arbeiten[1]. Die Ziehmatrize ist im Pressenstößel befestigt und gleichzeitig als Schnittstempel ausgestaltet, während Ziehstempel und Schnittring unten feststehend angeordnet sind. Beim Stößelniedergang wird zunächst die Blechscheibe ausgeschnitten (Abb. 190a) und danach gezogen, indem der Blechhalterring unter Überwindung der Federspannung des Federdruckapparates nach unten ausweicht und die Ziehmatrize sich über den Ziehstempel zieht (Abbild. 190b). Beim Hochgehen des Stößels streift der durch die Feder wieder nachgeschobene Blechhalterring das Werkstück vom Ziehstempel ab. In der Ziehmatrize befindet sich ein Auswerfer, der beim Ziehen zurückweicht und beim Hochgehen des Pressenstößels durch eine (nicht gezeichnete) Vorrichtung desselben vorgeschoben wird.

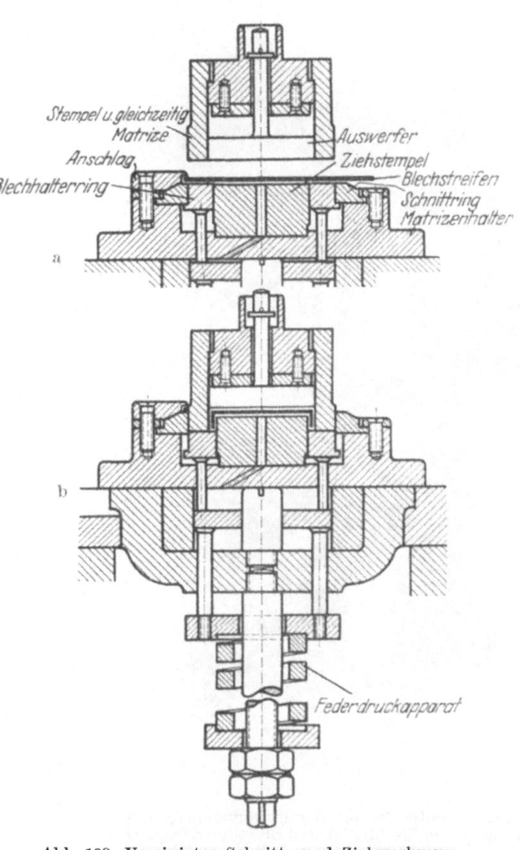

Abb. 190. Vereinigtes Schnitt- und Ziehwerkzeug mit Federdruckapparat für Kurbelpressen.

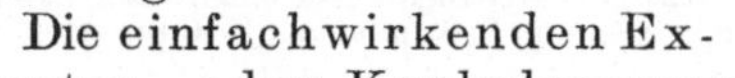
Die einfachwirkenden Exzenter- oder Kurbelpressen werden als Einständerpressen vielfach mit nach hinten neigbarem Gestell nach Abb. 191 ausgeführt, so daß die gezogenen und ausgeworfenen Werkstücke nach hinten abgleiten und durch eine Öffnung im Gestell in den Sammelbehälter fallen[2]. Für Massenfertigung kleinerer Teile werden sie meist mit selbsttätiger Zuführung versehen, und zwar für das

[1] Der pneumatische Blechhalter von L. Schuler A.-G. Göppingen (vgl. auch Abb. 191) hat dem Federdruckapparat gegenüber den Vorteil, daß der durch Ventil einstellbare Blechhalterdruck während des Ziehens unveränderlich bleibt oder nach dem Hubende hin verringert werden kann, um (statt des sonst mit dem Schmalerwerden des Blechrandes steigenden) einen gleichbleibenden Druck je Flächeneinheit zu erzielen Dadurch wird die Fehlarbeit sehr verringert.

[2] Unfallschutz an Exzenterpressen (Zweihändeeinrückung); vgl. Werkst.-Techn. 1928, S. 73.

Schneiden und Ziehen aus dem Blechstreifen mit Walzenzuführung (wie bei Abb. 192), für das Weiterverarbeiten bereits ausgeschnittener oder vorgezogener Teile mit Revolverteller, der die in seine jeweils vorn befindlichen Öffnungen von Hand eingelegten Teile selbsttätig dem Werkzeug zuführt. Die Pressen können auch mit mehreren Werkzeugen (bis zu vier) zur Vornahme von verschiedenen Arbeiten ohne Zwischenhantieren der Werkstücke ausgerüstet werden. Für mehrere nacheinander arbeitende Werkzeuge dienen sogenannte Stufen-

Abb. 191. Exzenter-Ziehpresse mit neigbarem Gestell, pneumatischem Blechhalter und Einzelantrieb durch an der Rückseite angebauten, polumschaltbaren Flanschmotor für 2 Geschwindigkeiten (L. Schuler A.-G., Göppingen).

Abb. 192. Exzenter-Ziehpresse mit selbsttätigem Blechvorschub (L. Schuler A.-G., Göppingen).

pressen mit bis zu acht nebeneinander in einem breiten Stößel befestigten Werkzeugen, denen die Werkstücke nacheinander selbsttätig zugeführt werden.

Die eigentlichen Ziehpressen sind doppeltwirkend insofern, als zunächst der Blechhalter niedergeht und das Blech auf die Matrize drückt und danach der Ziehstempel das Blech durch die Matrize zieht. Für dünnere Bleche (bis etwa 1,5 mm) unterscheidet man Exzenter- oder Kurbel-Ziehpressen, und zwar mit feststehendem Tisch und beweglichem Blechhalter oder beweglichem Tisch und feststehendem Blechhalter, Kniehebel-Ziehpressen, die stets mit feststehendem Tisch und beweglichem Blechhalter ausgeführt werden, und Räder- oder Kurvenscheiben-Ziehpressen mit beweglichem Tisch und feststehendem Blechhalter. Für stärkere Bleche werden hydraulische Ziehpressen verwendet. Von den mannigfaltigen Ausführungen können nur einige Beispiele nachstehend gegeben werden.

Bei Kurbel- bzw. Exzenter-Ziehpressen nach Abb. 192, die zum Schneiden und Ziehen dienen, wird der Blechhalter- und Schnittstößel durch zwei auf der Kurbelwelle sitzende Exzenter- oder Kurvenscheiben und zwei nachstellbare Rollenpaare zwangläufig auf und ab bewegt und durch zwei kräftige Federn ausgewichtet, während der in ihm geführte Ziehstößel durch Kurbel und Pleuelkopf bewegt wird. Der Ziehstößel ist verstellbar. Der Tisch kann durch mit Gradteilung versehenes Handrad, Schnecke und Schneckenrad in der Höhe verstellt werden und ist mit selbsttätigem Auswerfer ausgerüstet. Das als Antriebscheibe dienende Schwungrad bzw. das letzte Vorlegerad ist mittels einer Drehkeilkupplung mit Fußtritteinrückung und selbsttätiger Auslösung (in der Wirkung ähnlich wie Abb. 133) mit der Kurbelwelle verbunden. Das Oberteil des Gestelles mit dem ganzen Mechanismus kann nach hinten geneigt werden (vgl. das zu Abb. 191 Gesagte). Die abgebildete Maschine besitzt außerdem selbsttätigen Blechvorschub durch Walzen, die von einer auf der Kurbelwelle sitzenden Schaltscheibe durch Zugstange, Sperrklinkenschaltwerk und Schraubenräder betätigt werden. Für das Ziehen aus bereits geschnittenen Blechscheiben und zum Weiterziehen vorgezogener Teile wird die Maschine statt dessen mit selbsttätiger Zuführung durch Revolverteller versehen. Beide Vorschubeinrichtungen lassen sich leicht abnehmen.

Abb. 193. Kniehebel-Ziehpresse (L. Schuler A.-G., Göppingen).

Für das größte Modell dieser Maschinen beträgt: größter Blechscheibendurchmesser 380 mm, größter Ziehstempeldurchmesser 250 mm und dafür die zulässige Eisenblechstärke 1 mm, ferner die Ziehtiefe $\leqq$ 120 mm, der Ziehdruck 32 t, die minutliche Hubzahl 25. — Die Maschinen werden in ähnlicher Weise auch als Doppelständerpressen (mit Gestell nach Art der Abb. 193) ausgeführt. Für das größte Modell gilt: größter Blechscheibendurchmesser 630 mm, größter Ziehstempeldurchmesser 450 mm und dafür die zulässige Eisenblechstärke 1 mm, ferner die Ziehtiefe $\leqq$ 160 mm, der Ziehdruck 40 t, der End- oder Fassondruck 50 t, die minutliche Hubzahl 11. — Auch wagerechte Bauarten kommen vor.

Bei der Kniehebel-Ziehpresse nach Abb. 193, die mit Reibkupplung und doppeltem Rädervorgelege ausgerüstet ist, wird der im Blechhalterstößel geführte Ziehstößel ebenfalls durch Kurbel *a* und Pleuelkopf *b* bewegt, der Blechhalterstößel *c* dagegen durch vier Lenkstangen *k*, die durch einen Kniehebelmechanismus in Bewegung gesetzt werden. Die auf dem linken Ende der Kurbelwelle sitzende Kurbel *d* bewegt durch eine Lenkstange *e* den an der linken Seite des Gestelles durch eine senkrechte Leiste geführten Schlitten *f* auf und ab und dieser versetzt durch Hebelübertragungen *g*, *h* zwei parallel zur Kurbelwelle angeordnete Winkelhebelwellen *i* in schwingende Bewegung, die dann durch die erwähnten Lenkstangen *k* die Auf- und Abbewegung des Blechhalterstößels *c* bewirken. Die immerhin umständliche Hebelübertragung, die Hebelzahl mit ihren vielen Lagern verbieten der Abnutzung wegen eine rasche Bewegung des Blechhalterschlittens, so daß der Voreilwinkel der Blechhalterbewegung groß sein muß. Andererseits setzt sich der Blechhalter sanft auf die Blechscheibe auf und ist wegen der vielen Bewegungsglieder elastisch; beides ist für den Ziehvorgang günstig. Die Blechhalterbewegung läßt ferner so viel Zeit zum Auswerfen und Einlegen während eines Arbeitsvorganges, daß jeder Hub auch ausgenutzt werden kann. Blechhalter, Ziehstößel und Tisch sind in der Höhe verstellbar, letzterer ist mit nachstellbarem Auswerfer versehen.

Abb. 194. Kurvenscheiben-Ziehpresse (L. Schuler A.-G., Göppingen).

Die Maschinen werden für Blechscheiben bis 900 mm ⌀ und eine größte Ziehtiefe von 270 mm bei 8 Hüben/min gebaut; für den größten Ziehstempeldurchmesser von 650 mm beträgt die zulässige Eisenblechstärke 1,5 mm. Der Ziehdruck beträgt dabei 90 t, der End- oder Fassondruck 120 t.

Die Maschinen werden auch als sogenannte Breitziehpressen zum Ziehen von Kühlerrahmen, Kotflügeln, Seitenschutzblechen und sonstigen Karosserieteilen mit entsprechend breitem Gestell, beiderseitigem Antrieb durch Rädervorgelege und Antrieb des Ziehstößels durch zwei Kurbeln ausgeführt. Das größte Modell besitzt eine Ziehstempelfläche von 1200 × 2200 mm, eine Ziehtiefe bis zu 400 mm und einen Ziehdruck von 200 t bzw. einen End- oder Fassondruck von 250 t und macht 6 Hübe/min.

Kurvenscheiben-Ziehpressen mit festem Blechhalter und beweglichem Tisch gestatten eine größere Ziehtiefe und werden daher besonders zur Herstellung größerer Blechgefäße (Blechgeschirr) verwendet. Der Antrieb der Maschine nach Abb. 194 erfolgt von einer mit Reibkupplung versehenen Vorgelegewelle aus auf die unten liegende Hauptwelle. Durch zwei auf dieser sitzende Hubkurvenscheiben *a* und zwei am Tisch befestigte Rollen *b* wird der Tisch bewegt, der Ziehstößel dagegen durch zwei Kurbeln *d* und Schubstangen *e*, die an dem am Maschinengestell senkrecht geführten, den Ziehstempel tragenden Querstück *f* außen angreifen. Ein Arbeitsgang vollzieht sich folgendermaßen: Nach Einlegen des Werkstückes wird zunächst der Tisch durch die Kurvenscheiben *a* gehoben und der Ziehstempel durch die Kurbeln *d* gleichzeitig gesenkt. Der Tisch bleibt dann während des Abwälzens des zentrischen, zylindrischen Teiles der Hubkurven *a* in seiner Höchststellung stehen und schließt dabei die Blechfesthaltung. Inzwischen setzt der Ziehstempel seine Abwärtsbewegung fort und führt den eigentlichen Ziehvorgang aus. Dann geht der Ziehstempel wieder hoch, der Tisch senkt sich und der gezogene Gegenstand wird durch den Auswerfer ausgehoben oder fällt beim Durchziehen nach unten. Die Bewegung des Tisches durch die Hubkurven gestattet eine größere Arbeitsgeschwindigkeit als bei Kniehebelpressen und erfordert einen kleineren Drehwinkel der Hauptwelle und geringere Voreilung vor dem Ziehstempel, wodurch der für das eigentliche Ziehen verfügbare Drehwinkel und damit die Ziehtiefe entsprechend größer wird. Die Höhenverstellung des Blechhalters *g* je nach dem verwendeten Werkzeug erfolgt maschinell durch Schneckengetriebe und vier Schraubenspindeln, die Feineinstellung nach der Blechstärke durch Handrad. Der Ziehstempel ist gleichfalls durch Schraubenspindeln in der Höhe verstellbar, sein Hub ist durch den Kurbelhub bestimmt.

Die Maschinen werden für Blechscheiben bis zu 1300 mm ⌀ und 2 mm Stärke, einen Ziehstempeldurchmesser bis zu 1000 mm und eine größte Ziehtiefe von 550 mm bei 4 Hüben/min und einem Ziehdruck von 190 t ausgeführt.

Hydraulische Ziehpressen werden wegen ihrer gegenüber anderen Ziehpressen langsamen Arbeitsweise nur noch für größere Werkstücke und Blechstärken verwendet, für die mechanisch betätigte Pressen nicht mehr ausreichen. Durch zwei ineinandergehende, in einem gemeinschaftlichen Druckraum von unten nach oben arbeitende Kolben, wovon der äußere (hohle) den Blechhalter und der innere den Ziehstempel betätigt, sind die Pressen doppeltwirkend. Die Matrize sitzt an einem in der Höhe verstellbaren Querhaupt über Ziehstempel und Blechhalter. Im übrigen entsprechen diese Pressen grundsätzlich den früher (siehe S. 191) besprochenen rein- und dampf-hydraulischen Schmiedepressen.

3. Drücken[1].

Das Drücken ist ein allmähliches Umformen auf der Drückbank eingespannter (mit 800÷1200 Umdr./min) schnell umlaufender Blechscheiben oder vorgezogener Blechhülsen durch Andrücken gegen eine entsprechende Gegenform mit Hilfe von Drückstangen oder Drückrollen und wird angewendet zur Herstellung ausgebauchter oder ähnlicher, durch Ziehen nicht herstellbarer, Hohlkörper (Drehkörper) oder an Stelle des Ziehens, wenn sich die Kosten teuerer Ziehwerkzeuge nicht lohnen (Einzelfertigung). Mit Hilfe entsprechender Vorrichtungen kann man auch oval drücken. Von Hand lassen sich etwa Eisenbleche bis 1,2 mm, Messingbleche bis 1,5 mm Stärke drücken.

Die Drückbänke ähneln einfachen Handdrehbänken. Auf oder in der Nase der Arbeitsspindel wird die Drückform befestigt, auf der Pinole des Reitstockes sitzt ein drehbarer Gegenhalter, mit dem das zu drückende Blech gegen die Drückform gepreßt wird, auf dem Bett der Maschine ein verschiebbarer Auflagebock für die Drückstange. Die Drückformen entsprechen der Innen- bzw. der

[1] Büchner: Das Drücken von Metallen, vgl. Bosch-Zünder (Werkzeitschrift der Robert Bosch-A.-G.) 1927, S. 270, wonach Abb. 196÷201 angefertigt sind.

Außenform des fertigen Drückteils und werden bei geringen Werkstückzahlen oder weichen Werkstoffen aus gut trockenem Birnbaum-, Weißbuchen- oder Pockholz, im übrigen aus Gußeisen und Stahl hergestellt. Die Arbeitsflächen müssen sauber poliert sein. Die Drückstangen haben ganz verschiedenartig geformte, stets aber abgerundete Köpfe oder Rollen mit polierten Arbeitsflächen und werden zum Drücken von Eisenblech aus Messing, für andere Metalle aus gehärtetem Werkzeugstahl hergestellt und mit Holzgriff versehen. Die Blechoberfläche wird bei weichem Werkstoff mit Talg, bei hartem mit Seife eingeschmiert. Bei stärkeren Blechen stützt sich der Drücker mit dem Rücken (Kreuz) gegen einen an der Bank befestigten Riemen; außerdem trägt er auf der Brust ein mit Eisen beschlagenes Lederschild, um die starken Stöße abzufangen. Die damit verbundenen körperlichen Anstrengungen werden vermieden durch Verwendung einer Drückvorrichtung nach Abb. 195, bestehend aus einer mit ihrem exzentrischen Zapfen *a* in den Fuß des Auflagerbockes der Bank gesteckten und mittels Einsteckgriffes *b* schwenkbaren Platte *c* mit einer in Bohrungen *e* derselben drehbar eingesteckten Gabel *d* zum Einlegen der mit Rasten versehenen Drückstange *f*. Der Drücker schwenkt mit der linken Hand nach Bedarf die Platte, während er mit der rechten Hand die Drückstange führt, die durch ihre Rasten die Drücke aufnimmt.

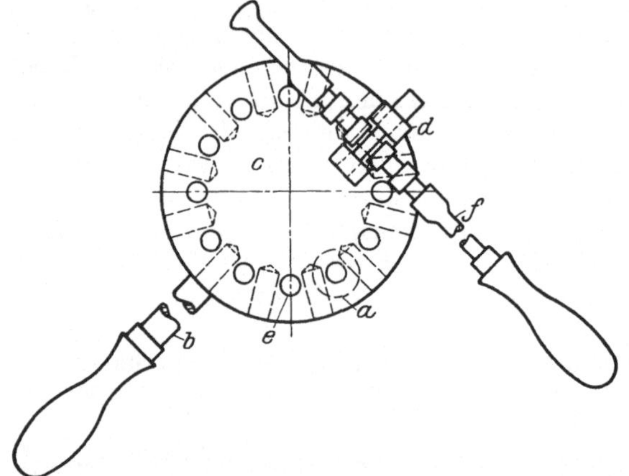

Abb. 195. Drückvorrichtung (L. Schuler A.-G., Göppingen).

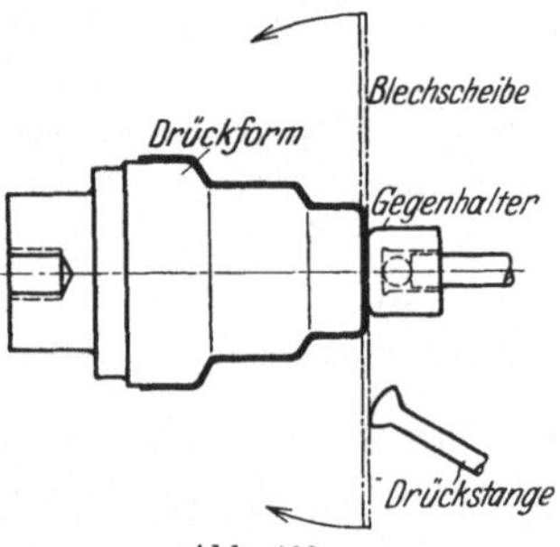

Abb. 196. Drücken über einteilige Drückform.

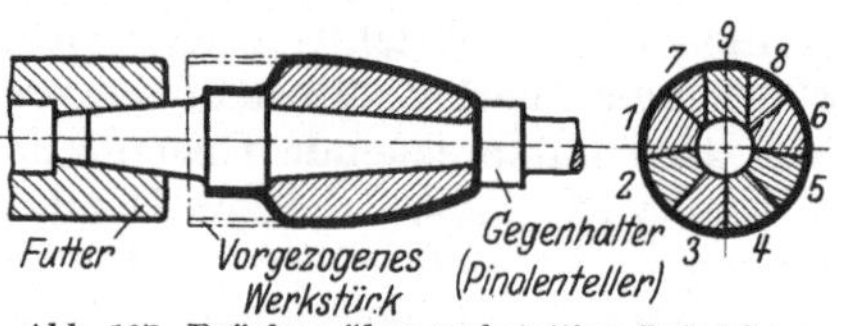

Abb. 197. Drücken über mehrteilige Drückform.

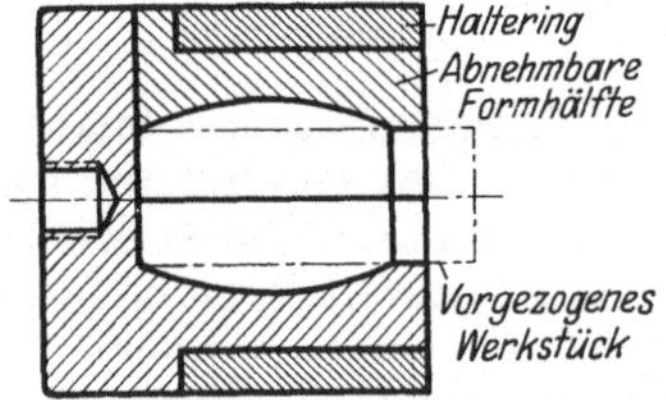

Abb. 198. Drücken in geteiltem Hohlfutter.

Abb. 196 veranschaulicht das Drücken eines Hohlkörpers aus einer ebenen Blechscheibe über eine einteilige Drückform. Zum Einziehen vorgezogener Teile muß man eine mehrteilige Form nach Abb. 197 verwenden. Die Segmentstücke 1—6 werden zuerst in das vorgezogene Stück eingelegt, dann folgen Teile 7 und 8 und schließlich das mit zwei parallelen Flächen versehene Schlußstück 9. Dann wird das Ganze auf den kegelförmigen Dorn geschoben und der Gegenhalter angedrückt. Nach beendetem Drücken erfolgt das Auseinandernehmen in umgekehrter Reihenfolge. Das Ausbauchen zylindrisch vorgezogener Teile erfolgt entweder in einem geteilten Hohlfutter (Abb. 198) oder durch Drücken gegen eine Formrolle (Abb. 199) bzw. mit radial gegeneinander zugestellten Drück- und

Formrollen nach Abb. 200. Die Formrolle nach Abb. 200 muß im Durchmesser kleiner sein als der kleinste Durchmesser des fertigen Werkstückes, um dasselbe abstreifen zu können. (Auf diese Weise lassen sich mit Sickenmaschinen Wülste in die Wandungen zylindrischer Gefäße oder Ringe zur Versteifung derselben eindrücken.) In ähnlicher Weise können auch Gewinde (z. B. in

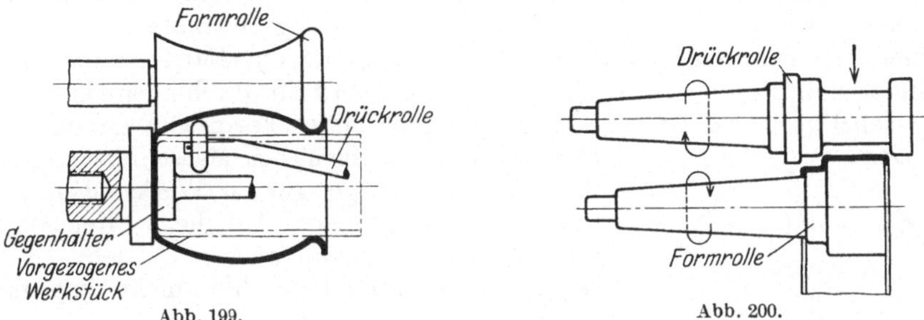

Abb. 199. Abb. 200.
Drücken mit Form- und Drückrolle.

Glühlampenfassungen) gedrückt werden (Abb. 201); beide Rollen haben die gleichen Durchmesser wie das Werkstück, die Drückrolle hat entgegengesetzte Gewindesteigung. Das fertige Werkstück wird von der Formrolle heruntergeschraubt. Das Umlegen des Blechrandes (Bördeln) kann ebenfalls auf Drückbänken und Sickenmaschinen vorgenommen werden; oft wird dabei gleichzeitig ein Draht eingelegt.

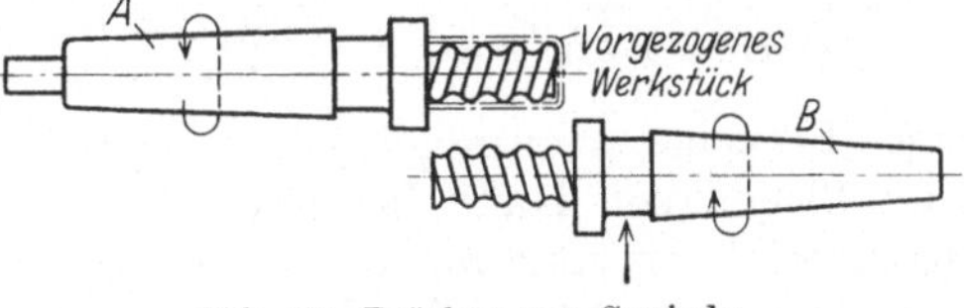

Abb. 201. Drücken von Gewinde.

Das Ausbauchen vorgezogener Teile kann auch auf der Ziehpresse nach dem Gummipreßverfahren erfolgen. Außer der aus Unter- und Oberteil bestehenden Matrize und dem Stempel wird ein Gummipuffer verwendet, der das Ausbauchen besorgt (Abb. 202). Der Vorgang ist folgender: Der etwas eingefettete Gummipuffer wird in den ebenfalls mit Öl oder Seifenwasser eingefetteten, vorgezogenen Teil gesteckt und mit einer genau passenden Scheibe aus Walroßleder bedeckt, um ein Herauspressen von Gummi zu verhindern. Das Ganze wird in die Matrize gesteckt. Beim Pressen wird nun zunächst Ober- und Unterteil der Matrize fest aufeinandergedrückt, alsdann staucht der Stempel den Gummipuffer und dieser baucht das Werkstück aus, bis es an den Wandungen der Matrize anliegt. Beim Hochgehen des Stempels nimmt der Gummipuffer seine ursprüngliche Form wieder an und kann aus dem Werkstück herausgezogen werden. Stärkere Ausbauchungen (bis zum 1,5fachen des ursprünglichen Durchmessers) lassen sich nur stufenweise mit Zwischenglühungen vornehmen. In die Innenwand der Matrize können auch mäßig tiefe Verzierungen eingraviert werden, die auf dem Werkstück sich ausprägen. Auch eckige Körper mit nicht zu scharfen Kanten lassen sich so ausbauchen. Der Gummipuffer muß aus bestem, mittelweichem Paragummi aus einem Stück gegossen sein. — Das Ausbauchen kann auch durch Anfüllen des vorgezogenen Teiles mit Wasser, Abdichten und Pressen mittels eines Gummistempels ähnlich wie oben erfolgen, wobei das Wasser die Aufgabe des Gummipuffers erfüllt.

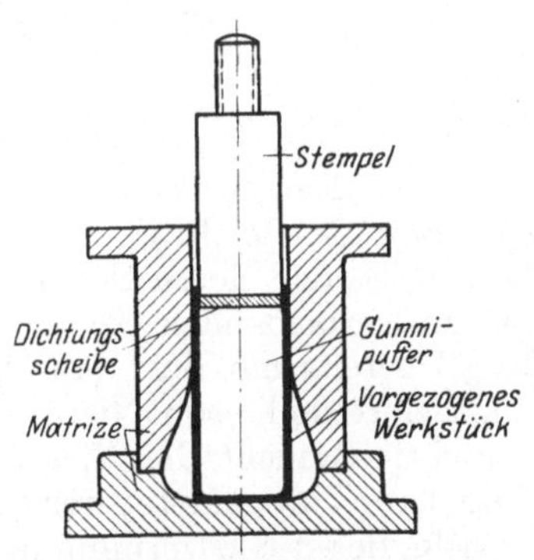

Abb. 202. Ausbauchen vorgezogener Blechteile nach dem Gummipreßverfahren.

B. Draht- und Rohrverarbeitung.

Das Richten und Rundbiegen von Draht (ebenso von Profileisen) und Rohren kann in ähnlicher Weise erfolgen wie bei Blechen, nur werden statt Walzen entsprechend profilierte Rollen verwendet. Zur Herstellung von Schraubenfedern dienen Wickelmaschinen, die den Draht über einen Dorn von entsprechendem Durchmesser wickeln, und zwar für Zugfedern mit eng aneinanderliegenden, für Druckfedern mit auseinandergezogenen Drahtwindungen. Für besondere Zwecke verwendet man Biegevorrichtungen, bei denen der Draht durch in einem schwenkbaren Hebel gelagerte Rollen um ein entsprechendes Formstück gebogen wird.

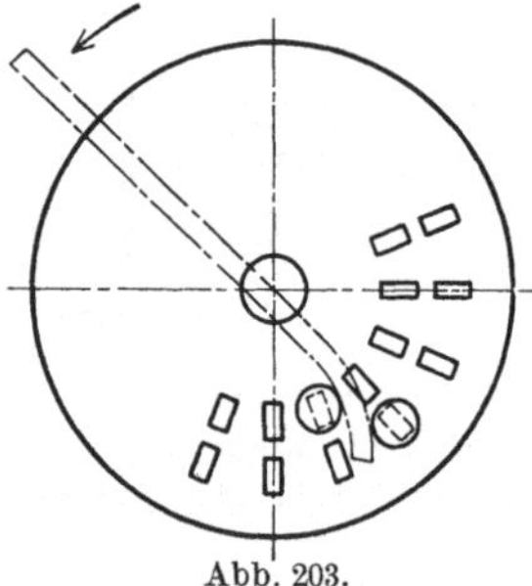
Abb. 203. Biegevorrichtung für Rohre.

Draht wird im übrigen bei Massenfertigung auch unter Pressen mit geeigneten Werkzeugen in bestimmte Formen gebogen. Auf die zahlreichen Sondermaschinen für Drahtwaren (Nadeln, Ketten, Drahtgeflechte usw.) kann hier nicht eingegangen werden.

Rohre werden vor dem Biegen mit Sand oder Harz gefüllt, damit sie sich nicht flach drücken. Rohre bis 1″ ⌀ kann man kalt biegen. Geschweißte Rohre müssen so gebogen werden, daß die Schweißnaht, als die am wenigsten widerstandsfähige Stelle, weder außen noch innen sondern in der neutralen Zone liegt, die keine oder möglichst geringe Zug- oder Druckbeanspruchung erleidet. Zum Biegen von Hand benutzt man Vorrichtungen nach Abb. 203, bestehend aus einer Richtplatte mit eingesteckten Rollen oder Kloben, und verlängert den Hebelarm nötigenfalls durch ein eingestecktes Rohr.

Nieten, Löten, Schweißen, Schneiden mit Sauerstoff.

I. Nieten.

Unter Nieten versteht man die Verbindung zweier oder mehrerer, zuvor gelochter Bleche, Profileisen usw. mittels durchgesteckter und dann gestauchter Bolzen, so daß deren Schaft das Loch vollständig ausfüllt, während die Köpfe die zu verbindenden Teile fest aufeinanderpressen. Die Niete werden in der Regel bereits mit dem (auf besonderen Nietpressen angestauchten) „Setzkopf" angeliefert und beim Nieten wird nur der zweite Kopf, der „Schließkopf", gestaucht. Braucht die Nietverbindung nur dicht zu sein, wie im Behälterbau, dann kann kalt genietet werden, bei Eisenkonstruktionen dagegen und bei Dampfkesseln, deren Nietverbindungen fest bzw. fest und dicht sein müssen, wird warm genietet. Die Formen der Nietköpfe richten sich nach der Art der Nietung (vgl. DIN).

Die Nietlöcher sind möglichst gleichzeitig in die aufeinandergelegten zu nietenden Teile zu bohren, damit sie genau aufeinander passen. Das Stanzen der Nietlöcher ist billiger, beansprucht aber das Blech stark und ist nur bei dünneren Blechen angängig; feste und dichte Nietungen erfordern gebohrte Löcher.

Das Anwärmen der Niete[1] erfolgt bei gelegentlichen Arbeiten im

[1] Vgl. Scherz: Die Wirtschaftlichkeit der Nieterhitzungsmaschinen. Maschinenbau 1926, S. 993.

Schmiedefeuer, sonst in Nietwärmöfen (vgl. Abb. 115) und besonders vorteilhaft mit elektrischen Nietwärmern (Abb. 204), die ähnlich wie Stumpfschweißmaschinen (s. S. 232) arbeiten. Die zu erwärmenden Niete werden zwischen zwei Elektroden des sekundären Stromkreises eines Niederspannungs-Transformators eingespannt und bei der der niedrigen Spannung (1 ÷ 3 V) entsprechenden großen Stromstärke in kürzester Zeit auf Weißglut erhitzt. Da die Erwärmung von innen heraus erfolgt, so ist vollständige Durchwärmung gewährleistet. Der Verlauf der Erwärmung läßt sich gut beobachten und bei jedem Wärmegrad unterbrechen. Das elektrische Anwärmen ist für Niete bis 25 mm ⌀ einwandfrei durchführbar. Zur Erwärmung von 100 kg Nieten sind etwa 40 kWh erforderlich.

Abb. 204. Elektrischer Nietwärmer. (Siemens-Schuckert-Werke A.-G.)

Der abgebildete Nietwärmer für Niete von 8 ÷ 25 mm ⌀ und eine Leistungsaufnahme von 6 kVA bei Dauer- und von 15 kVA bei aussetzendem Betrieb besitzt zwei Einspannstellen. Zum Einspannen der Niete lassen sich die oberen Elektroden durch Fußhebel auf und ab bewegen, die unteren Elektroden sind für die verschiedenen Nietlängen einstellbar. Durch einen Walzenregelschalter läßt sich die Energie der jeweiligen Nietstärke und Nietlänge entsprechend einstellen. Transformator und Elektroden sind luftgekühlt, für die Anschlußstücke der Elektroden ist außerdem Wasserumlaufkühlung vorgesehen. Das Kühlwasser befindet sich in einem zugleich als Deckel dienenden Behälter.

Die Vorteile der elektrischen Nietwärmer bestehen in der äußerst schnellen, zunderfreien und genau regelbaren Erwärmung, in dem sauberen Betrieb und in dem Fortfall aller Leerlaufsverluste.

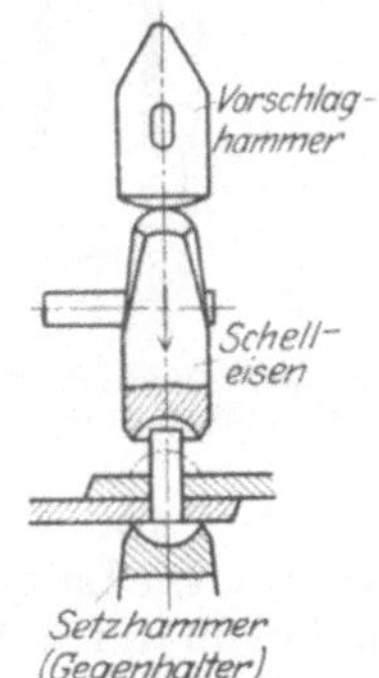

Abb. 205. Nieten von Hand.

Bei der **Handnietung** wird der Setzkopf des in das Nietloch gesteckten Nietes durch Gegenhalten eines Setzhammers oder durch einen verstellbaren Bock unterstützt und das herausstehende Schaftende zunächst durch einige im Kreis herumgeführte freihändige Hammerschläge und dann durch Aufsetzen eines Schelleisens zum Schließkopf gestaucht (Abb. 205). Das Zuschlagen muß bis zum Erkalten des Nietkopfes fortgesetzt werden, damit er beim nachträglichen Verkürzen des Schaftes bei der Abkühlung nicht nachgibt, die Bleche oder genieteten Teile vielmehr durch die Köpfe fest zusammengepreßt werden. Bei Dampfkessel- und anderen dichten Nietungen müssen die Nietkopfränder (ebenso wie die Blechkanten) nachträglich noch verstemmt werden.

Mechanische Nietung erfolgt entweder mit Drucklufthämmern oder mit Nietmaschinen.

Die **Drucklufthämmer** waren ursprünglich ventillose, kurzhubige Hämmer mit stufenförmigen Kolben für hohe Schlagzahlen aber kleine Hübe und geringere Schlagstärken, dann folgten die Ventilhämmer, und diese werden immer mehr durch Rohrschieberhämmer verdrängt, die sich durch geringere Gewichte und (um die Höhe des sonst an den Zylinder sich anschließenden Ventils, $\approx$ 50 bis 60 mm) kürzere Baulänge bei gleicher Schlagleistung auszeichnen.

Der Gleichstrom-Rohrschieberhammer nach Abb. 206 arbeitet folgendermaßen: Steht der Schlagkolben A in seiner obersten, der Rohrschieber B in seiner untersten Stellung und öffnet man mittels des Drückers C das Einlaßventil D, so gelangt Druckluft durch die Kanäle E in den Hammerzylinder und schleudert den Kolben A nach unten gegen den Döpper F. Die Luft unter dem Kolben entweicht hierbei zuerst aus dem Auspuffkanal G, dann durch den Kanal H, die Muschel zwischen den Kanten 3 und 4 des Schiebers B (vgl. Nebenskizze b) und den Kanal I ins Freie. Währenddessen hält der Druck der Arbeitsluft den Rohrschieber B durch Belastung der Ringfläche K_1 nach unten. Die ständige Frischluftbelastung der Ringfläche K_2 durch den Kanal L kommt hierbei nicht zur Geltung, da K_1 größer als K_2 ist. Sobald aber die Kolbenoberkante den Kanal M freigibt, tritt Arbeitsluft auch hinter die Ringfläche K_3, die den Einfluß der entsprechenden Fläche von K_1 aufhebt. Da die auf K_2 wirkende Frischluft eine etwas höhere Spannung hat als die Arbeitsluft, so überwiegt jetzt die nach oben auf K_2 wirkende Kraft die nach unten auf die gleich große, aber mit Luft von etwas geringerer Spannung belastete zweite Teilfläche von K_1 wirkende Kraft. Der Rohrschieber B gleitet daher nach oben. Der Kolben A fliegt indessen weiter nach unten und gibt kurz vor dem Aufschlagen auf den Döpper die Auspuffkanäle G frei. Sollte der Schieber bis dahin noch nicht vollständig umgesteuert sein, so wird infolge der Entlastung von K_1 das Übergewicht der Kraft auf die Fläche K_2 so groß, daß der Schieber sofort in die Höchststellung (vgl. Nebenskizze a) gebracht wird. Damit ist aber die Luftzufuhr über den Kolben abgeschlossen und gleichzeitig die Zuströmung unter den Kolben geöffnet. Es tritt jetzt Frischluft aus dem Kanal L durch die Muschel zwischen den Kanten 2, 3 und 4 des Rohrschiebers und den Kanal H unter den zurückfliegenden Kolben. Die Luft über dem Kolben entweicht hierbei zunächst durch den Auspuff G und dann durch den Kanal M, die Rohrschiebermuschel unterhalb der Kante 5 und den Kanal I. Deckt dann die Kolbenoberkante den Kanal M ab, so wird die Luft im oberen Zylinderraum verdichtet, bis die Pressung genügt, um durch Belastung der Fläche K_1 den Schieber B gegen den Einfluß der auf die Fläche K_2 wirkenden Kraft wieder in seine Anfangsstellung zurückzubringen. Die Menge der dem Hammer zugeführten Druckluft und damit die Schlagstärke wird durch mehr oder minder starkes Niederdrücken des Drücker C mit dem Daumen geregelt.

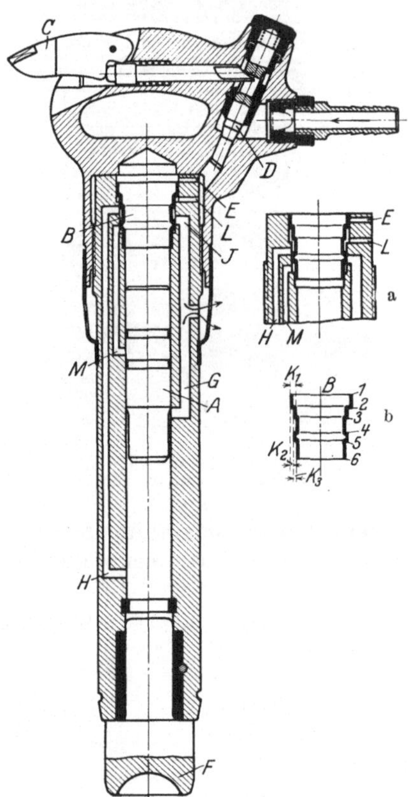

Abb. 206. Druckluft-Niethammer. (Frankfurter Maschinenbau-A.-G., vorm. Pokorny & Wittekind.)

Die Hämmer werden in verschiedenen Größen und Bauarten für Niete bis 45 mm ⌀ mit Kolbenhüben von $75 \div 270$ mm bei $1800 \div 800$ Schlägen/min, auch mit besonders kurzer Baulänge oder als Sonderhämmer, z. B. zum Spantennieten, ausgeführt. (Ferner gibt es besondere Hämmer für Meißel und Stemmarbeiten, Bohrhämmer usw.) Verbrauch an angesaugter Luft 0,5 ÷ 1 m³/h oder 0,08 ÷ 0,18 m³/Niet; Luftspannung ≈ 6 atü.

Vielfach werden Drucklufthämmer und Gegenhalter durch einen Bügel mit Aufhängevorrichtung (ähnlich wie in Abb. 208) vereinigt und als Schlagnietmaschinen im Eisenkonstruktions- und Behälterbau verwendet, wo ein vollkommen dichtes Aufeinanderliegen der Bleche nicht unbedingt erforderlich ist oder die Gefäße keinem hohen Druck ausgesetzt werden.

Der Fein-Hammer (Patent Berner) der Firma C. & E. Fein, Stuttgart, ist ein elektro-pneumatisches Werkzeug, bestehend aus einer fahrbaren, durch angebauten Elektromotor angetriebenen kleinen Luftpumpe und dem durch einen Schlauch damit verbundenen Lufthammer, dessen Kolben (wie bei den früher beschriebenen Luftschmiedehämmern, siehe S. 172) durch die zwischen Pumpen- und Hammerkolben eingeschlossene, durch die Luftpumpe abwechselnd verdichtete und verdünnte Luft vor- und zurückgeschleudert wird. Der Hammer selbst wird wie ein Drucklufthammer gehandhabt. Der Vorteil dieses Hammers besteht in dem Fortfall der Drucklufterzeugungsanlage und in der dadurch gegebenen Unabhängigkeit hinsichtlich des Arbeitsplatzes. Der Hammer ist verwendbar für Niete bis 30 mm ⌀[1].

Abb. 207. Schlagnietmaschine. (P.D.G. Sieper's Söhne, Kräwinklerbrücke, Rhld.)

Bei der Schlagnietmaschine nach Abb. 207 wird die Döpperspindel durch eine unter ihren Teller greifende, spiralförmige Hubscheibe gehoben und durch eine Feder niedergeschleudert. Solange die Hubscheibe in der Mittelebene der Maschine steht, schlägt der Döpper, ohne sich zu drehen; eine schnellere oder langsamere Drehung desselben beim Heben erreicht man durch eine größere oder geringere seitliche Verschiebung der Hubscheibe mittels des Handrades. Diese Drehbewegung entspricht dem Herumführen des Hammers um den Nietschaft beim Handnieten. Ein- und Ausrücken des Döppers erfolgt durch Tritthebel, der Stillstand stets in der Höchststellung. Der Riemen läuft dabei immer auf der Festscheibe. Der Antrieb der Maschine erfolgt von der Transmission oder von einem auf angebautem Konsol stehenden Motor aus. Die Schlagstärke kann durch Auswechseln der Schlagfeder oder Veränderung ihrer Spannung durch Handrad verändert werden. Zum Aufeinanderpressen der zu nietenden Teile vor dem Nieten dient ein durch Tritthebel betätigter Nietanzieher. Durch einen einzigen Tritt mit einem Fuß auf beide dicht nebeneinanderliegende Tritthebel wird zu-

[1] Siehe auch Fein: Metallbearbeitung mit einem elektro-pneumatischen Hammer. Maschinenbau 1927, S. 394.

nächst der Nietanzieher genau auf Mitte Niet eingeschwenkt, auf das Werkstück niedergedrückt und die Döpperspindel in Gang gesetzt. Beim Abheben des Fußes hört zuerst das Schlagen auf und dann schwenkt der Nietanzieher wieder zur Seite. Dünne Bleche können damit ohne vorheriges Lochen genietet werden. Beim Nieten ohne Nietanzieher wird nur der eine Tritthebel betätigt. Die Werkstücksauflage, Tisch oder Horn, ist in der Höhe verstellbar.

Die Maschinen werden in verschiedenen Größen und Ausführungen für Niete bis 18 mm ⌀ gebaut und arbeiten je nach Größe mit 1400÷600 Umdr./min; Energiebedarf 0,167÷1 PS.

Abb. 208. Elektrische Nietmaschine. (Leipziger Maschinenbau-G. m. b. H.)

Alle sonstigen Nietmaschinen sind Nietpressen mit einem kräftigen Bügelrahmen, dessen Schenkel an den Enden den Preßzylinder mit dem Nietstempel bzw. den Gegenhalter tragen. Die Maschinen werden entweder feststehend mit wagerechtem oder senkrechtem Bügel oder (einfach, halb oder ganz universal) aufhängbar ausgeführt. Die Betätigung des Nietstempels erfolgt bei den hydraulischen Nietmaschinen unmittelbar durch Druckwasser (50÷150 bis 600 atü), das entweder, wie bei hydraulischen Schmiedepressen, von einer besonderen Druckwasser-Erzeugungsanlage geliefert oder bei elektro-hydraulischen Nietmaschinen durch eine unmittelbar angebaute, durch Elektromotor angetriebene Pumpe erzeugt wird. Die letztere Ausführung hat den Vorzug der größeren Unabhängigkeit hinsichtlich des Standortes, weil nur der elektrische Kabelanschluß in Frage kommt. — Bei den luft-hydraulischen Nietmaschinen (Hydraulik G. m. b. H., Duisburg) wird das Druckwasser in der Maschine selbst durch einen Druckübersetzer mit durch Druckluft belastetem Kolben (ähnlich wie bei der dampf-hydraulischen Presse durch den Treibapparat) erzeugt; es ist also nur Anschluß an die Druckluftleitung (von 6 atü) erforderlich.

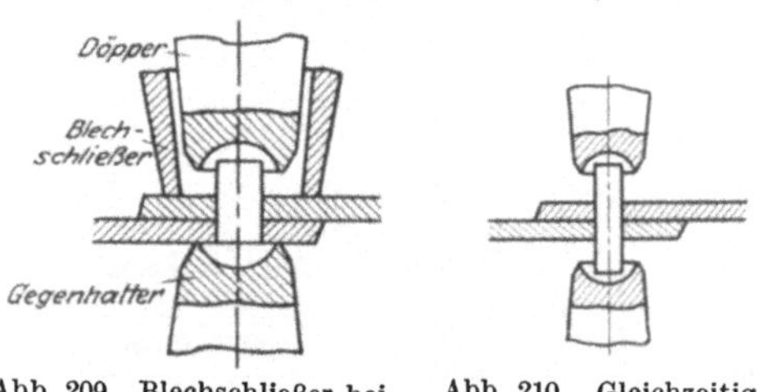

Abb. 209. Blechschließer bei Nietpressen.

Abb. 210. Gleichzeitiges Stauchen beider Nietköpfe.

Bei den reinen Druckluftnietmaschinen wird, da die geringere Spannung der Luft (6 atü) zur Erzielung des erforderlichen Nietdruckes nicht ausreicht oder zu große Zylinderdurchmesser erfordern würde, zwischen Kolben und Nietstempel ein Kniehebelmechanismus eingeschaltet, durch den der Nietdruck nach dem Ende des Hubes gleichzeitig gesteigert wird. — Auch elektrische Nietmaschinen (Abb. 208) arbeiten mit Kniehebelübertragung. Der Antrieb erfolgt durch einen in jeder Lage arbeitenden Elektromotor, Schnecken- und Kurbelgetriebe. Das auf der verlängerten Motorwelle sitzende Schwungrad gibt bei der Druckerzeugung die nötige zusätzliche Energie ab, so daß der Motor im Augenblick des Nietens nicht übermäßig belastet wird. Die Übertragung erfolgt durch eine in das Schwungrad eingebaute, auf der Schneckenwelle sitzende Gleitkupplung, die den Mechanismus gegen zu hohe Beanspruchung schützt. Das Ein- und Ausrücken der Maschine in den Endlagen der Döpperspindel geschieht selbsttätig. Der Döpper kann bis zum Erkalten des Nietes unter Druck auf demselben stehenbleiben, um ein dichtes Zusammenpressen der zu vernietenden Teile zu gewährleisten.

Die Maschine wird für Niete bis zu 40 mm ⊖ mit einem Nietdruck von 130 t, einem Döpperhub von 150 mm und einer Motorleistung von 7,5 PS mit Ausladungen bis zu 4000 mm und einer Maulhöhe von 500 mm gebaut.

Die elektrischen Nietmaschinen der Schieß-Defries A.-G., Düsseldorf, sind mit einem Nietdruckregler ausgestattet, durch den der Nietdruck dem jeweiligen Nietdurchmesser entsprechend eingestellt werden kann.

Bei den Nietpressen erstreckt sich die Stauchwirkung auf den ganzen Nietschaft. Die Bleche müssen dabei fest aufeinandergepreßt werden, damit kein Werkstoff vom Nietschaft sich dazwischenquetschen kann. Die Maschinen besitzen daher meist einen den Nietstempel umgebenden Hohlstempel (Blechschließer), der vor ersterem aufsetzt und die Bleche fest zusammendrückt (Abb. 209). — Maschinen mit zwei einander gegenüberstehenden Nietstempeln, die die beiden Nietköpfe gleichzeitig stauchen, ermöglichen die Verwendung glatter Zylinderstifte zum Nieten (Abb. 210).

II. Löten[1].

Löten ist die Verbindung zweier Metallteile durch ein leichter schmelzendes Metall, das nach dem Erstarren an den beiden Teilen haftet.

Die Lötmetalle (siehe S. 29) zerfallen in Hart- und Weichlote[2]; erstere dienen zum Löten schwer schmelzbarer Metalle, wenn von der Lötstelle annähernd gleiche Widerstandsfähigkeit verlangt wird wie von den gelöteten Teilen, letztere werden zum Löten leichter schmelzbarer Metalle sowie überall dort verwendet, wo man eine biegsame Lötnaht erzielen und Abblättern oder Brechen des Lötmetalles bei auftretenden Biegungen (z. B. bei Blechen und Drähten) verhüten will.

Die Lötflächen müssen zunächst durch Schaben, Feilen, Kratzen oder Beizen gereinigt und alsdann mit einem Lötmittel bestrichen oder bestreut werden, welches etwa vorhandene Oxyde auflöst, so daß das Lötmetall an die zu lötenden Metallflächen ungehindert herantreten kann, und die Lötstellen während des Lötens mit einer dünnen Schicht bedeckt und dadurch vor weiterer Oxydation schützt. Für Weichlote nimmt man Lötwasser, d. h. eine Lösung von Chlorzink in etwa der vierfachen Menge Wasser oder von Zink in konzentrierter Salzsäure, wobei ein Zusatz von Salmiak (salzsaures Ammoniak) nützlich ist. Konzentrierte Salzsäure, mit der halben bis gleichen Menge Wasser verdünnt, dient zum Löten von Zink. Kolophonium, in Form von Pulver aufgestreut oder für feine Arbeiten in Spiritus gelöst, hat geringere oxydlösende Wirkung, genügt aber für blankes Messing, Kupfer und vorverzinnte Metalle. Die Reste werden mit Spiritus abgewaschen. Auch gibt es eine Anzahl fertiger Lötpasten in Salben- oder Stangenform, die aus einer Mischung von chlorhaltigen Lötmitteln, Fetten, Harzen und anderen Zusätzen bestehen, sich gut verteilen und bei der Löttemperatur flüssig bleiben. Je nachdem, ob sie wasserlöslich (Econ, Tinol usw.) oder fetthaltig (Fludor, Optisol) sind, lassen sich die Reste leichter oder schwerer (im letzteren Falle durch Abbrennen in Salpetersäure) entfernen, kommen aber für Massenfertigung weniger in Betracht. Zum Hartlöten nimmt man Borax (borsaures Natron), ein weißes, in Wasser wenig lösliches Pulver, das beim Erhitzen schäumt (gebrannter Borax nicht). Streuborax ist ein Gemisch von Borax und Kochsalz. Ein Zusatz von Pottasche und Zyankalium wird empfohlen. Borsäure, in weißen Schuppen käuflich, reinigt besser, fließt aber schlechter als Borax und ist, besonders beim Löten von Eisen, als Zusatz zum Borax nützlich und läßt sich nach

[1] Vgl. Burstyn: Löten. H. 28 der Werkstattsbücher.
[2] Vgl. Claus: Die technischen Hart- und Weichlote. Gieß.-Zg. 1926, S. 463.

dem Erkalten leichter entfernen. Hartlötmittel sind auch als Pulver und Pasten fertig käuflich, schäumen nicht, sollen besser reinigend wirken und sich leichter entfernen lassen als Borax und sind billiger. Für das Löten von Aluminium sind besondere Lötmittel erforderlich. Die wirksamen Bestandteile der fertig käuflichen Lötmittel, die erst oberhalb 400° wirksam werden, scheinen Lithium und Fluor oder Brom zu sein (vgl. S. 30)[1].

Als Lötwerkzeuge dienen Lötkolben, Lötbrenner und Lötöfen[2].

Die Lötkolben für Weichlot bestehen aus einem mit Schneide oder Spitze versehenen Stück Kupfer (möglichst rein, Elektrolytkupfer) mit Eisenstiel und Holzgriff. Für die meisten Zwecke ist die Hammerform bequemer, der gerade Spitzkolben dient hauptsächlich für Innenlötungen. Die Schneide oder Spitze wird vor dem Gebrauch auf Salmiak sauber gerieben und dann verzinnt, da Kupfer leicht oxydiert. Die Erhitzung des Lötkolbens erfolgt im Holzkohlenfeuer oder in einer Gasflamme periodisch oder dauernd während der Arbeit durch eine mit dem Lötkolben fest verbundene Heizvorrichtung. Bei Erhitzung durch Gasflamme wird das Gas (Leuchtgas aus der Leitung, Azetylen und Wasserstoff aus Stahlflaschen) durch einen Gummi- oder Metallschlauch durch den hohlen Griff und Stiel des Lötkolbens diesem zugeführt, oder der Griff dient als Behälter für flüssigen Brennstoff (Spiritus, Benzin). Es gibt auch elektrisch beheizte Lötkolben mit Widerstandsspiralen aus Chromnickeldraht. Da die elektrische Isolation gleichzeitig auch eine Wärmeisolation ist, so muß der Heizkörper wesentlich heißer sein als der Kolben selbst und leidet dadurch stark bzw. muß oft erneuert werden. Beides verteuert den Betrieb.

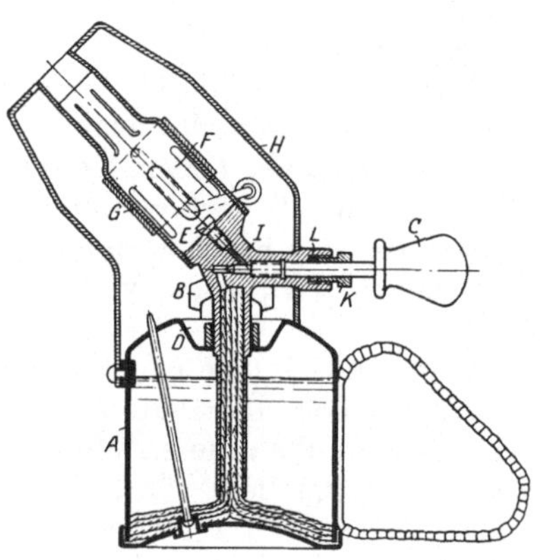

Abb. 211.
Benzin-Lötlampe. (Aus: Burstyn, Löten.)

Der Lötkolben hat der Lötflamme gegenüber folgende Vorteile: Er ist bequemer und in jeder Lage zu handhaben, die Temperatur ist niedriger, die Gefahr der Überhitzung der Lötstelle geringer. Die Erhitzung läßt sich auf die Lötstelle beschränken, während eine Flamme sich beim Auftreffen auf die Flächen ausbreitet. Die Hitze wird schneller auf die Lötstelle übertragen, da Metalle, besonders Kupfer, die Wärme besser leiten als Gase. Daher soll man möglichst mit dem Kolben weich löten.

Lötbrenner (Lötpistolen) ähneln den Schweißbrennern (siehe S. 241); sie arbeiten mit Leuchtgas, Wasserstoff oder Azetylen und werden hauptsächlich zum Hartlöten verwendet, Brenner für flüssige Brennstoffe (Spiritus, Benzin, Benzol), sogenannte Lötlampen, auch zum Weichlöten. Bei der in Abb. 211 veranschaulichten Lötlampe für Benzin mit Regelung für Brennstoff und Luft wird der Behälter A bis etwa $^2/_3$ mit Brennstoff durch die seitliche Schraubkappe B gefüllt, die darauf luftdicht geschlossen wird. Zum Anwärmen des Brenners und des Vergasers I wird in D etwas Spiritus gefüllt und entzündet. Kurz bevor die Anwärmflamme erlischt, öffnet man die durch Stoffbüchse K und Dichtung L geführte Reglerspindel C, worauf das vom Docht dem Brenner

[1] Siehe auch Rostosky und Lüder: Löten und Schweißen von Aluminium. Maschinenbau 1925, S. 120.

[2] Für Massenfertigung von Konservenbüchsen z. B. werden selbsttätige Maschinen verwendet, die den Büchsenrumpf aus einem Blechstreifen biegen und löten und ihn dann einer ebenfalls selbsttätigen Bördel- und Bodenaufwalzmaschine zuführen.

zugeführte Benzin als Gasstrahl aus der Düse *E* austritt und sich mit der durch die Schlitze des Brennrohres *F* mitgerissenen Luft mischt. Die Luftzufuhr und die Flammentemperatur werden durch die Reglertülle *G* geregelt, indem durch sie die Schlitze in *F* mehr oder minder verdeckt werden. Die Größe der Flamme läßt sich durch die Spindel *C* regeln. Die hohe Gasgeschwindigkeit verhindert ein Zurückschlagen der Flamme. Die die linke Seite des Behälters durchsetzende Nadel soll Explosionen bei Überhitzung verhüten; sie ist in einem Loch des Deckels weich eingelötet und öffnet es, wenn sich der Behälter bei zu großem Druck ausbaucht. — Bei größeren Modellen, die mit Luftpumpe versehen sind, wird der Brennstoff nicht durch einen Docht, sondern durch Luftdruck (2÷4 atü) in den Brenner hochgetrieben. Bei Petroleum ist das die Regel.

Lötöfen, die mit Gas oder mit Öl und Druckluft geheizt werden, eignen sich zum Hartlöten bei Massenfertigung, z. B. von Fahrradgestellen, und zwar Schlitzöfen, bei denen die durch den Schlitz austretende Stichflamme die Lötstelle der darüber gelegten Fahrradgabel oder Lenkstange erwärmt, und Tauchlötöfen für Rahmen mit einer Graphitwanne mit geschmolzenem Lot (Messingabfall), das von einer Borsäureschicht bedeckt ist, so daß auf die Lötstelle vorher weder Lot noch Lötmittel aufgebracht zu werden brauchen.

Weichlöten lassen sich mit den angegebenen Hilfsmitteln die meisten Metalle; bei schwer lötbaren Metallen, z. B. Eisen, unvollständiger Reinigung der Oberfläche und für ganz zuverlässige Lötungen soll man die Lötstelle vorher (mit Lötkolben, Lötbrenner oder im Tauchbade) verzinnen. Kleine Teile oder Enden, die verzinnt bleiben sollen oder können, können auch im Tauchbad gelötet werden. Blei läßt sich auch „autogen“ mit Blei ohne ein Lötmittel löten, wenn man Lötstelle und Lötdraht vorher sauber schabt und die auf dem geschmolzenen Blei schwimmenden Oxydhäutchen mit dem Lötstab zerreißt und wegschiebt.

Hartlöten lassen sich fast alle Metalle, deren Schmelzpunkt hoch genug liegt. Die Lötung wird besonders fest, wenn sich das Lot mit den zu lötenden Metallen legiert und die zu lötenden Flächen so sauber aufeinanderpassen, daß nur eine ganz dünne Lötfuge sich bildet[1]. Das Löten von Gußeisen macht Schwierigkeiten, ist aber möglich mit Hilfe des Gußeisen-Lötpulvers „Goliath“. Dasselbe besteht hauptsächlich aus einer Mischung chemisch reinen Eisens und stark oxydierender Stoffe und macht die Gußbruchfläche durch Herausschaffen der Oxyde chemisch rein und lötfähig, indem bei Rotglut der Graphit des Gußeisens oxydiert; danach bildet sich eine sehr dünne Schicht von schmiedbarem Eisen, das nun mit Messingschlaglot hart gelötet werden kann. Das im Lötmittel enthaltene Eisenpulver übt bei Einleitung der Reaktion eine chemische Kontaktwirkung aus und verstärkt die bindende Wirkung des Messinglotes, so daß die Festigkeit der Lötstelle der des Gußeisens gleichkommt[2].

III. Schweißen[3].

Schweißen nennt man die metallische Verbindung zweier Metallteile ohne Zuhilfenahme eines Bindemittels. Metalle, wie z. B. niedrig gekohlter Stahl, Kupfer und — mit einiger Einschränkung — Messing, die bei der Erwärmung an der Oberfläche zunächst in teigigen oder knetbaren Zustand übergehen, können in diesem unter dem nötigen Druck zusammengeschweißt werden (Preß-

[1] Elektrisches Hartlöten siehe S. 235.
[2] Vgl. Werkst.-Techn. 1925, S. 322.
[3] Vgl. Schimpke-Horn: Praktisches Handbuch der gesamten Schweißtechnik. Schimpke: Die neueren Schweißverfahren. H. 3 der Werkstattsbücher. Bardtke: Gemeinfaßliche Darstellung der gesamten Schweißtechnik.

schweißung), im übrigen erfolgt das Schweißen durch Zusammenfließen der an der Schweißstelle bis zum Flüssigwerden erwärmten Metalle (Schmelzschweißung). Bedingung ist in jedem Falle, daß die zu verschweißenden Flächen metallisch rein sind und bleiben, ihre Oxydation also verhindert wird oder vorhandene Oxyde aufgelöst und unschädlich gemacht werden. Das letztere erreicht man durch eine leichtflüssige Schweißschlacke, die die schädlichen Verunreinigungen in sich aufnimmt und entweder unter dem Schweißdruck herausgequetscht wird oder infolge ihres niedrigeren spezifischen Gewichtes an der Oberfläche schwimmt. Zur Bildung der Schweißschlacke verwendet man „Schweißpulver". Bei Schweißstahl kann man u. U. darauf verzichten, weil dessen Schlackengehalt (siehe S. 10) bereits die gewünschte Wirkung ausübt, ebenso, wenn eine Oxydation des Metalles nicht zu befürchten ist, wie z. B. bei der elektrischen Widerstandserhitzung oder bei Verwendung einer reduzierenden Flamme, die infolge ihres Überschusses an Brenngas allen Sauerstoff gierig aufnimmt. Metalle mit großer chemischer Verwandtschaft zum Sauerstoff, wie Kupfer, Messing, Aluminium usw., erfordern jedoch in jedem Falle die Verwendung eines Schweißpulvers.

Die nachfolgenden Ausführungen beziehen sich in erster Linie auf das Schweißen von Eisen; das Schweißen der Nichteisenmetalle ist in einem besonderen Abschnitt (siehe S. 254) kurz behandelt.

A. Preßschweißung.

1. Hammerschweißung.

Bei der Feuerschweißung erfolgt die Erwärmung im Schmiede-, Holzkohlen- oder Koksfeuer bzw. im Schweißofen und danach das eigentliche Zusammenschweißen je nach Werkstücksgröße mit dem Hand- oder Maschinenhammer oder unter der Presse nach Aufstreuen von Schweißpulver in Form von Kieselsand, Borax, Kolophonium, Blutlaugensalz u. dgl.

Abb. 212. a Überlappte und b Keilschweißung von Blechen.

Bei der Wassergasschweißung wird die Schweißstelle — möglichst von beiden Seiten gleichzeitig — durch eine aus Wassergas und Gebläsewind mit besonderem Brenner erzeugte heiße Stichflamme schnell auf Schweißhitze erwärmt und dann wie oben geschweißt. Da die Flamme durch die geringe Luftzufuhr (Wassergas : Luft $\approx 1 : 2{,}5$) reduzierend wirkt, ist Schweißpulver entbehrlich. Bleche bis 40 mm Stärke lassen sich überlappt (Abb. 212a) schweißen, doch wird auch hier mitunter, wie bei größeren Blechstärken allgemein, Keilschweißung (Abb. 212b) angewandt, wobei in die durch die abgeschrägten Blechränder gebildete Keilrinne ein Quadrat- oder Rundeisenstab eingeschweißt wird. Am günstigsten sind Blechstärken von $5 \div 25$ mm. Wassergasschweißung ist nicht nur sauberer und fester, sondern bei Großbetrieb auch billiger als Feuerschweißung.

2. Elektrische Widerstandsschweißung[1].

Die elektrische Widerstandsschweißung besteht darin, daß die zu verschweißenden Teile durch den hindurchgeleiteten Strom an der Schweißstelle auf Schweißhitze erwärmt und dann nach Ausschalten des Stromes mit dem nötigen Schweißdruck gegeneinander gepreßt werden. Nach dem Joule'schen Gesetz wird bei der Stromstärke J und dem Widerstand R in der Zeit t eine Wärmemenge $Q = 0{,}239 \times J^2 \times R \times t$ kcal erzeugt. Die Erwärmung erfolgt von innen nach

[1] Vgl. Merkblätter „Elektrische Widerstandsschweißung" des DATSCH.

außen und geht an der Berührungsstelle der beiden Schweißstücke infolge des hier auftretenden größeren Widerstandes schneller vor sich als innerhalb derselben und steigt in kurzer Zeit, bei kleineren Querschnitten in wenigen Sekunden, auf Weißglut. Da nach obigem Gesetz die Stromstärke ausschlaggebend ist, so arbeitet man mit großen Stromstärken ($\leqq$ 100000 A) und niedrigen Spannungen ($1 \div 10$ V) und wählt Wechselstrom, am besten einphasigen Wechselstrom von $110 \div 150$ V Netzspannung, der mittels Transformators auf die Betriebsspannung umgeformt wird, weil die Umformung von Gleichstrom auf so niedrige Spannungen sehr unwirtschaftlich ist. Bei Drehstrom (Dreiphasenwechselstrom) schaltet man die Schweißmaschinen bis zu 15 kW zwischen zwei Phasen des Netzes (bei mehreren Maschinen möglichst gleichmäßig auf die drei Phasen verteilt), größere Schweißmaschinen speist man mit Rücksicht auf die auftretenden Stromstöße nicht unmittelbar aus dem Drehstromnetz sondern durch besondere Drehstrom- oder Einphasenwechselstrom-Dynamomaschinen. Ist nur Gleichstrom vorhanden, so muß dieser durch umlaufende Umformer in Wechselstrom umgewandelt werden.

Die Schweißmaschinen, die alle zum Schweißen erforderlichen mechanischen Einrichtungen sowie den Transformator enthalten und je nach Bedarf für Hand- oder Fußbetrieb, halb oder ganz selbsttätig arbeitend ausgeführt werden, sind entsprechend ihrer elektrischen Höchstleistung für bestimmte größte Schweißquerschnitte verwendbar, lassen sich aber durch Unterteilung der Transformatorwicklungen mittels eines Stufenreglers bis auf etwa $^1/_3$ der Höchstleistung abdrosseln. Die Elektroden müssen gekühlt werden und sind daher meist als Hohlkörper ausgeführt, die ständig von Wasser durchflossen werden. Da die Einspannungsvorrichtungen der Maschine den Werkstücken, insbesondere die Klemmbacken dem Querschnitt derselben angepaßt sein müssen, so eignet sich die elektrische Widerstandsschweißung nur für Massenfertigung, nicht für wechselnde Einzelarbeiten. Ihre Vorzüge bestehen in dem einfachen und sauberen Betrieb, in hoher Leistung und Wirtschaftlichkeit. Man unterscheidet verschiedene Arten der Widerstandsschweißung.

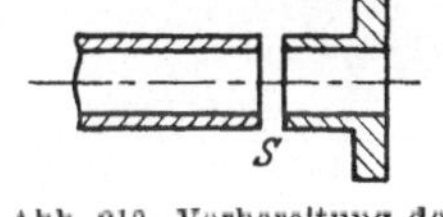

Abb. 213. Vorbereitung der Werkstücke zur Stumpfschweißung.

Die Stumpfschweißung wird angewendet, um Draht, Stabeisen, Rohre u. dgl. zu verschweißen. Anwendungsbeispiele: Gegenstände der Draht- und Kleineisenindustrie, Ketten, Bohrer mit angeschweißtem Schaft, sonstige Schneidwerkzeuge mit aufgeschweißten Schneidplättchen, aus Einzelteilen zusammengeschweißte Kurbelwellen, Pleuelstangen mit aufgeschweißten Köpfen usw. Die zu schweißenden Flächen S beider Teile sollen möglichst glatt und bei gleichem Werkstoff gleich groß sein oder müssen durch entsprechende Vorbereitung (z. B. Abdrehen nach Abb. 213a, Ausbohren nach Abb. 213c oder Einkerben bei x nach Abb. 213e u f) gleich groß gemacht werden, um gleichmäßige und gleichzeitige Erwärmung beider Stoßflächen zu erzielen; nötigenfalls muß der schwerer auf Schweißhitze zu bringende Teil vorgewärmt werden. Je kürzer die Einspannung zwischen den Klemmbacken, desto kürzer die Dauer der Erwärmung, desto geringer der Stromverbrauch. Den Strom schlecht leitende Metalle müssen kürzer, gut leitende länger herausragend eingespannt werden.

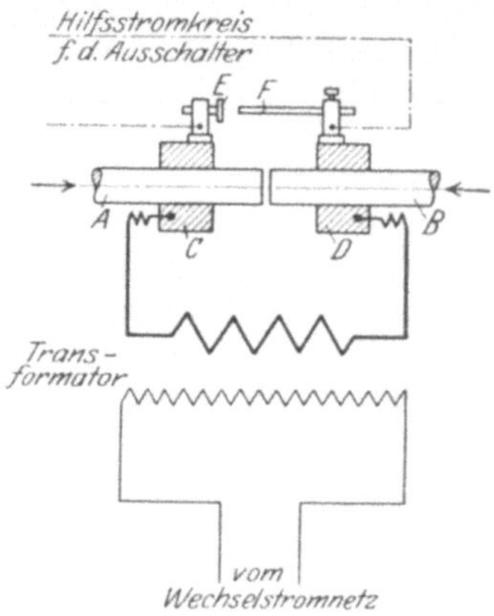

Abb. 214. Stumpfschweißmaschine (Schema).

Das Schema einer Stumpfschweißmaschine zeigt Abb. 214. Nachdem die beiden zu verschweißenden Teile A und B in kupferne Klemmbacken C und D eingespannt und mit ihren Stoßflächen gegeneinander geschoben sind, wird der Strom eingeschaltet. Nach Erreichung der Schweißhitze an der Stoßstelle schaltet man den Strom aus und preßt mittels einer besonderen Stauchvorrichtung die beiden Teile gegeneinander, wobei diese miteinander verschweißen und eine mehr oder minder starke Wulst an der Schweißstelle entsteht. Die einzelnen erwähnten Arbeitsvorgänge können bei kleineren Maschinen durch einen einzigen Hand- oder Fußhebel hintereinander betätigt werden. Das Ausschalten des Stromes kann durch Anschläge E und F, die bei einer bestimmten Entfernung der Klemmbacken einen Hilfsstromkreis zur Betätigung des Ausschalters schließen, selbsttätig erfolgen.

Abb. 215. Stumpfschweißmaschine mit motorischer Spann- und Stauchvorrichtung (AEG).

Stumpfschweißmaschinen werden heute etwa für Schweißquerschnitte bis 20000 mm² bei Eisen und 3000 mm² bei Kupfer gebaut. Bei den kleineren und mittleren Maschinen wird das Einspannen und Stauchen der Werkstücke von Hand durch Betätigung der Klemmbacken mittels Handräder vorgenommen. Die in Abb. 215 veranschaulichte Stumpfschweißmaschine für Schweißquerschnitte bis etwa 6000 mm² in Eisen besitzt dagegen außer den Drehkreuzen noch besondere Motoren für das Spannen und Stauchen, mit denen in drei Stufen regelbare Drucke von etwa 3000 ÷ 7000 kg ausgeübt werden können. Im Notfalle können mit dieser Maschine noch Querschnitte bis 8000 mm² geschweißt werden. Zur Erzielung des dabei erforderlichen Spann- und Stauchdruckes von etwa 9000 kg muß dann allerdings auf Benutzung der Drehkreuze zurückgegriffen werden, und es bedarf dabei einer großen Kraftanstrengung von zwei Mann.

Bei dem von der AEG eingeführten Abschmelzschweißen[1] brauchen die Stoßflächen der zu verschweißenden Teile nicht sauber bearbeitet zu sein. Die in die Schweißmaschine eingespannten Teile werden bei bereits eingeschaltetem Strom abwechselnd so weit einander genähert und wieder etwas zurückgezogen, daß Funken überspringen; dabei schmelzen alle vorspringenden Kanten oder Unebenheiten ab, so daß sich beim nachfolgenden Zusammenschieben die Flächen gleichmäßig berühren. Nach Erreichung der Schweißhitze werden die Teile wie bei reiner Stumpfschweißung unter Ausschalten des Stromes durch schlagartiges Gegeneinanderpressen verschweißt und erhalten eine weniger starke Wulst. Natürlich sollen auch hier die Schweißstellen möglichst gleichen Querschnitt haben (vgl. Abb. 213). Das Verfahren ist aber besonders auch für kohlenstoffreichere Stahlsorten (Werkzeug- und Schnellstahl) und zum Verschweißen solcher, verschiedenartiger Metalle (z. B. Kupferseile mit Eisenkörper) geeignet, für die ein anderes Verfahren nicht durchführbar ist. Stromverbrauch und Schweißzeit sind geringer, die Festigkeit der Schweißnaht ist größer als bei gewöhnlicher Stumpfschweißung.

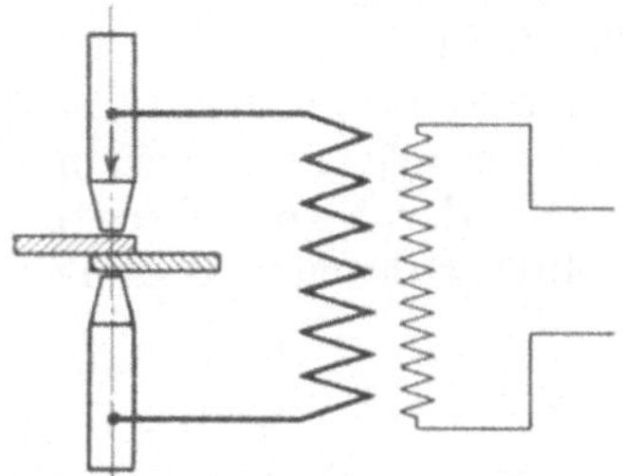

Abb. 216. Punktschweißung (Schema).

Die Punktschweißung dient zur Verbindung von (zunderfreien!) Blechen oder schwächeren Profileisen und vielfach als Ersatz für Nietungen, z. B. bei Blechrohren und Blechgefäßen, Blechtüren, Gittermasten, Karosserien, Schreibmaschinenteilen usw. Die zu verschweißenden Teile werden zwischen zwei stiftförmigen Elektroden (Abb. 216) an der betreffenden Stelle auf Schweißhitze erwärmt und dann durch Anpressen der oberen Elektrode an diesem Punkt verschweißt. Durch Nebeneinandersetzen solcher Schweißpunkte — enger oder weiter, geradlinig oder zickzackförmig — entsteht eine nietnahtähnliche Verbindung. — Die Bedienung einer Punktschweißmaschine (Abb. 217) erstreckt sich im allgemeinen auf die Betätigung eines Trittheбels, der das Aufdrücken der Elektroden und den Stromschluß und beim Freigeben das Ausschalten des Stromes und das Abheben der Elektroden besorgt. Bei der abgebildeten Maschine wird durch den Schweißkontroller der Strom selbsttätig ausgeschaltet, sobald

Abb. 217.
Punktschweißmaschine mit Schweißkontroller (AEG).

[1] Vgl. Sauer: Das elektrische Abschmelzschweißverfahren (mit zahlreichen Beispielen). Werkst.-Techn. 1926, S. 579.

die Schweißung eines Punktes tatsächlich beendet ist; daher Verbrennen des Bleches ausgeschlossen. — Punktschweißung läßt sich wirtschaftlich bis zu einer Gesamtdicke von etwa 30 mm ausführen, wobei die Anzahl der Schichten und der Einzelstärke keine nennenswerte Rolle spielt. Neben hoher Leistung hat die Punktschweißung den Vorteil, daß sie keine Schwächung des Werkstoffes, wie die Nietlöcher, verursacht. Durch dichtes Aneinanderreihen der Schweißpunkte lassen sich auch dichte Schweißnähte herstellen, doch wählt man dafür meist eins der folgenden Verfahren.

Bei der Nahtschweißung werden zur Erzielung einer fortlaufenden und dichten Schweißnaht Rollen als Elektroden verwendet, zwischen denen die zu schweißenden Teile durchlaufen. Im übrigen ähneln die Maschinen den Punktschweißmaschinen. Eine Verdickung an der Schweißnaht, wie sie bei einfacher Überlappung (Abb. 218a) entsteht, vermeidet man durch ganz geringe Überlappung, die auf einfache Blechstärke beim Schweißen zusammengedrückt wird (Abb. 218b), oder durch Abschrägen der Blechkanten (Abb. 218c). Die Ränder dünner Bleche werden vorher hochgebogen und beim Schweißen plattgedrückt (Abb. 218d). — Das Arbeiten mit gleichmäßigem, ununterbrochenem Vorschub und dauernd eingeschaltetem Strom ist nur für ganz dünne, vollständig zunderfreie (doppeltdekapierte) Bleche und eine Gesamtdicke bis zu 2 mm anwendbar und erfordert geringe Vorschubgeschwindigkeiten und ganz gleichbleibende Spannung. Die Schweißnaht ist sehr schwer dicht zu bekommen, da vielfach Teile des teigig gewordenen Werkstoffes durch die Rollenelektroden herausgerissen und an anderer Stelle wieder eingepreßt werden. Deshalb ist heute die von der Gesellschaft für elektrotechnische Industrie G. m. b. H. (Gefei) eingeführte Rollenschrittschweißung am gebräuchlichsten, die am unempfindlichsten gegen Stromschwankungen, Blechverschiedenheiten usw. ist und saubere, feste Nähte bei geringerer Rollenabnutzung ergibt. Sie ermöglicht das Schweißen auch leicht verzunderter Bleche bis zu 10 mm Gesamtdicke, doch geht man aus wirtschaftlichen Gründen selten über 5 mm Gesamtdicke hinaus. Das Verfahren besteht darin, daß die Rollenelektroden während der eigentlichen Schweißung unter Druck auf der Schweißstelle ruhen und ihre Bewegung bis zum nächsten Schweißpunkt bei ausgeschaltetem Strom erst fortsetzen, wenn der voraufgegangene unter Druck erkaltet ist. Es wird also keine bandförmige sondern eine schuppenartige, aus ganz dicht nebeneinandergereihten Punkten besehende Naht erzeugt. Von den beiden Rollen wird nur die eine, in der Regel die obere, angetrieben, die andere durch Reibung mitgenommen oder bei Längsschweißung durch einen zylindrischen Arm ersetzt, über den die obere Rolle wandert

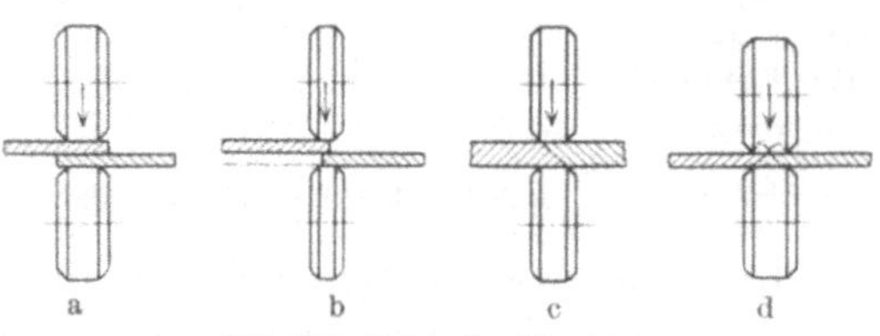

Abb. 218. Nahtschweißungen.

Abb. 219. Längsnaht-Schweißmaschine (Gesellschaft für elektrotechnische Industrie m. b. H., Berlin).

(Abb. 219). Der Antrieb erfolgt bei kleinen Maschinen für kurze Nahtlängen durch Handhebel, im übrigen maschinell und bei Rollenschrittschweißung das Ein- und Ausschalten der Rollenbewegung und des Stromes selbsttätig mit veränderlichen Bewegungs- und Stromschlußzeiten.

Bei der Hohlkörperschweißung (Abb. 220) werden die beiden gestanzten Hälften in dem Schlitten *A* mit passenden Klemmbacken eingespannt und mit diesen mit der Naht an der drehbaren, gegen den Tisch isolierten Elektrode *B* vorbeigeführt, wobei der Stanzgrat plattgedrückt wird. Die Drehung der Elektrode *B* erfolgt entweder durch einen besonderen Antrieb (Motor) oder, wie in der Skizze, durch Ritzel *C* und eine am Schlitten isoliert befestigte Zahnstange bzw. ein Zahnsegment *D*. Der Schlitten muß der Form des Werkstückes (z. B. bogen- und kurvenförmig) angepaßt sein.

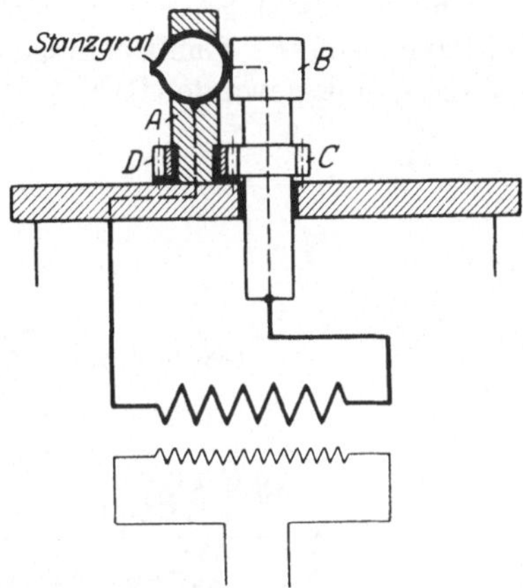

Abb. 220. Hohlkörperschweißung (Schema).

Der Widerstandsschweißung ähnlich ist das elektrische Hartlöten; dabei wird die Erwärmung nur so weit getrieben, daß das zwischen die zu verbindenden Teile gebrachte Lot schmilzt, diese aber nicht auf Schweißhitze kommen (breite Elektroden!).

B. Schmelzschweißung.

Da die Erhitzung des Werkstückes bis zum Flüssigwerden auf die Schweißstelle selbst beschränkt bleiben muß, so muß sie sehr schnell erfolgen und wird daher entweder mit einer Gasstichflamme oder mit dem elektrischen Lichtbogen, die beide sehr hohe Temperaturen aufweisen, vorgenommen. Danach unterscheidet man Gasschmelzschweißung und elektrische Lichtbogenschweißung.

1. Gasschmelzschweißung (Autogene Schweißung).

Die Stichflamme wird durch ein unter Druck aus der Düse des Schweißbrenners ausströmendes Gemisch von Sauerstoff und einem Brenngas erzeugt[1]. Als Brenngase kommen in erster Linie Wasserstoff und Azetylen, seltener Leuchtgas und Blaugas oder vergaste flüssige Brennstoffe, wie Benzol, Benzin oder Petroleum, zur Anwendung[2]. Die Gase werden von chemischen Fabriken in Stahlflaschen auf 150 atü, Azetylen (gelöstes Azetylen, Azetylendissous) auf 15 atü verdichtet bezogen, Azetylen dagegen (weil billiger und einfach) meist an der Verbrauchsstelle selbst aus Kalziumkarbid und Wasser (siehe S. 50) in besonderen Entwicklern (siehe S. 238) erzeugt.

a) Gasflaschen und Zubehör.

Die Stahlflaschen (Abb. 221) sind aus Gußstahl nahtlos gezogene, unten mit einem (unbeabsichtigtes Rollen beim Versand oder Lagern verhütenden)

[1] Näheres über Reingehalt der Gase, Einfluß der Ausströmgeschwindigkeiten und der Verunreinigungen auf die Schweißleistung, Bedeutung des Mischungsverhältnisses, Rückschlagssicherheit in Abhängigkeit von Mischungsverhältnis und der Ausströmgeschwindigkeit enthält der Aufsatz von Wiß: Fortschritte auf dem Gebiete der Autogen-Metallbearbeitung. Maschinenbau 1926, Sonderheft Schweißtechnik, S. 41.

[2] Vgl. Über die Eignung von Brenngasen für autogene Schweißung. Maschinenbau 1925, S. 165.

viereckigen Fuß und am Kopf mit einem mit kegelförmigem Gewinde eingeschraubten Verschlußventil versehen, das bis zur Ingebrauchnahme der Flasche durch eine aufgeschraubte Verschlußkappe geschützt wird. Der durch Einfüllen von Wasser ermittelte Rauminhalt der Flasche beträgt gewöhnlich 40÷60 l und ist ebenso wie der Fülldruck (150 atü bei 225 atü Probedruck) außen auf der Flasche eingeschlagen. Der seitliche Anschlußzapfen des Verschlußventils hat bei Sauerstoff $^3/_4''$-Gas-Rechtsgewinde, bei Wasserstoff und anderen Brenngasen $^1/_2''$-Gas-Linksgewinde (DIN 477); bei gelöstem Azetylen ist statt eines Gewinde-

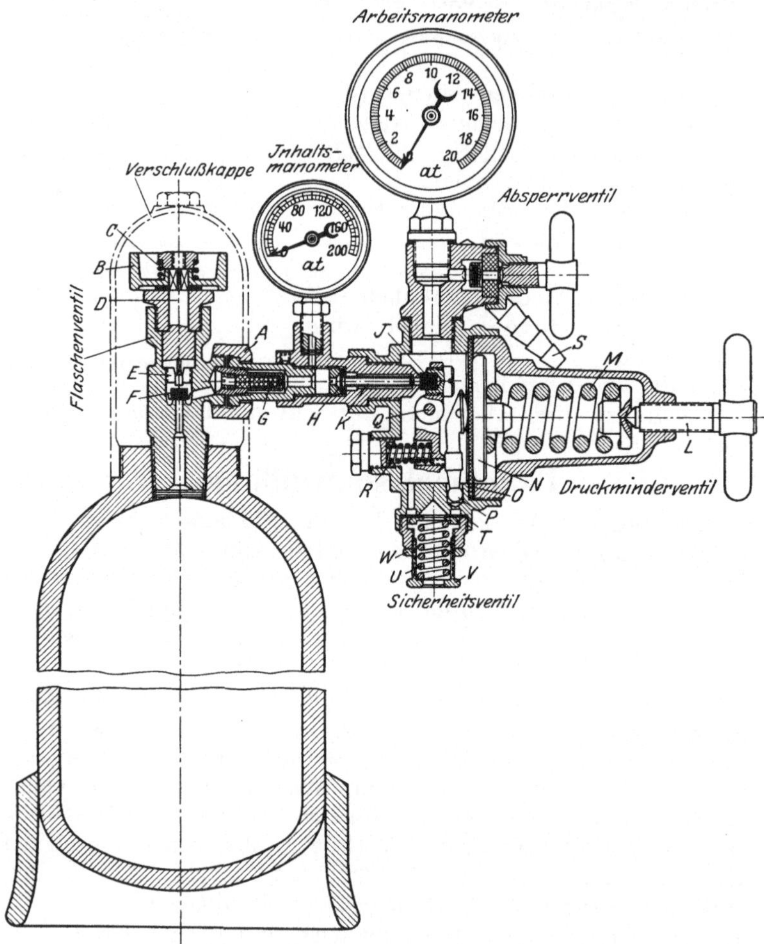

Abb. 221. Stahlflasche mit Flaschen-, Druckminder-, Sicherheits- und Absperrventil, Inhalts- und Arbeitsmanometer (Draegerwerk, Lübeck).

anschlusses ein Zapfenanschluß mit Dichtungsring, der durch einen um das Abschlußventil greifenden Bügel mit Schraube gedichtet wird, in Gebrauch. Hierdurch sollen Verwechselungen der einzelnen Gase und dadurch verursachte Explosionen verhütet werden. Denselben Zweck hat auch der Farbanstrich der Flaschen, blau für Sauerstoff, rot für Wasserstoff, weiß für Azetylen. Die Flaschenventile bestehen meist aus Messing; für gelöstes Azetylen sind jedoch Stahlventile zu verwenden, weil bei Kupfer enthaltenden Ventilen sich explosives Azetylenkupfer bildet. Ventile dürfen weder geölt noch gefettet werden, da durch Reibung Selbstentzündung und Explosion entstehen kann. Das gilt besonders für verdichteten Sauerstoff. Die Flaschen sind im übrigen sehr sorgfältig zu behandeln, insbesondere nicht zu werfen oder fallen zu lassen, vor Wärme und Sonnenstrahlen zu schützen.

Da Azetylen bei Drucken über 2 atü explosiv ist, darf es nicht, wie andere Gase, unmittelbar in die Flaschen gefüllt werden. Die Flasche wird vielmehr zunächst mit einer Masse (z. B. einem Gemisch von Asbest, Holzkohle oder Kieselgur und Wasser) gefüllt, die nach dem Trocknen porös wird und in hohem Maße Azeton (ein bei der Holzdestillation entstehender Alkohol, Essiggeist) aufzusaugen vermag. Nachdem sie bis zur Sättigung mit Azeton ($\approx$ 40% des Flascheninhaltes) getränkt ist, wird gereinigtes Azetylen mit 15 atü (zulässiger Höchstdruck) eingepreßt. Durch Unterteilung des Flaschenraumes durch die poröse Masse in kleinste Einzelräume wird die Ansammlung größerer Mengen verdichteter, explosiver Dämpfe verhindert. Das Azeton besitzt ein großes, mit dem Druck zunehmendes Lösungsvermögen für Azetylen (1 l Azeton löst bei 1 atü $\approx$ 24 l, bei 15 atü $\approx 15 \times 24 = 360$ l Azetylen). Eine Flasche von 40 l Wasserinhalt (ohne Füllmasse) faßt bei 15 atü $\approx$ 6000 l Azetylen von 1 atü (also fast genau so viel wie bei den anderen Gasen bei 150 atü).

Zur Herabsetzung des hohen Flaschendruckes (anfänglich 150 bzw. 15 atü) auf den Betriebsdruck von 0,3 $\div$ 2,5 atü und zur Beobachtung der Drucke dient ein mit zwei Manometern versehenes Druckminderventil, das bei Ingebrauchnahme der Flasche am Verschlußventil befestigt wird und eine Tülle für den Gasschlauch besitzt. Die Befestigung am Flaschenverschlußventil (Abb. 221) erfolgt mittels einer Überwurfmutter *A*, das Öffnen und Schließen des Verschlußventils mit dem Handrädchen *B* und der durch Feder *C* ständig dichtend nach oben gehaltenen Spindel *D*, die mit einer Nase in den Schlitz der Schraube *E* eingreift und diese auf und nieder schraubt. Wenn sich der aus Hartgummi oder Vulkanfiber bestehende Ventilteller *F* unter dem Flaschendruck hebt, strömt das Gas durch Siebe *G* und *H*, die Schmutzteilchen zurückhalten sollen, zunächst bis zum Hartgummipfropfen *I*. Der jeweilige Flaschendruck wird durch das Inhaltsmanometer angezeigt. Bei Sauerstoff tritt erfahrungsgemäß bei zu schnellem Öffnen des Flaschenverschlußventils eine starke Verdichtung des zwischen *F* und *I* befindlichen Sauerstoffes und eine so große Verdichtungswärme auf, daß eine Entzündung des Hartgummipfropfens *I*, ein Brennen der Metallteile und damit eine Explosionsgefahr eintreten kann. Um diese zu verhüten, ist die Ausbrennschutzhülse *K* eingebaut, die die Verdichtungswärme in den Ringraum zwischen ihr und dem Anschlußzapfen für das Druckminderventil und dadurch an größere Metallflächen ableitet, so daß die Entzündungstemperatur des Hartgummis auch bei höchstem Füllungsdruck und bei Knallgasbildung nicht erreicht und das Ausbrennen des Druckminderventiles verhütet wird. Wird der durch Spindel *L*, Feder *M*, Teller *N*, Membran *O*, Hebel *P*, Hebel *Q* und Feder *R* gegen die Ausströmöffnung gedrückte Pfropfen *I* durch Linksdrehen von *L* etwas gelüftet, dann strömt das Gas in das Gehäuse des Druckminderventiles ein und kann aus diesem bei geöffnetem Absperrventil durch die Schlauchtülle *S* zum Brenner strömen. Der Arbeitsdruck wird durch das Arbeitsmanometer angezeigt, durch Spindel *L* eingestellt und durch die Membran *O*, Hebel *P* und *Q* und Feder *R* selbsttätig geregelt. Steigt der Druck, dann wird die Membran *O* gegen die Feder *M* etwas zurückgedrückt und dadurch der Pfropfen *I* der Ausströmöffnung genähert, die Gaszufuhr also gedrosselt; umgekehrt bei zu geringem Druck. Bei zu hohem Druck bläst das Sicherheitsventil ab, indem durch den inneren Überdruck die Membran *T* gegen den Druck der Feder *U* von ihrem Sitz abgehoben wird. Die Spannung der Feder *U* wird mittels des Einschraubdeckels *V* nach Lösen der Gegenmutter *W* geregelt.

Eine andere, hauptsächlich für Sauerstoff bei höheren Arbeitsdrucken ($\leqq$ 15 atü) und größeren Durchgangsmengen ($\leqq$ 1 m³/min) benutzte Ausführung des Druckminderventiles (Konstant-Automat) des Draegerwerkes besitzt an Stelle der Hebel P und Q und der Feder R eine U-förmig gebogene Rohrfeder, die je nach dem Druck des sie durchströmenden Flaschengases mehr oder weniger aufgebogen wird und dadurch die Gaszufuhr nach dem Druckminderventil mehr oder weniger drosselt. Die Ausführung hat den Vorzug, daß der (wie oben) eingestellte Arbeitsdruck bei fallendem Flaschendruck nicht nachgeregelt zu werden braucht.

Zur Verhütung des Gasrücktrittes vom Brenner in das Druckminderventil (bei Verstopfung der Brennerdüse und verschieden hohem Druck beider Gase) und dadurch verursachter Flaschenexplosionen empfiehlt sich das Vorschalten einer Schutzpatrone mit Rückschlagventil und porösem Einsatz, der das Gas ungehindert durchströmen läßt, aber jede Explosionswelle aufhält, die vom Brenner durch den Schlauch bis an die Schutzpatrone gelangen sollte.

Den jeweiligen Gasinhalt der Flasche erhält man durch Multiplikation des Rauminhaltes der Flasche mit dem am Inhaltsmanometer angezeigten Flaschendruck, den Gasverbrauch als Unterschied der Gasinhalte vor und nach Verbrauch. Bei gelöstem Azetylen kann man (wegen der porösen Füllmasse einerseits, andererseits wegen des großen Lösungsvermögens des Azetons) nicht so rechnen; der Gasinhalt ist $\approx 10 \times$ Rauminhalt der Flasche $\times$ Flaschendruck.

b) Azetylenentwickler und Zubehör[1].

Azetylenentwickler mit einem Karbidinhalt bis zu 10 kg werden ortsbeweglich, tragbar ausgeführt und dürfen bis zu einer Stundenleistung von 6000 l Azetylen in Arbeitsräumen aufgestellt werden, sofern die Bauart durch den Deutschen Azetylen-Ausschuß, Berlin, genehmigt ist; ortsfeste Entwickler mit mehr als 10 kg Karbidfüllung müssen in besonderen Gebäuden stehen. Zur Aufstellung eines Azetylenentwicklers ist feuerpolizeiliche Zulassung erforderlich. Nach der Art, wie Karbid und Wasser miteinander in Berührung kommen, unterscheidet man

a) Einwurfentwickler, bei denen von Zeit zu Zeit Karbid ins Wasser eingeworfen wird;

b) Zuflußentwickler, bei denen von Zeit zu Zeit Wasser zum Karbid fließt, und

c) Verdrängungsentwickler, bei denen das entwickelte Gas das Wasser zeitweise vom Karbid abdrängt und dadurch die Gasentwicklung unterbricht.

Schematische Skizzen der verschiedenen Entwickler sind in Abb. 222 zusammengestellt.

Nach der Höhe des Gasdruckes unterscheidet man

1. Niederdruckentwickler mit Betriebsdrucken bis zu 300 mm WS,
2. Mitteldruckentwickler ,, ,, von 300 ÷ 2000 mm WS,
3. Hochdruckentwickler ,, ,, ,, 2000 ÷ 15000 mm WS.

Karbideinwurfentwickler (Abb. 222A). Sinkt infolge Gasmangels die durch das Wasser k abgedichtete Gasglocke b und stößt dabei die in d geführte Regelstange f gegen Anschlag h, so wird Verschlußkegel e gehoben, und es kann Karbid aus Behälter a durch den Schacht c in das Entwicklerwasser n fallen. Durch die mit der Gasentwicklung steigende Glocke b wird Kegelverschluß e wieder geschlossen und dann durch Gewicht g verschlossen gehalten. Die Gasentnahme erfolgt bei i, die Entfernung des bei m angesammelten Karbidschlammes durch Ablaßhahn l.

Wasserzuflußentwickler (Abb. 222B). Sinkt die Gasglocke a unter einen bestimmten Tiefstand, so öffnet der Hebel i das Ventil m, und es fließt Wasser aus h durch k zur Retorte b, und zwar in die erste Kammer der durch Zwischen-

[1] Unter Benutzung der Merkblätter „Gasschmelzschweißung“ des DATSCH.

wände d unterteilten, etwa zur Hälfte mit Karbid gefüllten Schublade c. Das in b entwickelte Gas steigt durch f und die z. T. in das Wasser e eintauchende Haube g in die Gasglocke a und wird durch l entnommen. Durch den Wasserverschluß bei g wird ein Gasaustritt beim Öffnen der Retorte verhütet. Der Karbidschlamm wird beim Herausziehen der Schublade c mitentfernt. Beim Steigen der Glocke a wird m wieder geschlossen und dadurch die Wasserzufuhr zum Karbid wieder unterbunden.

Wasserverdrängungsentwickler (Abb. 222C). Die Gasglocke f ist feststehend, das darin sich ansammelnde Gas verdrängt das Wasser aus ihr. Der Einsatz b mit dem gefüllten Karbidbehälter d wird in den Entwickler a eingesetzt. Das dabei in b hochsteigende Wasser bespült von unten das im Korbe c befindliche Karbid. Das nun in b entwickelte Gas geht durch Rohr i zum Wäscher und Wasserverschluß h und durch Rohr g zur Gasglocke f, aus der es durch k entnommen wird. Der Wasserverschluß h verhütet einen Gasrücktritt beim Herausnehmen von b. Der Gasdruck in f entspricht dem Höhenunterschied l der Wasserspiegel

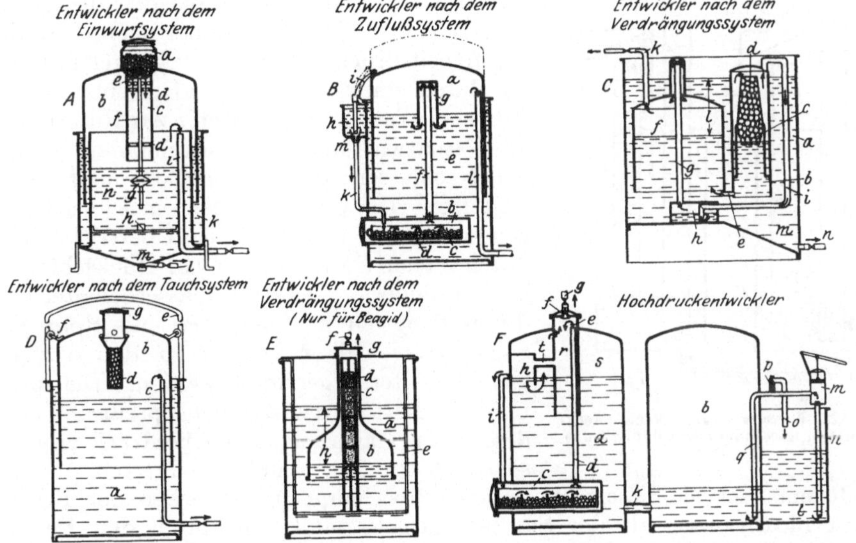

Abb. 222. Typen von Azetylenentwicklern. (Nach: Merkblätter „Gasschmelzschweißung" des DATSCH.)

in a und f und drückt den Wasserspiegel in b herunter und unterbricht schließlich die Gasentwicklung hier. Das in der Nachentwicklung noch erzeugte Gas strömt, wenn der Wasserspiegel in b bis zum Röhrchen e gesunken ist, durch dieses unmittelbar in die Gasgolcke f. Wird durch Gasentnahme der Gasdruck hier geringer, so steigt das Wasser auch in b und berührt wieder das Karbid in c, so daß die Gasentwicklung wieder einsetzt. Der bei m angesammelte Schlamm wird durch Ablaßhahn n entfernt.

Karbideintauchentwickler (Abb. 222D). Beim Sinken der in den Wasserbehälter a eintauchenden Glocke b taucht der an ihrer Decke befestigte Karbidkorb d in das Wasser ein. Das entwickelte Gas hebt Glocke und Korb wieder hoch und kann durch c entnommen werden. Die Glocke b wird, wie auch sonst üblich, an Stangen e durch Rollen oder Gleitbleche f geführt. — Bei dieser an sich sehr einfachen Bauart besteht die Gefahr, daß das Gas sehr heiß wird und beim Öffnen von g Luft eintritt und Explosionen hervorrufen kann. Solche Entwickler werden daher nur für Karbidfüllungen bis zu 10 kg gebaut.

Wasserverdrängungsentwickler für Beagid (Abb. 222E). Beagid ist ein besonders präpariertes Karbid in Patronenform. Die Beagidkörper werden in dem mit der Einhänge- und Befestigungsvorrichtung *e* verbundenen Gestell *c* übereinander geschichtet und das Ganze mit der darüber gestülpten, während des Betriebes feststehenden Glocke *b* in den Behälter *a* eingesetzt. Durch die Gasentwicklung wird das Wasser in *b* zurückgedrängt und dadurch die Gasentwicklung unterbrochen, bei Steigen des Wasserspiegels infolge Gasentnahme bei *f* dagegen wieder aufgenommen. Die Beagidkörper rutschen dem Verbrauch entsprechend nach unten. Der Entwickler besitzt große Betriebssicherheit, wird aber auch nur für kleine Füllungen gebaut.

Hochdruckentwickler (Abb. 222F, Wasserzuflußentwickler wie B). Dem in der Retorte *c* befindlichen Karbid fließt das Wasser aus *a* bei *h* durch Rohr *i* zu; das entwickelte Gas steigt durch Rohr *d* in die Gashaube *r* und verdrängt das Wasser in *a* entsprechend durch *k* nach dem Druckausgleichbehälter *b*. Ein Rückschlagventil bei *e* verhindert den Gasrücktritt zur Retorte *c* bzw. ins Freie, wenn *c* geöffnet wird. Die Gasentnahme erfolgt bei *g*. Das Schwimmerventil *f* verhindert den Austritt von Wasser aus *a*, falls es bis *f* steigen sollte. Das Gas senkt nach Erreichung des Arbeitsdruckes den Wasserspiegel in *r* und *h*, die durch ein Rohr *t* verbunden sind, so weit, daß kein Wasser mehr durch *i* zur Retorte fließt, die Gasentwicklung also unterbunden wird, um bei Nachlassen des Gasdruckes und Wiederansteigen des Wasserspiegels in *h* wieder aufgenommen zu werden. Der Übertritt von Gas durch *i* nach *h* wird durch ein Rückschlagventil in *i* verhindert. Aus dem Wasserbehälter *l* kann durch Saugrohr *n*, Pumpe *m* und Rohr *q* (mit Sicherheitsventil *p*) Wasser in den Druckausgleichbehälter *b* gepumpt werden. Die in *b* befindliche Luft wird zusammengepreßt und erzeugt den hohen Gasdruck. Bei Überdruck tritt Wasser aus *b* durch *q*, *p* und *o* nach *l* aus.

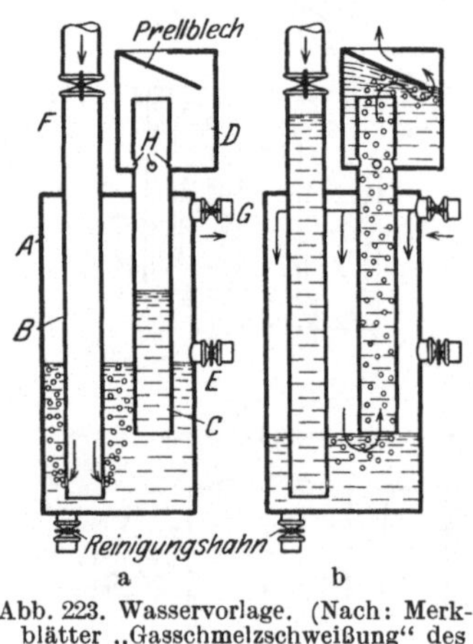

Abb. 223. Wasservorlage. (Nach: Merkblätter „Gasschmelzschweißung" des DATSCH.)

Jedem Azetylen-Sauerstoff-Brenner (überhaupt immer, wenn der Brenngasdruck niedriger ist als der Sauerstoffdruck) muß eine durch den Deutschen Azetylen-Ausschuß genehmigte Wasservorlage vorgeschaltet werden, um Flammenrückschläge oder den Rücktritt von Sauerstoff vom Brenner zum Entwickler oder bei Gasmangel die Entstehung eines Unterdruckes im Gassammler und dadurch Ansaugen von Luft in diesen, also Explosionen zu verhüten. Bei ortsfesten Anlagen mit mehreren Schweißstellen ist außerdem eine größere Hauptwasservorlage zwischen Entwickler und Einzelvorlagen einzuschalten. — Die Wasservorlage (Abb. 223) besteht aus einem Blechgefäß *A* mit zwei verschieden tief hineinragenden Rohren *B* und *C*, das durch den Trichter *D* bis zum Prüfhahn *E* mit Wasser gefüllt wird. Beim Betrieb (Abb. 223a) tritt das Gas durch das Rohr *B* und das Wasser in *A* ein und wird bei *G* entnommen. Eine zum Brenner zurückschlagende Flamme erlischt im Wasser der Vorlage. Das zurückschlagende explosible Gasgemisch bzw. der Sauerstoff verdrängt das Wasser aus *A* in die Rohre *B* und *C*, bis das mit der Außenluft verbundene Rohr *C* unten freiliegt, und tritt durch *C* aus, während der Rücktritt in den Entwickler durch das Wasser in *A* verhindert wird (Abb. 223b). Das in *D* angesammelte Wasser fließt durch die Löcher *H* und Rohr *C* wieder nach *A* zurück. Bei Gasmangel wird durch *C* so viel Luft durch die Saugwirkung des Sauerstoffes angesaugt, daß Unterdruck in *A* vermieden wird. — Die Wasservorlage ist täglich mehrmals auf richtigen Wasserstand (bei geschlossenem Hahn *F*!) und auch sonst dauernd auf zuverlässiges Arbeiten zu prüfen.

Zu jeder Azetylenanlage gehört — außer der als Ausgleichbehälter zwischen erzeugter und verbrauchter Gasmenge dienenden, bei tragbaren Apparaten mit diesen vereinigten Gasglocke — ferner ein Wäscher und ein Reiniger. Der Wäscher ist ebenfalls ein Blechgefäß, in welches das Gas durch ein unter Wasser mündendes Rohr eintreten, sich über dem Wasser ansammeln und oben entnommen werden, aber infolge des Wasserverschlusses nicht wieder in das Zuleitungsrohr zurücktreten kann. Das Wasser kühlt und wäscht gleichzeitig das Gas. Der chemische Reiniger hat hauptsächlich den Zweck, durch seine Reinigungsmasse den Phosphorwasserstoff des Gases zu absorbieren. Außerdem kann ein mechanischer Reiniger (Filz- oder Wattefilter) zur Zurückhaltung mitgerissener mechanischer Verunreinigungen zwischen Entwickler und Wasservorlage eingeschaltet werden.

Als Gasschläuche zur Zuleitung der Gase zum Schweißbrenner dienen Gummischläuche von mindestens 2,5 mm Wandstärke mit Hanfeinlage und einem lichten Durchmesser von 6 mm für Sauerstoff und 9 bzw. 11 mm für Brenngase.

c) Schweißbrenner.

Die Schweißbrenner unterscheiden sich je nach Art des verwendeten Brenngases und zerfallen ferner in Hochdruckbrenner, bei denen Brenngas (z. B.

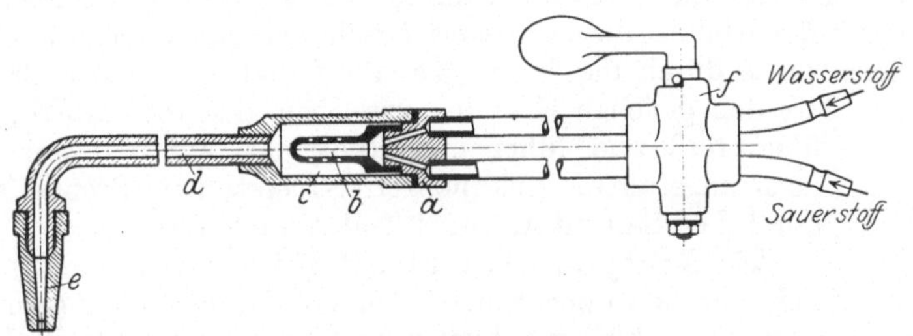

Abb. 224. Wasserstoff-Sauerstoff-Schweißbrenner. (Griesogen, Griesheimer Autogen-Verkaufs-G. m. b. H., Frankfurt a./M.-Griesheim.)

Wasserstoff und gelöstes Azetylen) und Sauerstoff unter annähernd gleichem Druck eintreten, und Niederdruckbrenner, bei denen das Brenngas (z. B. Entwicklerazetylen) von dem unter höherem Druck stehenden Sauerstoff angesaugt wird.

Bei dem Wasserstoff-Sauerstoff-Schweißbrenner nach Abb. 224 strömen die beiden Gase unter fast gleichem Druck in getrennten Rohren zum Mischkopf *a* und durch dessen schräg zueinander stehende Bohrungen in die Mischdüse *b*; das Gasgemisch tritt dann durch die feinen Bohrungen in *b* in die Mischkammer *c* und strömt von hier durch Rohr *d* zur Brennerdüse *e*, wo es entzündet wird und die Stichflamme bildet. Zu jedem Brenner gehören mehrere, je nach Blechstärke auszuwechselnde Brennerdüsen. Beide Gasleitungen werden durch den Hahn *f* geöffnet und geschlossen; die Regelung der Gasmengen erfolgt durch die Druckregelung an den Druckminderventilen der Gasflaschen. Flammenrückschläge werden durch die feinen Öffnungen der Mischdüse *b* verhindert; zu dem gleichen Zweck vermindert man die Zündgeschwindigkeit des Gasgemisches durch einen Wasserstoffüberschuß (Mischungsverhältnis Wasserstoff : Sauerstoff 4 : 1 statt 2 : 1) und erhält dadurch zugleich eine reduzierende (Oxydation verhindernde) gelbliche Flamme. Die richtige Einregelung derselben ist aber schwieriger als bei Azetylen (siehe unten), weil hier kein scharf begrenzter Kern sich bildet Die Flammentemperatur beträgt $\approx 1900^0$.

Der **Azetylen-Sauerstoff-Schweißbrenner** nach Abb. 225 ist ein Niederdruckbrenner mit getrennten, bequem mit einer Hand zu bedienenden Regel- bzw. Absperrvorrichtungen für beide Gase. Das durch das Handrohr strömende und aus diesem bei *a* austretende Azetylen wird durch den bei *b* in die Injektordüse *c* einströmenden Sauerstoff durch die Kanäle *d* und *e* angesaugt; beide Gase mischen sich in *f* und strömen durch Rohr *g* zur Brennerdüse *h*. Da sich der

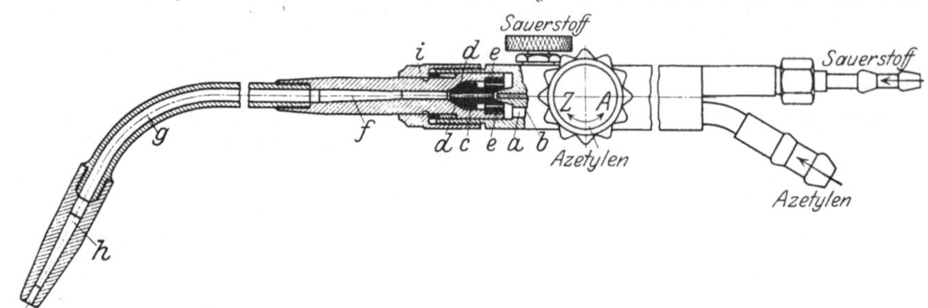

Abb. 225. Azetylen-Sauerstoff-Schweißbrenner. (Griesogen, Griesheimer Autogen-Verkaufs-G. m. b. H., Frankfurt a./M.-Griesheim.)

Druck des Entwicklerazetylens nicht, wie bei Flaschengas, beliebig ändern läßt, so genügt bei wechselnden Blechstärken die Auswechselung der Brennerdüse allein nicht, sondern es muß das ganze durch Überwurfmutter *i* befestigte Vorderteil (*f*, *g*, *h*) mit der Injektordüse *c* ausgewechselt werden. Durch die Unterteilung des Azetylenstromes durch die feinen Kanäle *d* und *e* wird der Brenner rückschlagsicher. Aus den gleichen Gründen wie oben arbeitet man mit Brenngasüberschuß und führt mit Rücksicht auf den durch die Luft noch zugeführten (sekundären) Sauerstoff im Brenner statt 2 Teile nur 1 Teil Sauerstoff auf 1 Teil Azteylen zu.

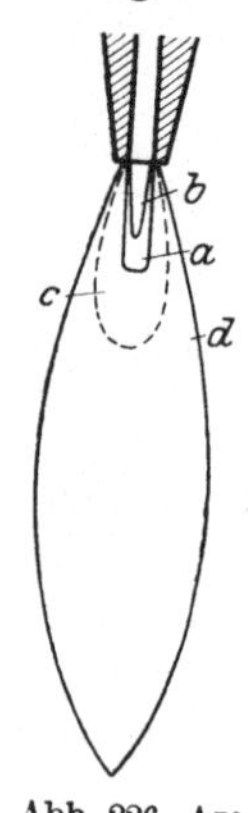

Abb. 226. Azetylen-Sauerstoff-Flamme (Schema).

Die **Azetylen-Sauerstoff-Flamme** (Abb. 226) besitzt bei richtiger (neutraler) Einstellung, von der der Erfolg beim Schweißen wesentlich abhängt, einen scharf umrandeten, weiß leuchtenden Flammenkegel *a* und innerhalb desselben einen Kern *b* von unverbranntem Azetylen-Sauerstoff-Gemisch. Beide Flammenzonen dürfen nicht das Werkstück berühren, sondern die Spitze des Flammenkegels *a* muß $3 \div 6$ mm davon entfernt sein, damit mit der ihn umhüllenden reduzierenden, CO und H enthaltenden, aber nicht sichtbaren Flammenzone *c* geschweißt wird und auch der äußere (oxydierende) Flammenmantel *d*, in dem durch den Hinzutritt des Luftsauerstoffes die endgültige Verbrennung zu CO_2 und H_2O stattfindet, nicht auf die Schweißstelle trifft. Die Flammentemperatur in der reduzierenden Schweißzone *c* beträgt $3000 \div 3500^0$ und nimmt nach der Spitze zu auf $\approx 1200^0$ ab, während sie innerhalb des Flammenkegels *a* weit unter 1000^0 liegt. Azetylenüberschuß gibt einen sehr langen Flammenkegel, verschwommenen Kern, weißgrünliche Färbung und eine knallende und rückschlagende Flamme, die die Schweißnaht durch Kohlenstoffanreicherung hart und brüchig macht, während Sauerstoffüberschuß einen sehr kleinen bläulichen Kern, kurze violette, stark rauschende und oxydierend wirkende Flamme ergibt, durch die die Schweißnaht verschlackt und der Werkstoff unter Funkensprühen verbrennt. Neben unzweckmäßigen Mischungsverhältnissen ergeben auch beschädigte oder verstopfte Düsen eine falsche Flammenbildung.

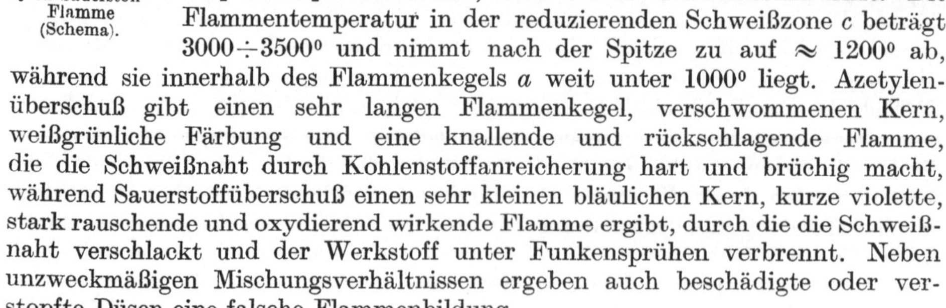

Die Brenner für flüssigen Brennstoff, z. B. für Benzol (Oxy-Benz- oder Fernholz-Verfahren), besitzen eine Einrichtung zum Vergasen des durch Sauerstoffdruck aus einer Flasche zugeführten flüssigen Brennstoffes. Der Vergaser muß zunächst mit einer Spiritusflamme oder dergleichen angewärmt werden. Die erzielbare Flammentemperatur beträgt 2500 ÷ 2700°. Der Vorteil besteht in der bequemen Beschaffung und dem geringeren Rauminhalt des flüssigen gegenüber dem gasförmigen Brennstoff.

Die Schweißstäbe, von denen der zum Ausfüllen der Schweißfugen erforderliche Werkstoff mit der Stichflamme abgeschmolzen wird, bestehen für das Schweißen von Stahl und Stahlguß aus kohlenstoffarmem Stahl (1 ÷ 6 mm ⌀), für Schweißen von Gußeisen aus siliziumreichem Gußeisen (3 ÷ 20 mm ⌀).

Als Schutzvorrichtungen sind eine Schutzbrille mit dunklen Gläsern, Asbestschürze und Asbesthandschuhe erforderlich, beim Schweißen von Zink, Blei und Kupfer oder Kupferlegierungen außerdem ein Atmungsschützer.

d) Ausführung der Gasschmelzschweißung.

Vorbedingung zur Erzielung einer einwandfreien Schweißverbindung ist das richtige Zurichten der Schweißkanten, das richtige Einstellen und Führen der

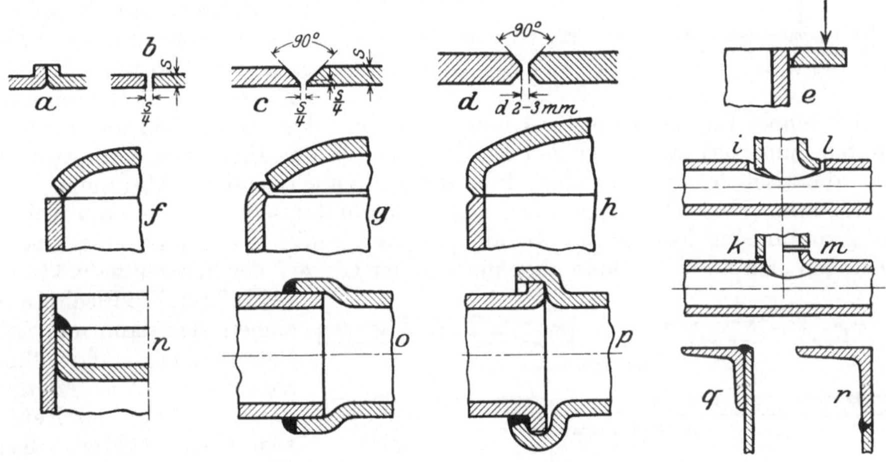

Abb. 227. Beispiele für Gasschmelzschweißungen.

Schweißflamme, Berücksichtigung der Wärmedehnungen und eine den Bedingungen der Schweißung angepaßte Konstruktion.

Bleche bis 2 mm Stärke werden nach Abb. 227a zweckmäßig mit 1 ÷ 2 mm hohen Bördelrändern gegeneinandergelegt, die niederschmelzen und den Schweißdraht ersetzen; Bleche von 2 ÷ 5 mm Stärke werden nach Abb. 227b unter Zusatz von Schweißdraht verschweißt. Bei Blechen von 5 ÷ 10 mm Stärke sind die Kanten vorher einseitig nach Abb. 227c, bei größeren Blech- oder Wandstärken möglichst beiderseits nach Abb. 227d abzuschrägen und unter Zuhilfenahme von Schweißdraht zu verschweißen. Die Kanten dürfen nicht scharf zugespitzt werden, um eine Überhitzung oder Verbrennung derselben zu verhüten. Beim Verschweißen zweier Bleche (oder z. B. Rohr und Flansch) im Winkel zueinander wird gewöhnlich nur eine Kante abgeschrägt (Abb. 227e), und zwar nach der Seite, von wo der Druck kommt, so daß der Kopf der V-förmigen Schweißnaht auf Zug, die Wurzel auf Druck beansprucht wird.

Bei Gefäßdeckeln oder -böden soll die Schweißnaht niemals gerade mit der am meisten beanspruchten Ecke zusammenfallen (Abb. 227f) sondern in die Deckel- oder Mantelfläche (Abb. 227g und h) verlegt werden. Dasselbe gilt für das Einschweißen von Rohrstutzen; nur bei geringen Drucken in der Rohrleitung darf die Schweißung in der Ecke selbst erfolgen (Abb. 227i oder k), bei höheren Drucken muß sie nach Abb. 227l oder Abb. 227m vorgenommen werden. Böden mit Krempe (Höhe = 3÷4fache Blechstärke) werden so weit in den Mantel des Gefäßes hineingeschoben, daß zwischen den Rändern von Mantel und Krempe eine Kehlnaht geschweißt werden kann (Abb. 227n). Eine einfache Muffenrohrschweißung zeigt Abb. 227o, zur Aufnahme von Zug- und Druckbeanspruchung in der Längsrichtung ist die gebördelte Rundnaht (Abbild. 227p, patentiert) empfehlenswert. Winkeleisen werden nach Abb. 227q und r an Bleche angeschweißt.

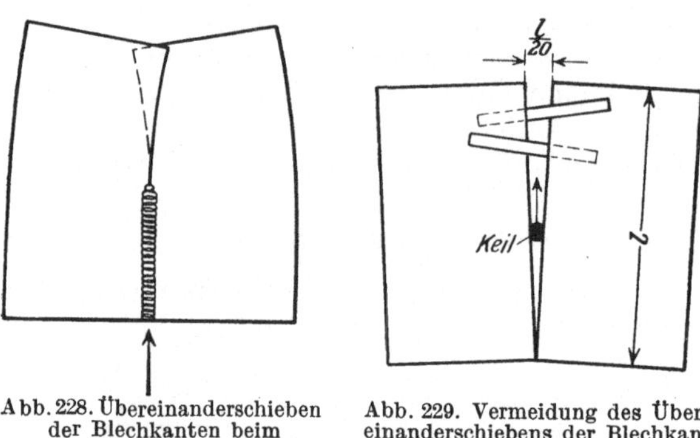

Abb. 228. Übereinanderschieben der Blechkanten beim Schweißen.

Abb. 229. Vermeidung des Übereinanderschiebens der Blechkanten beim Schweißen.

Stumpf gegeneinandergelegte Blechkanten schieben sich bei längeren Schweißnähten (z. B. Längsnähten von Rohren) mit fortschreitender Schweißung übereinander (Abb. 228). Um das zu verhüten, heftet man die Kanten dünner Bleche bis etwa 5 mm Stärke vor dem Schweißen an einzelnen Punkten, zunächst an den beiden Enden, dann in der Mitte und dann abwechselnd dazwischen in mit der Blechstärke zunehmenden Abständen von 30÷150 mm. Starke Bleche werden nicht vorgeheftet sondern mit ihren Kanten schräg zusammengelegt, so daß sie am Ausgangspunkt der Schweißung zusammenstoßen, am anderen Ende aber um $^1/_{20}$ der Länge l der Schweißnaht klaffen (Abb. 229); die Blechränder ziehen sich dann mit fortschreitender Schweißung zusammen. Vorzeitiges Schließen kann durch einen zwischengesteckten Keil, der immer in bestimmtem Abstande vor dem Brenner hergezogen wird, verhütet werden. Bei nicht zu starken Blechen kann man statt des Keils auch zwei Flacheisen verwenden, mit denen gleichzeitig auch die Höhenlagen der Blechkanten ausgeglichen werden können (Abb. 229).

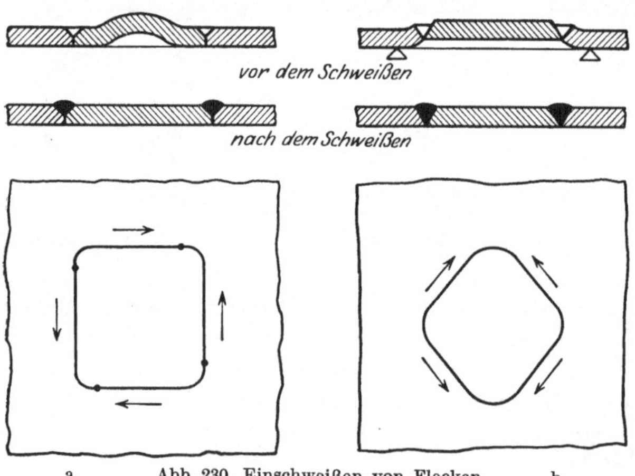

a Abb. 230. Einschweißen von Flecken. b

Überlappte Schweißung ist möglichst zu vermeiden, da die Blechränder mit fortschreitender Schweißung sich voneinander ablösen. Daher sollen auch Flicken nicht auf- sondern eingeschweißt werden. Zur Vermeidung von Spannungsrissen wird der Flicken entweder vor dem Einpassen etwas ausgebeult (Abb. 230a) und, sofern die Wölbung nach dem Schweißen durch Schrumpfen der Naht nicht von selbst verschwunden ist, durch Hämmern geebnet, oder es wird der Lochrand etwas aufgebogen und ein ebener Flicken mit abgeschrägten Kanten eingepaßt und verschweißt und hinterher nötigenfalls durch Hämmern bei Rotglut eingeebnet (Abb. 230b). Scharfe Ecken der zu flickenden Löcher und das fortlaufende Schweißen in einer Richtung verursachen Risse. Man muß daher die Ecken stark abrunden und in einzelnen Strecken so schweißen, daß immer am kältesten Punkt jeder Strecke wieder begonnen wird (vgl. die Pfeile in Abb. 230a, b).

Ausbesserungsschweißungen erfordern besonders geschickte Schweißer, da vielfach an senkrechten Flächen oder „über Kopf" zu schweißen ist, wie z. B. bei Dampfkesselschweißungen. Risse sind vorher so weit auszumeißeln, auszuhobeln oder auszufräsen, wie sich der Riß durch geteilten Span noch deutlich zu erkennen gibt, und dann mit Zusatzdraht auszufüllen. Bei stärkeren Rissen empfiehlt es sich, zur Vermeidung von Spannungsrissen in die Mitte zunächst einen Keil einzutreiben und vom Keil aus nach beiden Enden hin und zuletzt das Keilloch zu verschweißen (Einschweißen von Flicken siehe oben).

Gußeisen wird bei Erreichung seiner Schmelztemperatur plötzlich flüssig und läßt sich daher nur wagerecht schweißen. Um das Blasig- und Porigwerden der Schweißnaht und die Bildung einer Oxydhaut an der Oberfläche zu vermeiden, soll man das erhitzte Ende des Zusatzstabes in Schweißpulver tauchen und damit ständig im flüssigen Eisen rühren. Schnelles Erkalten und das Verdampfen von Kohlenstoff und Silizium läßt die Schweißnaht hart werden; daher muß der Zusatzstab zum Ausgleich genügend von diesen Beimengungen enthalten und die Schweißnaht entweder möglichst langsam erkalten oder nachträglich ausgeglüht werden[1]. Durch ungleichmäßige Erhitzung und Abkühlung beim Schweißen werden — abgesehen von den in jedem Gußstück schon enthaltenen Spannungen — bei der Kaltschweißung weitere Spannungen hervorgerufen, die man bei der Warmschweißung, d. h. bei Vorwärmung des Gußstückes auf Rotglut (vgl. S. 251, Lichtbogen-Warmschweißung) sehr stark mildern oder vermeiden kann. Schwere, starkwandige Gußstücke soll man schon der Gasersparnis wegen immer vorwärmen, auch wenn keine gefährlichen Spannungen zu befürchten sind. Bei Stahlguß und gut geglühtem Temperguß, die dem Stahl mehr ähneln, treten weniger gefährliche Spannungen auf. Schlecht schweißbar ist Hartguß.

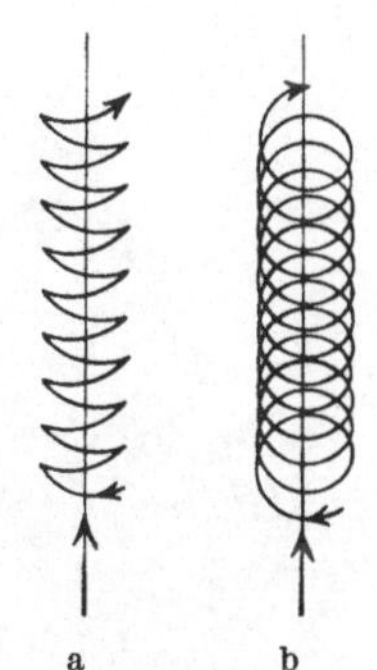

Abb. 231. Führung des Schweißbrenners.

Der Schweißbrenner wird meist zickzackförmig (Abb. 231a) oder bei stärkeren Blechen kreisschleifenförmig (Abb. 231b) — bei Blechen unter 5 mm auch zuweilen geradlinig im Pilgerschritt mit kurzen Rückhüben — vorwärts bewegt. (Bei Rückwärtsbewegung dauert das Schweißen länger.) Beim Verschweißen verschieden starker Teile ist die Flamme mehr auf den stärkeren Teil zu halten, damit beide Teile möglichst gleichzeitig schmelzen und nicht die Kante des schwächeren vorher abfließt. Die Spitze des Flammenkerns soll einen Abstand von 3÷6 mm von der Werkstücksoberfläche haben (s. S. 242). Der Neigungswinkel der Brennerspitze gegenüber der Brennerspitze des Werkstückes nimmt mit der Wandstärke desselben von 45°÷90° zu; nur bei Blechen unter 1 mm geht man bis auf 25° herunter, um das Einbrennen von Löchern zu vermeiden. Von der Art der Brennerführung und dem Neigungswinkel hängt das Aussehen der Schweißnaht ab.

[1] Vgl. Das Schweißen von Gußrohrleitungen mit Bronze. Z. V. d. I. 1925, S. 1333. — Das Verfahren, eigentlich ein Hartlöten, dient zur Verbindung von Gußrohren (Gas- und Wasserleitungen) an Stelle der Muffenverbindung. Die Rohre werden stumpf gegeneinandergestoßen und um die Stoßstelle wird ein Bronzering niedergeschmolzen.

2. Elektrische Lichtbogenschweißung[1].

a) Schweißmaschinen und Zubehör.

Zur Erwärmung der Schweißstelle auf die Schmelztemperatur des Metalles wird der zwischen zwei zunächst sich einander berührenden und dann voneinander entfernten Kohle- oder Metallelektroden durch den elektrischen Strom sich bildende Lichtbogen benutzt, der infolge seiner hohen Temperatur ($\approx 3500^0$) das Metall plötzlich flüssig werden läßt. Man schweißt heute sowohl mit Gleich- als auch mit Wechselstrom von $16 \div 65$ V Schweißspannung und benutzt aus technischen und wirtschaftlichen Gründen besondere Schweißumformer bzw. Schweißtransformatoren; denn die unmittelbare Speisung aus dem Netz, die Vorschaltwiderstände zur Abdrosselung der Netzspannung von $100 \div 500$ V auf die Schweißspannung erfordert, ergibt neben sehr schlechten Wirkungsgraden (bei Abdrosselung von 220 auf 20 V z. B. einen solchen von nur $\frac{20}{220} \times 100 = 9{,}1\%$) noch den weiteren Nachteil starker Stromstöße im Netz oder erfordert Einbau eines Stromstoßautomaten, der bei Stromunterbrechung durch Magnetschalter einen Ersatzwiderstand einschaltet.

Abb. 232. Eingehäuse-Schweißumformer für Drehstromantrieb mit angebauter Erregermaschine. (Siemens-Schuckert-Werke A.-G.).

Man benutzt daher als Schweißmaschinen Sonderdynamos, die neben gutem Wirkungsgrad und großer Betriebssicherheit folgende Forderungen erfüllen müssen: leichte und feinstufige Einstellung von Spannung und Stromstärke, leichtes Ansprechen beim Ziehen des Lichtbogens, Begrenzung des Kurzschlußstromes auf ein zulässiges Maß bei Berührung der Elektrode mit dem Werkstück, möglichst geringe Änderung der eingestellten Stromstärke bei schwankender Lichtbogenlänge, kein Abreißen des Lichtbogens bei Änderung seiner Länge innerhalb praktisch zulässiger Grenzen. Der Grundgedanke der verschiedenen Ausführungen ist bei verschiedener Wahl der Mittel immer der, daß die Spannung mit zunehmender Stromstärke sinkt. Statt des Antriebes der Dynamomaschine durch Riemen wählt man meist den durch unmittelbar gekuppelten Elektromotor (Schweißumformer); bei mehreren Schweißstellen, von denen jede eine besondere Dynamomaschine erfordert, können diese gemeinsam von einem Motor angetrieben werden. — Abb. 232 veranschaulicht einen fahrbaren Schweißumformer für Drehstromantrieb, bei dem Motor (links) und Generator (rechts) nebst Anlasser, Regler und Meßinstrumenten in einem gemeinsamen Gehäuse untergebracht sind. Die Erregermaschine (die bei Gleichstromantrieb fortfällt) ist unmittelbar mit dem Generator zusammengebaut (ganz rechts); Abb. 233 zeigt das Schaltbild dazu.

Die Anforderungen an die Wechselstrom-Schweißtransformatoren sind die gleichen wie oben. Es werden daher ebenfalls Sonderausführungen verwendet, die eine Verringerung der Spannung bei zunehmender Stromstärke ergeben und

[1] Näheres vgl. auch Meller: Elektrische Lichtbogenschweißung.

zur Erzielung eines möglichst großen Spannungsabfalles große, veränderliche Streuung besitzen. Die Veränderung der Streuung erreicht man durch gegenseitiges Verschieben der Primär- und Sekundärspule oder durch Zu- und Abschalten von Sekundärwindungen, die in verschieden starken Feldern liegen. Abb. 234 veranschaulicht das Schema eines Transformators der letztgenannten Art. Die beiden Spulen sind geteilt. Die eine Hälfte der Sekundärwindungen sitzt auf demselben Schenkel des Transformatorkerns wie die Primärspulen, und zwar zwischen den Windungen derselben, die andere Hälfte auf dem anderen Schenkel des Kerns. Das Zwischenjoch dient zur Vergrößerung der Streuung. Je weiter der Stecker nach rechts gesteckt wird, um so mehr Sekundärwindungen im Bereich des schwachen Feldes werden abgeschaltet und dafür solche im starken Felde eingeschaltet. Der Wirkungsgrad eines Wechselstromtransformators (60÷80%) ist besser als beim Gleichstromumformer (30÷50%), andererseits ist wegen der starken Streuung der Leistungsfaktor schlecht ($\cos \varphi = 0{,}25 \div 0{,}45$), der Blindstrom also groß und bei dem üblichen Anschluß des Transformators an eine Phase des Drehstromnetzes die Belastung desselben ungleichmäßig. Zur Erzielung einer besseren Zündung muß die Leerlaufspannung bei Wechselstrom größer sein als bei Gleichstrom; eine Wechselstromspannung von 70 V kann aber schon lebensgefährlich sein. Bei niedrigerer Leerlaufspannung ist aber meist die Verwendung ummantelter Elektroden (siehe unten) erforderlich.

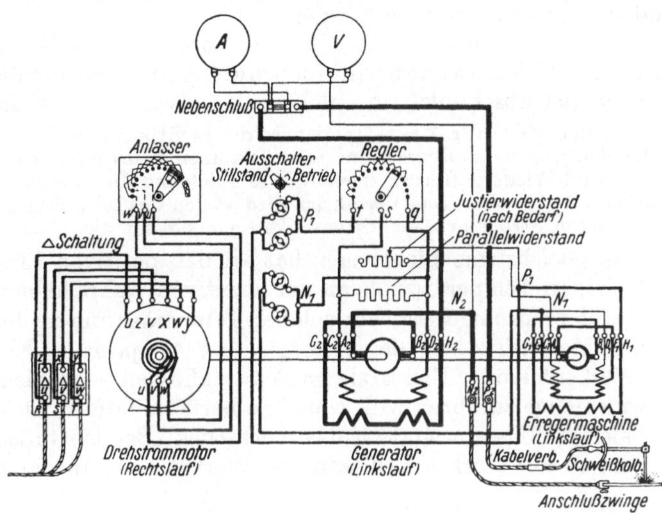

Abb. 233. Schaltbild zu Abb. 232.

Als Leiter für den Schweißstrom dienen **Kabel** von 10÷50 mm² Kupferquerschnitt (für die üblichen Stromstärken von 40÷200 A; für Guß-Warmschweissungen mit $\leqq$ 800 A entsprechend stärker), zum Halten der Elektroden im Schweißkolben Federklemmen, die ein möglichst bequemes Nachstellen oder Auswechseln der herunterschmelzenden oder abbrennenden Elektroden gestatten müssen.

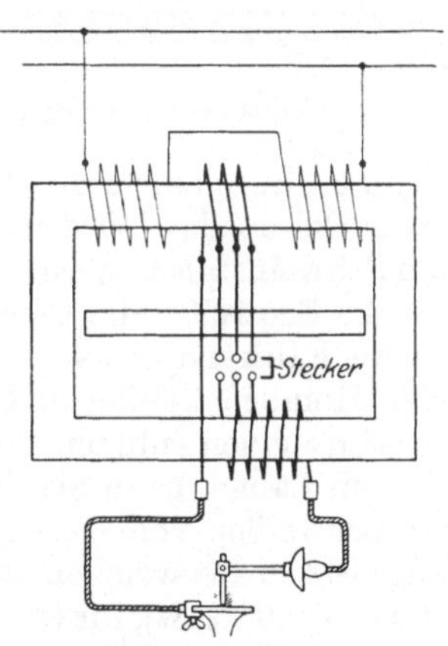

Abb. 234. Schweißtransformator mit Streupaketen (Schema).

b) Schweißverfahren.

Man unterscheidet folgende Schweißverfahren:

Das **Benardos-Verfahren**, das älteste, benutzt eine Kohlenelektrode im Schweißkolben und das Werkstück selbst als zweite Elektrode (Abb. 235). Das nötige Zusatzmetall wird von einem in den Lichtbogen gehaltenen Metallstab abgeschmolzen. Infolge des langsamen Abbrennens des Kohlenstabes ist der Lichtbogen gut zu halten. Da aber nur bei angenähert wagerechter Lage des Werkstückes und nicht über Kopf geschweißt werden kann, so wird dieses Verfahren nur für Sonderfälle (z. B. Schweißen von Schienen und Fässern, von Kupfer und Aluminium) noch verwendet.

Bei dem heute fast allgemein gebräuchlichen, in allen Lagen verwendbaren Slavianoff-Verfahren wird im Schweißkolben ein Metallstab als Elektrode verwendet, der abschmilzt und gleichzeitig als Zusatzstab dient (Abb. 236).

Bei dem Zerener-Verfahren wird der Lichtbogen zwischen zwei schräg zueinander stehenden und verstellbaren, im Schweißkolben befestigten Kohlenelektroden durch Berühren und Wiederentfernen derselben gebildet und durch einen Elektromagneten auf das Werkstück geblasen. Das Verfahren wird wegen des schwierigen Nachschubes der Kohle, des höheren Stromverbrauches usw. kaum noch benutzt.

Der Gleichstrom-Lichtbogen hat an der positiven Elektrode eine (um etwa 500°) höhere Temperatur als an der negativen, während beim Wechselstrom-Lichtbogen, der unruhiger ist, ein solcher Temperaturunterschied natürlich nicht besteht. Man wird bei Gleichstrom daher als positive Elektrode dasjenige Teil — Werkstück oder Elektrode im Schweißkolben — wählen, dem man die größere Wärmemenge zuführen will, wobei zu berücksichtigen ist, daß die Elektrode eine viel kleinere Masse besitzt als das Werkstück. Bei der Gußeisen-Warmschweißung, bei der es auf starkes Erhitzen des Werkstückes an der Schweißstelle und An-

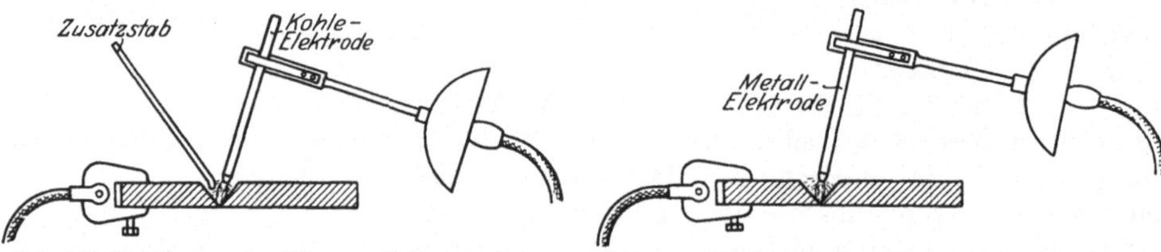

Abb. 235. Lichtbogenschweißung nach Benardos. Abb. 236. Lichtbogenschweißung nach Slavianoff.

wärmen des massigeren Werkstückes selbst ankommt, legt man daher den positiven Pol an das Werkstück, bei der Überkopfschweißung dagegen nimmt man den Schweißstab als positive Elektrode, weil von diesem der Eisentropfen kräftiger auf die Schweißstelle geschleudert wird.

Als Elektroden verwendet man beim Benardos-Verfahren Kohlenstäbe (Voll- oder Homogenkohlen und Dochtkohlen, deren Kern aus Wasserglas, Kohle und Borsäure einen ruhigen Lichtbogen ergeben sollen) von 5÷25 mm ⌀ und bis zu 800 mm Länge, beim Slavianoff-Verfahren für das Schweißen von Stahl und das Kaltschweißen von Gußeisen hauptsächlich 2÷6 mm starke und 300÷350 mm lange Stäbe aus weichem Flußstahl (Höchstgehalte: 0,15% C, 0,5% Mn, 0,05% P, 0,05% S, 0,08% Si), für Gußeisen-Warmschweißung 10÷25 mm starke und 700 bis 900 mm lange Gußeisenstäbe von möglichst gleicher Zusammensetzung wie das Gußstück. Bei Gleichstrom kann man im allgemeinen mit nackten (nicht ummantelten) Elektroden schweißen, bei Wechselstrom dagegen sind ummantelte (etwa doppelt so teuere) Elektroden zweckmäßig. Die Ummantelung, die gleichmäßig mit dem Schweißstab abbrennt, soll einerseits den Lichtbogen gegen Aufnahme von Sauerstoff und Stickstoff schützen und ihn durch Verminderung des Spritzens und Abtropfens des Schweißstabes stabilisieren, andererseits das vom Stab abschmelzende Metall und die Schweißnaht durch eine Schlackenschicht gegen Oxydation schützen oder entstandene Oxyde in leichtflüssige Schlacke überführen und dadurch die Güte der Schweißnaht verbessern. Wie weit diese Forderungen tatsächlich erfüllt werden, ist noch nicht einwandfrei festgestellt. Tatsache ist nur, daß die ummantelten Elektroden die Aufrechterhaltung des Lichtbogens erleichtern und bei Wechselstrom und geringer Leerlaufspannung das Halten des Lichtbogens überhaupt erst ermöglichen, und daß stark ummantelte Elektroden die Schweißleistung bei Senkrecht- und Überkopfschweißung (um 10÷30%) erhöhen. Die Kjellberg-Elektroden besitzen eine in Pastenform aufgetragene Ummantelung, die Quasi-Arc-Elektroden sind mit einem dünnen Aluminiumfaden (zur Desoxydation) und darüber mit Asbestschnur umwickelt, während die Umwicklung der Elektroden der Alloy Welding Processes Ltd. mit Legierungszusätzen (zur Verbesserung der Schweißnaht) getränkt ist.

Den oben erwähnten Temperaturunterschied zwischen den Elektroden des Gleichstrom-Lichtbogens kann man durch das sogenannte atomistische Lichtbogen-Schweißverfahren mit Hilfe von Methanol[1] noch erhöhen, indem man dem Lichtbogen Wasserstoff zuführt und das Wasserstoffmolekül im Lichtbogen spaltet. Die dazu erforderliche Wärmemenge wird der Schweißelektrode entzogen, bei der Wiedervereinigung der Wasserstoffatome in Moleküle aber wieder frei und kommt dem massigen Werkstück zugute, wodurch ein besseres Durchschweißen und ein guter Schmelzfluß, ähnlich wie bei der Gasschmelzschweißung, erzielt wird. Gleichzeitig werden unter Einwirkung des einhüllenden Gasmantels die schädlichen Einflüsse des Sauerstoffes und des Stickstoffes der Luft ausgeschaltet, d. h. C, Si, Mn, Zn, usw. können jetzt nicht mehr in dem Maße wie sonst unter Oxyd- und Schlackenbildung verbrennen. Da sich der Lichtbogen auch bei erhöhter Spannung in Wasserstoff allein nur schwer, in Kohlenoxyd dagegen leichter als in atmosphärischer Luft halten läßt, so wird Methanol (Methylalkohol $= CH_3OH$) verwendet, welches bei 62° verdampft und sich bei etwa 700° in $2H_2 + CO$ spaltet. Die Schweißspannung ist etwa doppelt so hoch wie beim gewöhnlichen Verfahren. Das unter Druck vergaste und durch eine Düse zugeführte Methanol hüllt den Lichtbogen mit einer 15 bis 20 mm langen Gasflamme vollständig ein. Die gute Wärmewirkung der Methanolschweißung ermöglicht das Stumpfschweißen von Blechen bis 15 mm Stärke ohne Zuschärfen der Kanten. Der Übergang der Schweißstelle zum übrigen Werkstoff verläuft allmählicher, die Schweißnaht weist eine feinere Verteilung der einzelnen Gefügebestandteile und eine größere Dehnung auf als bei Luftschweißung. Der Wärmefluß in die zu verschweißenden Bleche ist zwar etwas größer als bei Luftschweißung aber noch wesentlich geringer als bei der Gasschmelzschweißung. Die erhöhten Selbstkosten je Schweißstunde werden durch doppelte Schweißgeschwindigkeit ausgeglichen.

Schutzvorrichtungen für den Schweißer gegen die schädlichen ultravioletten Strahlen des Lichtbogens, gegen Hitze, herumsprühende Funken und etwa auftretende Dämpfe sind unbedingt erforderlich. Zum Schutz des Gesichtes, insbesondere der Augen, dienen mit einer Hand zu haltende Schutzschilde oder besser die beide Hände freilassenden Schweißerkappen oder Helme mit rubinrotem Glas und (zum Schutz desselben gegen Metallspritzer) vorgesetztem Fensterglas, zum Schutz der Hände und der Kleidung des Schweißers Leder- oder Asbesthandschuhe (besonders bei Gußeisen-Warmschweißung) und Schurze; für den Abzug der Dämpfe sind nötigenfalls (besonders bei Warmschweißungen) Abzugsvorrichtungen mit künstlicher Absaugung der Dämpfe zu schaffen.

c) Ausführung der Lichtbogenschweißung.

Hinsichtlich Vorbereitung und Ausführung von Blech- und Profileisen-Schweißarbeiten gilt etwa das gleiche wie bei der Gasschmelzschweißung, doch lassen sich im Gegensatz zu dieser auch überlappte Schweißungen ausführen, weil die Erwärmung durch den Lichtbogen auf eine engere Zone sich beschränkt als bei der Gasstichflamme. Der Lichtbogen ist möglichst kurz zu halten und die Elektrode zickzackförmig (vgl. Abb. 231a), aber nicht zu schnell vorwärts zu bewegen, damit der Zusatzwerkstoff richtig verschweißt. Für Bleche unter 3 mm Stärke kommt nur Stumpfschweißung in Frage; aus technischen und wirtschaftlichen Gründen ist aber Gasschmelzschweißung vorzuziehen.

---

[1] Vgl. AEG-Mitteilungen 1927, S. 241.

Die überlappte und Laschenschweißung wird als Kehlschweißung (Abb. 237a÷e) ausgeführt; nach der Stärke des aufgetragenen Füllmateriales unterscheidet man leichte, volle und starke Kehlschweißung. Die üblichen Abmessungen usw. enthält Zahlentafel 11. In ähnlicher Weise werden auch Winkel-

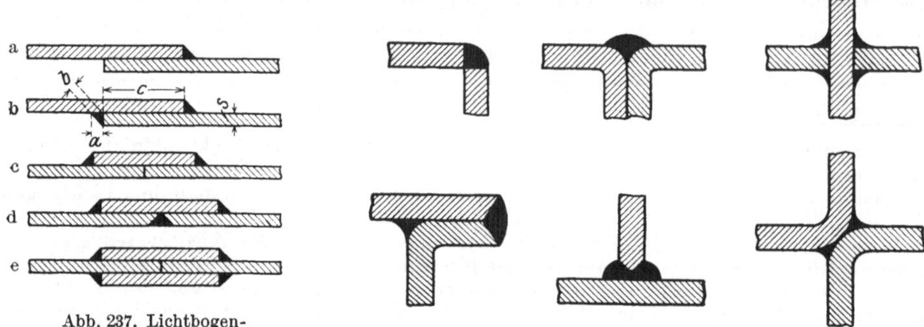

Abb. 237. Lichtbogen-Kehlschweißungen von Blechen.

Abb. 238. Lichtbogen-Winkelkehlschweißungen.

schweißungen ausgeführt (Abb. 238), desgleichen Verschweißungen von Blechen mit schwächerem Profileisen oder letzterer untereinander.

Zahlentafel 11. Werte für Lichtbogen-Kehlschweißung von Blechen.

Blechstärke s* mm	Kehlfußbreite a* mm	Kehlhöhe b* mm	Überlappung c* mm	Schweißstrom-stärke A	Schweißstrom-spannung V	Flußstahl-Elektrode mm ⌀
5	5	3,5	35	140	20	3÷4
10	10	7	55	170	22	4
15	15	10	65	180	22	5
20	20	12	70	190	23	5
25	25	14	75	200	25	5÷6
30	30	16	80	200	25	6

* Vgl. Abb. 237b.

Bei der Stumpfschweißung von Blechen über 3 mm Stärke werden die Kanten ein- oder beiderseitig abgeschrägt (Abb. 239) und zwecks besseren Durchschweißens nicht dicht sondern mit einem Zwischenraum voreinandergelegt. Bei Blechen über 5 mm Stärke soll man in mehreren Lagen (2÷4 und mehr je nach Blechstärke), und zwar die erste Lage mit einer etwas dünneren Elektrode und einer um etwa 20% geringeren Stromstärke als die anderen, schweißen. Durch jede neue Lage wird die darunterliegende (vorher mit der Drahtbürste gründlich von Zunder, Schlacke usw. zu reinigende) ausgeglüht und in ihrem Gefüge verfeinert. Zahlentafel 12 enthält nähere Angaben über derartige Schweißungen.

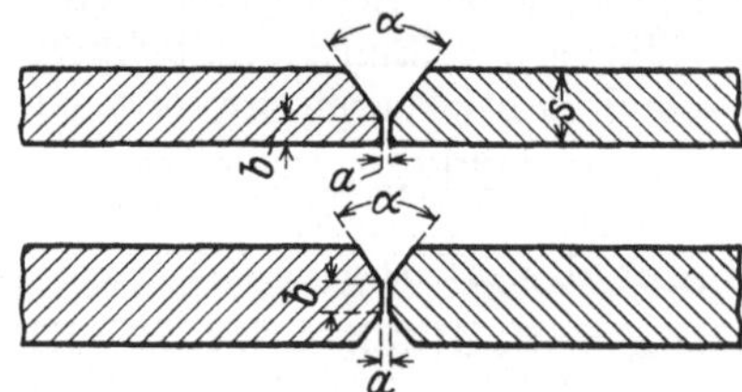

Abb. 239. Lichtbogen-Stumpfschweißung von Blechen.

Für Ausbesserungsschweißungen eignet sich die Lichtbogenschweißung vielfach besser als die Gasschmelzschweißung, weil wegen der engeren örtlichen Begrenzung der Erwärmung auf die Schweißstelle Spannungen leichter vermieden werden (vgl. das auf S. 245 darüber Gesagte). Abgenutzte Teile, z. B. Schienenköpfe, Spurkränze von Eisenbahnwagen- und Lokomotivrädern, Laufzapfen von

Zahlentafel 12. Werte für Lichtbogen-Stumpfschweißung von Blechen.

Blechstärke s* mm	Kantenabschrägung*	Keilwinkel α^0*	Zwischenraum a* mm	Randstärke b* mm	Schweißstrom- stärke A	Schweißstrom- spannung V	Leerlaufspannung V	Flußstahlelektrode mm ⌀
4 ÷ 5	einseitig	80	2 ÷ 2,5	1	80 ÷ 120	18 ÷ 20	55	3
6 ÷ 8	„	80	3	1,5	120 ÷ 140	20 ÷ 22	60	4
9 ÷ 10	„	70	3	2	140 ÷ 180	22 ÷ 25	70	4 ÷ 5
11 ÷ 15	„	60	3,5	2,5 ÷ 3	180 ÷ 200	22 ÷ 25	80	5
16 ÷ 20	„	50	4	3 ÷ 4	200	25	85	5 ÷ 6
$>$ 20	zweiseitig	80	2 ÷ 3	4 ÷ 6	200	25	90	4 ÷ 6

* Vgl. Abb. 239.

Kurbelwellen usw., die auf andere Weise nicht wieder gebrauchsfähig zu machen sind, lassen sich durch Auftragschweißen wieder herstellen[1]. — Stahlguß wird im wesentlichen ebenso geschweißt wie Flußstahl.

Die Gußeisenschweißung läßt sich, wie bei der Gasschmelzschweißung, als Kalt- oder Warmschweißung ausführen[2]. Die Kaltschweißung ist billiger und genügt dort, wo weder Dichtigkeit noch besonders große Festigkeit verlangt wird und die Schweißstelle nachträglich nicht bearbeitet zu werden braucht, also z. B. bei Rissen oder Brüchen von Maschinenständern, Grundrahmen, Lagerböcken, Riemenscheiben usw. Die Verwendung ummantelter Flußstahlelektroden gestattet zwar das Schweißen in jeder Lage, auch über Kopf, ergibt aber keine vollkommen innige Verbindung zwischen dem Gußeisen und dem Flußstahl und macht die Schweißnaht an den Übergangsstellen hart und schwer bearbeitbar. (Gußeisenelektroden haben sich nicht bewährt, weil sich das abtropfende Gußeisen nicht mit dem kalten Werkstück verbindet.) Beim Kaltschweißen größerer Querschnitte, bei denen die Gefahr starker Spannungen in der Schweißnaht besteht, empfiehlt es sich, vor dem Schweißen Stifte, versetzt, ein- oder zweireihig in die Bruchflächen einzuschrauben (z. B. nach Abb. 240), die sich mit dem eingeschmolzenen Füllmaterial besser verbinden und die Spannungen z. T. aufnehmen und die Naht entlasten. Zur Vermeidung zu starker Gußspannungen infolge Erwärmung des Gußstückes wird dasselbe an den negativen Pol gelegt und darf die Schweißstromstärke nicht zu groß sein; sie beträgt je nach Wandstärke des Gußstückes 80 ÷ 200 A bei 20 ÷ 35 V. — Die Warmschweißung dagegen wird vor allem dann angewendet, wenn die Schweißstellen nachträglich bearbeitet werden sollen oder im Betriebe beträchtlichen Temperaturschwankungen und dauernd wechselnden Beanspruchungen unterworfen sind (Zylinder von Dampfmaschinen, Kompressoren, Eismaschinen usw.), so daß ein Einschweißen von Flußstahl wegen der verschiedenen Wärmeausdehnungskoeffizienten von Flußstahl und Gußeisen unmöglich ist, oder wo beträchtliche Mengen Füllmaterial einzuschweißen sind, die mit dem Werkstück ein homogenes Ganze bilden sollen. Bei der Warmschweißung wird meist mit ummantelten, siliziumreichen, manganarmen Gußeisenelektroden von 8 ÷ 20 mm ⌀ und 700 ÷ 900 mm Länge und mit Stromstärken von 400 ÷ 600 A bei 45 ÷ 65 V geschweißt und das Gußstück an den positiven Pol gelegt. Bei Verwendung nackter Elektroden muß dem niedergeschmolzenen Elektrodeneisen ein Schweißpulver zur Verhütung der

Abb. 240. Einschrauben von Stiften bei Lichtbogen-Kaltschweißung von Gußeisen.

[1] Vgl. Hoffmann: Auftragschweißung. Z. V. d. I. 1928, S. 215.

[2] Vgl. auch Neese: Die Metallurgie der Graugußschweißung. Maschinenbau 1925, S. 105.

Oxydation des Schmelzbades zugesetzt werden. Zur Vermeidung von Gußspannungen und wegen der großen Wärmeableitung, bzw. um eine gute Verflüssigung an der Schweißstelle zu erhalten, muß das Gußstück auf Rotglut vorgewärmt werden. Bei einfacheren Teilen genügt Anwärmen der Umgebung der Schweißstelle, während umfangreichere Arbeiten, z. B. an Dampfzylindern, Anwärmen des ganzen Stückes erheischen. Da bei der Warmschweißung nicht nur die Schweißstelle selbst sondern auch ihre Umgebung flüssig wird, so ist ein Einformen des Werkstückes oder wenigstens der zu schweißenden Stelle erforderlich, damit das flüssige Eisen nicht abfließt; aus demselben Grunde muß die Schweißstelle oben und möglichst wagerecht liegen. Sie wird zunächst mit stromleitenden Kohlenplatten (mit Nut und Feder zusammengepaßt) umlegt und das Ganze hinterher mit Sand verdämmt, nötigenfalls mit einem Blechkasten oder Eisenplatten noch zusammengehalten. Lange und breite Schweißstellen werden beim Einformen zweckmäßig durch Trennwände unterteilt, die jeweils nach Fertigstellung eines Abschnittes herausgenommen werden. Das Anwärmen erfolgt bei kleinen Teilen in besonderen Öfen, meist aber durch Gasfeuerung oder Holzkohlenfeuer, nach Eindecken des Ganzen mit Eisenblechen oder Asbestplatten, bei größeren Teilen in der Grube. Die Schweißer sind gegen die Einwirkung der großen Hitze durch Asbesthandschuhe, Asbestschurze und Schweißkappen zu schützen. Da das Schweißen ohne Unterbrechung vor sich gehen muß und die Arbeit wegen der Wärmestrahlung sehr anstrengend ist, müssen genügend Schweißer vorhanden sein, die sich ablösen. Nach gründlichem Flüssigmachen der Schweißränder wird die Form mit abgeschmolzenem Gußeisen gefüllt. Für wirksamen Gasabzug aus der Schweißfuge ist zu sorgen, z. B. durch Erweiterung der Bruchstelle nach außen. Absaugung der Dämpfe durch Rauchhauben und Ventilator ist mit Rücksicht auf die Schweißer notwendig. Nach Beendigung der Schweißung wird die Schweißstelle zum Schutz gegen Oxydation und zu schnelle Abkühlung mit Sand bestreut und das Werkstück gut zugedeckt bei niederbrennendem, nötigenfalls nochmals erneuertem Feuer langsam abgekühlt, was je nach Größe mehrere Stunden oder Tage dauert. Eine gut ausgeführte Schweißung weist keine harten Stellen auf und läßt sich gut bearbeiten.

C. Aluminothermische oder Thermit-Schweißverfahren.

Das von Dr. Goldschmidt erfundene Verfahren kann sowohl als Preß- wie auch als Schmelzschweißung oder als Vereinigung beider ausgeführt werden. Zur Erwärmung der Schweißteile an der Schweißstelle wird Thermit, d. h. ein Gemisch von gepulvertem Aluminium und Eisenoxyd, verwendet, das nach Entzündung weiterbrennt und unter Reduktion des Eisenoxydes zu metallischem Eisen und gleichzeitiger Bildung einer aus Aluminiumoxyd bestehenden Schlacke (künstlicher Korund = Schleifmittel) eine so erhebliche Wärmemenge ($\approx$ 800 kcal/kg) freiwerden läßt, daß die geschmolzene Masse (je zur Hälfte Thermiteisen und Schlacke) auf $\approx 3000^0$, d. h. weit über ihre Schmelztemperatur, erhitzt wird und, in ausreichender Menge verwendet, von ihr berührte Teile auf Schweißhitze bringt. Wegen der hohen Entzündungstemperatur des Thermits ($\approx 1500^0$) wird eine besondere, aus Bariumoxyd und Aluminium bestehende, Zündmasse verwendet, die sich mit einem Sturmstreichholz oder einer glühenden Eisenstange entzünden läßt.

Bei reiner Stumpfschweißung (z. B. zum Verschweißen von Rohren, Wellen, Profileisen usw.) werden die zu verschweißenden Teile mit ihren Stirnflächen aneinanderstoßend in Klemmbacken einer Stauchvorrichtung, mit der sie nach Erreichung der Schweißtemperatur unter dem nötigen Druck zusammengepreßt werden, eingespannt und mit einer Form aus Sand, feuerfestem Ton oder Gußeisen umgeben (Abb. 241); die erforderliche Menge Thermit wird in einem eisernen, mit Magnesia ausgekleideten und gut getrockneten „Spezialtiegel" zur Entzündung gebracht, und nach beendeter Reaktion wird durch Kippen des Tiegels zunächst die oben angesammelte Schlacke in die Form gegossen, steigt in dieser beim weiteren Entleeren des Tiegels hoch und schützt die Werkstücke durch einen Überzug gegen unmittelbare Berührung und Verschweißen mit dem nachfolgenden Thermiteisen. Die erkaltete Schlacke kann später abgeschlagen werden. Bei stärkeren Querschnitten ist die Verschweißung im Inneren wegen ungenügender Erwärmung fraglich.

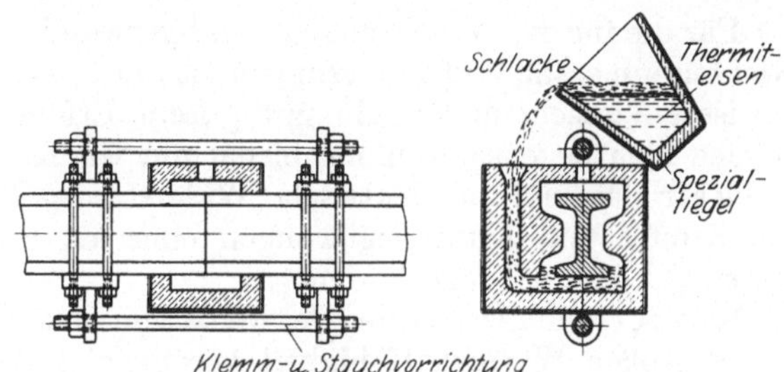

Abb. 241. Aluminothermische Stumpfschweißung.

Bei Um- und Zwischengußschweißung, die hauptsächlich zum Verschweißen gebrochener Maschinenteile verwendet wird, soll das Thermiteisen mit diesen verschweißen. Es wird daher ein mit Bodenstöpsel versehener „Spitztiegel" verwendet und mittels eines Gestelles über die Form gestellt (Abb. 242), aus dem nach beendeter Reaktion und Hochstoßen des Stöpsels zunächst das Thermiteisen ausfließt, so daß die nachfließende Schlacke nicht mit den Werkstücken in Berührung kommt. Bei stärkeren Querschnitten muß zwischen den Stirnflächen ein Spalt bleiben oder durch Wegmeißeln geschaffen werden, damit das Thermiteisen dazwischenfließen und gleichmäßige Erwärmung über den ganzen Querschnitt bewirken kann. Die angeschweißte Thermiteisenwulst wird nachträglich entfernt. Thermiteisen hat etwa 0,1% C und kann bei höherem C-Gehalt der Werkstücke durch Zusatz von Mangan, Ferromangan oder Gußeisen in seiner Zusammensetzung diesen angeglichen werden.

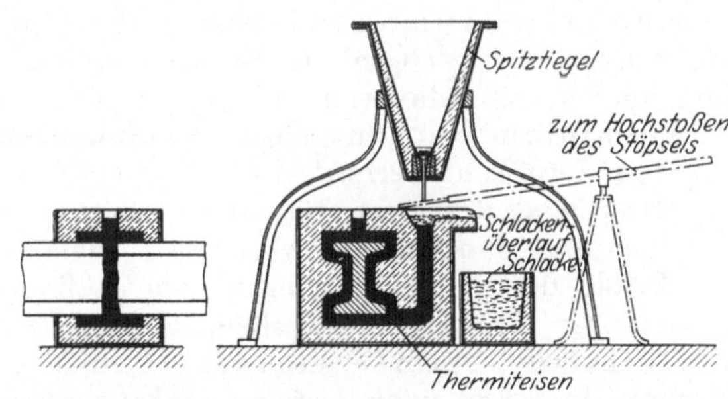

Abb. 242. Aluminothermische Um- und Zwischengußschweißung.

Für Schienenschweißung benutzt man eine Vereinigung beider Verfahren, d. h. man läßt das aus dem Spitztiegel zuerst ausfließende Thermiteisen mit Schienenfuß und Steg verschweißen und schweißt den durch die nachfließende Schlacke auf Schweißhitze erwärmten Schienenkopf stumpf. Bei kohlenstoffreicherem Stahl ($>$ 0,5% C) wird verkupfertes Eisenblech zwischen die Stoßflächen gelegt.

Schließlich kann aus dem Spitztiegel ausgegossenes Thermiteisen auch zum Aufweichen von Bruchflächen von Gußstücken zwecks Aufgießens von Gußeisen bzw. Stahlguß dienen, wie es z. B. zum Ersatz abgebrochener Walzenzapfen üblich ist. Man baut das Werkstück so auf, daß die Bruchfläche etwa wagerecht liegt, umgibt sie mit einer dem anzugießenden Teil entsprechenden Form und gießt so viel Thermiteisen auf, wie zum Erweichen der Bruch- oder Angußfläche notwendig ist. Dann gießt man Gußeisen bzw. flüssigen Stahl auf, dessen C-Gehalt nötigenfalls etwas höher gewählt werden kann als der des Werkstückes, um ein diesem entsprechendes Gemisch zu erhalten. Kleinere Fehlerstellen (Löcher) können einfach mit Thermiteisen ausgegossen werden.

Thermit wird, um eine Entmischung zu verhüten, in Säckchen von 5 und 10 kg Inhalt geliefert, und zwar je nach dem Verwendungszweck als „Thermit weiß" nur zum Erwärmen eines Stückes, als „Thermit rot" zur Stumpfschweißung und als „Thermit schwarz" für Ausbesserungen und Schienenschweißung. Die einzelnen Sorten unterscheiden sich nicht etwa durch die Farbe sondern nur dadurch, daß das Thermiteisen mehr oder weniger rein und die Schlacke mehr oder weniger dünnflüssig ist.

D. Das Schweißen der Nichteisenmetalle.

Für die für den Maschinenbau und verwandte Zweige der Technik wichtigsten Nichteisenmetalle und Legierungen ist die Gasschmelzschweißung bei Beachtung gewisser Vorsichtsmaßregeln mit gutem Erfolg anwendbar, während die elektrische Lichtbogenschweißung bisher nur für Kupfer unter Benutzung von Kohlenelektroden und die elektrische Widerstandsschweißung als Stumpfschweißung für Kupfer und Kupferlegierungen oder als Punkt- und Nahtschweißung für Messingbleche in Frage kommt.

Kupfer schmilzt an der Schweißstelle erst, nachdem das Werkstück infolge seiner großen Wärmeleitfähigkeit bereits viel Wärme aufgenommen hat; daher erfordert Kupfer starke Brenner und ist ein Vorwärmen mit einem Brenner oder bei größeren Werkstücken im Holzkohlenfeuer und Warmhalten während des Schweißens und bei starken Blechen gleichzeitig beiderseitiges Schweißen mit zwei Brennern zweckmäßig. Zum Schweißen wird ein Draht aus Hütten- oder Elektrolytkupfer oder der sogenannte Canzler-Draht (mit bis zu 5% Ag und etwas P) verwendet. Reine Kupferbleche bis zu 3 mm Stärke können ohne Schweißpulver geschweißt werden, sonst ist die Verwendung eines geeigneten Flußmittels zu empfehlen. Das durch Schweißen spröde und grobkristallinisch gewordene Kupfer wird durch Abschrecken in kaltem Wasser wieder weicher und dehnbar; durch nachträgliches Hämmern wird die Schweißnaht dichter und fester.

Kupferlegierungen (Messing, Rotguß, Bronze) werden ähnlich behandelt wie Kupfer. Da hocherhitzte Bronze nur noch sehr geringe Festigkeit besitzt, darf die Schweißstelle während der Arbeit keine Zugbeanspruchungen erleiden.

Aluminium[1] wird mit reinem Aluminium als Zusatz (in Draht- oder Streifenform) geschweißt und erfordert die Verwendung eines besonderen Schweißmittels zur Beseitigung des sonst störend wirkenden Aluminiumoxydhäutchens, welches erst bei $\approx 3000^0$ schmilzt. Von der Unschädlichmachung dieser Oxyde hängt der Erfolg des Schweißens in hohem Maße ab. Das Schweißmittel Autogal (Patent der Griesogen, Griesheimer Autogen-Verkaufs-G.m.b.H., Frankfurt a. M.-Griesheim) ist ein Gemisch von Alkalihalogenen; es kann trocken als Pulver oder mit Wasser zu einer Paste angerührt verwendet werden, und zwar auch zum Verschweißen von Aluminium mit Kupfer, Messing und (nach vorheriger sorgfältiger Verzinnung) Eisen. In Pulverform muß es wegen seines Aufnahmevermögens für Luftfeuchtigkeit dicht verschlossen aufbewahrt werden. Die Wirkung des Autogals beruht weniger auf einer Lösung des Aluminiumoxydes als auf einer Ätzung der Aluminiumoberfläche unter Bildung von flüchtigen Aluminiumhalogenen, die die Oxydhaut sprengen. Für dünne Bleche benutzt man die Wasserstoff-Sauerstoff-Flamme. Besonders bei Gußstücken empfiehlt sich vorheriges Anwärmen und möglichst langsames Abkühlen (Bedecken mit Sand) zur Vermeidung von Spannungen. Auch Aluminium büßt bei hohen Temperaturen sehr stark an Festigkeit ein und muß daher bis zur Abkühlung möglichst vor-

[1] Ausführlicheres vgl. Pothmann: Über den heutigen Stand der autogenen Metallbearbeitung von Aluminium. Die Schmelzschweißung 1927, H. 6.

sichtig behandelt werden. Abschrecken nach dem Schweißen verbessert das Gefüge; Hämmern der Schweißnaht erhöht ihre Festigkeit, die größer sein kann als die des ungeschweißten Werkstoffes.

Aluminiumlegierungen (siehe S. 27) lassen sich ebenso schweißen. Der Schweißstab soll möglichst dieselbe Zusammensetzung haben wie das zu schweißende Werkstück. Die Bruchflächen schadhafter Gußstücke sind sorgfältig zu reinigen (Drahtbürste, Schaber, Auswaschen öliger Teile mit Benzin oder Benzol, Erhitzen mit Gasbrenner oder Petroleumflamme zum Austreiben des Öls aus den Poren, Baden während einiger Sekunden in 10%igem Ätznatronbad). Bei Wandstärken über 6 mm ist keilförmige Ausarbeitung der Bruchstelle erforderlich, damit das Metall auf der ganzen Tiefe gleichmäßig zum Schmelzen kommt. Bei kleineren Wandstärken ist das Abschrägen der Kanten nicht notwendig, doch soll mit einem Draht das Metall im Augenblick des Schmelzens umgerührt werden, um die entstehenden Oxyde aufzubrechen und das Zusammenfließen des geschmolzenen Metalles zu fördern. Vorwärmen des Werkstückes (auf $\leqq 450^0$) ist zur Vermeidung von Spannungen, zur Gasersparnis und Steigerung der Schweißgeschwindigkeit ratsam. Zu starke Erwärmung macht das Metall brüchig. Bedecken des Werkstückes mit Asbestplatten ergibt gleichmäßige Erwärmung. Der Schweißbrenner soll mit geringem Azetylenüberschuß arbeiten und etwas größeren Abstand (6 ÷ 18 mm) von der Werkstücksoberfläche haben als bei Stahl. Nach dem Schweißen läßt man das Werkstück nochmals gleichmäßig ausglühen und langsam abkühlen. Noch anhaftendes flüssiges Metall wird in warmem Wasser abgespült[1]. — Durch Ausglühen beim Schweißen verlieren die durch Warmbehandlung vergüteten Legierungen, z. B. Duraluminium, wesentlich an Festigkeit. Nachträgliches Wiedervergüten der Schweißnaht soll möglich sein.

Blei läßt sich, mit reinem Blei als Zusatzmittel, ohne Schweißpulver, am besten mit der Wasserstoff-Sauerstoff-Flamme, schweißen, doch müssen Schweißstelle und Zusatzdraht vorher gründlich von Bleioxyd gereinigt sein. Wegen der giftigen Bleidämpfe muß der Schweißer einen Atmungsschützer tragen.

Nickel läßt sich, mit einer Stichflamme bis zum Plastischwerden erhitzt, überlappt durch Hämmern schweißen; die Gasschmelzschweißung ist nach einem patentierten Verfahren der Vereinigten Schwerter Nickelwerke ausführbar.

E. Vergleich der verschiedenen Schweißverfahren.

Hinsichtlich der Anwendungsgebiete der einzelnen Verfahren[2] läßt sich im Anschluß an das bei den einzelnen Verfahren bereits Ausgeführte zusammenfassend etwa folgendes sagen:

Während die älteren Schweißverfahren verhältnismäßig selten und nur für einfachere Stumpf- und Blechschweißungen verwendet wurden und werden und als Ausbesserungsschweißung nur das Aufgießen von Gußeisen auf die Bruchstellen in Frage kam, können mit den neueren Schweißverfahren die verschiedenartigsten Arbeiten sowohl bei der Neuanfertigung als auch bei der Ausbesserung von Werkstücken verhältnismäßig leicht, zuverlässig und wirtschaftlich ausgeführt werden. Das Schweißen ist heute mit den anderen Herstellungsverfahren in eine Reihe zu stellen und übt seinen Einfluß bereits auf den Entwurf der Werkstücke aus, insofern, als in vielen Fällen Schweißen an Stelle von Nieten tritt oder manche Stücke besser aus mehreren Teilen zusammengeschweißt als aus einem Stück hergestellt werden können. Die Schweißnaht ist ein Konstruktionselement

[1] Vgl. Schweißen von Aluminiumlegierungen. Werkst.-Techn. 1928, S. 18.

[2] Vgl. auch Bardtke: Vorzüge und Nachteile der verschiedenen Schweißverfahren und ihre Anwendungsgebiete. Maschinenbau 1925, S. 1181.

geworden (z. B. aus Blech geschweißte Dynamogehäuse u. dgl. an Stelle gegossener). Ferner bringt die Möglichkeit schneller und zuverlässiger Wiederinstandsetzung gebrochener Maschinenteile, selbst größter Gußstücke, wie Maschinenständer und Rahmen, Zylinder, Zahnräder, Schwungräder usw., durch Schweißen nicht nur eine beträchtliche Ersparnis an Kosten sondern auch an Zeit und damit eine Verkürzung von Betriebsstillständen gegenüber der sonst notwendigen Beschaffung von Ersatz mit sich.

Die Feuerschweißung wird noch bei gewissen Schmiedearbeiten (siehe Abb. 144÷147), insbesondere beim Schmieden von Ketten, verwendet, ist im übrigen aber durch die wirtschaftlicheren neueren Schweißverfahren verdrängt.

Die Wassergasschweißung wird fast ausschließlich zur Herstellung größerer geschweißter Rohre, Kessel und Behälter für höhere Drucke verwendet.

Die elektrische Widerstandsschweißung als Stumpf- oder Abschmelzschweißung wird u. a. in der Kettenfabrikation und zum Verschweißen von Werkzeugschäften oder Werkzeugkörpern mit Schnellstahl- oder Schneidmetallschneiden, als Punkt- oder Nahtschweißung für Massenfertigung von leichteren Blechgegenständen angewendet.

Die Gasschmelzschweißung kommt für das Schweißen von Blechen und Walzeisen und beider miteinander und für Ausbesserungsarbeiten, auch an Gußstücken, in erster Linie in Frage; von den verschiedenen Verfahren ist das Schweißen mit der Azetylen-Sauerstoff-Flamme im allgemeinen das wirtschaftlichste und daher verbreitetste.

Die Lichtbogenschweißung eignet sich für dieselben Zwecke wie die Gasschmelzschweißung und ist dieser für manche Zwecke vorzuziehen, vielfach auch wirtschaftlicher, z. B. bei Blechschweißungen[1].

Die aluminothermischen Schweißverfahren kommen heute fast ausschließlich für Schienenschweißungen, seltener für Ausbesserungsschweißungen an großen Guß- und Schmiedestücken in Frage.

Die Güte der Schweißnaht ist in jedem Falle in erster Linie von der Erfahrung und der Sorgfalt des Schweißers abhängig. Die Schweißstelle soll sich in ihren chemischen und physikalischen Eigenschaften möglichst wenig vom ungeschweißten Metall unterscheiden. Insofern ist zu beachten, daß bei Preßschweißung das Metall nicht oder nicht wesentlich verändert wird, sondern höchstens eine Stoffverdichtung eintritt, während bei der Schmelzschweißung durch das Schmelzen eine Gefügeumwandlung und z. T. auch eine chemische Veränderung der Schweißnaht stattfindet; bei der elektrischen Kaltschweißung von Gußeisen kommt noch hinzu, daß nicht Gußeisen sondern Flußstahl eingeschmolzen wird. Bei Blechschweißungen beträgt die Zerreißfestigkeit der Schweißnaht 80÷100% des ungeschweißten Bleches, dagegen läßt die Dehnung vielfach noch sehr zu wünschen übrig. Bei elektrischer Lichtbogenschweißung ist die Naht (wahrscheinlich wegen der Aufnahme von O und N aus der Luft) spröder als bei Gasschmelzschweißungen[2]. Gleichstromschweißung mit nackten Elektroden ergibt bessere Festigkeitswerte als Wechselstromschweißung mit ummantelten. Bei Wechselstrom ergeben ummantelte Elektroden, bei Gleichstrom nackte Elektroden günstigere Festigkeitswerte. Die Stromstärke soll bei Gleichstrom

[1] Vgl. auch Bardtke: Die Anwendungsgebiete der elektrischen Lichtbogenschweißung (mit vielen Abbildungen und Beispielen). AEG-Mitteilungen 1926, S. 359.

[2] Nach Versuchen des amerikanischen Luftdienstes beträgt die Festigkeit der Schweißstelle nur ≈50% des ungeschweißten Werkstoffes. Beim statischen Zerreißversuch brachen geschweißte Rohre meist neben der Schweißstelle, beim Schwingungsversuch dagegen in der Schweißstelle. Bei Lichtbogenschweißung erfolgte der Bruch in beiden Fällen in der Schweißstelle. — Vgl. Ermüdung von Schweißstellen bei Schwingungen. Z. V. d. I. 1925, S. 1393.

(180 A) etwas höher sein als bei Wechselstrom (160 A). Ein kurzer Lichtbogen ergibt eine um 50% höhere Zerreißfestigkeit der Schweißnaht als ein längerer. Die Zerreißfestigkeit der Schweißnaht bei der elektrischen Stumpf- und Abschmelzschweißung ist im allgemeinen höher als die des ungeschweißten Werkstoffes[1], also auch noch günstiger als bei der Lichtbogen- oder Gasschmelzschweißung; die Biegefähigkeit der Schweißnaht ist bei der Abschmelzschweißung größer als bei der reinen Stumpfschweißung. Nach den bisherigen Versuchen ist die Schlagfestigkeit bei der elektrischen Stumpf- und Abschmelzschweißung sehr groß, niedrig dagegen bei der Gasschmelz- und noch ungünstiger bei der elektrischen Lichtbogenschweißung[2]. — Bei der Gußeisen-Warmschweißung kommt die Biegungsfestigkeit der Schweißnaht etwa der des ungeschweißten Werkstoffes gleich, bei elektrischer Kaltschweißung beträgt sie nur etwa die Hälfte.

Bezüglich der Wirtschaftlichkeit der verschiedenen Schweißverfahren muß auf eingehendere (z. T. nachstehend angezogene) Veröffentlichungen in der Fachliteratur verwiesen werden. Leistung und Kosten werden im Einzelfalle von so verschiedenen Faktoren beeinflußt und sind so starken örtlichen und zeitlichen Schwankungen unterworfen, daß hier nur einige allgemeine Angaben gemacht bzw. einige Beispiele angeführt werden können.

Bei elektrischer Stumpfschweißung betrugen bei einer größeren Anzahl in Eisenbahnwerkstätten ausgeführter Arbeiten die Kosten nur 13% und der Zeitaufwand nur 11% gegenüber Schmiedefeuerarbeit. Bei 10 mm Drahtstärke schweißt ein guter Kettenschmied stündlich etwa 15 Kettenglieder, eine elektrische Kettenschweißmaschine etwa 450. Die Kosten des Schweißens zweier Rundeisen von 75 mm ⌀ nach dem Abschmelzverfahren betrugen 45% derjenigen der Feuerschweißung. Im Durchschnitt kann man mit etwa 25% der Kosten der Feuerschweißung rechnen[3].

Blechschweißungen lassen sich als elektrische Nahtschweißung bis 3 mm Blechstärke, als Punktschweißung bis 15 mm Blechstärke wirtschaftlich ausführen; darüber hinaus steigt der Stromverbrauch zu stark an. Die Punktschweißung ist bei dünnen Blechen wesentlich billiger als Nieten und erfordert nur $^1/_2 \div {}^1/_6$ an Zeitaufwand. Die Gasschmelzschweißung ist bei dünneren Blechen wirtschaftlicher als die Lichtbogenschweißung; die Grenze der Wirtschaftlichkeit ist u. a. abhängig von der Jahresleistung und liegt bei um so geringerer Blechstärke, je höher die Jahresleistung an Metern Blechnaht ist. (Nennenswerte Kostenunterschiede zwischen Gleichstrom- und Wechselstromschweißung bestehen bisher nicht.) Die elektrische Schweißung ist wohl stets billiger bei Blechstärken über 12 mm, meist auch über 6 mm; bei Blechstärken unter 3 mm dagegen ist die (Azetylen-) Gasschmelzschweißung wirtschaftlicher[4]. Bei der Gasschmelzschweißung ist die Azetylenschweißung wirtschaftlicher als die Wasserstoffschweißung, die höchstens bis 10 mm, praktisch nur bis etwa 4 mm Blechstärke ausführbar ist. Bei Blechstärken über 12 mm ist die Wassergas-

---

[1] Vgl. Bock: Mechanische und metallographische Prüfung von elektrischen Widerstandsschweißungen. Maschinenbau 1925, S. 989.

[2] Vgl. Bock: Zur Prüfung von Schweißverbindungen. Maschinenbau 1925, S. 979.

[3] Vgl. Schmatz: Vergleich der Wirtschaftlichkeit elektrischer Widerstandsschweißungen nach dem Stumpfschweiß- und dem Abschmelzschweißverfahren. Maschinenbau 1925, S. 984.

[4] Vgl. Schimpke: Wirtschaftliche Vergleichsversuche zwischen autogener und elektrischer Blechschweißung. Maschinenbau 1925, S. 102. Strelow: Wirtschaftlicher Vergleich der Schmelzschweißung und der Nietung. Maschinenbau 1927, S. 549. — Ausführlichere Vergleichsangaben enthält auch der Aufsatz von Meller: Wirtschaftlichkeit der elektrischen Lichtbogenschweißung von Flußeisen. Siemens-Zeitschr. 1925, Novemberheft.

Preßschweißung vorteilhafter. Feuerschweißung ist bedeutend teuerer als alle genannten Verfahren.

Bei Ausbesserungsschweißungen spielt, wie oben schon erwähnt, neben der Kostenersparnis auch die Zeitersparnis durch schnelleres Wiederinbetriebsetzen gegenüber der Beschaffung neuer Ersatzteile eine ausschlaggebende, vielfach die wichtigste Rolle. Die Wiederherstellung von Lokomotivzylindern nach dem Lichtbogenschweißverfahren kostet durchschnittlich nur 10% vom Preis eines neuen Zylinders. Die Wiederherstellungskosten des Exzenterlagers einer 170 t-Exzenterpresse durch Lichtbogenschweißung betrugen etwa 13% des Wiederbeschaffungspreises eines neuen Ständers (6 t); die Presse war innerhalb 14 Tagen wieder betriebsfähig, während die Lieferung eines neuen Ständers einige Monate gedauert hätte. Die allein hierbei erzielte Ersparnis war größer als die Anschaffungskosten der Schweißanlage.

IV. Das Schneiden mit Sauerstoff.

Erhitzt man durch eine Stichflamme (oder einen elektrischen Lichtbogen) Stahl an einer Stelle auf seine Entzündungstemperatur (Hellrot- bis Weißglut) und leitet dann reinen Sauerstoff unter Druck (also mit hoher Geschwindigkeit) auf diese Stelle, so verbrennt der Stahl und wird durch den Sauerstoffstrahl fortgeblasen, so daß in kürzester Zeit ein durchgehendes Loch entsteht. Fährt man nun mit dem Schneidbrenner mit passender Geschwindigkeit über das Werkstück, so trifft der Sauerstoffstrahl neue, durch die Verbrennung benachbarter Teile und durch die (kleiner gestellte) Vorwärmflamme auf Entzündungstemperatur gebrachte Stoffteilchen, dieselben verbrennen ebenfalls, und es entsteht ein durchgehender Schnitt von $3 \div 10$ mm Breite, je nach Stärke des Werkstoffes bzw. der Brennerdüse. Infolge der Schnelligkeit der Verbrennung tritt keine nennenswerte Erwärmung des Werkstoffes zu beiden Seiten des Schnittes ein; auch sonst findet meist keine wesentliche Beeinträchtigung des angrenzenden Werkstoffes statt[1].

Anwendungsmöglichkeit für das Schneiden mit Sauerstoff besteht nur bei Metallen wie Stahl und Stahlguß, bei denen die Schmelz- und Entzündungstemperatur dicht zusammen (und letztere möglichst tiefer als erstere) liegt und die bei der Verbrennung im Sauerstoffstrahl ein leichtflüssiges Oxyd mit niedrigerer Schmelztemperatur als das Metall selbst bilden. Mit Sauerstoff nicht schneidbar sind dagegen Gußeisen, Kupfer, Bronze, Weißmetall, Aluminium usw., die vor der Entzündung wegschmelzen oder deren Oxyde sich nicht entfernen lassen. Gußeisen (Schmelztemperatur $< 1250^0$, Entzündungstemperatur und Schmelzpunkt des Oxydes $\approx 1350^0$) läßt sich nur unter Miteinschmelzen kohlenstoffarmen Flußstahles in Form eines Rohres (Patent) schneiden. Für das Zerkleinern von Gußschrott ist das Fallwerk vorzuziehen. Im übrigen lassen sich die mit Sauerstoff nicht schneidbaren Metalle mit dem Schweißbrenner (oder mit dem elektrischen Lichtbogen mit Kohlenelektroden) mit breiter, unsauberer Rinne durchschmelzen. Bei Kupfer wirkt das große Wärmeleitungsvermögen noch besonders störend.

Die Schneidbrenner sind eine Vereinigung eines Schweißbrenners mit einem weiteren Rohr für Hochdruck- (Schneid-) Sauerstoff. Bei den Zweistrahl-

[1] Vgl. Gefügebeeinflussung beim autogenen Schneiden. Maschinenbau 1926, S. 750. — Eine Kohlenstoffzunahme an der Schnittstelle wurde festgestellt. Große Stücke mit $>0{,}35\%$ C sind zur Vermeidung von Spannungen vor dem Schneiden auf Dunkelrotglut zu bringen. Bei höheren, wechselnden oder stoßartigen Beanspruchungen im Betriebe soll die beeinflußte Zone durch mechanische Bearbeitung entfernt werden. Für Stahl mit $<0{,}35\%$ C (Kesselbleche) sind diese Vorsichtsmaßregeln nicht notwendig.

brennern sind die Vorwärm- und die Schneiddüse entweder vollständig voneinander getrennt (Abb. 243a) oder in dem Brennerkopf hintereinander angeordnet (Abb. 243b); bei den Ringstrahlbrennern umgibt die Vorwärmdüse kreisförmig die Schneiddüse (Abb. 243c). Bei den meistgebrauchten Zweischlauchbrennern wird der Sauerstoff für die Vorwärmflamme von dem Schneidsauerstoff im Brenner abgezapft (siehe Abb. 244). Der Dreischlauchbrenner besitzt zwei Sauerstoffschläuche (doppeltes Druckminderventil an der Flasche!), bei den Vierschlauchbrennern, die zum Schneiden von 300 ÷ 800 mm starken Stücken dienen, wird durch den zweiten Brenngasschlauch nochmals Brenngas in die Schneidrinne geleitet, um den verbrannten Werkstoff zum Schmelzen und Abfließen zu bringen. Zur sicheren und ruhigen Führung des Schneidbrenners in stets gleichbleibendem Abstand vom Werkstück, d. h. zur Erzielung eines sauberen Schnittes, werden die Brenner mit verstellbaren Laufrädern (vgl. Abb. 244) versehen[1]. Als Brenngas für die Vorwärmflamme werden vorzugsweise Wasserstoff, ferner Azetylen, seltener Leuchtgas[2] und andere gasförmige oder flüssige Brennstoffe verwendet.

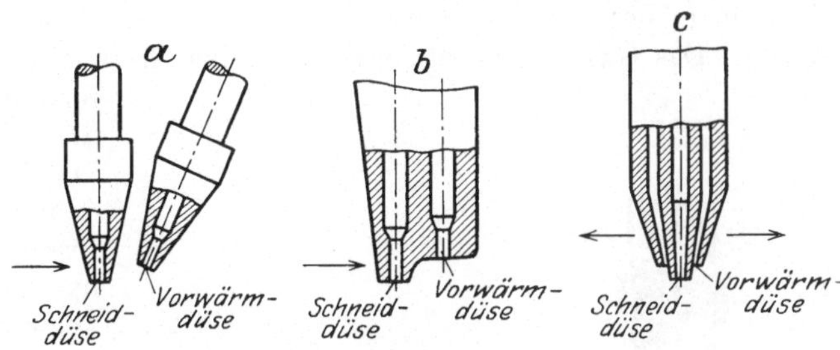

Abb. 243. Düsenanordnung bie Schneidbrennern.

Der Schneidbrenner nach Abb. 244 ist für Verwendung von Azetylen oder Wasserstoff für die Vorwärmflamme

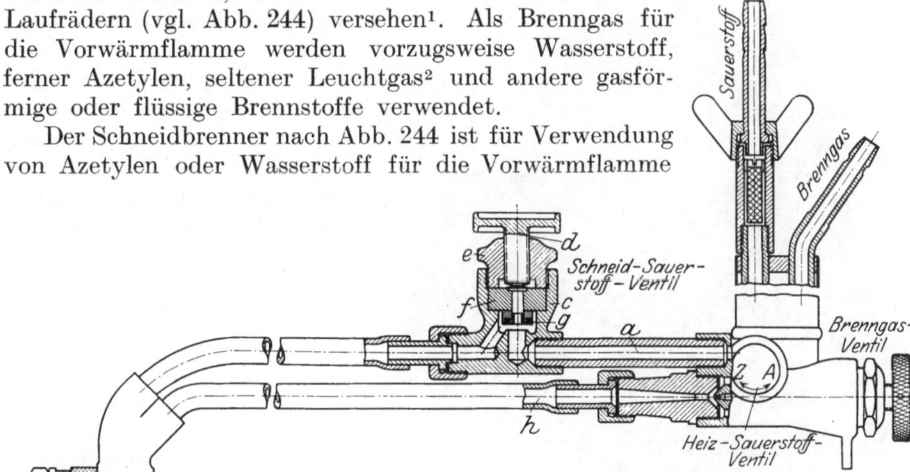

Abb. 244. Schneidbrenner für Azetylen oder Wasserstoff als Brenngas. (Griesogen, Griesheimer Autogen-Verkaufs-G. m. b. H., Frankfurt a./M.-Griesheim.)

geeignet. Von dem Sauerstoff wird ein Teil für die Vorwärmflamme abgezweigt, während der größte Teil als Schneidsauerstoff durch das Rohr *a* und das in dieses eingebaute Ventil der Schneiddüse *b* zuströmt. Das Regel- und Absperr-

[1] Die Firma Messer & Co. G. m. b. H., Frankfurt a. M., liefert unter der Bezeichnung „Ruckschutz" einen auf zwei hintereinanderliegenden großen Rollen laufenden Einspannwagen, der durch Drehen der hinteren, mit Kurbelgriff versehenen Laufrolle bewegt wird.

[2] In Amerika wurden 450 mm starke Stahlgußköpfe mit Leuchtgas von 2 atü und Luft von 8 atü geschnitten. Es soll eine erhebliche Ersparnis an Brennstoffkosten gegenüber dem Sauerstoff-Wasserstoff-Verfahren erzielt werden. Vgl. V. d. I. Nachr. 1927, Nr. 6, S. 5.

ventil besteht aus dem Gehäuse *c*, der Spindel *d*, der durch Einschraubmutter *e* darin befestigten Membran *f* und dem Teller *g*. Beim Rechtsdrehen der Spindel *d* wird der Teller *g* dem Ventilsitz genähert, beim Linksdrehen durch die Membran abgehoben. Die Ventile für Brenngas und Heizsauerstoff sind ebenso ausgebildet. Die Mischung von Brenngas und Heizsauerstoff erfolgt in ähnlicher Weise wie früher bei den Schweißbrennern beschrieben (vgl. das zu Abb. 225 Gesagte). Das Gasgemisch strömt durch das Rohr *h* der die Schneiddüse ringförmig umgebenden Vorwärmdüse *i* zu (vgl. Abb. 243c). Da die Vorwärmflamme den Schneidsauerstoffstrahl ringförmig umgibt, kann der Brenner für jede Schnittrichtung verwendet werden. Am Brennerkopf ist der die beiden Führungsrädchen tragende Bügel *k* befestigt.

Abb. 245. Universal-Sauerstoff-Schneidmaschine. (Griesogen, Griesheimer Autogen-Verkaufs-G.m.b.H., Frankfurt a./M.-Griesheim.)

Für einige Sonderarbeiten, z. B. Nietkopfabschneiden und Nietschaftausbrennen usw., erhalten die Schneidbrenner besondere Formen oder mindestens besondere Düsen. Außerdem gibt es vereinigte Schweiß- und Schneidbrenner. Zum Schneiden unter Wasser verwendet man Schneidbrenner (mit elektrischer Zündung), die durch rings um die Brennerdüse austretende verdichtete Luft das Wasser von der Schneidstelle fernhalten, oder auch ohne Druckluft arbeitende Brenner, bei denen Brenngas und Sauerstoff so gemischt werden, daß die äußere Schicht aus möglichst reinem Sauerstoff besteht (Vereinigte Stahlwerke A.-G., Abt. Dortmunder Union).

Als Schneidmaschinen werden Schneidbrenner mit — dem jeweiligen Sonderzweck angepaßter — mechanischer Führung bezeichnet, wie sie z. B. von der Griesogen, Griesheimer Autogen-Verkaufs-G. m. b. H., Frankfurt a. M.-Griesheim, für gerade Längsschnitte, für Kreis-, Oval- und beliebige Kurvenschnitte, als Loch- (10÷100 mm ⌀), Wellen- (≦ 800 mm ⌀), Profileisen- und Siederohr-Abschneidmaschinen geliefert werden. Besondere Beachtung verdienen die Universalschneidmaschinen für gerade, Kreis- und Kurvenschnitte.

Bei der Universalschneidmaschine nach Abb. 245 sitzt der Schneidbrenner *a* an einem Gelenkarm *b*, der im Halbkreis um die Säule *c* drehbar ist. Eine kräftige Nabe trägt Motor, Getriebe und Hauptschalter für den Bewegungsmechanismus, eine darüber angeordnete zweite Nabe den Ausleger *d*, an dem Schablone *e* (aus 5 mm starkem Eisenblech) sitzt. Die Führung des Brenners an der Schablone erfolgt durch einen magnetischen Roller *f*, der vom Motor *g* durch Wellen *h* angetrieben wird und auch um scharfe Ecken hemmungslos läuft. Ein mit Schutzblechen umgebener Sandkasten dient zur Aufnahme der Funken und abfließenden Schlacke. Die Maschine hat einen halbkreisförmigen Arbeitsbereich von 2 m Durchmesser und schneidet normal bis zu 300 mm Wandstärke; die Schnittgeschwindigkeit ist regelbar.

Grundsätzlich anders in Aufbau und Arbeitsweise ist die Schneidmaschine nach Abb. 246. Auf zwei auf Böcken ruhenden Schienen ist ein Getriebewagen *a* verfahrbar; derselbe trägt einen senkrecht zu dieser Fahrtrichtung nach vorn herausragenden Ausleger *b*, an dem der Brennerwagen *c* verfahrbar ist. Beide Bewegungen können frei von Hand und selbsttätig (durch ein unter Federdruck sich gegen eine Schiene legendes Rändelrad) erfolgen und durch Anschläge selbsttätig an bestimmter Stelle ausgerückt werden. Die Bewegung des Brennerwagens

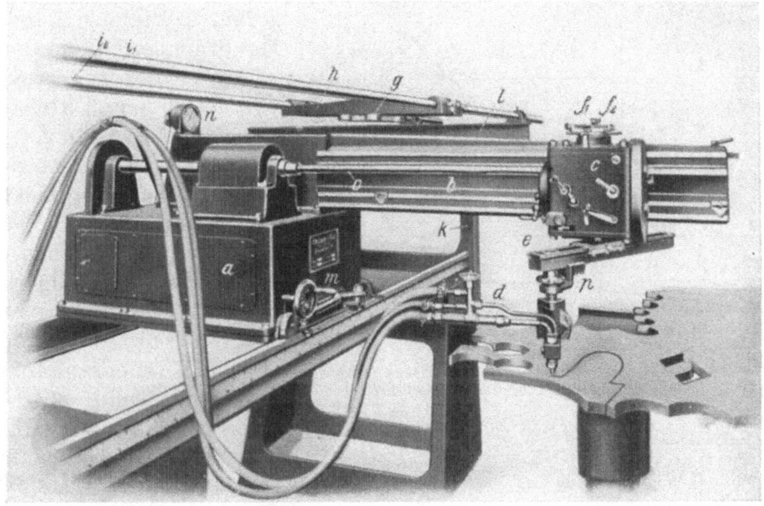

Abb. 246. Universal-Sauerstoff-Schneidemaschine. (Messer & Co. G. m. b. H., Frankfurt a./M.-Griesheim.)

am Ausleger kann auch — z. B. zur Feineinstellung des Brenners vor Beginn des Schneidens — durch Handkurbel erfolgen. Der Brenner *d* ist an einem in wagerechter Ebene selbsttätig oder von Hand drehbaren Arm *e* befestigt und mit diesem auf bestimmten Durchmesser nach einem Maßstab einstellbar. Mit diesen drei Bewegungen, die unabhängig voneinander ein- und ausgeschaltet werden können, lassen sich die meisten der praktisch vorkommenden Schnitte ausführen. Außerdem kann bei frei beweglichem Getriebe- und Brennerwagen, d. h. nach Entkuppeln des Antriebes für Längs- und Querbewegung, nach Schablone gearbeitet werden, wobei der Brennerwagen durch eine auf senkrechter Welle sitzende und durch Federdruck angedrückte gerändelte Rolle f_1 mit um diese frei drehbar angeordneter Gegenrolle f_2 längs der feststehenden Schablone bewegt wird. Der Rand der aus 10 mm starkem Holz bestehenden Schablone *g* ist mit 1÷2 mm starkem Aluminium- oder Messingband bekleidet, dessen vorstehender Rand zwischen den beiden Führungsrollen f_1 und f_2 durchläuft. Der Schablonenhalter *h* wird an zwei wagerechten Tragstangen i_1 und i_2 befestigt, die von zwei an den Enden der Laufschienen für den Getriebekasten befestigten Böcken *k* mit parallel zum Ausleger verschiebbaren Auslegern *l* getragen werden

(In Abb. 246 wird die Schablone nicht benutzt.) Der im Getriebekasten untergebrachte Hauptantrieb der Maschine besteht aus Elektromotor mit Reduktionsgetriebe und einem stufenlos regelbaren Getriebe zur Einstellung der den einzelnen Werkstoffstärken entsprechenden Schnittgeschwindigkeiten mittels des vorn am Getriebekasten befindlichen Handrades m. Ein Tachometer n zeigt die jeweilige Schnittgeschwindigkeit in mm/min an. Die Bewegungsübertragung auf den Brennerwagen erfolgt durch eine Teleskopwelle o. Der als Dreischlauch-Injektorbrenner ausgeführte Brenner kann durch Handrädchen p in der Höhe verstellt und zur Ausführung von geraden und kreisförmigen Gehrungsschnitten von 5 zu 5° bis zu 35° geneigt werden. Als Brenngas kann Entwickler- oder Flaschenazetylen, Wasserstoff und Leuchtgas dienen.

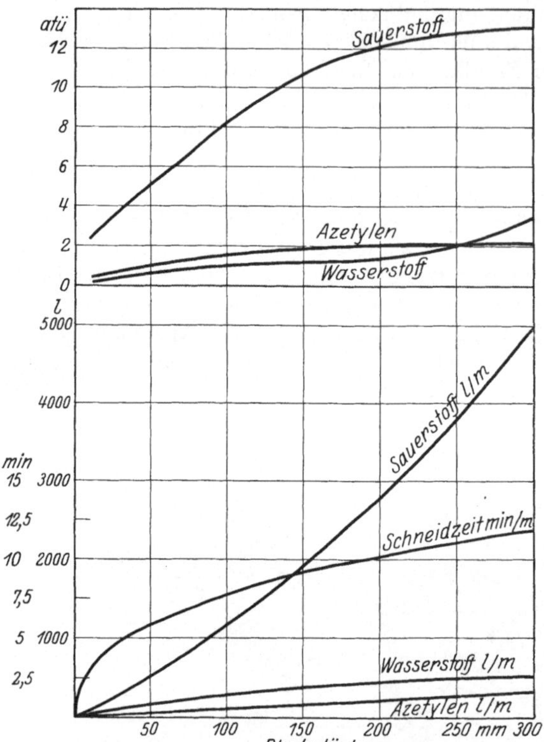

Abb. 247. Gasdrucke, Gasverbrauch und Schneidzeiten für das Schneiden von Flußstahlblechen mit Sauerstoff.

Die auf der Fahrbahn laufende Maschine ist, mit Ausnahme der der Abnutzung unterworfenen Teile, ganz aus Silumin hergestellt und entsprechend leicht; sie wird in zwei Größen mit einem normalen Arbeitsbereich von 2000 × 1000 bzw. 5000 × 2000 mm und für Kreisschnitte von 15÷1000 mm ⌀ ausgeführt.

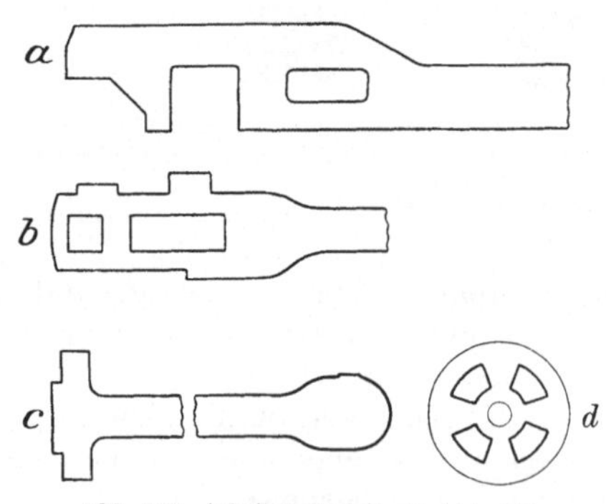

Abb. 248. Arbeitsbeispiele zu Abb. 246.

Werkstück	a	b	c	d
Werkstoff	Kesselblech	Flußstahl	Gußstahl	Cr-Ni-Stahl
Stärke mm	12	60	80/100	60
Schnittlänge mm	13870	2690	1700	440
Schnittdauer min	43	21,5	17	3,9
Azetylenverbrauch l	224,5	180	145	30
Sauerstoffverbrauch l	2225	2010	1800	320

Das Schneiden mit diesen Maschinen (Energieverbrauch ≈ 0,25 PS) bietet große Vorteile gegenüber den bisherigen mechanischen Schneidverfahren und ermöglicht z. T. ganz neue Herstellungsarten, z. B. für Stangenköpfe, Kurbelwellen, Steuerkulissen, Lokomotiv- und Fahrzeugrahmen, im Dampfkessel- und Schiffbau usw. Die Schnittflächen bedürfen vielfach überhaupt keiner Nacharbeit.

Schnittleistungen und Gasverbrauch sind sowohl beim freihändigen wie auch beim Schneiden mit Maschinen, abgesehen von dem zu schneidenden Werkstoff, vor allen Dingen von der Reinheit des Sauerstoffes abhängig. Je reiner dieser, um so sauberer und schneller der Schnitt, um so geringer der Gasverbrauch. Bei zu schnellem oder zu langsamem Schneiden wird der Schnitt unsauber. Je größer die Wandstärke des Werkstückes, desto größer muß die Schneiddüse und der Sauerstoffdruck sein. Genaue Angaben lassen sich nur von Fall zu Fall machen. Für das Schneiden von Flußstahlblechen gibt Abb. 247 angenäherte Werte[1]. Einige Arbeitsbeispiele der Maschine nach Abb. 246 nebst Leistungsangaben zeigt Abb. 248.

Ein anderes, neues Schneidverfahren (Elektrotrennmaschinen-G. m. b. H., Hamburg), das sich allerdings nur für gerade Trennschnitte eignet, beruht auf der Verwendung des elektrischen Lichtbogens mit einer nach Art der Schnellreibsägen mit hoher Umfangsgeschwindigkeit ($\approx$120 m/s) umlaufenden dünnen Scheibe, die mit dem einen Pol einer elektrischen Stromquelle verbunden ist, während das Werkstück am anderen Pol liegt. Durch den zwischen beiden übergehenden Lichtbogen wird das Metall verflüssigt und so stark erhitzt, daß es z. T. im Sauerstoff verbrennt. Die Entfernung der verflüssigten und verbrannten Metallteile aus der Schneidfuge erfolgt mechanisch durch die schnell umlaufende Scheibe[2].

Warmbehandlung von Stahl.

Je nach dem beabsichtigten Zweck hat man zu unterscheiden zwischen Härten, Vergüten und Ausglühen.

Unter Härten versteht man eine durch Abschrecken aus hellrotem Zustand erzielte Steigerung der Naturhärte von Stählen. In der Regel werden Stähle mit nicht weniger als 0,3% *C* dieser Behandlung unterworfen zu dem Zwecke, sie möglichst verschleißfest zu machen (z. B. bei Laufzapfen, Kugeln, Meßlehren usw.) oder um ihnen, wie bei Schneiden von Schneidwerkzeugen, große Härte und Schneidhaltigkeit zu verleihen. Die mit der Härtesteigerung verbundene Zunahme der Sprödigkeit wird durch nachträgliches „Anlassen" (siehe S. 275) teilweise wieder beseitigt. — Das Vergüten wird in derselben Weise mit kohlenstoffärmeren Stahlsorten (sogenannten Baustählen mit 0,15÷0,6% *C*) vorgenommen und bewirkt infolge höherer Anlaßtemperaturen (bis zu 700°) eine Verbesserung der mechanischen Eigenschaften — Festigkeit, Dehnung, Streckgrenze —, ohne immer eine Härtesteigerung zur Folge zu haben. — Das Ausglühen ist ein Erwärmen des Stahles auf höhere Temperaturen mit nachfolgendem langsamem Abkühlen zu dem Zweck, die Folgen voraufgegangener mechanischer oder Warmbehandlung bzw. der Vorgänge bei und nach dem Gießen, wie bei Stahlguß, wieder zu beseitigen und den Stahl wieder in seinen früheren Zustand zurückzuführen[3].

I. Härten[4].

1. Allgemeines.

Die bei den verschiedenen Temperaturen bestehenden Gefügebestandteile reiner Eisen-Kohlenstoff-Legierungen wurden bereits früher an Hand des Zustandsschaubildes (Abb. 13) erläutert (siehe S. 62). Die geringste Härte hat Ferrit

[1] Vgl. auch Kämpf: Mechanisches und autogenes Schneiden, ein Vergleich. Maschinenbau 1926, S. 702. Schmelzer: Vorrichten von Schweiß- und Stemmkanten durch autogenes Schneiden. Maschinenbau 1928, S. 600.

[2] Vgl. Die Schmelzschweißung 1926, S. 20.

[3] Vgl. auch Pomp: Bei der Verarbeitung von Eisen und Stahl zutage tretende Fehler, ihre Ursachen und Vermeidung. Maschinenbau 1927, S. 689.

[4] Näheres vgl. Simon: Härten und Vergüten, Heft 7 und 8 der Werkstattsbücher. — Brearly-Schäfer: Die Werkzeugstähle und ihre Warmbehandlung. — Schiefer-Grün: Lehrgang der Härtetechnik.

(Brinellhärte $H = 70 \div 90$), dann folgt Austenit, der Gefügebestandteil der festen Lösung ($H = 180 \div 240$), Perlit ($H = 210 \div 270$), Zementit ($H = 400$) und Martensit ($H = 600$). Wird Stahl aus dem Gebiete der festen Lösung, also aus dem austenitischen Zustande, schroff abgeschreckt, so wird der Zerfall des Austenits in Ferrit und Perlit bzw. in Perlit und Zementit verhindert und die Umwandlungstemperatur auf $\approx 300^0$ herabgedrückt. Die hierzu erforderliche Mindestgeschwindigkeit, mit der der Stahl aus dem Gebiete der festen Lösung auf $\approx 200^0$ gebracht werden muß, ohne daß der Zerfall des Austenits in Perlit eintritt, nennt man die „kritische Abkühlungsgeschwindigkeit". Sie ist vom C-Gehalt und von Legierungselementen, wie Ni, Mn, Cr usw., in hohem Maße abhängig und wird gemessen durch die Zeit, die zum Durchlaufen des angegebenen Temperaturintervalls gebraucht wird. Sie beträgt bei Stahl mit 0,9% C etwa 6 s. Dauert die Abkühlung länger, ist also die Abkühlungsgeschwindigkeit geringer, so entstehen an Stelle von Martensit die Zwischenstufen Troostit, Sorbit und endlich bei langsamer Abkühlung der Perlit. Kohlenstoffarme Stähle ($< 0,3\%$) eignen sich zum Härten nicht besonders, weil hohe Glühtemperaturen notwendig sind, um den Stahl in das Gebiet der festen Lösung zu bringen. Je höher aber die Härtetemperaturen sein müssen, um so gröber wird das Martensitgefüge und um so spröder ist der Stahl. Bei höher gekohlten Stählen sind nur geringere Härtetemperaturen erforderlich, da der Umwandlungspunkt des Eisens mit steigendem C-Gehalt fällt. Die zweckmäßigen Härtetemperaturen werden also durch die Linie TU in Abb. 249 gekennzeichnet. Stähle mit $> 0,9\%$ C werden lediglich von Temperaturen dicht oberhalb PSK abgeschreckt. Der Sekundärzementit ist bei diesen Temperaturen zwar noch nicht in Lösung, er vermindert aber infolge seiner natürlichen Härte die Härtung nur unwesentlich.

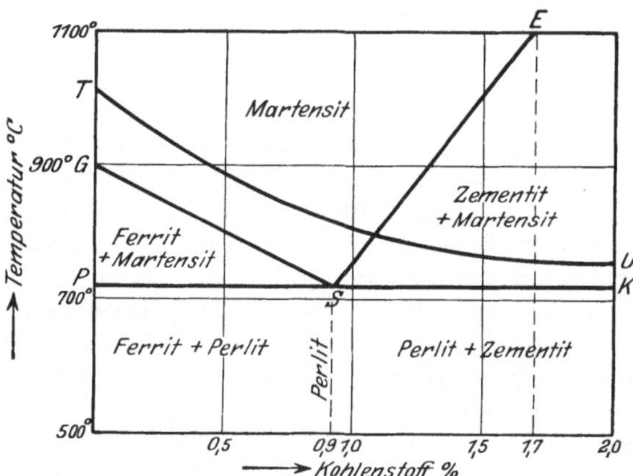

Abb. 249. Zustandsschaubild und zweckmäßige Härtetemperaturen von Stahl.

Von Einfluß auf die Güte der Härtung ist die Vermeidung jeder Überhitzung. Ebenso wie diese wirkt die „Überzeitung", d. h. ein zu langes Verweilen auf der Härtetemperatur. In beiden Fällen erzielt man grobes Korn und damit Sprödigkeit. Wird schnell bis gerade über die Linie GSK erhitzt und abgeschreckt, so erhält man eine besonders feinkörnige, auf der Bruchfläche samtartig aussehende Form des Martensits, den Hardenit.

Zur Bestimmung der richtigen Härtetemperatur dient die Metcalf'sche Härtungsprobe. Ein Stahlstab wird in kurzen Abständen eingekerbt, mit dem einen Ende im Schmiedefeuer erhitzt und abgeschreckt. Das andere Ende ist kalt, so daß sämtliche Temperaturgrade auf dem Stab vorhanden sind. Die an den Kerben durchgebrochenen Stücke zeigen verschiedenen Bruch (Abb. 250*a*—*e*). Das Stück mit dem feinsten Bruch (*d*) hat die richtige Härtetemperatur. Die Stücke, die auf zu hohe (*c*, *b*, *a*) oder auch zu niedrige (*e*) Härtetemperatur erhitzt waren, zeigen grobkörnigen Bruch.

Ist der Querschnitt des Werkstückes groß, so wird bei rascher Erhitzung das Innere geringere Temperatur zeigen als der Rand, und umgekehrt wird beim

Abschrecken die Abkühlungsgeschwindigkeit am Rande größer sein als im Innern. Dadurch werden in der Regel im Innern eines Stückes andere Gefügebestandteile auftreten als außen. Das Stück härtet nicht durch. Eine Durchhärtung ist mit Rücksicht auf die besseren mechanischen Eigenschaften des Kernes auch nicht immer erwünscht. Um die Erhitzung gleichmäßiger zu gestalten, wird das Werkstück kurze Zeit aus der Hitze herausgenommen. Die einsetzende Abkühlung wirkt sich hauptsächlich an der Oberfläche aus und bringt so einen Ausgleich zustande. Martensit läßt sich beim Abkühlen stärkerer Querschnitte nur oberflächlich erzielen. Im Innern bilden sich infolge der langsameren Abkühlung Troostit oder gar Sorbit, jedenfalls weniger harte Übergangsgefüge aus. Abb. 251

Abb. 250. Bruchaussehen von hochgekohltem Stahl bei verschiedenen Härtetemperaturen. (Aus: Brearley-Schäfer, Werkzeugstähle.)

veranschaulicht das Bruchgefüge dreier verschieden starker Stahlstücke mit 0,75% *C*, die von 760° in Wasser abgeschreckt wurden. Während bei 15 mm ⌀ Durchhärtung vorhanden ist (*a*), weisen die Stücke mit 20 und 25 mm ⌀ (*b* und *c*) troostitische Kerne auf. Die Dicke der gehärteten Randschicht kann durch Abschrecken aus höheren Temperaturen verstärkt werden.

Durch Legierungsbestandteile, wie *Mn*, *Ni*, *Cr*, *Va*, *Mo* usw., wird die Lage der Linie *PSK* (Abb. 249) wesentlich verändert. Während durch *Ni* und *Mn* beim Erhitzen eines Stahles die Auflösung des Perlits schon bei tieferen Temperaturen erfolgt als 721°, wird sie durch *Cr*, *Mo*, *Va* (und wahrscheinlich auch *W*) erhöht. Beim

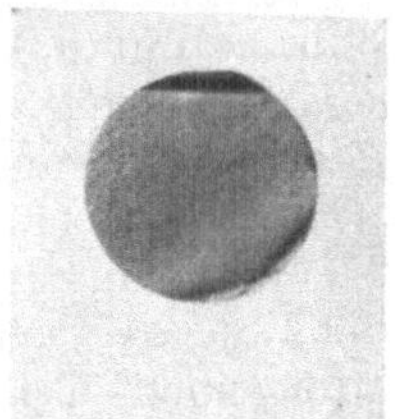

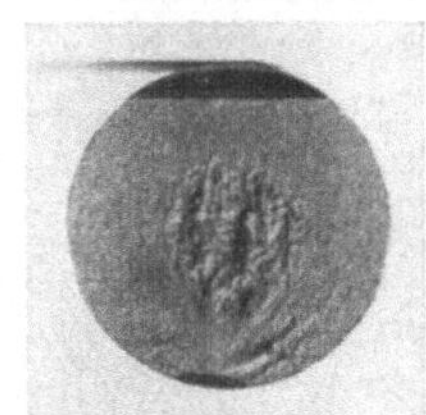

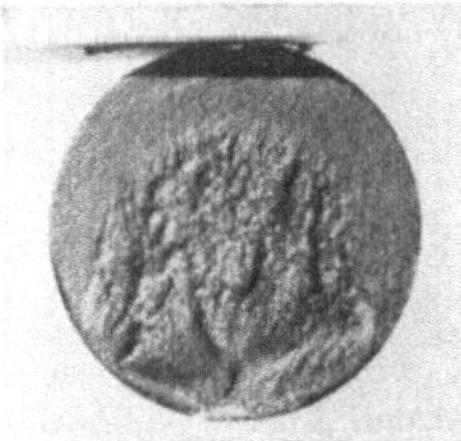

Abb. 251. Bruchaussehen von hochgekohltem, abgeschrecktem Stahl bei verschieden starken Querschnitten. (Aus: Simon, Härten und Vergüten I.)

Abkühlen dagegen wird durch die erwähnten Legierungsbestandteile schon bei geringer Abkühlungsgeschwindigkeit die Rückumwandlung sehr stark herabgedrückt, so daß Martensit sich bildet. Bei höher legierten Stählen ist es außerordentlich schwierig bzw. sogar unmöglich, die Abkühlung so langsam vorzunehmen, daß sich aus der festen Lösung Perlit wieder ausscheidet. Der Zerfall der festen Lösung geht bei legierten Stählen um so langsamer und bei um so tieferen Temperaturen von statten, je höher der Gehalt an Legierungsbestandteilen ist. Das hat zur Folge, daß auch im Innern dicker Stücke bei geringerer Abkühlungsgeschwindigkeit sich Martensit ausbildet. Genügt zur Erzielung des martensitischen Gefüges die Abkühlung durch einen Luftstrom (Preßluft), so spricht man von lufthärtendem Stahl, wird das Gefüge auch ohne Beschleunigung der Abkühlung martensitisch, so hat man einen selbsthärtenden Stahl.

Hochlegierte *Mn*- und *Ni*-Stähle behalten sogar das Gefüge der festen Lösung auch bei gewöhnlichen Temperaturen, enthalten also nur γ-Eisen und sind daher unmagnetisch und zäh. Unter Schnellstählen versteht man hochlegierte *W*- und *Cr*-Stähle. Diese haben die Eigenschaft, daß der beim Härten entstandene Martensit (Austenit) auch durch Anlassen auf Temperaturen von 500÷600° nicht weiter in die Gefügebestandteile Troostit oder Sorbit zerfällt, daß demnach mit diesen Stählen bei großen Schnittgeschwindigkeiten gearbeitet werden kann, ohne daß die dadurch bedingte Erhitzung der Schneide zum Weichwerden der Stahles führt. Durch *Cr* und *W* wird die Löslichkeit des *C* im Austenit verringert unter gleichzeitiger Bildung von Wolfram- und Chrom-Doppelkarbiden. Ein derartiger Stahl ist schon bei geringeren *C*-Gehalten ledeburitisch. (Ledeburit ist der beim Roheisen zuletzt — bei 1145° — erstarrende Bestandteil; siehe S. 63.) Durch *W*-Zusatz steigt dessen Erstarrungstemperatur bis auf 1300° an. Wird ein Schnellstahl abgeschreckt, so bleiben die ledeburitischen Bestandteile unverändert, da sie erst bei Erreichung der Schmelztemperatur in Lösung gehen. Sie sind also nach dem Härten unverändert in der Grundmasse eingelagert. Die Grundmasse dagegen wird durch das Abschrecken martensitisch und um so härter, je höher die Abschrecktemperatur gewählt wird. Außerdem wird sie auch anlaßbeständiger.

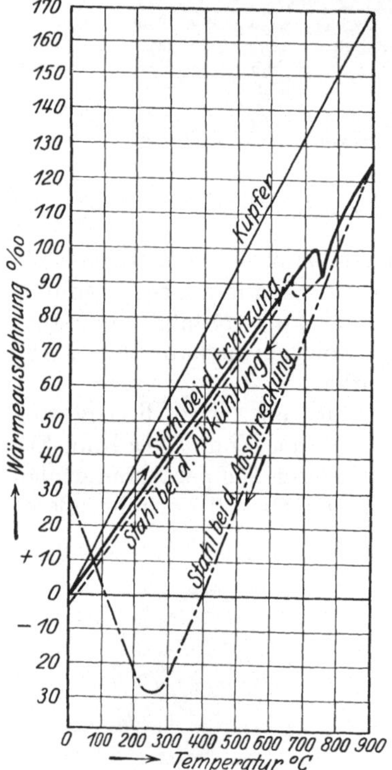

Abb. 252. Längenänderung von Kupfer- und Stahldraht bei Erwärmung und Abkühlung.

Wie sämtliche Stoffe dehnt sich Eisen oder eine Eisen-Kohlenstoff-Legierung beim Erwärmen aus. Während aber bei Metallen ohne Umwandlung, z. B. Kupfer, die Ausdehnung der Temperatur proportional ist und demnach die Ausdehnungskurve stetig verläuft (Abb. 252), zeigt sich bei einem Stahldraht mit 0,85% *C* bei dem Übergang in die feste Lösung (721°) eine Verkürzung infolge der Umwandlung des α-Eisens in das γ-Eisen. Das γ-Eisen hat also ein geringeres Volumen und demnach ein höheres spezifisches Gewicht als α-Eisen. In dem unmittelbar darauffolgenden Teil der Kurve ist eine schnellere Zunahme der Ausdehnung infolge der Auflösung des Karbidkohlenstoffes im γ-Eisen zur sogenannten Härtungskohle wahrzunehmen. Nach der Lösung verläuft die Kurve wieder stetig und parallel zum ersten Teil. Bei der Abkühlung nimmt die Längenänderung des Kupfers linear wieder ab, d. h. die Erwärmungs- und Abkühlungskurven decken sich. Wird der Stahl langsam wieder abgekühlt, so tritt ebenfalls Rückumwandlung des γ-Eisens in α-Eisen nach vorausgegangener Abscheidung der Härtungskohle als Karbidkohle ein, jedoch bei etwas niedrigerer Temperatur. Wird dagegen so schroff abgeschreckt, daß sich Martensit bildet, so verkürzt sich der Stahl proportional der Temperatur bis etwa 250°. Bei dieser Temperatur wandelt sich das γ-Eisen in α-Eisen um, ohne daß es zur Abscheidung der Härtungskohle unter Bildung von Karbidkohle kommt. Infolge des größeren Volumens des α-Eisens und besonders des in ihm enthaltenen Kohlenstoffes tritt jetzt eine Volumenzunahme auf, die bis zum Nullpunkt proportional dem Temperaturabfall ist. Das Endvolumen ist also im gehärteten Zustand größer als im ausgeglühten (vgl. Abb. 252). Die Erklärung hierfür gibt die Härtungstheorie von Thallner-Maurer. Nach dieser tritt wirkliche Härtung dann ein, „wenn die aus den γ-Eisenteilchen entstehenden α-Eisenteilchen durch das von dem Härtungskohlenstoff geschaffene größere Volumen gezwungen werden, ein gegenüber ihrem normalen größeres Volumen einzunehmen. Jedes der einzelnen Teilchen von α-Eisen würde gewissermaßen im status nascendi starken Zugspannungen unterworfen. Die sich einstellende Härte wäre dann die Resultante zweier Kräfte, von denen die eine durch das Bestreben der α-Eisenteilchen, ihr übliches Volumen einzunehmen, gegeben wäre, die andere durch das Bestreben des Härtungskohlenstoffes, den α-Eisenteilchen das ihm eigene Volumen aufzuzwingen".

Durch schroffes Abkühlen (Abschrecken) geht die Naturhärte des Stahles in Glashärte über, die aber mit einer großen Sprödigkeit verbunden ist, indem gleichzeitig eine starke Steigerung der Festigkeit und eine starke Verminderung der Dehnung auftritt.

Infolge der ungleichen Abkühlung der äußeren und inneren Schichten des Stahles treten Formänderungen und Spannungen auf, die auf die ungleichen Volumina der einzelnen Gefügebestandteile zurückzuführen sind. Das geringste Volumen hat Austenit, ihm folgen Perlit, Sorbit, Troostit und endlich Martensit. Ist beim Abschrecken eines Stahles die Mitte troostitisch geblieben, so will der umhüllende Martensit ein größeres Volumen einnehmen als der Kern, so daß es zwischen Randzone und Kern zu Rißbildungen kommen kann. Andererseits können, wenn die äußere Schicht bei schroffer Abkühlung sich schneller und stärker zusammenzieht als der noch warme Kern und dieser das Zusammenziehen der Außenschicht verhindert, sehr starke Spannungen in der Außenschicht entstehen und „Härterisse" erzeugen, die zunächst als feine Haarrisse an der Oberfläche nicht sichtbar sind aber bis ins Innere des Werkstückes hineinreichen können. Solche Härterisse entstehen um so eher und in so stärkerem Maße, je ungleichmäßiger die Querschnitte an den einzelnen Stellen des Werkstückes sind und je größer die Naturhärte des Stahles ist. Hierauf ist beim Härten besonders zu achten und das Härteverfahren bzw. die Härtetemperatur und das Abschreckmittel danach zu wählen. — Die Spannungen treten aber nicht nur beim Abschrecken sondern auch bei ungleichmäßigem und zu schnellem Erwärmen auf und haben ebenfalls Formänderungen des Werkstückes zur Folge.

Durch nachträgliches Anlassen, d. h. Wiedererwärmen des Stahles auf eine niedrigere Temperatur (siehe S. 275), erhält man Übergangsgefüge. Die Sprödigkeit und die inneren Spannungen werden gemildert, während Dehnung und Zähigkeit zunehmen. Damit nehmen aber auch Festigkeit und Härte wieder ab, und der Stahl besitzt nunmehr Anlaßhärte, die sich der Naturhärte um so mehr nähert, je höher die Anlaßtemperatur war.

2. Das Erwärmen der Werkstücke auf Härtetemperatur.

Das Erwärmen auf Härtetemperatur muß nicht zu schnell und möglichst gleichmäßig bzw. so erfolgen, daß an keiner Stelle die zur Härtung erforderliche Temperatur überschritten wird. Mehrmaliges kurzes Unterbrechen der Erwärmung durch Herausnehmen des Werkstückes aus dem Ofen oder dem Erwärmungsbad kann vorteilhaft sein, weil sich dabei die am schnellsten und stärksten erwärmten dünnen, vorspringenden Teile auch am schnellsten wieder abkühlen, wodurch es gelingt, eine ziemlich gleichmäßige, nach innen sich fortpflanzende Temperatur zu erhalten. Von den dazu benutzten Öfen muß man neben einfacher Bedienung und Wirtschaftlichkeit verlangen, daß die Temperatur im Ofenraum überall möglichst gleichmäßig ist und gleichbleibend ($\pm 10^0$) gehalten werden kann, ferner daß der Stahl im Ofen weder oxydiert noch entkohlt wird noch Schwefel oder andere schädliche Stoffe aufnimmt.

Man unterscheidet offene Feuer, Öfen mit offenem Glühraum, Öfen mit geschlossenem Glühraum und Blei- und Salzbadöfen. Bezüglich der verschiedenen Brennstoffe (siehe S. 44) und der Vor- und Nachteile der verschiedenen Feuerungen gilt das bei den Schmiedeöfen (siehe S. 157) Gesagte. Für kleine und mittlere Härteöfen wird auch vielfach Leuchtgas und elektrische Heizung verwendet. Bei Gasfeuerung ist fast immer ein Gebläse erforderlich, weil der Schornsteinzug nicht genügt. Die besonderen Vorzüge der elektrischen Heizung sind: chemisch neutrale Ofenatmosphäre, rauchfreier Betrieb, Fortfall natürlichen und künstlichen Zuges und der dazu erforderlichen Einrichtungen, ständige Betriebsbereitschaft, einfache Bedienung und genaue Regelbarkeit. Sie eignet sich daher besonders zum Härten empfindlicher Werkzeugstähle (Schnellstähle), bei denen die Vorteile die hohen Stromkosten rechtfertigen.

Offene Feuer werden nur für kleine, einfache Teile (Meißel, Stempel, Schneidstähle usw.) bei Einzelherstellung verwendet, bei größeren Teilen besteht

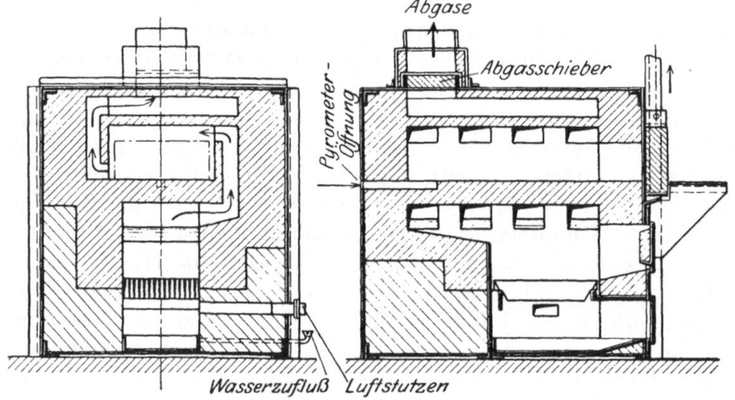

Abb. 253. Plattenglühofen mit Rostfeuerung. (Otan-Gesellschaft m. b. H., Berlin SW 48.)

die Gefahr der ungleichmäßigen Erhitzung und der Überhitzung einzelner Teile. Verwendet werden Bunsenbrenner, Schweißbrenner und der elektrische Lichtbogen, ferner öffene Schmiedefeuer (siehe S. 152). Beim Schmiedeherd muß man dafür sorgen, daß der Stahl nicht vom kalten Wind getroffen wird, und möglichst Holzkohle verwenden.

Bei den Öfen mit offenem Glühraum (Plattenglühöfen) liegt der Verbrennungsraum neben oder unter dem Glühraum, dessen Wände durch die vorbeiziehende Flamme und die Heizgase erwärmt werden und durch die von ihnen ausgestrahlte Wärme das Glühgut erhitzen. Die unmittelbare Erhitzung durch Flamme und Heizgase tritt demgegenüber zurück. Die Öfen gestatten zwar eine schnelle, gewähren aber keine vollkommen gleichmäßige Erwärmung und die Berührung der Flamme und Heizgase mit den Werkstücken läßt sich nicht ganz vermeiden. Der im Glühraum vorhandene kleine Überdruck verhindert aber den Eintritt von Luft beim Öffnen der Türen. Öfen mit Rostfeuerung werden hauptsächlich für weniger empfindliche Stahlsorten und Werkstücke und für Einsatzhärtung (siehe S. 276) verwendet, bei der die Werkstücke eingepackt und dadurch gegen die Einwirkung der Flamme und Heizgase geschützt sind. Öfen mit Öl- und besonders solche mit Gasfeuerung ermöglichen gleichmäßige Erwärmung und das Arbeiten mit Gasüberschuß zur Vermeidung der Verzunderung und Entkohlung der Werkstücke, eignen sich also auch für empfindliche Teile.

Kleinere Öfen werden in Eisen mit feuerfester Ausmauerung ortsbeweglich ausgeführt, größere ortsfeste Öfen werden aufgemauert.

Ein einfacher Plattenglühofen mit Kohlenfeuerung ist in Abb. 253 veranschaulicht. Der Weg der Heizgase ist durch Pfeile angedeutet. Nutzraumgröße 1000 × 500 × 200 mm.

Der Doppelkammerofen nach Abb. 254 mit Niederdruck-Gas- oder Ölfeuerung besitzt über dem eigentlichen Glühraum (für Temperaturen bis 1250°) eine zweite Kammer mit niedrigerer Temperatur zum Vorwärmen des Glühgutes und nutzt die Abgase noch zur Luftvorwärmung aus. Soll die Vorwärmkammer nicht benutzt werden, dann wird Schieber I geschlossen und Schieber II geöffnet. Nutzraumgröße von 450 × 200 × 150 bis 800 × 500 × 300 mm.

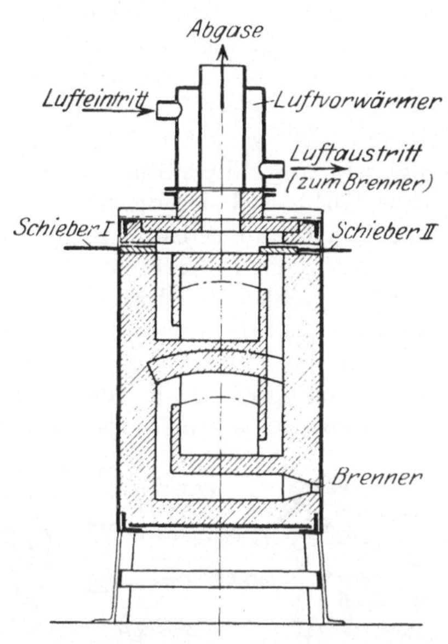

Abb. 254. Doppelkammer-Glühofen mit Luftvorwärmung und Niederdruck-Gas- oder Ölfeuerung. (Gebrüder Pierburg A.-G., Berlin-Tempelhof.)

Der in Abb. 255 skizzierte Ölbrenner, System Harter, besteht in der Hauptsache aus dem Brennerkörper *a*, der Öldüse *b*, der Mischdüse *c* und dem Brennerkopf *d*, der mit dem Handrad *e* ein Stück bildet. Das mit natürlichem Gefälle aus dem Ölbehälter der Öldüse *b* zufließende Öl wird von dem Zerstäubungswind, der durch den kreisförmigen, verstellbaren Raum zwischen Öldüse *b* und Mischdüse *c* einströmt, erfaßt und zu Nebel zerstäubt. Die Zuführung der Verbrennungsluft erfolgt durch den ebenfalls regelbaren ringförmigen Schlitz zwischen Mischdüse *c* und Brennerkopf *d*. Die Luftzuführungskanäle haben die Form abgestumpfter Kegel, deren Mantelflächen sich in der Verlängerung überschneiden, so daß sich die Luftströme kreuzen und eine wirksame Zerstäubung des Öles und Mischung des Ölnebels mit der Verbrennungsluft ergeben. Die Regelung der Zerstäubungs- und Verbrennungsluft erfolgt gleichzeitig durch Drehen des Handrades *e*, wodurch die beiderseitigen Kreisringschlitze zwangläufig so verändert werden, daß das Verhältnis von Zerstäubungs- und Verbrennungsluft immer gleich ist. Der Winddruck wird dabei nicht abgedrosselt sondern bleibt gleich, wodurch eine große Regelbarkeit der Flamme erzielt wird. Der Brenner ermöglicht weitgehende Temperaturregelung und Aufrechterhaltung der einmal eingestellten Temperatur. Die Ölregelung erfolgt mittels des durch Handrad *f* betätigten Nadelventils *g*.

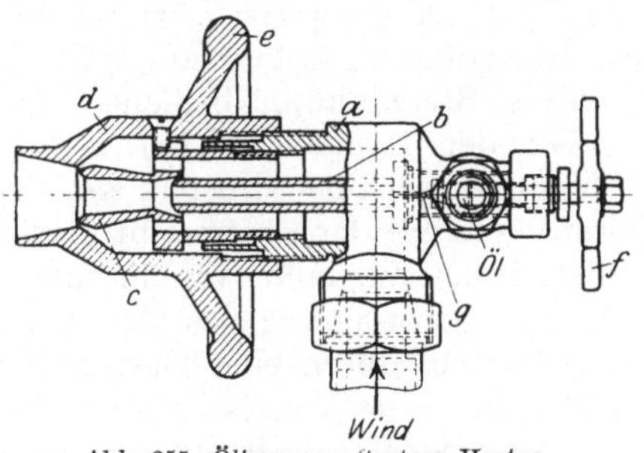

Abb. 255. Ölbrenner, System Harter. (Hahn & Kolb, Stuttgart.)

Die Brenner werden in sechs verschiedenen Größen hergestellt. Bei einem Winddruck von 500 mm WS beträgt der größte Ölverbrauch 2 ÷ 20 kg/h, der Luftbedarf 1 ÷ 8 m³/min.

Der nach den gleichen Gesichtspunkten gebaute und arbeitende Gasbrenner wird in drei Größen mit einem größten Gasverbrauch von 4, 8 oder 16 m³/h und einem Luftbedarf von 0,5, 1 und 2 m³/min bei 200 ÷ 300 mm WS hergestellt.

Der Remiko-Normbrenner (Abb. 256) soll sich infolge der starken Mischwirkung des Mischers für die verschiedensten Zwecke, Betriebsarten, Gase und

Gasdrucke gleichmäßig gut eignen. Das Druckmittel, Hochdruckgas oder Druckluft, strömt durch eine durch Längsverschiebung der Innendüse einstellbare Ringspaltdüse unter Drehbewegung hindurch und saugt von außen und von innen Luft bzw. Gas an, wobei gleichzeitig eine innige Mischung erzielt wird. Die angesaugte Luft- oder Gasmenge ändert sich mit der Spannung des Treibstrahles. Bei Niederdruckgas tritt Gebläseluft durch den dem Gasstutzen gegenüberliegenden Stutzen ein, während von hinten durch einen einstellbaren Drehschieber die Zusatzluft angesaugt wird (Abb. 256a). Diese Ausführung wird empfohlen für Gebläsewind von $\leqq$ 0,2 atü und geringere Windmengen. Beim Betrieb mit Hochdruckgas ($\approx$ 0,3 atü) wird der obere Stutzen verschlossen. Das Hochdruckgas (Gas oder Gas-Luft-Gemisch) tritt an die Stelle der Gebläseluft und saugt wie zuvor die nötige Zusatzluft an. Es genügt, die Gaszufuhr zu regeln (Abb. 256b). Bei der dritten (nicht abgebildeten) Ausführung für Gebläseluft ($\approx$ 0,14 atü) mit selbsttätigem Gasdruckregler wird die bei den beiden ersten Ausführungen zum Ansaugen der Zusatzluft dienende Öffnung durch einen Blindflansch verschlossen. Das durch den Gasdruckregler auf Null- oder Unterdruck gebrachte Gas wird durch den Gebläseluftstrahl im nötigen Verhältnis angesaugt. Zur Regelung der Ofentemperatur ist nur die Luftzufuhr zu regeln, was auch durch einen selbsttätigen Temperaturregler geschehen kann. Der durch ein Rohr angeschlossene Brennerkopf unterteilt durch auswechselbare, vielzellige Ein-

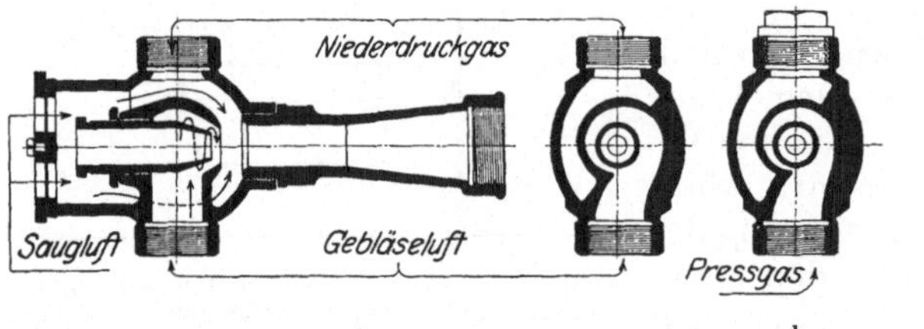

Abb. 256. Remiko-Normbrenner. (Alfred K. Schütte, Köln-Deutz.)

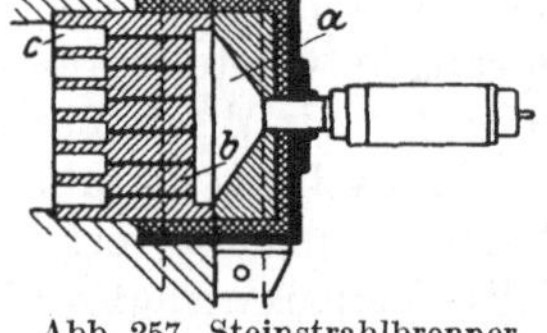

Abb. 257. Steinstrahlbrenner, System Krupp.

sätze das durchströmende Brenngasgemisch in viele parallele, wirbelfreie Einzelströme und verhütet gleichzeitig durch Abkühlung in den engen langen Kanälen ein Zurückschlagen der Flamme. Infolgedessen kann auch ohne Luftüberschuß, d. h. mit der theoretisch erforderlichen Luftmenge, gearbeitet werden, bei der die Rückzündungsgefahr am größten ist. Ein einziger Mischer kann gleichzeitig mehrere Brennerköpfe bedienen. Er wird in 10 Größen geliefert.

Bei den Steinstrahlöfen (u. a. jetzt von Huth & Röttger G.m.b.H., Dortmund, gebaut) wird das eingebrachte Gut nur durch strahlende Wärme erhitzt, ohne mit der Flamme in Berührung zu kommen. Die Feuerung besteht im wesentlichen aus einer Verbindung von Mischer, Verteiler und dem Strahlstein. Alle zur Verbrennung des Gases erforderliche Gebläseluft (1500 mm WS) wird dem Mischer durch eine Düse zugeführt und saugt das Gas an. Das Mischen erfolgt in einem vorgeschalteten Rohr durch Wirbelbewegung und Richtungsänderung des Gas-Luft-Stromes. Dieser tritt dann durch eine Verteilungs- und Druckausgleichkammer *a* (Abb. 257) in den Strahlstein *b* aus feuerfestem Stoff mit einer Anzahl feiner Kanäle, die sich innen zu den Verbrennungspfeifen *c* erweitern. Am Grunde derselben entzündet sich das Gas-Luft-Gemisch und bringt die Pfeifen zum Erglühen, die ihre ganze Wärme dann auf das Glühgut ausstrahlen. Dadurch, daß sich die strahlende Wärme gleichmäßig im Ofenraum verbreitet, findet auch eine gleichmäßige Erwärmung des Einsatzes statt. Zahl und Anordnung der Strahlsteine richten sich nach dem jeweiligen Zweck. Zum Betrieb der Steinstrahlöfen sind alle Gasarten mit $>$ 800 kcal/m^3 verwendbar.

Die sogenannten armen Gase, wie Wasser-, Generator- und Gichtgas, müssen verdichtet werden; ebenso Gase mit einem Gasdruck von < 50 mm WS. Beim Arbeiten mit Druckluft von $2 \div 3$ atü ist eine Gasverdichtung nicht erforderlich. Mit den Öfen lassen sich Temperaturen bis 1500° erreichen. Die Wärmeausnutzung ist eine sehr gute, da diejenigen Wärmemengen, die bei Öfen mit offener Flamme durch Strahlung und Leitung verloren gehen, durch den Strahlstein aufgenommen und nutzbar gemacht werden. Der Gasverbrauch soll nur etwa $^2/_3$ anderer Gasfeuerungen betragen. Die Feuerung ermöglicht, mit der zur Verbrennung theoretisch erforderlichen Luftmenge auszukommen und eine völlig neutrale Atmosphäre im Glühraum zu schaffen. Nötigenfalls kann aber auch mit reduzierender Atmosphäre gearbeitet werden. Kurze Anheizdauer, genaue Temperaturregelung und sauberer Betrieb werden als weitere Vorteile angegeben. Steinstrahlheizung wird auch für Schmiede- und Schweißöfen, Löt- und Tiegelschmelzöfen usw. verwendet.

Die Öfen mit geschlossenem Glühraum (Muffelöfen) schützen die Werkstücke zwar gegen die Einwirkung der Flamme oder Heizgase aber nicht gegen Oxydation und Entkohlung der Oberfläche, weil mangels eines Überdruckes in der Muffel beim Öffnen der Tür kalte Luft eintritt. Erwärmungsdauer und Brennstoffverbrauch sind größer als bei Öfen mit offenem Glühraum, weil die Erwärmung nur mittelbar durch die Muffelwandungen erfolgt. Die Temperaturen in der Muffel sind nicht überall gleich[1]. Die von Zeit zu Zeit notwendige Erneuerung der aus feuerfesten Stoffen, Graphit oder Gußeisen hergestellten Muffeln erfordert nicht unerhebliche Kosten. Muffelöfen sind daher nur dort angebracht, wo empfindliche Teile gegen schwefelhaltige oder sonstige schädliche Gase geschützt werden müssen.

Der Muffelofen mit Bunsengasbrenner nach Abb. 258 arbeitet ohne Gebläse und ist für Temperaturen von $600 \div 1000°$ (u. U. $\leqq 1250°$) geeignet. Die Heizgase umspülen zunächst die Muffel selbst und durchziehen dann noch zwei weitere Kanäle. Durch den Raum zwischen dem äußeren und dem inneren Ofenmantel wird die Verbrennungsluft angesaugt und durch die von den Abgasen erhitzten Wandungen vorgewärmt.

Diese Öfen werden in den verschiedensten Größen mit einem Innenraum der Muffel von $200 \times 85 \times 50$ bis $3000 \times 750 \times 400$ mm gebaut. Der Gasverbrauch beträgt (bei einem unteren Heizwert von 4000 kcal/m³ und einem Druck von 40 mm WS) $0{,}4 \div 0{,}8$ bzw. $22 \div 33$ m³/h.

Bei den Elektro-Muffelöfen der Siemens-Elektrowärme-Gesellschaft wird die Muffel durch vom elektrischen Strom zum Glühen gebrachte Silit-(Silizium-Karbid-)Stäbe geheizt, die einzeln in Nischen der Seitenwände im Innern der Muffel liegen. Diese Anordnung ermöglicht ein freies Ausstrahlen der Wärme in die Muffel und schützt die Stäbe gegen Beschädigung bei der Beschickung des Ofens. Die Abstufung der Heizstärke bis auf einen Bruchteil der Nennleistung erfolgt unter Wahrung einer gleichmäßigen Beanspruchung aller Heizstäbe und daher einer gleichmäßigen Temperaturverteilung. Die Ofenatmosphäre ist ganz schwach oxydierend, Schnellstahl soll daher nicht länger im Ofen bleiben als zur Erreichung der Härtetemperatur erforderlich. (Langsame Vorwärmung in besonderem Ofen notwendig.) Anwendungsgebiet $1000 \div 1300°$. Anschlußleistung 75 kW bei einem Heizraum von $430 \times 650 \times 1000$ mm, 150 kW bei $430 \times 650 \times 1800$ mm (größter Ofen). — Bei den mit Widerstandsheizung ver-

[1] Kraft- und Luftgas-Öfen mit allseitiger zwangläufiger Umspülung der Muffel durch die Heizgase zur Erreichung einer gleichmäßigen Erwärmung der Muffel. Siehe Maschinenbau 1925, S. 1092.

sehenen Glühöfen für Temperaturen bis 950° der AEG wird eine Chrom-Nickel-Legierung für die Heizwiderstände benutzt.

Die Blei- und Salzbadöfen erwärmen die Werkstücke durch Flüssigkeitsbäder, die durch Kohle, Koks, Öl, Gas oder elektrisch geheizt werden. Die Vorzüge dieser Öfen bestehen in der schnellen, gleichmäßigen, oxydationsfreien Erwärmung der Werkstücke, der Sicherheit gegen Überhitzen einzelner Teile, da die Badtemperatur nicht höher ist als die Härtetemperatur, und in der Möglichkeit, Werkstücke, z. B. Schneidwerkzeuge, die nicht ganz gehärtet werden sollen, nur teilweise zu erwärmen. Das senkrechte Eintauchen verhütet bei dünnen Werkstücken das Verbiegen durch das Eigengewicht.

Blei kommt nur für Temperaturen $\leqq$ 850° in Frage, weil es bei höherer Temperatur zu stark verdampft (giftige Bleidämpfe!). Es greift den Tiegel weniger an und erwärmt die Werkstücke schneller als Salze. Wegen des hohen spezifischen Gewichtes des Bleies schwimmen die Werkstücke darin und müssen untergetaucht gehalten werden. Am Werkstück etwa anhaftende Bleiklümpchen beeinträchtigen die Härtung. Zum Schutz gegen Oxydation bedeckt man das Bleibad mit Holzkohle oder leicht schmelzenden Salzmischungen.

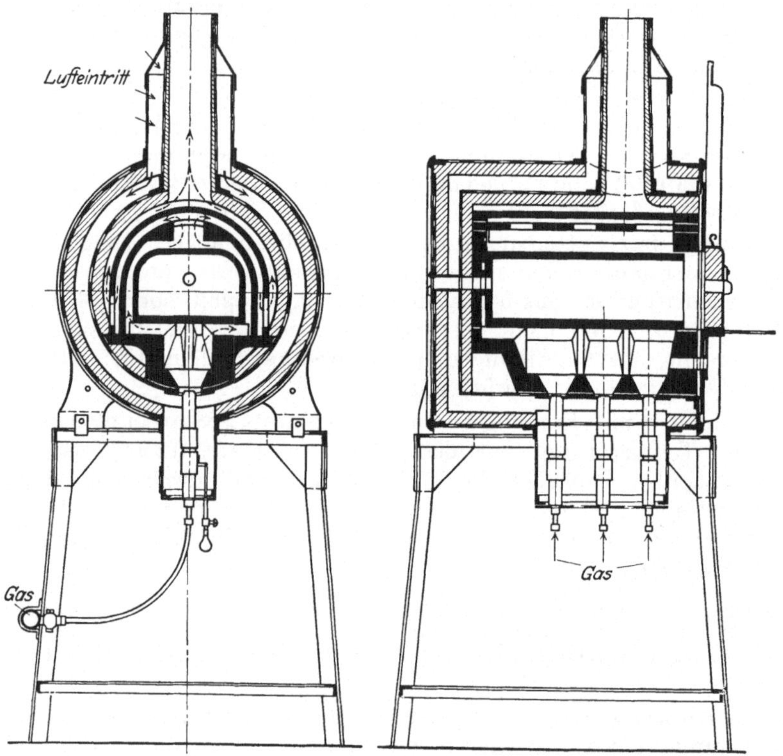

Abb. 258. Muffel-Glühofen mit Bunsenbrenner ohne Gebläse (Hahn & Kolb, Stuttgart).

Für Temperaturen von 900÷1300° benutzt man ausschließlich Salze oder Salzgemische, insbesondere Chlorbarium, Chlornatrium und Chlorkalium, und erwärmt sie nicht allzu sehr über ihren Schmelzpunkt, jedenfalls nicht bis zum Siedepunkt, um starke Verdampfung zu verhüten. Die Schmelzpunkte von Salzgemischen liegen immer niedriger als die der sie bildenden reinen Salze. Für die Härtung von Werkzeugen aus Werkzeugstahl bei 750÷850° benutzt man z. B. eine Mischung von 2 Teilen Chlorkalium und 1 Teil Chlorbarium, zum Härten von Schnellstahl bei 1100÷1300° reines Chlorbarium. Ein Zusatz von gelbem Blutlaugensalz bewirkt eine gewisse Oberflächenkohlung (Zementation, siehe S. 276) und vermeidet weiche Stellen.

Salzbäder erwärmen langsamer aber gründlicher als Blei und verhindern das oberflächliche Oxydieren der Werkstücke beim Herausnehmen durch Überziehen derselben mit einer dünnen Salzkruste, die beim Abschrecken abspringt. Die Werkstücke müssen vor dem Eintauchen in die Bäder vollständig trocken sein, weil der Härter sonst durch Spritzen des Bades schwer verletzt werden kann. Die Tiegel für Bleibäder werden aus Stahlguß oder gewalztem Stahl hergestellt, für die höheren Temperaturen und Salzbäder müssen Graphit- oder Schamottetiegel verwendet werden, die aber auch nur kurze Lebensdauer besitzen.

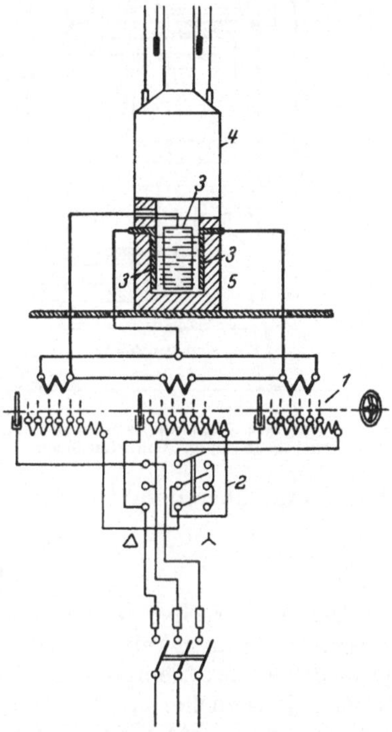

Bei dem in Abb. 259 schematisch dargestellten Elektro-Salzbadofen wird durch einen Regel-Transformator die Drehstrom-Netzspannung (≦ 500 V) in die dem Salzbad anzupassende niedrige Spannung (10÷25 V) umgewandelt. Der niedriggespannte Strom wird zwischen den Elektroden quer durch das Salzbad geleitet, nachdem das Salz durch eine besondere Anheizvorrichtung in flüssigen, leitenden Zustand versetzt ist. (In erstarrtem Zustande leitet das Salz nicht genügend, um den Ofen ohne weiteres in Betrieb zu setzen.) Der Transformator ermöglicht durch seine verschiedenen Anzapfungen in Verbindung mit der Stern-Dreieck-Schaltung zehn Regelstufen zur Einstellung der Badtemperatur. Das Bad befindet sich in einem innen sechskantigen Behälter aus feuerfestem Stoff; die Belästigung des Arbeiters durch Hitze und die Wärmeverluste sind gering, da sie sich auf die verhältnismäßig kleine Badoberfläche beschränken. Die Dämpfe werden durch eine Abzugshaube abgeleitet. Die Ausbringung an Härtegut beträgt das Drei- bis Vierfache eines Gasofens mit dreimal so großem Glühraum bei einem Bruchteil des sonst üblichen Härteausschusses. Es können an einen Transformator auch wechselseitig zwei Salzbadöfen für verschiedene Temperaturen angeschlossen werden. Die Öfen werden in verschiedenen Größen mit einem Badinhalt von 2,8÷88 l geliefert.

1 = Regulier-Transformator,
2 = ⅄△-Schalter,
3 = Elektroden,
4 = Abzugshaube,
5 = Salzbad.

Abb. 259. Erwärmungsprinzip des AEG-Salzbadofens zum direkten Anschluß an Drehstrom.

Verbundene Öfen, bei denen durch die Abgase des einen Ofens ein zweiter, zum Vorwärmen des Härtegutes dienender Ofen geheizt wird, sind besonders für das Härten von Schnellstahl zweckmäßig. Abb. 260 veranschaulicht einen mit Leuchtgas geheizten Salzbadofen und einen damit verbundenen, durch die Abgase geheizten Vorwärmofen, der aber auch für sich allein als Glüh- oder Einsatzofen betrieben und durch einen besonderen Gasbrenner geheizt werden kann. Die große Länge der Heizkanäle ergibt günstige Wärmeausnutzung, gleichmäßige Erwärmung des Glühraumes und eine niedrige Temperatur der Abgase, die außerdem zur Vorwärmung der Gebläseluft von 1500 mm WS dienen. Der oder die Brenner des Salzbadofens sind tangential angeordnet; die Flammen umkreisen den Graphit- oder Stahltiegel und werden an der höchsten Stelle in den Vorwärmofen abgeleitet. (Der Vorwärmofen besitzt unterhalb des Glühraumes eine Öffnung zum Anwärmen von Drehstählen u. dgl. für das Aufschweißen und Härten von Schnellstahlschneiden in der Stichflamme seines Brenners.)

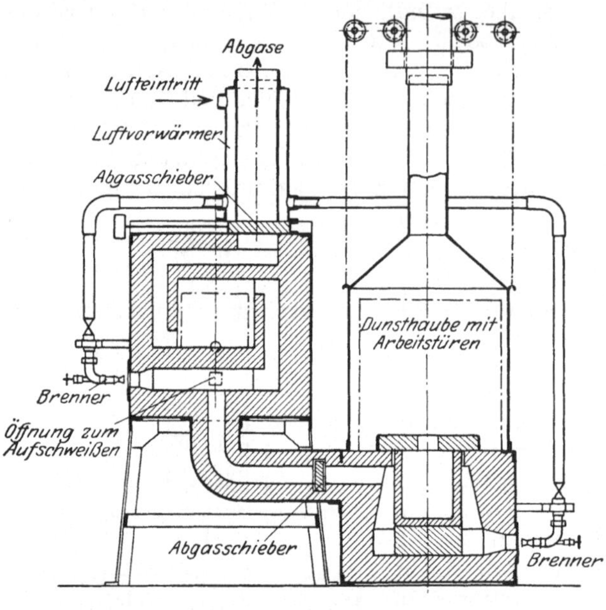

Abb. 260. Verbundener Salzbad- und Plattenglühofen mit Leuchtgasheizung. (Otan-Gesellschaft m. b. H., Berlin SW 48.)

Zur Gasabsaugung genügt bei gas- und ölgefeuerten Glühöfen und Bleibädern eine über dem Ofen hängende Abzugshaube; für hocherhitzte Salzbäder, Zyankali- und Talgbäder sind völlig umschließende Rauchhauben mit Arbeitsöffnung (siehe Abb. 260) unentbehrlich. Die Abzugshauben sind an eine Absaugeleitung anzuschließen und müssen sich leicht hochschieben lassen. Unterirdische Absaugung, die den Raum über dem Ofen ganz frei läßt, ist am besten.

3. Das Abschrecken.

Das Abschrecken der zuvor auf Härtetemperatur erwärmten Teile erfolgt vorwiegend in Flüssigkeiten. Die Abschreckwirkung derselben ist um so schroffer, je niedriger ihre Temperatur, je größer ihre spezifische und ihre Verdampfungswärme, je schneller sie die Wärme vom Werkstück aufnehmen und weiterleiten (äußere und innere Wärmeleitung) und je dünnflüssiger sie sind. Wasser besitzt die stärkste Abschreckwirkung. „Weiches" Wasser (Quell-, Regen- und Kondenswasser) härtet besser als „hartes", frisches Leitungswasser, das gewisse Mengen von Kalzium- und Magnesiumsalzen enthält. Daher soll man durch den Gebrauch enthärtetes Wasser nicht fortgießen sondern immer wieder benutzen und nur Verdunstungsverluste durch Zugießen ersetzen. Zusatz von Kochsalz, Schwefel- oder Ameisensäure erhöht, Kalk, Seife, Alaun, Glyzerin usw. vermindert die Abschreckwirkung. Stark angesäuertes Wasser verursacht Rosten der Werkstücke, wenn sie nicht in heißem Sodawasser abgespült werden. — Öle und Fette wirken schwächer abschreckend. Es werden tierische und Pflanzenöle, wie Rüböl, Leinöl, Tran, Knochenöl, Talg usw., allein oder mit Mineralölen (Petroleum) gemischt verwendet. Mineralöle allein sind weniger geeignet. Die Öle müssen dünnflüssig und gut gereinigt sein, dürfen nicht übel riechen und nicht ranzig werden, keinen zu niedrigen Flammpunkt besitzen und die Haut nicht angreifen. Da die Öle (besonders die Mineralöle) verdampfen und verkohlen, müssen sie von Zeit zu Zeit erneuert werden. Öle und Fette werden entweder für sich allein zum Abschrecken benutzt, oder es wird zunächst in ihnen und hinterher in Wasser abgeschreckt. Man kann auch eine Ölschicht auf das Wasser gießen, so daß sich das eingetauchte Stück mit einer dünnen Haut überzieht, die die Abschreckwirkung des Wassers mildert.

Alle verwendeten Flüssigkeiten müssen rein sein und dürfen keine Stoffe enthalten, die den Stahl schädigen (Schwefel) oder entkohlen (Oxyde). Am Werkstück anhaftende Schmutzteilchen, Luft- oder Gasblasen verhindern die Härtung an dieser Stelle. Deshalb ist das Werkstück in der Flüssigkeit hin und her zu bewegen. Zur Verhütung des Festsitzens von Gas- oder Luftblasen in Höhlungen u. dgl. an der Unterseite des Werkstückes ist u. U. ein von unten wirkender Flüssigkeitsstrahl (Aufquellvorrichtung, z. B. beim Abschrecken von Gesenken) erforderlich.

Die Flüssigkeitsbehälter, zylindrische oder rechteckige Blechgefäße, sollen möglichst dicht neben dem Glühöfen stehen, damit sich die aus diesem kommenden Werkstücke möglichst wenig abkühlen, und müssen zur Aufrechterhaltung einer gleichmäßigen Temperatur der Abschreckflüssigkeit ($\approx 20^0$) entweder mit Kühlschlangen versehen oder in einen Kühlwasserbehälter gesetzt werden. (Im Winter müssen die Bäder u. U. ebenso geheizt werden.) Bei Öl ist das Kühlhalten zur Verhütung des Verbrennens besonders wichtig; zum Ersticken der Flamme ist ein dicht schließender Deckel vorzusehen. Bei Wasser kann man einfach durch dauernden Umlauf (Zufluß unten, Überlauf oben) die Temperatur halten. Einführung von Druckluft in das Abschreckbad zur Bewegung desselben und zur Erzielung einer gleichmäßigen Temperatur innerhalb desselben ist vielfach zweckmäßig.

Die geschmolzenen Metalle und Salze werden (in den vorher beschriebenen Schmelzbadöfen) zum Abschrecken von Schnellstahl bei $500 \div 700^0$ benutzt. Das Abschrecken von Schnellstahl durch Luft erfolgt durch Abblasen mit einem genügend starken Druckluftstrahl von ≈ 1 atü.

4. Das Anlassen.

Durch Wiederanwärmen will man, wie bereits früher (siehe S. 267) erwähnt, die durch das Abschrecken hervorgerufene Starrheit und Sprödigkeit des Stahles und die damit verbundenen inneren Spannungen beseitigen oder mildern und größere Dehnung und Zähigkeit erzielen, was allerdings nur auf Kosten der Festigkeit und Härte möglich ist. Die Anlaßwirkung nimmt im allgemeinen mit der Anlaßtemperatur und (wenigstens bis zu einer gewissen Grenze) mit der Anlaßzeit zu; sie ist ferner im allgemeinen um so stärker, je höher der *C*-Gehalt des Stahles ist und je schroffer abgeschreckt wurde.

Bei höher gekohltem Stahl nimmt die Härte zwischen $200 \div 300^0$ sehr stark ab. Damit ist die Grenze der Anlaßtemperatur bei reinen Kohlenstoffstählen gegeben, wenn man eine nennenswerte künstliche Härte behalten will. Wie weit man im Einzelfalle geht, hängt vom Verwendungszweck bzw. davon ab, ob man mehr Wert auf große Härte oder Erhöhung der Zähigkeit legt. Werkzeugstahl darf man nicht über 200^0 anlassen, wenn er Glashärte behalten soll; zur Erzielung größter Härte (ohne Zähigkeit) muß man u. U. noch unter 200^0 bleiben. Höher legierte Stähle können nach dem früher Gesagten (siehe S. 266) auf höhere Temperaturen (Schnellstahl z. B. auf $500 \div 600^0$) ohne wesentliche Einbuße an Härte angelassen werden. Die Schneidhaltigkeit von Schnellstahl soll sogar durch Anlassen auf etwa 600^0 wesentlich erhöht werden.

Das Anlassen kann je nach dem gewünschten Ergebnis oder der Form und dem Verwendungszweck des Werkstückes auf verschiedene Wiese und mit verschiedenen Mitteln — in Gasöfen, im Öl-, Sand- oder Blei-Zinn-Bad, durch Auflegen auf heiße Platten oder durch die noch vorhandene Eigenwärme des Werkstückes — erfolgen.

Zum gleichmäßigen Anlassen ganzer Teile, wie bei der Massenherstellung von Schneidwerkzeugen, Kugeln, Federn usw., benutzt man besondere Anlaßöfen, und zwar Gasöfen (u. U. mit drehbarem Glühraum oder mechanischen Einrichtungen zum selbsttätigen Beschicken und Entleeren) oder Ölanlaßöfen, bestehend aus einem (meist durch Gas) geheizten gußeisernen oder Stahlblechbehälter mit Draht- oder Siebeinsatz, der die anzulassenden Teile gegen unmittelbare Berührung mit den heißeren Gefäßwandungen schützt und auch zum Ein- und Ausbringen der Teile dienen kann. Das verwendete Öl muß rein sein, darf nicht übel riechen oder ranzig werden und muß einen genügend hohen Flammpunkt besitzen. — Zur Einhaltung bestimmter Temperaturen empfehlen sich Blei-Zinn-Bäder, die je nach ihrer Zusammensetzung bei bestimmter Temperatur schmelzen; die Schmelztemperatur beträgt

bei	100	90	78	63	53	42%	Blei
und	—	10	22	37	47	58%	Zinn
	325	300	275	250	225	200°.	

Statt wiederholten Anwärmens kann man auch die bei unvollständiger Abkühlung im Werkstück zurückgebliebene Wärme zum Anlassen desselben von innen heraus benutzen, was sich besonders bei empfindlichen Teilen empfiehlt, weil dabei die Gefahr der Härtespannungen und Härterisse geringer ist. Nach Erreichung der gewünschten Anlauffarbe (siehe S. 283) wird endgültig in Öl oder Wasser abgekühlt.

Ungleichmäßiges Anlassen ist bei Schneidstählen, Messern, Meißeln, Stempeln und Gesenken üblich, um der Schneide oder Arbeitsfläche die nötige Härte zu belassen, den anschließenden Teilen aber durch stärkeres Anlassen größere Zähigkeit zu verleihen. Ist das Werkstück beim Abschrecken vollständig abgekühlt, dann wärmt man es von der von Schneide oder Arbeitsfläche am weitesten entfernten Stelle aus so weit an, bis die am wenigsten anzulassende Stelle die richtige Anlauffarbe angenommen hat. Das Anwärmen erfolgt durch Hineinhalten in eine Gasflamme, durch Einstecken in ein Sandbad (mit Sand gefüllter und von außen geheizter Kasten aus Gußeisen oder Stahlblech) oder durch Auflegen auf eine glühende Eisenplatte. Ist das Werkstück nur an einem bestimmten Teil abgeschreckt und gehärtet worden, wie z. B. der Schneidkopf eines Drehstahles, so genügt vielfach das Anlassen durch die noch vorhandene Wärme des nicht abgeschreckten Teiles.

Das Abbrennen in Öl wird vielfach noch für Federn u. dgl. benutzt und besteht darin, daß die in Öl getauchten Teile so weit erhitzt werden, bis das Öl verbrennt. Das Abbrennen wird nötigenfalls mehrmals wiederholt, um stärkere und gleichmäßigere Wirkung zu erzielen.

5. Einsatzhärtung.

Bei der Einsatzhärtung kommt es darauf an, die Außenschicht von Werkstücken aus kohlenstoffarmem Stahl durch Zementieren, d. h. durch Glühen in kohlenstoffabgebenden Mitteln, so weit an Kohlenstoff anzureichern, daß sie sich durch Abschrecken härten läßt. Die Vorteile der im Einsatz gehärteten Werkstücke gegenüber solchen aus kohlenstoffreichem, gehärtetem Stahl sind folgende: Da sich die Kohlenstoffaufnahme und Härtung auf die Außenschicht der Werkstücke beschränkt, so besitzen dieselben neben harter, verschleißfester Oberfläche einen zähen, gegen Schlag und Stoß widerstandsfähigen Kern. Die Bearbeitung im Innern ist auch nach dem Härten möglich; die Härtung kann auf bestimmte Stellen des Werkstückes beschränkt werden, so daß sich alle nicht gehärteten Stellen auch außen nachträglich leicht bearbeiten lassen. Einsatzstahl ist billiger als hochgekohlter, hochwertiger (Edel-) Stahl. Wegen dieser Vorzüge ist die Einsatzhärtung für alle solche Teile üblich, die außen hart, im Innern aber weich bzw. zäh sein sollen, wie z. B. Lagerzapfen von Wellen und Spindeln, Rollen, Zahnräder, Steuernocken, Führungen, Meßwerkzeuge, Stempel, Schnitte usw. Das Abschrecken und die ungleichmäßige Zusammensetzung des Stahles infolge der Kohlung der Außenschicht hat u. U. Verziehen der Werkstücke und Spannungen zur Folge. Die im Einsatz gehärteten Stellen lassen sich nur noch durch Schleifen bearbeiten und müssen vorher genau gerichtet werden, da nur wenig von der harten Außenschicht abgearbeitet werden darf.

Einsatzstahl darf nur geringen C-Gehalt ($\leqq$ 0,2%) haben, weil er sonst bei der Glühtemperatur überhitzt und spröde wird, und muß möglichst rein sein ($P+S <$ 0,04%). Chrom (0,8 ÷ 1,5%) erhöht die Härte der Außenschicht und Härte und Festigkeit des Kerns, Nickel ($\leqq$ 3%) dessen Zähigkeit. Chrom und Nickel zusammen machen den Stahl unempfindlicher gegen hohe Temperaturen, ergeben ein feineres Korn und allmählichen Übergang von Außenschicht zum Kern. Chrom fördert die Zementation, Nickel verlangsamt sie.

Als Zementationsmittel kommen vor allem gepulverte Holz-, Leder- und Knochenkohle, zu etwa gleichen Teilen gemischt, ferner Ruß und Hornspäne in Frage. Sehr kräftig wirken Mischungen (2 : 1 bis 3 : 1) von Holzkohle mit Barium-, Kalium- oder Natriumkarbonat; ein Zusatz von < 10% gelbem Blutlaugensalz (Ferrozyankali) erhöht die Wirkung. (Das Eintauchen der Werkstücke in flüssige Mittel, z. B. Zyankali, kommt seltener vor; ebenfalls noch selten wird Leuchtgas, Azetylen und Kohlenoxyd verwendet, denen man des Stickstoffes wegen Ammoniak beimischt). Die Zementationsmittel müssen eine gleichmäßige Kohlung der Außenschicht auf mindestens 1% C bei nicht zu langer Glühdauer und nicht zu hoher Temperatur (< 900°) bewirken, dürfen dem Stahl keine schädlichen Bestandteile (z. B. Schwefel) zuführen und sich nicht zu schnell erschöpfen.

Das Einpacken der zu zementierenden, vorher von Rost und Schmutz sorgfältig zu reinigenden Teile in das (feste) Zementationsmittel erfolgt in, je nach Form der Werkstücke, rechteckigen oder runden Einsatzkästen aus Temper- oder Stahlguß oder genietetem oder geschweißtem Blech. Ihre sonst nur kurze Lebensdauer (4 ÷ 6maliges Einsetzen) läßt sich durch Alitieren (siehe S. 19) beträchtlich erhöhen. Die Größe der Kästen muß dem jeweiligen Zweck entsprechen, damit nicht unnötig viel Zementationsmittel gebraucht wird, andererseits die Packungsschicht über, unter und neben den eingepackten Teilen noch 30 ÷ 50 mm stark ist. Das Einsatzmittel muß überall fest an die Werkstücke angestampft werden. Größere Stücke werden einzeln, kleinere in größerer Anzahl in einen Kasten gepackt. Die Kästen müssen nach dem Einpacken durch Deckel verschlossen und mit Lehm luftdicht verschmiert werden, um Lufteintritt und Gasaustritt zu verhüten.

Diejenigen Teile eines Werkstückes, die weich bleiben, also nicht gekohlt werden sollen, werden vor dem Einpacken mit Lehm bestrichen, galvanisch verkupfert (bei Massenfertigung), in Sand eingebettet oder auf andere Weise (z. B. durch Einstecken von Dornen in Bohrungen oder Aufschieben von Ringen auf Zapfen) gegen Einwirkung der Zementationsmittel geschützt. Auch das Stehenlassen einer Werkstoffschicht, die stärker ist als die Kohlungszone und vor dem Härten abgearbeitet wird, kann u. U. zweckmäßig sein.

Der Zementationsvorgang erfordert eine Erwärmung des Stahles über die untere Umwandlungstemperatur (bei reinen Kohlenstoffstählen 721°, vgl. Abb. 249), bei der die Auflösung des Perlits bzw. des Kohlenstoffes beginnt. Die Kohlung geht dabei aber noch sehr langsam vor sich und wird erst ausgiebiger bei Überschreitung der oberen Umwandlungstemperaturen und vollständiger Lösung des Perlits. Die Kohlung der Außenschicht erfolgt durch die aus den Einsatzmitteln entwickelten kohlenstoffhaltigen Gase (Kohlenoxyde, Kohlenwasserstoffe und besonders Kohlenstoff-Stickstoff- oder Zyan-Verbindungen). Stickstoffverbindungen wie die letztgenannte und Ammoniak (Wasserstoff-Stickstoff-Verbindung) begünstigen die Kohlung. Durch den in den Stahl übergewanderten Kohlenstoff bildet sich Eisenkarbid.

Da die Kohlenstoffaufnahme außen schneller vor sich geht als die Weiterleitung an die inneren Schichten, so bildet sich eine hochgekohlte Randzone mit mehr oder weniger schroffem Übergang zum Kern und eine entsprechende (auch durch die langsamere Abkühlung bewirkte) Abnahme der Härte nach innen. Die Kohlung wird zur Erzielung von Glashärte auf $\approx$ 1%, sonst nur auf 0,8 ÷ 0,9% getrieben, um übermäßige Sprödigkeit zu vermeiden. Eine zu hoch gekohlte Schicht blättert leicht ab. Die Stärke der zementierten Schicht soll 0,5 ÷ 3 mm, je nach Stärke der Teile und der Höhe der Beanspruchung, betragen. An Ecken und vorspringenden Kanten dringt die Kohlung etwas schneller und weiter ein als an den übrigen Stellen. Unter sonst gleichen Umständen nimmt die Stärke der zementierten Schicht mit der Temperatur und der Dauer des Zementationsvorganges zu (vgl. Abb. 261). Da aber sehr hohe Temperaturen und lange Glühzeiten dem Stahl schaden, soll man die Temperatur nur gerade so hoch (800 ÷ 920°) wählen, daß die Zementation kräftig einsetzt, und die Glühzeit nicht länger ausdehnen als durchaus nötig. Die Glühzeit (gerechnet von dem Augenblick an, wo das Werkstück die richtige Temperatur erreicht hat) beträgt bei gewöhnlichem Einsatzstahl 1 ÷ 1,5 h je mm Kohlungstiefe, bei Nickel- und Chromnickelstählen das 4 ÷ 6fache.

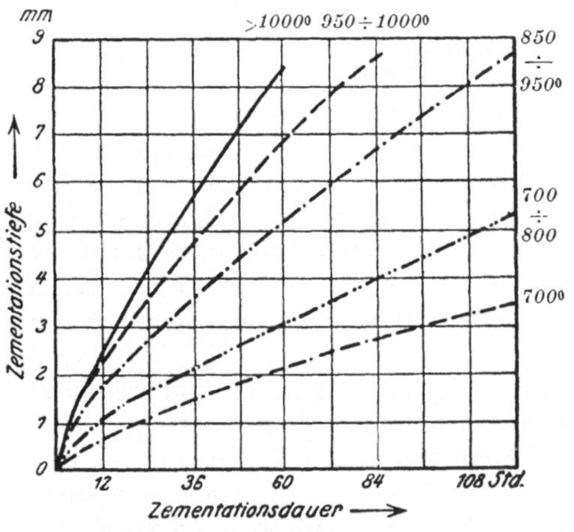

Abb. 261. Abhängigkeit der Zementationstiefe von Zeit und Temperatur. (Aus: Oberhoffer, Das schmiedbare Eisen.)

Als Glüh- und Einsatzöfen werden Öfen mit offenem Glühraum (siehe S. 268) benutzt, da die Werkstücke durch die Glühkästen schon gegen Einwirkung der Flamme oder Heizgase geschützt sind. Für kleine Teile ist auch das Salzbad (siehe S. 272) zweckmäßig, das schnelles und gleichmäßiges Erhitzen ermöglicht.

Das Härten nach der Kohlung kann unmittelbar durch Abschrecken in Öl oder Wasser aus der Glühtemperatur erfolgen. Die Teile werden dabei aber spröde, weil der Stahl und besonders die gekohlte Schicht durch die Dauer und Temperatur des Glühens stark überhitzt und grobkörnig wird. Man soll die Teile deshalb mindestens im Kasten zunächst auf die richtige Härtetemperatur für die gekohlte Schicht abkühlen lassen, ehe man abschreckt. Die besten Erfolge — höchste Härte ohne Sprödigkeit der Außenschicht, große Festigkeit und Zähigkeit des Kerns — erreicht man aber nur nach vorheriger Beseitigung der Folgen der Überhitzung. Zu dem Zweck läßt man die Teile zunächst im Kasten langsam erkalten, vergütet sie dann durch Ausglühen oder Abschrecken von etwas höherer als der Härtetemperatur und härtet dann die durch das Wiedererwärmen auf die passende Härtetemperatur feinkörnig gewordene Außenschicht durch Abschrekcen aus dieser Temperatur. Zur Beseitigung von Spannungen ist nachträgliches Anlassen ($\approx$ 200°) zweckmäßig. Die Temperatur für das Vergüten und Härten muß sich im Einzelfalle natürlich nach dem Werkstoff richten. Anhaltspunkte dafür gibt Zahlentafel 13.

Das Abbrennen in Kali ist ebenfalls eine Art Einsatzhärtung und besteht darin, daß das an der zu härtenden Stelle (am besten im Blei- oder Salzbad) auf Kirschrotglut erhitzte und dann reichlich mit gelbem Blutlaugensalz bestreute oder bestrichene Werkstück nochmals erhitzt und darauf in Wasser abgeschreckt wird und dadurch eine zwar nur Bruchteile eines Millimeters betragende und nicht sehr gleichmäßige Härteschicht erhält, die aber für manche Zwecke (z. B. Muttern, Druckenden von Schrauben u. dgl.) genügt. Ein nachträgliches Schleifen ist natürlich nicht angängig.

6. Nitrierhärtung[1].

Bei dem Nitrierhärtungsverfahren der Firma Friedr. Krupp A.-G. wird als härtendes Mittel Stickstoff verwendet, der schon bei Temperaturen über 250° in den Stahl diffundiert und den für das Verfahren verwendeten Sonderstählen ohne Abschreckung eine große Oberflächenhärte verleiht. Die zu nitrierenden, vorher bearbeiteten Werkstücke werden in metallische Kästen eingepackt, die mit Pyrometerrohr und Rohranschlüssen für die Gas-Zu- und -Abführung versehen sind, im übrigen aber dicht verschlossen und dann in den geheizten Nitrierofen gesetzt werden. Alsdann wird in die Kästen ein langsamer Strom von Ammoniakgas geleitet. Die Kästen bleiben, je nach Art der zu nitrierenden Stücke, ein bis mehrere Tage im Ofen. Der Ofen wird elektrisch geheizt und erfordert nach Einstellung der Temperatur praktisch keine Überwachung. Nach Beendigung der Nitrierung läßt man die aus dem Ofen herausgezogenen Kästen an der Luft erkalten und entnimmt ihnen dann die nitrierten Werkstücke. Die Härte ist bis zu einer Tiefe von etwa 0,2 mm größer, darüber hinaus geringer als bei der Einsatzhärtung. Die Grenze der Nitriertiefe liegt bisher bei etwa 1 mm. Bei besonders hohen Flächendrucken ist also die Einsatzhärtung wegen der größeren Tragfähigkeit der stärkeren Härteschicht besser, dagegen weist bei mittleren Flächendrucken die Nitrierhärtung verschiedene Vorzüge auf, z. B.: ganz allmählicher Übergang der harten Randschicht in den Kern, Vermeidung von Spannungen und Rissen bzw. des Verziehens der Werkstücke infolge der niedrigeren Nitriertemperatur und des Fortfalles des Abschreckens, daher weniger Ausschuß und geringeres Nacharbeiten durch Schleifen,

Zahlentafel 13. Behandlungsanweisung zum Einsatzhärten (nach Simon, Härten und Vergüten II).

Stahlsorte				Zementieren		Zwischenglühen		Härten		Anlassen
Benennung	Gehalt in % an *C*	*Ni*	*Cr*	Glühen bei °C	Abkühlen	Glühen bei °C	Abkühlen	Erhitzen auf °C	Abkühlen	
Gewöhnlicher Einsatzstahl	0,1 ÷ 0,25	—	—	920 ÷ 820	langsam im Kasten oder abschrecken	600 ÷ 680 800 ÷ 820 850 ÷ 880	langsam in Wasser in Öl	740 ÷ 800[1]	in Wasser oder Öl	gar nicht oder bei 150 ÷ 200°
Nickel- und Chrom-Nickel-Stahl	0,1 ÷ 0,25	1 ÷ 3,5	0 ÷ 1,5	920 ÷ 840	langsam im Kasten oder abschrecken	620 ÷ 700 800 ÷ 820 850 ÷ 880	langsam in Wasser in Öl	750 ÷ 820[1]	in Wasser oder Öl	gar nicht oder bei 150 ÷ 250°

[1] Die höheren Temperaturen, wenn in Öl abgekühlt wird.

[1] Vgl. Fry: Das Nitrier-Härtungsverfahren der Friedr. Krupp A.-G., Maschinenbau 1926, S. 161. — Vgl. auch Krupp'sche Monatshefte 1926, S. 17, 179; 1927, S. 208.

Beibehaltung der Härte bis etwa 500°. Die Nitrierstähle, die im Preis und ihren Eigenschaften etwa den normalen Chrom- und Chrom-Nickel-Baustählen entsprechen, lassen sich schmieden, walzen, ziehen und gießen. Wo legierte Stähle auch bei Einsatzhärtung Verwendung finden würden, ist die Nitrierhärtung nach Angabe der Patentinhaberin billiger, wo dagegen für Einsatzhärtung unlegierter Stahl genügt, ist Nitrierhärtung teurer. Die Nitrierhärtung kann also die Einsatzhärtung nicht überall ersetzen, ist aber eine sehr gute Ergänzung derselben. Die Durchführung des Verfahrens erfordert besondere Anlagen und das Vorhandensein von Drehstrom.

II. Vergüten.

Unter Vergüten versteht man, wie bereits oben (siehe S. 263) erwähnt, eine im wesentlichen aus Abschrecken und Anlassen auf eine höhere Temperatur bestehende Warmbehandlung von Werkstücken aus kohlenstoffarmen Stahlsorten (Baustählen) zur Verbesserung ihrer mechanischen Eigenschaften, insbesondere zur Erhöhung der Festigkeit und Zähigkeit. Bei der Wahl eines entsprechenden kohlenstoffreicheren und hochwertigeren Stahles könnte man auf das Vergüten verzichten, doch bietet dasselbe mancherlei Vorteile: Weicherer, kohlenstoffärmerer Stahl ist billiger und gleichmäßiger und läßt sich besser bearbeiten, er besitzt nach der Vergütung eine erheblich höhere Streckgrenze und Schlagzähigkeit als nicht vergüteter Stahl gleicher Festigkeit; durch verschiedene Behandlung des Stahles beim Vergüten kann man seine Eigenschaften dem jeweiligen Verwendungszweck anpassen. Allerdings erstreckt sich (wie beim Härten) die Wirkung des Vergütens bei starken Querschnitten nicht bis ins Innere derselben; vorzugsweise werden deshalb legierte Baustähle (Nickel-, Chrom-Nickel- und Mangan-Stähle) vergütet, weil bei ihnen eine größere, tiefer gehende Wirkung erzielt wird. Hochgekohlte Baustähle werden dagegen vergütet, um sie gleichmäßiger und leichter bearbeitbar zu machen. Abgesehen von letzteren, erfolgt das Vergüten an den bereits vorgearbeiteten Werkstücken; nachträgliches Bearbeiten würde die wertvollste Außenschicht größtenteils entfernen, nachträgliches Schmieden oder Glühen die Wirkung des Vergütens aufheben.

Schroffes Abschrecken, z. B. in Wasser, erhöht die Festigkeit und Streckgrenze stark und vermindert ebenso stark die Dehnung. Weniger stark ist die Wirkung beim Abschrecken in Öl oder anderen milder wirkenden Mitteln. Wie beim Härten gibt es auch zur Erzielung größerer Festigkeit eine günstigste Abschrecktemperatur, die um so höher ist, je geringer der C-Gehalt. Sowohl Über- wie Unterschreiten dieser Temperatur ergibt geringere Festigkeit. Dehnung und Zähigkeit nehmen aber bei der für die Festigkeit günstigsten Abschrecktemperatur stark ab und noch mehr bei Überschreitung, weniger unterhalb derselben. Durch Anlassen nach dem Abschrecken wird auch hier die Sprödigkeit gemildert und Dehnung und Zähigkeit erhöht, natürlich auf Kosten der Festigkeit. Der Einfluß des Anlassens ist auch bei Baustählen um so größer, je höher ihr C-Gehalt und je schroffer abgeschreckt worden ist. Im Gegensatz zu Werkzeugstählen läßt man Baustähle meist recht hoch, u. U. bis über 700°, an, da sie vielfach erst dann ihre größte Zähigkeit erhalten.

Da die zu vergütenden Werkstücke meist größere Abmessungen besitzen (z. B. Zahnräder, Kurbelwellen usw.), so kommen für das Erwärmen auf Abschreck- bzw. Anlaßtemperatur in der Hauptsache Öfen mit offenem Glühraum (siehe S. 268) zur Anwendung, für kleinere Teile auch Metall- und Salzbäder (siehe S. 272). Das Abschrecken erfolgt bei kohlenstoffärmeren Stahlsorten in Wasser oder Öl, bei höher gekohlten Stählen meist in Öl, bei kohlenstoffreichen, nicht legierten Stählen nur in Öl und zwar in entsprechend großen Gefäßen mit Hebe- und Transporteinrichtungen für die Werkstücke. Da sich durch einmaliges Abschrecken und Anlassen nicht immer die günstigsten Ergebnisse erzielen lassen, so wiederholt man bei kohlenstoffreichen Stahlsorten und starken Werkstücken das Abschrecken und wählt zuerst eine höhere Temperatur, um die Vergütung möglichst weit in das Innere hineinzutreiben, und schreckt hinterher aus etwas niedrigerer Temperatur ab, um den äußeren Schichten ein feineres Korn und größere Zähigkeit zu verleihen. Bei manchen Stahlsorten, besonders bei den kohlenstoffreichen, ist langsame Abkühlung nach dem ersten Erhitzen und Abschrecken nur nach dem zweiten Erhitzen empfehlenswert. Zahlentafel 14 gibt einen Anhalt für das Vergüten verschiedener Stahlsorten.

Zahlentafel 14. Behandlungsanweisung zum Vergüten (nach Simon, Härten und Vergüten II).

Stahlsorte					Erstes Erhitzen auf ° C	Erstes Abkühlen	Zweites Erhitzen auf ° C	Zweites Abkühlen	Anlassen auf ° C
Benennung		Gehalt in % an *C*	*Ni*	*Cr*					
Kohlenstoffstahl	weich	0,1 ÷ 0,2	—	—	825 ÷ 810	in Wasser	—	—	250 ÷ 500
	mittel	0,25 ÷ 0,35	—	—	820 ÷ 800	in Öl oder Wasser	—	—	300 ÷ 650
	hart	0,4 ÷ 0,6	—	—	825 ÷ 800	in Öl	820[1] ÷ 760	in Öl oder Wasser	425 ÷ 500
					850 ÷ 820	langsam			300 ÷ 650
Nickel-Stahl	hoch legiert	0,15 ÷ 0,5	3,5	—		in Öl oder Wasser	—	—	300 ÷ 650
Chrom-Nickel-Stahl	niedr. legiert	0,15 ÷ 0,5	1,25	0,5	860 ÷ 825	in Öl oder Wasser oder langsam	820[1] ÷ 700	in Öl oder Wasser	300 ÷ 650
	mittel legiert	0,15 ÷ 0,45	1,75	1					
	hoch legiert	0,15 ÷ 0,4	3,5	1,5	820 ÷ 790	in Öl oder Wasser			260 : 700
							775 ÷ 750	in Öl oder Wasser	260 ÷ 700
		0,4 ÷ 0,5	3,5	1,5	850 ÷ 800	langsam	820 ÷ 785	in Öl oder Wasser	150 ÷ 500

[1] Die hohen Temperaturen, wenn vorher langsam abgekühlt.

III. Ausglühen.

Durch das Ausglühen sollen die durch Schmieden, Hämmern, Kaltrecken, Abschrecken usw. hervorgerufene Härte und Sprödigkeit, innere Spannungen und Ungleichheiten im Gefüge sowie Überhitzungserscheinungen wieder aufgehoben werden, indem die Kristallkörner dabei wieder ihre natürliche Form und Größe und zwangsfreie Lage einnehmen. Voraussetzung für den Erfolg des Glühens ist genügend hohe Glühtemperatur und ausreichend lange Glüh- und Abkühlungszeit. Hauptsächlich werden Werkzeugstähle und andere hochwertige Stahlsorten nach voraufgegangener Bearbeitung, jedoch vor der endgültigen Fertigbearbeitung, ausgeglüht, damit man Ungenauigkeiten durch Verziehen infolge des Glühens bei der Fertigbearbeitung wieder beseitigen kann. Schmiedestücke, die später vergütet werden, glüht man gleich nach dem Schmieden aus;

wiederholt zu härtende Teile, wie Schneidwerkzeuge, Gesenke, Hämmer usw., müssen vor jedem neuen Härten ausgeglüht werden.

Die Glühtemperatur ist um so niedriger, je höher der C-Gehalt des Stahles ist (vgl. Zahlentafel 15). Kommt es nicht auf eine Umkristallisation, sondern nur darauf an, Spannungen zu beseitigen, dann genügen bei legierten und Werkzeugstählen Temperaturen von 500÷650°.

Die Glühzeit muß mindestens so lange dauern, daß das Werkstück durch und durch die nötige Temperatur angenommen hat; sie hängt im übrigen von der Stahlsorte, von der Größe der Werkstücke und von dem beabsichtigten Zweck ab und ist im allgemeinen um so größer, je niedriger die Temperatur, je stärker das Werkstück ist und je weicher es werden soll. Auf Fehler beim Glühen wurde schon beim Erwärmen zum Schmieden (siehe S. 151) hingewiesen. Die schädlichen Folgen treten aber um so leichter auf und sind um so schwerwiegender, je höher der C-Gehalt des Stahles ist.

Zahlentafel 15. Glühtemperaturen (nach Simon, Härten und Vergüten II).

Stahlsorte		Glühtemperatur in °C
Benennung	C-Gehalt in %	
Flußstahl (Maschinenstahl, Baustahl)	0,05÷0,12	925÷875
	0,12÷0,3	875÷840
	0,3 ÷0,5	840÷810
	0,5 ÷0,8	810÷790
Unlegierter Werkzeugstahl	0,8 ÷1,1	790÷710
	1,1 ÷1,5	710÷690
Legierter Werkzeugstahl einschl. Schnellstahl	—	800÷720

Als Glühöfen kommen solche mit offenem und geschlossenem Glühraum (siehe S. 268 u. 272) zur Verwendung. Zur Vermeidung des Entkohlens und Oxydierens (Verzundern) des Stahles ist reduzierende Ofenatmosphäre erforderlich; besser und zuverlässiger ist das Einpacken der Werkstücke in luftdicht verschlossene Kästen, Rohre u. dgl., möglichst unter Zuhilfenahme von reinen Gußspänen, gebrauchter Leder- oder Knochenkohle oder (besonders für Werkzeugstahl) Holzkohle als Packungsmittel, wodurch gleichzeitig eine Aufnahme von Schwefel oder anderen schädlichen Stoffen aus den Heizgasen und Überhitzen dünner und vorspringender Teile des Werkstückes verhütet wird.

Das Abkühlen muß langsam erfolgen. Große Stücke aus kohlenstoffarmem Stahl kann man aus dem Ofen herausnehmen und an einem trockenen Ort abkühlen lassen. Kleinere Stücke und die Kästen mit den eingepackten Teilen läßt man in trockener Asche abkühlen. Dünne Werkstücke kann man zwischen, nötigenfalls vorher angewärmten, Eisenplatten in einem mit trockener Asche angefüllten Kasten abkühlen lassen. Sehr gebräuchlich ist das Abkühlenlassen der Werkstücke in und mit dem Ofen, der allerdings dadurch auf längere Zeit anderweitig nicht verwendbar ist und bei Wiederinbetriebnahme aufs neue angewärmt werden muß.

IV. Das Messen der Temperaturen.

Das genaue Messen der Temperaturen ist bei der Warmbehandlung von Stahl unentbehrlich, da von dem Einhalten der jeweils richtigen Temperatur der Erfolg der Warmbehandlung abhängt und schon geringe Unter- oder Überschreitungen der Umwandlungstemperaturen Mißerfolge zeitigen können. (Daneben darf natürlich auch die Temperatur der Kühlflüssigkeit nicht unberücksichtigt bleiben!) Bei Messung der Temperatur ist zu bedenken, daß die Temperatur des Ofeninnern oder der Erwärmungsbäder und diejenige des Werkstückes nicht ohne weiteres und höchstens erst nach einer gewissen Zeit übereinstimmen. Nichtbeachtung dieses Punktes verursacht oft falsche Temperaturbestimmung und Mißerfolge.

Das einfachste, aber auch am wenigsten zuverlässige Mittel ist das Schätzen der Temperatur nach der Glühfarbe des Stahles; diese ist

im Dunkeln rotglühend	bei	$\approx$ 625÷650°	dunkelorange	bei	$\approx$	1100°
dunkelrot	„	$\approx$ 700°	hellorange (zitronengelb)	„	$\approx$	1200°
beginnend kirschrot	„	$\approx$ 800°	weiß	„	$\approx$	1300°
kirschrot	„	$\approx$ 900°	stark weißglühend (Schweißhitze)	„	$\approx$	1400°
hellkirschrot (lachsrot)	„	$\approx$ 1000°	blendend weißglühend	„	$>$	1500°

In ähnlicher Weise kann man die Anlaßtemperaturen aus den Anlauffarben schätzen, die das auf einer blanken Stahlfläche entstehende, mit der Temperatur stärker werdende Oxydhäutchen annimmt, nämlich:

matthellgelb	bei	$\approx$ 220°	purpurrot	bei	$\approx$ 275°
hellgelb	„	$\approx$ 225°	violett	„	$\approx$ 285°
strohgelb	„	$\approx$ 235°	dunkelblau	„	$\approx$ 295°
dunkelgelb	„	$\approx$ 245°	hellblau	„	$\approx$ 310°
gelbbraun	„	$\approx$ 255°	grau	„	$\approx$ 325°
rotbraun	„	$\approx$ 265°	keine mehr	„	$>$ 330°

Ein Vorzug dieses Verfahrens ist, daß die Temperatur des Werkstückes selbst und nicht lediglich die Ofentemperatur bestimmt wird. Um die Beurteilung der Glüh- und Anlauffarben zu erleichtern und von der mit der Witterung wechselnden Beleuchtung des Raumes möglichst unabhängig zu machen, versieht man dessen Fenster vielfach mit blauen Scheiben.

Im übrigen dienen zum Messen der Temperaturen bis $\approx$ 300° gewöhnliche Quecksilber-Thermometer, darüber hinaus bis 600° gasgefüllte Quecksilber-Thermometer, beide mit Metallarmatur versehen, für höhere Temperaturen sogenannte Pyrometer verschiedener Ausführung.

Die thermo-elektrischen Pyrometer beruhen auf der Wirkung eines Thermoelementes, d. h. auf der Erzeugung eines der Temperatur proportionalen elektrischen Stromes bei Erwärmung der einen Lötstelle zweier verschiedener Metalle. Das mit einem Schutzmantel versehene Thermoelement wird in den Glühraum bzw. in das Flüssigkeitsbad gebracht und leidet mit der Zeit durch die hohen Temperaturen, bedarf daher von Zeit zu Zeit der Nachprüfung und Erneuerung. Die andere Lötstelle befindet sich an einem vom Ofen unbeeinflußten Ort mit möglichst gleichbleibender Temperatur. Die Temperaturablesung erfolgt an einem mit Gradteilung versehenen Galvanometer, das auch mit einem Selbstschreiber verbunden sein kann.

Bei den fernrohrartig ausgebildeten optischen oder Glühfarben-Pyrometern wird die Glühfarbe des Werkstoffes, dessen Temperatur bestimmt werden soll, mit der Glühfarbe des Drahtes einer im Gesichtsfelde des Fernrohres befindlichen Glühlampe verglichen.

Bei dem Pyrometer von Wanner wird die Spannung und damit die Temperatur und Helligkeit der Glühlampe gleichbleibend erhalten, und es können die Helligkeiten der im Okular erscheinenden Glühfarben des betrachteten Werkstückes und des Glühfadens durch Polarisation mittels Drehens einer Scheibe ausgeglichen werden, worauf an der entsprechend geeichten Scheibe die zugehörige Temperatur abgelesen wird. — Bei dem Pyrometer nach Holborn und Kurlbaum (Siemens & Halske A.-G., Werner-Werk) wird dagegen durch einen Regelwiderstand (siehe Abb. 262) Stromstärke und Helligkeit des Glühfadens so geregelt, daß dieser, der in dem vom angezielten Körper erhellten Gesichtsfelde liegt, mit diesem gleiche Helligkeit erhält, also darin verschwindet. Dann liest man auf dem mit Gradteilung versehenen Galvanometer die zugehörige Temperatur ab.

Die optischen Pyrometer messen die wirkliche Temperatur der glühenden Oberfläche, die allerdings sichtbar sein muß; die Entfernung spielt dabei keine Rolle. Sie sind Beschädigungen durch die hohen Ofentemperaturen nicht ausgesetzt wie die thermo-elektrischen Pyrometer, eignen sich aber nicht zum Aufzeichnen der Temperaturen und nicht zum Messen der (höheren) Temperatur im Innern von Flüssigkeitsbädern.

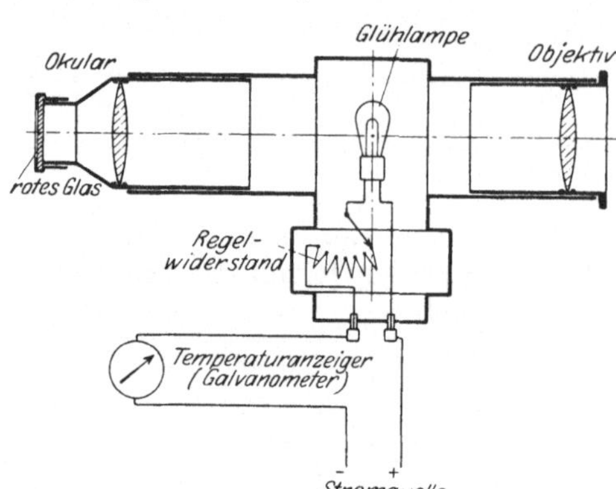

Abb. 262. Schema des Glühfaden-Pyrometers nach Holborn-Kurlbaum.

Die ebenfalls fernrohrartig ausgebildeten Strahlungs-Pyrometer (siehe Abb. 263) stehen zwischen den beiden anderen Systemen; sie beruhen darauf, daß die von dem angezielten Körper ausgehenden Wärmestrahlen auf das im Brennpunkt des Objektivs befindliche, in einer Glasbirne eingeschlossene, hochempfindliche Thermoelement treffen und hier einen Strom erzeugen, der einen entsprechenden Zeigerausschlag des mit Temperaturteilung versehenen Galvanometers hervorruft. Das Galvanometer kann auch mit einem Selbstschreiber verbunden werden. (Bei dem Ardometer von Siemens & Halske A.-G., Werner-Werk, kann das nicht in den Apparat eingebaute Galvanometer an beliebiger Stelle angebracht werden.) Die Strahlungspyrometer folgen Temperaturschwankungen schneller als thermo-elektrische Pyrometer, sie werden durch die strahlende Wärme nur wenig erwärmt, ihre Einstellung ist einfach, die Temperaturbestimmung unabhängig vom Beobachter, der das Fernrohr nur anfangs zum Anzielen der Strahlungsfläche benutzt; sie eignen sich aber, wie die optischen Pyrometer, nicht zum Messen der Temperaturen im Innern von Bädern.

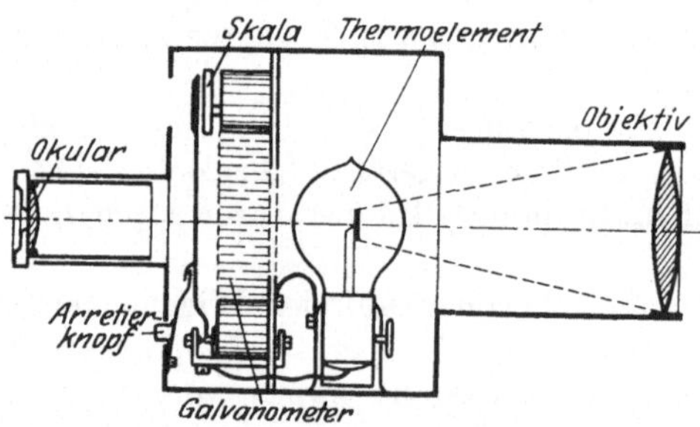

Abb. 263. Schema des Strahlungs-Pyrometers „Pyro". (Dr. Rudolf Hase, Hannover.)

Benutzte Schriftwerke.

Bericht Nr. 42 des Werkstoffausschusses des Vereins deutscher Eisenhüttenleute.
Dubbel: Taschenbuch für den Maschinenbau. 4. Aufl. Berlin: Julius Springer.
— Taschenbuch für den Fabrikbetrieb. Berlin: Julius Springer.
Hütte, Taschenbuch für Stoffkunde. Berlin: Wilhelm Ernst & Sohn.
— Taschenbuch für Eisenhüttenleute. Berlin: Wilhelm Ernst & Sohn.
— Taschenbuch für Betriebsingenieure. Berlin: Wilhelm Ernst & Sohn.
Werkstoffhandbuch „Stahl und Eisen", herausgegeben vom Verein deutscher Eisenhüttenleute.
— „Nichteisenmetalle", herausgegeben von der Deutschen Gesellschaft für Metallkunde.

Burstyn: Löten (H. 28 der Werkstattsbücher). Berlin: Julius Springer.
Geiger: Handbuch der Eisen- und Stahlgießerei. 2. Aufl. Berlin: Julius Springer.
Kothny: Die Brennstoffe (H. 32 der Werkstattsbücher). Berlin: Julius Springer.
— Stahl und Temperguß (H. 24 der Werkstattsbücher). Berlin: Julius Springer.
— Gesunder Guß (H. 30 der Werkstattsbücher). Berlin: Julius Springer.
Meller: Elektrische Lichtbogenschweißung. Leipzig: S. Hirzel.
Osann: Lehrbuch der Eisen- und Stahlgießerei. Berlin: Julius Springer.
Schimpke: Die neueren Schweißverfahren (H. 13 der Werkstattsbücher). Berlin: Julius Springer.
Schimpke-Horn: Praktisches Handbuch der gesamten Schweißtechnik. Berlin: Julius Springer.
Schweißguth: Freiformschmieden (H. 11 u. 12 der Werkstattsbücher). Berlin: Julius Springer.
— Gesenkschmieden (H. 31 der Werkstattsbücher). Berlin: Julius Springer.
Simon: Härten und Vergüten (H. 7 u. 8 der Werkstattsbücher). Berlin: Julius Springer.

Die Gießerei (Gieß.).
Gießereizeitung (Gieß.-Zg.).
Lehrmittel des Deutschen Ausschusses für technisches Schulwesen (DATSCH), Berlin W 35, Potsdamerstr. 119 b.
Maschinenbau.
Stahl und Eisen (Stahleisen).
Zeitschrift des Vereins deutscher Ingenieure (Z. V. d. I.).

Deutsche Industrienormen (DIN).
Druckschriften der betreffenden Firmen.

Sachverzeichnis.

Materialprüfung mit Röntgenstrahlen unter besonderer Berücksichtigung der Röntgenmetallographie. Von Professor Dr. **Richard Glocker**, Stuttgart. Mit 256 Textabbildungen. VI, 377 Seiten. 1927.
Gebunden RM 31.50

Die Edelstähle. Ihre metallurgischen Grundlagen. Von Dr.-Ing. **F. Rapatz**, Leiter der Versuchsanstalt im Stahlwerk Düsseldorf, Gebr. Böhler & Co., A.-G. Mit 93 Abbildungen. VI, 219 Seiten. 1925. Gebunden RM 12.—

Rostfreie Stähle. Berechtigte deutsche Bearbeitung der Schrift "Stainless Iron and Steel" von J. H. G. Monypenny in Sheffield. Von Dr.-Ing. **Rudolf Schäfer.** Mit 122 Textabbildungen. VIII, 342 Seiten. 1928. Gebunden RM 27.—

Das Elektrostahlverfahren. Ofenbau, Elektrotechnik, Metallurgie und Wirtschaftliches. Nach **F. T. Sisco** "The Manufacture of Electric Steel" umgearbeitet und erweitert von Dr.-Ing. **St. Kriz**, Düsseldorf. Mit 123 Textabbildungen. IX, 291 Seiten. 1929. Gebunden RM 22.50

Blöcke und Kokillen. Von **A. W.** und **H. Brearley.** Deutsche Bearbeitung von Dr.-Ing. **F. Rapatz.** Mit 64 Abbildungen. IV, 142 Seiten. 1926.
Gebunden RM 13.50

Handbuch der Eisen- und Stahlgießerei. Unter Mitarbeit von zahlreichen Fachleuten herausgegeben von Professor Dr.-Ing. **C. Geiger**, Eßlingen. Zweite, erweiterte Auflage.

Erster Band: **Grundlagen.** Mit 278 Abbildungen im Text und auf 11 Tafeln. X, 661 Seiten. 1925. Gebunden RM 49.50

Zweiter Band: **Formen und Gießen.** Von Ing. **Carl Irresberger**, Gießereidirektor a. D., Salzburg. Mit 1702 Abbildungen im Text. X, 584 Seiten. 1927.
Gebunden RM 57.—

Dritter Band: **Schmelzen, Nacharbeiten und Nebenbetriebe.** Mit 967 Abbildungen im Text. IX, 747 Seiten. 1928. Gebunden RM 68.50

Leitfaden für Gießereilaboratorien. Von Geh. Bergrat Professor Dr.-Ing. e. h. **Bernhard Osann**, Clausthal. Dritte, durchgesehene Auflage. Mit 12 Abbildungen im Text. VI, 64 Seiten. 1928. RM 3.30

Stahl- und Temperguß. Ihre Herstellung, Zusammensetzung, Eigenschaften und Verwendung. Von Professor Dr. techn. **Erdmann Kothny.** (Bildet Heft 24 der „Werkstattbücher", herausgegeben von Dr.-Ing. Eugen Simon.) Mit 55 Figuren im Text und 23 Tabellen. 68 Seiten. 1926. RM 2.—

Schmiedehämmer. Ein Leitfaden für die Konstruktion und den Betrieb. Von Privatdozent Dr.-techn. **Otto Fuchs**, Brünn. Mit 253 Textabbildungen. VIII, 150 Seiten. 1922. RM 6.—

Gesenkschmiede. Von **P. H. Schweißguth** †. Unter Mitarbeit des Herausgebers. Erster Teil: **Arbeitsweise und Konstruktion der Gesenke.** (Bildet Heft 31 der „Werkstattbücher", herausgegeben von Dr.-Ing. Eugen Simon.) Mit 231 Figuren im Text. 64 Seiten. 1926. RM 2.—

Schmieden und Pressen. Von **P. H. Schweißguth** †, Direktor der Teplitzer Eisenwerke. Mit 236 Textabbildungen. IV, 110 Seiten. 1923. RM 4.—

Spanlose Formung. Schmieden, Stanzen, Pressen, Prägen, Ziehen. Bearbeitet von Dipl.-Ing. M. Evers, Dipl.-Ing. F. Großmann, Direktor M. Lebeis, Direktor Dr.-Ing. V. Litz, Dr.-Ing. A. Peter. Herausgegeben von Dr.-Ing. **V. Litz**, Betriebsdirektor bei A. Borsig G. m. b. H., Berlin-Tegel. (Bildet Band IV der „Schriften der Arbeitsgemeinschaft Deutscher Betriebsingenieure".) Mit 163 Textabbildungen und 4 Zahlentafeln. VI, 152 Seiten. 1926. Gebunden RM 12.60

Das Löten. Von Dr. **W. Burstyn.** (Bildet Heft 28 der „Werkstattbücher", herausgegeben von Dr.-Ing. Eugen Simon.) Mit 75 Figuren im Text. 44 Seiten. 1927. RM 2.—

Praktisches Handbuch der gesamten Schweißtechnik. Von Dr.-Ing. **P. Schimpke**, Akademiedirektor, Chemnitz, und Obering. **Hans A. Horn**, Berlin.

Erster Band: **Gasschmelzschweiß- und Schneidtechnik.** Zweite, verbesserte und vermehrte Auflage. Mit 229 Textabbildungen und 14 Zahlentafeln. VII, 222 Seiten. 1928. Gebunden RM 12.—

Zweiter Band: **Elektrische Schweißtechnik.** Mit 255 Textabbildungen und 20 Zahlentafeln. VI, 202 Seiten. 1926. Gebunden RM 13.50

Die neueren Schweißverfahren. Von Professor Dr.-Ing. **Paul Schimpke**, Chemnitz. Zweite, verbesserte und vermehrte Auflage. (Bildet Heft 13 der „Werkstattbücher", herausgegeben von Dr.-Ing. Eugen Simon.) Mit 71 Figuren und 4 Zahlentafeln im Text. 69 Seiten. 1926. RM 2.—

Elektrische Widerstand-Schweißung und -Erwärmung. Von Dipl.-Ing. **A. J. Neumann**, Oberingenieur. Mit einem Geleitwort von Professor Dr.-Ing. A. Hilpert, Berlin. Mit 250 Textabbildungen. VIII, 193 Seiten. 1927. Gebunden RM 17.50